产品设计心理评价研究

李彬彬 著

中国轻工业出版社

图书在版编目（CIP）数据

产品设计心理评价研究/李彬彬著 . —北京：中国轻工业
出版社，2015.7
ISBN 978-7-5019-9329-1

Ⅰ.①产… Ⅱ.①李… Ⅲ.①产品设计—应用心理学—研究
Ⅳ.①TB472－05

中国版本图书馆 CIP 数据核字（2013）第 141224 号

责任编辑：毛旭林　　责任终审：张乃柬　　封面设计：锋尚设计
策划编辑：李　颖　　责任校对：晋　洁　　责任监印：胡　兵

出版发行：中国轻工业出版社（北京东长安街 6 号，邮编：100740）
印　　刷：三河市万龙印装有限公司
经　　销：各地新华书店
版　　次：2015 年 7 月第 1 版第 2 次印刷
开　　本：889×1194　　1/16　　印张：27.75
字　　数：763 千字
书　　号：ISBN 978-7-5019-9329-1　定价：58.00 元
邮购电话：010－65241695　传真：65128352
发行电话：010－85119835　85119793　传真：85113293
网　　址：http://www.chlip.com.cn
Email：club@chlip.com.cn
如发现图书残缺请直接与我社邮购联系调换
150743K2C102ZBW

前言

笔者从事设计心理学研究方向的探索和耕耘二十多年，这是一个跨世纪的历程，它包括理论研究、实践运作、学术论文和教学实践。从 20 世纪 80 年代末江南大学（原无锡轻工业学院）设计学院开设设计心理学课程起，笔者就是国内该方向理论和方法研究的拓荒者。经过二十多年的不断努力，到 20 世纪初有了初步成果：连续推出四本专著《产品设计与消费者心理》（江苏教育出版社，1994 年版），《现代广告心理学》（江苏教育出版社，1998 年版），《设计心理学》（中国轻工业出版社，2001 年版），《设计效果心理评价》（中国轻工业出版社，2004 年版），其中三部专著获江苏省政府颁发的人文社科优秀成果奖。在此基础上，我们的产品设计心理研究向纵深发展：学术论文被 SSCI 检索（2000）和 EI 检索（2011、2013），《新华文摘》转载（2007），主持重点软科学项目《设计附加值与消费者价格心理资讯研究》获江苏省科技进步三等奖（2005）。近年我们重视"产品设计效果心理评价"的实践运作研究：笔者 2010 年担任"宝洁—江南大学新产品用户体验评价研究"主持人、中国 UPA 近三届（2009 年、2010 年、2011 年）获奖团队的指导老师；2010 年、2012 年国际 HCI 大会论文承担专题组织者和评审者。这些成果和作为说明专著《产品设计心理评价研究》的推出是学术积淀和实践历练的产物，虽然还有许多不尽如人意之处，但我们在路上，我们在修正。

诺贝尔奖获得者（1978）、认知心理学家赫伯特·西蒙认为，"设计心理学是一门人技科学的心理学，其关键点是'评价—寻找备选方案—表现'的决策过程"。我们《产品设计心理评价研究》是基于西蒙教授关于设计决策行为寻求满意解的研究成果；国际著名的设计心理学家唐纳德·诺曼认为，"设计心理学是研究人和物相互作用方式的心理学"。本专著是设计心理学研究方向的新成果展示，其理念的发展和方法的独到值得与大家交流：一是理念创新，二是实证研究方法，三是团体运作。

理念创新者认为，以往设计关注的重点是产品本身造型、功能、材质等刚性设计元素，如今用户体验、用户参与、用户心理等柔性设计元素，随着乔布斯的成功，逐渐从依附刚性设计要素的地位，上升到重视消费者满意度参数 CSI，以柔统刚的地位。设计师认同以用户体验为中心的消费者满意度 CSI 导向的产品心理评价系统，正在从电子产品、实体产品向信息产品、服务产品扩张。乔布斯的"苹果产品"成功之路已昭示我们，产品的用户体验、用户 CSI 参数是产品微创新的原动力，是第一位的、变化的、与时俱进的主动变量；而产品的造型、色彩、材质是从属的滞后变量，对这种模式的认知是当今微创新的范式。目前我们更关注信息的变化、消费者对信息的体验和反映的 CSI 参数变化。从中国 UPA 十年的活跃，关注和参与的设计师呈几何级数增长的趋势，可以表明消费者参与式设计是新的增长点。

方法独到表现在，运用实证研究手段，表征产品设计心理评价对"微创新"的推崇。乔布斯的"微创新"认为"微小的创新可以改变世界"。奇虎 360 的 CEO 周鸿祎认为："只要在用户体验、用户心理上有创新，只要解决一个点，就可以实现市场爆发性增长。"微创新导向的产品设计心理评价需要实证研究手段来实现，通过定性与定量结合的科学研究方法，发现产品微创新成果，通过实态调查、数字描述、逻辑推理、讨论分析等实证手段，进而提供相对科学、客观的结论。

产品设计心理评价的实证研究方法具有四个原则和七项流程：

实证研究的四个原则是：①客观性，强调实态研究，保证产品心理评价的有效性和真实性；②数据性，它基于定性和定量数据的获取、分析、处理、数据加工，追求其科学性和精准性；③系统性，通过系统性研究，把握数据的纵向追踪和横向比较，使研究结果具有全面性；④中立性，实证研究以数据为主，其观点是中立的，产品设计心理评价以第三方咨询方式，显示其可用性。

实证研究的七项流程：①确立产品实证研究主题；②文献综述与相关理论研究；③定义研究问题；④实证研究方法设计；⑤产品实证研究过程；⑥分析实证研究获得的数据；⑦结果讨论并导向产品设计。

与时俱进的理论导向和微创新的实证方法以及团队运作是本专著的特色：《产品设计心理评价研究》

由笔者承担总项目的策划、主持、执行和责任作者，笔者的研究生是项目的具体执行者，我们组成的研究团队将有形产品和无形产品研究成果做了部分汇报。有形产品比如手机、小家电、本土汽车产品、女性产品等，无形产品比如品牌、服务、虚拟产品等。本书具体研究成果是我们近几年的专题研究，以十个项目的产品设计心理评价实证研究的方式，分为十个章节明示如下：

专题一：产品设计心理评价方法研究

专题二：电子产品设计心理评价实证研究

专题三：手机产品设计心理评价研究

专题四：小家电产品设计心理评价专题研究

专题五：本土汽车产品设计心理评价研究

专题六：女性产品设计心理评价研究

专题七：品牌产品设计心理评价研究

专题八：网络产品 C2C 可用性心理评价研究

专题九：现代产品服务设计心理评价研究

由于本书的篇幅有限，笔者的时间和精力有限，有许多成果没有展示，但我们的相关实证研究论文已相继正式发表。在此向所有投身于设计心理研究方向的研究生表示衷心的感谢，没有这一团队孜孜不倦的努力和探索，就没有如今的成果；同时也感谢所有关注这一领域发展的学者和同仁，没有你们的参与和推动，也就不会有百花齐放的局面。这种微观和宏观的可持续发展，提示我们坚信"产品设计心理评价"研究方向是有生命力和竞争力的，我们期望明天在这条道路上走得更快、更好。

江南大学设计学院

李彬彬

2012 年 5 月 10 日

目 录

1
产品设计心理评价研究概述

1.1 国内外相关研究概述

产品设计心理评价研究是基于诺贝尔奖获得者（1978）、认知心理学家赫伯特·西蒙教授的设计决策行为寻求满意解的研究成果，基于设计心理学家唐纳德·诺曼的"设计心理学是研究人和物相互作用方式的心理学"理念，在互联网时代称为"交互设计心理学"的基础上进行的。我们的实证研究一直遵循西蒙教授和诺曼教授的研究物品预设用途的学问，通过有形产品和无形产品的准试验和问卷心理评价，对产品的预设性能和实际性能进行因素分析，期望找寻主成分即那些决定产品基本功能的因子，比如我们的 MP3 产品心理评价就有 17 个主成分。类似方法的实证研究成果，在相关心理学理论导向的产品设计心理评价专题集中都可以呈现。

我们的专题研究，以设计心理学的相关理论为导向，以与时俱进的消费品和服务为研究对象，以用户体验为切入点，运用心理评价实证研究方法为特色，进行富有个性的选题和策划，首先我们追踪了国内外研究动态，并反思了我们专题组的研究成果。

1.1.1 国际的研究现状

在国际上，关于产品设计心理评价，逐渐从传统的产品造型评价转向无形产品设计心理评价，注重产品的用户体验水平。2011 年 7 月 9 日～14 日在美国佛罗里达州的奥兰多举行了第十四届国际人因工程学术大会，有 10 个相关的学术国际大会同时举行：①2011 年人机界面研讨会（日本）；②第九届工程心理学与认知工效学国际会议；③第六届普及访问人机交互国际会议；④第四届混合虚拟现实国际会议；⑤第四届国际化、设计与全球发展国际会议；⑥第四届在线社区和社会计算国际会议；⑦第六届增强认知国际会议；⑧第三届数字人体建模国际会议；⑨第二届以人为本国际会议；⑩第一届设计、用户体验和可用性国际会议。

李彬彬教授受大会组委会邀请，承担专题分会主席，我们分会场主题是"移动网络用户体验的服务体系设计研究"（Research on User Experience and Service System Design in Mobile Network），由来自清华大学、上海交大、浙江理工大学和江南大学等高校和研究机构的 7 篇研究论文组成，这 7 篇研究论文分别是：

（1）Jikun Liu[1], Xin Liu[1], Bingxue Gao[2], Jun Cai[1], Jenny Wang[3], and Qing Liu[1] ([1] Tsinghua University, Beijing, China, 2 Beijing Information Science & Technology University, Beijing, China, [3] Nokia Research Center Beijing, Beijing, China). Exhibition User Experience Research and Design for Applications of Context Awareness Technologies.

（2）Linong Dai (Shanghai JiaoTong University, Shanghai, China). New Development of Mobile Instant Messaging: Virtual Body Communication Interaction.

（3）Miaosen Gong[1], Ezio Manzini[2], and Federico Casalegno[3] ([1] Jiangnan University, 1800 Lihu Avenue, Wuxi 214122, P. R. China; [2] Politecnico di Milano, Via Durando 38/A, Milan 20158, Italy; [3] Massachusetts Institute of Technologies, 20 Ames Street, E15 – 368, Cambridge 02142, USA). Mobilized Collaborative Services in Ubiquitous Network.

（4）Yin Wangl and Qing Ge[2] ([1] Art & Design College, Zhejiang Sci – tech University, Hangzhou 310018, China; [2] Fair Friends Institute of Electromechanics, Hangzhou Vocational & Technical College, Hangzhou 310018, China). The User's Emotional Elements Research of Mobile Network Products Development Guided by User Experience.

（5）Bin – bin Li[1], Jia – liang Lin[2], and Liang Yin[3] ([1] School of Design, Jiangnan University, Wuxi 214063, China; [2] Ningbo University, Technology College, Ningbo 315212, China; [3] Jiangnan University, Taihu College, Wuxi 214122). Study of the Influence of Handset Modeling Characteristics on Image Cognition.

（6）En‐gao ZHOU[1]，Jian ZHOU[2]，Bin‐bin Li[3]（School of Design，Jiangnan University，Wuxi 214063，China）．Usability Evaluation Factors Research in Network Database System.

（7）Tianshi Shen，Peng Ran，Yonghe Ou，Yang Wang，Biwei Zhu，Ya Zhou，and Liang Ying（Jiangnan University，Wuxi，China，2011）．Service Design about the Recycle System of College Bicycles.

在本次大会上，我们研究团队有 2 篇研究论文，呈现了产品设计心理评价的最新研究成果，同时我们也获取了当下的研究动态。

1.1.1.1 可用性与用户体验

随着信息化时代的到来，依托计算机的软件产品越来越多，这些产品通常以界面的形式呈现给用户，其产品的可用性以及用户体验水平显得至关重要，关于这方面的研究近年来也很多。

Deborah S. Carstens（美国，2011）和 Annie Becker（美国，2011）[1]研究了政府网站可用性评估模型，并对 50 多个政府网站进行了测评。该模型由四个核心成分组成，即内容的可读性、阅读的复杂性、导航和可扩展性。该模型为改进政府网站的有用性和易用性，提高政府网站的用户体验水平有一定的促进作用。

Armin Kamfiroozie（爱尔兰，2011）和 Marzieh Ahmadzadeh（爱尔兰，2011）[2]，提出通过个性化定制产品和服务来提升顾客满意度的方法。以个性化自动取款机为例，基于用户的活动记录，为用户提供个性化的服务，使得用户可以在最短时间里获得他们所需要的服务系统，提高系统使用效率，增强系统可用性。

1.1.1.2 文化及跨文化的研究

当前，全球化趋势越来越明显，在全球视野下，如何继承和发扬本土文化，设计具有本土特色的产品和服务，是近年来的研究热点之一。跨文化的研究在国际救助、医疗等领域得到了充足的发展。

Anicia Peters（美国 2011）和 Britta Mennecke（美国，2011）等尝试通过 Web 的方式将一些孤儿的出生文化介绍给领养者。近年来，发生了很多大的自然灾害，这些自然灾害不仅破坏了国家的基础设施，而且也留下了许多孤儿，这就加快了国际收养儿童的步伐。在国际收养中，尽管年幼的孩子常常忘记他们的文化和语言遗产，但一些年纪大的儿童，隐约会记得他们出生地的某些文化。目前，国际上有许多研究收养儿童的，但与收养儿童出生地文化相关的 Web 介绍较少。为了解决这个问题，该研究者采用民族志、纸质原型、可用性测试和启发式评估等方法进行迭代设计，帮助领养者了解被领养者的本土文化。

Raghavi Sakpal（美国，2011）和 Dale‐Marie Wilson（美国，2011）设计了一个特定的文化虚拟患者，旨在让护士能够针对患者的文化习俗提供针对性的护理。美国有不同种族的群体人口，其餐饮、卫生、保健等文化也各不相同。成熟的护理标准强调，护士在提供护理时，应能够确认患者的文化习俗并考虑到文化的影响。护理界面临的一个主要挑战是如何教育护士提供文化相关的护理。为了解决这个问题，该研究者创建了代表不同文化的虚拟人，这些虚拟人将作为教育工具，帮助护士认识和处理具有不同文化背景的患者，并创建了第一个具有印度文化背景的虚拟女孩人体。

1.1.1.3 认知心理学相关研究

计算机科学的发展，离不开对认知心理学的研究。在计算机科学的发展过程中，从人类认知的角度出发，研究人类固有的一些认知特点，从而为设计服务，提升产品的用户体验水平。

Ilyung Jung，Myung Shik Kim 和 Kwanghee Han（韩国，2011）研究了颜色对人类情感和感知的影响。几十年的心理学研究表明，颜色可以影响人类的情感和感知，然而，这种影响效应的表现仍是未知数，如何从设计心理学的角度评价相关研究就更少了。该项研究调查并揭示了红色、蓝色和灰色对人体记忆的影响，研究结果表明，蓝色更适宜用户记忆，而红色则是一种充满浪漫氛围的色彩。

Luiz Carlos Begosso，Maria Alice Siqueira Mendes Silva 和 Thiago Henrique Cortez（巴西，2011）[3]，研究了人机交互过程中用户出错的情

---

① Deborah S. Carstens and Annie Becker，*A Usability Model for Government Web Sites*. HCI2011.

② Armin Kamfiroozie and Marzieh Ahmadzadeh，*Personalized ATMs：Improve ATMs ability*. HCI2011.

③ Armin Kamfiroozie and Marzieh Ahmadzadeh，*Personalized ATMs：Improve ATMs ability*. HCI2011.

况。当计算机系统任务流程设计不合理时，常会导致用户不能很好地完成任务。该项研究从人为错误可能发生的原因以及系统交互设计原则出发，提出一个错误模拟器，协助进行交互设计的项目管理。

1.1.1.4 针对特殊人群的心理评价研究

设计可达性，是"以用户为中心"的设计基础，针对一些特殊人群的研究，如老年人、残疾人，有色盲症的人等，使产品的适用范围更加广泛，产品更加人性化。

Kaori Ueda 和 Kazuhiko Yamazaki4（日本，2011）① 提出一种新的用户研究方法，通过对高级用户的研究，来发现用户界面设计过程中的问题。该项研究的目标用户是出生在 20 世纪 50 年代至 60 年代末的中年人，他们都是手机产品的高级用户，研究者采用日记法和民族志访谈等方法，研究手机界面的可用性问题。

1.1.1.5 服务设计研究

目前对服务设计的研究越来越突出，也得到了越来越多用户的认可，且区别于传统的设计研究，服务设计也有其自身的特点和设计原则，分别体现在以下几点：

服务设计的特点，①聚焦客户，为客户创造一种服务，使其在完成工作的过程中获取好的体验效果；②跨学科的融合，从产品设计，交互设计，图形设计和社会科学中汲取一些方式和方法；③设计过程，能够创造一种反映设计思考的过程；④品牌，确保品牌在多渠道之间传达的一致性。

服务设计原则，①以用户为中心，服务的成果应该能让用户切身体会到；②共同创造，所有利益相关人都应该参与到服务设计进程中去；③系列化，应该将服务设计转换成一系列的动作；④转换，应该将无形的服务设计转换成有形的产品设计；⑤整体性，在服务设计过程中，应该对整体环境做全面的考虑。

1.1.2 国内的研究现状

相比国外的研究动态，国内研究也很丰富，产品设计效果心理评价时，大多数从产品造型、产品感觉特性、产品人机界面、产品工效学、特殊人群以及跨文化和微创新的角度进行研究。

1.1.2.1 产品造型设计心理评价

造型并非只是产品外观的美化，而且涉及产品内部构造、布局，整体结构形态和外表色彩、肌理及装饰等一系列环节，是产品物质功能和精神功能的结合。在对产品造型的设计心理评价研究中，主要集中在不同群体对产品造型的认知差异，以及造型风格一致性的研究。

不同群体对产品造型认知差异的设计心理评价研究。罗仕鉴和朱上上②（2005）研究了用户和设计师在感知产品造型上的共同点及差异，提出和讨论了用户和设计师的产品造型感知意象的概念。以 MP3 音乐播放器造型设计为例，采用语义分析、心理量表和设计概念草图等研究方法，分析了用户与设计师感知意象的获取以及表征形式，将内隐性意象外显化。研究证明：用户与设计师的感知意象之间存在较大差异；在产品设计之前，研究用户的感知意象，找出其共性和个性特征，有利于提高设计方案的成功率。

对产品造型风格一致性的设计心理评价研究。从设计的角度来说，造型风格的内容是"借由色彩、线条、质感、结构……造型元素构成，在人们心里形成感觉，经视觉、感觉处理后，对产品辨识、感知的功能，令使用者能进一步了解产品的意图与内涵"③，它是产品与人们沟通的主要媒介之一，直接影响消费者对产品的第一印象，进而影响其购买决策。产品造型风格是由造型元素和风格特征两部分组成。造型元素是指人们所能看得到的物质外形，而风格特征则偏重产品给人带来的心理感受。产品的风格特征不仅取决于产品的物理属性，也取决于其他因素，如广告、典型使用者以及其他与消费者相关的市场活动。Sirgy 认为产品就如同人一样，都可以被看做是有其个性形象的④。所以这些风格特征可以通过一系列抽象形容词汇来描述，如朴实的、亲切的、沉静的、理性的等。

1.1.2.2 产品感觉特性设计心理评价

感性工学一词是由马自达汽车集团前会长山本健一于 1986 年在美国密歇根大学发表题为

① Kaori Ueda and Kazuhiko Yamazaki, *User Research for Senior Users*. HCI2011.
② 罗仕鉴，朱上上. 用户和设计师的产品造型感知意象 [J]. 机械工程学报，2005（10）.
③ 高清汉，庄明振. 对 Made in Taiwan 概念印象定位之探讨 [M]. 第二届设计学会学术研究成果论文集 [D]. 亚太图书出版社，1997：62 - 69.
④ 杨晓燕. 中国女性消费行为理论解密 [M]. 北京：中国对外经济贸易出版社，2003.

"汽车文化论"的演讲中首次提出的。它是一种运用工程技术手段来探讨"人"的感性与"物"的设计特性间关系的理论及方法。

在产品感觉特性研究中，郭伏、刘改云等申请的国家自然科学基金、中国博士后科学基金项目，研究成果《基于顾客需求的轿车感觉特性设计支持技术》[①]，针对产品设计亟待解决的感觉特性设计问题，提出了以顾客感觉偏好为导向的产品感觉特性设计支持技术框架，认为产品感觉特性支持技术包括四个部分：①产品感觉特性描述方法及评价量表，用于评价产品的感觉特性；②顾客情感偏好与产品感觉特性关系模型，用于分析顾客的总体感觉偏好与产品主要感觉特性的关系；③产品感觉特性与相关设计变量关系模型，用于定量分析设计变量对产品感觉特性的影响；④关键设计变量参数优化设计方法，通过对设计变量的参数优化来提高产品的感觉特性。

在实证研究方面，以轿车产品为例，采用形容词意象词组来描述轿车产品感觉特性，从汽车杂志、互联网有关车展介绍中收集用来形容轿车外观的感觉意象词对，收集整理得到146个产品感觉意象词对，并初步筛选出29个评价词对，用来描述顾客的总体感觉。

从汽车网站上广泛收集已生产的轿车图片和概念轿车图片，以外观造型相异原则选出了轿车正面图片48张、侧面图片47张作为代表图片构成图片库（正面与侧面车型不同）。邀请了20位有设计经验的人员进行图片分群，对正面分群结果的48×48距离矩阵和侧面分群结果的47×47距离矩阵，运用多元尺度法找出各个图片的空间坐标，并通过聚类分析方法依据类中心距离最小原则分别选出了正面和侧面各10张代表图片。

以选取的20张代表图片及初步筛选的评价词对为基础设计调查问卷。最后建立了产品感觉特性评价量表，运用多元回归分析方法，构建了顾客感觉偏好与轿车感觉特性关系模型，从图库中另选8张图片进行评价，验证了模型的可行性。

1.1.2.3　产品人机界面设计心理评价

信息时代，产品逐渐由硬产品转向软产品，越来越多的数字化产品以界面的形式呈现出来，尤其是近年来，伴随着触摸屏的普及，用户对软件产品的用户体验效果也越来越重视。

刘青和薛澄岐[②]（2010）为解决因界面而造成的整体系统效率低下的问题，以认知学为理论基础，提出将眼动跟踪技术运用于界面可用性检测。从眼动路径、热度、信息量、任务用时和注视频率等方面对新旧界面进行实验，以定量实验方法评估新旧界面的优劣，实验结果分析比较表明：新界面的各项实验检测数据都明显优于旧界面，更符合用户的需求和认知习惯；同时，眼动跟踪实验的可靠性高，数据结果比较精确，适合进一步推广应用，并为后续航电系统界面设计研究工作提供了一种有效的评估方法。

谭坤（2008）针对两款音乐手机原型界面进行用户绩效测试，将眼动追踪技术引入手机界面可用性评估中。将眼动数据与传统可用性评价指标结合使用，来衡量两款手机界面的可用性水平并对手机界面间的内部差异作量化分析。从任务测试的结果，可以发现眼动数据可以很好地比较两款手机界面间的内部差异，并能够揭示测试用户在手机界面上如何搜索他们的目标选项和信息。与以往的研究相比，该研究提出了基于眼动追踪的手机可用性评估方法，将眼动数据引入可用性评价的指标体系，并就任务测试结果设计了新的音乐手机原型界面，经过对比性测试后证明可用性水平得到有效提高。这些结果对于指导手机可用性评价的实践，进一步完善手机可用性评价指标体系有着重要的意义。

1.1.2.4　产品工效学心理评价

人因工程学是近几十年发展起来的边缘学科，该学科从人的生理、心理等特征出发，研究人—机—环境系统优化，以达到提高系统效率，保证人的安全、健康和舒适的目的。人类社会进入21世纪，信息技术和制造技术的飞速发展改变着人们的生活和工作方式，人的因素的影响和作用日益得到重视。目前在人因工程学的研究热点集中在以下几点：

"人机系统研究"是当前国内外共同的研究热点。人机系统研究主要侧重人机界面设计；除此之外，理论界开始关注特殊人机界面的研究；开始提出基于不同人机系统工作绩效评定方法及应用；人机环境系统分析与评价方法也有丰硕的

① 郭伏，刘改云，陈超，李森. 基于顾客需求的轿车感觉特性设计支持技术 ［J］. 东北大学学报（自然科学版），2009（5）.
② 刘青，薛澄岐. 基于眼动跟踪技术的界面可用性评估 ［J］. 东南大学学报（自然科学版），2010，40（2）.

研究成果。

目前人机功能分配研究多应用于航空领域[①]，在国际上，荷兰爱因霍芬理工大学建有模拟机舱实验室，专门研究飞行中的人因问题，如何降低飞行中人的时差影响问题，飞机座椅的舒适性问题。国内学者苏润娥、薛红军等也积极展开该方向的研究。

苏润娥，薛红军和宋笔锋的《民机驾驶舱工效布局虚拟评价》[②]通过对某型民机驾驶舱的布局进行计算机虚拟工效评价，提出了一种基于虚拟设计的民机驾驶舱工效布局评价方法。利用.wrl格式，实现了民机驾驶舱三维模型在CATIA和JACK环境的转化，关键信息损失较少，不影响工效评价，再通过JACK进行优化处理，以备后续工效评价；参照我国飞行员人体尺寸数据，创建了1%，50%和99%飞行员人体模型，并根据对飞行员访谈确定的适用于民机操作的关节舒适角范围及最舒适驾驶姿势，通过人体模型对民机驾驶舱的虚拟操作，分别评价了驾驶舱内主要设备：座椅、仪表板、遮光罩、方向舵踏板、操纵杆（盘）、中央控制台、顶部仪表板的布局工效，得到了各设备工效布局评价的结果，并提出了改进建议。这种预先在虚拟设计中进行的布局评价方法，能够将人的因素提前考虑到设计之中，设计出的驾驶舱更加符合以人为中心的设计理念，减少了设计返工带来的周期延长和费用增加问题，大大提高了设计效率。

航空产品由于其自身的独特性，如特殊的使用环境，不管是驾驶员还是乘客都要长时间地坐在座椅上，还有一些其他因素，如时差问题等，都会对用户的体验效果产生很大的影响。如何提高航空产品的舒适性，如何对航空产品的用户体验水平进行评价，是近年来国内外人因工程学研究的热点。

1.1.2.5 特殊人群产品设计心理评价

在人因工程学的研究中，对特殊人群的研究，关注残疾人、老年人及儿童产品设计，是未来研究的趋势之一。

（1）对老年人产品的设计研究，主要集中在家居产品、鞋类产品、手机产品、医疗产品、休闲产品和电子类产品的设计研究。

张品、段学坤和兰娟（2010）[③]，进行了老年人家居产品的调查与无障碍设计研究，从老年人家居产品设计角度出发，就家居产品如何与老年人生理、心理特征相适应的问题，进行了相关的研究调查。戴加法和卢健涛（2008）[④]，基于产品语义学，对老年人产品界面进行了研究，阐述产品语义学的概念和设计思想，探讨产品形态语义在老年人产品界面设计中的应用，为老年人产品界面设计提供了新的设计思想和手段，提高了老年人产品界面的友好性。

（2）对残疾人产品的研究，主要集中在残疾人卫浴产品、辅助器具产品的设计研究。

余建荣和陈一丹（2009）[⑤]对残疾人卫浴产品进行了研究，从功能、形态等方面充分考虑残疾人的特殊需要，以满足其心理和精神需求。陈志刚（2009）[⑥]基于残疾人的心理需求，进行了手动轮椅设计研究，分析总结出残疾人心理特征及产生原因，得出社会的不重视是导致残疾人心理不健康的结论。将需求层次论结合到残疾人身上，提出了轮椅需要满足残疾人更高层次的需求，即精神方面的需求。

（3）对儿童产品的评价研究，主要集中在儿童产品的色彩设计、儿童产品界面设计因素研究、游戏产品设计、儿童家具设计研究等。

罗碧娟（2008）[⑦]通过对不同年龄段儿童色彩心理的分析，探讨儿童产品色彩设计的不同侧重点，在此基础上，提出了儿童产品色彩设计的方向。王莉和陈炳发（2009）[⑧]以人机工程学、儿童心理学研究为基础，分析了儿童的生理和心理特点，提出了儿童产品界面设计的功能、约束、形式和人机四方面因素以及六项设计原则。

① 柳忠起，袁修于．刘诗，刘伟，王睿，康卫勇．航空工敷中的脑力负荷测量技术［J］．技术与方法，2003·9（2）：19：23．
② 苏润娥，薛红军，宋笔锋．民机驾驶舱工效布局虚拟评价［J］．系统工程理论与实践，2009：29（1）．
③ 张品，段学坤，兰娟．老年人家居产品的调查与无障碍设计研究［J］．山东师范大学学报（人文社会科学版），2010，55（6）．
④ 戴加法，卢健涛．基于产品语义学的老年人产品界面进行研究［J］．机电产品开发与创新，2008，21（5）．
⑤ 余建荣，陈一丹．谈残疾人卫浴产品的设计［J］．佛山陶瓷，2009（3）．
⑥ 陈志刚．基于残疾人心理需求的手动轮椅设计与研究［D］．西南交通大学，2009．
⑦ 罗碧娟．探析儿童产品的色彩设计［J］．包装工程，2008，29（1）．
⑧ 王莉，陈炳发．儿童产品界面的设计因素研究［J］．人类工效学，2009，15（4）．

谢亨渊和肖著强（2008）[①]对儿童玩具中产品语意学的解析，通过产品语意学，解析儿童玩具产品中形态设计、材料设计、色彩设计的体现方式。

设计"以人为中心"，离不开对一些特殊人群的关怀，对这些特殊人群使用的产品进行设计评价研究，其研究针对性更强，如针对老年人的家居产品设计，鞋类产品设计；针对儿童产品的色彩设计研究。在这些研究中，多数从特殊人群的生理心理特点出发，以定性研究为主，研究成果具有很强的社会价值。

1.1.2.6 跨文化与产品设计心理评价

从文化角度研究文化与产品设计之间的关系，包括产品体验设计中的文化元素研究、地域文化对产品设计的影响研究以及跨文化与产品设计研究。

徐家亮（2010）[②]论述了产品体验设计中的文化元素，认为产品体验设计并不一定只作为企业提供服务的一个"道具"，作为设计领域的一种深刻变革，它必须要同文化元素相联系、相结合，创造一种具有强烈吸引力的、令人深思的独特体验价值。产品的定位不再只提供功能的需要，而是应当给人提供精神上的需求，使用户在使用产品的时候能有更多地回味，更深刻地体会，这才是当代体验设计带给人们最不一样的感受。

罗莎莎和张泽（2010）[③]进行了地域背景下的产品文化研究，以韩国的 Pojaki 相关产品、北京奥运会系列形象设计，以及香港著名设计师靳埭强的设计作品为例，研究不同地域因素和传统文化对产品设计的影响，有助于从设计方法学的角度认识不同地域背景下产品文化和观念的传递，实现设计过程中对文化特征的把握，最终达到使产品体现区域特色和深厚文化内涵的目的。

辛鑫（2010）[④]认为，区域文化的内涵与特征在意象造型设计方面有很大的影响。在全球化的背景下，设计界也愈加关注文化方面的内容，区域文化作为文化中的一种现象，是在长期的自然环境与社会环境的作用与影响下，而形成的一种具有相似文化特征的区域与时空概念。意象造型设计作为产品设计的一种理论模式，其核心是从具体事物或者现象中，抽象出其中的内涵与意义，经过设计师的思维转换，再物化为产品的外观形象。

文化的研究是永恒不变的话题，从文化角度进行产品设计心理评价，可以提取更多的文化影响因子，丰富产品评价的研究范围。

1.1.2.7 微创新与产品设计心理评价

2010 年中国互联网大会上 360 安全卫士董事长周鸿祎首次提出了微创新，"用户体验的创新是决定互联网应用能否受欢迎的关键因素，这种创新叫'微创新'"。"你的产品可以不完美，但是只要能打动用户心里最甜的那个点，把一个问题解决好，有时候就是四两拨千斤，这种单点突破就叫'微创新'"[⑤]。微创新其实就是用户体验上的创新，只要解决了一个点，就能实现市场的爆发性增长。如苹果从一开始就做微创新，iPod 的微创新是里面的东芝小硬盘，号称可以存储一万首歌。从 iPod 开始，每一个微小的创新，持续改变，都成就了一个伟大的产品。iPod 中加入一个小屏幕，就有了 iPod Touch 的雏形。有了 iPod Touch，任何一个人都会想到，如果加上一个通话模块打电话怎么样呢？于是，就有了 iPhone。有了 iPhone，把它的屏幕一下子拉大，就变成了 iPad。[⑥]

以提升消费者的满意度为目的，通过微创新创造产品附加值的途径有很多，2011 中国微创新高峰论坛[⑦]发布了微创新的九大类型：

（1）技术型微创新提升产品附加值

微创新强调的技术，是在一个微小点上的突破，或是对已有技术与众不同的创新性应用。从而满足用户的某种需要，或给用户带来某种能够投其所好的独特体验。这种创新往往进行的周期短、应用快。技术可以让人们使用产品更便利，提高产品科技含量，给用户使用产品的优越感与信任感，改变人们的生活，给用户带来独特的体验。比如通过不一样的原材料：轻便的、环保的、健康的……也能带给用户不一样的体验。

① 谢亨渊，肖著强. 儿童玩具中产品语意学的解析 [J]，包装工程，2008，29（11）.
② 徐家亮. 产品体验设计中的文化元素 [J]. 美术大观，2010（1）.
③ 罗莎莎，张泽. 地域背景下的产品文化研究 [J]. 常州信息职业技术学院学报，2010，09（6）.
④ 辛鑫. 区域文化对意象造型设计影响的研究 [D]. 华东理工大学，2010.
⑤ 丁庆龙. 微创新：撬动地球的新支点! ——微创新：互联网行业新趋势 [J]. 华人世界，2011（9）：24.
⑥ 乔布斯和微创新 [EB/OL]. http://blog.sina.com.cn/s/blog_49f9228d0100xhmm.html.
⑦ 2011 中国微创新高峰论坛. 微创新九大类型 [EB/OL]. http://finance.sina.com.cn/hy/20110816/154910325599.shtml.

（2）功能型微创新提升产品附加值

通过开发出某种满足用户需求的产品或服务功能，制造出独特用户体验的创新活动。功能型微创新可以分为两类，一是创造出一种具有全新功能的产品或服务，另一种是在原有产品类的基础上，在自己的产品中增加全新的附加功能。功能型微创新使产品更符合消费者心理和生理需求，弥补消费者对原有产品的不满，有效提高产品的品质形象，提升消费者的满意度。

（3）定位型微创新提升产品附加值

通过对产品或服务进行独特的定位，并针对这一定位进行产品设计，达到创造独特用户体验的目的。定位型微创新，是由人需求层次的多样性决定的。人们渴望使用代表他们品位的产品，用具有特点的产品表达他们的个性，对那些与他们的想法有关的产品表现出强烈的兴趣。

（4）模式型微创新提升产品附加值

通过引入新的商业模式，可以是在其他成功模式上的改良创新，或是不同行业模式的借鉴融合，给消费者带来全新独特的用户体验，从而占领和扩大市场。模式不存在抄袭，模式是可以共用的。如，搜索引擎模式、团购模式，并不存在知识产权保护问题。

（5）包装型微创新提升产品附加值

在产品功能、技术等保持不变的基础上，仅通过外观设计包装上的突破，就足以成为产品和品牌区别于业界的标志，实现打动用户的目的。通过对形状、色彩、质感、风格等外观设计元素进行设计，创造出独特的用户体验，传递出产品和品牌的独有文化与内涵，这就是包装型微创新的价值所在。

（6）服务型微创新提升产品附加值

以顾客的某种需求为出发点，通过运用一种或几种创新的、以人为本的方法，关注环境、服务、对象、过程和人等服务要素，来确定服务提供的方式和内容。企业提供服务的质量与方式，同样是用户体验的决定性要素，因为它关注消费者的真正需求。贴心、周到而有特色的服务，可以营造出良好的用户体验的氛围。

（7）营销型微创新提升产品附加值

采用新手段、新形式、新的传播渠道等进行营销，带来新的体验，从而引爆用户群。比如现在经常提到的体验营销、口碑营销、故事营销、饥饿营销等带有互动性的营销方式，更容易实现微创新，带来产品附加值的提升。

（8）渠道型微创新提升产品附加值

突破传统的渠道限制，让产品在最意想不到却又恰如其分的地方和顾客邂逅，这种产品与渠道的反差必然带来客户体验上的改变。在最不可能的地方建渠道，这种"不合常理"的方式，往往更能吸引消费者的注意，比如吉利汽车在网上开设官方旗舰店，意味着消费者购买汽车行为方式的改变，会给消费者带来独特的体验。

（9）整合型微创新提升产品附加值

整合型微创新可以是在产品某个单项上有所创新和突破，也可以是在单项上只进行相应的调整和改良。整合型微创新是一种持续性的微创新，根据用户和市场的反映，用最适合的方式将各种微创新元素进行整合，统一在产品当中，注重产品使用中用户舒适、自由、便利的最大化，最终达到打动用户的目的。

微创新就是对用户体验的创新，要从用户需求入手，持续坚持，不怕犯错，要持续不断地满足消费者对产品的期望。

以上是国内外的一些研究现状介绍，在后续的分析中，我们将课题组的研究成果分为 8 个专题，详细地介绍了我们的研究成果，并对比了国内外的研究现状，以期为同行的研究提供参考。

1.2 有形产品设计心理评价研究

我们认为，有形产品又称形体产品或形式产品，是产品呈现在市场上的具体形态，是核心产品得以实现的形式。在有形产品设计心理评价专题集里，主要有电子产品、手机产品、小家电产品、本土汽车产品，以及女性产品。

1.2.1 电子产品设计心理评价研究

在电子产品设计心理评价专题研究中，我们的主要研究成果包括：徐衍凤（2005）《大学生 MP3 随身听战略设计心理评价实证研究》，杨汝全（2007）《都市青年数码相机设计体验心理研究》和杨利（2009）《大学生国产手机风险认知模式的实证研究》。

其中，由我们课题组承接的江苏省研究生培养创新工程项目《大学生自我概念与 NOKIA 手机造型风格偏好研究》取得丰硕的研究成果。共发表系列成果论文 5 篇，它们分别是：

林佳梁、李彬彬的《多元尺度法在手机造型语意心理评价中的应用》，发表于桂林电子科技大学学报（2008 年 2 期）；林佳梁、殷亮、李彬彬的《手机造型特征对意象认知影响的研究》，发表于包装工程（2008 年 6 期）；《自我概念与产品造型风格心理评价研究》，发表于长春理工大学学报高教版（2008 年 4 期）；李彬彬、王昊为、林佳梁的《大学生自我概念与诺基亚手机造型风格一致性心理评价研究》，发表于江南大学学报人文社会科学版（2008 年 2 期）；孙宁、李彬彬的《自我概念对手机造型风格偏好影响的性别差异研究》，发表于江南大学学报（人文社会科学版）2009 年第 2 期。

这些研究涵盖了电子产品的设计战略、造型风格以及设计体验心理评价，以顾客价值理论、大学生自我概念理论以及情感化设计理论为理论基础，具有较高的理论研究价值。在实证研究中，研究者通过大量的问卷调查、深度访谈等方法，为电子产品的心理评价提供了一些评价因子，这些评价因子能够更好地为企业和设计师提供服务。

1.2.1.1　电子产品设计心理评价相关研究

Thomas Fiddian（英国，2011）、Chris Bowden（英国，2011）[①] 等，从最终用户以及产品使用环境角度出发，对消费类产品的包容性进行了研究。该项研究以轻度至中度肢体或感官缺陷老年人为研究对象，试图通过一些新的方法来提高产品包容性的设计，该项研究构建了一个涵盖老年人障碍的虚拟人体模型。从英国、爱尔兰和德国邀请了 58 名在听力、视力或手的灵活性上，从轻度到中度范围有缺陷的老年人。实验过程中分为四组：同等级别的障碍，明显的听觉受损，明显的视觉受损以及明显的手的灵活性受损。

为了提高实验的准确性，这些实验都是在被试正常的使用环境中进行的，通过观察法研究这些被试经常使用的产品的类型，以及目前的使用情况。研究过程中，被试会使用他们日常使用的产品来完成一些任务，通过被试完成这些主要任务来分析被试的一些典型任务的逻辑顺序，研究人员观察并记录用户所采取的步骤，列出一些可用性问题，如任务完成的成功与否，任务的难易程度等。

研究人员最后对洗衣机以及手机界面的设计进行了实证研究。分析了不同等级、不同种类的残疾人在使用洗衣机或手机产品时遇到的可用性问题。通过这些研究，大大扩展了现有的设计流程，将用户的需求直接提供给设计师，以提高用户界面设计的可用性。

1.2.1.2　电子产品设计心理评价研究成果

项目 1. 大学生 MP3 随身听战略设计心理评价实证研究

徐衍凤（2005）的《大学生 MP3 随身听战略设计心理评价实证研究》的理论基础是顾客价值理论与设计风险决策管理漏斗理论。实证研究得到"大学生 MP3 随身听战略设计心理评价因素重要性量表"，共发放问卷 230 份，回收 204 份，回收率 88.7%，其中有效问卷 180 份，有效率 78.3%。在数据分析时，将因素分析的方法应用于时尚产品设计前期战略设计评价，最后得到由 17 个主因素，58 个小项目构成。这 17 个评价因素如下：个性化、服务周到、界面宜人、实用、价格适中、形态美感、方便性、一般功能、色彩、材料、娱乐性、品牌、整体协调、购买渠道、环保、沟通性、愉悦性。

通过运用"大学生 MP3 随身听战略设计心理评价因素重要性量表"可以了解大学生对 MP3 随身听的消费需求特点，发现大学生对于 MP3 随身听产品的哪些方面的功能比较重视，从而可以进一步地细分市场，找出大学生的潜在需求和市场空白，针对不同大学生群体开发产品或进行有针对性的营销手段。以此指导具体的 MP3 随身听产品战略设计活动，发现商业机会，找到最佳的产业契机。

项目 2. 都市青年数码相机设计体验心理研究

杨汝全（2007）的《都市青年数码相机设计体验心理研究》以 Donald A. Norman 的理论为基础，将用户对产品的心理体验分为三个层次："本能""行为"和"反思"，并运用特定的方法来探索和描述这三个层次的具体内容。针对这三个层次，作者的问卷也分为三个部分，分别调查和描述青年群体对于数码相机体验的三个层次的内容。经过统计分析，初步理解了受测群体对于数码相机的造型、功能、象征形象等方面的体验内容和需求倾向，这些成果可以作为数码相机设计定位的参考。

---

① 　Thomas Fiddian1, Chris Bowden1, Mark Magennis1, Antoinette Fennell2, Joshue O' Connor², Pierre T. Kirisci4, Yehya Mohamads, and Michael Lawo4. An End User and Environment Field Study for anInclusive Design of Consumer Products. HCI2011 论文等。

经过对 100 位受测者喜欢的数码相机的分析，因子分析发现受测群体对于数码相机样本的造型意象的体验可以由 3 个主要因素来概括：第一，现代形态体验，这种体验主要包括简洁精致的感觉，和谐流畅的感觉，小巧优美的感觉，可以认为这些感觉是用户看到数码相机造型时所体验到的首要的感受；第二，高质量体验，包括造型的大方性、造型体现出来的专业性，以及坚固和耐用的感觉，这个维度的体验因素是通过相机造型感受到的相机的内在质量；第三，创新性体验，包括对于相机个性的感觉、时尚的感觉，以及创造性的感觉。以上三个方面的因素可以看做是用户体验相机造型的感觉通道，他们通过这些特定通道来体验。在今后设计数码相机造型的时候，可以依此作为参考，设计人员可以有目的地调整自己的感觉方向，使自己的感觉通道与用户的重合，理解用户的审美倾向，使相机造型的设计有一个清晰的定位描述以及方向感。

通过对相机功能需求的分析，可以知道在设计相机的时候，要考虑相机具有什么样的功能，优先考虑设计功能优先度比较靠前的功能，因为这些功能对于用户来说相对比较重要。

数码相机的形象无疑具有象征性，这种象征性对于用户具有特殊的意义，相机的形象与用户的自我概念（自我形象）是一致的。通过调查，青年群体的自我概念具有某种共同的倾向性，倾向于认为自己的形象是当代的、愉快的、有序的、谦虚的以及年轻的。这样的调查结论与对于造型意象的调查结果是相吻合的，证明青年的自我概念和产品形象的一致性非常高。

项目 3. 大学生国产手机风险认知模式的实证研究

杨利（2009）的《大学生国产手机风险认知模式的实证研究》选取未来引领消费时尚的先导力量——大学生作为研究人群，运用深度访谈、问卷调查、关联分析、比较分析、因子分析、主成分分析相结合的方法，以国外现有风险认知模型理论作为研究基础，对大学生在购买手机决策中所考虑到的因素进行理论研究。

在问卷研究中，主要在两所大学校园内展开问卷发放，共发放问卷 300 份，回收 275 份，回收率 91.7%，其中有效问卷 259 份，有效率 86.3%。

实证研究结果表明，产品的风险有 4 个主因子：①性能风险因子；②社会风险因子；③财务风险因子；④心理风险因子。它们分别可以影响变量的程度为：34.663%、16.869%、15.653% 和 11.794%。企业需要从这四个因子入手，有目的、有计划、有针对性地制定设计决策。

在后续的研究中，还可以将大学生国产手机风险认知影响因子种类及影响程度运用到其他方面，例如，大学生其他的消费产品或者是国产手机的其他消费人群的研究，使研究结果突破特定产品、特定人群的限制，进行风险认知模型的建立。

1.2.1.3 电子产品设计心理评价研究动态

在电子产品心理评价专题中，我们的研究主要集中在随身听设计战略、设计体验心理以及风险认知模式的研究。在当今的研究动态中，从产品设计中的情感交互角度出发进行研究：如 Xuesong Yang 和 Cheng Chen（2011）[①] 对产品设计中的情感交互进行了研究。

该研究认为，在使用产品的过程中，客户可以通过熟悉产品的特性、属性与他们互动，并在同时有情绪的参与。因此，在产品设计中应重视情感交流，即产品应能够与用户有情感互动，除了展示产品本身外，还应该从交互设计的角度分析交互过程中的情感问题，交互过程中的情感问题有三个层次，即是本能层、行为层和反思层。

反应交互是本能的。感觉刺激引起好奇，包括视觉、听觉、嗅觉、触摸、品尝等。用户接收到的感觉刺激，直接回应他们，然后获得多样化的情感互动。这是一个小学的水平，但这个水平是最直接和不可抗拒的。例如，飞利浦现在已经产生一个新的灯泡，叫光编钟。随着室外照明的概念，它可以检测微风和温度的变化，相应地，灯光风格之间互相转换。刮风时，它通过在中间的圆形 LED 的洞，光的亮度增加。同时，它可以通过改变颜色来反映温度的变化，提供外面天气条件下的显示。

行为交互的增长来自使用过程中的认知和体验。它是为用户提供的功能性和实用性的情感交互体验。首先，可用性引起乐趣。随着数码产品在信息时代的蓬勃发展，大部分设计师都集中在探索多功能性，使其成为一个人使用产品的不寻

---

① Xuesong Yang 1, Cheng Chen 2. Emotional Interaction in Product Design. Proceedings of 2008 IEEE 9th International Conference on Computer - Aided Industrial Design & Conceptual Design Vol. 1.

常的技能。为了提高可用性，产品应该有为用户的相同的心智模式，这意味着设计师应充分了解用户和他们使用的背景，包括他们的年龄、文化背景、审美喜好等，以便为用户设计合适的产品。

反思交互关注知识、文化和产品的评价。在使用者通过理解、关联和反映"有意义的形式"与产品进行交互。反思交互与长期和产品互动中的个人的记忆和体验有关。如果一个人珍视一个产品，通常意味着他与该产品建立了一个积极的精神框架，并已成为美好回忆的象征。这些产品始终意味着一个故事，一个记忆体，或一些相关联用户的特定事物或事件。如果一个产品是与个人相关的，拥有者就会重视它。它是产品和用户之间的联系，并且它代表我们依赖它的意义，但不代表商品本身。同时，人们十分珍视能代表他们的身份、阶层、职业、喜好、品位的产品等，它们是个人形象的反射。当一个产品的声誉和珍贵提升主人的形象时，用户将更加重视它。

情感交互的三个层次从低到高上升。前面是后面的基础，后面则是前面的升华。它们相互作用，相互渗透。有时，这三者可能很难区分，但始终相互配合，完成与用户的交互。因此，客户购买产品，并欣赏它的唯一的方式就是带给他们从不同方面多层次的情感交流。

今天，人们的消费观念已转向高的自我实现。产品设计的情感交流，侧重于消费者的个人的体验，并把这种情感元素置于产品中，赋予产品与人沟通的能力。因此，设计师应该研究我们生活的这个社会，他们的设计面对消费者，成为完全以消费者为导向，通过消费者的反应、行为和反思交互，提供给消费者以情感关怀，从而在情感上缓解人们的紧张、压力以及精神空虚。

1.2.2　手机产品心理评价研究

在手机产品心理评价专题研究中，我们的主要研究成果有，王昊为（2009）的《高校环境下智能手机的心理评价与设计研究》；林佳梁（2009）的《大学生自我概念与 NOKIA 手机造型风格偏好研究》，秦银（2010）的《大学生智能手机应用软件设计的用户期望研究》。在研究结论上，我们构建了大学生智能手机人物角色评价

模型（包括消费动机、消费习惯、价值趋向等）；大学生用户的智能手机应用软件设计期望的系列问卷。

我们的研究不仅涉及手机造型风格的评价研究，还涉及软件产品的评价研究，具有很强的现实意义。在理论层面，我们以消费者满意度理论、用户期望理论，以及自我价值定向理论为理论研究背景，从跨学科的角度，具有一定的理论研究意义。在研究群体上，主要以大学生这一群体为主，通过问卷法，获取大量的数据，为企业和设计师提供第一手研究数据。

1.2.2.1　手机产品设计心理评价相关研究

薛海波（2008）[1] 通过使用 CSI 量表进行因子分析和聚类分析来探究"80 后"消费群体的购物决策风格类型特征，并尝试对他们进行群体划分。该研究的 8 个因子顺序依次为：新颖时尚、难以决策、追求完美、重视品牌、购物享乐、习惯忠诚、冲动购物和价格敏感。

罗仕鉴（2010）[2] 探索用户体验在手机界面设计中的应用，提出了基于情境的用户体验设计研究方法，将用户体验设计分为问题情境、求解情境和结果情境三个维度，通过信息在需求分析、开发设计和设计测试之间的传递与转化，构建了基于设计流程的用户体验设计情境维度模型。讨论了用户体验与人—产品—环境所构成的互动关系，提出了基于情境的用户体验设计人机系统模型。该模型认为，对使用方式的情境描述主要集中在使用产品的过程中人与环境和社会的动态关系，这种关系包括人与使用环境（使用场所和时间）、人与人（各自的角色与地位）、人与产品（感受和互动）、产品与产品（相互作用与影响）等多重结构和互动。

杨颖、雷田和张艳河（2008）[3] 基于用户心智模型的手持移动设备界面设计，以用户模型内部表征的视觉化为基础，对用户的心智模型与操作绩效进行了认知人机实验研究。16 个典型被试参与了实验，实验材料为两套基于"格式—格式"和"格式—栏式"心智模型设计的手机界面。实验结果表明，空间一致性良好的"格式—格式"心智模型比空间一致性不良的"格式—栏式"心智模型所对应的交互绩效高；虽然任务

① 薛海波. "80 后"消费者的购物决策风格与种群类别研究 [J]. 软科学, 2008 (3).
② 罗仕鉴. 手机界面中基于情境的用户体验设计 [J]. 计算机集成制造系统, 2010 (2).
③ 杨颖, 雷田, 张艳河. 基于用户心智模型的手持移动设备界面设计 [J]. 浙江大学学报（工学版）, 2008 (5).

属性的强弱导致了心智模型的强弱，但空间一致性强的系统在交互绩效方面仍然比空间一致性弱的系统表现优秀，这表明心智模型的逻辑一致性是影响界面可用性的一个重要因素。在此基础上，研究者提出了以心智模型为基础的界面交互设计思路，并以手机界面设计为案例得到了验证。

1.2.2.2　手机产品心理评价研究成果

项目 1. 高校环境下智能手机的心理评价与设计研究

王昊为（2009）的《高校环境下智能手机的心理评价与设计研究》以智能手机为研究对象，定位大学生为目标人群，以消费者满意度、心理评价以及可持续设计为理论基础，调查并分析当今大学生的手机使用状况以及生活方式，力求探索高校环境下的智能手机开发模式。

研究方法上，主要根据以用户为中心的设计方法——UCD（User Centered Design），建立有效的人物角色——Personas，在产品功能概念确立和外形风格设计方面予以指导。采用原创性的消费心理问卷法进行产品的市场分析与定位，运用语义差异分析法——SD（Semantic Differential method）对用户自我概念和手机造型风格进行评估；运用 CSI（Customer Satisfaction Index）调查问卷考察消费者对产品的使用情况以及态度指数。最后进行了多次修正，建立了有鲜明特征的大学生人物角色。

根据所得出的人物角色模型，以及收集的消费者态度数据，全方位把握高校潜在智能手机消费市场的真实状况（消费动机、消费习惯、价值趋向等），并从中挖掘出新的功能和价值需求，遵循可持续设计的准则，完成了智能手机的功能服务设计提案。

项目 2. 大学生自我概念与 NOKIA 手机造型风格偏好实证研究

林佳梁（2009）的《手机造型特征对意象认知影响的研究》以感性工学为理论基础，运用问卷调查与统计分析方法，探讨手机造型特征对人的意象认知的影响。根据研究的感性语意对应的造型要素项目权重值及类目效用值，设计师根据目标消费者选择的理想感性语义，便可得到对应感性语义的手机造型要素，进而导向新产品造型设计的研发。

该研究广泛收集 116 对形容手机造型风格的形容词；再经初步测试进一步挑选出更为集中表现受测者认知情况的 30 对形容词。运用语意差异法将前面的 7 个代表性样本和 30 对形容词加以结合，并请 30 位大学生进行测试，可以得到各样本在各组形容词上的得分均值。将数据用因素分析法进行分析，经最大方差旋转，最终得到 13 对有代表性的感性语义形容词，如表 1-1 所示。

表 1-1	最终确定的 13 对形容词		
新奇因素	雅致因素	体量感因素	亲和力因素
沉静的—有激情的	通俗的—高雅的	轻巧的—稳重的	冷酷的—亲切的
大众的—个性的	普通的—专业的	单薄的—饱满的	
无想象力的—有想象力的	简单的—复杂的	随便的—正统的	
朴实的—惊艳的	马虎的—考究的		
情感的—理性的			

该研究建构了大学生的感性语义与手机造型要素之间的对应关系，例如，有激情的手机。造型元素的组合为：大圆弧，弧线型，适中型，小圆弧，立式，屏幕/键盘分开，与数字键一起。借助这样的对应关系，设计师根据目标消费者选择的理想感性语义，便可得到对应的手机造型元素，从而保证其设计最有效率地符合目标消费语

义，导向新产品设计。

林佳梁（2008）[①] 以 NOKIA 手机作为研究对象，对大学生自我概念及 NOKIA 手机造型风格进行心理评价，在手机领域验证了自我概念一致性的理论，发现了消费者的自我概念与产品造型风格之间的一致性对消费者产品偏好的影响关

---

① 林佳梁，殷亮，李彬彬. 手机造型特征对意象认知影响的研究［J］. 包装工程，2008（6）.

系。还发现手机造型风格与大学生理想自我概念一致性程度对于大学生产品偏好的影响高于产品造型风格与大学生真实自我概念一致性程度的影响。大学生倾向于那些造型风格跟理想自我概念相一致或近似的手机。当影响问题结果的潜在变量是未知时，因素分析并不适合使用。林佳梁（2008）① 针对这种情况将多元尺度法（Multi-dimemsional Scaling）运用在手机造型语义心理评价中，解决了因素分析不适于通过实证研究表明在无法事先获得测评样本的代表性形容词的情况下，使用多元尺度法可以很方便地挑选代表性样本，对于产品设计心理评价实证研究有积极的意义。

项目3. 智能手机应用软件设计的用户期望研究

秦银（2010）《智能手机应用软件设计的用户期望研究》，采用定性研究与定量研究的结合的方法，完成大学生对于智能手机应用软件设计的用户期望评价的研究。其中定性研究主要是使用改良的情境研究法（情境属性研究法）获得使用情境的属性因素、分类及不同类别情境中的重点情境属性特征，再运用 TOOLKITS 法进行对应用软件产品的具体期望以及产品界面设计期望

的判定。在定量研究中，作者主要通过问卷的方式获得大学生用户对应用软件产品整体设计和应用软件界面设计的情境性期望和不同情境下对界面交互方式与视觉设计的容忍性评价。

通过对问卷数据进行权重分析，获得的 5 类情境中的设计期望的具体等级要素，包括：保健等级的设计期望要素/激励等级的设计期望要素/满意等级的设计期望要素。如表 1 - 2，A. 资讯情境中，保健等级的设计期望因子：有产品定位/视觉风格/界面色彩/图标设计；激励等级的设计期望因子有：产品定位/产品功能/视觉质感；满意等级的设计期望因子有：界面布局/交互方式/交互效果；B. 学习情境中，保健等级的设计期望因子有：视觉质感/图标设计/交互方式/交互效果；激励等级的设计期望因子有：产品定位/视觉风格/界面色彩/视觉质感/界面布局；满意等级的设计期望因子有产品功能；C. 娱乐情境中，保健等级的设计期望因子有：视觉质感/图标设计/界面布局，激励等级的设计期望因子有：产品定位/产品功能/视觉风格/界面色彩/视觉质感；满意等级的设计期望因子有：产品功能/交互方式/交互效果；D. 移动情境中，保健等级的设计期望因子

表 1－2　　　　大学生对应用软件设计期望的等级要素图

评价项目	评价子项目	资讯情境		学习情境		娱乐情境		移动情境		多任务情境	
		等级	权重	等级	权重	等级	权重	等级	权重	等级	权重
内容设计	产品定位	保健	0.58	激励	0.43	激励	0.38	保健	0.42	保健	0.26
		激励	0.30							激励	0.21
	产品功能	激励	0.64	满意	0.72	激励	0.77	激励	0.64	激励	0.42
						满意	0.69				
视觉设计	视觉风格	保健	0.43	激励	0.26	激励	0.54	激励	0.43	保健	0.37
	界面色彩	保健	0.37	激励	0.34	激励	0.27	保健	0.22	激励	0.35
								激励	0.19		
	视觉质感	激励	0.22	保健	0.17	保健	0.54	保健	0.16	保健	0.39
				激励	0.56	激励	0.25				
	图标设计	保健	0.19	保健	0.21	保健	0.23	满意	0.47	满意	0.49
交互设计	界面布局	满意	0.62	激励	0.12	保健	0.44	激励	0.43	满意	0.63
	交互方式	满意	0.55	保健	0.33	满意	0.59	满意	0.45	激励	0.28
	交互效果	满意	0.21	满意	0.16	满意	0.52	保健	0.11	激励	0.31
										满意	0.16

① 林佳梁，李彬彬．多元尺度法在手机造型语意心理评价中的应用［J］．桂林电子科技大学学报，2008（4）．

有：产品定位/界面色彩/视觉质感/交互效果；激励等级的设计期望因子有：产品功能/视觉风格/界面色彩/界面布局；满意等级的设计期望因子有：图标设计/交互方式；E. 多任务情境中，保健等级的设计期望因子有：产品定位/视觉风格/视觉质感；激励等级的设计期望因子有：产品定位/产品功能/界面色彩/交互方式/交互效果；满意等级的设计期望因子有：图标设计/界面布局/交互效果。

以用户为中心的设计已经是企业进行产品开发的重要的研究方向，而用户期望作为用户体验设计的先决条件，其重要性以及必要性也越来越受重视。本研究在研究过程中使用了多种研究方法，这对企业进行用户体验的产品设计有重要的借鉴意义。

1.2.2.3　手机产品设计心理评价研究动态

在手机产品设计心理评价研究中，不应该仅仅停留在外观造型的设计中，还应该从人机交互的角度，注重产品内部的软件产品设计，提升产品的用户体验水平。Aryn A. Pyke, Ottawa（2011）提出从潜意识隐喻角度进行的界面设计。

尽管已经存在影响人机交互的因素，如人类互动的传统隐喻，从智能代理和上下文感知计算领域中出现的一些应用程序，但是这些恰恰促使了研究人员识别出在人机交互中隐式地出现了一种新的隐喻，即意识到潜意识的（C－S）隐喻。这个 C－S 隐喻明确阐明了人机交互的交谈方式，并充分利用了哲学和认知科学的意识和认知有关的研究成果。

在人机交互中，通常将计算机活动分成两部分：界面活动和潜在的计算过程，这个计算过程对于界面用户是不透明的。正如通过任何方式，在计算机中进行的大部分计算是不明显的，甚至对于界面也是如此；发生在意识中的大部分计算过程也是不透明的，甚至对于个人反思也是如此。而明显的，如投掷棒球这样的行为活动中，则并没有意识到计算轨迹。

在一个有意识的过程中伴随着一个或者更多潜意识的过程，从这个角度来看，人类可以被认为是认知模块化的典范。从一些案例中我们认识到，我们的意识有时完全没有意识到这种潜在的计算，计算的结果或者事物常常是隐蔽的，当它如果积极地参与到计算过程中时，它往往是断断

续续，而且不完全暴露内部信息的，就这点而言，这个意识的头脑可以被认为是一种界面本身。

当人与人隐喻应用到交互设计的可操作性模型中时，与其说是人类 C－S 交互的情况，不如说这种应用本身就存在于人机互动间，属于其本质属性。C－S 隐喻为人机交互和认知科学相互认知和推动彼此提供了一个发展机会。

1.2.3　小家电产品设计心理评价研究

在小家电产品设计心理评价专题研究中，主要研究成果包括：吴君（2007）的《基于顾客价值家用吸尘器设计心理评价实证研究》；葛建伟（2007）的《"E"世代人群生活方式分类与电磁炉消费行为研究》；曹百奎（2009）的《主观幸福感导向电吹风设计效果的心理评价研究》。

这些研究涵盖了小家电产品的品牌认知模式，"E"时代人群的生活方式以及消费者主观幸福感的影响因素。以顾客价值理论、生活方式理论、幸福感理论为研究基础，以电熨斗、电磁炉和电吹风为研究对象，通过问卷调查法、深度访谈等多种方法，多方位、多角度地对小家电产品进行了产品设计心理评价。

1.2.3.1　小家电产品设计心理评价相关研究

Kiyomi Sakamoto（日本，2011）、Shigeo Asahara（日本，2011）[1]等通过生理和心理指标来评价电视机前观众的情绪状态。

该项研究让被试观看四类视频（录制的演唱会、风光片、恐怖片和感人的视频），每个片段10分钟，在两个视频切换过程中，被试有2分钟的休息调整时间。邀请了12位年龄在20~30岁的成年人进行测试。首先通过问卷和访谈获取用户的心理状态，采用7分法（-3—3分）（"有压力的一放松"，"兴奋的一昏昏欲睡"，"有重点一让人分心"，"感觉融入其中"，"无聊"，"舒服"，"不舒服"，"喜欢一不喜欢"，"有兴趣"，"有激情"，"恐惧"和"视觉疲劳"）；再通过一些仪器记录被试在观看视频过程中的生理数据，近红外光谱（NIRS），心率（HR）和心率波动性（LF/HF），以及眼睛闪烁的速度，β/α脑电图等。

之后将主观评分与仪器记录的数据进行对比

① Kiyomi Sakamoto1, Shigeo Asahara1, Kuniko Yamashita2, and Akira Okada2. Relationship between Emotional State and Physiological and Psychological Measurements Using Various Types of Video Content during TV Viewing. HCI2011.

分析，研究表明能反映神经系统活动的近红外光谱（NIRS），对评估用户情绪状态，如"紧张，轻松""舒适，不舒适"和"喜欢，不喜欢"是有益的。而心率（HR）和心率的波动性（LF/HF），在实证研究中，会受到一些复杂情绪状态的影响。

杨培（2008）的《厨房小家电的本土化设计研究》主要阐述了全球化背景下的厨房小家电产品本土化设计，分析了消费因素、环境因素、文化因素与家庭人口因素这四大因素对厨房小家电产品的影响与本土化设计指导。通过对本土文化的深入研究，在产品心理评价过程中，可以提取文化影响因子，有利于扩展产品心理评价的评价因素。

1.2.3.2 小家电产品设计心理评价研究成果

课题 1. 基于顾客价值家用吸尘器设计心理实证研究

吴君（2007）的《基于顾客价值家用吸尘器设计心理评价实证研究》，以顾客价值理论、顾客满意理论为实证研究方法学的理论支点，相关小家电产品设计研究集中在用户满意度与需求心理学的角度，而小家电产品设计用户体验及用户体验度量对产品设计开发至关重要，用户体验度量揭示产品的用户体验。

通过资料收集深入研究了家用吸尘器行业、产品特点及市场情况，将顾客价值理论引入家用吸尘器产品设计心理评价实证研究，通过按家用吸尘器已有用户和潜在用户两类划分，抽取了 9 位吸尘器用户和 7 位吸尘器潜在用户进行深度访谈，识别家用吸尘器的顾客价值要素，即主观评价项目，并细化成满意度问卷的 60 项刺激变量，接着展开定量实证研究，在无锡市共发放问卷 200 份，回收 176 份，回收率 88%，其中有效问卷 143 份，有效率 81.25%。

通过因素分析将消费者对家用吸尘器的心理评价因素简化为 10 个主因素：多功能因子、方便因子、外观造型因子、材料因子、品牌因子、广告促销因子、性能因子、可持续购买因子、色彩因子和净化空气因子。

其中核心因素是"家用吸尘器产品的多功能因子"，该因子是家用吸尘器产品消费的核心价值、目的和目标，是消费者通过家用吸尘器产品的使用期望达到的最终目标。研究结果表明，对于家用吸尘器产品来说，新技术的运用、多功能的实现，使消费者在基本层面的价值要素中不断

地发现吸引他们的新价值，同时对于其他层面的价值，消费者又表现出与对待成熟产品相同的价值需求，即重视产品的个性与品位、在乎品牌形象、重视产品服务等。本研究结果具有良好信度和效度，可以为国内家用吸尘器行业在现有消费者群巩固的基础上进行新的产品设计提供依据。

课题 2. "E"世代人群生活方式分类与电磁炉消费行为实证研究

葛建伟（2007）的《"E"世代人群生活方式分类与电磁炉消费行为研究》，以电磁炉小家电产品为研究对象，生活方式理论为理论基础，建立电磁炉产品用户生活方式分类系统，从而了解我国苏锡常地区"E"世代人群的生活方式与其购买小家电、消费行为之间关系，研究方法采用理论分析与实证研究，定性和定量研究相结合，具体研究思路是通过研究相关文献和二手资料，并配合消费者深度访谈获得生活方式的研究范围，建立生活方式测量模式。

实证研究采用问卷调查的形式，正式调查时，调查范围锁定苏锡常三个城市，这三个城市是江南沿海经济比较发达的三个代表，消费者生活水平相对较高，整体生活消费理念比较先进，对整体市场具有一定引导性与代表性。调查采用访问员入户调查及电脑网络调查，总共回收样本 197 份，获得有效样本 161 份，对回收有效问卷进行统计处理分析，得到定量结果。生活方式测量采用了因子分析法与聚类分析法，因素分析是处理多变量数据的一种数学方法，要求原有变量之间具有比较强的关联性，从为数众多的"变量"中概括和推论出少数的因素，聚类分析实质是建立一种分类方法，它将一批样本数据按照性质的亲疏程度在没有先验知识的情况下自动进行分类。

本课题研究从 30 个生活方式变量上进行主因素分析，提取了 10 个主因素，且 10 个主因素解释了总体方差的 65.829%，"E"世代人群生活方式 10 个因素分别为：事业成就发展因子、挑战生活因子、实用方便因子、产品风格关注因子、传统家庭因子、运动休闲因子、谨慎购物因子、购物消遣因子、经济安全感因子、关注生活规律。根据各样本在生活方式各主因素上的得分，使用聚类分析将"E"世代人群细分为成熟时尚型、追求完美型、传统居家型三种类型。最终研究发现不同的生活方式类型与小家电产品消费行为存在显著关联。

课题 3. 主观幸福感导向电吹风设计效果实证研究

曹百奎（2009）的《主观幸福感导向电吹风设计效果的心理评价研究》选取电吹风小家电为研究对象，结合了社会学主观幸福感的相关理论知识及常用量表模型，建立了主观幸福感导向的产品设计效果心理评价模型，探讨将主观幸福感应用于电吹风设计效果心理评价活动的可行性，以充裕感、公平感、安定感、自主感、宁静感、和融感、舒适感、愉悦感、充实感和现代感这 10 个幸福感指标体系为手段编写问卷，以实证研究的形式探讨幸福感与家电产品设计效果评价的关系。

实证研究采取网络调研的形式，以电子邮件问卷为主，将电子问卷（word 文档格式）以 E－mail 附件的形式发送到指定邮箱，采取配额抽样的形式，共发放问卷 250 份，回收有效问卷 201 份。最终获得主要实证结论：设计精美且有品味的产品能增强人们的幸福感；主观幸福感对小家电产品影响涉及 6 个方面因素：情感因素、生活状态、家庭因素、社会因素、心理因素和健康因素，其中情感因素、生活状态、家庭因素是消费者购买产品时考虑最多的 3 个因素。

与传统的 CSI 产品设计心理评价相比，本课题主观幸福导向小家电产品设计心理评价最大的不同是加入了消费者本身的情感体验、生活状态及幸福心理体验，即以消费者情感体验为中心而设计与评价是本课题研究的创新点。

1.2.3.3　小家电产品设计心理评价研究动态

在小家电产品设计心理评价专题研究中，我们的研究主要集中在顾客价值理论、"E"世代人群生活方式以及"主观幸福感"理论，这些都是对用户显意识的研究，在当今的研究热点中，还可以从潜意识引导下的感性诉求角度出发进行小家电产品设计心理评价。Oya Demirbilek（2011）[1]提出了潜意识引导下的感性诉求产品设计研究。

研究认为，情感驱动设计已成为设计研究的重要领域，并刺激了数字革命的转变。产品因进入到复杂和不可用的黑匣子里的现象，促使了设计师和学者探讨设计与情感之间的链接问题。现在评价何谓一个好的设计的指标体现在：吸引力、易用性、用户的负担能力、可持续发展、最

新的技术和安全性等属性。作为使用者，我们期待更多新颖的产品设计。

如神经学营销采用如功能磁共振成像（fMRI）等技术，用一个将近 12 吨的医疗成像扫描仪直接测试人类的大脑，探测出当人们看到欢迎的和不受欢迎的对象时会做出什么样的思考（Singer，2004）。在这种扫描测试时，当人们看到他们所喜欢东西的图片时，大脑中的一个区域，与自我参照的思维相关联，认同感和社会形象被激活。在这种情况下，人以某种方式来识别自身产品。而这种识别可能来自于我们的记忆和成长背景。另一个有趣的发现是，在许多情况下，人们对于恐惧（而不是倾慕或者吸引力）会在不知不觉中驾驭使用，并对某些产品做出决定。

成功的产品设计仍然必须是使用一种直观的，在不需要何种指示下，用户明确知道它的工作原理；或者具有吸引力，并且影响情绪的，可以使人们感到舒适，愿意花时间发现它的功能和使用的设计，这两种方法的组合很可能会产生惊人的设计。涉及大脑研究的科学研究是在不断前进和发展的，潜意识研究将最有可能提供有关情绪的运用、用户行为规律和产品选择的方法和途径。

1.2.4　本土汽车产品设计心理评价研究

在本土品牌汽车产品设计心理评价专题研究中，主要研究成果有：马丽娜（2010）的《大学生气质类型与微型轿车色彩偏好及意象研究》，李秋华（2009）的《微型客车战略设计心理评价实证研究》和曹稚（2009）的《生活方式导向中国多功能乘用车设计研究》三个子课题。

课题研究主要从大学生汽车色彩偏好、微型客车设计效果消费者评价因子、汽车外观造型设计个性化偏好等角度出发，运用气质类型理论、色彩认知理论、生活方式理论以及意象尺度法、因素分析法、卡片分类法、SWOT 分析模型、平衡记分卡等诸多研究方法和工具导向本土汽车产品心理评价研究，具有一定的研究创新性。通过大量的实证研究和数据分析，完成了诸如构建基于大学生气质类型的微型轿车色彩意象尺度图和意象形容词尺度图、获取了原创性的由 58 个变量、17 个主成分组成的"微型客车战略设计心

① Oya Demirbilek. Subconscious emotional appeal of products. University of New South Wales, Industrial Design Program, Australia.

理评价因素重要性量表"以及总结出了中国社会三类主要生活方式及其与多功能乘用车设计偏好以及消费行为之间关系的八大类别主要因子，这些创新性的研究结果，可以为企业和设计师提供更好的设计决策。

1.2.4.1 本土汽车产品设计心理评价相关研究

从认知心理学角度进行的相关研究主要集中在汽车造型风格与意向认知研究这方面。天津大学的张琳（2007）在进行汽车造型审美心理测量实验时，采用了语义分析量表法，依据人审美心理特点的心理学实验设计设置了十三对形容词对，构建语义量表。运用主成分分析法对数据进行分析并进行信度效度检验，最终得出了产品意向分布图。此外，英国诺丁汉大学的人类工效学研究室，德国的波尔舍汽车公司和意大利的菲亚特汽车公司都热衷于感性工学的应用研究；美国福特汽车公司也运用感性工学技术研制出新型的家用轿车；日本索尼，韩国现代、三星等公司也已有了相当深入的感性工学研究。本课题研究团队中的马丽娜参考了上述多种研究方法，创造性地选择以大学生为研究群体，将感性研究与基于实证的理性研究结合起来，除了使用访谈法和问卷法等常用研究以外，通过意象尺度法将被试潜在的主观想法意见提取出来并制成大学生微型汽车色彩意向尺度图，将主观评价提取出来制成意向形容词尺度图，具有较高的理论操作价值和现实参考意义。

从管理心理学角度进行的相关研究较多，具体包括武汉理工大学的许超凤（2010）以用户生活方式与混合动力轿车内饰设计之间的关系为研究内容，以心理情感及使用方式等各种人性化因素的考虑为出发点，将人性化因素融入到内饰设计；合肥工业大学的汪汀（2009）将色彩体系划分为三个层次：性格层、色彩意象层和色彩层，根据不同的性格类型和色彩语义的对应关系，得出"性格—色彩意象图"；湖南大学的张文泉（2007）从自然形态生成与设计形态生成对比研究出发，结合遗传算法和生成设计理论，提出产品造型基因以解释形态产生中的遗传和进化现象，引入"品牌造型基因"概念，构建了奥迪造型基因遗传图和奥迪品牌造型基因的组系图谱并初步提出了一个基于造型基因的汽车品牌造型设计理论框架。本研究团队的曹稚，在其生活方式导向中多功能乘用车设计研究课题中，也是从消费者的生活方式研究着手，研究了不同群体在

生活方式上的差异以及所带来的汽车消费需求上的差异，不同的是许超凤的研究偏重于汽车空间因素，曹稚的研究偏重于生活方式导向最终的汽车造型设计偏好和消费行为。

1.2.4.2 本土汽车产品设计心理评价研究成果

课题1. 大学生气质类型与微型轿车色彩偏好及意象研究

马丽娜（2010）在《大学生气质类型与微型轿车色彩偏好及意象研究》这一课题中，从消费者个性化心理特征之一的气质入手，主要研究不同气质类型大学生在轿车色彩偏好上的差异结果。在实证调研中，她首先对大学生气质类型进行测量：她采用经典气质类型划分方式，即多血质、胆汁质、黏液质和抑郁质。然后对大学生对于微型轿车的色彩需求以及对于色彩意象的认知进行调查测评：她选取了"红色、粉红色、橙色、黄色、绿色、蓝色、紫色、白色、灰色、黑色、金色、银色、褐色"共13种色彩样本，并基于以往研究成果选择四类因子的18对不同维度正—反义形容词对作为本次实验调查评价的标准。为了确定13个色彩样本在色彩意象空间中的大致相应位置，实验采用意象尺度法和主成分分析法对所收集的数据进行分析处理，最终得到13种色彩样本在意象空间中的分布情况，从而构建出色彩意象尺度图。

在色彩意象形容词实验中，研究者以色彩意象形容词这些词语中，挑选出能够集中表现被试者认知情况的171个形容词。为了更好地进行实验以及方便接下来的用户测试，需要对这171个形容词进行分类，分类过程采用了卡片分类法，将这171形容词分为了16大类：可爱的、浪漫的、清爽的、亮丽的、自然的、优雅的、清新的、青春的、有活力的、豪华的、粗犷的、古典的、精致的、考究的、稳重的、现代的。在定量研究阶段完成了正式问卷的制作，在进行了问卷的信度分析考量后发放了200份正式问卷。在对所回收的131份有效问卷进行统计分析后，对大学生群体对于微型轿车的色彩需求、大学生气质类型与微型轿车色彩偏好、性别与微型轿车色彩偏好等方面进行了详细分析，并最终成功构建了基于大学生气质类型的微型轿车色彩意象尺度图，将感性研究与基于实证的理性研究结合起来，除了使用访谈法和问卷法等常用研究以外，通过意象尺度法将被试的潜在的主观想法意见提取出来并制成大学生微型汽车色彩意向尺度图，

将主观评价提取出来制成意向形容词尺度图,具有较高的理论操作价值和现实参考意义。

课题 2. 微型客车战略设计心理评价实证研究

李秋华（2009）在《微型客车战略设计心理评价实证研究》这一研究课题中,选取微型客车作为研究对象,运用了"平衡记分卡"、"设计风险决策管理漏斗"、"SWOT 分析模型"等理论和工具,展开的微型客车消费市场及用户消费形态的研究,从而找出微型客车用户关心的要素变量。在定性研究阶段,通过对 16 位微型客车消费者的深度访谈,构建出了用户 AIO 模型,并根据消费形态把其分成品牌消费型、亲朋推荐型、功能至上型、经济实惠型和尝试创新型五种类型。在定性研究的基础上,设计了"CSI"（Consumer Satisfaction Index）调查问卷并在苏州、无锡、上海地区共同发放,通过对调研的 180 个有效样本在 81 个变量上进行主因素分析,在获取产品信息渠道、汽车主要用途、造型喜好等多个方面得到了相关数据,并最终获得了由 58 个变量构成的 17 个主因素:功能因子,动力因子,基本配置因子,质量因子,售后服务因子,人机因子,外观造型因子,车身材料因子,安全因子,车身颜色因子,信息渠道因子,品牌因子,性价比因子,销售因子,附加配置因子,环保因子,内饰因子。这些创新性的研究结果,可以为企业和设计师提供更好的设计决策。

课题 3. 生活方式导向中国多功能乘用车设计研究

曹稚（2009）在《生活方式导向中国多功能乘用车设计研究》这一课题中,立足于中国消费者生活方式的变迁这一宏观社会背景,选取青年消费群体作为研究人群,选取多功能乘用车（MPV）作为研究对象,以生活方式相关理论以及经典生活方式测量模式作为理论依据,在实证研究中,以中国 MPV（Multi - Purpose Vehicles）潜在消费者生活方式分群为基础探讨多功能乘用车（MPV）的外观造型设计定位。在生活方式测量模式的建构上,依据前面得出的生活方式测量模式,对模式中的各个维度选取有针对性的 3～4 个生活方式项目,总共 40 个特殊化的 AIO 问题,以 AIO 量表进行筛选,萃取出适合本课题

目标施测人群的生活方式测试语句,进行测量模式的维度架构,再经过深度访谈对每一维度的测试语句进行优化,最终得到本课题的生活方式测量模式。研究结果表明多功能乘用车的潜在消费群的生活方式包含:时尚休闲维度、传统家庭维度、自我发展维度、关注环保维度、个性生活维度、注重品牌维度、理性消费维度和追求品质维度等。根据生活方式变量,可以把多功能乘用车的潜在消费群细分为个性精英型、时尚实惠型和成熟顾家型三种类型。最终绘制成各生活方式分群的 MPV 造型偏好图。本研究偏重于生活方式导向最终的汽车造型设计偏好,研究了不同群体在生活方式上的差异以及所带来的汽车消费需求上的差异。

1.2.4.3　本土汽车产品设计心理评价研究动态

在本土汽车产品设计心理评价专题研究中,我们研究主要集中在色彩偏好及意向的研究,微型客车战略设计评价因子研究,基于生活方式的多功能乘用车（MPV）的外观造型设计研究。而当今的研究动态,从感性工学以及区域性角度出发,进行研究。

（1）从感性工学角度出发,研究用户感性词汇与产品造型要素之间的关系

如同济大学的刘胧、汤佳懿和高静[①]（2010）提出了基于感性工学的产品设计工作流程,并研究了用户感性词汇与汽车中控台造型要素的关联性。主要运用多元尺度法、聚类分析法,通过逐层筛选得到 16 个类别——16 张汽车中控台造型图片,并将其造型设计分为八个要素:材质感觉,材料表面效果,明度,对比度,外轮廓整体形状,面板表面过渡,内部元素布置,内部元素形状。与之对应的消费者认知方面,在初期收集的 200 个形容词基础上筛选得到了 8 组共 16 个形容词,最后选用里克特量表设计问卷进行调研分析评估。

（2）从区域性角度进行差异性分析研究

武汉理工大学的姜轲[②]（2010）以武汉为目标进行地域特征分析,并以武汉的私家车车主作为典型用户人群展开用户研究,分别从使用需求、外观需求、内饰配置需求、动力技术需求、经济性需求和安全性需求六个方面,对其实际的家用车使用情况进行分析,并得出武汉用户在实

①　刘胧,汤佳懿,高静. 基于感性工学工作流程的汽车内饰设计研究 [J]. 现代制造工程,2010（11）:94～98.
②　姜轲. 基于武汉用户需求的新能源家用车外形设计解析 [D]. 武汉理工大学,2010.

际使用中对家用车的多重需求。最后，将"与车身外形设计相关的用户需求"及"现有新能源家用车外形设计特征"相结合进行分析，提出符合目标用户需求的车身外形发展特点，并加以解析。

从消费心理学角度进行的相关研究具体包括 Ilsun Rhiu（韩国，2011）和 Taebeum Ryu（韩国，2011），对客车外板的刚度进行了用户满意度的分析，通过实证研究分析得出了汽车外部面板的应力—应变曲线和消费者满意度的对应情况；武汉理工大学的姜轲（2010）在以武汉的私家车车主作为典型用户人群展开用户研究，分别从具体6个方面，对家用车使用情况进行分析并得出武汉用户在实际使用中对家用车的多重需求。这一研究与李秋华的研究课题具有相似之处，都是以消费者对汽车的设计需求为研究内容，也都是对某个具体的地区范围内进行的，姜轲的研究成果—需求列表的形式呈现，而李秋华则通过隐喻转化，将消费者的需求装化为58个具体设计变量并制成了量表，更加明显易懂；湖南大学崔杨（2009）研究用户情感需求和汽车造型要素的情感表达，综合两者提出一套基于用户情感需求的模型来指导汽车造型情感化设计；学者李艳娥（2010）提出轿车顾客体验包括感知体验、情感体验、社会体验三个维度，轿车品牌资产包括品牌认知和品牌关系形象两个维度并最终提出了顾客体验对轿车品牌资产影响的研究模型。

1.2.5　女性产品设计心理评价研究

在女性产品设计心理评价专题研究中，主要研究成果有：孙宁（2009）的《女性自我概念导向手机产品设计心理评价》，董绍扬（2010）的《新宅女情感价值与小家电体验设计》和王轶凡（2009）的《性别导向的本土汽车品牌展示设计评价研究》。

我们的研究主要从女性自我概念，以及"新宅女"情感价值角度出发。将消费者自我概念引入产品形象系统研究领域，构建了基于"女性自我概念"的整体产品形象系统模型；将用户情感价值与"新宅女"匹配引入产品设计，构建用户体验模型，从本能、行为、反思三个层面对产品设计开发进行策略性指导。在实证研究中，采用问卷法和访谈法，对手机产品以及美容小家电产品进行了针对性研究，取得了较好的研究成果。

1.2.5.1　女性产品设计心理评价研究成果

项目1. 女性自我概念导向手机产品设计心理评价

孙宁（2009）的《女性自我概念导向手机产品设计心理评价》将女性消费者自我概念理论首创性地引入产品形象研究领域。在对女性消费者自我概念和产品形象系统相关理论分析研究的基础上，以手机作为实证案例，进行了消费者自我概念对产品形象偏好影响的性别差异研究以及女性消费者自我概念与产品形象诉求的关系研究，并根据研究结果试探性地提出女性手机产品形象塑造与定位策略，为实际操作提供了参考。

实证研究部分分为两块，均以手机产品为例。首先进行的是消费者自我概念对产品形象偏好影响的性别差异研究，证明女性的产品形象偏好比男性更容易受其自我概念的影响。接着是女性消费者自我概念对手机产品形象诉求影响的研究：利用理论分析得到的模型作为指标体系，自主设计并实施了"女性手机产品形象与自我概念测量问卷"，运用多种统计学方法对调研数据进行了分析，验证了女性消费者自我概念的结构，并据此对女性消费者进行了分类；还验证了整体产品形象系统（VQS）模型与女性消费者自我概念系统投射关系假设，在本研究中是基本成立的；最后通过关联分析的方法，探讨了不同自我概念类型女性消费者对手机产品形象的不同诉求，并提出相应的塑造与定位策略。

项目2. "新宅女"情感价值与小家电体验设计

董绍扬（2010）的《"新宅女"情感价值与小家电体验设计》研究，将用户情感价值与"新宅女"匹配并引入产品设计，分析用户价值构成与传递，探讨理论在设计中的运用；对"新宅女"人群进行分析，阐述生活方式、价值观、消费情感等特征，以罗氏价值观为基础，推出"新宅女"的情感价值6大体系：自由实现、美与健康、物质享受、效率、经济和内外和谐。

最终以电吹风个案为切入点设计研究，为"新宅女"美容小家电体验进行个案外观样式设计策略研究，结合电吹风产品评价得出产品情感体验因素，联系"陪护感"体验主题得出用户情感价值三要素：愉悦、安心及成就感，从情感体验的本能、行为、反思情感体验层次形式将"新宅女"对美容小家电关注因素匹配，逐个归纳出基于美容小家电"陪同感"情感价值下的体验设计策略。

项目3. 性别导向的本土汽车品牌展示设计评价研究

王轶凡（2009）的《性别导向的本土汽车品牌展示设计评价研究》，立足于经济体系由服务经济向体验经济过渡的这一宏观经济背景，选取近年来快速崛起的本土汽车品牌为研究对象，研究其在品牌展示设计环节的效果和趋向；将深度访谈法、问卷调查法、关联分析法和比较分析法相结合，以品牌认知及其相关理论研究为基础，进行本土汽车品牌展示设计的心理评价研究。

研究表明，在137个样本中有62.77%的样本是男性样本，男女样本比率差值达到25.54%，超过1/4。造成比例失衡的原因最重要一点就是女性往往对汽车相关的事物不那么感兴趣。由此可见，提升本土女性消费者对汽车产品的接受程度可以作为学术研究的课题，从激发女性消费者对汽车产品的兴趣来带动本土女性汽车消费市场。考虑到汽车产品的购买决策往往是男性消费者决定的，男性样本能够更好地反映消费群体的行为特征和心理需求，因此性别方面的偏差不会影响课题研究的有效性。

研究结果表明，在影响消费者态度的因素中，性别因素和年收入水平因素的影响最为显著。根据问卷回收的数据，结合这两大影响因素，进行细致的分析。从参观意愿、展示氛围、展示内容、展示着重体现、参观所得、互动活动、展示条件、接触过的展示类型、展示感受和本土汽车品牌的看法共十个方面对消费者的认知状况做精细研究，

1.2.5.2　女性产品设计心理评价研究动态

在我们课题组的研究中，从女性自我概念、"新宅女"情感价值、以及"本土汽车展示设计心理"角度切入研究。女性的经济收入和购买力大幅增加，女性市场是一个"新兴市场"。但女性经济能力的提高并不代表其在服务待遇上实现了男女平等，西尔弗斯坦在其著作中指出："当前企业吸引女性消费者的方式，只是将男性产品直接涂上粉红色。"

ISO标准认为，用户体验是人们对于针对使用或期望使用的产品、系统或者服务的认知印象和回应。尼尔森和诺曼集团认为，用户体验，是以满足客户的具体需求做文章，它是创造一个能够拥有和使用乐趣的产品。不管是研究有形产品还是无形产品，无论是研究商业性产品还是非商业性产品（非商业性网站），都需要目标用户群体。产品需要明确为哪个群体服务，才能真正创造市场空间。以网站为例，男性用户和女性用户在不同领域网站所占的比例不同，对于事物的感兴趣程度不同。女性对美容、服饰、健身等更有兴趣，而男人对体育、游戏、政治、军事等方面更有兴趣。西尔弗斯坦在书中指出，女性最不满意的三种行业依次是：金融服务、医疗保健和耐用消费品，如汽车、电子产品和家电。女性的消费能力已然越来越高，只有对女性群体的基本行为方式和导致这些行为方式的原因进行深入研究，才能把握女性产品的定位、内容和风格，开拓潜力无限的女性市场。

中欧国际工商学院李秀娟教授提出，中国城市女性在每月消费里面，超过收入一半的女性已经占57%，中国女性花钱最多的是在服装、化妆品，还有手机和旅游上，且购买能力随着收入的增加将会延伸。在很多领域，女性的消费能力都不容小觑，且有愈演愈烈之势。传统的服装、化妆品市场不必多言，如今，女性在汽车消费中的领衔作用也日渐凸显。根据新生代市场监测机构有关家用轿车的一次不完全调查显示，我国已拥有家用轿车的消费者中，男性占48.6%，女性占51.4%。汽车厂商在以女性为受众主体的电视、广播和杂志上投入的经费大大增加，并逐渐加强女性对汽车需求的调查。近几年来，女性社区网站是围绕女性时尚生活消费开展网络服务的生力军，新兴的女性网站如何打破既有的格局，需要更加了解女性的时尚观念、消费趋势，寻找到一条创新的商业模式，结合社区网站，在竞争中挖掘市场潜力，抢占先机。此外，女性阅读市场近年被广泛提及和开拓。女性阅读同男性阅读相比有自身显著的特点，如阅读依赖性、感性化、从众化等，女性更愿意花钱买小说和杂志，在电子阅读中愿意付费下载更多，市场更具潜力，女性阅读市场将走向专业化。

对于女性产品的研究，应放眼最新最具潜力的新兴行业和女性群体更感兴趣的领域，融合体验设计、社会心理学、设计效果心理评价以及品牌学方面的诸多理论，在女性群体中细化群体，综合运用定性、定量用户研究方法，深入研究其消费心理变化动向和生活方式，探寻女性购买行为背后的动机和原因，针对最适合自己企业的细分市场去开发合适的产品和服务。

1.3 无形产品设计心理评价研究

1.3.1 品牌产品设计心理评价研究

在品牌产品设计心理评价研究专题中，我们的主要研究成果有：李琴（2006）的《品牌认知模式导向都市白领电熨斗心理评价研究》，石蕊（2009）的《多元品牌忠诚模式的手机设计实证研究》，王丽文（2006）的《跨文化理论导向 TCL 手机品牌文化推广研究》和葛庆（2004）的《杭州市区康佳与诺基亚手机品牌形象比较的实证研究》。

我们的研究涵盖了品牌认知、品牌形象、品牌文化和多元品牌忠诚模式。实证研究中主要以具体的产品（不同品牌的手机和电熨斗）为研究对象。通过定性研究（文献研究、访谈、区分度考验等）自主设计相应的心理调查问卷，通过定量研究（准实验、实验、数据分析等）得出结论，然后提出意见和指导具体的设计实践，为企业和设计师提供参考。

1.3.1.1 品牌产品设计心理评价研究成果

项目 1. 品牌认知模式导向都市白领电熨斗心理评价研究

李琴（2006）的《品牌认知模式导向都市白领电熨斗心理评价研究》立足中国个人生活小家电市场变迁的宏观社会背景，选取未来小家电时尚消费的先导力量——白领作为研究人群，选取个人生活类小家电电熨斗作为研究对象，通过运用文献检索和专家访谈法，将认知心理学引入品牌认知研究，从微观领域研究都市白领的品牌消费及认知心理。

实证研究用访谈脚本进行深度访谈，建立消费者 AIO 模型，将消费者划分成三种用户类型：兴趣工作型、生存工作型和家庭工作型。定性了解白领的电熨斗品牌认知情况及影响其品牌认知的因素。设计出品牌认知调查问卷进行定量研究。从品牌初级认知、品牌高级认知及品牌认知模式的影响因素三个方面建立品牌认知模式。统计出品牌识别度和记忆度，找出国有小家电品牌所处位置，并选取代表电熨斗市场三股主要力量的宏观企业品牌飞利浦、海尔和红心态度指数（飞利浦态度指数 5.008、海尔态度指数 4.512、红心态度指数 3.460）、个性程度（4.308、3.527、3.363）、性能好坏（4.992、4.160、3.541）、服务好坏（4.679、4.519、3.513）、质量好坏（5.145、4.282、3.381）、信赖度（5.214、4.267、3.099）、亲切程度（4.664、4.084、3.062）七个维度进行横向比较，找出消费者对企业整体品牌认知的差异，最后将国外企业品牌与国内企业品牌进行对比，找出国内品牌的差距，进而提出国内企业的品牌推广策略：市场策略、价格策略、产品策略、广告策略和促销策略。

项目 2. 多元品牌忠诚模式下的手机设计实证研究

石蕊（2008）的《多元品牌忠诚模式下的手机设计实证研究》针对目前国内对品牌忠诚的探索尚处萌芽阶段和对于多元品牌忠诚研究的文献十分稀缺的状况，对 Jacob Jacoby 多品牌忠诚模式进行拓展研究；探索性地提出多元品牌忠诚模式，划分为品牌绝对忠诚、品牌相对忠诚、无品牌忠诚三种类型，并以品牌域的层级形式进行构建。以手机市场为着眼点，对大学生分众消费群体展开实证研究。

实证研究分析了消费者的激活品牌域、拒绝品牌域、惰性品牌域三者的内涵及其变化原因，拟定了大学生对手机产品的 40 个购买因素，并采用联合分析法将消费者选购手机产品时的权重要素及其水平，通过正交设计组合成 9 个模拟手机的产品方案，从消费者的选择结果分析出各属性水平的效用值和重要程度；自主设计"多元品牌忠诚模式的大学生手机设计调查问卷"。完成多元品牌忠诚模式的构建，及其导向的手机设计综合研究。

研究结果显示了多元品牌忠诚模式的有效性，将碎片化的大学生手机消费群体整理为四种类型的多元品牌忠诚消费群：绝对忠诚者 I、相对忠诚者 IIa、相对忠诚者 IIb、无品牌忠诚者 III。对其消费观及消费行为进行对比研究；综合考虑音乐手机主流品牌的品牌来源国、所占的市场份额、市场策略以及推出的手机产品数量，选定诺基亚、索尼爱立信、联想三个品牌为品牌的因素水平，并分析三种代表性品牌为维系忠诚消费者所进行的产品整体设计的权重要素。使企业进行新品研发时，能够掌握消费者在众多购买因素之间的取舍问题，从产品层面制定多元品牌的忠诚策略，有力地提升品牌竞争力。

项目 3. 跨文化理论导向 TCL 手机品牌文化推广研究

王丽文（2006）的《跨文化理论导向 TCL 手机品牌文化推广研究》主要从介绍国际著名跨

文化学者霍夫斯塔德的五元文化价值理论："权力距离"（Powerd istance）、"个人主义—集体主义"（Individualism - collectivism）、"不确定性回避"（Uncertainty Avoidance Index）、"男性度—女性度"（Masculinity - Femininity）和"长期观—短期观"（Long - Term—Short - Term Orientation），将霍氏文化价值层面理论导入品牌文化推广研究，从其理论的五个维度分析品牌文化推广策略，是品牌研究领域的一个新亮点，对霍氏跨文化理论的应用也是一个新拓展。

实证研究以 TCL 手机品牌作为个案分析，自主设计 TCL 手机品牌消费心理调查问卷，并在江南大学和江苏大学进行大学生消费心理调查，对 TCL 品牌进行跨文化心理评价。如权力距离维度，TCL 女性手机设计风格优雅精致得分超过 4 分，TCL 女性手机色彩时尚绚丽得分为 3.88，说明 TCL 一直以来以女性产品的品牌推广，在消费者心目中留下了较深的印象，认同度较高。而 TCL 男性手机的认同度则明显较低：TCL 男性手机设计风格简约稳重均分为 3.48，TCL 男性手机色彩沉稳大方均分为 3.26，TCL 男性手机具有商务化特征均分为 3.12。

最后根据 TCL 手机的心理评价结果，分析其优劣势，提出一套针对大学生消费人群的手机品牌跨文化推广策略。并在产品设计、包装、品牌定位、广告宣传等各个方面，分析比较国际品牌和本土品牌的文化推广策略，提出跨文化理论导入品牌文化推广的具体实施：在消费者心目中形成一个高质量、高性能、高品位、值得信赖的产品形象；针对不同的消费群体侧重不同消费文化；着重强调设计的"科技美学化"，以吸引男性白领的注意。为本土品牌树立民族品牌形象，提升品牌文化竞争力提供了参考。

项目 4. 杭州市区康佳与诺基亚手机品牌形象比较的实证研究

葛庆（2004）的《杭州市区康佳与诺基亚手机品牌形象比较的实证研究》以品牌形象及其相关理论研究为基础，改进了品牌关系模型学说，原创性地提出品牌识别与品牌形象之间互成因果的过程，形成了品牌与消费者的互动关系。在此基础上对品牌形象构成要素进行了探索性研

究，提出了 8 条品牌形象构成要素（品牌标志、品牌名称、品牌口号、品牌情感、理想价格水平、使用者数量、品牌形象代言人和产品外观印象）作为手机品牌形象比较实证研究的理论依据。

实证研究部分采用原创性的语义区分量表问卷，对杭州市区消费者进行品牌形象构成要素心理调查。首先，验证这些构成要素对于康佳与诺基亚手机品牌形象比较研究的贡献度；品牌标志、品牌名称、品牌口号、品牌情感、理想价格水平这 6 项构成要素在康佳和诺基亚品牌形象比较的相关分析中具有 0.01 水平显著相关，品牌形象代言人、产品外观印象这两项构成要素在康佳和诺基亚品牌形象比较的相关分析中无显著相关。皮尔森线性相关系数贡献程度高低排序依次为：理想价格水平（0.397）、品牌口号（0.254）、使用人数评价（0.242）、品牌名称（0.213）、品牌标志（0.209）、品牌情感（0.136）、品牌形象代言人（0.052）、产品外观印象（0.037）。

然后，展开实证分析，了解杭州的消费者对两品牌的态度差异，寻求康佳手机品牌形象的提升之道。最后，将实证分析的结论运用到具体设计中，以 POP 广告设计提升为载体进行品牌形象提升的具体化设计实践。

1.3.1.2　品牌产品设计心理评价研究动态

品牌产品设计的核心是文化研究，当前文化研究的热点是文化计算[①]。

文化一词（来自拉丁语"colo, - ERE"，意思是"培养"，"居住"或"荣誉"）已在许多不同的语境中被定义和使用。Kroeber 和 Kluck-hohn（1952）编制了 156 个不同文化的定义的列表。在人类学领域对文化最流行的定义之一是"一个转移模式的复杂网络，连接不同语境下的人们和不同规模的社会形态"。[②] 文化是人类行为的整合，包括态度、规范、价值观、信念、行动、通信和群体（民族、宗教、社会等）。文化计算[③]不仅仅是各方面文化交互的整合，它让用户去体验与核心文化最密切相关的交互，在某种程度上让用户运用自己的价值观和文化属性来参与到放大的现实中。因此，重要的是要了解人们

① Matthias Rauterberg. From Personal to Cultural Computing：how to assess a cultural experience. G. Kemper & P. von Hellberg (2006, eds.) uDayIV—Information nutzbar machen. Pabst Science Publ.

② http：//en. wikipedia. org/wiki/Culture.

③ http：//www. culturalcomputing. uiuc. edu/

的文化因素，并在交互中进行呈现。

Tosa 等人（2005 年）认为文化计算是一种文化翻译，使用科学方法来表现文化的基本层面。包括文化观念等迄今还没有被当做计算重点的，如东方思想和佛教精神的图像、山水绘画以及能唤起这些图像的诗歌和和服。研究者计划将禅宗学校数百年来形成的沟通方式变成为供用户探索异国情调的东方山水世界：ZENetic 计算机。ZENetic 计算机过去是，现在仍然是一项宏伟计划，它试图跨越边界，将简单的二元分裂复杂化，如东西方之间存在的（即现代和前现代，科学与宗教，科学和艺术等）。这种 ZENetic 计算机基于尖端技术为用户提供一个参与和理解佛教自我"再创造"原则的机会，古老的东方文化精髓交付于西方的技术手段来创造一个处理复杂问题的互动体验，如人类的（无）意识，通过偶遇禅宗心印和俳句诗（日本短诗），用户不断地确认自我意识的下落。

即将到来的文化计算范式引入了新的研究挑战，如：（1）不同的文化中促使用户实现自我启蒙转化的相关文化因素是什么（见 Salem & Rauterberg, 2005b）；（2）最有可能支持这种转化的交互体验是什么（见 Nakatsu et al., 2005）；（3）全球文化的差异是什么以及如何解决差异；（4）如何衡量在自我转化过程中所取得的结果。

1.3.2　网络产品 C2C 可用性心理评价研究

在网络产品 C2C 可用性评价专题研究中，主要研究成果有：黄黎清（2009）的《C2C 电子商务网站可用性评价体系研究》，唐开平（2010）的《基于信息架构的 C2C 可用性心理评价研究》和郭苏（2009）的《C2C 网络购物平台用户体验的角色划分研究》。

我们的研究设计是多维度的，有从整体角度的评价，如电子商务网站的可用性评价，也有针对某一维度的细化评价，如用户角色划分、信息架构理论等，这些评价具有很强的针对性，其评价的结果也有很强的现实意义。

1.3.2.1　网络产品 C2C 可用性心理评价相关研究

Jia Zhang（日本，2011）和 Hiroyuki Umemuro（日本，2011）[①] 研究了人们在网络购物中的幸福感与日常现实购物活动之间的关系。该项研究采用了 Waterman 的个体活动表达问卷（Personally Expressive Activities Questionnaire），通过感情从弱到强，进行 7 分法评分（1~7 分），最后进行数据分析，测量人们在网络购物中的体验效果以及在现实生活中购买这些产品时的体验效果。该项研究有 84 位 61~86 岁的成年志愿者组成，其中有 45 位男士，39 位女士。实验结果表明，针对用户对网购消费有用性的认知不同，可以分为两类。那些认为网络购物更加有用的用户，这在购物过程中会有更加积极的体验，反之那些认为网络购物无用的用户，获得的体验效果则更加的消极。

1.3.2.2　网络产品 C2C 可用性心理评价研究成果

课题 1.　C2C 电子商务网站可用性评价体系研究

黄黎清（2009）的《C2C 电子商务网站可用性评价体系研究》从系统性与全局性的角度出发，采用理论推演与实证研究相结合的方法，对我国 C2C 电子商务网站的可用性进行研究。研究总结了网站可用性研究的现状和网站可用性评价方法，构建出了一个适用于我国 C2C 电子商务网站的可用性评价体系概念模型，内容（0.701）、技术（0.766）、体系结构（0.767）、情感因素（0.702）、促销（0.734）、定制服务（0.808）是评价与提高我国 C2C 电子商务网站可用性的 7 项重要指标。

C2C 电子商务网站可用性评价体系主要包括以下几个方面：网站内容的质量与多样化程度是用户衡量网站可用性的关键因素；具有良好技术支持的网站可以使用户感觉到网站所具有的可靠性，体验到网站所提供的良好服务；网站体系结构的可用性是整个网站达到可用的重要保障；网站情感因素的考虑是对网站更高层次的要求，C2C 电子商务网站用户的整个购物过程是否快捷方便以及网站促销都是影响用户使用网站的重要因素；定制服务可用性的改善是全面提高网站可用性的重要手段，服务质量的好坏直接影响着网站自身的运行。

研究最后利用测试量表对 C2C 电子商务网站（淘宝网）进行了可用性测试，较为全面地揭示了 C2C 电子商务网站在提高自身的可用性建设时需要深入考虑的几个问题。希望通过本次研究，能够为促进 C2C 电子商务网站的可用性

---

① Jia Zhang and Hiroyuki Umemuro. Do Hedonic and Eudaimonic Well - Being of Online Shopping Come from Daily Life Experience. 2011 年 HCI 论文集.

建设提供一些可操作性建议，并对规范我国 C2C 电子商务网站的可用性建设起到一定的推动作用。

课题 2. 基于信息架构的 C2C 可用性心理评价研究

唐开平（2010）的《基于信息架构的 C2C 可用性心理评价研究》是以信息架构为基础理论，针对 C2C 电子商务网站，以大学生为目标人群而进行研究的可用性心理评价。相关的概念有可用性、信息架构，以及消费者的消费模型。以信息架构为理论基础，在对大学生消费心理进行科学分析的基础上，以网站架构的要素为载体进行可用性的评估，得出了以信息架构为基础的 C2C 可用性心理评价因子，并对大学生的网络认知行为和消费观做了细致的总结，相关研究成果如下：

导航系统的态度指数分析：全局导航分类明确性（0.7653），全局导航分类完整性（0.65378），全局导航分类合理性（0.73173），局部导航视觉层次感（0.86222），局部导航分类全面性（0.83651），情境导航内容相关性（0.98229），辅助性导航合理性（1.14065）。

标签系统的态度指数分析：标签与内容一致性（0.76345），标签可理解性（0.72071），标签可读性（0.75479），标签颜色协调性（0.91482），标签视觉层次感（1.01584），标签的互动性（1.13016）。

搜索系统的态度指数：信息搜索准确性（0.90206），搜索操作方便性（0.79303），搜索展示页面合理性（0.93105），搜索结果页面可视化（0.89205），关键词搜索匹配功能（0.95635），搜索框美观度（0.8639）搜索条件限制规范性（1.02824）。

服务与管理系统的态度指数：商家信誉监管制度（0.91357），产品质量监督体系（0.83571），售后服务保障体系（0.85657），个人信息安全性（0.9093），商家在线及时性（0.82689），支付流程复杂性（1.10571），增加信息 TOP 版块（0.68327），增加最近浏览板块（0.86999），增加货到付款产品类别（0.74803），增加个人账号余额功能（1.11284）。

以点盖面，适用于 C2C 电子商务网站，同时对一般网站的可用性评估具有参考意义。

课题 3. C2C 网络购物平台用户体验的角色划分研究

郭苏（2009）的《C2C 平台用户体验的角色划分研究》主要分为两部分：理论分析和实证研究。第一部分引入科技接受度模型（TAM），通过分析用户对网络购物平台的认知过程，明确用户体验的目的和意义，划分网络购物平台的 3 个体验要素：基础要素、易用要素和情感要素，提出人物角色法对于网站用户体验的积极作用，并提出用户人物角色划分的标准：网购经验、生活方式和用户体验差异。第二部分通过定性研究初步得出网购经验、生活方式以及人口统计特征对网络购物人群的用户体验差异具有影响，并在某些方面影响显著。在定量研究的问卷调研方面结合以上的理论分析和定性研究的初步结论，将网购经验、生活方式与用户体验要素进行方差分析，得到用户体验影响因素的具体体现，并最终得出网购经验、生活方式等对于用户体验的基础要素、易用要素、情感要素方面存在的具体差异。

结合以上的分析研究得出划分 C2C 网络购物平台用户体验人群角色细分的标准和使用原则。

1.3.2.3　网络产品 C2C 可用性心理评价研究动态

在当今的研究热点中，产品的可用性评估已经存在用户绩效测试、认知走查和启发式评估等多种比较成熟的方法，而在用户对产品体验要求日益提高的今天，这些方法是不够的，在 UPA2011 大会上，探讨了一些新的可用性测试方法，如快速远程用户测试以及基于用户认知模式的可用性评估方法。

在 2011 年 UPA 工作坊中，Loop UX 创始人 Lene Leth Rasmussen 提出一种快速远程用户测试的方法，该方法认为：

（1）从一开始就要不断地进行测试，快速地找出让用户失败的地方。

（2）通过用户的反馈来提高原型，真正做到以用户为中心的设计。

（3）使用一切可以利用的方式来进行测试，如互联网电话服务。

（4）简洁一点，跟用户多交谈交谈，倾听他们的想法。

林昶和殷晖（TCL 集团工业研究院用户体验组，中国，2011）[1]提出一种基于认知过程模型

---

① 林昶，殷晖. 基于认知过程模型的可用性评估方法［D］. UPA2011 论文集，2011.

产品设计心理评价研究

的可用性评估方法，该方法主要由交互设计师或用户研究员参与的、与人类基本认知习惯相符合的产品可用性评估方法，目的在于有效、高效地发现产品存在的深层次的可用性问题，该方法的基本流程如下：

（1）评估内容/脚本的设计，包括①需求评估；②功能评估；③手势语动作的评估；④界面评估。

（2）评估人员的选择，选择 3~5 名交互设计师或熟悉设计的用户研究员参与。

（3）评估执行，①界面评估；②手势与动作评估；③功能评估；④需求评估。

（4）评估结果，①整体可用性水平评估；②产品改善。

1.3.3 产品服务设计心理评价研究

目前，市场竞争已经从产品竞争、品牌竞争走向服务竞争，各界的商业模式正发生质的变化，由"产品是利润来源"、"服务是为销售产品"向"产品（包括物质产品和非物质产品）是提供服务的平台"、"服务是获取利润的主要来源"进行转变。

1991 年，"服务设计"由 Michael Erlhoff 教授作为一门设计课程引入科隆国际设计学校（KISD），标志着服务设计作为未来重要研究领域而受到关注。Mager . B 在《Designing Services with Innovative Methods》中关于服务设计的定义：服务设计专注于从顾客的角度来审视服务，其目的是确保：从顾客的角度讲，该服务的是有用的、可用的、符合需求的；从服务提供者的角度讲，该服务是有效的、高效的、与众不同的。

在本专题的研究中，有三个子项目：项目1，王敏敏（2004）的《产品说明书的服务设计研究》，项目2，张银银（2008）的《顾客需求与快递服务设计实证研究》，项目3，赵彭（2011）的《群体文化学与都市"拼客"拼车服务设计研究》。我们的研究不仅仅停留在服务设计的理论探索，更多的是从应用层面为现代产品服务设计提供一些解决方案。除了理论上的探索之外，研究紧跟时代的热点现象：如"拼客"拼车服务设计，快递服务设计，产品说明书服务设计等，具有较强的实践价值。

1.3.3.1 现代服务产品设计研究成果

项目1. 产品说明书的服务设计研究

王敏敏（2004）的《产品说明书的服务设计研究》以产品说明书的服务功能为研究对象，在说明书的设计中引入服务设计理念，根据消费者评价对设计要素进行分析，并总结了产品说明书服务设计的方法。

首先，该项研究分析了宏观视角的服务设计策略及微观视角的产品说明书服务功能设计的现状，阐述问题存在的根本原因，并提出问题解决的服务设计思路；其次，以服务的基本理论为基础，分析了服务设计的概念、思想特征和方法，提出服务设计的前台和后台服务设计要素，包括四个方面：显性服务要素、隐性服务要素、环境服务要素和物品服务要素。

接着，阐述说明与产品说明书的概念，归纳概括了目前产品说明书的主要形式和发展趋势；在此基础上引入服务设计理念，重点提出了与顾客接触的前台服务设计要素，包括说明体验，说明主体，说明接触和说明符号。

然后，通过分析消费者的心理评价，分别给出说明体验设计、说明主体设计、说明接触设计与说明符号设计的原理，继而根据原理提出了设计目标和设计方法。

最后，总结出以下产品说明书服务设计方法：①问题式内容描述法；②索引式目录；③图形与文字的动作描述；④避免专业术语；⑤色彩的心理提示作用；⑥警告的首要位置；⑦和谐的颜色搭配；⑧具体操作步骤图式化；⑨简单动作示意图法；⑩图标的运用。

项目2. 顾客需求与快递服务设计实证研究

张银银（2008）的《顾客需求与快递服务设计实证研究》以快递服务设计为研究对象，重点讨论顾客需求对于快递服务设计的作用，通过对快递服务设计显性要素、隐形要素、环境要素和物品要素的分析，运用 SERVQUAL 量表建立快递服务设计质量评价量表，从有形性、可靠性、响应性、安全性、信息性等 5 个维度划分顾客需求。

在快递服务质量评价量表的指导下，整理出尽可能广泛的快递服务质量评价二级指标，共有 22 项常见服务问题，随机抽取被试对 22 项服务质量指标的重要性进行排序，得知顾客对快递企业的安全、快捷以及快递服务企业工作人员的态度 3 项期望值最高，对取送快件的时间、服务的灵活性、信息反馈以及投诉处理等 4 项的期望值较高。

在此基础上，研究者从顾客所关心的安全、

准时、信息、服务态度、响应这几个方面来设计服务绩效的顾客满意度调查问卷，衡量顾客对快递服务设计各评价指标重要度、满意度和期望度三者之间的关系，分别从：高满意度高重要性的顾客需求变量、低满意度高重要值的顾客需求变量、低满意度低重要值的顾客需求变量和高满意度低重要值的顾客需求变量4个层次进行讨论。

根据前期调研结论，按照快递服务质量评价标尺的5要素将顾客需求划分，对顾客需求的功能进行评价，确定其基本功能和附加功能。将顾客需求转化为快递服务属性功能的 QFD 质量屋，帮助快递企业将顾客需求转化为快递企业的实施成本，分析每项顾客需求实施的可行性。将快递服务功能的每项特性与顾客需求联系起来，明确顾客最为感兴趣的特性，解决顾客需求的技术实施问题，给快递企业提供可供改善快递服务、增强企业竞争力的建议。

项目 3. 群体文化学与都市"拼客"拼车服务设计研究

赵彭（2010）的《群体文化学与都市"拼客"拼车服务设计研究》关注"拼客"现象的兴起和发展，以群体文化学思想引导用户研究方法，探讨"拼客"及其相关社会文化现象。通过研究日本富士通 Web 服务设计流程，结合群体文化学的用户调研思想，配合 POEMS 框架和 SCAT 手法等资料分析工具，建立基于群体文化学思想的适用于拼客服务设计的方法模型。

根据 POEMS 框架，锁定都市"拼客"服务从人、物品、环境、信息和服务5个角度设计问卷，调研得知都市"拼客"以年轻人为主。选取"拼车"为重点研究对象，将人群分为"有拼车需求但是一次都没有拼过的乘客"、"有拼车需求且有成功案例的乘客"、"已经发布过拼车需求的车主"3类，对研究对象进行深度访谈，构建了典型的用户档案：了解被访者的生活状态和生活场景，寻找"拼车"用户的典型特征；明确后期"拼车"服务服务设计提案的典型用户；让设计师能非常清晰地知道服务对象是谁。

通过对"拼车"典型用户全方位的调研和观察，将"拼车"服务系统分为4大主模块：信息发布查询模块、信息匹配和车辆调度模块、服务计费模块和服务评价模块，构建基于出租车和私家车的拼车服务系统。

1.3.3.2　现代服务产品设计研究动态

罗仕鉴等（2011）在《服务设计》中提出，在服务经济时代，产品与服务已经融为一体。产品服务设计的目标是设计出具有可用性、满意性、高效性和有效性的服务，向用户提供更好的体验，因此，产品服务设计要从用户出发，以用户为中心，满足用户的需要。同时，产品服务设计是系统化设计，要求设计师整体考虑服务系统设计中人、对象、过程和环境的关系。为满足用户需求，设计师需要邀请用户参与设计，用户不仅是产品服务设计的购买者和消费者，也是规划者和设计者。

刘新和刘吉昆（2011）将产品服务系统设计分为三种类型：①面向产品的服务，该类服务将保证产品在整个生命周期内的完美运作，并获得附加值。如提供各类产品的售后服务，可能包括维修、更换部件、升级、置换、回收等。②面向结果的服务，该类服务将根据用户需要提供最终的结果，如提供高效的出行、供暖和供电服务等。③面向使用的服务，该类服务提供给用户一个平台（产品、工具、机会甚至资质），以高效满足人们的某种需求和愿望。用户可以使用但无须拥有产品，只是根据双方约定，支付特定时间段或使用消耗的费用。产品服务系统设计的目标就是根据不同的需求以及现存问题，提出整合了产品与服务系统的创新性的解决方案，以保证相关系统链条上所有利益相关者的共赢。

Mager.B（2009）提出服务生态学的概念，认为任何服务系统都是一个整体，是一个完全可视化的服务系统。它把所有的因素都集结在一起，如政治、经济、就业、法律、社会动态、技术发展等。产品服务设计要考虑核心用户的需求和利益相关者在服务系统中的角色定位，还要系统兼顾周边环境、渠道、接触点等其他因素。产品服务设计对整个服务生态的关注，决定其不仅需要设计师的投入，同时需要其他学科领域人才的加盟和参与。可见，产品服务设计的系统性和跨学科性。

产品服务设计的过程，不能严格按照时间顺序或事件进展顺序，把其分解为若干个截然不同的、完全独立的环节。为了便于研究，暂且把产品服务设计分为：产品服务设计用户研究阶段、产品服务设计原型（概念）设计阶段、产品服务设计流程设计阶段、产品服务设计效果评估阶段4个部分。在不同阶段，设计师可以运用不同的方法进行研究：产品服务设计用户研究阶段常用的方法有田野调查法、人种志、情景地图、人物角色探索法等；产品服务设计原型设计阶段常用的方法为探索思考法、故事版、参与式设计等；产品服务设计流程设计阶段的方法有工业化方法、服务蓝图、六西格玛等；产品服务设计效果评估阶段的方法有质量功能展开（QFD）、SERVQUAL量表等。

1.4 产品设计心理评价研究动态

2011年，我们研究团队共推出"产品设计心理评价研究"九个选题：

选题1：心理弹性导向留守儿童亲子产品设计研究（王亮 2012）

引入：本课题研究内容是心理弹性理论导向留守儿童亲子产品设计，通过心理弹性理论分析、构建心理弹性导向的亲子产品设计、实证研究、归纳心理弹性导向的亲子产品设计策略，最终完成设计实践。心理弹性理论导入留守儿童研究前人已取得丰硕成果，但心理弹性理论导入产品设计领域是一次探索性尝试，为后续研究提供了可能性。

研究过程：首先，分析家庭结构瓦解、亲子分离与家庭教育缺失等不利因素导致留守儿童发展问题，通过构建留守儿童心理弹性模型及分析近环境保护因素心理弹性的作用机制，提出留守儿童不是"问题儿童"；其次，构建与假设心理弹性导向的亲子产品设计，亲子产品是留守儿童心理弹性发展近环境保护因素；再次，以明光市部分农村中小学与外出务工人员为个案，结合定性和定量方法实地研究留守儿童心理弹性发展和亲子产品需求；接下来以实证研究为基础，归纳总结留守儿童亲子产品设计策略；最后，结合理论分析、实证研究及设计策略指导具体产品设计实践。

研究结论：其一，留守儿童心理弹性4个成分因子：家庭支持因子（特征值为4.445，解释总体方差的29.63%）、自我认知因子（3.027，20.18%）、同伴支持因子（2.070，13.80%）和积极学习因子（1.556，10.38%）；其二，验证了留守儿童心理弹性4个因子与相应亲子产品功能认同评价存在显著性关联度，即亲子产品的弹性发展功能为增强亲子沟通功能、提高留守自我认知功能、促进同伴关系发展功能、帮助积极学习功能；其三，留守儿童亲子产品设计策略：产品主要人物角色与使用情景设定、两个层次功能

性目标分析、六个产品设计策略展开。

关键词：留守儿童 心理弹性 近环境保护因素 亲子产品设计 明光市个案

选题2：基于情境的女大学生移动阅读设备用户体验量化研究（刘影 2012）

移动阅读是一种新型阅读方式，正潜移默化地改变人们的阅读习惯，移动阅读市场受到广泛关注。阅读体验的高低决定移动阅读设备的优劣和生命周期。然而，用户体验反映的是用户主观的认知感受，关于如何精确评估用户体验值的研究较少，尤其在移动阅读领域，这一课题具有挑战性和研究价值。本课题探索性地对移动阅读设备进行用户体验量化研究。

课题基于情境认知理论和情境观，梳理情境、用户体验量化等方面的相关理论，选取了移动阅读设备的目标用户群之一女大学生，对女大学生的群体特征、消费心理和移动阅读市场的现状做深入的分析。再基于情境理论给本文研究的三点启示，对目标用户进行情境中的访谈，辅以观察法，全面真实地再现用户阅读体验感受。并在访谈和观察内容基础上，设计最终的调查问卷。问卷包括两个目的，一是确定女大学生移动阅读设备用户体验的评价因子，运用因素分析、主成分分析法统计分析得出影响移动阅读用户体验值的主要因素和每个主因素分别包含的子项目，并对每个主因素进行命名。二是确定各子项目的权重系数。

课题最终得出影响女大学生移动阅读设备体验的10个主因素：硬件因子、软件因子、风格因子、附加功能因子、翻页操作因子、目的因子、情境因子、个性化因子、手持方式因子和内容来源因子。以及各主因素包含的子项目，共46项。从分析中得出针对女大学生群体的移动阅读设备的设计策略。同时，结合模糊综合评价方法，发散运用用户体验的量化方法，为移动阅读设备的体验评价与设计改进提供具有参考价值的研究思路和方法。

选题3：抚州乡村洪灾家庭安全救助产品服务设计研究（徐军辉 2012）

洪灾是我国发生频率高、危害范围广、对国民经济影响最为严重的自然灾害。虽然人们的防灾减灾意识逐渐增强，但是由于市场针对洪灾的安全救助产品匮乏，人们在洪灾面前还是显得无所适从，显然洪灾已经严重地影响到我国的民生。设计的本质是为人们生活得更好而服务，

"为民生而设计"已经悄无声息地走入设计领域，成为设计的新趋势。同时随着近年来国家越来越重视民生问题，研究洪灾安全救助产品就显得越来越有必要。

论文就目前我国洪灾类的家庭安全救助产品研究匮乏的背景，从我国传统的家庭关系入手来研究洪灾安全救助产品，在对国内外关于安全救助产品的设计研究的基础上，通过服务设计的理念用产品服务系统设计的方法来进行洪灾类安全救助产品的设计研究。实证研究部分以2010年抚州受洪灾的五个乡镇（华溪镇、罗湖镇、唱凯镇、罗针镇和云山镇）为研究地点，通过实地调研考察和关键行为事件访谈法等，得出安全救助产品设计的11个主要变量，分别是基本概念、主要功能、质量、安全性、易用性、价格、附加功能、材质、外观、风格与色彩。通过准实验和区分度考验，自主设计了抚州乡村洪灾家庭安全救助产品心理调查问卷，并在五个受灾乡镇进行了洪灾家庭安全救助产品的心理调查。

根据心理评价的结论，得出洪灾家庭安全救助产品设计的13个设计因子，分别是：特殊的好材料、良好的易用性、救助的高效性、方便携带、平时可作它用、防水又储藏物品、柔软简洁、产品可以彼此连接、带GPS功能、家用洪灾产品必要、带有氧气、平时为家庭常用物品和能发射急救信号，13个因子总的贡献度为53.442%。在此基础上提出洪灾家庭安全救助产品设计的策略，并以此指导具体的洪灾家庭安全救助产品的设计实践。

关键词：抚州乡村　洪灾家庭　安全救助产品　产品服务系统设计

选题4：基于ZMET方法的虚拟礼物用户情感体验研究（徐卉鸣 2012）

设计领域的新成员——虚拟礼物在现实生活中扮演着越来越重要的角色。它的种类包括网络明信片、网络贺卡、虚拟icon、基于网络游戏的虚拟花朵、动物等。虚拟礼物的价值在于其带来的情感体验。虚拟礼物的发展对人们情感美感的享受、个性化的张扬、社会化的交往等都有着重要意义。

本课题以情感体验为导向，以18～34岁之间虚拟礼物的高涉入度用户作为研究人群，进行虚拟礼物用户情感体验研究。以实验研究作为主要手段，采用投射测试中的联想法、感性意象可视化技术以及隐喻抽取技术等方法，主要探讨了虚拟礼物用户情感价值诉求，并对虚拟礼物情感体验构成进行分析与验证。

情感体验是一种隐性知识，而隐喻抽取技术是一种研究隐性知识的综合性方法。课题研究方法上的创新是将隐喻抽取技术引入到用户体验研究中。为了实现隐喻抽取技术的顺利实施，自主创新了一个图库。这个图库对于课题研究的意义在于帮助用户表达情感，它由调研获得的主题制作而成。

本课题研究共获得虚拟礼物用户情感价值七大主题，分别是：愉悦、真诚、温暖、可爱、吸引、惊喜与含蓄；构建了虚拟礼物用户共识心智概念树形图和共识心智图；比较了设计师角度和用户角度对虚拟礼物情感体验构成的理解；发现了性别差异带来的虚拟礼物情感体验诉求差别巨大。

关键词：隐喻抽取技术　虚拟礼物　用户情感体验　隐性知识　可视化

选题5：自我寻求理论导向驴友网络移动应用设计研究（吴晓莉 2012）

论文以自我寻求理论为基础，探寻现代人群的孤独、寂寞、空虚与焦虑感，从理论上分析其对困境不同的解决方法，提出四层次寻求欲为生理满足和社交满足、精神满足和自我实现。并对驴友人群、驴行行为进行分析后，认为驴友活动是一种较高层次的自我寻求行为。使用自我寻求理论指导用户研究，对于不同层次的自我寻求方式进行理论探索和实践分析，为建立驴友网络移动应用课题奠定基础。

另外，科技进步带来移动互联网的飞速发展，LBS（Location Based Service，基于地理位置的服务）是时间、空间、事件三维度相结合的技术理论。在实践层面，定位技术、地图数据库所产生的地理信息相关服务，行程服务、商业产业链，LBS在移动互联网有很高的应用价值。而以磨房网为例的驴友网络经过用户体验、交互行为分析后，认为在用户体验上有很大的提升空间，从广度与深度上可再做挖掘，提出建立以LBS为技术支持的驴友移动应用课题。

实证研究包括定性研究和定量研究。定性研究通过分析目标人群心理、行为特征，以显示现代用户潜在的焦虑、空虚、孤独是其寻找旅游方式排解的重要原因，其中驴行是自我实现方式；在旅游网站使用中，用户存在用户体验问题，建立驴友网络移动客户端是必要的。并根据研究结果建立被试的 AIO 模型与三个用户角色。定量研究结果显示，用户对驴友网络应用偏好为：①查询攻略、青旅、交通、天气、饮食、正在或即将进行的活动与专题、兴趣相投的人；②分享优秀路线、新发现的地方与路线、有特色的人物景、心情、游记与日志；③交流路线、援助、旅途注意点、有意思的人物景、装备借用；④界面设计风格偏好清新与动感。

根据理论分析与实证研究结果，进行设计实践。应用特性指导内容架构设计，以 LBS 定位为基点分三大版块：①地点；②发现；③我，并对各大版块做了详细内容设计。研究 Android 设计规范后，对应用分版块进行交互设计，详细设计界面布局与交互流程。同时研究应用实现的定位技术、地图数据库技术，以及 Android SDK 开发平台可行性分析等，与开发人员相互协作，进行视觉元件设计，完成 demo 开发。对同质化提出了找准诉求点，创新解决方法，品牌建设、塑造个性三项解决方案，对应用增值服务做了拓展。并通过简易的任务走查，对应用进行 UI 测试，提出相应的解决方案。通过理论分析、实证研究、设计实践相结合的方式，完成以 LBS 为技术支持的驴友移动应用开发课题，为驴友户外驴行的自我寻求方法提供了实现途径。

关键词：自我寻求理论　LBS 技术　驴友用户体验　移动应用设计

选题 6：校园微博客产品心理评价与设计研究——以新浪微博为例（彭晨希 2012）

近年来微博客风靡全球，用户数量迅速超过 5 亿，本课题选取微博客这一热门网络产品，以大学生微博客用户为研究对象，通过调查获取当今大学生使用微博的行为，分析他们的使用动机和态度，研究三者间的影响关系，并以此为切入点，结合校园环境的特征，进行校园微博客的创新设计实践，设计实践能有效地检验和提升实证研究结论的价值。

本文基于使用与满足理论，初步确立了大学生微博用户的 9 种使用动机为使用方便、公开表达、获取信息、记录生活、匿名交往、社会交往、自我提升、娱乐消遣和时尚潮流，且将用户行为分为参与水平和参与层次两个维度，其中参与水平维度又可细分为使用时间和使用频率这两个子维度。

本课题通过实证的方式进行研究，具体操作是发放网络问卷，辅以深度访谈。在对 8 名大学生微博客用户进行深度访谈和 128 名微博用户进行了问卷调查后，使用统计软件 SPSS 对 117 份有效样本进行了分析。研究结论包括：

（1）大学生使用微博客的动机主要有使用方便、公开表达、获取信息、记录生活、匿名交往、社会交往、自我提升、娱乐消遣和时尚潮流。其中记录生活、获取信息、娱乐消遣这三种动机最为强烈，但不同的用户在使用动机上差异很大。

（2）具体的动机可分为四大类：社会性动机（社会交往、社会提升）、记录表达动机（公开表达、记录、使用方便）、情感性动机（匿名替代、消遣娱乐、宣泄情绪等）和信息性动机（分享知识）。

（3）大部分大学生接受微博实名制，实名制不会影响他们使用微博的意愿。

（4）大部分大学生认为高校教师开设微博能拉近师生的距离，但不喜欢老师关注自己。

设计校园微博产品时，遵循以用户为中心的设计方法，先运用定性研究结果进行人物角色设计，明确针对用户群体特征。再针对校园环境，强化了产品的 SoLoMo（社交、位置、移动）特征。概念设计时将产品分为信息、校园、个人、好友四个板块，并对每个板块进行了细致的内容设计。接着按照 IOS5.1 的设计规范进行交互设计，先快速完成原型设计，并进行可用性测试，再详细设计界面布局与交互流程，进行用户测试，多次迭代设计后，最终成品为校园微博的高保真原型。

关键词：心理评价　校园微博客　动机　使用与满足理论　移动应用设计

选题 7：基于心智模式的信息检索行为导向交互设计应用研究——万方个案（周恩高 2012）

在交互设计研究领域，信息交互设计是一个重要的研究方向。现有交互设计研究成果表明，用户在与产品进行交互时，是遵循一定心智模式的（Donald·Norman，1983）。在本课题研究中，对基于心智模式的信息检索行为在交互设计中的应用作具体分析，具有一定的研究价值。

本研究紧紧围绕信息检索行为在交互设计中的应用展开，在分析已有信息检索行为模型的基础上，从交互设计学科角度出发，提出基于三阶段的信息检索交互设计模型，分别是信息检索阶段、信息浏览阶段和信息查看阶段。在不同阶段，用户的信息需求、情感变化以及与系统的交互方式是有很大差异的，针对这些差异，提出有针对性的交互设计要求。

在实证研究中，以万方网络数据库为个案，选择两类具有不同搜索经验的用户（实验组：有网络搜索经验＋有网络数据库搜索经验；对照组：有网络搜索经验＋无网络数据库搜索经验），综合使用问卷法，Tobbi 红外眼动仪进行对比分析研究。

问卷研究包括，用户体验测评问卷，基于二分法的重要性比较问卷，通过问卷数据分析，构建了万方网络数据库用户体验曲线变化图，并对界面各元素进行了类聚分析，结论如下：

（1）信息检索阶段提取 3 个主成分，14 个因子，3 个主成分分别为：辅助功能（64.549%）；检索入口（13.811%）；信息导航（8.477%），累积方差达 86.836%。

（2）信息浏览阶段提取 4 个主成分，11 个因子，4 个主成分分别为：系统分类（38.820%）、个性筛选（21.704%）、结果预览（19.344%）和结果操作（11.241%），累积方差达 91.109%。

（3）信息查看阶段提取 4 个主成分，12 个因子，4 个主成分分别为：推荐信息（42.126%）、相关信息（22.939%）、结果详情（15.504%）和结果操作（8.541%），累积方差达 89.109%。

在眼动研究中，通过用户的视觉轨迹图、视觉热点图、注视点和注视时间数据，分析用户使用网络数据库的一般使用行为，以及对 37 个因子进行设计重要性排序，并结合视频录像信息，分析用户在信息检索过程中的情感体验变化。

本研究将情报学、心理学、计算机科学的知识纳入到设计科学的视野范围内，提出了基于三阶段的信息检索交互设计模型，并以万方网络数据库为个案，结合交互设计学科内容，进行富有探索性和原创性的研究。

关键词：心智模式 信息检索行为 交互设计 万方数据库

选题 8：群体文化学的产品设计应用——妇幼诊座交互产品设计（郝琳 2012）

国内体验经济的迅速发展促使企业逐步转换思维，以用户为中心的设计理念放置首位，这样的变化正是人类内心情感愉悦和社会文化丰富的需求体现。在市场日益细分的时代背景下，设计师以敏锐的观察与客观的研究分析特殊用户群体，以他们的切身需求为出发点才能设计出感动人心的产品。本课题是对社会特殊群体和社会热点的思考，受到人类学研究方法的启发，以人类文化学范畴的群体文化学理论导向用户研究方法，关注到孕妇在医院候诊时的需求，针对其真实需求进行新产品创意的设计研究。

本课题研究主要分为三个部分，理论梳理与分析、实证研究和设计展示。理论分析先对人类学、群体文化学、设计艺术学三者理论关联性做归纳与梳理，清晰把握人、产品与社会三者间的互动关系。根据群体文化学的研究思路，总结出群体文化学观念中的孕妇候诊产品研究过程与方法，并为实证研究指出清晰的思路；实证研究部分以妇幼保健医院作为研究环境，利用田野调查法（Fieldwork）、无结构访谈法（Unstandardized Interviews）、自我陈述法（Self representation）对目标群体的候诊过程、等候状态下的心理活动、情感需求和使用需求进行深入调查，筛选、归纳与分析目标群体的真实需求。在课题最后，以孕妇候诊产品设计为实例研究和设计实践，一方面将群体文化学观念的用户研究方法融入进来，一方面把设计构思以开放式、探讨性的方式进行展示。最后，文章总结了群体文化学观念下的设计研究所具备的优势，并为后续研究提供了新的思路，起到了抛砖引玉的作用。

关键词：群体文化学 孕妇候诊分析 交互产品设计

选题 9：石渠县基础教育援助公益服务设计研究——以虾扎乡为例（杨婷 2012）

当前各种社会问题逐渐成为人们的关注热点，设计师、设计研究机构、设计公司开始与政府部门、基金会、社会公益组织等合作，尝试借助设计力量进行社会创新，寻求解决社会公共服务问题有效路径，以推动社会可持续发展。本课题选择基础教育为研究领域，以四川省石渠县虾扎乡为例，运用服务设计理论和研究方法，构建基础教育援助公益服务模式，推动当地基础教育发展，为偏远地区儿童寻求公平受教育的机会。

首先，梳理服务设计与社会创新的关系，服务设计在公共服务领域的重要作用，并对服务设计的设计要素和设计原则进行分析，在此基础上讨论服务设计在公益项目中的特点，确定本课题"调研—设计—实施"的研究思路。其次，运用田野调查法对虾扎乡及周边 4 个村落 5 所学校教育发展进行调研，运用 SWOT 分析当地基础教育发展的优势、劣势、机会、威胁，比照当前学者对藏区基础教育的研究和社会公益组织面向当地的公益服务模式，探讨有利于当地基础教育发展的援助方式。再次，通过对前期调研结论的分析，确定以"提高教师素质，培养本土化师资力量"为突破口的援助方向，运用参与式设计研究方法，邀请石渠县基础教育发展相关利益者共同参与公益援助服务模式设计，构建适应当地基础教育发展需求的公益服务体系。最后，就面向虾扎乡基础教育援助的公益项目实施情况、项目管理和项目效果进行评估。

关键词：服务设计 公益项目 基础教育援助社会创新 虾扎乡

2

产品设计心理评价方法研究

2.1 产品设计心理评价与用户研究综述

消费经济时代，产品要实现其价值，取决于产品是否被消费者认可并予以消费。产品设计心理评价必然与消费者联系密切。设计与消费者角度的相关理论有：消费者满意度理论、顾客需求理论等；设计心理的微观分析相关理论有：消费者的气质类型理论、自我概念理论、自我价值定向理论、情感价值理论、主观幸福感理论等；设计心理的宏观分析相关理论有：跨文化理论、生活方式导向理论、战略设计理论等；消费者与产品品牌的相关理论有：品牌导向理论、品牌价值心理理论、品牌认知理论等；此外还包括信息构架理论、风险认知模型理论等。

设计管理理论我们重点关注前设计管理理论和后设计管理理论。前设计管理理论以了解、发掘消费者的需求为出发点，以满足消费者需求为归宿点。与之对应的后设计管理理论以顾客管理为中心，以顾客资本提升为目标，以消费者满意度、忠诚度为设计心理评价的指标。

我们首先关注后设计管理理论，对有形和无形产品进行设计心理评价方法研究；另外，重点讨论与设计心理评价相关的前设计管理导向的"用户研究"。

2.1.1 有形产品设计心理评价方法

有形产品即形体产品或形式产品，是指产品的具体形态，其满足消费者需求的特定形式，是核心产品实现的形式。传统产品多数属有形产品，它们一般包括质量水平、产品特色、产品款式以及产品包装和品牌等要素，最初衡量产品要考虑这些要素，但随着消费者自我价值的觉知，人们对产品的要求已超出产品本身的功用价值，转向审美及更高层次的情感要素。因此，对有形产品的设计心理评价就变得多元化。本研究团队有形产品心理评价项目有：传统设计领域的手机产品专题、电子数码产品专题、小家电产品专题、交通工具产品专题、女性消费者产品专题。

2.1.1.1 有形产品设计心理评价的共性研究方法

有形产品设计以导入设计心理学理论作为评价的理论基础，结合相应研究方法，提取产品设计评价要素因子，最终获得满意的设计效果。本研究团队已展开研究的有形产品心理评价理论包含：情感价值理论、自我价值定向理论、主观幸福感理论、消费者满意度理论、顾客需求理论、女性自我概念理论、大学生自我概念理论、气质类型理论、生活方式导向理论等。本研究组有形产品设计心理评价特色有：一是设计心理学做理论导向，进行产品设计心理评价研究；二是心理评价研究方法设计的多元化；三是研究结果数据性，并进行客观性讨论。

有形产品设计心理评价方法体现在定性研究方法和定量研究方法两方面：定性研究包括理论导向与理论基石研究方法和实证定性研究方法。具体定性研究方法有：观察法、案例研究法、心理描述法、访谈法、焦点访谈法、深度访谈法、投射法等。在寻找处理问题的途径时，设计心理评价定性方法常常用于制定假设或是确定研究中应包括的刺激变量，有时定性研究和二手资料的收集分析，可以构成调研项目的主要部分。

定量研究包括实证定量方法设计、数据收集反馈、实证结果分析及设计心理评价总结。具体定量研究方法有：问卷法、实验法、态度总加量表法、语义分析量表法、抽样调查法等。定量研究之前要以适当的定性研究开路。虽然设计心理评价的定性研究的结果不能当成结论，但对问题的细节深度与广度的描述，都是定量研究不能企及的。设计心理评价的定性研究用于解释由定量研究分析所得的结果，在设计心理评价中，通常将定量研究与定性研究相结合，以收到更准确、全面、细致的评价结果。

2.1.1.2 以手机产品设计心理评价的研究方法为例

有形产品设计心理评价的共性设计方法体现为定性和定量两部分，但有形产品种类丰富，加之交叉学科理论导向研究的差异性，有形产品设计心理评价方法设计的多元性、变通性、流畅性为特征，即有形产品设计心理评价的研究方法应以设计评价目标为导向，科学合理地展开具体产品设计心理评价，下面以手机产品设计心理评价作为案例。

以《大学生自我概念与 NOKIA 手机造型风格偏好实证研究》（林佳梁 2009）为例，理论研究包括自我概念一致性理论、感性工学理论、造型意象理论及产品造型风格理论导入研究，定性研究包括定性方法流程设计、NOKIA 手机样本筛选（44 款直板手机高分辨的正视图片，通过分类实验、聚类法获得实验性代表 7 款产品）、语义形容词的选取（广泛收集 116 对语义形容词，筛选并确立 30 对）和 NOKIA 手机样本的形态分析。

定量研究包括大学生自我概念及手机造型风格测试问卷设计（问卷设计分为三部分，第一是大学生对 NOKIA 手机造型风格的感性意象认知和偏好测评，第二是为大学生的自我概念测评，第三是为大学生的个人基本资料）；定量实验实施过程（选择在无锡江南大学发放 400 份，回收 384 份，其中有效问卷 330 份，有效率为 82.5%）；定量数据分析（多元尺度法、语义差异法、数量化 1 类）；定量结果讨论；大学生自我概念分析，NOKIA 手机造型风格分析，大学生自我概念与 NOKIA 手机造型风格的相关分析，大学生自我概念与 NOKIA 手机造型风格的一致性对大学生手机偏好的影响，理想自我概念和实际自我概念对手机偏好的影响大小比较，NOKIA 手机造型风格的优劣势维度分析，手机造型特征与大学生意象认知的对应关系，根据大学生自我概念对其进行分群，探讨各群体的大学生在统计变量上的区别。

2.1.2　无形产品设计心理评价方法

本研究组无形产品的研究项目包括：品牌产品设计、网络产品设计和服务产品设计等。这三个项目在第 8 章品"牌导向产品设计心理评价研究"、第 9 章"C2C 可用性心理评价研究"、第 10 章"现代服务设计心理评价研究"进行成果汇报。

2.1.2.1　品牌产品设计心理评价的研究方法

品牌设计心理评价研究建立在品牌延伸理论和品牌识别理论的理论基础上。研究人员利用品牌延伸理论中消费者"爱屋及乌"的心理，从品牌识别的四层次：作为产品的品牌、作为企业的品牌、作为人的品牌和作为象征的品牌这些层面；关注品牌设计六西格玛要素：属性、利益、价值、文化、个性与用户；从而决定品牌延伸的五个层次：产品属性层次、标准化层次、技术诀窍层次、兴趣点层次与理念层次，最终形成品牌知名度、品牌联想度、品牌美誉度和品牌忠诚度为品牌心理评价构成要素的完整理论。品牌设计心理评价研究所采用的方法与前文所提的类似，都需要结合定性研究方法和定量研究方法，主要是结合上述访谈法和问卷法对品牌设计进行全面评价。

2.1.2.2　网络产品设计与服务产品设计心理评价的研究方法

服务产品设计心理评价的研究包括服务设计用户研究、服务设计原型研究、服务流程设计研究与服务设计满意度评价研究这四方面。从 20 世纪 80 年代以来，以人为本的方法成为许多设计实践的中心组成部分。服务设计更加着重强调这一点，要求真正了解顾客的期望和需求。服务设计的用户研究方法有田野调查法（Fieldwork：observation and documentation）、情景地图（Context Mapping）、人物角色（Persona）、设计探索法（Probes）等方法。服务设计原型设计研究方法有换位思考法（Bodystroming）和故事版（Storyboarding）等方法。服务流程设计研究方法有将制造业企业的管理方法应用于服务业企业、服务蓝图法、关系图析方法（Relationship Mapping）和六西格玛的服务设计方法等。此外，考虑顾客满意度和成本预算的服务设计方法有质量功能展开（quality function deployment，QFD）和 Kano 模型的产品设计方法、模糊环境下的产品设计方法等。

2.1.3　产品设计心理评价新视角：用户体验

用户体验（User Experience）基于以用户为中心的观点（User Concentrated Design，UCD），强调产品或软件的用户在使用一个产品或系统前、使用时和使用后的全部感受，包括情感、信仰、喜好、认知印象、生理和心理反应、行为和成就等各方面。这些因素相互关联、不可分割，共同形成用户体验，其中"印象"是塑造品牌形象的关键要素之一。ISO（International Standard Organized）9241 - 210 标准将用户体验定义为"人们对于针对使用或期望使用的产品、系统或者服务的认知印象和回应"。因此，用户体验是一种纯主观的在用户使用一个产品（服务）的过程中建立起来的心理感受。ISO 定义的补充说明还列出三个影响用户体验的因素：系统、用户和使用环境。

计算机技术在移动和图形技术等方面取得的进展，已经使得人机交互（Human - Computer Interaction，HCI）技术渗透到人类活动的绝大多数领域。这导致了一个巨大转变：系统的评价指标从单纯的可用性工程，扩展到范围更丰富的用户体验。这使得用户体验（用户的主观感受、动机和价值观等方面）在人机交互技术发展过程中受到了相当的重视，其关注度与传统的三大可用性指标（即效率、效益和基本主观满意度）不相上下，甚至比传统三大可用性指标的地位更重要。有许多因素影响用户使用系统的实际体验，因此，影响用户体验的因素被分为三大类：使用者状态、系统性能以及环境（状况）。针对典型用户群、典型环境情况的研究有助于设计和改进系统，同时这样分类也有助于找到产生某种体验的原因。

用户体验设计整体解决方案包括：用户研究、交互设计、视觉设计、验证和评估。用户研究内容包括新产品设计研究、定位和设计、竞品比较、市场细分、目标用户的特征、顾客满意度和忠诚度、概念测试、用户购买行为等。交互设计的内容包括：以用户体验为基础进行的人机交互设计时要考虑用户背景、使用经验以及在操作过程中的感受，从而设计符合最终用户的产品，使得最终用户在使用产品时愉悦、符合自己的逻辑、有效完成并高效使用产品。视觉设计的内容包括：视觉设计与用户研究之初便一同参与，目的在于创新视觉的导向。验证和评估的内容包括：运用多项创新的技术检验设计方案与用户行为模式之间的切合度，从而改善设计。

2.1.4　产品设计风险控制手段：用户研究

20 世纪 80 年代 UCD（User Centered Design）产生了广泛深远的影响。国际以用户为中心的经验攫取和生活研究统称为"用户研究"（User Research）。通过用户研究，了解用户生活方式建立起来的用户模型（User - model）。用户研究可为产品开发带来新的视野，特别是新产品或服务被引进现存的产品或服务中有小变化的时候。克里斯·费伊和戴夫·罗杰斯等认为，科学的用户研究很难，而用户研究成果很难用到设计中。但用户研究打开了一扇窗，帮助设计师了解用户的思想（Mind）、心灵（Hearts）和体验（Expe-rience）。

美国设计管理专家 Mike Baxte 提出的"设计风险决策管理漏斗理论"。根据这一理论，在产品开发前期时，不确定性最高。但是早期的市场调查、产品定位、概念设计、制作设计草图或者模型较之后期的制作模型、模具和产品实物的成本只是个小数字，如果这个阶段的成果获得成功，创新机会得以显示，后期便可加大投入，成功概率大。

需要强调不要低估理解用户生活方式的复杂性，一些小的事情往往反映出大的问题；不要单纯地依赖问卷调查，要真正进入用户角色中去；用户对价钱和价值的感知往往合理，很难直接纳入到公司预算中去；用户使用产品的经历对他们购买决策有重要的影响，所以要考虑产品的交互方式是否能够兼容他们的习惯；用户体验可以非常吸引人却是微妙而个体的过程。

用户研究与社会学、人类学和心理学有着密切联系。这些科学用来衡量设计发展中人是如何来感知、理解、记忆和学习的（Preece，1993），并且在设计前期，它们还能帮助理解、可信地解释，甚至有可能预测到人类行为（Karat，1997）。我们团队尤其关注用户研究与心理学的关系，以心理学理论和方法的借鉴，对用户研究的方法做进一步的研究。

2.1.5　用户体验研究方法

体验设计一般从以下几个方面入手：五感、情感、思考、行动和关联。五感是指体验要透过视觉、听觉、嗅觉、味觉、触觉等感官让人产生感受；情感体验在于产生和人情感或情绪上的连接，通过物品或服务创造出正面情绪，来建立顾客愉悦的品牌体验；思考试图挑起人的挑战欲望与创造力，通过与产品或品牌互动的过程，让顾客不断地发展出惊喜、眩晕、挑衅的体验感受；行动主要是产生身体上的活动感受、构建生活风格、引起互动，提供顾客另一种行动的方式来提升顾客的生活价值；关联结合五感、情感、思考与行动，是这种体验的样貌。即把个人体验延伸扩展到与他人、社会、文化的连接上。

用户体验流程和方法包括以下几个阶段。

理解阶段：首先自己做研究，用户不参加。理解阶段可采用的方法包括：历史分析、关系图、试错分析、长期预测、流程分析、行业分析、竞品研究、数据分析等。

观察阶段：看用户在做什么，用户做他们日常所做。观察阶段所采用的方法包括：现场观察、视频展示、图片展示、个人清单、用户指导、极端用户体验、生活中的一天、影子学习等。

观点阶段：给用户时间看他的观点，我们理解用户的观点。观点阶段可采用的方法包括：观念词获取、专家评估、深度访谈、用户绘制、卡片分类、影像日志、非焦点小组、一对多访谈等。

尝试阶段：用户参与给出原型，用户间接帮助我们设计。尝试阶段可以采用的方法包括：参与设计、快速成型、视觉卡片、角色扮演、预言未来目标、剧情测试、纸质原型、原型设计等。

评估阶段：原型是否可行，用户做我们让他们所做。评估阶段可采用的方法包括：定量研究、问卷调研、启发式评估、验证性测试、有效性测试、眼动研究、可用性测试等。

综上所述，用户研究的方法，我们可以从微观的用户评价参数，比如生理测量、心理参数（认知、思维、想象等智力因素）入手，也可以从中观的角度，即用户的非智力因素（个性、态度、习惯等）入手，另外影响用户评价的宏观因素（社会群体、社会文化、社会氛围等）也是不可小视的。这些多元的、全方位的、立体的思维模式，是科学的用户研究必备的素质。

2.1.6 产品设计实证研究方法

2.1.6.1 何为实证研究

实证研究（Empirical Research）是指从大量的经验事实中通过科学归纳，总结出具有普遍意义的结论或规律，然后通过科学的逻辑演绎方法推导出某些结论或规律，再将这些结论或规律拿回到现实中进行检验的方法论思想。实证研究作为一种研究范式，产生于培根的经验哲学和牛顿—伽利略的自然科学研究。法国哲学家孔多塞（1743—1794）、圣西门（1760—1825）、孔德（1798—1857）倡导将自然科学实证的精神贯彻于社会现象研究之中，他们主张从经验入手，采用程序化、操作化和定量分析的手段，使社会现象的研究达到精细化和准确化的水平。

在我国，实证研究方法在产品设计研究领域还未被广泛运用，这与设计艺术学划分到美术学学科下有关。我国设计艺术研究采用实证方法存

在不足的问题，但随着设计发展及其与各个学科的相互融合，学科边界变得越加模糊，改变了以往仅限于设计产品本身的研究方式，越来越多的设计类学者开始进入到关注产品目标对象的研究，使研究呈现出复杂多样的局面，如近年来眼动仪在平面设计中被大量运用，江南大学设计学院也成立了专门的设计心理学实证研究课题组和可用性实验室，清华大学美术学院杭间教授也主张"从一些实证的、小中见大的学术研究起步，因为这样做的好处是言之有物，材料和数据来源可靠，而且容易帮助一个人学术的成长"，因此，实证研究方法并非学科本身所固有的，实证方法是设计艺术学研究的一个科学、可靠的方法。产品实证研究的原则包括以下几点：

（1）**客观性**：实证研究最大的特色在于研究的客观性，避免研究的主观性，从而使得研究的结果可以进行重复性的验证，达到科学研究的目的。

（2）**数据性**：实证研究是基于数据的，包括获取数据，以及对这些数据进行分析处理，实证研究离不开对数据的加工。

（3）**系统性**：实证研究是系统性的研究，通过数据，可以对研究对象进行全方位的系统的展示，研究结果更加全面。

（4）**中立性**：实证研究的分析结果是以数据为主的，其代表的研究观点是中立的。

2.1.6.2 实证研究操作方法与流程

实证研究方法有狭义和广义之分。狭义的实证研究方法是指利用数量分析技术，分析和确定有关因素间相互作用方式和数量关系的研究方法。狭义实证研究方法研究的是复杂环境下事物间的相互联系方式，要求研究结论具有一定程度的广泛性。广义的实证研究方法以实践为研究起点，认为经验是科学的基础。实证研究方法包括观察法、谈话法、测验法、个案法、实验法、问卷法等，后面章节有介绍实证研究方法的科学运用和实际案例操作。产品的实证研究流程分为以下几步：

（1）**确立产品实证研究主题**：实证研究的第一步要确立研究主题，即实证研究的目标对象和目标任务。

（2）**文献综述与相关理论研究**：文献综述是为了对整个课题的前人研究有个全面而客观的认识，从而明确本课题研究的重点和突破点，相关理论研究是实证研究的理论框架科学支撑。

（3）定义研究问题，提出实证研究假设：结合理论研究，提出实证研究的假设和研究的重点，细化实证研究的具体维度，为进一步量化研究做好铺垫。

（4）实证研究方法设计：科学合理的实证方法设计是建立在清晰的研究目标与完整的理论分析上，一般实证方法设计包含定性和定量两部分。

（5）产品实证研究过程：实证研究过程是由研究者根据实证设计方案进行的具体研究过程，合理科学控制的实证研究过程对于整个实证研究异常重要。

（6）分析实证获得的数据：获取的实证资料需转化为可分析的数据，以利于进一步进行科学的研究。

（7）结果讨论并导向产品设计：产品设计的实证研究目标是导向具体的产品设计。

2.1.6.3　实证研究在产品设计中的应用

实证研究应用于整个产品设计周期，它为设计做出坚实支撑。通过使用访谈、问卷等方法，了解不同等级用户的使用动机、使用过程、使用结果等，实证研究的结论提出相应的对策以指导具体的设计实践。实证研究使设计师跳出以自我为中心的设计观念，从个体思维逐步换位到用户的思维，完成真正的以用户为中心的设计。同时实证研究也为设计的可持续性提供依据，避免了只依靠个人灵感导致的设计质量不稳定等问题。

以我们团队的李琴（2006）课题《品牌认知模式导向都市白领电熨斗的心理评价研究》为例，该课题选取未来小家电时尚消费的先导力量——白领作为研究人群，选取个人生活类小家电电熨斗作为研究对象，对白领这一特定消费群进行品牌消费观念、消费方式、消费习惯的研究。对现有小家电市场品牌状况进行分析，得出当前中国电熨斗市场上竞争的五股力量分别是：国际小家电品牌，国内大家电品牌兼营小家电，台资、港资及合资品牌，众多国内小家电品牌以及一些 OEM 生产商。影响电熨斗市场规模的四大因素分别为：城镇人口规模、城镇居民生活水平、电熨斗产品本身的性价比和使用寿命。论文的实证研究部分，用甄别问卷从 60 位白领中选出了 10 位被访者，用访谈脚本对其进行深度访谈，获取用户的基本信息、生活方式、消费行为等内容。通过访谈建立了消费者 AIO 模型，将消费者划分成三种用户类型：兴趣工作型、生存工作型和家庭工作型。定性了解白领的电熨斗品牌认知情况及影响其品牌认知的因素。设计出品牌认知调查问卷进行定量研究，对上海 143 位白领进行问卷发放，对回收问卷进行了统计分析。首先从青年白领对目前市场上电熨斗品牌的注意、记忆、回忆来分析其初级阶段的品牌认知，然后从多维度品牌比较及关联分析比较来分析其高级阶段的品牌认知，最后分析其购买行为中品牌认知的影响因素。从品牌初级认知、品牌高级认知及品牌认知模式的影响因素三方面建立品牌认知模式。统计出品牌识别度和记忆度，找出国有小家电品牌所处的位置，并选取代表电熨斗市场三股主要力量的宏观企业品牌飞利浦、海尔和红心，从喜欢程度、个性程度、性能好坏、服务好坏、质量好坏、信赖度、亲切程度 7 个维度进行横向比较，飞利浦各项均值分别为：5.008、4.664、5.214、5.145、4.679、4.992、4.308；海尔分别为 4.152、4.084、4.267、4.282、4.519、4.160、3.527；红心分别为 3.460、3.062、3.099、3.381、3.513、3.451、3.363；从而获得消费者对企业整体品牌认知的差异，最后将国外企业品牌与国内企业品牌进行对比，找出国内品牌的差距，进而提出国内企业的品牌推广策略的市场策略、价格策略、产品策略、广告策略和促销策略。[①]

2.2　微观用户实证研究方法及技术：用户行为和认知的测量

2.2.1　用户生理测量方法和技术

生理测量要借助传感器等测量仪器，从生理学角度研究用户认知、情感等产生的生理神经信号。通过测量用户的脉搏、心跳、脑电波、皮肤汗液、呼吸、电位、表情等生理指标的变化，了解用户的认知、情感等状态，获得相应信息。这种测量经常用在医疗器械、农业机械这些注重工程学的设计领域。我们主要介绍眼动研究、情感计算和脑图像处理认知神经科学方法。

2.2.1.1　眼动研究

眼动的基本概念有：眼跳，我们看物体时不断发动一些眼动以使注视点由一个位置变换到另一位置，这过程就叫眼跳。潜伏期，发动一个眼

---

①　李琴. 品牌认知模式导向都市白领电熨斗的心理评价研究 ［D］. 江南大学硕士论文，2006.

跳需要一定的时间，这段时间就是眼跳的潜伏期。在眼跳的过程中我们视觉输入的敏感性会降低，这个现象叫眼跳抑制。在注视一个目标时，我们的眼睛不会真正静止下来，而是有一种持续的颤动，这个现象叫做眼球震颤。回跳，与视觉运动方向相反的眼跳运动。回扫，注视点从一行的末尾跳到另一行的开始。眼动的研究动态包括：利用眼动技术可记录多种指标，包括注视和凝视时间，眼跳时间和位置、回跳时间等，可用来研究阅读、视觉搜索和场景浏览等问题。

眼动研究在 Web 可用性上应用的例子。可用性领域的权威 Jakob Nielsen 等人在研究实验中发现被试者阅读网页时常常会呈现"F状"的模式。如图 2-1 的网页注视热点图所示，其中红色表示该区域受关注度最高，黄色次之，蓝色再次之，灰色则表示基本没有被关注。

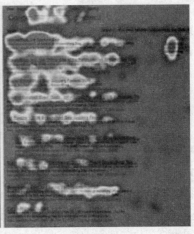

图 2-1　网页浏览的"F状"模式

2.2.1.2　情感计算与脑图像处理

东南大学学习科学研究中心在脑机制及研究方法的研究走在了学术前沿。该研究中心从基因、神经递质、神经环路、脑结构和功能等不同层次上，研究了儿童情绪、学习等行为表现；发展新的研究方法和检测技术；寻找新的与情绪、学习认知等相关的基因、生化参数以及相关的生理指标；研究情绪和学习能力的生物学基础和原理，从神经科学的角度来对儿童的心理过程进行客观评估。

对我们产品设计心理评价的启发主要有产品语义学与用户交互的情感计算、认知行为的脑机制研究。相关的研究内容包括情感信息处理：在信息科学和神经教育学等交叉学科研究的基础上开发儿童情绪评估系统，并构建儿童情感语音和面部表情等行为学数据库，实现对儿童情绪能力的评估；认知神经科学：用 ERP（Emotional Related Language Processing）、脑图像等技术方法，研究情绪知觉、学习与记忆、情绪相关语言认知等的脑机制；脑图像及虚拟现实：应用计算解剖学方法、进行脑功能结构识别和分割，研究脑部功能结构的个体差异和发育变化，分析与疾病或缺陷相关的脑功能发育特征及规律。

ERP 技术检测情绪相关的语言认知和句子理解过程中情绪信息的加工。语言加工是连续的、具有多个分析层次的复杂过程。ERP 技术具有精确的时间分辨率和多维探测指标，能够准确地在线显示认知活动不同时间进程中的脑功能活动状态，可以对语言进行连续的测量，并对不同层次的分析有不同的敏感指标，同时，ERP 也可以敏感地反映出情绪活动在脑内的活动过程。我们采用不同的实验方法，分析不同模式、不同性质、不同强度的情绪语言刺激条件下，ERP 各成分的波幅、潜伏期、头皮分布区等参数的变化，以期对情绪相关语言加工的脑机制有较为深刻的了解。通过操作句子语境和句尾词使句子具有不同的情绪性，利用 ERP 技术，考察句子理解加工过程中情绪信息的变化。研究发现，不同情绪性句子的加工在 ERP 波幅上存在差异，句子加工过程中情绪信息得到了即时的激活，如图 2-2 所示，图中左边屏幕上显示的词语是"热爱"。

情绪与无意识知觉和内隐性记忆之间的关系以及注意在其中所起的调节作用，研究具体讨论阈下知觉与情绪知觉之间的关系、内隐记忆与情绪体验之间的关系、不同类型情绪知觉和注意资源调整之间的关系、不良情绪（如抑郁、恐惧、焦虑、自闭症等）如何通过阈下知觉、内隐记忆影响人们的行为、情绪知觉的神经机制、儿童情绪能力的诊断与培养。

人脸检测（图2-2），人脸检测的目的是为了判断目标图像中是否存在人脸并且给出人脸图像所在的位置。人脸检测作为自动面部表情识别系统的第一步，该步骤所能达到的检测精度、检测速度将对整个系统产生很大的影响。世界各地的研究者对人脸检测的研究主要有三大类：基于几何特征的方法（图2-3）、基于肤色模型的方法和基于统计理论的方法。

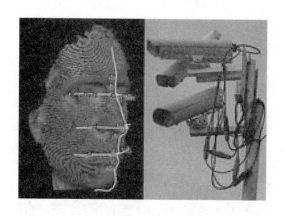

图2-2　人脸检测展示图

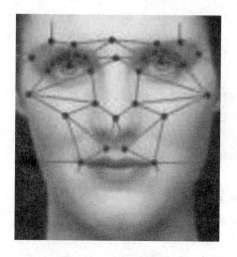

图2-3　基于几何特征的人脸识别

2.2.2　用户心理测量方法和技术

心理测量法主要是通过问卷和访谈的方式来调查用户当前的情绪状态、心理感受等，抑或通过分析用户的口语报告获取情感信息。其目的是通过有效手段以获取与用户相关的"显性知识"和"隐性知识"。这部分内容，我们后面将详细

论述。要全面获得用户的真实情感需综合运用观察法、深度访谈法、焦点小组法、口语分析法、群体文化学法、照片归类法、隐喻抽取技术等定性方法，获得第一手事态。后期的定量研究中，最常用意象尺度法，它由若干表达情感体验的词汇和量尺构成，量尺由两个意义相反的形容词作为两极，根据程度差异均等地划为5~7级，由用户根据情感认知程度选取相应的等级做出判断。随着信息技术的发展，为了增加用户对创新产品的体验深度，虚拟现实技术、三维造型和基于互联网的调查技术也得到了广泛的应用。①目前，我们研究团队在江南大学李彬彬教授主持下与某国际著名公司2009年的合作项目，运用了"Trade Learning Experience（TLE）新产品心理评价的交易学习法"，在第五节的第二部分有详细的介绍。

为提高测量准确度，研究者常将生理测量、心理测量结合，主要体现在意象尺度法。意象尺度是人深层次的心理活动，主要借助科学的方法，通过对人们评价某一事物的心理量的测量、计算和分析，降低人们对某一事物的认知维度，得到意象尺度分布图，通过意象图研究产品在坐标图中的位置，比较分析其规律的一种方法。其以语义差异法为基础，一方面通过寻找与研究目的相关的意象词汇来描述研究对象的意象风格，同时使用多对相反、反义的意象形容词组，从不同角度或维度来量度"意象"这个模糊的心理概念，建立心理学量表来表示不同维度连续的心理变化量，并用因子分析法中的主成分分析或多维度尺度法进行研究。

意象尺度法在产品外形和色彩研究中运用较多，尤其是在我国（包括台湾地区）。意象尺度法从产品外形和色彩心理效应入手，以语义差异法为意象调查和手段，进行系统的统计和分析、指导并评估设计。意象尺度通过产品的意象尺度分布空间揭示产品的内在规律，量化设计中用户模糊、感性的问题，为产品设计提供较为准确的参考数据结构和一定的科学依据。

最近，荷兰埃因霍芬科技大学Rauterberg教授提出交互设计中的娱乐计算、文化计算的设计、评价和建立分析机制是目前实证研究的前沿动态。

2.2.3　用户参数转换和分析方法

用户生理和心理数据的测量结果需要转换为

①　丁俊武等.情感化设计的主要理论、方法及研究趋势［J］.工程设计学报，2010（1）：12-31.

产品的结构参数或者创新功能才能完成情感化设计的要求。由于用户情感是主观感受，语义表达因人而异、因文化的不同而异，受时间、地点、环境等情境因素影响。因此，很多情感化设计的论文应用了因子分析、聚类分析、灰色关联分析、多维度分析、人工神经网络技术、数据挖掘、模糊数学、和粗糙集等理论对用户情感加以提炼，最后得到可实际应用的情感化设计参数。[①] 对于情感参数的转换，没有标准化的方法和技术，需要结合特定的情感需求和产品功能加以选择。除了对用户的情感进行测量之外，设计师对产品的不同情感诉求也需在产品设计阶段加以考虑和转换，我们主要介绍因子分析、聚类分析和灰色关联分析。

2.2.3.1　因子分析

因子分析是指研究从变量群中提取共性因子的统计技术。最早由英国心理学家 C. E. 斯皮尔曼提出。他发现学生的各科成绩之间存在着一定的相关性，某一科成绩好的学生，往往其他各科成绩也比较好，从而推想是否存在某些潜在的共性因子，或称某些一般智力条件影响着学生的学习成绩。因子分析可在许多变量中找出隐藏的具有代表性的因子。将相同本质的变量归入一个因子，可减少变量的数目，还可检验变量间关系的假设。

在对用户的研究中，研究人员关心的是一些研究指标的集成或者组合，这些概念通常是通过等级评分问题来测量的，如利用李克特量表取得的变量。每一个指标的集合（或一组相关联的指标）就是一个因子，指标概念等级得分就是因子得分。

因子分析在市场调研中有着广泛的应用，主要包括：消费者习惯和态度研究、品牌形象和特性研究、服务质量调查、个性测试、形象调查、市场划分识别、顾客、产品和行为分类。在实际应用中，通过因子得分可以得出不同因子的重要性指标，而设计师则可根据这些指标的重要性来决定首先要解决的设计元素和品牌形象定位的问题。

我们研究组的许衍风（2005）的大学生 MP3 随身听战略设计心理评价实证研究课题，综合运用了因子分析实证数据转换方法，通过对大学生心理特点、消费特点以及时尚产品——MP3 随身

听的发展历程和市场现状等进行了深入的分析；结合顾客价值理论和设计风险决策管理漏斗理论的研究，将消费者满意度概念引入到产品战略设计评价过程当中，找到了该课题的突破点——运用原创性的消费者满意度问卷测量消费者的主观满意度水平，从而探讨大学生 MP3 随身听战略设计心理评价系统的结构；详细的实证研究，首先利用"头脑风暴"、"专家访谈"、"文献检索"等方法收集到大学生 MP3 随身听设计心理评价因子 81 项，并在此基础上进行因子分析，最后得到了"大学生 MP3 随身听战略设计心理评价因素重要性量表"，量表由 17 个主因子构成，分别是个性表现因子（特征值为 13.065，方差贡献率为 16.129）、服务因子（特征值为 5.531，方差贡献率为 6.829）、宜人性因子（特征值为 4.055，方差贡献率为 5.006）、实用性因子（特征值为 3.257，方差贡献率为 4.020）、价格因子（特征值为 3.020，方差贡献率为 3.729）、形态美感因子（特征值为 2.644，方差贡献率为 3.564）、方便性因子（特征值为 2.377，方差贡献率为 3.335）、一般功能因子（特征值为 2.330，方差贡献率为 3.176）、色彩因子（特征值为 2.145，方差贡献率为 2.648）、材料因子（特征值为 2.040，方差贡献率为 2.518）、娱乐性因子（特征值为 1.932，方差贡献率为 2.385）、品牌因子（特征值为 1.885，方差贡献率为 2.327）、整体协调性因子（特征值为 1.634，方差贡献率为 2.218）、购买渠道因子（特征值为 1.600，方差贡献率为 2.175）、环境因子（特征值为 1.547，方差贡献率为 1.909）、沟通性因子（特征值为 1.442，方差贡献率为 1.881）、愉悦性因子（特征值为 1.389，方差贡献率为 1.815），核心因子是"MP3 随身听的个性表现价值"。量表具有很好的信度和效度，可以为大学生 MP3 随身听战略设计提供依据。下面章节有详细的实证研究过程，这里不再赘述。

2.2.3.2　聚类分析

聚类分析指将物理或抽象对象的集合分组成为由类似的对象组成的多个类的分析过程。聚类分析的目标就是在相似的基础上收集数据来分类。在不同的应用领域，很多聚类技术都得到了发展，这些技术方法被用作描述数据，衡量不同数据源间的相似性，以及把数据源分类到不同的

---

① 丁俊武等. 基于情感的产品创新设计研究综述 [J]. 科技进步与对策，2010（15）：156 – 160.

簇中。

从实际应用的角度看，聚类分析是数据挖掘的主要任务之一。而且聚类能够作为一个独立的工具获得数据的分布状况，观察每一簇数据的特征，集中对特定的聚簇集合作进一步的分析。聚类分析还可以作为其他算法（如分类和定性归纳算法）的预处理步骤。

聚类分析在用户特征数据挖掘中是很重要的一个方面，通过分组聚类出具有相似情感因子和风格因子，并分析客户的共同特征，可以更好地帮助设计研究人员更好地了解自己的用户，向设计师提供更有价值的设计参考。

本研究组聚类分析的案例典型代表是"E"世代人群生活方式分类与电磁炉消费行为研究（葛建伟，2007），该课题的研究对象为电磁炉小家电产品，理论基础为生活方式理论，建立电磁炉产品用户生活方式分类系统，从而了解我国苏锡常地区"E"世代人群的生活方式与其购买小家电、消费行为之间关系，实证研究的调查范围锁定苏锡常三个城市，这三个城市是江南沿海经济比较发达的三个代表，消费者生活水平相对较高，整体生活消费理念比较先进，对整体市场具有一定引导性与代表性。总共回收样本197份，获得有效样本161份，对回收有效问卷进行统计处理分析，得到定量结果。生活方式测量采用了因子分析法与聚类分析法，因子分析方法的目的是为了获取生活方式因子，聚类分析实质是建立一种分类方法，它将一批样本数据按照在性质的亲疏程度在没有先验知识的情况下自动进行分类。本课题研究从30个生活方式变量上进行主因素分析，提取了10个主因素，且10个主因素解释了总体方差的65.829%，"E"世代人群生活方式10个因素分别为：事业成就发展因子、挑战生活因子、实用方便因子、产品风格关注因子、传统家庭因子、运动休闲因子、谨慎购物因子、购物消遣因子、经济安全感因子和关注生活规律因子。根据各样本在生活方式各主因素上的得分，使用聚类分析将"E"世代人群细分为成熟时尚型（调查样本的50.9%）、追求完美型（28.0%）和传统居家型（21.1%）三种类型。最终研究发现，不同的生活方式类型与小家电产品消费行为存在显著关联。

2.2.3.3 灰色关联分析

对于两个系统之间的因素，其随时间或不同对象而变化的关联性大小的量度，称为关联度。灰色关联分析方法是根据因素之间发展趋势的相似或相异程度，亦即"灰色关联度"，作为衡量因素间关联程度的一种方法。在系统发展过程中，若两个因素变化的趋势具有一致性，即同步变化程度较高，则可谓二者关联程度较高；反之，则较低。

灰色系统理论提出了对各子系统进行灰色关联度分析的概念，意图透过一定的方法，去寻求设计系统中各子设计系统（或因素）之间的数值关系。因此，灰色关联度分析为一个系统发展变化态势提供了量化的度量，非常适合对用户的动态历程进行分析。

《自我价值定向理论导向大学生3G手机心理评价研究》（周建，2011）是运用灰色关联分析方法，探索自我价值定向下的大学生3G手机营销及设计诉求。研究方法上，在桌面调研的基础上，通过深度访谈和问卷调查两种相互补充的方法。定性研究主要是多方位把握目标消费群的生活方式、个性特征、自我价值状况以及与手机发生关联的节点等，获得第一手的感性资料；量化研究采用原创性的消费心理问卷考察消费者对产品的使用情况以及态度指数。收集了大学生消费者态度数据，初步把握了高校学生3G手机消费市场的真实状况（使用实态、满意度、价值诉求等），运用自我价值定向理论对大学生3G手机消费心理进行了关联性分析和阐释，通过实证研究，表明大学生消费者的自我价值状况与其消费行为有较为密切的联系，消费者的自我价值对其消费行为有定向作用，表现为高自我价值取向的消费者更为看重产品的正面效应，如自我价值定向的大学生3G手机感知有用性关联分析中，项目"我认为3G手机可以增加处理事情的效能"态度指数为3.848，介于有点同意（态度指数为3）与比较同意（态度指数为4）之间，偏向于比较同意，且自我价值定向的大学生3G手机感知易用性、感知体验满足也表现较高的态度指数，但对于产品的负面效应如感知风险等不是很关心；低自我价值取向的消费者更为考虑产品带来的负面效应，从而对于产品的优点熟视无睹，产品可能带来的负面效应对其购买决策起到很大影响。

2.2.4　微观用户研究的新发展——图解思维方法

图解思维①是一种设计思考模式的术语，本意为用速写或草图等图形方式帮助思考，又称图解思考，是将人的认知和创造性逐渐深入的过程。设计师将图形用手记录于纸上，通过观察和思考，给原来图形一个反馈，并对原有图形进行改进、联想和想象产生新的认知；再对原有图形进行演进，以此往复构成图解思考过程。

现有的有关图解思维的研究将心理学、认知科学和图形学等多方面知识串联起来，探讨设计师和用户的隐性知识外显化表达，共分为三种形式：思维草图、说明性草图和谈论性草图。思维草图是设计师关注非口头的思考；说明性草图是设计师引导绘图员将草图进行完善，通常发生在设计后期；谈论性草图是设计师向工程师阐述复杂性和可能含糊部分时画的草图。

通过比较近几年一些有代表性的研究，我们比较发现近期图解思维的发展状况，将其归结为三种模式：

（1）停留在传统领域，进一步研究与完善人们思维的表达；

（2）探讨与计算机辅助技术的优缺点；

（3）将图解思维的草图表达与计算机辅助技术结合起来，由二维上升到三维立体空间。

传统领域的相应的研究，英国考文垂大学的TOVEY等采用图层分解的方法，探讨汽车设计草图中的造型线、冠状线、区域线、阴影和色彩，证明在汽车设计中造型的重要性。文章提出若干开发计算机辅助设计系统来支持概念发展，要考虑草图绘制过程的活动，采取"扩大"而非"取代"传统手绘活动（TOVEY，2003）。在图解思维与计算机技术比较领域的研究里，英国伦敦大学的JONSON等，通过案例研究，比较学设计的学生和从事设计工作的设计师，在每天的设计情境中怎样应用概念设计工具。结果表明，徒手画草图是设计初期阶段主要的概念工具，而计算机被认为是跨设计领域的一种思维（JONSONB.，2005）。在图解思维与计算机技术结合这一领域的研究，美国卡内基梅隆大学的DO通过可计算的环境，开发了基于知识的设计系统，将草图设计和计算机辅助设计结合起来，对不同设计案例进行了验证。系统软件能够判断设计师的意图，并提供设计工具（DO，2005）。

2.3　中观用户实证研究方法及技术：用户个性和态度评价

2.3.1　观察方法及其拓展技术

观察法是心理学研究最基本、最简便的方法之一。观察法是讲求在自然条件下，有目的、有计划地对研究对象（用户）的言行表现进行直接观察，对其心理活动和行为规律进行分析的方法。观察法的核心是按观察的目的，确定观察的对象、方式和时机。观察时应随时记录消费者表现的行为举止，包括语言的评价、目光注视度、面部表情、走路姿态等。观察记录的内容应包括：观察的目的、对象、观察时间、被观察对象的有关言行、表情、动作等的数量与质量，另外还有观察者对观察结果的综合评价。为了使观察效果更准确、更及时，可以借助的观察设备有录像录音、闭路电视、眼动设备等。

观察法是通过感官或者工具获取事物感性材料的最基本方法，按照观察方法的不同，观察通常分为直接观察和间接观察、有控观察和无控观察以及参与观察和非参与观察等。表2-1展示了常用观察方法的特点和优缺点。

表2-1　　　　　　　　　　　　常用观察法的特点和优缺点

观察方法	特点	优点	缺点
直接观察	完全依靠人的感官进行	真实、简单、随时进行	受人体功能限制
间接观察	利用工具、仪器进行	可以观察到人肉眼无法察觉的现象	必须事先准备工具
有控观察	被观察者处于人为施加的控制条件下	可以集中观察需要研究的对象	可能影响观察结果的真实性
无控观察	不施加任何控制条件，被观察者完全处于自然状态	观察结果真实性高	会产生大量无用的观察数据

---

① 罗仕鉴等．产品设计中的用户隐性知识研究现状与进展［J］．计算机集成制造系统，2010（4）：673-688.

续表

观察方法	特　点	优　点	缺　点
参与观察	观察者参与到被观察的活动中	可以亲身体会被观察者的感觉	可能以自己的感受会影响观察结果的真实性
非参与观察	观察者以局外人的角度公开或者隐蔽的观察被观察者的活动	获得真实准确的观察数据	无法了解被观察者的内心活动

观察法本身的特点决定了其主要适用于外显特征比较明显的观察对象，可以比较直观地认识到事物外部现象和外部联系的关系，但不宜用在对问题的内在核心事物之间内在联系方面的研究。

此外，由于观察法常常需要花较多或持续较长的时间，对于突然发生的行为，以及大规模、大范围研究中，一般不建议以观察法为主要研究方法。

2.3.2　访谈法及其拓展技术

访谈，即通过访谈者与受访谈者之间的交谈，了解受访者的动机、态度、个性和价值观念等的一种方法。访谈法旨在通过提出问题让被试回答，并促使他提出问题，其核心在于提问。提问是极其重要的一个环节，是寻找和产生构想最有效的工具。问题可以启发新的可能性。最好的例子来自"拍立得相机"的发明，简言之即小女孩天真的一句"爸爸，我为什么要等？现在就要看照片"启发了其父的新发明。好的提问即是一种模型，包含了概念和观点；精心设计的提问可以表达世界观；融合背景和意识；解释潜在的洞察力和可能性，从而深入展现事实。访谈法分为结构式访谈和无结构式访谈两种，有时还需结合投射法。

2.3.2.1　结构式访谈

结构式访谈又称控制式访谈，它是通过访谈者主动询问，受访者逐一回答的方式进行的。这种访谈需要访谈者根据需要、访谈目的提前拟好访谈的提纲，或具体问题。这种访谈较无结构式访谈容易控制且省时，但会让被访者感到拘束、顾虑，从而影响访谈效果。

2.3.2.2　无结构式访谈

无结构式访谈是通过访谈者和被访者之间不拘形式、不限时间的自然的交谈，让受访者在不存戒心的情况下吐露真实想法。这种访谈可以获得较深层的资料，却需要访谈者获得被访者的信任和认可而且要具备高度的访谈技巧。

2.3.2.3　投射法

出于戒备，访谈时人们可能会隐瞒真实想法，投射法主要针对的就是被访者的这种心理。这种研究方法不让被试直接说出自己的动机和态度，而是通过他对别人的描述，间接地暴露出其真实的动机和态度。投射法的方法有以下几种。

（1）角色扮演法：此法就是让被试设想自己正是购买某种商品的角色，然后表明这个角色对这种产品的态度，对直陈式态度问卷进行表态。这样通过角色扮演，访谈者就可以了解被访者的深层动机。

（2）示意图法：让被访者写出示意图中某角色的话，从而看出应答者本人的态度。目的就是让被访者在毫无顾忌的情况下，说出自己真实的想法。

（3）造句测试法：研究者提出某一类问题，如"女大学生一般挑选××牌手机"等不完整的句子，然后要求被访者将看到这个不完整句子后浮现在脑中的词填上，这可以获得很多关于被访者的信息。

（4）词汇联想法：测试员读一个词给受访者，然后要他说出脑海中出现的第一种事物。通常被访者反应的是一个同义词或反义词。一般是快速念出一连串词语，不让心理防御机制有时间发挥作用。如果受访者不能在3秒内做出回答，那么就可以断定他已经受到情感因素的干扰。

在访谈调查法中，研究者通过与被访者有目的的交谈来获取所需要的资料，在了解人的思想、观点、心理动机和态度方面，访谈调查有着不可取代的作用。按照访谈的内容或者方式，访谈可以分为结构访谈和非结构访谈、直接访谈和间接访谈以及个别访谈和集体访谈等，表2-2展示了常用访谈方法的特点和优缺点。

表2-2 访谈法的特点和优缺点

访谈方法	特　点	优　点	缺　点
结构访谈	对要访问问题的内容、提问方式和回答方式事先作计划	便于比较不同被访者的答案，有利于统计、分析访谈结果	缺乏灵活性
非结构访谈	事先不规定访谈的内容与具体过程	根据具体的访谈情况随时调整访谈内容	访谈结果不易作定量分析
直接访谈	调查者与被访者面对面直接交谈	调查者可以通过被访者的表情、手势理解其态度和答案真实性	对于涉及被访者隐私的问题，很难保证答案的真实性
间接访谈	调查者通过电话、信函等方式间接对被访者进行访谈	在相同时间内可以访问更多的对象	访谈效果较差
个别访谈	只有调查者和被访者两人参加	被访者不受他人干扰，易获得真实答案	花费较长的时间
集体访谈	调查者和多个被访者同时参加	节省时间、被访者可以相互启发	被访者的"从众"心理会影响答案客观性

访谈法适用于一切具有口头表达能力的不同文化程度的对象，它的优点是能有针对性地收集研究数据和情境资料，并且当研究者发现所记录的回答不完全，或者还想进一步了解一些情况时，可再对被访者进行追问或重复访谈。

但是，如果访谈的内容涉及被访者的隐私或其他被访者不愿透露的信息时，研究者很难判断被访者回答的真实性和准确性，因此，在进行会涉及上述内容的研究中，访谈法不宜作为主要研究方法。

深度访谈法是前面访谈法的延伸和拓展。它是一种无结构的、直接的、个人的访谈。一般用它来揭示对某一问题潜在消费的动机、信念、态度和情感。应用深度交谈的一个重要之处，是被访者观点没有平行影响效应，不像焦点小组讨论的那样。另外，当涉及个人隐私等私人问题之类高度敏感的主题时，深度交谈就会比小组讨论容易被优先选择。

深度交谈时，每位被访者都有很多说话机会，时间控制在30分钟到一个小时之间。一次小组讨论中，所有机会同等，讨论时间由被访人们和主持人共享，每人的发言时间在8~10分钟。深度交谈最基本的是倾听，为表示认真倾听一位被访者的意见，就要表示出兴趣，且这是一种鼓励多说的方法。进一步说，只有通过倾听才能建立理解和信任，从理解和信任可以发现更深入的提问的线索，这正是深度交谈的本质。

深度访谈的步骤和要求：

（1）选择访问对象。访问对象必须是与调研目的相关的人士。

（2）自我介绍。

（3）深度访谈过程中要能忍受受访者的无礼或偏见。

（4）详细地说明访问的目的，并设法创造一种友好的气氛。

（5）把握询问的方向及问题的焦点。

为了使谈论围绕着所要研究的问题，一方面访问员本身在开始讨论正题后，要注意尽量减少题外话，做到语言简洁；另一方面，要注意观察受访者的情绪变化，寻找机会把谈论的主题从无关的话题转移回来。

2.3.3 焦点小组方法及其拓展技术

焦点小组访谈是经过训练的主持人，以一种无结构自然的形式与一个小组的被测评者交谈，主持人负责组织讨论，获取相关问题深入了解。焦点小组调研目的在于，了解和理解消费者、使用者心中的想法及其产生的原因；调研的关键是，使参与者对主题进行充分和详尽的讨论。意义在于，了解他们对一种产品、服务、品牌或企业的看法，了解所调研事物与他们生活的契合程度，以及在感情上的融合程度。

焦点小组访谈法，不是一问一答的面谈。他们之间的区别就是"群体动力"和"群体访谈"间的区别。群体动力所提供的互动作用是焦点小组访谈法成功的关键，正是因为互动作用，才组织一个小组而不是进行个人面谈。群体会议的效果会使一个人的反应成为对其他人的刺激，从而可以观察到受访者的相互作用，这种相互作用会产生比同样数量的人做单独陈述时所能提供的更多的信息。

焦点访谈法的实施程序：

（1）准备焦点访谈，选择焦点小组访谈设备并征选参与者；

（2）选择主持人，制定讨论指南；

（3）实施焦点小组访谈；

（4）编写焦点小组访谈报告书。

现在的焦点访谈主要形式有：

（1）电话焦点小组访谈法；

（2）双向焦点小组访谈法；

（3）电视会议焦点小组访谈法。

2.3.4　问卷方法及其拓展技术

问卷法即事先拟定出所要了解的问题，列成问卷，交给消费者回答。通过对答案的分析和统计研究，得出相应结论的方法，是研究消费心理常用的方法之一。这种方法适宜了解影响消费行为动机、态度、性格、价值观等方面问题。问卷由调查人根据调查目的制定，调查目的不同，可设立三种形式不同的问卷：开放式问卷、封闭式问卷和混合式问卷。应用问卷法进行调查，有编制问卷、发放问卷、收回及分析问卷几个步骤。

问卷设计的方式包括：是非问题、选择题和分类问卷。问卷说明包括施测的条件、指导语和记分的规则。问卷的题目编制成以后，要进行预备性的测验，以收集必要的资料来考察问卷的质量，问卷质量就是它信度和效度。问卷的信度是指它测定结果的稳定性。问卷法包含的具体方法包括总加量表法、语义分析量表法、心理描述法和抽样调查法。

2.3.4.1　总加量表法

总加量表法又叫李克特量表法，由二十条左右组成，每条即一种意见。施测时让受测者在每条意见后标出自己对意见的态度。根据测试结果计算受测者在每条意见的得分，再把每条意见得分相加。

总加量表制作方法有如下几个步骤：

（1）搜集与研究问题有关的项目。

（2）选择被试者作实验，让其在各条意见后选择赞成⑤、比较赞成④、无意见③、不太赞成②、不赞成①中的一种，作为自己对这这条意

见的态度（五分法）。也有按三分法，还有七分法，由设计问卷者选择。

（3）计算每一被试在各条意见上的得分。

（4）对每一条意见都进行辨别力检验，把辨别力高的意见留作量表项目，把辨别力低的意见删掉。

2.3.4.2　语义分析量表法

语义分析量表基于由于对某一事物的态度包含许多方面，其中最主要的有"性质"、"力量"和"活动"三个方面。测量态度，应从这三方面来测量。性质即对事物好—坏、美—丑、聪明—愚蠢、有益—无益、甜—酸等的评价，称做评价向量。力量即对事物特性的强—弱、大—小、有力—无力、重—轻、深—浅等的评价，称做潜能向量。活动即对事物动态特性如快—慢、积极—消极、敏锐—迟钝、活—死、吵闹—安静等的评价，称做活动向量。制作一个对某一事物态度的语义分析量表，把每对形容词之间画七个横道，七个横道距两极端的距离不等，代表态度的趋向和趋向的程度。在好坏两个极端之间，最左端的横线代表"最好"；最右端的横线代表"最坏"；第四条横线，即中间那条横线代表"不好不坏"；其他横线的意义依次类推。

2.3.4.3　心理描述法

心理描述法是扩展消费者个性变量测量以鉴别消费者在心理和社会文化特点的有效技术，其特点有二：一是内在测量。它所测量的是模糊的和难以捉摸的变量，诸如兴趣、态度、生活方式和个性等；二是定量测量。它和动机研究在为设计师提供全面而丰富的概貌上有相同之处，但所要研究的消费者特点则是定量而不是定性的测量。它需要自我操作的问卷或"调查表"，涉及回答者的需要、知觉、态度、信念、价值、兴趣、鉴赏等方面。心理描述法是对动机研究和纸笔法个性测验两种特点的综合。心理描述的变量指的是 AIO（Attitude, Interesting and Opinion）变量，在回答 AIO 调查时，要求消费者对各种陈述的"同意"、"中立"或"不同意"进行程度判定，其计分法与总加态度量表和语义量表法相同。

2.3.4.4　抽样调查法

（1）抽样调查法的特点

抽样调查法也是揭示消费者内在心理活动与行为规律的研究技术。其分类特点如表 2 - 3 所示。

表2-3　　　抽样调查的分类特点

序号	抽样方法	类型	特点
1	单纯随机抽样	概率性抽样	只适用于定期做，可判断误差，费用较高，周期较长，不方便。
2	分层随机抽样		
3	分群随机抽样		
4	系统抽样		
5	任意抽样	非概率性抽样	可以经常做，不能判断误差，费用低，周期短，方便。
6	判断抽样		
7	配额抽样		

（2）抽样调查法的程序

抽样调查所搜集的资料是从有限的但被认为可以代表整体的"样本"中取得的。其原理是：确定总体；抽取子样；调查取得数据信息，进行数据分析，然后再推断总体。其程序如图2-4所示。

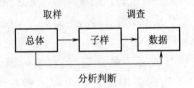

图2-4　抽样调查程序图

（3）抽样调查法的说明

抽样调查的取样问题也就是"问谁"的问题，要根据消费者的不同情况、占消费者总体的比例，或者根据产品销售对象的特殊性进行科学取样。取样要采用专门的办法，主要有随机取样和分层取样两种。随机取样指在特定总体中每个人都有被选择的同等机会。分层取样得到的样本是根据各类消费者在总人口中所占比例的复制品。

2.3.5　口语分析方法

口语分析（ERICSSONKA，1999）又称"有声思维"，它通过分析被试者的口语报告，包括实时口语报告和追述口语报告[1]，获得被试者的心理和认知活动信息，是心理学中关于"过程研究"的一种实验方法。认知心理学家将信息在头脑中的呈现方法统称为表达。每个人对同一件产品有一个表达，可以从口语的内容来比较每个人所表达的信息是否相同，并且得知他们如何看待这些产品（DONG A.，2005）。每个人对自己内部信息的表述都是将当前信息同另外的信息加以比较。在进行口语分析实验时，要求被试者尽可能地说出自己的思维活动，他们说出的话和试验中的行为，将被记录下来作为分析的材料。近年来这种研究方法主要集中在两个领域：产品概念设计方面，如荷兰代尔夫特理工大学的 KRUGER 等，为荷兰新火车上设计一个垃圾处理装置，分析九位经验丰富的工业设计师的口语报告，建立专家模型。[2]另一个领域就是软件界面方面，通过口语报告研究产品的可用性，如加拿大多伦多大学的 ROBERTSA 等，为研究单人纸牌游戏和一个软件视频界面，应用口语分析法研究耳聋残疾人手语的可能性，并用以评估软件的可用性，最终证明这一研究方法可行：同时在产生口语报告的认知系统中，听觉和手语表达是同步的。[3]此外，英国的诺丁汉大学、澳大利亚的悉尼大学、芬兰的赫尔辛基艺术与设计大学、荷兰的屯特大学在这方面有追踪研究。

口语分析法能直观地反映人的认知活动，但它是定性的、描述性的分析，在应用中也存在一些问题。例如，是否能报告出所有隐性思维内容，是否会影响被试者的思维加工过程，口语报告转译、编码和分析过程是否具备充分的信度等。

2.4　宏观用户实证研究方法及技术：用户群体和文化评价

2.4.1　生活形态方法

生活形态涵盖人的生活样式与生活过程的每一阶段，研究生活形态，可衡量各种生活领域内的差异情形，进而发掘出它对人们生活作息的影响因素，生活形态的形成条件为"群体"，通过

① RYAN B，HASLEGRAVE C M. Use of concurrent and retrospective verbal protocols to investigate worker sthoughts during a manual handling task［J］. Applied Ergonomics，2007，38（3）：177－190.

② KRUGER C，CROSS N. Solution driven versus problem driven design：strategies and outcomes［J］. Design Studies，2006，27（5）：527－548.

③ ROBERTSA VL，FELS D I. Methods for inclusion：employing think aloud protocols in software usability studies with individuals who are deaf［J］. International Journal of Human Computer Studies，2006，64（6）：489－501.

对群体性别、地理环境，年龄大小、偏好与流行品位等的了解，可解释"人"的生活行为在群体中特殊的象征含义，同时在追求新生活趋势的诉求下，可适时掌握总体生活形态的面貌以及消费趋势。

通过对代表性人群深入理解，尤其对用户生活方式、生活体验和产品使用深刻理解、对用户对产品功能、形态、材料、色彩、使用方式、喜好和购买模式等进行评估，通过观察用户面对技术、造型和使用时的情绪和态度，识别用户的相似点和差异性，了解用户想购买、喜欢什么以及如何喜欢，明确产品应该具备的品质，为产品效果心理评估提供参考。

生活形态法是一种定性描述性分析方法，能获取典型用户隐性知识特点，适合于产品开发设计初期阶段和最终效果评价，但获取的信息需借助数理统计方法和计算机技术整理，才能应用于产品设计全过程。其主要包括角色分析、情景构筑和生活事件法三种方法。

2.4.1.1　角色分析法

角色分析指以创建用户特征为核心，精确描述一个假想用户及其所达成的愿望，并将注意力集中在设计和使用性方面，为产品设计提供了一个具有定性和定量数据，并可承载和传达大量用户信息的工具。首先根据资料的分析识别用户的特征共性与差异，构造出假想的典型用户角色，并将角色放在相应的产品使用情境里，明确角色与产品的关系，以创造适合典型用户的产品或提高产品的可用性、易用性。角色生存在一定的情境中，而注重情境是群体文化学的首要特征，国内学者吴勘博士等在总结国外文献的基础上，提出以角色设计为导向的产品设计方法（Persona - Based Conception Design Method，PBCDM），通过创建典型角色来代表某些具有共性的目标用户，从而满足具有类似目标和需求的用户群（图2 - 5）。

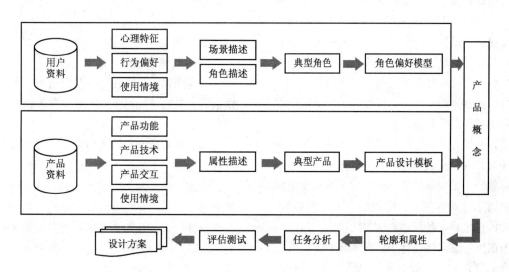

图2-5　以角色设计为导向的产品设计方法 PBCDM

2.4.1.2　情境构筑法

情境化是群体文化学的基本特征之一，也是构建服务系统的要素来源。目前基于情境（Scenario）的产品设计方法和用户设计方法逐渐被学者重视。

一般来说，完整的构筑情境的产品概念设计流程如图2-6所示。前面已强调情境是产品所在环境和用户使用体验的整体感知，因此情景构筑的两大素材是用户本身特征和产品使用场景。设计师通过观察和调研，基于对用户基本资料、性格、偏好、心理特征的了解，归纳产品使用的

几种典型用户。然后分别想象每一种用户使用该产品时的情境片段，围绕产品叙述许多故事，这些故事被称做情境切片。接下来设计师整理这些切片，使之变成连贯的、能反映产品特征的模拟使用情境，包括用户使用的动机、使用的过程、产品有什么功能、产品有什么外观、产品使用环境等，从而模拟出一个不存在的未来产品。这样，设计师们就能从情境中发现产品设计的突破口和研究难题，针对不同的典型用户提出产品设计的解决方案。

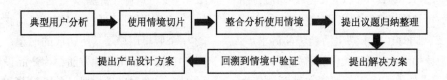

图2-6 构筑情境下的产品设计流程

2.4.1.3 生活事件法

生活事件法是反对以抽象取代丰富的生活意义与人的情感世界，更关注事实微观的或本土叙述的一种反理性研究方法。它注重讲述故事，用故事临摹生活并展示内部真实于外部世界，同时故事也塑造和建构叙事者的人格和实在。设计心理学运用剧本场景法、角色扮演法等方法和生活事件叙事法的理论依据是一致的。

首先，叙事可作为设计心理学研究方法，用焦点访谈、深度沟通获得深度资料的重要手段。叙事资料作为数据资料的补充，可通过具体个案的深入剖析，使研究能够揭示一般的规律或独特的意义。其次，叙事调查可作为设计心理前期小范围问卷调查过程中的先导研究；或结合使用客观调查对大样本研究时，用叙事方法对小样本作深度了解。生活事件叙事法通过对生活方式和生活质量的观察和描述，用于设计心理学研究消费者和消费群体的问卷设计和消费者满意度 CSI 数据库设计的信息来源。此外，叙事还可以作为研究设计对象的一种表述方式。它通过叙述围绕着研究对象的一系列事件所构成的故事，展现出问题、原因、对策和结果，使人们从中得到启发，自传或传记也是一种叙事表达方式。

当前国际著名的设计企业比如飞利浦、索尼在新产品研发时，一般都采用生活事件叙事法，通过和消费者充分沟通和互动，体验生活事件的细节，从而找出新产品研发的市场机会。

2.4.2 文化探索方法
2.4.2.1 照片归类法

该方法是著名广告公司 BBDO 与荷兰代尔夫特理工大学工业设计系共同的研究成果。它其实是为品牌个性策略而进行的一个互动的设计的载体，主要是将品牌个性形象开发到一个纸板上的游戏。通过这个纸板游戏，顾客能够认知品牌个性的概念，能够比较他们与竞争者和消费者的观点。最终目标是帮助顾客为他们的品牌个性发展

做出正确抉择。

该方法需要借助棋盘工具。该工具目的是创造一个公司的品牌个性发展的互动解决方案。为达到这个目标，首先，他们把品牌个性从口头语言翻译成视觉图像进行研究。然后，应用研究结果，开发棋盘游戏，它可以作为一个为品牌个性定位和比较的战略讨论的情景板工具。

整个计划分为两部分，研究和设计。研究的主要目的是将每个品牌个性的特征意义翻译成几张合适的图片，当品牌个性视觉化领域的一些研究完成时，一种新的方法也就随之产生。它分为三步：

（1）大规模寻找图片；

（2）视觉认知的定性研究；

（3）资格测试的定性研究。

三轮图像的过滤在每一步后进行，并在研究结束后，最后 63 张图片被测试有价值，可以清楚目前品牌个性相应的含义。

通过使用这些有效的图片，设计目标是为销售部门创造一个视听工具，他们以一种互动的方式，为客户的品牌个性发展服务；研究存在的品牌战略工具运用在目前的咨询公司。最后是一个棋盘设计，它不是用来选择和决定品牌个性的方向的战略工具，而是提供公司一个概述整个品牌的环境，与顾客的意见和竞争者对手情况的舞台。设计测试结果显示，视觉图片可以极大地帮助人们理解品牌个性的概念。[①]

2.4.2.2 记录用户材料的工具——POEMS框架

伊利诺理工大学的 VijayKumar 和 Patrick-Whitney 在"全球性公司市场本土化项目"中，尝试用框架工具做品牌、策略、用户习惯和反馈方面分析。如 POEMS 框架，它帮助调研者用五个类别的词组清单将大量用户反映（如观察视频）加以标签分类：people（人物）、objects（物品）、environments（环境）、messages（信息）和 services（相关服务）。比如要观察人们使用家庭娱乐设备的情况（图2-7），其中一组数

---

① 吕凡. 品牌定位和比较的可视化工具 [C]. 荷兰代尔夫特理工大学，2009.

据可以被描述成"小男孩","电脑","书房","角色扮演游戏","互联网"。如果一个词并不能很好反映全部状况，则可用多个词组描述，比如"小男孩","电脑、手机","书房、卧室",

"看电影、角色扮演游戏","互联网"。这样的描述直观简练地概括出该被试者对家庭娱乐方式倾向和文化价值观。

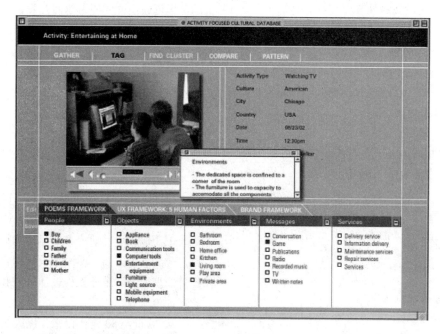

图2-7　"美国芝加哥儿童家用电脑娱乐状况调查"之POEMS框架材料分类截屏

2.4.2.3　SCAT法

名古屋大学教育和人类发展研究院大谷尚（Takashi Otani）教授通过多次实际项目有效检验，总结出适合小规模数据质性材料分析手法SCAT（Steps for Coding and Theorization）[8]。他认为质性研究难点不单在于前期资料收集技巧，诸如如何拍摄音像、怎么访谈、如何记录对方的语言等很多领域已经"理论饱和"。质性研究的难点在于后期收集来的资料该如何分析。大谷尚教

授的SCAT手法是专门针对语言材料的分析工具，通过四个核心步骤将观察和访问过程中对方所说的话语セグメント化（切片化），提炼出关键词背后的概念、话语言外的理论，从而便于创建角色故事情境，提出研究过程中的疑问和挑战。

在SCAT开始之前，有必要做到如下几点：

（1）设计制作分析表格（表2-4），便于内容的记入；

表2-4　　　　　　　　SCAT手法访谈分析表格

××××年××月　关于×××××××的SCAT访谈表格

被访人：×××　主持人：×××

序号	发言人	文	①文中应该注意的语句	②左边语句换个说法该怎么说	③能说明左边的文以外的概念	④总结主题，构成概念（联系上下文整体来考虑）	⑤问题、新课题提出
1							
2							
3							
4							
5							
故事情境							
理论记述							
今后研究							

（2）明确本次调研的目的和分析要点；

（3）文字数据录入的时候要有所侧重，筛选有价值的答案填入表格的"文"栏。

一切准备就绪后，即可以个人为单位，逐步分析每一个采访对象的语言。从表格中可以看出SCAT的四个核心步骤为：

（1）文中应该注意的语句（重点记录与研究相关、值得关注、无法理解的语句文字等）。

（2）①中应该注意的语句换个说法该怎么说（分析者尝试用自己的话描述①，力求将表面现象归纳成一般的、本质的）。

（3）能说明②文以外的概念（分析者要考虑②叙述发生的背景、条件、原因、结果、影响、比较、变化等，深层次的讨论②的意义）。

（4）总结主题、构成概念（联系上下文，总结前三步分析下来的主旨，并形成指导意义性的概念）。

2.4.3　服务设计方法

社会创新和可持续设计联盟 DESIS 是 The Network on Design for Social Innovation and Sustainability 的缩写。由意大利设计学博士学位委员会主席、米兰理工大学 Ezio Manzini 教授发起，致力于在全球推进社会创新和可持续设计。目前已在意大利、美国、哥伦比亚、巴西、印度、中国等地建立了分支机构。而"中国社会创新和可持续设计联盟（DESIS－China）"主要由清华大学、同济大学、江南大学、广州美术学院、湖南大学、香港理工大学共同推进，致力于发展可持续设计教育、研究和实践。

因为诸多实践项目是围绕如何建设创新型社区、如何为相关群体设计可持续发展的产品和服务等，所以被调查的对象往往是具有相同文化背景的小众群体。欧美学者在群体文化学方法的应用水平上领先国内，在 DESIS 项目中大量使用实地考察、入户深访、视频分析、关键词分析、典型个案研究、图片故事、心理投射等方法。这些方法在前文中主要是群体文化学方法，已经陆续详述过，这里就不再赘述了。例如，DESIS 早期由江南大学和意大利米兰理工 Indaco 系合作课程 Chita08，主题为" Mobile Communication & Collaboration Services（移动通信与协作服务）"，旨在发掘本土江南地区创新型协作群体，并将移动通信技术应用到这些群体的协作服务设计之中。江南大学项目组成员和米兰理工的 8 位博士们，在当地经过近两个月的实地考察、资料分析、概念形成、服务设计，不仅发掘出了富有中国特色的草根创新型群体、为他们开发设计基于移动通信技术的共享服务，也为倡导可持续生活方式提出创新的解决方案。

研究小组想利用手机网络在近郊农户与城市居民中建起农产品的交易平台，让城里人去乡村体验生活的同时可以直接将新鲜蔬菜带回家；还有的小组为城市农民工搭建了展示自我、与社会他人沟通的新平台……而这些服务设计的初始阶段，无一例外都运用到群体文化学思想发现问题、拓展思维（Openmind）、获取设计要素，它是生动的带有探索性质的人类文化研究工具。

关于服务设计研究方法已有的研究成果大致可以分为 4 个方面，即服务设计用户研究，服务设计原型研究、服务流程设计研究和服务设计满意度评价研究。

从 20 世纪 80 年代以来，以人为本的方法成为许多设计实践的中心组成部分。服务设计着重强调这一点，要求要真正了解顾客的期望和需求。在服务设计用户研究方法方面，Wasson（Wasson. C.，2000）、Sperschneider. W. 和 Bagger. K 等（Sperschneider. W.，Bagger. K，2003）提出了田野调查法（Fieldwork：observation and documentation），设计师可以通过观察法了解顾客在日常生活中与产品交互的方法，它不仅善于集中过程的文件材料搜集，对于设计团队内部交流期望的结果也有很好的效果。人种志田野工作法，在识别、发现和理解服务环境和用户方面，观察报告和文件材料都非常有用。跟踪是人种志了解一个人真正的时间交互行为，常用于个别事件或项目，而这些内容是参与者所乐于分享的。Sleeswijk Visser. F 和 Stappers，P. J 等（Stappers，P. J. and sanders，E. B－N.，2003）提出了情景地图（Context Mapping），它揭示了用户的意识和潜在需求，经历、需求和期望。用户可以在设计师的指导下参与工作坊。他们使用制作工具：图片、绘画、用不同的材料来创造，用讲故事的方式来产生灵感。在他们依靠自己的力量进行创造性的主题活动，作坊之前他们可能需要一个培训阶段。Williams. K. l[1]、Amdahl. p 等[2]提出了人物角色（Persona），人物角色是基于调研数据虚构的人物资料（采访、参与性观察、数据分析），这些资料包括人物的名字、个性、行为习惯和目标，这些都能代表这个独特的人群。人物角色是一个理解其他人的工具。Mattelamki, t. h[3] 和 Hulkko, S.（Hulkko, S., Mattelmaki, t., Virtanen, K: and keinonen, 2005）等提出了探索（Probes），设计探索是一个以用户为中心的方法，用来理解用户行为和寻找设计机会。他们是基于用户分享自己的文件材料。探索也可以建立一个移动手机或在线平台，探索着眼于用户个人的情景和知觉。探究方法最核心的就是给用户（可能是未来的用户）工具来记录、回忆和表达他们在环境和行动方面的想法。这个方法的目的就是在用户和设计师之间创造一个交流通道，来激发设计团队的灵感。

在服务设计原型设计研究方面，Oulasvirta, A（Oulasvirta, A., kurvinen, E. and Kankainen, T, 2003）等提出了换位思考法（Bodystroming），在换位思考中，假设的某一概念在服务中是已经存在的，在理想的环境中是可以使用的。这种方法有机会来测试被提及的服务和它的交互行为，不管是内部的服务设计模型，还是包括参与者在内。不同的服务环境都可以被表演，举个例子，在酒店接待处的顾客服务环境。服务设计师创造了服务环境，设定角色，可以找专业人员来扮演，也可以设计师自己来扮演。其目的是形成原型或创造新的环境，测试新的交互行为或做一个特别的创新。Gruen, D.（Gruen, D., 2000）和 Amdahl, p.[4] 等提出故事版（Story boarding），故事版已经被很多人使用，它可以促进产品和服务的设计过程。故事版可以视觉化地向用户或顾客阐述一个故事线，关于服务或产品在它的使用环境中的使用；或者可以帮助向用户或设计师阐述交互界面的交互。创造一个故事版的过程帮助设计师在情境中明确是在为谁而设计。这种方法经常推动发明或独创性，认识到终端用户遭遇的问题并有机会来设计解决方案。这个故事可以担

当"用户体验试验台"作为原型将被研发和评判。为系统做一个被推荐的设计，并让贯穿故事始终的主人公使用它。这个系统可以解决主人公的遭遇吗？它能适用这个故事和主人公的生活环境吗？在这个故事中预期提供的解决方案对人们有价值吗？对于系统而言做出怎样的改变才是有效的？

在服务流程设计研究方面，Levitt（Levitt T, 1972）较早提出将制造业企业的管理方法应用于服务业企业，使服务业的运营工业化，并在这一思路上建立服务设计方法即工业化方法，该方法着眼于通过总体设计和设施规划来提高生产率，从系统化、标准化的观点出发，使用标准化的设备、物料和服务流程，实现精确的控制，使服务过程具有一致性。Shostack（Shostack, 1984）、Zeithaml 等（Zeithaml, 1995）和 Parasuraman 等（Parasuraman, 1985）提出服务蓝图法，该方法可被用于描绘服务体系，分析评价服务质量，寻找并确定关键的服务接触点（Touchpoint）。服务蓝图可以描述服务提供过程、服务遭遇（Service Encounter）、员工和顾客角色以及物理实物（Physical Evidence）等来直观地展示整个客户体验的过程。通过将活动分解为前端（Front - Stage）和后端（Back - Stage）以及各种活动之间的关联，我们可以更为全面地认识到整个客户体验过程。同时，结合关系图析方法（Relationship Mapping），可以有助于更加认清整个服务中人、产品和流程之间错综复杂的关系，改变其中的元素会对其他元素以及整个服务产生影响，使设计者更好地改善服务设计。此外，Haik（Haik, 2005）等提出采用六西格玛服务设计方法进行服务流程设计，通过缩短顾客服务等待时间等服务中的浪费，把顾客最需要的服务在恰当的时间送到恰当地点，无疑会给企业带来良好的形象和巨大的收益。六西格玛设计一套完整流程和强大工具，以帮助人们在设计服务更改成本最低阶段就开始保证服务质量。

此外，还可看到一些考虑顾客满意度和成本

① Williams. K. l. Personas in the design process: A Tool for understanding other. Georgia Institute of technology. August, 2006.

② Amdahl, p. and Chaikat, P.（2007）Personas as dervers. An alternative approach for creating scenarios for ADAS evaluation. Department of Computer and Information Science, Linkoping University, Sweden.

③ Mattelamki, t.（2006）: Design Probes. University of Art and Design Helsinki A 69.

④ Amdahl, p. and Chaikiat, P.（2007）: personas as divers. An alternative approach for creatings cenarios for ADAS evaluation. Department of Computer and Information Science, Linkoping University, Sweden.

预算的服务设计方法的相关研究成果。Tontin[1]给出一种基于质量功能展开（quality function deployment，QFD）和 Kano 模型的产品设计方法，该方法依据 Kano 模型的思想确定顾客需求的重要程度，通过 QFD 方法确定产品设计方案；Chen 等[2]提出一种模糊环境下的产品设计方法，该方法基于 Kano 模型确定设计需求的满意度函数，建立以顾客满意度为最大目标的模糊非线性模型，通过求解该模型确定最优的产品设计方案。

2.5 用户实证研究的定性研究方法及案例

2.5.1 隐喻抽取技术

哈佛商学院的杰拉德·扎尔特曼（Gerald Zaltman）教授在 20 世纪 90 年代初提出隐喻抽取的概念。1990 年，去尼泊尔贫困地区做调查研究的扎尔特曼教授没有亲自拍摄当地人的生活，而将相机借给当地人并教他们如何使用，让他们随意拍摄他们想拍的东西。后来，他从这些照片中发现了一个共同的特点：拍摄的人像照片都没有脚，这让他很惊奇。他知道这肯定不是拍摄技术问题，而是拍摄者有意为之。经过询问得到的答案是：当地人都是赤脚而没有鞋子穿，而赤脚就代表着贫穷，是贫困的符号，他们想向外人隐藏他们贫穷的状况。由此，扎尔特曼教授就想，在一张看似平常的照片后往往隐藏着一定的意义在其中，他将这种思想应用于研究，发展出隐喻抽取技术（Metaphor Elicitation Technique）。扎尔特曼教授的隐喻抽取技术（ZEMT）探索人的难以深入发现的潜在意识层，是一种结合文字语言（深入访谈）和非文字语言（图片），能够深入探测被试内心世界，发现其真实需要的综合性研究方法。

隐喻抽取技术（Zaltman Marketing Metaphoria，ZME）结合认知心理学、认知神经科学、人类学、社会学等多学科精华，打破理论与实务应用及各学科间鸿沟[3]，形成深厚稳固的理论基础。隐喻抽取技术以图片为隐喻体，使用看图说故事的方式来诱引用户内心深层的认知意涵。它以探讨用户内心深层的想法为主体，选择非文字语言的图片为媒介，发现用户潜意识层面的想法和概念，为每个受访者建立一幅心智地图，在每个受访者的心智地图的基础上绘制受访者的共识心智地图，这张心智地图呈现出大多数人多数时间内对主题的概念以及概念与概念之间的连接关系，反映用户对研究主题认知的结果。

隐喻抽取技术在揭示被试洞察方面有卓越表现，主要应用在以下领域：品牌定位、品牌个性与品牌形象描绘、消费者需求挖掘、新产品开发。[4]

在《看见消费者的声音——以隐喻为基础的广告研究方法》一文中，扎尔特曼教授详细地阐述了扎尔特曼隐喻抽取技术的七个步骤（林升栋等，2005）。

2.5.1.1 招募受访者

一个典型的研究要招募 20 名受访者，研究人员将会告知受访者一系列关于研究主题的介绍，并给受访者 7~10 天的时间通过各种资源，包括网络、杂志、书籍、报刊等媒介收集图片，这些图片必须代表研究主题对受访者的意义。

2.5.1.2 引导式访谈

这里的引导式访谈不同于传统的结构式访谈，基本等同无结构式访谈，这样的访谈更加有效可靠，还可获得更深入的相关信息。引导式访谈以一对一的形式进行，需要两个小时，且将访谈内容进行录音。访谈包括一系列步骤，具体使用根据研究问题的性质和数据的使用方式而定。如下是具体访谈内容：

（1）讲故事

故事是人类记忆与沟通的基础，经过一周对研究主题的深入思考，受访者会带着自己丰富的故事来进行访谈。由受访者阐述，来了解每位受访者自己收集来图片的选择意义，以及与研究主题之间的关联性。

（2）未找到的图片

① Tontini G. Integrating the Kano model and QFD for designing new products [J]. Total Quality Management，2007，18（6）：599－612.

② Chen LH，Ko W. C. A fuzzy nonli near model for quality function deploy ment considering Kano ʒs concept [J]. Mathematical and Computer Modeling，2008，48（3/4）：581－593.

③ Gerald Zaltman & Lindsay H. Zaltman，Marketing Metaphoria [M]. USA：Harvard Business School Press，2008：1－45.

④ GeraldZaltman. 客户如何思考 [M]. 北京：机械工业出版社，2004：1－100.

请受访者描述他们想找而没有找到的图片，并解释这张图片有什么特别的意义以及为何选择这样的照片来说明被访主题。

（3）分类任务

请受访者根据他对图片的理解，就图片的意义对所有收集到的图片进行分类工作，并请他们解释如此分类的原因及所代表的意义。受访者对图片的分类次数及张数不受任何限制，按照他们对于图片的理解，也可请受访者为所分每一组想一个标签名称。

（4）概念抽取

这里的概念是研究者对受访者想法的进一步捕捉和解读，再思考的结果，表现为一个名词或词组作为受访者想法的标签。

凯利方格技术是抽取隐藏在思维和行为下面的构想的有效工具。受访者被要求按照辨别每三个刺激（三元素）中的任意两个刺激的相似之处，并且辨别这两个刺激与另一个的区别。抽丝法则可以浮现构成态度、结果和价值的手段工具链中的变量，据此抽取构想之间的因果模式。这两项技术是互补的：凯利方格技术可以提高浮现相关构想的可能性，而抽丝法则可提高理解构想间关联的可能性。

（5）最具代表性图片

请受访者从收集到的图片中，挑选一张他认为最能代表他对研究主题想法的图片，并解释为什么选择这张图片以使研究者能更准确地了解受访者内心想法。

（6）相反的图像

请受访者从所提供的图片中找出与研究主题意义相反或负面概念的图片，如没有，请受访者描述这应该是一张什么样的图片。

（7）感官印象

知觉的印象不同的感官作用不同地帮助我们了解外部世界，并以记忆的方式重现。这个阶段我们请受访者使用其他感觉器官来描述研究主题应该是什么，不应该是什么。

（8）个人心智图

研究员回顾受访者提到的所有概念，并与受访者确认这些概念的正确性，是否还有遗漏。研究员与受访者一起将这些抽取出来的概念进行连接，来描述研究主题相关重要概念间的联系。

（9）拼贴图

请受访者将他认为能表达他重要想法的图片挑选出来，拼贴成一个总结性的图片。这个过程可由受访者描述与指点，由研究员在电脑上用图形处理软件来完成，也可由受访者经过裁剪等操作来自己制作出拼贴画。

（10）总结影像或小短文

请受访者根据研究主题写下一小段文字，来对总结图片进行必要地说明的方式挖掘该属性对受访者的价值及意义，让受访者自由回答，这种方式为软式攀梯法。

2.5.1.3　辨认关键主题

访谈结束后，研究员就会回顾访谈记录来辨认关键主题。这一阶段的工作是以分类理论、感性理论和处理定性数据的研究成果为基础的。所有的 ZMET 构想都是双重意义的。

2.5.1.4　数据编码

完成关键主题的列表之后，研究员会按照成对构想的方式进行数据编码。成对构想间存在因果关系。它们在讲故事、未找到的图片和概念抽取这些步骤中被提取出来。

2.5.1.5　构建共识图

根据大多数时间、大多数人的大多数想法这一原则。研究人员对受访者中的成对构想进行分析，并利用"三多"原则得出的数据来构建共识图。这里有两个量化的标准：超过三分之一的受访者提及的构想和超过四分之一的受访者提及的成对的构想才会被纳入共识图。

2.5.1.6　观察共识图

建立共识图之后，研究人员将会随机地选择受访者的文件，然后观察该受访者与前后连续的受访者所抽取的构想之间的差异，借此去了解共识图中包含的构想的覆盖率。

2.5.1.7　描述重要的构想和共识关系

描述重要构想和共识关系的方法有很多，如视觉和其他感官知觉、数码影像以及视频短片都可以用于了解受访者的隐喻。

虽然扎尔特曼隐喻抽取技术弥补了传统调研方法的一些不足，但这项技术仍存在一些缺点需要完善和改进。早期的隐喻抽取技术项目都是效度研究，相关研究主要出现在 Advances in consumer research、Journal of marketing research、Journal of advertising research、Psychology & Marketing、Journal of advertising 等营销与广告领域的重要期刊上。

在商业应用上，隐喻抽取技术有着广泛的应用：很多大型公司通过诸如此类的方法改变它们吸引消费者的方式，如花旗银行（Citibank）、迪斯尼（Disney）、卡夫（Kraft）、麦内尔消费者健康理疗公司（McNeil Consumer Health Care）和约翰迪尔公司（John Deere）等。在学术界，目前台湾地区对 ZMET 的研究相当丰富，而内地还几乎是一片空白，只有对旅游中典型元素的识别与分析①以及对智能手机的用户体验研究②中有所运用。毫无疑问就突破性和创造性而言，隐喻抽取技术是一个相当有价值的研究课题，同时也拥有很高的使用价值。

2.5.2　TLE 产品心理评价法

江南大学设计学院设计心理研究组与某国际著名企业合作的项目，新产品设计心理评价（Trade Learning Experience，TLE）方法。被测试刚面市的新产品系列，根据中国目标消费者使用习惯、购买习惯进行心理评价。该公司锁定的目标消费群体是中国当今"80 后"、"90 后"年轻人。

实验的设计分三个阶段进行：

第一个阶段任务是新商品的推广。项目组通过桌面调研、商品信息整合、目标人群访谈等方法尝试设计适合"80 后"、"90 后"年轻人的推广方式。

第二个阶段是新产品的现场交易。这部分涉及社会心理学的知识，着重关注这几点：第一，合理准备现场演示环节，通过让消费者现场体会产品神奇功效的方式，实现体验消费，消除消费者对产品效果的疑虑。为达到最佳的演示效果，选择产品最擅长的演示方案。第二，对产品相关的成分、功效以及使用情境的前期培训。这样，一方面让我们对产品的认识由感性认识上升到理性认识。让自己更信服的同时也增加对产品的好感，这样在宣传时，情绪渲染更加真实，更加自然流露。需要强调的是：现场交易的目的是非商业性质的，不能一味追求销售数量和购买人数多少。实验的重点在于通过现场对目标消费者观察、谈话、记录，获得目标群体在购买时对测试商品的真实态度。

第三个阶段是消费者深度访谈与跟踪记录。此阶段是 TLE 方法最为重要的一环，其中访谈分两次进行，中间间隔半个月。

2.5.2.1　交易行为的发生

交易行为的发生意味交易学习法的真正开始。必须强调的是：交易行为完全出于自愿。选择采用交易行为而非赠送行为的原因在于：交易必然是对产品有相当的兴趣而做出的有代价的行为。根据人们的心理，做出代价的事情会更加关注和重视，这将有益于下一步的跟踪调查和访问。交易现场，项目主持人的具体任务一方面通过问卷实现，另一方面通过摄像录下现场参与活动的学生的表情和谈话内容实现。

问卷分为开放式问卷和封闭式问卷。

摄像记录可以得到更丰富的信息。首先，咨询者表情直接表现出他们对产品的态度。摄像可将某些案例完整地重现，从咨询者询问的内容到他们关心的话题。

该研究是建立在精神分析基础上的深度访谈。精神分析学派认为，人的行为是由察觉不到的无意识的内驱力推动的。通过直接的问题很难了解一个人被压抑的意识，而模棱两可的问题却可以将人们无意识的欲望投射出来。

2.5.2.2　第一次实证研究

为让受访者们能够在轻松愉悦的环境中完成访谈，项目组为受访者准备了很多零食。人们在分享食物的时候容易产生满足感，从而表现出善意，减少彼此间的陌生感，这样访谈就更容易和更好进行。此外，当某个人打开话匣子开始表达自己时，其他一起聊天的人也会产生表达的愿望，希望可以分享各自的生活、经验、经历等。利用人们的餐桌心理可以为访谈服务。

（1）自我介绍

访谈一开始，项目主持人轻松随意地讲开场白，包括该公司此款新产品的情况，请大家来访谈的目的等，而后作自我介绍，这样初步建立与被试之间的信任感。访谈者自我介绍花费时间大约 3 分钟。而后，主持人要求大家在事先准备好的彩页纸上写好各自的"姓名"、"专业"、"所买的产品"。这部分每位被访者有 2 分钟的自我介绍。这样，访谈者与被访者、被访者之间的初步信任建立。自我介绍和暖场时间控制在 15 分钟。

---

① 谢彦君等. 东北地区乡村旅游中典型元素的识别与分析——基于 ZMET（隐喻抽取技术）进行的质性研究 [J]. 北京第二外国语学院学报，2009，165（1）：41-46.

② 董方亮，王继成. 基于 ZMET 方法的智能手机用户体验研究 [J]. 2009，281-285. 2008-2008，年国际工业设计研讨会暨第 13 届全国工业设计学术年会.

（2）典型的一天

结束自我介绍，大家各自讲自己生活的一天，项目主持人依然是真诚讲述自己一天的生活，让被试产生亲近信任的感觉。在自我介绍的环节，任何小的细节都可成为项目主持人继续了解受访者的素材。这一阶段花25分钟的时间，访谈者自我描述时间5分钟，被访者每人有3~5分钟的讲述时间，中间包括机动时间，比如对某个话题大家都感兴趣且对研究有帮助（图2-8）。

图2-8　贴图现场"现在的我"和"理想中的我"

（3）贴图"现在的我"和"理想中的我"

这是一个互动环节，项目主持人要求大家从一堆杂志的图片里选择一张或者几张图片来表现"现在的我"、"理想中的我"，在图旁边写上姓名、主题以及一些必要解释。第一，这是一个投射实验，投射实验室依据精神分析学派的人格理论设计出的人格评估方法，由若干个模棱两可的刺激所组成，被试者可以随意加以解释，在解释过程中，自己的动机、态度、情感以及性格等会在不知不觉中反映出来。通过分析这些反映，研究者可推论若干人格特征。第二，当被访者来参加访谈时，还是较难立刻融入交流和讨论环境中。贴图"现在的我"和"理想中的我"通过视觉图片的方式及故事叙述的方式来介绍自己，表达自己心中那个理想状态。这是访谈正式开始的最简单的方式，让被访者对自己的现状以及期望进行思考和自我评价。大家花5~10分钟找出符合要求的图表达自己。

在项目主持人继续访谈过程中，项目主持人记录被访者语言、情绪和伴随动作。根据这些图，被访者甚至可以编一些场景、故事来表达自己。被访者编的这些场景和故事与他们的经验有联系，压抑的动机和欲望会被穿插在故事中。这样，项目主持人可以更深地了解他们的人格、个性等方面的特点，从而分析这些特征对他们在消费心理、行为、习惯、特点等方面的影响。换言之，就是什么样的产品、以什么样价位、用什么样的方式，最容易让"80后"、"90后"消费者能最好地接受。

"80后"、"90后"是该国际著名公司最大的潜在消费者群，因此，对他们进行研究可以很好地把握未来的产品动向。被试依次讲述自己的想法和故事。这部分花费时间30分钟。

学生认为"现在的我"是大家对自己现状的一个认识，项目主持人可以借此结合前面的"自我介绍"以及"典型的一天"了解"80后"、"90后"的生活现状。而"理想中的我"则是他们的"梦"。精神分析学派认为，梦的动机"常常是一个寻求满足的愿望"。也就是说，梦是因愿望而起的，它的内容是"愿望的达成"。梦是潜意识的自我表现。潜意识被压在人的心灵的最深处，但它很活跃，千方百计要突破潜意识的领域冒出来。当"自我"在既要休息又得不到完全休息，即"自我"处于浑浑噩噩的状态放松了戒备的时候，潜意识便开始活动。虽然，被访者们表达的他们"理想中的我"并不是在梦境中，但是正如上文已经说明的，用这些模棱两可的图来表现他们的理想、梦想，被试者在随意的、解释的过程中，自己潜意识中的动机、态度、情感以及性格等就会在不知不觉中被反映出来。虽然没有梦境中表达得那么直白，无所顾虑，但还是可以说明一些问题，归根结底还是一种投射实验。

（4）关于日常生活中的问题

当被试进入状态后，项目主持人话锋一转，直接问被访者们与访谈很直接、很相关的问题，中间还夹杂着与访谈主题无关的话题，以让被访者放松，从而获得更加真实的答复。接着，项目主持人又问大家对于公益的态度，大家普遍反映积极，这个是从企业形象的角度设计的问题。看似很随意的无结构式访谈，其实一直在围绕着主题。这一阶段时间控制在20分钟左右。

（5）贴图"关于使用该国际著名公司此款新产品"（图2-9）

接下来，项目主持人又让大家在一堆图片里面找出相应的图来表达在使用此款新产品"理想中的情况"，"满意的地方"，"不满意的地方"，以及"使用时的心路历程"，包括"使用前的心情"、"使用时的心情"和"第一次使用完的心情"，以及希望该国际著名公司"现在该如何去

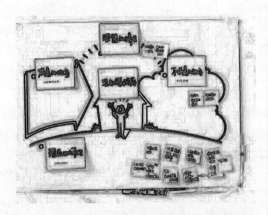

图2-9 贴图"关于使用该国际著名公司此款新产品"

做"。这是投射实验也是一个情绪版，是交互设计的基本方法。由于启发思路，或者表达一定的设计思想。这样被访者其实已经参与到该国际著名公司此款新产品的新的宣传方案和产品改良的环节。这个互动环节没有前面的那个成功了，一方面，被访者对自己有很多想法；另一方面，短期内对该国际著名公司新产品能够很好地理解不那么容易；此外，还受到当天所给图片的主题、表达形式的限制及被访者的表达能力限制的影响。

最后项目主持人感谢大家，分发礼品后，第一次访谈完成，整个访谈用时两小时。

第一次访谈小结：第一，被试是从当天购买产品的消费者中甄别出的，连同交易当天收回的问卷，项目组用问卷法和访谈法来相互印证，对这次活动的信度和效度进行验证，用少量的抽样来印证大量的问卷数据。第二，一系列的投射实验，对于这些被访者自己选出的模棱两可的图像刺激，可随意加以解释，解释过程中，自己的动机、态度、情感以及性格等会不知不觉被反映出来。通过分析这些反映，研究者可推论出若干人格特征。第三，情绪版的使用，使被访者参与到该国际著名公司新产品的新宣传方案和产品改良的环节中。第四，一些看似无意的心理学效应的利用，比如刚开始的餐桌效应。

2.5.2.3 第二次实证研究

第二次实证研究是对第一次的改进和深入。在访谈前一星期，项目组通过我们向他们选中的对此款产品理解较好的消费者发送了一个PPT，让接下来的被访者填入相应的内容，以图片为主。整个访谈将被访者对品牌的认知，产品的认知和满意度视觉化了，这样便于研究者研究，且整个互动活动生动有趣，让被访者在良好的情绪

和氛围下完成访谈，收到更好效果。

（1）针对先前完成的PPT的访谈

PPT的内容是第一次访谈的改进，也由于这批被访者是从上批中筛选的，所以，这次访谈的意义远大于第一次。PPT的大前提是：为了帮助我们更好地了解你，请贴上图片介绍一下你是一个怎样的人。你的个人风格以及你生活的方式，并请你写出一些描述性的关键词（如图2-10）。

图2-10 焦点小组第二次访谈现场

首先是延续第一次访谈的风格，在简短的开场白和自我介绍后开始类似第一次访谈的贴图游戏，不过这次的贴图是先前完成的。"现在的我"这个填图处大家一般都填入了自己喜欢的个人照，表达的是自己现在最满意的状态。在这个环节，被访者的每句回答都是项目主持人接下来的问题。"理想中的我"这个填图大家用的图片风格不一样，但都是用自己的偶像，有卡通形式，也有现实人物。项目主持人的问题集中在"他是谁？能给我们简要介绍一下吗？""他是怎么一步一步成功的呢？""他身上有什么特质让你特别欣赏呢？""做到这点能体现什么呢？""还有什么品质是你特别欣赏的呢？""他的哪些行为表现了什么？""即使你做到了这些又能这么样呢？"

而后，无结构式访谈进入的环节是图片展示"生活用品的摆放以及一些生活习惯的表现"。由于有第一次访谈的基础，大家比较熟悉，也比较配合访谈，所以很多问题就比较直接。这种访谈的处理方式可节省时间，通过这些问题的回答，该公司可深入了解被访者的生活习惯、个性性格。研究员依然用投射法，类似的问题，很快过一遍，被访者可随时任意解释。该公司可明确获得这些信息：被访者在自己内心是怎么定位新产品，他们的个性特征，他们理想的状态。改良

产品的同时，也为广告策划作前期调研。

紧接着，项目主持人请大家用一个词来描述与洗衣服的关系，使用新产品的频率，用的不满意的地方，携带情况，怎么样的衣服上会使用，一般特殊需要的场合包括，价格与购买等。讲解PPT用90分钟。

（2）导演电影

最后一个环节，项目主持人提出这样一个小游戏，让被访者发挥想象力导演一个电影，分别找一些形象来演衣服、洗衣服、自己、新产品角色，主题和情节由被访者来编。这是另一个投射实验，在这个投射试验中，被访者必须回答的问题有：分别有谁来扮演这些角色，为什么让他们来扮演这些角色，喜欢他的人对他是什么印象，不喜欢他的人对他是什么印象，他们在什么样的场景里相遇，让他们在电影里干吗，发生了什么故事，最终结局怎么样。被访者编的故事和他们的经验有关系，压抑的动机和欲望会被穿插在故事中。通过这个投射实验，了解到大家对新产品比较正面的印象有：干净、能力强大、美貌、时尚、富有智慧、温柔、简洁、单纯；比较负面的印象有：不热情、没有亲和力、深不可测、第一印象不太好。自己最终爱上了此款新产品。导演电影花30分钟。

第二次访谈小结：第二次访谈是第一次访谈的改进。项目组选择对他们产品了解较好的被访者，这样减少了无效信息采集。第二次访谈的PPT讲解部分是对第一次访谈的改进和深入，第一次访谈得到感性认识，第二次得到理性认识。让被访者参与到事先准备好的互动环节可收到更好的效果。在西方社会有这样一句俗语："如果你让我记住，那么我可能忘记；如果你让我参与，那么我会很兴奋。"这是一个无结构式访谈、结构式访谈及投射实验相结合的访谈。也是品牌个性视觉化访谈。

整个方法综合结构式访谈、无结构式访谈、投射实验和认知视觉化。研究前要把可能发生的情况考虑到并做好备案，在正式活动前模拟以发现可能发生的问题，预运作。

投射实验建立在这样一些基本假设的基础上：一、人们对外界刺激的反应不是偶然发生的，而是具有一定的内在原因和规律。二、当人们面对刺激和情景时，本身具有的过去的经验和对未来的期望即整个人格结构，会对当时的知觉和反应产生影响。三、人们的人格结构多数情况下都处于潜意识状态，而某种情境或刺激，可以让人们把真实的欲望、动机、需要投射出来。投

射实验同时还有这样一些不太好把握的地方：弹性大，被访者可以在没有拘束的条件下随意做出反应。投射实验的评分缺乏客观标准，测验结果的解释也主观。不同的研究者对被访者同样的反应的解释可能不一样。从行为的预测方面来说，投射测试可以发现被访者的很多潜在动机，但是被访者却未必会有相应的行为。

交易学习实验法（Transaction Learning Examination，TLE）的特色在于通过模拟新商品推广、交易和消费者使用的现场，从中观察记录并习得消费者对该新商品的期望、需求、态度、消费行为等。再配合焦点小组深访、现场影音资料分析、PDA跟踪记录、使用者的图片日志等方法，进一步习得目标消费群体的价值观、生活方式、商品诉求等。

2.6 用户实证研究案例——品牌价值心理导向玩偶设计的实证研究

2.6.1 品牌价值理论和自我意向一致模型

2.6.1.1 品牌核心价值体系

"品牌"这个词源于英文中的"商标"。在英汉词典中，"商标"的原始含义是烙在动物身上，以表明所有者或出处的印记。在市场概念中，品牌的历史始终与商标法的历史相连。证明一个商品是货真价实的，这对购买者进行购买决策有很重要的意义。这种识别功能的意义，不但在于能够使消费者在纷乱的品牌中快速地找到自己想要的品牌，更在于品牌的所有附加价值都是基于这种消费者对品牌真实感的信任而产生的。这就是品牌的第一层概念：识别功能，以区别于竞争对手。第二层概念：信息承载功能，即通过品牌承载消费者关于品牌的所有信息。第三层概念：品质保证——消费者购买一个熟悉品牌的商品应该能给其带来更多的信心保证。消费者希望品牌的内在质量是稳定的。这种一致性对消费者来说是很重要的——它意味着消费者可以很确信地、反复享受同一种富有满足感的经历。第四层概念：附加价值，品牌产品的会提供比其他无品牌产品更多的价值和利益。在一个无品牌产品和品牌产品的对比实验中，人们发现在无品牌的产品测试中，两个产品得分相近，而加上其品牌包装后，二者呈现出明显差异。这说明一个好的品牌会增强消费者使用经历的满意程度，无论是功能

上的满足还是心理上的满足。这种满足会在很大程度上左右消费者的购买选择。

品牌核心价值是使得品牌具有市场竞争力的关键所在，是品牌得以区别于市场上其他竞争品牌的本质属性。品牌核心价值一方面表现为企业内部对其自身的定位和经营理念，另一方面又与所有潜在消费者对品牌独特理解和想象密切相关，它是品牌内涵的抽象浓缩和提炼。如果将品牌比做一个有生命的人，那么品牌核心价值就是他最深层次的人格特征，决定了他的外显行为。高层次的品牌核心价值内化可以培育和提升企业文化，外化可以溶入消费者自身的精神，从而从深层次影响消费者对品牌的评价，提高对品牌的忠诚度。

综上所述，我们认为低层次的产品核心价值是诉诸产品本身的物质层面的，比如产品的质量好坏，技术高低等。而高层次的产品核心价值往往更关注高于产品本身的非物质层面，常常归属于一种具普遍适应性的价值观，一种精神或者理念。

2.6.1.2　品牌形象识别理论

如果说，品牌核心价值的理论解释了一个强势品牌所具备的特征以及品牌发展的总方向。那么，品牌识别理论就好比技术手段：如何系统、有计划地将品牌核心价值精确地传达给消费者。

大卫·A·艾克在他的《品牌领导》一书中给出了品牌识别实施系统的步骤如图2－11。值得稍做说明的是图中品牌识别的4方面12项内容可以理解为：第一方面：作为产品的品牌（包括产品类别、产品属性、品质/价值、用途、使用者、生产国）；第二方面：作为企业的品牌（包括企业特性、本土化或全球化）；第三方面：作为人的品牌（包括品牌形象、品牌与顾客之间的关系）；第四方面：作为象征符号的品牌（包括视觉标志、影像/暗喻、品牌传统）。第三个方面所谓作为人的品牌（品牌形象、品牌/消费者关系）形象指一个品牌的典型消费者可以想象成一个怎样的个人形象或者价值主张。

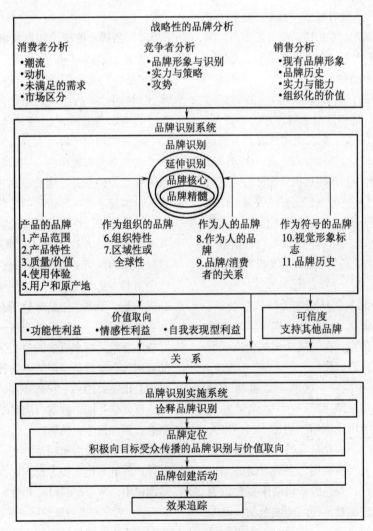

图2－11　品牌领导示意图

鉴于本课题的理论研究性质而非商业实践，因此研究将着重于品牌识别策划模式图的上游部分："战略性的品牌分析"（将定性与定量得重点分析竞争市场中的玩偶产品和消费受众）和"品牌识别系统"的制定。并最终通过总结消费者态度数据分析的成果，从品牌价值的角度解决品牌识别问题。

2.6.1.3 自我意向一致模型

本课题的消费者分析目的在于提炼玩偶产品的青年潜在消费群在个人价值和态度方面的信息。因此问卷的设计借鉴了西方消费行为学界普遍认可的"自我意向一致模型（self – image congruence models）"理论。

所谓"自我意向一致模型"是指：由于人们总是以臆测别人对自己的期望来审视自己，其反映出的自我往往形成自我观念。消费者所使用的产品使其处于一种特定的社会角色中，从而帮助人们完成"我现在是谁？"的形象塑造。自我意向一致模型就指出只有当产品的特色与自我风格相符合才会被购买。这些模型都致力于探讨产品特性与消费者自我形象之间的认知匹配过程。

根据这一理论，K. 马尔浩德拉在《自我概念、人格概念、产品概念测量量表》一文中使用量表，计算品牌形象与自我形象之间的匹配程度。研究结果表明：品牌形象与自我形象匹配度越高，那么这个品牌就越会受此消费者的喜欢。

2.6.2 品牌价值心理导向玩偶设计的实证设计

2.6.2.1 实证研究思路

课题首先分析体验经济和娱乐时代背景下，娱乐产品和服务将对整个产业结构产生的影响，明确玩偶产品的重要地位。研究紧扣中国青年消费群的消费态度数据，通过因素分析数据处理方法，建立原创性的二维产品分布图（产品开发定位图），并以此为基础对品牌形象、产品形象、消费心理元素深入分析。同时使用访谈法和录像法，为抽象的分析提供感性的材料。反之，消费态度数据分析的科学严谨和量化弥补感性材料分析的主观和片面。课题试图通过两种方法的结合，呈现中国青年玩偶消费市场的大体轮廓。同时，以此为立足点，落实品牌价值导向玩偶设计理念的现实问题（图2－12）。

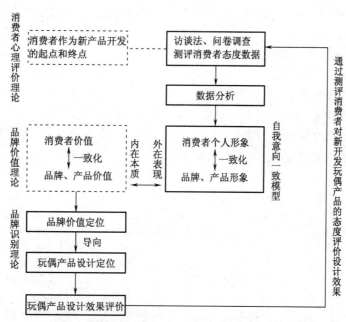

图2－12　课题逻辑框架示意图——消费者中心的玩偶产品开发流程

2.6.2.2 半控制式访谈法及实证定性结果分析

访谈目的：（1）消费动机。促成消费行为的刺激因素、消费者的关注重点。

（2）消费习惯。消费某类商品的历史、购买商品的场所、商品价格的承受范围与收入状况、购买偏好。

（3）附加价值。所谓附加价值是指商品基本使用价值之外带给消费者的利益和效用。就玩具商品而言，基本使用功能方面的价值很少，大部分价值体现在审美价值，人际关系价值等方面。这个部分的信息是进行品牌核心价值定位的重要参考对象。

结果分析：（1）消费心理：我们得知玩偶产品的设计和开发一定程度上要充分了解目标消费者广泛意义上的文化生活。开发者应该主动地对这些文化产品进行调查收集消化和吸收才能设计出受消费者欢迎的产品。其次，我们了解到某一类玩偶消费者对新玩偶产品的接受程度受到之前消费产品的影响很大。那么在开发针对这类消费者的产品时就要注意与现有产品保持风格和题材上的延续性。

（2）消费习惯：访谈中我们得知，受访者对玩偶产品的购买历史不短，消费知识较多。我们将这些目标消费群体分为两个部分。一类属于掌握较多消费知识，玩偶购买比较有针对性，稳定性和持久性。另一类比较缺乏对自己购买的玩偶商品的了解，购买行为表现为容易受当时潮流影响，购买商品之间缺乏连续性，购买行为具有偶发性。

他们所消费的玩偶产品也相应分成两类。对应于前一类的玩偶商品做工精良，价格高昂，利润也高。消费者的购买量虽不高，却具很高忠诚度。相对的，后一类消费者所购买的玩偶产品价格低廉，做工也粗糙，造型上多取材于当时热播动画片或者网络流行形象。这两类玩偶产品有相异的消费群，消费习惯，产品生命周期，当然也应当有截然不同的设计思路。

（3）附加价值：访谈中我们还发现一个之前从未意识到的消费行为特征，它暗示一个未经充分满足的价值诉求。我们注意到访谈中提到的"兵人"玩偶的产品最终形态其实是不确定的。即是说，购买者通过购买之后的配件组装、摆放兵人姿势等行为，将购买者自身的创造力和个人

性格特征等要素融入到了产品形态之中。

2.6.2.3 实证定量研究（问卷法，实验法，语义分析量表法）

定量研究设计：产品形象与自我形象一致模型理论的心理测量量表，是运用15对双极形容词，15对形容词是国外研究者经过多次调查和反复修订过的，在国际消费行为学界具有较为广泛的认可度，该理论的研究成果表明，15对双极形容词可以比较清晰地界定一个产品的形象风格。研究人员将一个产品或者品牌呈现给消费者，并让消费者按照他们对产品或品牌的感性印象在这张表格上勾选形容词刻度。之后，再让消费者在同样的表格上勾选形容词以描述自己的个人形象。该理论的研究结果表明，当15个维度的形容词所界定的产品或品牌形象与消费者个人形象越相似时，消费者对该产品或品牌的偏好就越强烈。（如图2-13）

因此，本课题以此为工具，进行了适应性修订，研究被试对不同品牌玩偶的认知和偏好程度，以及这种认知和偏好程度受年龄职业地域要素的影响情况。并结合10个有关消费态度的提问与偏好的关联，揭示产品风格与消费动机之间可能的联系。从这些切入点，考察品牌、玩偶产品造型、消费者特征这三个设计要素之间的规律，提出启发性的结论。本课题使用的问卷表格分以下三个部分。

第一个部分：编号。在调查中，研究者在室内使用投影仪给被试呈现23款玩偶产品的照片，让被试在上表中勾选。编号指随同23款玩偶照片一同呈现的编号。

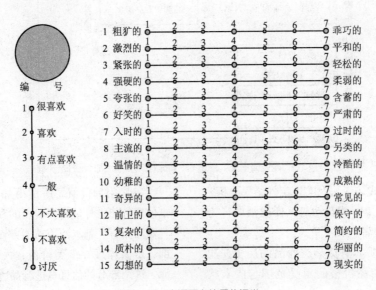

图2-13 实证研究使用的问卷

第二个部分：喜爱程度。由消费者勾选他们对某款玩偶的喜爱程度。

第三个部分：由 15 对双极形容词构成的语义分析量表。横线上的 7 个刻度表示与两端双极形容词的接近程度。

在调查过程中，被试每人拿有一套空白表格：由 24 张上述表格（用来填写被试对 23 款玩具形象和自己个人形象的描述）和一份有关被试统计特征（年龄性别职业）、消费动机、消费经历等简单问题的问卷组成。

定量研究流程：由于样本量较小，为提高信度效度取得令人满意的研究成果，本次调查借鉴了实验法的技术手段。将调查环境安排在室内、使用标准化指导语和控制相同产品图片呈现时间及被试作答时间，有效地降低调查的随机误差，本次调查的操作步骤如下：

（1）开场指导语，介绍被试手中拿到的调查表的结构和填写方法，让被试熟悉表格。

（2）被试在问卷上填写自我形象表格。

（3）在投影仪上按固定顺序呈现 23 款玩偶产品的照片（图 2－14），并且每款照片呈现时间限制在 30～60 秒。在这段时间中，被试观察，填写品牌产品形象表格。

（4）回收问卷，剔除漏填错填的无效问卷，并给问卷做编号。

（5）统一将数据输入 SPSS12.0，留待分析。

准实验的实验设计，在创设一定条件的环境中诱发被试产生某种心理现象，从而进行研究。课题中的自然实验研究方法最大限度上控制除被试以外的刺激变量，有机结合情境条件的适当控制与实际生产活动，具有较大的现实意义，最大限度上控制实验可能产生的误差。

定量研究抽样设计：由于成本限制，本次调查使用是非概率抽样。同时使用配额抽样的方法保证男女比例基本一比一（图 2－14）。

图 2－14　玩偶图例（部分）

因为计划对年龄、地理位置、职业三个要素的影响，本研究进行如下的抽样设计。样本量为 60 人。分别分成三组。

第一组为江南大学设计学院广告专业二年级学生 20 人，男 8 人，女 10 人（两份性别值缺失）。年龄在 19～21 岁。称之为江南城市青年组。

第二组为江南大学设计专业青年教师20人，男8人，女12人。年龄在25~30岁。称之为江南城市中青年组。

第三组为桂林电子工业学院设计系本科学生，男8人，女12人。年龄在19~21岁。称之为西南城市青年组。

2.6.3 玩偶品牌形象聚类分析与消费偏好研究

2.6.3.1 玩偶品牌形象聚类分析（二维产品分布图）

第一步是对60个被试在23款玩偶各15个形容词维度上的赋值求平均值，获得一个所有样本对23款玩偶产品形象的平均看法。为了方便观看左图中只绘出了23款玩偶产品中前三款的产品形象特征曲线，我们可以在特征曲线图2-15中直观地看出，60个被试的平均意见认为a款玩偶的特征是："乖巧的"、"平和的"、"轻松的"、"温情的"、"幼稚的"、"简约的"、"质朴的"等。b款玩偶是"夸张的"、"好笑的"、"入时的"、"前卫的"等。C款玩偶是"粗犷的"、"激烈的"、"紧张的"、"强硬的"、"严肃的"、"冷酷的"、"成熟的"等。（上述形容词的选取依据特征曲线靠近两端的程度。）

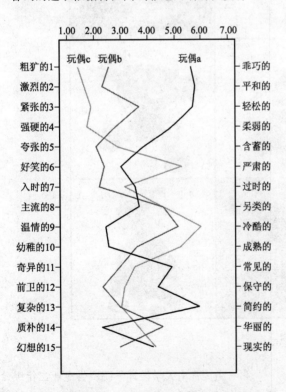

图2-15 三款玩偶产品的特征曲线

第二步，根据23款玩偶由15个形容词所界

定的风格，使用"聚类分析"的方法进行分类。SPSS软件中的"聚类分析"是通过比较样本（23款玩偶）在多个变量维度（15个形容词）上的取值的接近程度（使用SPSS默认的测量方法：欧氏距离平方Squared Euclidean Distance 和默认的聚类方法：组间连接 Average Linkage Between Groups）将样本（23款玩偶）进行分类的数学方法，图2-16是根据上述方法得到的聚类树形图。

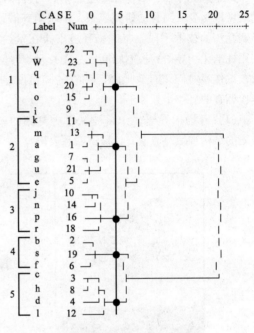

图2-16 聚类分析树形图

在图2-16中我们可以直观地看到，字母代表的玩偶按照形象接近程度被重新组合。假如我们在靠近5的位置画一道竖线就能得到五个分组（这道竖线再靠左一些就会得到更多的分组，靠右一些会得到更少的分组，并无绝对的划分方法。上图的划分方法只是为了便于理解和后面的分析。）这五组的划分将在下一步的产品定位图中作为分组的依据。

第一组"简约奇异组"：v款、w款、q款、t款、o款、i款。

第二组"温情可爱组"：k款、m款、a款、g款、u款、e款。

第三组"时髦女孩组"：j款、n款、p款、r款。

第四组"古灵精怪组"：b款、s款、f款。

第五组"强悍男人组"：c款、h款、d款、l款。

第三步是因子分析，对 15 个形容词维度进行因素抽取，得到两个高阶因子，作为平面产品分布图的 X 轴和 Y 轴。根据 23 款玩偶在这两个因子上的得分，在平面图上标注出各自的位置。

表 2-5　　　　KMO 值检验
KMO and Bartlett's Test

Kaiser - Meyer - Olkin Measure of Smapling Adequacy.		0.591
Bartlett's Test of Sphericity	Approx. Chi - Square	679.520
	df	0.105
	Sig.	0.000

表 2-5 中软件给出了数据是否适合做因素抽取的数学判断。经 Bartlett 检验表明：Bartlett 值 = 679.520，显著性 Sig. < 0.0001，即相关矩阵不是一个单位矩阵，故考虑进行因子分析。Kaiser - Meyer - Olkin Measure of Sampling Adequacy 的值愈逼近 1，表明对这些变量进行因子分析的效果越好。本例 KMO 值 = 0.591，因子分析的结果是可以接受的。

因素抽取使用了 SPSS 软件默认的主成分法（principal components）。为了便于定义两个高阶因子，对因子矩阵进行了正交旋转（Varimax）。图 2-17 是正交旋转后的因子矩阵。两个因子共解释了全部变异的 83.972%.

Rotated Component Matrix[a]

	Component 1	Component 2
粗犷—乖巧	.654	.704
激烈—和平	.649	.734
紧张—轻松	.568	●.795
强硬—柔软	.614	.733
夸张—含蓄	●.926	.223
好笑—严肃	.287	●-.849
过时—入时	.728	-.091
主流—另类	●-.912	-.164
温情—冷酷	-.692	-.699
幼稚—成熟	-.121	●-.868
奇异—常见	●.959	.038
前卫—保守	●.937	.189
复杂—简约	.132	●.941
质朴—华丽	.110	-.771
幻想—现实	.811	.012

Extraction Method:Principal Component Analysis.
Rotation Method:Varimax with Kaiser Normalization.
a.Rotation converged in 3 iterations

图 2-17　正交旋转后的因子矩阵

我们分别把负荷最高（绝对值最大）的四个变量挑选出来，用来帮助理解和定义两个高阶因子的意义。

第一个因子依次包含"奇异—常见"、"前卫—保守"、"夸张—含蓄"、"另类—主流"。

第二个因子依次包含"复杂—简约"、"成熟—幼稚"、"严肃—好笑"、"紧张—轻松"。

（负荷为负值的双极形容词，两端进行对调以便与其他形容词组保持一致性。）

我们发现前一个因子包含的形容词侧重于文化价值层面，因此将其定义为"文化价值因子"。而后一个因子包含的形容词侧重于玩偶产品的外观造型层面，因此将其定义为"造型表现因子"。

将第一个因子为 X 轴，第二个因子为 Y 轴，23 款玩偶产品在这两个抽取因子上的得分为坐标，得到了图 2-18 的"基于消费者心理评价的二维产品分布图"

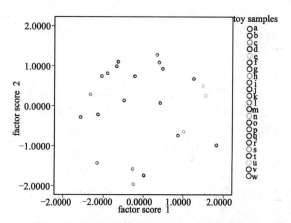

图 2-18　基于消费者心理评价的二维产品分布图

为了便于直观理解和分析，在上图中标注"聚类分析"得到的产品分组结果，并配上组内代表性玩偶产品（如图 2-19）。

2.6.3.2　玩偶品牌消费偏好研究

（1）性别对玩偶品牌形象偏好研究

通过对小组内数款玩偶的喜好度求和取平均值得到被试对每个小组内玩偶的平均喜好度如下：

男性被试对每组的喜好度：第一组"简约奇异组"：3.64；第二组"温情可爱组"：3.81；对第三组"时髦女孩组"：4.04；对第四组"古灵精怪组"：4.07；第五组"强悍男人组"：3.56。

女性被试对每组的喜好度：对第一组"简约奇异组"：3.30；对第二组"温情可爱组"：3.46；对第三组"时髦女孩组"：3.23；对第四组"古灵精怪组"：3.29；对第五组"强悍男人

组": 4.62。（1 代表很喜欢，7 代表讨厌；数值　越低表示被试对这组的玩偶越喜欢）

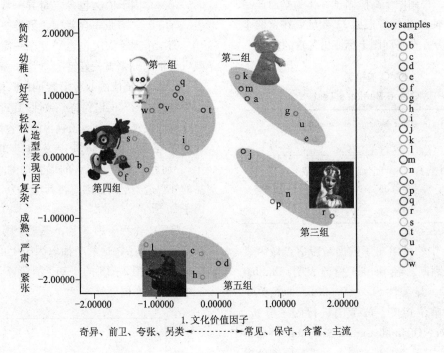

图2-19　基于消费者心理评价的二维产品分布图（结合聚类分析进行分组后）

我们可以看到，男性最喜欢第五组"强悍男人组"玩偶，最不喜欢第四组"古灵精怪组"玩偶。女性最喜欢第三组"时髦女孩组"玩偶，最不喜欢第五组"强悍男人组"玩偶。进一步观察数据，我们发现女性最喜欢的第三组"时髦女孩组"玩偶（3.23），男性则相当不喜欢

（4.04）；同样，男性最喜欢的第五组"强悍男人组"（3.56）恰恰是女性最不喜欢的一组。因此，我们在产品分布图中分别标注出第三组"时髦女孩组"和第五组"强悍男人组"，作为分析男女性别差异影响偏好的切入点，如图 2-20 所示。

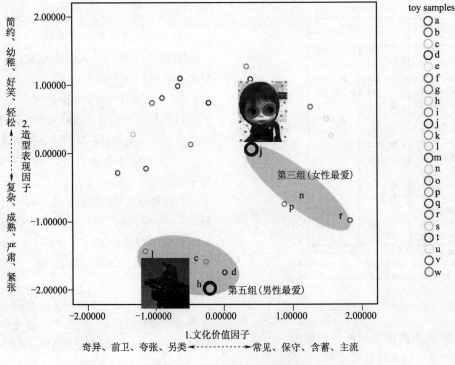

图2-20　性别对玩偶品牌形象偏好

（2）年龄职业对玩偶品牌形象偏好研究

青年学生组最喜欢横坐标最左端的第四组"古灵精怪组"玩偶（最"奇异"、"前卫"、"夸张"、"另类"的一组）；而中青年教师组则最喜欢横坐标右端的第二组"温情可爱组"（比较"常见"、"保守"、"含蓄"、"主流"的一组）。这在一定程度上反映了青年学生追求新奇，张扬个性的心理特征。而中青年教师随着年龄的增长和职业身份的约束，对简约而含蓄的玩偶更

为青睐。青年学生组虽然对第四组"古灵精怪组"整体上最喜欢，可是就单个玩偶而言，则最喜欢第一组"简约奇异组"的 v 款玩偶（见图 2－21 中黑圆圈标注）。第 v 款玩偶位于第四组"古灵精怪组"的右上方，相对更加简约、幼稚并且主流一些。

（3）地理位置对玩偶品牌形象偏好研究

从图 2－22 显示，地处中国西南，经济水平较低的桂林地区的被试喜爱度最高的第三组"时

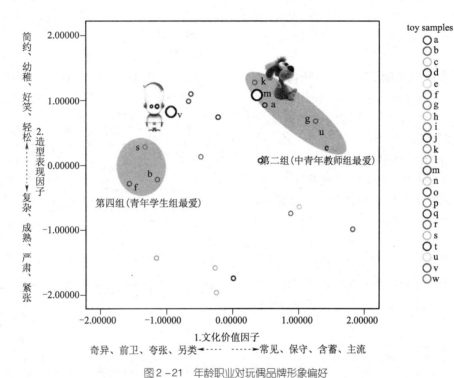

图 2－21 年龄职业对玩偶品牌形象偏好

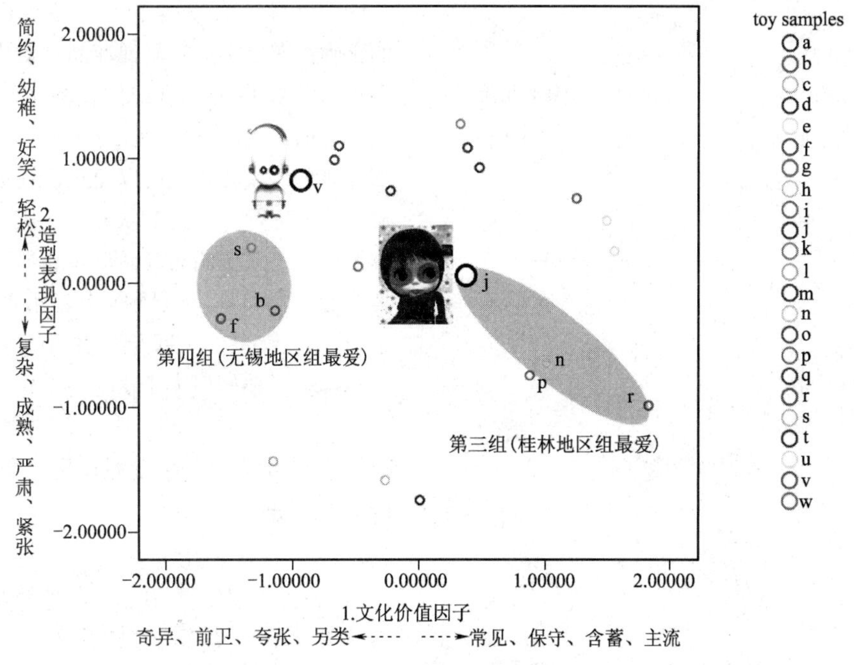

图 2－22 地理位置对玩偶品牌形象偏好

髦女孩组"相对第四组"古灵精怪组"位于横坐标的右端,从"文化价值因子"的维度看更加"常见"和"保守"。从地理位置上看,无锡位于长江三角洲地区,临近上海,国际化程度较高,受西方价值体系的影响也较为广泛。因此,这一地区的被试可能更加追求个性的张扬,对各种亚文化的认同或包容,更主动地游离于主流价值观之外。其次,由于无锡地区经济水平比较高,市场成熟度和市场细分化程度也更高,相应的,消费者追求商品多样性个性化程度也更高。相反的,桂林地区则相对比较常见主流的产品更为喜爱。

2.6.4 基于品牌形象的玩偶品牌价值的建构

我们得到 23 款玩偶由 15 个形容词维度构成的产品形象特征值;之后,计算 60 个被试由 15 个形容词维度构成的自我形象特征值与上述产品形象特征值之间的相关系数,并将显著相关(显著程度 Sig. 值小于 0.05)的产品挑选出来,同时在表格中列出此被试对此款玩偶的偏好度。(1 代表很喜欢,7 代表讨厌)。下表列出了与 60 个被试自我形象显著相关的产品、相关系数、显著性程度、被试对此款玩偶的喜好程度打分:

表 2-6 中,有 41 个被试都挑选出了与其自我形象最相关的玩偶产品,其余 19 个被试与所有 23 款玩偶的产品形象都相关不显著(Sig. >0.05)

表 2-6　自我形象显著相关产品相关系数表(部分)

被试编号	与被试自我形象显著相关的产品(仅列出相关系数最高的一款,空白表示无"显著相关"的产品)	相关系数 Pearson Correlation	显著性程度(Sig 值 2-tailed)＊代表小于 0.05 ＊＊表示小于 0.01	被试对此款玩偶的喜好程度打分
1	r	0.733	＊＊	4
2				
3				
4	p	0.749	＊＊	4
5	g	0.655	＊＊	3
6				
7	i	0.698	＊＊	1
8	e	0.728	＊＊	1
9				
10	n	0.646	＊＊	7

为方便观察,对这 41 个被试对挑选出来的产品喜爱程度的打分值进行统计如下:41 个数据的平均值(Mean)2.93;出现最多的值(众数 Mode)3;这组数字离散化程度(标准差 Std. Deviation)1.473 等。这表明,对于产品形象与被试自我形象相似的这些产品,大部分被试表示"有点喜欢"(喜好度勾选"3"),平均的态度是"有点喜欢"(平均值"2.93")。

根据表 2-7 具体地说,在这 41 个人中,17.1% 的人表示"很喜欢",24.4% 的人表示"比较喜欢",29.3% 的人表示"有点喜欢",17.1% 的人表示"一般",分别各有 4.9% 的人表示"不太喜欢"和"不喜欢",还有 2.4% 的人(仅一个人)表示"讨厌"。

表 2-7　数据百分率 summary

		Frequency	Percent	Valid Percent	Cumulative Percent
Vaild	1	7	17.1	17.1	17.1
	2	10	24.4	24.4	41.5
	3	12	29.3	29.3	70.7
	4	7	17.1	17.1	87.8
	5	2	4.9	4.9	92.7
	6	2	4.9	4.9	97.6
	7	1	2.4	2.4	100.0
Total		41	100.0	1000	

结果讨论:整体上"自我意向一致模型"的正确性在本次针对玩偶产品针对中国城市部分青年消费者的抽样验证中,基本可以接受。然而,数据表现出来的特征并不如理论模型描述的那样显著。或者我们可以通过上述数据分析,对模型理论进行如下的重新描述:假如消费者的自我形象与一款玩偶的产品形象相似,那么大部分消费者(70.8%)更倾向于表示喜欢(偏好值小于 4),仅很少一部分消费者(12.2%)会表示不喜欢(偏好值大于 4)。

2.6.5. 设计实践:南方城市男大学生的玩偶品牌形象设计

2.6.5.1 目标人群

目标人群为:中国经济水平较发达的南方城市的男性大学生,偏好特征为严肃、紧张、奇异、前卫、夸张、另类、简约与幼稚。

2.6.5.2　产品形象设计定位

品牌形象价值定位关键词：国际化而略带中国味道、高科技感（Hi－tech）、科幻机械文化、严肃中的幽默感、奇异另类等。产品适用于电子游戏中的人物角色、科幻电影或科幻动画片中的机器人角色以及各种衍生产品。产品"设计定位"可以在"产品分布图"中用黑色大圆圈标示，如图2－23所示。

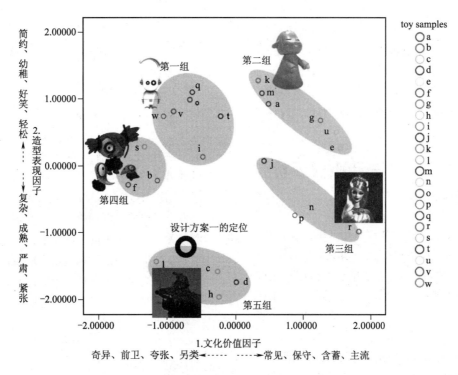

图2－23　产品设计定位图

2.6.5.3　部分方案设计展示

方案1：图2－24。　　　　　　　　　方案2：图2－25。

图2－24　方案1

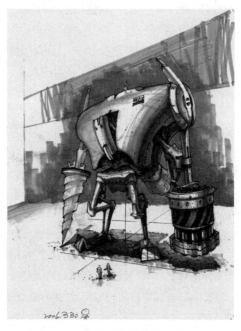

图2－25　方案2

3
电子产品设计心理评价实证研究

电子产品设计心理评价专题包括：课题一，《大学生 MP3 随身听战略设计心理评价实证研究》；课题二，《都市青年数码相机设计体验心理研究》；课题三，《大学生国产手机风险认知模式的研究》。

3.1 电子产品设计心理评价专题文献综述

本专题以设计心理学理论为基础，从工程心理、认知心理、消费心理几个视角切入，对专题展开实证研究。本着客观性、数据性、系统性、中立性为原则，进行定性和定量的实证研究。对比同行的相关研究，提升电子产品设计心理评价研究水平。

3.1.1 工程心理学与电子产品设计心理评价

工程心理学是以人—机—环境系统为研究对象，着重研究系统中人的行为以及人与机器、环境的相互影响和相互作用，是一门心理学与工程技术交叉的学科。许多工程心理学研究方法能为电子产品心理评价所用，具有良好的研究前景。

3.1.1.1 相关文献分析

工程心理学家强调研究系统中人的行为和身心功能特点，为系统设计提供有关人的数据。工程心理学研究行为变量，这些变量存在一种系统的相互依赖关系。现有的电子产品设计评价存在相同的研究思路，根据产品的特征要素等划分成各个评价因子，这些评价因素构成电子产品的评价体系。重庆大学教授、博士生导师郭钢的研究《基于 FUZZY 综合评价的数码产品的评价系统》(2008)，认为数码产品的评价应从"功能性"、"经济性"、"美观性"、"创造性"、"时尚性"和"人、机、环境协调性"等方面判定[①]。并用模糊综合评价的基本思想和步骤对产品进行评价，形成体系。国家自然科学基金资助重点项目

(50675144) 相关论文，四川大学钟欣、王玫、王杰的《基于层次分析法的电子产品概念设计评价研究》提出，在电子产品概念开发阶段应用层次分析法（Analytic Hierarchy Process, AHP）进行设计评估，并以手机设计为例说明此评价模型的实用性[②]。在研究中，首先调研消费者自身对手机利益点的关注，根据调研结果设计多款外观方案，用重视度、满意度和不足度 3 个标准来评分，得出手机的"时尚感"、"大屏幕"、"翻盖"等利益关注点的重视度、满意度、不足度分数具体是多少。得出的以下利益点将成为新产品改进的重点：时尚感；大屏幕；个性化；面板不易被划，外壳不易掉漆；手感材质好。这五点即是层次分析法中的准则层，即评价中的变量因子。

四川大学千静、蒋春林的《面向电子产品的新产品创意设计评价系统的研究》，针对广泛的电子产品形象特征进行分析，提出创意设计阶段的评价原则：建立电子产品外形创意的评价指标体系[③]。在此评价体系中，电子产品外观评价因子包括：整体效果、宜人性、形态、色彩、材料与外饰，这几个主要因素下又包括若干小的评价因子。人们对产品的体验感受除了造型要素外，还包括功能要素、人机关系、结构要素、形态要素、环境要素和经济要素。因此电子产品的评价层次应当包括所有这些要素，这些要素相互依赖，形成体系。研究将产品置身于环境之中，关注到人—机—环境间的联系。以上文献均是首先选取若干个评价变量，再运用数学评价方法（如层次分析法、模糊综合评价法）对电子产品进行设计效果评价。对电子产品的评价研究也更加注重在环境中，人（用户）使用操作机器（产品）的主观感受和体验，并用科学的方式评价出来。

工程心理学的主要内容也包括人机交互的作

---

① 郭钢，代杰．基于 FUZZY 综合评价的数码产品的评价系统 [J]．重庆工学院学报（自然科学），2008，22（1）．
② 钟欣，王玫，王杰．基于层次分析法的电子产品概念设计评价研究 [J]．包装工程，2008（11）．
③ 千静，蒋春林．面向电子产品的新产品创意设计评价系统的研究 [C]．2004 年国际工业设计研讨会暨第 9 届全国工业设计学术年会，2004．

用过程和人机界面的设计要求。人机交互是指人与机器的交互，研究人机交互的最终目的在于探讨如何使所设计的产品能帮助人们更安全、更高效地完成任务。人机交互性是评价电子产品的一项重要因素。黄美发、叶德辉《电子产品设计中的人机交互性》认为，现有的消费类电子产品虽然日渐丰富，但设计上存在不少问题：①从技术上来说，消费类电子产品技术性越来越强，人在使用上越来越不方便。②从产品设计风格上来说，电子产品设计越来越冷漠，外观上逐渐倾向于高技术风格。③从细节上来说，在产品界面设计方面研究不够，很多产品缺乏识别性和可操作性①。电子产品的具体人机交互性主要体现在以下几个方面：电子产品形态的可识别性、产品细节的可操作性和产品界面设计（UI）的导航性。人机交互性是评价现代电子产品的重要指标。

人机界面是一门以用户及其与计算机关系为研究对象的学科，界面设计在消费类电子产品设计中占有重要位置，舒适友好的界面会为产品增添光彩，相反则会加速产品灭亡。早在10年前，上海交通大学王江波在学位论文《人机界面设计的定量评价方法研究》中，已经将人因工程和信息引入到计算机界面设计评价领域②。西北工业大学马宁的硕士学位论文《工程心理学研究方法在人机界面设计中的应用》（2006）运用工程心理学的研究方法，分析用户的相关特征，然后根据分析的结果设计人机界面，最后运用实验的方式检测所设计人机界面的信度和效度，对人机界面进行改进③。工程心理学的融合，能够为设计者提供更多操作中用户的心理、生理活动特征与特性，为电子产品的界面评价提供有力的理论与方法参考。

3.1.1.2　本专题课题一研究成果分析

课题一《大学生MP3随身听战略设计心理评价实证研究》主要采用的分析方法是因素分析。因素分析是处理多变量数据的一种数学方法，要求原有变量之间具有比较强的关联性，从数目众多的"变量"中概括和推论出少数的因素。研究从81个变量上进行主因素分析，提取了17个主因素：个性表现因子、服务因子、宜

人性因子、实用性因子、价格因子、形态美感因子、方便性因子、一般功能因子、色彩因子、材料因子、娱乐性因子、品牌因子、整体协调性因子、购买渠道因子、环境因子、沟通性因子和愉悦性因子。其特征根值均大于1，占总方差的65.665%，可以解释变量的大部分差异，可以认为这17个因素是构成原始问卷81个项目变量的主因素，从而指导具体的产品设计改进。

江南大学专题组的研究设计方法和流程引用了工程心理学的研究方法。在工程心理学研究中，变量主要涉及行为变量，包括两个主要的维度：定量维度和定性维度。在电子产品的设计心理评价中，课题组成员往往需要先对一些行为变量定性，然后在定性的基础上作定量的比较。工程心理学研究的目的在于寻求变量之间的关系，这种关系主要体现在两个方面：相关关系和因果关系。因此课题组对电子产品的评价多使用关联分析、因素分析等，并注重研究的信度和效度。此外，观察和实验等工程心理学中的重要方法，也与电子产品设计心理评价的研究设计息息相关。

工程心理学的目的是使技术、设计与人的生理和心理特点相符合，使人在系统中能够有效而舒适地工作。工程心理学中的观察、调研、现场实验等方法能够为设计者提供真实、准确的信息，作为设计者设计时的参考。这一点，对于现代电子产品，甚至人机界面的设计与设计心理评价现状而言，具有实用价值和现实意义。

3.1.2　认知心理学与电子产品设计心理评价

认知心理学的核心假设是：人脑类似于计算机，思维就是计算，认知过程有如计算机的表征和运算过程④。人们对电子产品的认知，实际上正是一个信息加工处理的过程，产品的设计本身也是一个信息编码的过程。我们专题组近年来运用认知心理学的理论和方法，推出大学生自我概念与NOKIA手机造型风格偏好研究、都市青年数码相机设计体验心理研究两个课题。

3.1.2.1　相关文献分析

陕西科技大学王平的硕士学位论文《基于认

① 黄美发，叶德辉．电子产品设计中的人机交互性［J］．包装工程，2008，29（12）．
② 王江波．人机界面设计的定量评价方法研究［D］．上海交通大学，1999．
③ 马宁．工程心理学研究方法在人机界面设计中的应用［D］．西北工业大学，2006．
④ 叶浩生．认知心理学：困境与转向［J］．华东师范大学学报（教育科学版），2010，28（1）．

知心理学的产品设计研究》（2003）从认知心理学角度研究产品设计，提出产品设计认知心理学的理论，是产品设计方法论的一项重大突破。论文创造性地提出了产品的生理认知、过程认知及情感认知，对产品设计的各个阶段提供了理论支持。在此理论基础上，构建模型系统，从而进行产品设计量化的研究。认知心理学的主要研究方面：生理的认知、过程的认知及情感的认知，都对产品设计的研究带来全新的思路，它们由浅入深贯穿于产品设计的每个环节。这种方法与思路不仅运用在产品设计中，还应用在产品的设计心理评价中。

中南大学刘昭弟《产品材料质感意象认知的研究》（2009）关注材料质感意象对用户情感的影响，运用感性工学的基本原理将用户对常用的五种产品材料的感性认知进行量化，获取用户感知意象与产品材料质感的对应关系，构建产品材料质感设计程序，提出基于情境分析的材料质感意象运用方法，最后应用本文所提出的设计方法进行相关设计案例的实践，并进行评价验证[1]。

体验经济时代，企业不再仅仅提供商品或服务，而是提供用户最终的体验。ISO 9241 - 210标准将用户体验定义为："人们对于针对使用或期望使用的产品、系统或者服务的认知印象和回应。"用户体验包括情感、信仰、喜好、认知印象、生理和心理反应、行为和成就等各个方面。可以说，用户体验是一种用户在使用产品过程中产生的纯主观感受。但是，用户体验也是可以衡量的。艺土界面设计有限公司戴均开、林钦在2010中国交互设计体验日工作坊中的报告《体验也可以衡量—构建用户体验评价模型》[2]中认为，体验经济时代的设计心理评价是站在消费者主观体验方面，进行设计评价的思考方式，消费者的消费体验才是设计评价的关键，这是基于产品使用者而非设计者的评价标准来进行的。而衡量用户体验，是通过建立用户体验评价模型来实现的，构建一个用户体验评价模型需要解决这几个问题：提出假设模型、计算权重、模型验证、

实际运用。基于用户体验的内容与特征，不同学者提出了不同的用户体验模型。Dhaval Vyas & Ven Der Vccr 提出设计用户体验的 APEC（即审美、实用，情感和认知）模型[3]，Sascha Mahlke 也提出了基本的用户体验过程及研究框架[4]。

清华大学博士周荣刚《IT产品用户体验质量的模糊综合评价研究》[5] 是针对IT产品进行的一种基于可用性测试的、对产品使用过程中的用户体验质量进行综合评价模型的研究。本研究构建基于人—机交互、用户和观察者角度上的360°可用性评估的指标体系。针对可用性概念的模糊性及其综合评估中的问题，应用层次分析法（AHP）确定指标体系中相关因素的权重，并根据模糊隶属度函数对用户体验质量评价标准进行了模糊化处理；最后采用模糊评价方法对用户体验质量进行评价。用户体验本是用户主观的认知与感受，但此研究结合工程心理学、认知心理学的相关知识，由专家从用户体验（测试中用户通过言语行为所表现出来的愉悦、挫折等情绪体验）、可用性问题（可用性问题的多少和严重程度）和操作有效性（用户完成任务的独立程度、准确性和速度）三个方面编制问卷，再在数学中模糊综合评估方法基础上，对系统可用性进行评估，有助于完善电子产品设计评价的理论体系和方法流程。

3.1.2.2 本专题课题二研究成果分析

课题二《都市青年数码相机设计体验心理研究》基于认知心理的相关知识，以情感化设计与产品的造型意象研究为理论基础，对相机设计体验心理进行实证研究。Norman 认为，人类脑加工的三种水平决定了人的认知和情感系统的三种水平，同样也决定了人对于产品的三种感受水平：本能水平的设计、行为水平的设计和反思水平的设计。因此，在每个产品的设计体验中也应该包含上述三个层次。针对这三个层面的研究，选用不同的方法：对于造型（本能）层面的调查，采用了感性工学中对于产品造型意象的研究方法，即意象尺度法，通过问卷的抽样调查和

① 刘昭弟. 产品材料质感意象认知的研究 [D]. 中南大学，2009.

② 戴均开、林钦. 体验也可以衡量—构建用户体验评价模型 [D]. 中国交互设计体验日工作坊，2010.

③ Vyas D, Gerrit C, Van Der V. APEC：A framework for designing experience. ［2006 - 06 - 11］. http://www. infosci. cornell. edu/place/15_ DVyas2003. pdf.

④ Scherer KR（2004）. Cognitive components of emotion//Davidson R J, Goldsmith H, Scherer KR（Eds）Handbook of the Affective Sciences. New York：Oxford University Press.

⑤ 周荣刚. IT产品用户体验质量的模糊综合评价研究 [J]，计算机工程与应用，2007，43（31）.

SPSS 辅助的因子分析和聚类分析方法来得出相关的结论；对于相机的功能（行为）层面，采用了产品质量属性管理中常用的 KANO 分析法，研究消费者对于数码相机的功能需求；对于象征（反思）层面的调查，通过简化，调查消费群体的自我概念，并研究其共性和倾向，以此来说明社会性情感可能会对用户购买数码相机产生的影响。

产品的心理评价中，常通过调查人们对其造型的感觉意象来反映人们对于造型的综合感知。某产品的形态、色彩、尺寸、材料等信息会通过人们的视觉感知到并在脑中形成一种综合性的知觉，但人们在大脑中已经储存了大量的特征图形，于是会用这些已存在的特征图形以及相关的经验和知识对所看到的进行解释，产生相关的一系列联想，并由一个联想引发其他联想，形成一个联想链。这种由对于产品的感知和引发的联想链组成的结构就是某产品的意象。产品意象的形成，是来自人们对于产品的认知。设计师针对人的需求、感受、想法，设计出他所认为的产品外形，应该传达的意象语言，这也是设计师跳开功能面，而探讨产品应具备的意象。

自我概念在课题二中得到运用。它基于过去的一些认知而在记忆中形成。自我概念一致性模型认为，包含形象意义的产品通常会激发同样形象的自我概念，当产品概念与消费者自我概念的一致性程度越大，购买的意向就越强。因此，评价出产品造型风格与自我概念最一致的设计，能区别出最符合消费者需求的产品，增强产品竞争力。这为电子产品设计心理评价提供了一种新的理论参考，在此基础上，研究者结合各种实验、方法完善产品设计及设计评价。

感觉是人脑对直接作用于感觉器官的事物个别属性的反映，人们对任何产品的认识都是从感觉开始的。用认知心理学原理及相关知识分析人类生理认知、过程认知及情感认知在产品设计中的应用，设计师和研究人员就能够将心理学语言映射转换成设计语言，尝试为产品设计这一看似感性的设计方法构建系统而理性的方法体系。同时，这些认知心理学语言映射同样能转换为设计心理评价要素。设计评价的各个阶段相对应认知的不同阶段，将认知心理学理性的心理学知识用于设计心理评价实践，能充分地验证用户认知偏

好及体验优劣。

3.1.3　消费心理学与电子产品设计心理评价

消费心理学研究消费者在消费活动中的心理现象和行为规律，研究消费心理，可以掌握消费者需求，因地制宜地开发和改进产品，提高经济效益。不同的消费群体因为性别、年龄、知识背景、生活状态等的不同，对产品的需求也不尽相同。在具体研究中，常常针对不同的消费群体，研究其特有的消费心理。本专题课题一《大学生 MP3 随身听战略设计心理评价实证研究》以及课题三《大学生国产手机风险认知模式的研究》充分运用消费心理学相关理论，以理论指导课题的实证研究。

3.1.3.1　相关文献分析

湖南大学马超民在硕士学位论文《产品设计评价方法研究》①（2007）中运用到设计管理理论以及消费者价值理论。其中，项目质量管理相关理论的第一个支柱就是以客户满意为主导，后设计管理理论也是基于消费者满意程度来进行相关讨论。基于消费者价值理论，研究认为消费者价值要素可分为三个层级：基本层面价值要素、满足层面价值要素和兴奋层面价值要素。在这些层面上可以总结出一系列描述产品的指标，消费者在使用和评价产品时形成这三个不同的满意程度，即：基于属性的满意、基于结果的满意和基于目标的满意。结合项目质量管理中围绕客户满意的管理控制手段和产品设计效果心理评价学中对消费者心理的认知和各种评估统计方法使用的知识构成本论文研究产品设计评价的方法，文章构建了一个比较清晰的全面的评价体系。

同国内外研究相比，江南大学设计学院设计心理评价专题组的优势在于对用户（即消费者）的研究。本专题组针对不同的产品，研究特定的用户群体，重点把握用户群体的消费心理，深入挖掘用户需求，从而完善体验评价。

3.1.3.2　本专题课题一、课题三研究成果分析

（1）课题一《大学生 MP3 随身听战略设计心理评价实证研究》

它的理论基础为顾客价值理论与设计风险决策管理漏斗理论。顾客满意可以分为三个层次，分别是物质满意层、精神满意层和社会满意层。研究同《产品设计评价方法研究》的想法一致，即影响顾客满意和不满意的要素可以分为三个

---

①　马超民. 产品设计评价方法研究 ［D］. 湖南大学, 2007.

层级，即基本层面价值要素、满足层面价值要素和兴奋层面价值要素。其中，基本因素与物质满意直接相关；可表达因素和兴奋因素与精神满意层相关；而社会满意层则与驱动因素的三个因素有关。

产品设计评价越来越体现出价值的市场属性和消费者属性。迈克尔·波特指出："产品设计效果的价值取决于消费者的感知和认同，如果消费者没有感觉到获得了价值，那么企业的努力就无法得到回报。"因此，在进行产品评价时，研究者必须深入研究消费者，弄清楚消费者的真实需求和潜在需求，围绕这些要求建立起设计的预期目标和评价方向，找出与设计目标实现相关的影响因素，区分各个因素的重要性及其层次关系，建立产品设计的评价体系。

作者在"设计风险决策管理漏斗理论"的基础上，将消费者满意度导入新产品开发流程，结合深入的顾客价值分析，通过消费者满意度问卷判断目标消费者重视何种利益以及如何评价企业提供的产品和服务的价值，建立产品消费心理数据库，从而进行了产品设计效果心理评价研究。研究用消费者的态度指标来衡量产品战略设计方案所达到的消费者满意程度，从而统筹设计流程，降低产品失败的风险。

（2）课题三《大学生国产手机风险认知模式的研究》

该课题研究探讨了消费心理学中的风险认知理论，风险认知发展至今，概念已日趋成熟，不仅建立了许多结构模型，而且在消费者行为学研究中，也常被作为重要的解释变量[①]。通过在消费者心理学中引入风险认知理论，可以更好地分析消费者在购买前的认知情况与购买决策的制定情况及影响购买决策制定的因素情况。

课题一和课题三选取的消费群体均是大学生，在论文中，都对大学生消费心理做了深入分析。由于大学生的知识背景、经济基础、所处的年龄层及社会地位的差异性，决定了其在消费心理及购买行为等方面有其自身的特征。分析了解消费者的消费心理及消费行为都是为了更好地制定设计管理决策，在群体差异的基础上研究产品设计心理评价也更具准确性。

消费心理学中的许多相关理论都是研究者进行设计和设计评价活动的理论基础，如消费者需求层次、购买动机、顾客价值理论等。从消费心

理学角度出发，是以人为本的设计最根本性体现。影响消费者行为的因素有个人变量、环境变量、人与环境相互作用，这些因素也是评价电子产品设计心理评价的部分变量。消费心理学中的各种理论层次、模型也可以为设计评价所用，构建新的理论框架和评价模型。

3.1.4 电子产品设计心理评价方法

设计心理评价的常用分析方法一般为定性分析和定量分析两个大类，其中定性分析方法包括：观察法、案例研究法、心理描述法、访谈法、焦点访谈法、深度访谈法、投射法（间接访谈）；定量分析则包括：问卷法、实验法、总加态度测评法、语义分析量表法、抽样调查法。目前运用频率较高的是问卷法、抽样调查法和访谈法。传统研究中，电子产品设计心理评价的一般流程：首先基于各类学科（尤其是心理学）相关理论，建立评价模型，其中包括评价纬度的建立、评价因子的选择，然后计算各评价因素的权重，运用设计心理评价的常用分析方法得出数据。最后基于统计方法或数学评估方法针对课题的目的进行相关评价，或通过问卷和实验，基于感性工学得出产品造型特征与用户群体意象认知的对应关系。

3.2 大学生 MP3 随身听战略设计心理评价实证研究

本课题包括理论研究和实践操作两大板块，通过对大学生心理特点、消费特点以及 MP3 的发展历程和市场现状等进行深入分析后，引入顾客价值理论和设计风险决策管理漏斗理论，探讨大学生 MP3 随身听设计心理评价系统的结构，主要进行的是因素分析。发表相关论文《大学生 MP3 随身听设计心理评价研究》（徐衍凤、李彬彬，江南大学学报人文社会科学版，2005 年 5 期）和《大学生时尚 MP3 消费心理量表研究》（徐衍凤，商场现代化，2006 年 15 期）。

3.2.1 大学生 MP3 随身听消费心理研究

不同群体的生活方式、消费动机和行为不同，研究不同群体的消费心理，可以有针对性地了解群体对产品的认知，具有准确性。本课题以

① Mitchell V W. Consumer Perceived Risk: Conceptualizations and Models, European Journal of Marketing, 1999 (33): 189-195.

大学生为目标人群。

数码类产品在人们的生活中占有举足轻重的地位。大学生的消费水平普遍比以前有所提高，但由于缺乏收入来源，其消费能力还是有限的，属于"高消费中的低端用户"。厂商看中的是大学生的潜在消费能力。数码产品作为新的时尚消费品，针对的主要是年轻人，而大学生便是典型代表。从另一个角度看，学生身份是暂时的，大学生毕业之后便是具有高消费能力的人群，到时候大学期间形成的消费观念、消费习惯便开始发挥作用了。目前的大学生用户就是将来的中高端用户，抢占大学生市场，不但能提升现在的市场占有率，也是在抢占未来中高端用户的心理市场。大学生市场是个很广阔的具有巨大发展潜力的市场。

作者在对国内的部分大学生数码类产品消费的调查结果做了深入研究之后，设计了大学生MP3随身听消费心理调查问卷，问卷针对江南大学学生，部分调研结果如下：

在购买MP3随身听时大学生考虑的主要功能的重要性排序依次是：音乐播放功能、U盘存储功能、录音功能、FM收音功能、复读功能、电子词典功能、TTS文本转发音功能、附加小功能和小游戏。

大学生购买MP3随身听时考虑的问题，重要性程度依次是：产品质量、产品售后服务状况、产品功能、产品价格、产品品牌，以及对MP3的心理价位、外观喜好等。

大学生对MP3随身听外观色彩的喜好程度（按照喜欢的强烈程度）依次是：银色系有金属质感的外观>白色系高洁素净的外观>蓝色系浪漫优雅的外观>黑色系稳重高贵的外观>红色系热情奔放的外观>黄色系活泼乐观的外观。

在问到购买MP3随身听的钱该从哪里来的时候，46.7%的被调查大学生选择用打工挣来的钱购买MP3随身听，22.2%的被调查大学生选择向父母要钱购买MP3随身听，17.8%的被调查大学生选择通过节约生活费来购买MP3随身听，13.3%的被调查大学生选择用奖学金购买MP3随身听。

大学生消费者喜欢并追求轻巧、时尚、音乐格式存储、下载方便以及对无穷衍生功能的要求永远不会过时，用闪存为主要存储介质、播放数

字音频的产品，将有恒久的生命力。大学生是MP3随身听的目标用户群，他们是未来的白领阶层，大学阶段的消费观和品味直接影响到未来的消费态度。因此，研究大学生的消费心理及对MP3的消费态度有助于确定修改未来MP3随身听的设计定位。

3.2.2　顾客价值理论与设计心理评价理论基石
3.2.2.1　顾客价值与顾客满意研究
（1）顾客价值

顾客价值的定义有很多，但综合起来有以下几个突出的共同点：首先顾客价值是紧密联系于产品或服务的使用，但非内在于产品和服务；其次，顾客价值是顾客感知的价值，它由顾客决定，而非企业决定。再次，这些感知价值是顾客权衡的结果，即顾客所得与所失的一种比较；最后，顾客价值由企业所提供。

顾客价值是在特定的使用情境中，顾客基于其所得和付出的感性认识而形成的对产品或服务效用的总体评价。虽然，顾客对其所得的认同并不一致，但顾客价值代表着其付出与所得之间的权衡。

（2）顾客价值的层次性

Woodruff（1997）基于信息处理的认知逻辑提出了一个分析顾客价值层次的模型（图3-1）：

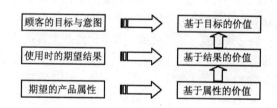

图3-1　顾客价值层次模型

消费者对属性层次的顾客价值的评价是比较客观的，包括对产品的外观、产品特征、产品的组成部分。结果层次的顾客价值是顾客使用产品后的效果，相对基于属性的价值来说是更为主观的评价。基于目标的价值是顾客通过产品或服务的使用期望达到的最终结果。

目前，普遍认为顾客价值的驱动因素主要是由产品质量、服务质量和价格因素构成（Parasuraman，2002）。另外，品牌权益（Brand Equity）、系统的组织学习或知识集成也是增进顾客价值的重要因素。此外，维持关系的努力也是一种驱动因素，通过发展良好而持续的顾客关系来创造顾客价值（Gronroos，1997）。不过我们认为，现有的

对顾客价值驱动因素的研究忽视了顾客价值所具有的"场景"，因此，"产品所在的市场结构特性"也是一个重要的驱动因素；另外，作为价值接受主体的顾客越来越卷进顾客价值的创造过程之中，因此也是一个重要的驱动因素。

（3）顾客满意度

综合顾客满意度定义，包含了几个共同的因素：顾客对于产品提供的功能的预期；顾客对于产品提供的功能的感知；顾客对于购买所付出的代价的感知。顾客满意度就是顾客对于这几个因素综合评价后所产生的心理状态，这是用户心理评价的重要内容。

本研究将顾客满意分为了三个层次：分别是物质满意层、精神满意层和社会满意层。评价顾客满意度，为用户电子产品设计心理效果评价的内涵增加取向和方式。

（4）顾客满意三状态及其影响要素

从顾客满意属性层次看，可把顾客满意分为三个层次，分别是物质满意层、精神满意层和社会满意层。其中物质满意层是指顾客对企业产品的物质功能属性的满意状况，精神满意指顾客对企业的产品给他们带来的精神上的享受、心理上的愉悦、价值观的实现、身份变化等方面的满意情况，而社会满意层则指顾客在对企业的产品和服务进行消费的过程中所体验到的对社会利益的维护，主要是指顾客整体的社会满意，它要求企业的产品和服务在顾客的消费过程中，具有维护社会完整利益、道德价值、政治价值和生态价值的功能。

在顾客满意评价的研究方面，现有的研究（KANO 模型[①]认为，影响顾客满意和不满意的要素可以分为三个层级，即基本层面价值要素、满足层面价值要素和兴奋层面价值要素。每一层级要素分别对顾客满意起着不同的作用。

3.2.2.2　体验经济时代的产品设计心理评价

体验经济的形成和发展给消费者的消费观念和消费方式带来多方面的深刻变化，人们的需求与欲望，消费型态也相应地受到了影响，使消费需求的结构、内容、形式发生了显著变化，从而影响消费者的满意度。体验经济本身是一种开放式、互动性的经济，体验设计的终极目标之一便是人的自主性。产品作为道具，应该给予消费者更互动、更独特的体验，以获取充分的人性化的体验价值。在满足了物质需求的情况下，人们追求自身个性的发展和情感诉求，设计必须要着重对人的情感需求进行考虑。设计因素复杂化导致设计评价标准困难化。

产品设计评价越来越体现出价值的市场属性和消费者属性。在体验经济时代，设计心理评价是在建立消费者主观体验上的，评价应建立在使用者的基础上。因此在进行电子产品设计心理评价时，必须深入研究消费者消费心理和潜在需求，建立设计的预期目标和评价方向，找出与最终设计目标和评价方向相关的影响因素，区分各个因素的重要性及其层次关系，建立产品设计的评价体系。

3.2.2.3　设计风险决策管理漏斗理论与设计评价

Mike Baxte 对新产品开发流程进行了研究，并且提出了著名的"设计风险决策管理漏斗理论"（图 3 -2），这是一种新产品开发的思考模式，包括五个互动的阶段，即：产业策略设计、目标产品设计、产品概念设计、产品具体化设计和产品细部设计。在新产品开发流程中，随着开发流程的不断推进，不确定性和风险性一步步降低。

在"设计风险决策管理漏斗理论"基础上，研究将消费者满意度导入到新产品开发流程中，结合顾客价值分析，通过消费者满意度问卷判断目标消费者重视何种利益以及如何评价产品和服务的价值，建立产品消费心理数据库，从而进行产品设计效果心理评价研究。

3.2.3　大学生 MP3 随身听心理评价实证设计

3.2.3.1　实证研究概述

（1）问卷设计方法

在初始问卷的设计过程中，问卷中使用的评价因素项目是综合采用了以下三种方法收集设计而成的：头脑风暴法、德菲尔法（专家分析法）、文献分析法。

（2）准实验，并进行区分度考验

将收集整理过的所有评价项目的顺序打乱，放入表格中，被试需要填写的地方采用"李克特量表"进行评定。被试大学生根据自己在购买MP3 时所考虑的每个项目的重要性程度进行打分。在校内发放 30 份问卷，进行"CSI 问卷"的区分度测试。采用李克特总加态度量表法对问卷中的每一个项目进行区分度考验，最终选出 87个区分度好的项目，组成实验问卷。

① 李彬彬. 设计效果心理评价 [M]. 北京：中国轻工业出版社，2004.

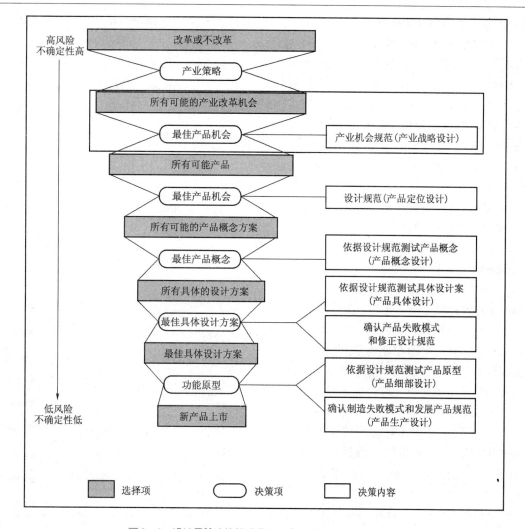

图3-2 设计风险决策管理漏斗理论（Mike Baxter 英 1996）

（3）信度考验

信度分析一般分为三种类型：同质性信度、分半信度和重测信度。本问卷采用重测信度进行信度考察。在本校选择20位不同专业、年级和性别的同学，进行问卷的重复发放，间隔时间为半个月，考察问卷的重测信度。从两次施测的相关性指数表（表3-1）中可以看到两次施测的相关性指数为0.693，并且具有0.01水平的显著性相关。因此，可知本问卷重测信度较高。

表3-1 问卷重测信度分析表

		第一次施测	第二次施测
	Pearson Correlation	1	0.693**
第一次施测	Sig.（2-tailed）	.	0.000
	N（总题项数）	1740	1740
	Pearson Correlation	0.693**	1
第二次施测	Sig.（2-tailed）	0.000	.
	N（总题项数）	1740	1740

** Correlation is significant at the 0.01 level（2-tailed）.

（4）问卷分析方法

主要采用因素分析的方法。因素分析是处理多变量数据的一种数学方法，用来揭示多变量之间的关系，其主要目的是从为数众多的可观测"变量"中概括和推论出少数的"因素"，用最少的"因素"来概括和解释最大量的观测事实，从而建立起最简洁、最基本的概念系统，揭示出事物之间最本质的联系。此外，在问卷分析的过程中还运用了关联分析的一些方法。

3.2.3.2 实证研究的实施

在江南大学各个学院（设计学院、理学院、商学院、食品工程学院、生物工程学院、文学院、太湖学院等）的本科生和研究生中进行问卷发放，共发放问卷230份，回收204份，回收率88.7%，其中有效问卷180份，有效率78.3%。被调查大学生和研究生的年龄均限定在18~23岁。本项目采取分层抽样，并在实验前进行准实验和信度考验，保证了问卷的有效性。

3.2.4　大学生 MP3 随身听心理评价实证研究

3.2.4.1　因素分析的前提检验

因素分析要求原有变量之间具有比较强的相关性。KMO（Kaiser – Meyer – Olkin）检验里，如 KMO 的值越接近 1，则所有变量之间的简单相关系数平方和远大于偏相关系数平方和，因此越适合于因子分析。如果 KMO 越小，则越不适合于做因子分析。Kaiser 给出了一个 KMO 的标准[①]：

0.9 < KMO：非常适合。

0.8 < KMO < 0.9：适合。

0.7 < KMO < 0.8：一般。

0.6 < KMO < 0.7：不太适合。

KMO < 0.5：不适合。

Bartlett 球度检验（Bartlett Test of Sphericity）的统计量是根据相关系数矩阵的行列式得到的。如果该值较大，且对应的相伴概率值小于用户中的显著性水平，那么应该拒绝零假设，认为相关系数矩阵不可能是单位阵，也即原始变量之间存在相关性，适合于做因子分析；相反，如果统计量比较小，且其对应的相伴概率大于显著性水平，则不能拒绝零假设，认为相关系数矩阵可能是单位阵，不宜于做因子分析。

本实验通过 KMO 检验和 Bartlett 球度检验，其中 KMO 值为 0.830（表 3 – 2），根据统计学家 Kaiser 给出的标准，KMO 值大于 0.8，Bartlett 球度检验给出的相伴概率为 0.000，小于显著性水平 0.05，认为我们的研究适合于因子分析。

表 3 – 2　KMO 检验和 Bartlett 球度检验

Kaiser – Meyer – Olkin Measure of Adequacy.	Sampling	0.830
Bartlett'sTestof Sphericity	Approx. Chi – Square	9043.988
	df	3240
	Sig.	0.000

3.2.4.2　主因素的提取

对调研的 180 个有效样本在 81 个变量上进行主因素分析，得到了初始统计量结果。

表 3 – 3　初始统计量（Initial Statistics）Total Variance Explained

Component（因子）	Eigenvalues（特征值）	% ofVariance（方差贡献率）	Cumulative%（累积方差贡献率）
1	13.065	16.129	16.129
2	3.531	6.829	22.958
3	4.055	3.006	27.964
4	3.257	4.020	31.985
5	3.020	3.729	33.713
6	2.644	3.564	39.277
7	2.377	3.335	42.612
8	2.330	3.176	43.789
9	2.145	2.648	48.437
10	2.040	2.518	50.955
11	1.932	2.385	53.340
12	1.885	2.327	53.667
13	1.634	2.218	57.885
14	1.600	2.175	60.060
15	1.547	1.909	61.969
16	1.442	1.881	63.850
17	1.389	1.815	63.665

Extraction Method：Principal Component Analysis.

通过因素分析，提取了 17 个主因素，其特征根值均大于 1。占总方差的 63.665%，可以解释变量的大部分差异，可以认为，这 17 个因素是构成原始问卷 81 个项目变量的主因素。

提取主因素数目的效果，也可由图 3 – 3 的碎石图（ScreePlot）（横坐标为公共因子数，纵坐标为公共因子的特征值）中直观看出：大因子间的陡急坡度与其余因子的缓慢坡度之间的明显折点来确定出因子数[②]。

3.2.4.3　因子矩阵的旋转

未经过旋转的载荷矩阵中，提取的因子变量在许多变量上都有较高的载荷，含义比较模糊，为了明确解释主因素的含义，将因子矩阵进行方差极大正交旋转（varimax），得到在各个主因素上具有高载荷的项目。各个项目内容及载荷值见表 3 – 4。

① 余建英，何旭宏. 数据统计分析与 SPSS 应用［M］. 北京：人民邮电出版社，2004.

② 袁淑君，孟庆茂. 数据统计分析——SPSS/PC⁺ 原理及其应用［M］. 北京：北京师范大学出版社，1995.

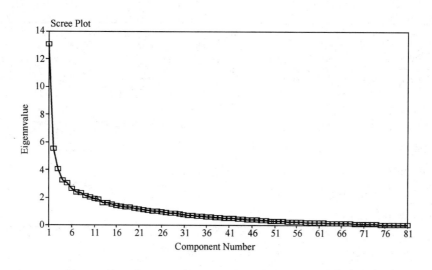

图3-3 心理评价因素碎石图

表3-4   因子旋转矩阵结果（Rotated Factor Matrix）

因素	变量	新变量	项目内容	载荷值	共同度	因素	变量	新变量	项目内容	载荷值	共同度
	64	1	获得周围人的认同	0.768	0.781	5价格因子	45	5	价格低适合大学生	0.628	0.743
	65	18	能够增强自信心	0.749	0.804	6形态美感因子	29	6	独特的外观造型	0.691	0.701
	66	32	体现个人情趣品位	0.722	0.795		31	22	像某种东西的外观造型	0.541	0.703
1个性表现因子	68	42	体现追求流行的功能	0.649	0.775		34	36	时尚的外观造型	0.432	0.767
	63	50	可以体现年轻有活力	0.644	0.785	7方便性因子	54	7	体积小	0.789	0.774
	67	55	可以体现经济实力	0.589	0.779		49	23	同步显示歌词	0.638	0.747
	71	57	彰显个性功能	0.510	0.725		55	37	便于携带	0.622	0.789
	69	58	与服装的协调性	0.502	0.783		48	46	即插即用，不用连接线	0.523	0.798
	15	2	产品售后服务好	0.762	0.756		51	53	可以长时间连续播放	0.512	0.736
	14	19	产品质量有保障	0.750	0.746	8一般功能因子	3	8	录音功能	0.655	0.658
2服务因子	52	33	支持固件升级，可更新	0.653	0.722		61	24	定时开关机的功能	0.603	0.685
	62	43	有扩充槽，可扩充内存	0.587	0.750		85	38	可以设置密码的功能	0.521	0.701
	19	51	从网上下载资源方便	0.516	0.711		50	47	支持多种显示语言	0.461	0.792
	39	56	与同类产品的兼容性	0.427	0.706	9色彩因子	16	9	外观色彩时尚	0.811	0.825
	22	3	屏幕大	0.755	0.741		17	25	外观色彩高雅	0.711	0.799
	21	20	彩屏	0.717	0.762		42	10	材质质地坚硬	0.816	0.754
3宜人性因子	46	34	背景灯多种颜色可选择	0.538	0.755	10材料因子	32	26	外壳采用镜面效果	0.806	0.723
	86	44	触摸屏输入，高价	0.514	0.721		43	39	材质容易清理	0.702	0.793
	47	52	显示屏背光，晚上看方便	0.480	0.743		36	48	外壳采用磨砂表面	0.527	0.689
	1	4	音乐播放功能	0.646	0.698		44	54	荧光材质	0.511	0.706
4实用性因子	8	21	复读、跟读功能	0.567	0.738	11娱乐性因子	59	11	容量大，存更多歌曲，高价	0.811	0.768
	2	35	U盘存储功能	0.557	0.677		7	27	TTS文本转发音功能	0.784	0.742
	5	45	FM收音功能	0.424	0.700		6	40	附加小功能（备忘录等）	0.571	0.771
							9	49	内置小游戏	0.483	0.699

续表

因素	变量	新变量	项目内容	载荷值	共同度	因素	变量	新变量	项目内容	载荷值	共同度
12 品牌因子	12	12	国产品牌有民族感	0.786	0.521	15 环境因子	41	15	材料环保	0.530	0.734
	13	28	国产品牌有民族感	0.711	0.578	16 沟通性因子	57	16	双耳机可与爱人分享音乐	0.744	0.759
13 整体协调性因子	78	13	按键颜色与整体一致	0.671	0.700		58	31	音乐公放的功能	0.540	0.725
	79	29	按键形状与整体协调	0.618	0.824	17 愉悦性因子	38	17	可散发香味，令人愉悦	0.408	0.736
	74	41	按键是隐藏式的	0.531	0.724						
14 购买渠道因子	72	14	同学或朋友的推荐	0.653	0.712						
	81	30	在电脑城购买	0.469	0.734						

因子载荷值越大，则公因子和原有变量的关系越强。变量共同度越接近 1（原有变量标准化前提下，总方差为 1），说明公因子解释原有变量越多的信息。本研究筛选出来的评价因素变量的共同度大部分都高于 0.7，说明提取出的公因子已经基本上能够反映各原始变量 70% 以上的信息，仅有较少部分的信息丢失，因此，因素分析效果较好。

3.2.5 大学生 MP3 随身听心理评价实证研究小结

本课题是在消费者满意度理论导向下，将因素分析的方法应用于时尚产品设计中前期战略设计评价的一次尝试，最后得到了"大学生 MP3 随身听战略设计心理评价因素重要性量表"，反映出了大学生 MP3 随身听消费心理的复杂性。量表由 17 个主因素，58 个小项目构成。通过量表了解大学生对 MP3 随身听的消费需求特点，发现大学生对 MP3 随身听产品哪些方面的功能比较重视，从而进一步地细分市场，找出大学生的潜在需求和市场空白，针对不同大学生群体开发产品或进行针对性营销手段，并指导具体的 MP3 随身听产品战略设计活动，发现商业机会，找到最佳的产业契机。

3.2.5.1 大学生 MP3 随身听设计评价主因素

由因子旋转矩阵可以看出主因素与其构成变量之间的关系。本研究根据构成每一个主因素的高载荷项目变量内容（如表 3-4），将 17 个主因素分别命名如下：

个性表现因子、服务因子、宜人性因子、实用性因子、价格因子、形态美感因子、方便性因子、一般功能因子、色彩因子、材料因子、娱乐性因子、品牌因子、整体协调性因子、购买渠道因子、环境因子、沟通性因子、愉悦性因子。

3.2.5.2 结果分析

本研究在因素分析的基础上，对大学生 MP3

随身听战略设计中各个因素的重要性进行了深入的探讨。从消费者心理学的角度对大学生 MP3 随身听的战略设计阶段进行了分析，得到了"大学生 MP3 随身听战略设计心理评价因素重要性量表"。量表由 17 个主因素，58 个小项目组成。其他 23 个因子载荷度较小，暂不讨论。

在大学生 MP3 随身听战略设计心理评价的 17 个评价因素中：

因素 4 实用性因子、因素 5 价格因子、因素 6 形态美感因子、因素 7 方便性因子、因素 8 一般功能因子、因素 9 色彩因子、因素 14 购买渠道因子、因素 15 环境因子是属于顾客满意方面的基本层面价值要素，是顾客满意所必须的，该类属性的缺失将导致顾客的极大不满，并成指数级增加。

因素 1 个性表现因子、因素 2 服务因子、因素 3 宜人性因子、因素 10 材料因子、因素 12 品牌因子、因素 13 整体协调性因子属于顾客满意方面的满足层面价值要素，这类要素与顾客满意呈线形相关关系，该属性纬度的增加将导致顾客满意的增加。

因素 11 娱乐性因子、因素 16 沟通性因子和因素 17 愉悦性因子是属于影响顾客满意因素方面的兴奋层面价值要素，兴奋层面价值要素是经常不能被顾客所理解和表示的因素，该类属性的缺失不会导致顾客的不满，但具备该类属性将带给顾客出乎意料的惊喜和兴奋，因此将大大增加顾客的满意程度。

其中因素 1，即"个性表现因子"，对总方差的贡献率最大，为 16.129%。它在所有的评价因素中占核心地位。因素 1 包括"获得周围人认同"、"增强自信心"、"体现个人情趣"、"追求流行"、"体现年轻活力"、"体现经济实力"、"彰显个性"等消费动机，表明大学生 MP3 随身听消费心理的核心与大学生追求较高层次的需求有关。产品一旦在使用中与人类发生了关联，人类就不会仅仅满足于使用价值，必然地会对源于产品的功能、形式所产生的主观价值也就是产品的象征性提出要求。大学生对 MP3 随身听的消费的核心动机，充分体现了体验经济时代的消费特征——追求令人难忘的个性化"消费体验"。

本研究的局限性在于不同国家、地区、民族群体的消费者，对同一商品与服务，由于消费观念不一样，会有完全不同的评价。具有不同文化和心理素质的人会从价值功利、审美情趣等方面对产品或服务作出不同的反映和评价。由于个人能力和时间的局限性，本次调查是在江南大学校内进行的，但是为了保证有效性，本文进行了分层抽样和信度考验。

3.2.5.3 课题展望

在本课题的基础上，可以采用同样的方法进行大学生消费群体之外的其他消费群体的产品设计效果心理评价研究。采用同样的方法对 MP3 随身听之外的其他类型的产品进行设计效果心理评价研究。

此研究对 MP3 随身听产品的评价建立在因素分析、造型语义分析的基础上，得到的结论对于设计师和商家在进行新产品开发时具有指导性意义。然而，可以更加深入的是，产品的具体体验值和设计效果是可以通过数据来呈现的，所有的体验都是可以量化的，它们必须可以变成一个数字或能够以某种方式予以计算①。这意味着体验量化必须建立在一套可靠的测量体系上，而这套体系目前并没有统一的公式，需要研究者针对相关研究领域选择合适、准确的测量体系。本课题的评价因素研究比较基础，并且已经涉及了 MP3 随身听设计心理评价中主因素的重要性。在此基础上，可以进行拓展，进一步测量设计心理效果评价的具体量化值，结合其他学科的相关知识进行评价量化的研究。

3.3 都市青年数码相机设计体验心理实证研究

本课题研究的重点在于探讨消费者对于数码相机产品的心理体验，分析这种心理体验的结构和层次。认为消费者对于数码相机的体验可以简化为：本能层面、行为层面和反思层面，三个层面的体验分别对应产品本身的不同属性。在此观点基础上，运用不同的方法调查，理解用户在数码相机体验的三个层面上的具体内容或者具有哪些倾向性，这些内容或者倾向性对于数码相机的设计定位具有重要意义。最后对于研究样本（部分青年用户）在三个层面上的体验倾向性做出总结，并对青年整体的数码相机体验和消费做出预测。

3.3.1 情感化设计、产品造型意象与顾客满意度理论

3.3.1.1 情感化设计

Norman 提出设计的情感化观点，认为消费者在使用产品的整个过程中，其心理结构包含三个层次：本能水平、行为水平和反思水平。

这一观点来源于他和心理学教授 Andrew Ortony 和 Willianm Revelle 有关情绪的研究，三个层次是由大脑的不同水平引起的，人类头脑加工的三种水平决定了人的认知和情感系统的三种水平，同样也决定了人对于产品的三种感受水平。

本能水平的设计与对产品的直观感觉相关，由人自身的感觉器官感受到，包括感觉、知觉、表象以及由此引起的心理反应。影响本能水平设计的要素有：视觉、触觉、听觉、嗅觉、味觉等。本能水平的设计要素对人的影响是直接产生的，产生的效果先于对产品功能、品牌、价格等要素的思考。

行为水平的设计与人们使用产品的过程相关，包括产品本身的使用特性以及使用给人带来的感受。行为水平的设计要素有：产品的功能、性能和可用性。

反思水平的设计涉及使用者所处的文化，产品对于使用者的意义，由产品所引发的回忆以及其他的一些比较高级和复杂的情感。反思水平的设计要素有：自我形象、回忆、语义等。

在每个产品的设计体验中也应该包含上述三个层次，但随着产品的不同，侧重点也各不相同，有的产品侧重于外观造型，有的产品设计侧重于使用功能，而有的产品则凸显其形象的象征意义。本课题也是从这三个层次来进行数码相机的设计心理评价的。

---

① Tom Tullis，Bill Albert. 用户体验度量［M］. 北京：机械工业出版社，2009.

3.3.1.2　产品的造型意象研究

产品的心理评价中，常通过调查人们对其造型的感觉意象来反映人们对于造型的综合感知。人们对于产品的意象，一方面包括通过感觉器官产生的对于产品的感觉、知觉和表象，另一方面包括人们在感知过程中对于产品的解释和联想。某产品的形态、色彩、尺寸、材料等信息会通过人们的视觉感知到并在脑中形成一种综合性的知觉，但人们在大脑中已经储存了大量的特征图形，于是会用这些已存在的特征图形以及相关的经验和知识对所看到的进行解释，产生相关的一系列联想，并由一联想引发其他联想，形成一个联想链。这种由对产品的感知和引发的联想链组成的结构就是某产品的意象（图3-4）。

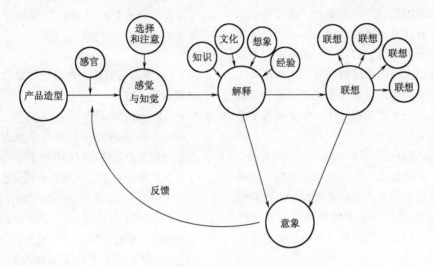

图3-4　产品意象模型

由视觉引起的意象在整个产品意象中占据主要的地位，因此在电子产品心理评价研究中，常常主要研究人们对产品的视觉意象。在前面的情感化设计的探讨中已经指出，情绪和情感活动伴随着人的各个层次的心理过程，因此对于产品的意象感知过程，也不可避免地有情感的参与，人对于产品的意象也包含人在感知过程中产生的情感性的评价。

3.3.1.3　顾客满意度理论

顾客满意度影响到顾客对于产品、企业和品牌的评价，从而对企业的经营产生深远的影响，顾客满意度指标是评价品牌以及品牌忠诚度的一个重要参数。本课题的理论研究涉及顾客满意度和自我概念相关概念。KANO研究模型是一种定性的研究模型，能够帮助研究者和设计师们更详细、更好地识别在产品质量中影响顾客满意度的要素，为新产品的设计开发提供参考数据，理解哪些功能是必备质量要素，能够保证顾客对于产品的基本满意度，哪些功能是魅力质量要素和一维质量要素，能大幅度提高顾客对于产品的满意度。在产品设计前期可以运用KANO研究模型对用户进行深入调查，根据用户对于产品功能的感受和预期来调整和匹配产品的功能组合，使设计的产品能够满足客户的满意度要求。KANO研究模型还能够在对用户的调查中帮助对用户进行市场细分。明白不同细分用户群体的不同的魅力质量要素，可以在设计新产品的时候对产品进行精确的定位，进一步设计系列化的产品。

3.3.2　都市青年数码相机设计体验心理的定性分析

3.3.2.1　研究方法概述

课题实证研究综合采用访谈和问卷抽样调查，以问卷调查为主，访谈为辅。访谈是一种定性的研究，其目的是为问卷设计提供背景资料，并作为问卷调查结果的补充。

问卷共分为4个部分，第一部分为意象尺度法的调查问卷，目的是调查消费者对于相机造型的体验和欣赏倾向。第二部分调查消费者对于相机体验的行为层面，挑选数码相机的17项主要功能进行调查，针对每一项功能，被调查者分别对拥有此功能和不拥有此功能进行回答，共需填写$17 \times 2 = 34$个答案。第三部分采用测量自我概念的7级SD量表，其目的是研究城市青年群体自我概念和自我概念是否存在共性，其共同的倾向性是什么。问卷的第四部分为受测者的人口统计特征，包括年龄、性别、教育背景、从事行业、收入水平等。

3.3.2.2　定性分析

本研究中的访谈，其目的是为问卷设计提供背景资料，并作为问卷调查结果的补充。访谈对象为设计学院研究生班的 10 位学生，均购买过数码相机并具有一定的使用经验和感受。

用户对于相机比较满意的因素主要体现在操作方面，相机的人机界面设计大都比较合理，操作起来容易上手；其他的因素还包括便于携带，很有时尚感等。对于相机不满意的方面集中体现在数码相机技术更新快，自己的相机购买后不久技术参数就落后了；拍摄的照片清晰度不够；电池不耐用等。受访者回答的购买相机的主要用途大致相同：拍摄资料、课件，拍摄风光，记录生活等。所有人表示最常用的功能是自动对焦和拍摄，并表示相机的光学变焦倍数和画面清晰度比较重要。受访者购买数码相机时考虑最多的因素是相机的造型设计、功能品配、价格、相机品牌等几个方面的因素，对于相机的拍摄质量、操作方便性、售后服务等方面因素的考虑居于次要地位，但在访谈中难以获得关于自我概念的信息。

总结访谈的结果，可知受访者在数码相机的购买和体验中，涉及的因素很多，但最重要的是相机的造型、功能、价格、品牌。访谈的定性分析为本文的定量研究提供了一个有力的基础，从另一个侧面说明在本文的研究中将消费者对于产品的体验简化为三个层次是合理的，"本能"、"行为"和"反思"这三个层次的内容能够代表和说明消费者体验的主要结构，针对这三个层次的调查结果可以用来解释和说明消费者对于数码相机的心理体验结构的主要内容。在访谈中难以获得关于自我概念的信息，从另一个侧面说明了自我概念和自我形象是属于"反思"层面的内容，感觉输入和行为控制没有直接的通路，"它只是监视、反省并设法使行为水平具有某种偏向"①，需要仔细地思考、反省、分析才能获得对它的清晰认知。

3.3.3　都市青年数码相机设计体验心理实证设计

本课题问卷所包含的四个部分统一在一张问卷上，受调查者被要求依次回答四部分的问题。本次调查共发放问卷 112 份，共回收问卷 100 份，其中郑州地区的问卷发放并回收了 52 份，均为纸质问卷，无锡地区的问卷回收了 48 份。问卷进行了人口特征分析。

3.3.3.1　前置调查

前置调查的目的是挑选要在正式问卷中使用的数码相机样本和形容词。

（1）挑选数码相机样本

①建立样本库：首先广泛收集国内市场销售过的各个品牌的数码相机的图片，组成本实验的样本库，样本库中的相机涵盖了目前市场上数码相机的主要品牌，共 300 款。

②初步筛选：对样本库中的所有相机样本进行初步筛选，筛选的标准是相机的造型意象是否相似，去掉相似性高的样本，选出在造型上有代表性的相机 74 款作为下一步的研究的样本。为避免品牌等因素对于受测对象的影响，在这 74 款相机的所有图片中选择能够最大限度表现相机造型意象的前侧面的图片，并且在 Photoshop 中进行处理，去掉相机图片上的品牌名称及型号代码，按照相机实际尺寸调整各图片的大小比例，保留相机的色彩、材质等其他信息。

③进一步筛选：74 款相机直接用于正式问卷中，数据量过于庞大，会造成被试的心理负担过重而导致反感或拒绝回答，所以需要抽选代表性的样本 10～20 款。挑选 10 名被试者进行进一步的挑选工作，请他们根据自己的直觉将这些样本进行分组，将造型相似的样本分在一组，而不用考虑相机的功能等其他要素，并告之共分成 6～10 组为宜。

④数据分析：将分组结果数据输入 SPSS13.0，采用多维尺度分析法统计各款相机之间在多个维度上的距离，再进行系统聚类分析，得到最终的树状图，据此挑选正式问卷的相机。多维尺度分析 MDS 是市场研究中常用的方法，它通常使用的数据是消费者对一些商品相似性（或相异性）的评分，通过分析产生一张能够看出这些商品间相关性的知觉图形②。据此可以分析研究对象之间的相似性可以用多少个维度来解释，以及每个维度的名称。比如，相机之间的相似性可以从形态、色彩、材质、机理、尺寸、光洁度、触感、声音等众多的维度来解释，通过多维尺度分析可以看出哪些维度在影响人们对相机相似性的感觉

① （美）诺曼著．付秋芳，程进三译．情感化设计［M］．北京：电子工业出版社，2005.
② 张文彤．SPSS11 统计分析教程．高级篇．北京：北京希望电子出版社，2002.

中起主要作用。

⑤数据处理和输入：将分组情况综合统计，比如有 6 个人将 1 号和 2 号相机分在一组，那么 1 号和 2 号相机的造型意象相似程度为 6，依此类推，可以得到每两款相机的相似性数据，得到一个 74×74 的相似性数据矩阵，把这个矩阵的数据输入 SPSS13.0，采用的分析工具为 Multidimensional Scaling（Proxscal），首先设定分析维度为 1~9，得到如图 3-5 的碎石图，横坐标为维度，纵坐标为压力值，可以看出压力值随维度的增加而下降，1~5 个维度之间压力值下降得很快，第 5 个维度以后，压力值的下降就非常不明显了，因此用 5 个维度的指标来衡量各款相机之间的相似性比较合适，也就是用 5 个不同的属性来解释这些相机的相似性。

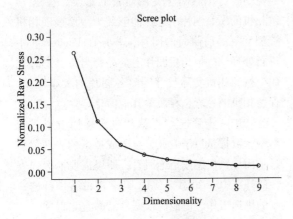

图 3-5　压力-维度碎石图

通过分析可以得到全部 74 款相机在 5 个维度空间的坐标值，把它们的 5 维度坐标输入 SPSS13.0 进行聚类分析（Classify），采用的分析工具为 Hierachical Cluster，根据每款相机的 5 维度坐标值计算每两款相机之间的距离，并根据距离将相机聚类，最后输出聚类树状图，如图 3-6 所示，在适当的位置设置相机选取线，最终选取 15 款相机作为正式问卷的中的样本（图中用 ■ 标记的为选出的样本）。

最终选出的 15 款用于正式问卷的数码相机图片如下（图 3-7）：

（2）挑选意象形容词

在正式问卷中，需要测量消费者对于数码相机造型意象的主观感受，这些主观感受采用一系列形容词来描述，受测者在预先选出的一系列形容词中选择最符合自己主观感受的选项，据此可以分析消费者对于产品的造型意象的感觉。

首先确定 5 名学习设计的学生，通过脑力激荡和自由联想，罗列出能够用来恰当地形容数码相机的形容词，并把它们记录下来。另一方面，浏览与数码相机有关的网站、报纸、杂志和相关论文中与数码相机有关的内容，从中搜寻被用来形容数码相机的形容词，同样把它们记录下来。通过以上两个方面的工作，形成一个数码相机的形容词库。

然后再确定 10 名学生，告之按照他们自己的观点，从上述形容词库中把他们认为最能够用来形容数码相机的形容词挑选出来，数量在 20~30 个之间，此外还可以把自己认为合适的但词库中没有的形容词加上去。

把 10 个学生挑选出来的形容词进行统计，从中挑选出被选中频率最高的形容词 14 个，作为在正式问卷中使用的形容词。然后再找出与这 14 个形容词词义相对立的形容词 14 个，组成 14 组形容词对，在正式问卷中使用（表 3-5）。

表 3-5　　　选出的形容词对

精致的—粗糙的	时尚的—古朴的	和谐的—纷乱的
个性的—大众的	高档的—低档的	流畅的—生硬的
高科技—低科技	创新的—保守的	耐用的—脆弱的
简洁的—繁杂的	大方的—小气的	优美的—难看的
小巧的—厚重的	专业的—业余的	

3.3.4　都市青年数码相机设计体验心理实证研究

3.3.4.1　设计的本能层次调查：用意象尺度法研究数码相机造型意象

（1）正式调查

①造型意象调查问卷设计

此部分调查目的是为了探讨消费者对于数码相机造型意象的主观感觉，采用问卷调查的方式进行。问卷设计针对选出的 15 款数码相机的图片进行，每页纸上打印一款数码相机的彩色照片，后面是 14 组形容词对，再加上一组"喜欢—不喜欢"表示主观喜好的词对，构成 15 组词对，每组词对中间的强度分为 7 级，构成一个 7 级量表，如表 3-6。

表 3-6　　　词义的 7 级过渡

	非常	很	有点	中性	有点	很	非常	
精致的	□	□	□	□	□	□	□	粗糙的

每一款相机都有 15 组形容词对与之对应，

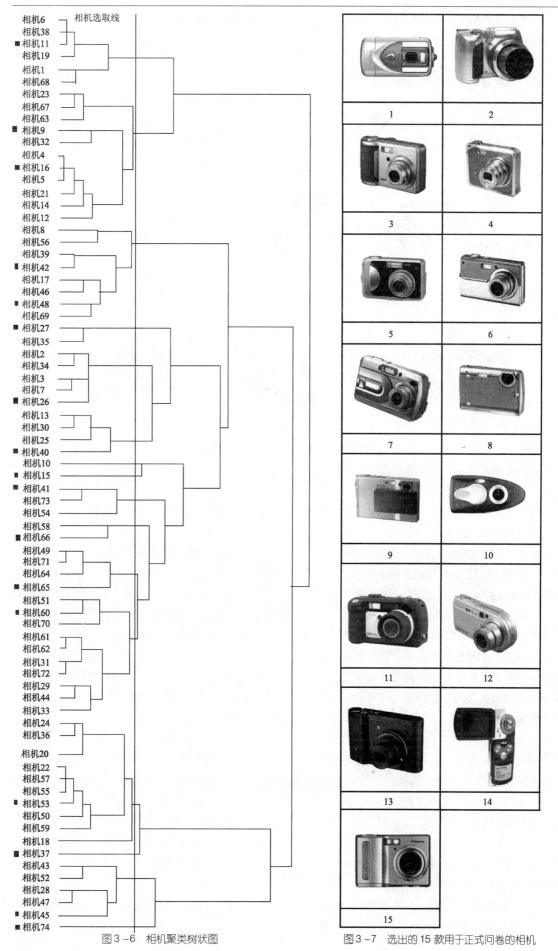

图3-6 相机聚类树状图

图3-7 选出的15款用于正式问卷的相机

受测者要先观察相机图片，然后根据自己的感觉在每组形容词适当的选项上勾选。

②喜欢度统计分析

根据均值统计，得出 100 名受测者喜欢的相机排序。群体最喜欢的前 3 款数码相机是 6 号，14 号，4 号相机，最不喜欢的 3 款相机是 15 号，10 号，7 号。在最喜欢和最不喜欢的 3 款相机中均有彩色外壳的相机，说明相机外壳色彩没有对受测者的评价造成影响，其评价依据是对相机造型、材质、色彩等的整体感觉。

如图 3-8 所示，从第 6 号，14 号，4 号数码相机的造型来看，其特点表现为简洁，和谐，造型和比例的均衡，光洁的外壳材料。

图 3-9 所示受测者最不喜欢的三款相机表现出的造型特点为：守旧，造型不协调，夸张，过于奇异，烦琐，低档，平淡。

(6)号相机　　　　(14)号相机　　　　(4)号相机

图 3-8　受测者最喜欢的三款相机

(15)号相机　　　　(10)号相机　　　　(7)号相机

图 3-9　受测者最不喜欢的三款相机

男女性受测群体的喜欢度存在差距，女性更喜欢明亮鲜艳的色彩，小巧的相机，男性更喜欢黑、灰等沉着的色彩，造型相对比较结实和厚重，线条以直线条为主。

学生和工作群体的喜欢度差异主要体现在相机 2，4，5，13 和 14。学生更喜欢小巧的造型，科技感更强，而工作群体则更喜欢厚重、结实的造型。

（2）因子分析

虽然用了 14 对形容词来描述数码相机的造型意象，但是不了解这些形容词之间是否存在相关性，如果相关性比较高，仍然无法清晰地获得受测者体验相机造型的主要因素，即他们是通过造型上的哪些主要属性和特征来体验造型意象的。通过对问卷数据的因子分析，可以统计数据之间的相关性，了解受测者对于样本造型意象体验中的主要因素。

因子分析是将多个实测变量转换为少数几个不相关的、综合指标的多元统计分析方法。在多变量统计中，如本问卷第一部分有 15 对形容词变量，这些变量之间存在相关性，因此可能有几个较少的综合性指标分别综合存在于 15 个变量中的信息，而这些综合指标之间是彼此不相关的。根据数码相机的专业知识，通过对综合指标的分析，可以理解综合指标所包含的要素，并可以为综合指标命名。综合指标比原始变量少，但可以包含原始变量中的大部分信息。

①数据准备

前期录入数据的时候是分别对每一款数码相机的数据做记录，以 15 对形容词为变量，每组数据有 100 个观测值，一共形成 15 组数据。针对每款相机造型意象进行因子分析，可以了解不同款相机之间造型体验的差异性，但是在本课题中，要调查是整体的造型意象，因此不考虑各相机之间的差异性，将 15 组数据整合起来，形成一个 1500×15 的观测矩阵，即针对 15 个变量有 1500 个观测值。

②变量间相关性检验

使用 KMO 统计量和 Bartlett's 球形检验的方法，在检验结果中，KMO 统计值为 0.925，大于 0.9，因此证明各变量之间的相关性高，适合做因子分析。第二项 Bartlett's 球形检验给出的 Sig. 值为 0.000，拒绝了球形假设，证明 15 个变量之间不是彼子独立的，适合做因子分析。

③分析执行

在 SPSS13.0 中执行 Analyze→Data Reduction→Factor 命令，得到统计结果如表 3-7 所示：

表3-7

主成分列表

Total Variance Explained

Component（因子）	Initial Eigenvalues（原始特征根）			Extraction Sums of Squared Loadings			Rotation Sums of Squared Loadings		
	Total	% of Variance（方差贡献率）	Cumulative %（累积方差贡献率）	Total	% of Variance	Cumulative %	Total	% of Variance	Cumulative %
1	6.467	43.112	43.112	6.467	43.112	43.112	3.543	23.618	23.618
2	1.654	11.029	54.140	1.654	11.029	54.140	2.963	19.750	43.368
3	0.971	6.472	60.613	0.971	6.472	60.613	2.587	17.244	60.613
4	0.840	5.597	66.210						
5	0.671	4.475	70.685						
6	0.646	4.305	74.990						
7	0.579	3.862	78.852						
8	0.522	3.479	82.331						
9	0.478	3.187	85.518						
10	0.432	2.877	88.395						
11	0.400	2.667	91.062						
12	0.370	2.467	93.529						
13	0.348	2.321	95.850						
14	0.320	2.137	97.987						
15	0.302	2.013	100.000						

Extraction Method：Principal Component Analysis.（抽取方法：主成分分析）

因子分析中默认的选取特征值大于1的因子作为主因子，但是依据特征值选取主因子往往导致因子数目过少，因此结合累积方差贡献率来选取主因子。如表3-7所示，选取了3个因子，第三个因子的特征根为0.971，累积方法贡献率为60.613%，用三个因子大致能够来说明原先15个变量，但是也损失了少部分信息。

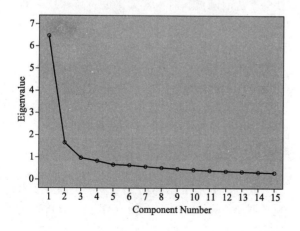

图3-10　因子分析碎石图

图3-10所示为碎石图，横坐标为因子数目，纵坐标为特征根，可以看出，自第3个因子开始，特征根的变化就很不明显了，因此提取3个因子是比较合理的。

表3-8　　因子负荷矩阵

Component Matrix（a）（因子负荷矩阵）

	Component		
	1	2	3
喜欢－不喜欢	0.638	-0.077	-0.191
精致－粗糙	0.744	-0.156	-0.051
个性－大众	0.614	-0.308	0.303
高科技－低科技	0.538	-0.063	0.430
简洁－繁杂	0.665	-0.330	-0.270
小巧－厚重	0.610	-0.533	-0.166
时尚－古朴	0.716	-0.362	0.123
高档－低档	0.704	0.220	0.356
创新－保守	0.580	-0.189	0.352
大方－小气	0.694	0.348	0.056
专业－业余	0.532	0.616	0.208
和谐－纷乱	0.749	0.178	-0.289
流畅－生硬	0.735	0.103	-0.311
耐用－脆弱	0.462	0.599	-0.145
优美－难看	0.776	0.119	-0.203

Extraction Method：Principal Component Analysis.（抽取方法：主成分分析）

3 components extracted.（抽取3个因子）

由表 3 - 8 可知，第一个因子的负荷值相差不大，对此因子的解释有点困难，因此对因子进行旋转，采用方差最大化正交旋转，旋转后的因子负荷阵如下：

表 3 - 9　　　　旋转因子负荷矩阵

	Component		
	1	2	3
喜欢 - 不喜欢	0.574	0.274	0.211
精致 - 粗糙	0.595	0.257	0.401
个性 - 大众	0.360	0.046	0.657
高科技 - 低科技	0.126	0.211	0.647
简洁 - 繁杂	0.750	0.075	0.236
小巧 - 厚重	0.739	-0.130	0.348
时尚 - 古朴	0.560	0.060	0.584
高档 - 低档	0.158	0.541	0.594
创新 - 保守	0.256	0.128	0.644
大方 - 小气	0.277	0.656	0.313
专业 - 业余	-0.039	0.795	0.269
和谐 - 纷乱	0.597	0.553	0.117
流畅 - 生硬	0.634	0.483	0.114
耐用 - 脆弱	0.136	0.757	-0.044
优美 - 难看	0.589	0.514	0.217

从表 3 - 9 可以总结出因子分析的结果，见表 3 - 10。

表 3 - 10　　　　因子分析结果

因子	意象命名	原始变量	因子负荷量		
1	现代形态	精致的	0.595	0.257	0.401
		简洁的	0.750	0.075	0.236
		小巧的	0.739	-0.130	0.348
		和谐的	0.597	0.553	0.117
		流畅的	0.634	0.483	0.114
		优美的	0.589	0.514	0.217
		大方的	0.277	0.656	0.313
2	高质量	专业的	-0.039	0.795	0.269
		耐用的	0.136	0.757	-0.044
		个性的	0.360	0.046	0.657
		高科技的	0.126	0.211	0.647
3	创新性	时尚的	0.560	0.060	0.584
		高档的	0.158	0.541	0.594
		创新的	0.256	0.128	0.644

数码相机造型意象体验简化为 3 个维度的因素：现代形态、高质量和创新性。

④分析结论

由因子分析的结果可以对数码相机的造型意象得出结论，对于 100 位受测者来说，数码相机的造型意象体验可以简化为 3 个维度的因素：

a. 现代形态：反映的是青年群体对于相机形态的主观感受，包括精致、简洁、小巧、流畅、和谐、优美等维度，可以命名为现代形态。这种感受首先表现为一种现代感，是一种很复杂的体验，体现在形态、材质、色彩上表现为一种简约的风格，但这种风格不是简单，而是在外表的简洁下体现丰富的内涵，这种现代感是 20 世纪现代主义风格的延续，仍然影响甚至主导着人们的审美倾向。在数码相机上，这种现代感表现为光滑的、金属般的材料质感，细腻的材料肌理，轻、薄、小巧的外观，简约的造型和线条，较少的装饰，和谐的比例，以银、灰为主的色彩等。此因子是用户对于数码相机的最主要的体验，是对于形态、材质、色彩的直观感受，在设计数码相机造型时要考虑首先要符合青年群体的这种审美体验倾向。

b. 高质量：这是青年群体对于相机造型体验的第二个重要因子，体现的是对于相机本身质量的感受，包括相机的耐用性、牢固性和物有所值的感觉。

c. 创新性：创新的东西总能引起人的兴趣，人们对于新奇事物的好奇和兴趣似乎是人的本能。青年对于相机造型体验的第三个维度的重要因子是创新性，具体表现为相机造型不落俗套，能够体现与众不同的个性，符合社会快速变化的潮流和时尚，其体现的高新技术感同样表现为一种时尚。青年人富于激情，对未来充满憧憬，他们喜欢新鲜的东西，喜欢具有创造性的东西，"新"对于他们充满吸引力，意味着明天和未来。

综上所述，青年对于相机造型意象的体验主要包含形态的现代性，产品体现的高质量和是否具有创新性三个方面的内容。

（3）各形容词与喜欢度的相关性

通过因子分析，我们了解了受测群体对于相机造型意象的体验因子，进一步我们要分析哪些因素影响我们对于相机造型的喜欢度，因此可以分析"喜欢 - 不喜欢"项与其他形容词项的相关性，通过因子分析输出的相关数据如表 3 -11所示。

表 3 - 11							喜欢度与各形容词的相关数据								
Correlation	喜欢 - 不喜欢	精致 - 粗糙	个性 - 大众	高科技 - 低科技	简洁 - 繁杂	小巧 - 厚重	时尚 - 古朴	高档 - 低档	创新 - 保守	大方 - 小气	专业 - 业余	和谐 - 纷乱	流畅 - 生硬	耐用 - 脆弱	优美 - 难看
喜欢 - 不喜欢	1.000	0.586	0.383	0.297	0.402	0.342	0.394	0.369	0.253	0.380	0.239	0.452	0.393	0.243	0.467

由表 3 - 11 可知，数值越大表示相关性越强，联系越紧密。喜欢度与各个评价形容词都有相关性，相对来说相关性比较高的是精致、简洁、和谐、优美。也就是说，对于数码相机造型意象来说，精致的、简约的、比例和谐的和形态比较优美的容易引起人们喜欢的感觉。

3.3.4.2 设计的行为层次调查：用 KANO 分析法测定数码相机功能需求

（1）方法说明

KANO 法常常作为一种有效的产品质量管理的方法，用来调查分析产品中各种质量要素的属性，理解它们的构成、性质、在产品整体质量中所起的作用，据此数据控制产品的设计和生产，以提高产品的整体质量。

选择要调查的具有代表性的功能，最终选入调查问卷中的功能如下：

表 3 - 12　本研究中的数码相机功能调查项目

序号	功能	序号	功能
1	相机的 ISO	10	拍摄短片
2	相机的像素值	11	LCD 屏幕可旋转
3	延时自拍	12	全手动模式
4	镜头的光学变焦	13	电池耐用
5	用普通碱性电池	14	触摸屏
6	外接闪光灯	15	可以折叠
7	连续拍摄	16	附加 MP4
8	微距拍摄	17	防水、防摔
9	防手抖		

在问卷中，对于每一项功能那都设计成两组相同的问题，问题示例如表 3 - 13：

表 3 - 13　功能调查问卷问题示例

拍摄具有防手抖功能	不具有防手抖功能
1□我喜欢	1□我喜欢
2□它理应如此	2□它理应如此
3□我无所谓	3□我无所谓
4□我能忍受	4□我能忍受
5□我不喜欢	5□我不喜欢

受调查者在回答问卷时，需要对具备防手抖功能和不具备防手抖功能两组问题都给出答案，对每项功能调查，可能的答案有 5 × 5 = 25 种，给每一种答案组合都给出一个分类定义，定义如表 3 - 14 所示。

表 3 - 14　答案组合的分类定义表

		相机不具备防手抖功能				
		我喜欢	理应如此	我无所谓	我能忍受	我不喜欢
相机具有防手抖功能	我喜欢	Q	A	A	A	O
	它理应如此	R	I	I	I	M
	我无所谓	R	I	I	I	M
	我能忍受	R	I	I	I	M
	我不喜欢	R	R	R	R	Q

表中的字母定义为：A—魅力质量要素；M—必备质量要素；O——维质量要素；I—无差异质量要素；R—反向要素；Q—有问题的答案

据此定义表可以对回收的问卷进行数据处理，计算出对每项功能，所有受测用户中认为此功能是 A，M，O 或 I 的用户所占比例。如在所有受测用户中，认为防手抖功能是魅力质量要素 A 的用户占 40%，是必备质量要素 M 的用户占 35%，是一维质量要素 O 的用户占 20%，是无差异质量要素 I 的用户占 5%。然后通过公式：

$$API = A\% + 2 \times O\% + 3 \times M\% - 3 \times R\%$$

计算属性优先度指标 API（Attribute Preference Index），不计算 Q 及 I 等答案的比例。分别统计出各项功能的 API，API 数值高，表明这项功能的优先度高，对于受测的目标用户群体而言，此项功能重要，在设计相机的时候应该优先考虑。

（2）数据统计

通过 SPSS 统计，100 份问卷中相机各个功能属性比率如表 3 - 15 所示：

表3-15   100 份问卷中相机各个功能属性比率

功能	百分比（%）						总计（%）	类别
	A	O	M	I	Q	R		
ISO 可调	28	26	24	20	2	0	100	A
像素	48	17	7	24	2	2	100	A
延时自拍	28	32	20	19	0	1	100	O
光学变焦	33	40	6	20	1	0	100	O
兼容普通电池	32	24	11	27	0	6	100	A
外接闪光灯	17	15	13	49	1	5	100	I
连拍	35	31	8	24	0	2	100	A
微距拍摄	27	45	15	13	0	0	100	O
防手抖	27	48	10	14	1	0	100	O
视频拍摄	38	33	8	20	1	0	100	A
LCD 可旋转	41	17	1	38	1	2	100	A
可以全手动	22	24	9	38	3	4	100	I
电池耐用	9	75	12	3	1	0	100	O
触摸屏	19	12	2	65	0	2	100	I
可以折叠	32	11	2	53	0	1	100	I
有 MP4	28	11	2	51	0	8	100	I
防水防摔	35	42	16	7	0	0	100	O

经过计算，对所有受测者来说，功能的属性优先度排序如表3-16所示。

表3-16   受调查各功能属性的优先度排序

序号	功能	API（%）
1	电池耐用	195
2	防水防摔	167
3	微距拍摄	162
4	防手抖	153
5	ISO 可调	152
6	延时自拍	149
7	光学变焦	131
8	视频拍摄	128
9	连拍	115
10	像素	97
11	兼容普通电池	95
12	可以全手动	85
13	LCD 可旋转	72
14	外接闪光灯	71
15	可以折叠	60
16	触摸屏	43
17	有 MP4	32

在数码相机设计过程中要优先考虑对目标用户来说重要性高的功能。男性和女性在对数码相机功能重要性的看法上存在着差异，在职人员和学生对于功能的重要性排序也存在差距。

在调查之前，预计在相机上增加触摸屏的功能，能够减少按键，在 LCD 屏幕上直接触摸操作会收到欢迎，但是调查结果显示受测者对于触摸屏缺乏热情。MP3 功能同样如此。受测者比较看重相机上与拍照有关的功能设计，对于附加的与相机专业性无关的功能不愿意接受。

调查结果显示，受测者并不认为像素是最重要的，像素是一种魅力属性，如果没有很高的像素，使用者也能够忍受。这说明随着数码相机技术的发展，现在拍照像素基本能够满足用户的需求，不再是相机功能的瓶颈。

与学生群体相比，工作群体不在意相机具有全手动功能，对他们来说全手动的优先度比较靠后，这再次证明工作群体对于相机的使用需求是易用性，要求便于操作、使用，不需要复杂的参数调整。

3.3.4.3　设计的反思层次研究：目标群体自我概念调查

（1）研究方法概述

对于消费群体自我概念的调查属于定性研究，目的主要是希望通过调查，观察和推测研究目标人群在自我概念和自我形象的认知方面是否具有某种共性特征。按照自我概念的形成理论，一个人的自我概念是在自身独特的成长和生活环境中塑造的，同时受到他人、物质目标等因素的影响，因此每个人心中的自我概念或者说自我形象都是不同的。但另一方面，从理论上分析，在同样的文化环境中成长和生活的个体会受到大致相同的经济、文化和社会环境的影响，因此他们的自我概念体系中也会有很多共性特征。本研究调查问卷的第三部分内容是希望通过调查和统计，分析受调查群体在自我概念方面是否具有某种共性。采用美国乔治亚理工学院教授 Naresh K. Malhotra 提出的由 15 对形容词组成的 7 级 SD 量表：调查中，要求被调查者反思自己的形象，对每一对形容词，在符合自己形象的选项上勾选，这 15 对形容词就构成了描述自我形象的有 15 个主要维度的空间。

实践证明这个量表在描述理想的、实际的和社会的自我概念方面非常有效。在调查中，要求被调查者反思一下自己的形象，然后对每一对形容词，在符合自己形象的选项上勾选，这 15 对形容词就构成了描述自我形象的有 15 个主要维度的空间。

（2）自我概念的平均倾向（表 3 – 17）

总体统计：每个人的自我概念都是不同的，在这里引入了一个平均倾向的概念，是为了考察群体成员在各不相同的自我概念中是否隐藏着共性的特征，也就是群体自我概念的共同倾向。通过分析均值，得出 100 位受测者的自我概念存在着共同的倾向性，倾向性最强的自我概念要素是当代的、愉快的、有序的、谦虚的、年轻的以及舒服的。

表 3 – 17　　　　　　　　　　　　　自我概念均值统计表

		粗糙－精细	激动－沉着	不舒服－舒服	主宰－服从	节约－奢侈	愉快－不愉快	当代－非当代	有序－无序	理性－情绪性	年轻－成熟	正式－非正式	正统－开放	复杂－简单	黯淡－美丽	谦虚－自负
N	Valid	100	100	100	100	100	100	100	100	100	100	100	100	100	100	100
	Missing	0	0	0	0	0	0	0	0	0	0	0	0	0	0	0
Mean		4.73	3.99	5.09	3.51	3.55	3.01	2.96	3.06	3.27	3.17	3.53	3.60	4.60	4.64	3.16
Minimum		1.00	1.00	2.00	1.00	1.00	1.00	1.00	1.00	1.00	1.00	1.00	1.00	1.00	1.00	1.00
Maximum		7.00	7.00	7.00	7.00	7.00	7.00	7.00	7.00	7.00	7.00	7.00	7.00	7.00	7.00	7.00

从图 3 – 11 的均值统计线图可以看出，100 位受测者的自我概念存在着共同的倾向性，倾向性最强的自我概念要素是当代的（2.96）、愉快的（3.01）、有序的（3.06）、谦虚的（3.16）、年轻的（3.17）以及舒服的（5.09）。

"当代的"这个形象被大多数受测者所肯定，认为自己是当代的青年。这个形象分析起来可以包含很多的内涵，表明青年群体对于社会的变化持肯定的态度，对于自己能够处于时尚和潮流中心很有信心，对于自己的未来充满希望。这样的一个自我概念表现在对产品的态度上，必然要求产品有同样的形象，要求产品的形象体现时代感，具有时尚，具有科技含量，富于变化，能够不断创新。这个结论与本章对于数码相机造型意象的调查结果是相吻合的，受调查青年群体对于相机的感觉意象，主要结构要素体现为"现代形态"、"高质量"和"创新性"，这种要素正是青年群体自我概念在数码相机产品上的延伸。

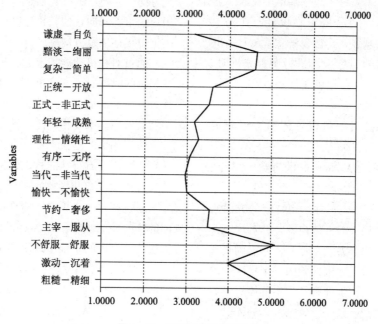

图 3 – 11　受测总体均值统计线

"愉快的"是对于自我整体中精神状态的一　　　种体验，相对于中年和老年群体，青年群体所承受的压力相对较小，尤其是学生群体，处于校园中比较单纯的环境，而且他们对未来充满憧憬和希望，所以，他们对于生活整体的情绪体验是愉悦的。体现在对产品的要求上就是产品要使人快乐，要简单，易于使用。

"有序的"体现的是一种秩序感和理智性，感觉自身生活是有条理的，有规律的，同时也包含着对自身形象的一种正面的态度。这种自我概念要求产品具有科技感，理智感，造型、比例的协调和均衡性。

"谦虚的"体现的是一种自制，一种合理的自我约束，一种内敛的特征。这种自我形象符合中国传统的道德理论的要求。这种自我概念体验在产品上就是要求产品要具有含蓄的美感，要体现一种中庸和均衡，不夸张，不张扬。

分群统计：对各个群体的自我概念均值进行统计，从学生群体的数据与整体数据对比来看，其差异性非常小，最大的差异是学生群体在年轻-成熟这个维度上的数据倾向性更强，也就是说学生群体自我感觉更年轻。另外一个差距较大的自我概念维度是"理性-情绪性"，学生比工作群体更情绪化。出人意料的是，工作群体在"黯淡-绚丽"和"简单-复杂"两个维度上的数据体现出比学生群体更"简单"和"绚丽"，这与我们观念中的常识相反。在其余的维度上，两个群体间的数据在方向上是一致的。

从这个统计结果来看，数据基本上反映了各个群体对于自己的看法，能够在设计时作为参考。群体间共同点越多，其自我概念就越具有共同的倾向，因此在对目标人群进行调查分析时，群体细分越准确，其数据也就越精确。

3.3.5　都市青年数码相机设计体验心理研究小结

本课题以 Donald A. Norman 的理论为基础，将用户对产品的心理体验分为三个层次："本能""行为"和"反思"，并运用特定的方法来探索和描述这三个层次的具体内容。针对这三个层次，作者的问卷也分为三个部分，分别调查和描述青年群体对于数码相机体验的三个层次的内容。经过统计分析，初步理解了受测群体对于数码相机的造型、功能、象征形象等方面的体验内容和需求倾向，可以作为数码相机设计定位的参考。

经过对 100 位受测者喜欢的数码相机进行分析，发现青年群体喜欢的数码相机在造型上表现出简洁、比例和谐、材料光滑、科技感强的特点。相反，夸张、复杂烦琐、平淡、过于奇异的造型表现则不受欢迎。

女性青年与男性青年相比，更喜欢明亮和鲜艳的色彩，小巧的造型，圆润的线条，而男性青年则较喜欢黑、灰等比较偏于中性的色彩，比较硬朗的直线条，稍微厚重和结实的造型。学生群体相对工作群体更喜欢色彩鲜艳的、科技感觉更强的、更轻巧的、更前卫一些的造型。

通过因子分析，发现受测群体对于数码相机样本的造型意象的体验可以由 3 个主要的因素来概括，第一个因素是现代形态体验，这种体验主要包括简洁精致的感觉，和谐流畅的感觉，小巧优美的感觉，可以认为这些感觉是用户看到数码相机造型时所体验到的首要的感受。第二个主要的因素是高质量体验，包括造型的大方性、造型体现出来的专业性以及坚固和耐用的感觉，这个维度的体验因素是通过相机造型感受到的相机的内在质量。第三个主要的因素是创新性体验，包括对于相机个性的感觉，时尚的感觉，以及创造性的感觉。以上三个方面的因素可以看做是用户体验相机造型的感觉通道，他们通过这些特定通道来体验。

在今后设计数码相机造型的时候，可以依此作为参考，设计人员可以有目的地调整自己的感觉方向，使自己的感觉通道与用户的重合，理解用户的审美倾向，使相机造型的设计有一个清晰的定位描述以及方向感。

通过对相机功能需求的分析，可以知道在设计相机的时候，要考虑相机具有什么样的功能，优先考虑功能优先度比较靠前的功能，因为这些功能对于用户来说相对比较重要。

数码相机的形象无疑具有象征性，这种象征性对于用户具有特殊的意义，相机的形象与用户的自我概念（自我形象）是一致的。

通过调查，青年群体的自我概念具有某种共同的倾向性，倾向于认为自己的形象是当代的、愉快的、有序的、谦虚的以及年轻的。这样的调查结论与对于造型意象的调查结果是相吻合的，证明青年的自我概念和产品形象的一致性非常高。

通过研究发现，进一步对细分群体进行调查，会得出更精确的信息。对学生和工作人群的自我概念倾向进行对比，发现二者之间存在着差异，因此，对于自我概念的调查配合有效的群体细分会更加有效。

本研究设计体验的三个层次分别采用了不同的方法，调查三个层次的主要内容，但是没有涵盖其所有的内部结构，可能会显得有些简单化，会丢失一些信息。在条件允许的情况下，可以对三个层面进行充分的调查研究，如在行为层面，除功能之外，可以进一步进行人机操作互动的调查，人机界面的调查；对于反思层面，自我概念虽然代表了其主要内容，但是在此层面中还有其他一些结构，如用户对于产品触发的回忆，产品形态中蕴涵的语意等，对于这些内容可以做进一步的研究。此外，对于这三个层面的调查除了本文所用的方法外，还有许多其他的可以使用的有效方法，如果多种方法配合使用，结果会更有效。

3.4　大学生国产手机风险认知模式的实证研究

课题选择在国内外已有理论模型中较为完整的风险要素法为基础，针对大学生的消费心理及购买决策过程进行深入分析研究，以现有理论模型为基本架构，利用成分分析的方法进行主要调查因素的提取，选择30个因素用于后来定量分析中所进行的调查研究。在定性分析的基础上，确定大学生对国内外品牌形象的感觉属性研究因子，结合所确定的30个购买决策影响因子来展开论文定量部分的实证研究。利用甄别问卷选择访谈对象，拟定访谈问卷对选择的对象进行深度访谈，定性了解了大学生在购机决策过程中的影响因子及对国内外品牌的感觉因子，最后设计出大学生国产手机风险认知模式的调查问卷，用以进行定量研究，从购买决策影响要素、国内外品牌形象认知要素两方面进行分析。统计出大学生在购买手机过程中所考虑的主要影响要素，建立大学生国产手机风险认知模型，为以后的分析提供研究基础。

3.4.1　消费心理学中的风险认知理论

3.4.1.1　风险认知在消费者心理学中的研究

风险认知一直是消费心理学研究中备受关注的一个重要领域。研究消费者的风险认知，可以深刻了解消费者的行为；对风险认知影响因素进行分析，更能全面了解风险认知的产生，为企业制定降低风险策略提供依据。消费者感知到的风险由一个因素或多个因素的结合引起，消费者对于风险大小的估计、对冒险的态度、对产品的知识、购买目的、购买参与程度等都将影响他们的购买决策。

风险认知的研究主题大致可以分为：①风险认知的本质；②风险认知的类型；③风险认知的影响因素；④风险认知的测量；⑤风险认知的降低策略。

消费者心理学中的风险类型包括①：

①财务风险——购买某种产品或品牌可能会使消费者产生财务上的损失；②性能风险——产品能否达到预期效果的可能性；③身体风险——产品使用可能会对消费者造成身体伤害；④社会风险——消费者所购买的产品不被别人认同的风险；⑤心理风险——购买的产品能否符合消费者自我形象的风险或做出错误购买决定行为后对自我能力的怀疑和否定；⑥时间风险——购买某种产品可能会使消费者有时间上的损失。

3.4.1.2　风险认知研究的概念模型

（1）消费者风险认知的双因素模型

双因素法又称不确定性后果法，是把认知到的风险作为购买结果的不确定性（主观概率）和不利的购买所带来的后果来考察②。双因素法是基于经济学和统计决策理论的先前研究，关于风险评估和风险管理的许多研究都是以这种经济学观点为基础的，即认为风险是概率（不确定性）和负面后果的客观作用。

（2）消费者风险认知的多维度模型

风险要素法是确定和测量购买行为中风险认知几个基本维度的研究方法。消费心理学家一致认为，风险认知是从不同类型的潜在消极后果中产生的。

（3）Dowling 和 Staelin 的复杂模型

Dowling 和 Staelin③ 提出一个风险认知和消费者处理方式的模型。他们假设消费者首先评估产品的属性与使用情境和购买目标相关的因素，

① 丁夏齐，马谋超．消费者对网上购物的风险认知及影响要素［J］．商业研究，2005（22）：212-213.

② Simon S M，Ng T F. Customers' Risk Perceptions of Electronic Payment Systems. International Journal of Bank Marketing，1994，12（8）：26-38.

③ Dowling GR，Staelin R. AModel of Perceived Risk and Intended Risk-Handling Activity. Journal of Consumer Research，1994，(21)：119-134.

以及自己对该类产品的知识，再加上卷入情况，就引起购买的不确定性后果。研究涉及三种类型的卷入：自我卷入、产品卷入和购买卷入。这些因素结合在一起，决定着消费者总体认知到的风险（Overall Perceived Risk，OPR）。

Dowling 和 Staelin 将总体风险认知分为两个要素，一个是对某产品类别中任意产品都知觉到的风险，称为产品类别风险；另一个针对具体产品，称为特定产品风险。这个模型中的第三个要素是可接受的风险，这里指购买特定产品所能容忍的最高风险认知水平。

消费者为了降低认知到的风险水平，会采取两种信息搜索的策略，一是"正常"的策略，即为获得一般的产品类别信息而进行信息搜索；二是"额外"的策略，即把对特定产品的风险认知降低到可以接受的水平。只要特定产品风险小于可接受风险水平，消费者就会不断进行信息搜索。

Dowling 和 Staelin 的这个模型不仅包含了影响消费者风险认知的许多因素，还把总风险分解为产品类别风险和特定产品风险两个构成要素，在此基础上描述了消费者的信息搜索行为，同时，可接受的风险调节着特定产品风险与降低风险的活动之间的关系。这个动态模型很好地描述了消费者在购买情境中的风险认知过程和降低风险的信息搜索活动。Dowling 和 Staelin 在风险认知的测量上使用的仍然是双因素法，即不确定性乘以负面后果，或损失的可能性乘以损失的重要性。他们研究发现，大多数应答者都可以将购买情境的潜在正面或负面结果计入风险认知，消费心理学家常用的风险认知的合成假设在此得到了验证。同时，该研究在实验材料的准备上，研究者在描述产品的属性时使用的是与几种购买结果（即功能的、心理的、社会的、金钱的）相关的属性，这从某种角度上是多维度模型的一种应用。

（4）Greatorex 和 Mitchell 的整合模型

Greatorex 和 Mitchell[①] 认为，消费者对特定属性上的要求水平和实际达到水平之间存在着某种不匹配，损失量与这种不匹配的程度成正比。考虑到产品属性不能满足要求的可能性，这种损失就成为风险，此外还受到产品和属性的重要性

以及个体对损失承受能力的影响。模型还包括消费者在对要求水平和属性的重要性等做出评价时的不确定性，作为一种概率分配。

3.4.1.3　设计风险决策管理漏斗理论

在新产品开发阶段，刚开始时的不确定性是最高的。不确定性要经过先期的开发阶段才能稍微降低，所以早期的设计开发成本通过策划可以尽量予以降低。新产品开发的战略设计是设计风险决策管理关键的第一步。一旦产品战略设计的决定被纳入企业和设计师的策略后，下一个步骤是检核所有可能的产品开发战略手段，选择最好的产业契机，此类产业契机与单项产品无关，它不是制造一个新坐椅或新课桌的决策；相对的，它所关切的是哪一种产品开发战略设计最适合企业和设计师策略，例如，它可能是：①以降低生产成本方式推出价格低廉的产品；②以改良的外观或使用新材料引进较具价值的商品；③推出现行产品线以外的产品，以增加获利率和分散经营成本费用等。

产品设计风险管理接下来的几个步骤是新产品的开发阶段。这些阶段中的风险和不确定性已较前期降低，而且每经过一个策略之后，它的风险和不确定性也会随之减少。这些决策包括：所要开发的目标产品（产品定位设计）、操作产品的设计元素（概念设计）、产品构想具体化设计（修改概念设计）、产品细部设计和产品制造生产设计。

很明显的是这些阶段依然存在着风险和不确定性，即使在产品堆积于仓库内准备出售时还是如此，因而如何将风险和不确定性降至最低，乃是有效产品开发的重点工作。采用设计风险决策管理模式开发新产品，要比其他方式安全得多。

设计风险决策管理漏斗理论，非常强调设计决策的连贯一致性，此模式的目的在于统筹整个设计流程，以系统化和渐进式的效果评估方法降低产品失败风险，使设计师和管理者不用等到新产品上市，就能以较客观方式判断其是否成功，这种客观的方式就是运用消费者信息流来进行设计效果心理评价。

产业商机与产品定位的设计效果心理评价、可行性评估（这时投资相对较少，意义却重

① Greatorex M, Mitchell V W. Developing the perceived risk concept, Emerging issues in marketing. In: Davies M et al ed. Proceedings of Marketing Education Group Conference, Loughborough, 1993, (1)：403－415.

大），应结合深入的顾客价值分析来展开，判断目标消费者重视何种利益，以及消费者如何评估每个竞争对手所提供产品/服务的相对价值。主要步骤是：

（1）通过对消费者的互动和完整消费过程进行研究，罗列消费理由、消费动机、消费兴趣等消费心理要素，并与设计元素进行关联分析，确认消费者重视的主要产品/服务属性作为产业机会的切入点（产品的战略设计）。

（2）由消费者评估各个产品/服务属性的重要性，并梳理设计元素的因素，形成产品消费心理数据库，根据消费者对属性重要性认知的差异来归类不同的市场，确认目标产品定位。

（3）根据产品消费心理数据库的动态变化，评估企业及竞争者在各个顾客价值标准上的表现，以此判断企业在不同细分市场的竞争力状况，实现同步并行工程进行产品概念设计。

（4）从某一产品/服务属性逐项检验目标消费者对企业和主要竞争者的满意度，确定产品设计方向和营销策略以形成规范文件，指导产品的具体设计。

（5）将以上各步骤得的到有效数据形成消费者价值标准的动态数据库，不断修正具体设计进入细节设计，为正式批量生产打下良好的基础。

在产品概念设计阶段，应用消费者价值标准评价概念方案的可行性，指导检验出最佳的概念方案进入具体设计阶段；此时主要的消费者价值要素基本映射为产品的属性，按仍然需要深入评估产品可能的失败模式，以及可能忽视的要素，并修正和完善产品具体设计阶段的技术规范；明确细部设计任务和要求，直到完成功能原型，进入生产制作阶段。新产品设计决策的主要阶段，都需要建立在消费者价值绩效测试基础上，由市场反馈信息形成决策依据，才能最大限度地降低产品设计各阶段的决策风险[①]。

3.4.2　大学生国产手机风险认知模式定性调研

定性调研，旨在了解大学生对国产品牌手机的看法及顾虑，从访谈中进一步发掘出，大学生消费者对国产品牌手机的较深层次看法、可能考虑到的状况，以及他们对购买国产品牌手机可能会出现的风险要素的考虑。了解大部分大学生消费者没有购买国产品牌手机的深层原因，为"大

学生国产手机风险认知模式心理评价问卷"的设计及后期的定量研究做准备。

3.4.2.1　访谈准备

鉴于手机产品自身的特性，并为了考察南北方地域的差异可能对大学生消费习惯产生的影响，访谈的对象抽查一个地处南方的高校：江南大学，和一个代表北方的高校：中国石油大学（华东），以院系为单位，分别随机抽取各高校的四个院系，每个院系抽取2名大学生，其中包括10位非国产品牌手机用户及6位国产品牌手机用户，并尽量保证男女比例为1:1，对其进行深度访谈。

由于本次课题的研究要求，访谈对象需要分为两大类，一是国产品牌手机用户，这里所说的用户必须是亲自作出国产品牌手机购买决策并实现的大学生消费者，但不一定要求目前仍是国产品牌手机的使用者；二是非国产手机品牌用户，此用户必须是手机使用者，但从未作出购买国产品牌手机决策的大学生。

本次访谈主要围绕国产品牌手机展开，通过访谈希望了解到以下几方面信息：

（1）针对使用国产品牌手机消费者

①获取用户的个人信息、价值观、消费习惯、生活态度等内容；

②了解用户对国产品牌的认知情况；

③了解用户购买国产品牌手机的原因；

④了解用户在购买国产手机品牌前的决策过程，并从财务风险、性能风险、身体风险、社会风险、心理风险、时间风险等方面深入挖掘其考虑因素；

⑤了解用户在使用国产品牌手机当中所遇到的问题，主要从社会、自身及手机三者之间的影响关系入手；

⑥了解用户使用国产品牌手机后的看法，重点与作出购买决策前所考虑的因素做比较，找出相同与差异的地方。

（2）针对非国产手机品牌消费者

①获取用户的个人信息、价值观、消费习惯、生活态度等内容；

②了解用户对国产品牌的认知情况；

③了解这部分消费者没有购买国产品牌手机的原因；

④比较这部分消费者对国产品牌及国外品牌

---

① 李彬彬. 设计效果心理评价 [M]. 北京：中国轻工业出版社，2005（1）：16–50.

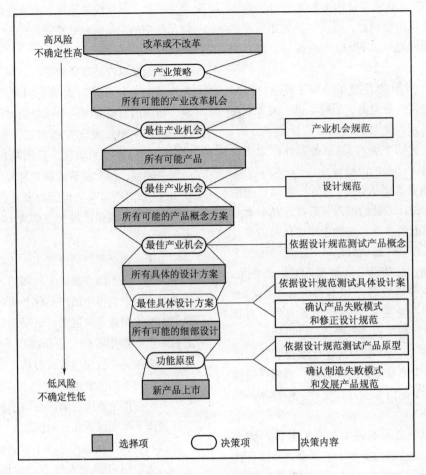

图 3 - 12　设计风险决策管理漏斗理论

看法的异同点，深度挖掘他们在作出手机购买决策之前所考虑到的因素；

⑤了解这部分消费者对国产品牌手机使用者的看法，从一个侧面挖掘国产品牌手机、消费者、环境三者之间的影响关系。

3.4.2.2　访谈结果定性分析

被访者是从两所学校的八个学院中随机抽取的，其中，每个学院各抽取两名同学进行访谈。并在进行访谈进行之前进行甄别，使被访者年级覆盖大一到大四，并且包括硕士共5个年级。男女生的性别比例保持在1:1的范围内，并且保证购买使用者与未购买使用者的人数比例不会有太大悬殊。

（1）被访谈者生活消费观念与个性特征分析

深度访谈的问卷中，性格特征项采用了吴垠等研究中的相关词句，用来测试被访谈者的生活与消费观念及个性特征等。分析结果显示，绝大部分同学都很在乎别人对自己的看法；超过一半的同学在买到一件不符合自己要求的产品后会认为自己很失败；超过三分之一的同学换过2个及以上手机；几乎所有的同学都认为国产产品没有进口产品质量好；仅有少数的同学会因为支持民族品牌而去购买国产

产品；对于环保产品的关注程度比想象中的高。

（2）国产品牌手机使用及购买情况分析

国产品牌手机使用及购买情况分析包括使用人数、购买/未购买国产手机的原因、使用情况及要素评分、信息来源，产品满意度。结果显示大部分消费者认为国产手机的质量、性能及安全性等方面远不如国外品牌手机。国产品牌手机在价格及民族感因素上的得分最高，平均分在5分左右，说明国产手机在价格上的优势最为明显，另外也说明消费者在国产品牌消费心理上会有一定的民族感在起作用。国内外品牌在广告及售后服务上的得分最相近，都在4分左右，这说明在广告及售后服务方面，国产品牌厂家做的不错，与国外品牌之间没被拉开太大距离。在彰显个性、建立个性、符合自身形象、体现经济实力方面，国产品牌手机与国外品牌还是有着不小的差距的。在对国产手机使用者访谈的过程中，研究人员发现他们在使用后，对国产手机的性能、售后服务等方面大部分消费者还是满意的，仅有少数几个人表示对国产手机的质量感到特别失望，考虑下一步将更换手机，并倾向于购买国外品牌。

国产品牌手机用户消费类型分析：部分大学生消费者存在一定的猎奇心理，追求新鲜、追求流行，在经济实力不允许的情况下，他们可能会退而求其次，在允许的范围内追求流行。

（3）国产品牌手机消费心理分析

①通过定性访谈所得到的信息，总结出购买使用国产品牌手机的原因主要有以下几个方面。

a. 价格便宜，性价比高。在目前经济实力允许的范围内，想要得到比较全的使用功能，购买国产品牌的手机是比较理想的选择。

b. 外观造型较好。从这里可以看出，目前一些国产品牌手机在外观造型上是有一定优势的，反映出一些国内品牌厂家对造型设计的重视程度。

c. 很少的人是因为支持民族品牌，但这个原因是建立在他相信国产品牌的质量不比国外差的基础上，并不是盲目的由于民族感而去购买国产品牌。

d. 广告效果好，有些消费者会因为这个品牌广告做得好，而去购买这个牌子的手机，他们觉得这个广告所赋予手机的内涵及意义都很符合自己的所想，或者是代言的明星是自己喜欢的类型，所以就会购买。

②未购买使用国产品牌手机的原因主要有：

a. 质量差，性能不好。大部分消费者潜意识里认为国产品牌的手机质量与性能一定比国外的差，他们宁愿多花点钱也要购买国外品牌，有些消费者在经济条件不允许的情况下，他们退而求其次地选择功能不多的手机，但一定要买国外品牌，从这里看出，国内外品牌之间的质量性能差距，在消费者的印象中有着根深蒂固的影响，这里涉及财务跟性能风险方面。

b. 品牌名气不响，拿出去没面子。大部分消费者表示，如果用着一款国产手机，在同学朋友面前都不好意思拿出来，会觉得国产手机便宜，质量差，而且这是大家都知道的事情，如果有人还买这种手机的话，那这人肯定没钱，或者是没眼光，等于被否定了一个人对事物的判断能力，这里涉及社会跟心理风险。

c. 安全性不好。现在手机辐射的问题越来越受到人们的关注，有些大学生消费者潜意识里认为，国产厂家的技术实力比不上国外品牌厂家，那在防辐射的问题上肯定做得不如国外厂家，那么处于安全性考虑，他们会选择国外品牌手机，这里涉及身体风险。

d. 随大流。有些被访者在说到为什么不选择国产品牌手机的时候说，身边的朋友同学都用的是国外品牌，如果自己买个国产牌子来用的话，就会让人觉得自己很特殊，与众不同，有点特立独行、容不进大圈子的意味，所以他们就会选择随大流地去购买国外品牌手机，这里涉及心理风险。

综上所述，通过深度访谈，本人认为，大致可将大学生对购买国产品牌手机所感知到的风险类型归纳为与国外相关模型类似的几个方面：财务风险、性能风险、身体风险、社会风险、心理风险等，由于此次深访的人数以及问卷设置等方面的问题，可能使得到的结果存在一定的局限性，所以风险类型及影响程度等方面的问题，会通过正式设计后发放的定量研究的结果来进一步地证实及求得。

3.4.3 大学生国产手机风险认知模式实证研究

通过对相关理论的研究，以及对国产品牌手机市场分析和对大学生消费市场及风险认知模式、设计风险管理决策理论的研究，在定性研究的基础上，获得了大学生对国产品牌手机在购买决策制定前所考虑到的种种可能风险，以及风险对自身及生活的影响程度，结合对风险认知理论所做的研究中归纳出来的风险类型及风险考量方式，通过归纳整理，将大学生对于国产品牌手机产品在作出购买决策时所考虑到的因素转化为刺激变量，自主设计了"CSI"（Consumer Satisfaction Index）调查问卷，即："大学生国产手机风险认知模式心理评价问卷"，并将问卷在江南大学、中国石油大学（华东）以手机购买使用个人为目标发放，对回收回来的问卷数据用 SPSS 软件进行归纳分析整理，从而对本课题展开定量研究。

经过问卷设计、准实验，最终共发放问卷 300 份，回收 275 份，回收率 91.7%，其中有效问卷 259 份，有效率 86.3%。

对调查人群进行人口特征以及手机品牌认知情况分析。手机品牌认知情况包括的内容：较熟悉的及正在使用着的手机品牌调查，购机地点，购机信息的获得途径，选择手机品牌的方式，熟悉的手机品牌情况，购买国产品牌手机的理由分析，未购买国产品牌手机人群所认知到的风险因子分析。下面重点阐述风险因子分析。

3.4.3.1 主因素提取

问卷结果主要采用因素分析，分析前进行信度效度检验。表 3-18 给出了 KMO 检验和 Bartlett 球度检验结果。其中 KMO 值为 0.812，适合于因子分析。

Bartlett 球度检验给出的相伴概率为 0.000，小于显著性水平 0.05，因此拒绝 Bartlett 球度检验的零假设，课题组认为适合于因子分析。

对调研的 259 个有效样本在 30 个变量上进行因子提取和因子旋转，得到初始统计量结果。通过因素分析，提取 4 个主因素，其特征根值均大于 1。他们占总方差的 78.979%，可以解释变量的大部分差异，可以认为，这 4 个因素是构成重要因素 30 个项目变量的主因素（表 3 - 19）。

表 3 - 18　　　　KMO 检验和 Bartlett 球度检验

Kaiser - Meyer - Olkin Measure of Adequacy.	Sampling	0.812
Bartlett'sTestof Sphericity	Approx. Chi - Square	1970.092
	df	55
	Sig.	0.000

表 3 - 19　　　　　　　　　　　　　主因素的提取

Total Variance Explained

Component	Initial Eigenvalues			Extraction Sums of Squared Loadings		
	Total	% of Variance	Cumulative %	Total	% of Variance	Cumulative %
1	4.664	34.663	34.663	4.644	34.663	34.663
2	2.330	16.869	51.532	2.330	16.869	51.532
3	2.162	15.653	67.185			
4	1.629	11.794	78.979			
5	0.581	4.206	83.185			
6	0.446	3.229	86.414			

Fxtraction Method：Principal Component Analvsis

　　未经过旋转的载荷矩阵中，提取的因子在许多变量上都有较高的载荷，含义比较模糊，为了明确解释主因素的涵义，将因子矩阵进行方差极大正交旋转（Varimax），得到在各个主因素上具有高载荷的项目。各个项目内容及载荷值见表 3 - 20。

　　因子载荷值：在各个因子变量不相关的情况下，因子载荷值指的是原有变量和因子变量的相关系数，即原有变量在公共因子变量上的相对重要性。因此，因子载荷值越大，则公因子和原有变量的关系越强。

表 3 - 20　　　　　　　　　　　　　因子旋转矩阵结果

Rotated Component Matrix[a]

	Component							Component					
	1	2	3	4	5	6		1	2	3	4	5	6
X01	0.481	0.450	0.819	-0.033	-0.279	0.198	X16	0.642	-0.366	0.367	0.826	-0.027	0.040
X02	0.538	0.878	0.062	-0.036	-0.295	0.297	X17	0.621	-0.367	0.357	-0.052	0.799	-0.070
X03	0.744	0.447	0.612	0.009	-0.359	0.267	X18	0.816	-0.308	0.470	-0.077	-0.097	-0.037
X04	0.756	0.462	0.574	-0.068	-0.365	0.074	X19	0.822	-0.274	0.581	-0.123	-0.084	-0.009
X05	0.467	0.729	0.102	-0.194	0.158	-0.220	X20	0.683	-0.166	-0.279	-0.193	0.759	-0.318
X06	0.829	0.421	0.600	-0.105	0.161	-0.143	X21	0.730	0.812	0.689	-0.216	-0.138	-0.297
X07	0.758	0.453	0.565	-0.144	0.263	-0.063	X22	0.697	-0.172	-0.277	-0.123	0.783	-0.354
X08	0.856	0.389	0.653	-0.049	0.239	-0.106	X23	0.661	0.786	-0.375	-0.156	-0.156	-0.056
X09	0.572	0.750	0.131	0.058	0.198	-0.033	X24	0.504	0.868	-0.297	0.562	0.076	-0.153
X10	0.536	0.423	0.110	0.765	0.219	-0.108	X25	0.603	-0.027	-0.368	0.469	0.713	-0.043
X11	0.502	0.307	0.141	0.181	0.811	-0.169	X26	0.820	-0.092	0.554	0.290	-0.042	0.129
X12	0.537	-0.217	0.391	0.129	-0.004	0.617	X27	0.666	0.793	-0.377	0.216	-0.022	0.077
X13	0.577	0.808	0.434	0.215	0.068	0.105	X28	0.774	-0.182	0.457	-0.198	0.156	0.177
X14	0.590	-0.261	0.459	0.726	0.023	0.057	X29	0.613	-0.133	-0.369	0.791	0.274	0.376
X15	0.622	-0.392	0.385	0.815	0.098	0.025	X30	0.603	-0.214	0.806	-0.263	0.345	0.342

由因子旋转矩阵可以看出主因素与其构成变量间的关系。经过因子旋转后，提取了6个主因子，这6个主因子与国外科学家所建立的认知模型中提到的6个风险因子基本一致。现有的研究成果指出，产品的风险有六种，分别是：财务风险、性能风险、身体风险、社会风险、心理风险、时间风险。据构成每一主因素的高载荷项目变量内容，如表3-19所示，将得出的6个主因素与这6种风险类别进行对比如下，得出的6个主因素为：性能风险因子、社会风险因子、财务风险因子、心理风险因子、时间风险因子、身体风险因子。以上6个风险因子是通过与国外风险模型相对比的结果，确定四个因子有一定的共同度：性能风险因子、社会风险因子、财务风险因子、心理风险因子。它们分别可以影响变量的程度为：34.663%、16.869%、15.653%和11.794%。另

外两个因子，时间风险因子与身体风险因子与因变量的关系很小，在大学生国产手机购买决策的制定过程中影响很小，在本模型的建构中忽略不计。

3.4.3.2 国内外品牌形象分析——主成分分析

在国内外品牌形象认知调查中，通过准实验施测的方法，将品牌形容词精简到11对，用这11对有着相反意味的形容词来描述被试者对国内外品牌的整体感觉，回收回数据后，抽取更能贴切地形容国内外品牌差异的形容词，在分析国内外品牌形象在被试者观念中的差异的基础上，为分析大学生对国产品牌的风险认知因素的提取打好基础。下面用SPSS软件中默认的主成分分析法（principal components）来进一步提炼被试者对国内外品牌的感觉因子。

表3-21　　　　　　　相关系数矩阵
Correlation Matrix（相关系数矩阵）

		X01	X02	X03	X04	X05	X06	X07	X08	X09	X10	X11
Correlation	X01	1.000	0.547	0.787	0.476	0.344	0.368	0.380	0.391	0.763	0.387	0.301
	X02	0.547	1.000	0.577	0.756	0.785	0.782	0.459	0.381	0.439	0.365	0.342
	X03	0.787	0.577	1.00	0.581	0.290	0.391	0.371	0.403	0.785	0.392	0.295
	X04	0.476	0.756	0.581	1.00	0.810	0.725	0.434	0.389	0.441	0.398	0.375
	X05	0.344	0.785	0.290	0.810	1.00	0.703	0.469	0.426	0.408	0.338	0.336
	X06	0.368	0.782	0.391	0.725	0.703	1.00	0.538	0.454	0.404	0.368	0.364
	X07	0.380	0.459	0.371	0.434	0.469	0.538	1.00	0.701	0.476	0.732	0.820
	X08	0.391	0.381	0.403	0.389	0.426	0.454	0.701	1.00	0.490	0.891	0.839
	X09	0.763	0.439	0.785	0.441	0.408	0.404	0.476	0.490	1.00	0.644	0.419
	X10	0.387	0.365	0.392	0.398	0.338	0.368	0.732	0.891	0.644	1.00	0.742
	X11	0.301	0.342	0.295	0.375	0.336	0.364	0.820	0.839	0.419	0.742	1.00

从表3-21中的11个变量的相关系数矩阵可以看出，第2、4、5、6与7、8、10、11以及1、3、9三组变量内部之间的相关系数最大，继而在表3-22中的的主成分/因子矩阵中进一步可以清楚的发现，第一主成分主要反映了质量好的—质量差的、服务好的—服务差的、性能好的—性能差的、健康的—不健康的，我们称为产品表现因子；第二主成分对以上11个变量的因子载荷中，比较大的有有个性的—无个性的，有面子的—没面子的，有效率的—无效率的，国际化的—民族化的四个分量，因此第二主成分我们称为社会价值因子；第三主成分对以上11个变量的因子载荷中，比较大的有第1，第3，第9三个分量，因此第三主成分主要反映了喜欢的—讨厌的，信赖的—怀疑的，积极的—消极的这三个变量，我们称之为个人情感因子。

表3-22　　　　主成分/因子矩阵
Component Matrix（主成分/因子矩阵）[a]

	Component		
	1	2	3
X01	0.611	-0.265	0.776
X02	0.759	0.310	-0.416
X03	0.649	-0.261	0.746
X04	0.788	-0.239	-0.324
X05	0.886	0.273	0.263
X06	0.752	-0.205	0.220
X07	0.671	0.777	0.256
X08	0.672	0.786	0.229
X09	0.693	-0.253	0.876
X10	0.650	0.833	0.251
X11	0.591	0.707	0.270

Extraction Method：Principal Component Analysis.

a. 3 components extracted.

产品表现因子、社会价值因子、个人情感因子可以解释大部分因素对于消费者对国内外品牌的认知情况。在研究消费者对于品牌知觉要素的时候可以从产品自身、社会、个人三个方面入手。

产品表现因子：产品自身所表现出来的特点及品质的外在显现，包括质量、性能、价格、服务等，这些是客观存在的，属于客观因子。

个人情感因子：消费者对产品特点的自身评价，带有自身浓厚的感情色彩，是比较主观的评价，属于主观因子。

社会价值因子：指消费者在拥有产品这个行为发生以后，社会关系及社会形象的变化，也包括其他人对其的评价，带有一定的客观性，属于客观因子。

3.4.3.3 大学生风险认知模型对制定设计决策时的参考意义

本课题在因子分析、主成分分析的基础上，对大学生国产品牌手机风险认知模型中的风险因子的重要性进行了深入的探讨，得到了"大学生国产手机风险认知因子量表"。量表由 4 个主因素，24 个变量组成。

"大学生国产手机风险认知因子量表"中的 4 个主因素分别是：性能风险因子、社会风险因子、财务风险因子和心理风险因子，并且这四个主因素对变量的影响值分别为 34.663%、16.869%、15.653% 和 11.794%。

其中性能风险因子中包括"硬件"性能风险及"软件"性能风险；社会风险因子中包括基于炫耀心理的感知风险和基于随大流心理的感知风险。这四个风险因子属于大学生在购买手机的决策过程中所起作用的三个属性因子：产品表现因子、个人情感因子和社会价值因子。其具体关系如图 3 - 13 所示。

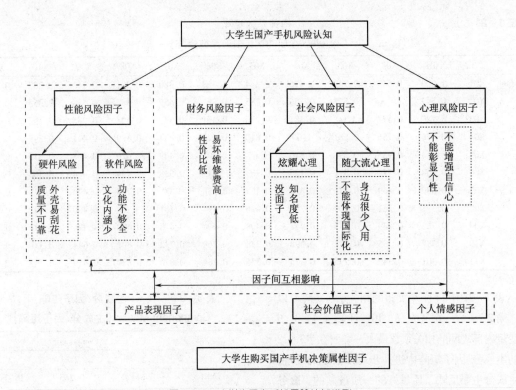

图 3 - 13　大学生国产手机风险认知模型

大学生风险认知模型对国内手机厂商在制定设计决策时的参考意义：

（1）大学生消费者在作出是否购买国产品牌手机的决策时，担心最多的是性能方面的问题，目前最受消费者重视的是质量方面的问题，国产手机在质量性能上还是不过关，成为影响其销量的最大障碍。口碑传播对消费者购买决策的影响巨大，所以，国内厂商不仅需要从技术功能方面严把质量关，还需要建立自身良好的品质形象，消除口碑传播中负面影响，增加积极的因素。

（2）社会风险因子在大学生购买决策的制定过程中起到了很大的作用，这个方面主要是基于炫耀心理和随大流两种心理。这两种心理都主要针对的是国产手机品牌价值及品牌内涵方面，相对应的，国产手机厂商需要有目的地提升自己产品的品牌形象，增加品牌附加价值，造就手机品牌的文化软实力。这就需要把自己的产品，定位在符合大学生消费心理和消费价值观的形象上，增加他们可炫耀的资本，符合他们自身的价值追求与对自身形象的定位。

（3）在财务风险因子中，主要自变量有"性价比低"、"易坏维修费高"等，深入分析这些原因变量可以发现，它们与国产手机的质量和性能有着密切的联系，想要降低这部分风险对大学生购买决策的制定所起到的负面影响，需要在提升产品质量性能的基础上，提高性价比，需要在产品定位的时候融入物有所值的概念。

（4）心理风险因子需要和大学生的心理特征及消费特点相联系，大学生群体属于高知识青年群体，这部分人追求个性、时尚，追求自我的表达，喜欢新鲜事物及与众不同的东西，国产手机由于其一贯的品牌形象决定了其不是潮流前端的代表，不符合大学生追求新鲜的消费特点，这点桎梏了其在大学生消费市场中的销量，针对这点，国产厂商需要加大提升品牌形象的力度，建立符合大学生心理特点的消费形象，迎合大学生的消费品位。

3.4.4 大学生国产手机风险认知模式研究小结
3.4.4.1 研究结果

通过本课题的研究，初步确认大学生在购买国产手机品牌之前，所感知到的主要风险因子为：性能风险因子、社会风险因子、财务风险因子和心理风险因子。这四个主因素对变量的影响值分别为34.663%、16.869%、15.653%和11.794%。

企业需要从这四个因子入手，有目的、有计划、有针对性地制定设计决策。

（1）针对性能风险因子

性能风险因子较为直观，是消费者对最基本的产品物理功能的需求，一般比较直接也比较外显。这部分因素对构建消费者满意度方面的作用是最基础的，它们对提升消费者满意度起到最基本的作用，是基石。要想减弱消费者对这部分因素的感知风险，必须从最基本的技术层面做起，完善产品技术，控制检测体系，严把质量关，并且在技术开发，质量检测等方面要提高重视程度，加大投资力度。

（2）针对社会风险因子

社会风险因子主要针对国产手机品牌价值及品牌内涵方面，国产手机厂商需要有目的地提升产品的品牌形象，增加品牌附加值，造就手机品

牌的文化软实力。

（3）针对财务风险因子

财务风险因子是指消费者在购买产品时给自己造成的财务上的损失，最根源的因素是性能风险。它与国产手机的质量和性能有着密切的联系。国内厂商要降低这部分风险需要在提升产品质量性能的基础上，提高性价比。

（4）针对心理风险因子

心理风险因子是指购买的产品是否符合消费者所认知的自我形象，以及作出错误购买后对自我能力的怀疑。针对这个风险因子，国产厂商需要加大提升品牌形象的力度，提高平面广告、网络广告等的实施力度，极力塑造贴合大学生自身形象的产品形象，并以大学生较常接触的媒介进行传播，以尽量减弱心理风险对大学生国产手机购买决策的影响。

3.4.4.2 研究展望

在本课题研究的基础上可以进行下面的相关后续研究：

（1）由于本课题调研的局限性，在今后的研究中可以对大范围的大学生消费者进行全面的调查研究，运用消费者风险认知问卷，反复进行风险因子的提取及风险发生概率对认知程度的影响分析。完善本论文中的"大学生国产手机风险认知模型"。

（2）可以将研究得到的大学生国产手机风险认知影响因子种类及影响程度运用到其他方面，例如，大学生其他的消费产品或者是国产手机的其他消费人群的研究，使研究结果突破特定产品、特定人群的限制，进行风险认知模型的建立。

3.4.4.3 研究启发

（1）注重定性分析

定性研究的方法有很多种，针对不同的电子产品和不同的研究目的，可以采用新的、更有针对性的调研方法。目前，本课题组虽然重视电子产品设计评价定性分析，但采用千篇一律的访谈模式，容易使研究陷入笼统的模式。虽然这也许可以发现电子产品比较明显的多数问题，但很容易使各种电子产品的定性研究陷入一个笼统的模式，无法发现新的问题和设计点。

（2）情境观在评价中的运用

"内容仅仅是内容，情境才是关键。（Michael kasprow)"[1]，一些学者认为，人类所创造的与其说是产品，不如说是一种"情境体验"，设计的终端产品是一种回应，体现在行为、经验和情感中。

许多研究决策和问题解决任务的学者认识到，一个成功的任务操作的关键点是充分评价"情境"。从环境中接受一些线索，称情境评价或情境意识。电子产品的本身性质是便携的、灵活的，尤其是手持移动产品，需要更多地考虑到使用情境，可以用"为什么"的方法去深入挖掘一些典型的体验情境，用户为什么使用，何时、何地使用，目的和当前环境会造成用户使用产品的体验差异，对于产品的评价也应当分析这些差异，才能探寻更多的设计点，满足用户多方面的需求。

（3）与心理学及多学科融合

设计心理评价需要在一定的理论基础之上完成，前人的研究结合工程心理学、认知心理学、消费心理学，在电子产品的设计心理评价领域取得较大的进步。然而，现有的研究缺少宏观心理学理论的支持，缺少在社会心理学和管理心理学视角下的设计评价研究。此外，电子产品的设计心理评价越来越多地关注使用人群的分类、产品的使用情境、用户的操作习惯等。涉及人类学、社会心理等多学科，而评价也会涉及数学公式和统计方法的运用。因此，研究人员应当具备多种学科知识，在今后的研究中应更多的关注相关理论，从而建立科学准确的设计心理评价体系。

---

① 比尔·巴克斯顿. 用户体验草图设计［M］. 北京：电子工业出版社，2009.

4

手机产品设计心理评价研究

手机产品心理评价研究专题包括以下三个子课题：课题一，《高校环境下智能手机的心理评价与设计研究》；课题二，《大学生自我概念与NOKIA手机造型风格偏好实证研究》；课题三，《大学生智能手机应用软件设计的用户期望研究》。

4.1　手机产品心理评价研究综述

近年来，随着科技的快速发展，智能手机成为市场关注的重点。所谓智能手机（Smartphone），是指"像个人电脑一样，具有独立的操作系统，可以由用户自行安装软件、游戏等第三方服务商提供的程序，通过此类程序来不断对手机的功能进行扩充，并可以通过移动通信网络来实现无线网络接入的这样一类手机的总称"。2010 年，全球智能手机保有量已达到 2.95 亿部，较 2009 年增幅达到了 75%。据瑞典市场调查研究公司 Berg Insight 预测，智能手机全球保有量在 2015 年将达到 12 亿部。在中国，2010 年智能手机销售数量超过 3000 万，较 2009 年出现 35%的增长，增长速度远快于其他类型的手机。截至至 2011 年 6 月，我国手机用户已达 9.2 亿，手机网民达 3.81 亿，智能手机用户占了 58.8%。

当前，手机每天陪伴人们超过 12 小时，它在人们的生活中占据越来越重要的地位，90.2%的人"认为手机跟钥匙一样，是一定要随身带的"。[①] 它除了担负移动通信的基本功能外，也随着 3G 通信的普及而涉足移动办公、支付、游戏、视频等众多领域。介于手机功能越来越强大，田青毅（2009）[②] 将手机看做个人化的信息传播工具，"即个人移动多媒体（Personal Mobile Multimedia）—整合多种媒体类型的、个人持有的、完全互动的移动设备"。手机作为典型的消费类电子产品（Consum Erelectronics），产品更新速度快，消费者也习惯在 1 ~ 2 年之间更换自己

的手机，手机消费的过程涉及多个环节，包括生产者、消费者、产品、销售人员、运营商，手机已成为一个庞大的产业。

所谓"手机产品心理评价"，是指研究人员通过实证研究的方式测量手机消费者消费的态度，获取评价因子，为智能手机的造型设计和功能需求定义找到支撑。并将评价因子转换为设计推动力，进而导向智能手机的创新设计。本专题从消费者行为学和认知心理学两个角度入手，首先调查手机消费者的消费行为，探讨影响消费者购买行为的动机及挖掘新的商业模式切入点。然后分析手机用户在使用手机的过程中的可用性，寻找更优的用户体验效果和探索新的手机交互行为与方式。

本节内容首先将介绍手机产品心理评价在消费者行为学和认知心理学这两门学科中的发展，然后比较当前对手机产品心理评价研究，探寻研究创新点与不足之处。最后介绍手机产品心理评价中常用的研究方法，为接下来具体的课题研究做好铺垫。

4.1.1　消费者行为学与手机产品心理评价

消费者行为学（Consumer Behavior）是研究消费者在获取、使用、消费与处置产品和服务过程中所发生的心理活动特征和行为规律的科学。在手机产品心理评价研究中，消费者行为学主要关注消费者的顾客满意度、商品转换成本、消费者卷入、品牌偏好、多样性追求、感知风险、感知质量、顾客满意、替代品的吸引力等内容对消费者购买行为的影响。

当前，国内已有许多学者从消费群体的特质对手机消费进行了深入的研究，他们重点关注的群体包括：大学生群体、农民工群体、老年人群体等。

---

　　① 调查数据来自 3G 门户、UC 优视和北京大学刘德寰教授带领的第一象限团队发布的调查报告《手机人——暨 2011 移动互联网全景调研》，2011 年 11 月.

　　② 田青毅. 手机：个人移动多媒体［M］. 北京：清华大学出版社，2009：3.

4.1.1.1 大学生群体

大学生群体作为未来社会的消费主体，具有相对较高的知识水平和科技产品接受力。他们在经济上几乎不能独立，但他们拥有较高的消费水平。对该人群进行研究分析，发现其内在需求对于产品定位等研究具有实际意义。2009 年以前，对大学生群体的研究主要着眼于"80 后"群体。"80 后"人群是指在 1980～1989 年之间出生的人群，是 1978 年中国改革开放后出生的第一代，他们成长在科技日新月异的环境中，追求个性、享受生活是他们与父辈完全不同的价值观和生活方式。如今，大部分"80 后"都已经从校园走向了工作岗位，在社会各个领域扮演着越来越重要的角色。在消费领域，著名投资银行百富勤早在 2006 年就大胆预言，"从现在到 2016 年，将是中国的一个消费繁荣期，'80 后'一代将步入成年，并成为消费市场的主力"。在"80 后"成为研究热门时，出生在 1990～1999 年之间出生的"90 后"人群也悄然长大。2008 年，第一批"90 后"跨入大学校园，这是"90 后"首次以一个群体的概念出现在社会视野中。他们是改革开放的完全受益者和信息时代的完全体验者，也是伴随着市场经济体制成长起来的一代。市场化、信息化和全球化等时代大背景使得"90 后"一代可能有着许多与"80 后"一代不同的生活方式和消费行为特征。现在，第一批进入大学的"90 后"群体已是大四，对"90 后"群体的研究也逐渐成熟。

本专题组研究的目标群体主要是大学生消费群体，研究成果丰富，已发表多篇论文，其中针对大学生自我概念与诺基亚手机造型风格一致性的实证研究获得"2007 年江苏省高校研究生培养创新工程"项目。

林佳梁（2008）[①] 以 NOKIA 手机作为研究对象，对大学生自我概念及 NOKIA 手机造型风格进行心理评价，在手机领域验证了自我概念一致性的理论，发现了消费者的自我概念与产品造型风格之间的一致性对消费者产品偏好的影响关系。还发现理想自我概念与产品造型风格的一致性程度对于产品造型风格偏好的影响要大于真实自我概念与产品造型风格的一致性程度的影响。

大学生倾向于那些造型风格跟理想自我概念相一致或近似的手机。用于当影响问题结果的潜在变量是未知时，因素分析并不适合使用。林佳梁（2008）[②] 针对这种情况将多元尺度法（Multi-dimemsional Scaling）运用在手机造型语义心理评价中，解决因素分析不适用于通过实证研究表明在无法事先获得测评样本的代表性形容词的情况下，使用多元尺度法可以很方便地挑选代表性样本，对于产品设计心理评价实证研究有积极的意义。

孙宁与李彬彬（2009）[③] 采用多元回归法对数据进行分析后，得出自我概念与产品造型风格的一致性程度对其造型偏好具有积极的影响，理想自我概念影响要大于真实自我概念，而且该结论在女生身上表现得较男生更为显著，在此基础上，文章进一步研究了性别对造型风格偏好的具体差异。

4.1.1.2 农民工群体

相对于 1980 年后出生的城市青年，同期出生的农民工人群也处于巨大的变革中。"新生代农民工"这个称呼主要是指出生于 20 世纪 80 年代之后、90 年代之后的外出务工农民，他们约占农民工总数的 60%，近 1 亿人。同时随着农民工及其家庭在户籍身份和享受均等公共服务的城市化，以及他们收入的不断增加，这中间有巨大的消费可能性。在社会转型时期，城市中农民工的生活状态成为不可忽视的一个研究主题，尤其是其中年轻的农民工，他们较容易接受城市文化，面对着城乡文化差异带来的冲击，往往愿意主动地融入到城市生活中去。在融入过程中，"消费"是重要的组成部分，他们通过消费改变原有的生活方式以追求身份的认同。手机作为他们使用最多的沟通、娱乐设备，是他们生活中必不可少的工具。通过研究他们对手机的态度，可以让我们了解到他们独有的价值观、消费动机等。

4.1.1.3 老年人群体

国家老龄委发布的《2009 年中国老龄事业发展统计公报》显示，2009 年，全国 60 岁及以上老年人口达到 1.6714 亿，占总人口的 12.5%。

① 林佳梁，殷亮，李彬彬. 手机造型特征对意象认知影响的研究 [J]. 包装工程，2008 (6).
② 林佳梁、李彬彬. 多元尺度法在手机造型语义心理评价中的应用 [J]. 桂林电子科技大学学报，2008 (4).
③ 孙宁、李彬彬. 自我概念对手机造型风格偏好影响的性别差异研究 [J]. 江南大学学报（人文社科版），2009，No. 2.

中国人口学会则提出在 2015 年，全国 60 岁及以上老年人口总量将突破 2 亿，占总人口的 14.8%。随着老年人数的增加，老年人消费市场也越来越大。其中手机作为他们联系子女朋友的重要工具，消费潜力无限。

4.1.2　认知心理学与手机产品心理评价

相较于消费者行为学是从宏观的角度来研究手机产品心理评价，认知心理学则主要是从微观的角度来对手机及其使用者进行研究。研究内容包括：从可用性工程角度对手机的可用性进行评估；从用户体验的角度来研究手机用户，并提出相应的设计方法或用户模型以及探求手机产品设计的设计准则。

4.1.2.1　评估手机可用性

手机可用性的研究目的主要是设计和验证手机用户界面可用性评估方法，偏重于对测试过程的研究，以及功效的提升。在信息技术应用设计方面，用户体验主要是来自用户与人机界面的交互过程。在手机领域中，在手机产品中与用户体验相关的研究主要目的包括：设计创新、构建有效的用户模型、提高客户满意度和忠诚度、降低开发成本等。

当前，国内学者对手机的可用性研究主要从硬件和软件这两个方向着手。其中硬件包括手机造型风格、屏幕、按键等，软件则包括手机操作系统、输入法、手机应用软件等。在研究手段上，相比消费者行为学主要使用访谈和问卷，可用性研究则有更多的选择。

首先，可以借助机器获得更准确的数据，如使用眼动仪记录人在处理视觉信息时的眼动轨迹特征。李小青（2010）① 提出用户体验设计要注重用户心理认知的普遍规律，不能仅仅满足于可用性设计的要求，并基于 Norman 的体验分层理论构建了 Web 环境下的用户体验设计模型；最后，提出了实现用户体验设计需采用的原则及相关的可用性和心理学研究方法。

其次，可用性研究方法中引进了许多设计学方法，研究过程中弹性相对较大，当研究资源有所欠缺时，可以通过快速迭代的研究方式进行一定程度的弥补。与传统的研究方法相比，新的设

计方法更敏捷，更能适应这个变化迅速的手机市场。张婷（2009）② 则针对手机产品早期开发阶段的界面评估方法进行了探讨。证明了纸面原型在手机产品早期开发阶段能有效的评估界面可用性，并且对于指示界面上存在的可用性问题具有较高的敏感度。

4.1.2.2　提升手机用户体验

设计方法和思路决定了手机用户体验的质量。在手机和计算机出现的初期，因设备的计算能力低下，设计者只注意性能的提升，这是典型的以机器为中心的设计思维。20 世纪 80 年代，随着设备运算能力的提升，设计关注焦点开始转向环绕用户的计算机软件而不是计算机。这项运动就是著名的以用户为中心的设计（User - Centred Design）。在 UCD 中，设计者关注用户最终想完成什么，定义完成目标的任务和方式，并且始终牢记用户的需求和偏好。但以用户为中心的设计容易过于依赖用户，有时会导致产品和服务视野狭窄。在 UCD 之后，出现了以活动为中心的设计方法（Activity - Centred design，ACD），这种方法不关注用户目标和偏好，而主要针对围绕特定任务的行为。③ ACD 来源于活动理论（Activity Theory），它假定人们通过"具象化（exteriorized）"思维来创建工具。决策和个人的内心活动不再被强调，而是关注人们做什么，关注他们共同为工作（或交流）创建的工具。其中设计过程的中心活动和支持活动的工具（不是用户）。这种方法非常适合于具有复杂活动或大量形态各异用户群体的产品，如家电、汽车。但以活动为中心的设计方法也可能会过于专注于任务而缺乏从全局为问题寻找解决方案的视角。对如何提升用户体验这一课题主要是以设计实践为主。罗仕鉴（2010）④ 提出了基于情境的用户体验设计研究方法，将用户体验设计分为问题情境、求解情境和结果情境三个维度，通过信息在需求分析、开发设计和设计测试之间的传递与转化，构建了基于设计流程的用户体验设计情境维度模型。讨论了用户体验与人—产品—环境所构成的互动关系，提出了基于情境的用户体验设计人机系统模型。

①　李小青. 基于用户心理研究的用户体验设计 [J]. 情报科学，2010 (5).
②　张婷，饶培伦. 手机产品开发早期阶段用户界面评估方法 [J]. 科技导报，2009 (14).
③　交互设计指南 [M]. Dan Saffer. 北京：机械工业出版社，2010 (6).
④　罗仕鉴. 手机界面中基于情境的用户体验设计 [J]. 计算机集成制造系统，2010 (2).

秦银（2011）①尝试解决情境研究主观性太强的问题，她对传统的情境研究法进行了如下的改进：首先从散乱的具体的情境表述中提炼出一些具有关键作用的情景属性因素，将一些繁冗的具体描述转化为一些具有简练的关键性的状态描述，以为情境各方面的细节描述提炼出一些具有状态属性的因素。再归纳情境属性并对情境进行分类，获得情境的规律特征。

4.1.3　手机产品心理评价方法

手机产品心理评价的研究方法包括定性研究与定量研究。在本专题中，定性研究除了使用常规的桌面调研、观察法、访谈法等常规的方法外，还涉及了一些新的研究方法，如卡片分类法、开发工具法（TOOLKITS 法）分析法和语义差异法等。

卡片分类法是用来对信息块进行分类的一种技术，从而可以创建一种结构以最大限度地满足用户查找信息块的可能性，通常用于定义网站的结构。开发工具法是一种参与式的工具研究法，主要是通过邀请用户来使用设计的一些工具包，并在用户使用过程中与他们交流，得以了解用户使用行为及偏好的心理模型。该方法的工具设计必须具备易变换、有一定的固定性、可明确表达用户想法的特点。语义差异法主要使用名义尺度、顺序尺度、等距尺度和比例尺度等评估尺度研究受测者对各种产品样本的意象，对于了解概念、意念的倾向有所帮助，通常被视为用来评估非计量性的资料，以特定项目在一定的评估尺度内做重要性的判断。

本专题下的子项目中，课题一《高校环境下智能手机的心理评价与设计研究》主要使用访谈法、德尔菲法进行问卷设计，问卷分析则首先对15 个基本功能进行因素抽取，进行功能的分类，得到 4 个功能因子。再进行 Barlett 球形检验，得出显著性 Sig. <0.0001，即相关矩阵不是一个单位矩阵，故考虑进行因子分析。该课题的 KMO 值 =0.800，因子分析的结果较好。之后采用主成分法（principal components）进行因子抽取，并对因子矩阵进行了正交旋转，最终得出网络因子、多媒体因子、实用因子和娱乐因子这 4 个手机功能因素维度。

课题二《大学生自我概念与 NOKIA 手机造型风格偏好实证研究》利用感性工学来进行手机造型特征与意象认知关系的研究，通过定性和定量的实验设计来建立意象认知与产品特征间的对应关系，并通过语义差异法测量受测者的主观感受，即测评大学生的自我概念对 NOKIA 手机造型风格的主观感受。手机产品造型要素筛选时则使用形态分析法，针对产品造型特征的变化导入参数化编码程序，在组合数目递增时，有效控制原有量化的数据规模。形态解构后，该课题使用量化 1 类将形态解构后的各项目转化为虚拟变量，虚拟变量将作为多元回归分析的因变量。

课题三《大学生智能手机应用软件设计的用户期望研究》也是采用定性研究与定量研究结合的方法，完成大学生对于智能手机应用软件设计的用户期望评价的研究。其中定性研究主要是使用改良的情境研究法（情境属性研究法）获得使用情境的属性因素、分类及不同类别情境中的重点情境属性特征，再运用 TOOLKITS 法进行对应用软件产品的具体期望以及产品界面设计期望的判定。在定量研究中，作者主要通过问卷的方式获得大学生用户，对应用软件产品整体设计和应用软件界面设计的情境性期望，和不同情境下对界面交互方式与视觉设计的容忍性评价。

4.1.4　手机产品心理评价研究热点——消费人群

对手机使用人群的研究中，阳翼和关昱（2010）②从年龄段的角度首次比较了中国"80后"与"90后"这两个消费群体的消费行为，发现他们在电子产品和旅游消费、网络购物、媒介接触以及消费观念等方面均存在显著差异。其中对电子产品消费研究表明：①手机购买过程中，"80后"（25.9%）和"90后"（33.5%）最看重的都是手机的功能；其次是手机的质量；而品牌是考虑得很少的因素，但"80后"（18.5%）比"90后"（11%）更看重品牌。②电子产品购买决策中，"90后"（54.5%）父母在购买决策中起着更重要的作用；更多的"80后"（35.6%）选择了"我自己购买，父母不参与"，显著高于"90后"。这可能是因为"90后"的

①　秦银. 大学生智能手机应用软件设计的用户期望研究［D］. 江南大学硕士毕业论文, 2011.

②　阳翼, 关昱. "80后"与"90后"消费者行为的比较研究［J］. 广告大观理论版, 2010（4）. 该研究受教育部人文社会科学青年基金项目（07JC630019）和暨南大学人文社会科学发展基金项目（2008JSYJ006）资助.

年龄较小，脱离父母独立生活的时间不长，因而在购买决策时更依赖父母；而"80后"几乎都已独立生活两年以上，对父母的依赖程度相对较低。

刘德寰（2011）则将消费群体细化为族群，提出"手机人"这个复合概念。它包括三层含义：手机的人。包括日常的通信和上网人群。在以手机为核心的"大互联网时代"，手机全面渗透到人的生活，影响人的行为。人和手机不可分。手机让人们真正进入信息智能社会，未来人人都是手机人。

手机成为时代美学。此外，他还将手机使用者分为多个族群①（如图4-1）。具体包括：折扣族（26.9%）、搜索族（24.6%）、手机GAME族（13.7%）、拍客（12.7%）、理财族（10.6%）、信息高手族（10%）、"围脖"族（9.8%）、草根上网族（8.7%）、IM族（8.5%）、阅读控（7.5%）、手机购物族（7.4%）、APP达人（7.4%）、信息发布狂（5.5%）、签到族（4.4%）、手机社交族（3.7%）、商务族（3.4%）和围观潜水族（3.2%）。

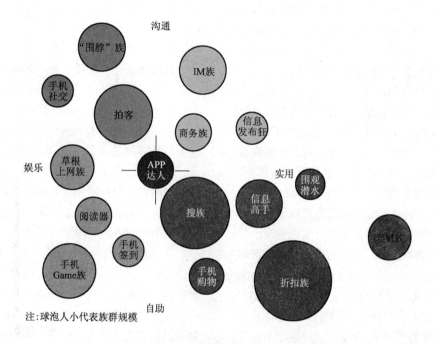

图4-1 手机族群形态象限图，气泡大小示意族群大小
图片引用自《商业价值》杂志②

王昊为③则以NOKIA手机为案例，高校大学生为研究对象，基于生活型态法将高校使用手机的人群进行了细分。在国内手机企业联想的5E（经济平衡型—Economic、效率型—Efficient、自我娱乐型—Ego、品质型—Esthetic、探索型—Explore）的消费者细分模型基础上重新分为4类：外观时尚、简单实用、娱乐探索和身份品位。其中前三类涵盖了大部分学生群体，最后一类身份品位是根据当前国内经济发展，高校内出现的一些超前消费现象，代表了一个特殊消费趋势，具体研究可见下一节内容。

4.2 高校环境下智能手机心理评价实证研究

随着国内外智能手机品牌对全球市场容量最大、最有潜力的中国市场的争夺战愈演愈烈，无收入，却拥有巨大消费潜力的特殊消费群体——学生手机族，已经成为手机消费市场中一支不容忽视的生力军。本研究将从消费者自我概念相关理论进行切入，假设理想自我概念对手机造型风格偏好的影响可能比真实自我概念更大，并通过实证研究来验证这个推断。接着笔者以用户为中心的设计研究方法对人群进行细分，通过数据支

① 刘德寰．手机"族群论"[J]．商业价值，2011（10）．
② 刘德寰．手机"族群论"[J]．商业价值，2011（10）．
③ 王昊为．高校环境下智能手机的心理评价与设计研究[D]．江南大学硕士毕业论文，2008．

撑建立起血肉丰满的人物角色，对手机产品起到实际指导意义。

自 20 世纪 50 年代以来，消费者的自我概念及其与消费心理和消费行为的关系，一直成为西方消费心理学和消费行为学必须研究的课题。在消费行为研究中，自我概念往往用来解释产品观念（product conception）、隐含的行为模式（implicit behavior patterns）、广告效应（advertising effectiveness）、广告感知（advertising perception）等。① 消费者自我概念影响其对产品的购买，同时特定的产品又表现并强化了消费者的自我概念特征。② 在当下产品同质化现象严重的情况下，发掘消费者自我概念与产品造型风格之间的联系，对于提升本土产品设计具有现实意义。

当前关于自我概念的研究已经取得不少成果，如胡左浩等以汽车为例，对我国消费者自我概念与品牌个性一致性及对其偏好进行了研究。另有大量关于大学生的自我概念研究，如黄庭希根据国内情况编制相应自我价值量表；詹启生、乐国安对自我概念多层结构模型的实证研究等。但关于消费者自我概念与消费行为之间关系的研究相对较少。该领域的研究更具有实践意义，特别是消费者自我概念一致对产品造型风格偏好的研究更具有新颖性。本课题以大学生群体为对象，并选取诺基亚手机进行实证研究，发掘出 NOKIA 手机造型风格的优势维度，以及待加强的维度，以期为国内企业手机造型设计提供帮助。

4.2.1　理想自我概念对手机造型风格的影响

4.2.1.1　消费者自我概念

自我概念（Self - Concept），又称为自我形象（Self - Image），就是个体对自身一切的知觉、了解和感受的总和。罗杰斯认为，它是个人现象中与个人自身有关的内容，是个人自我知觉的组织系统和看待自身的方式。③ 另外，Cooley 和 Mead 等学者对自我的来源进行了拓展研究，特别强调了社会对自我概念形成的影响，丰富了自我概念理论的内涵。

自我概念是一个有组织的感知模式，并由现实自我和理想自我构成。自我概念的一个很重要特性是其社会性，个体的生理成长、心理发展和个体社会化相互影响，使每个个体的自我发展既有相似性又有独特性。Levy 认为消费者不是功能导向的，他们的行为在很大程度上受到商品中蕴涵的象征意义的影响。消费者在生活中扮演着不同的角色，因此就需要借助不同类别的产品和品牌消费来表征和加强自己的角色特征，消费者行为是消费者个性心理和社会角色共同作用的结果。④ 消费者的个性心理和社会角色在自己社会化过程中不断地分化和整合，从而形成了自我的社会心理。

4.2.1.2　消费者自我概念的作用

自我概念一般被划分为以下两类：真实自我（Actual Self）：即一个人如何看待他自己，是对客观存在的自我的一种认知。理想自我（Ideal-Self/Desired Self）：即一个人希望自己成为什么样子，是对理想自我状态的一种想象。通常来说，理想自我概念是真实自我概念的参照标准，如果在两者之间有差异，那么个体会去努力实现理想自我。从这个意义上来说，理想自我是影响人们行为的一种激励因素（即自我提升动机）。

自我概念之所以在营销学中占有重要地位，是因为它会影响消费者行为。这种影响来源于两种动机，分别是：自我提升动机（Self - Esteem）和自我一致性动机（Self - Consistency）。自我提升动机指的是一个人会倾向于那些可以提升自我概念或者自我形象的行为；自我一致性动机指的是一个人会倾向于那些与自我概念相一致的行为，故自我一致性动机也称为自我维持动机。

消费者会在心理上对产品或品牌个性形象和他自己的自我概念进行对比，如果二者一致的话，就会在一定程度上影响消费者的行为。这种心理上对比的结果可以分为高自我一致性和低自我一致性。当消费者感觉自己的自我概念和品牌个性形象相吻合时，就会产生高自我一致性；反之，则产生低自我一致性。自我一致性会通过自我概念动机（如自我维持动机，自我提升动机）来影响消费者行为（Sirgy，1985；Zinkham and Hong，1991）。我们可以从消费者行为学和社会

① Adam P Heath. The Self - concept and Image Congruence Hypothesis: an Empirical Evaluation in the Motor Vehicle Market［J］. European Journal of Marketing，1998，32（11/12）.
② 王怀明. 消费者自我一致性和功能一致性对购买决策的影响［J］. 商业研究，1999.
③ 金盛华. 自我概念及其发展［J］. 北京师范大学学报，1996.
④ 应爱玲，朱金福. 自我概念系统在消费行为研究中的应用［J］. 特区经济. 2005（7）：345 - 346.

心理学这两个角度来解释这种研究发现。

从消费者行为学的角度来看，产品或者品牌可以向消费者提供功能性利益和象征性利益。象征性利益（Symbolic Benefits）是指使用某个品牌所带来的象征效应，强调品牌满足消费者的心理需求，如自我实现或角色定位等。品牌的象征性使得消费者的品牌选择成为一种自我表达的有效途径，进而产生象征性的消费行为（Symbolic Consumer Behavior）。只有当品牌的象征与消费者的自我概念相关联时，品牌的象征意义才能发挥作用。

根据产品性质论的观点，理想自我概念和现实自我概念哪个更有效，取决于产品的性质或者特征。在公共场合使用的产品，理想自我概念对产品选择的影响比实际自我概念更大；而在私下场合使用的产品，实际自我概念对产品选择的影响更大。从产品性质角度来看，手机具有在公共场合使用的性质，它不仅可以提供基本的使用功能，其产品形象也是表达自我的一种工具。因此，推断理想自我概念对手机造型风格偏好的影响可能比真实自我概念更大，并在随后的研究中得到实。

4.2.1.3　消费者满意度

顾客满意指数（Customer Satisfaction Index，CSI）是目前许多国家积极开展研究和使用的一种新的宏观经济指标和质量评价指标。满意度作为一种方法，可以对产品的整个周期进行追踪，对前期的市场调研、设计，中期的生产制造，乃至后期的营销、服务都具有指导意义。本课题通过量化手机消费者接受产品和服务的实际感受与期望比较的程度，来验证理想自我概念对手机造型风格偏好的影响是否比真实自我概念更大这个假设。

我国顾客满意度的研究起步较晚。2000 年，由国家质量监督检验检疫总局和清华大学中国企业研究中心共同承担了国家"软课题"研究项目"中国用户满意度指数构建方法研究"，为在我国建立国家级用户满意度指数奠定了基础。随后，中国标准化研究院顾客满意度测评中心（简称测评中心）建立并开发了具有国际先进水平并符合中国国情的中国顾客满意度指数（China Customer Satisfaction Index，CCSI）测量模型（如图 4 - 2）。① 该模型是国内唯一通过国家级鉴定的

顾客满意度测评方法（国科软评字［2002］010号），相关成果已成功地应用于政府工作和企业决策中。

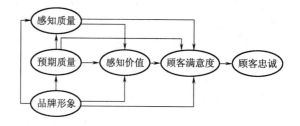

图 4 - 2　中国顾客满意指数基本模型

4.2.1.4　以满意度为导向的产品设计

CS 理论要求企业的整个经营活动时刻以消费者满意度为指针，从消费者的角度、用消费者的眼光和观点而非生产者、设计师的利益和观点来考虑各种需求，尽可能尊重和维护消费者的利益②。顾客满意度反映出了顾客对于产品、服务消费的情感状态，这种满意不仅体现在一件产品、一项服务，还体现为对一个系统、一种体系的满意。产品满意体系是消费者满意系统的核心，它要求站在顾客的立场去研究和设计产品，从产品本身尽可能地去除顾客的"不满意"，挖掘顾客的潜在需要并设法用性价比高的产品来满足之，进而引导这些需要。

德国艾森大学教授 Stefan Lengyel 认为产品设计的目的，是借由设计来满足人类生理、心理上的需求。因此除了产品在制造时被赋予的功能外，能否在心理上符合消费者者的期待，也是产品设计时应该被考虑的要素之一。他将产品的功能分为三大类：实际功能、美学功能与象征功能，并引入语义学的重要概念，分别以语义（Semantic）、语用（Pragmatic）、语构（Syntactic），来代表产品的象征符号、实际功能以及美学功能。设计师透过造型方式，赋予产品美学功能，以符合社会的审美观；其应用手法，则以用户习惯的产品语义，以及区域文化所熟悉的元素，构建出产品的造型，最后完成了产品实际上所提供的功能。这三个向度充分地将设计师、用户和产品本身之间的关系，以如何满足需求的方式表现出来。

美国奥本大学教授 Walter Schaer 更进一步借用语言学中语言形成与使用的观念，架构了产品

① 裴飞，汤万金，咸奎桐．顾客满意度研究与应用综述［J］．企业管理，2006（10）：5 - 6.

② 竹剑．顾客价值［EB/OL］．http：//www.emkt.com.cn，2002 - 05 - 10.

设计的模式。该模式包括了产品的 3 大功能与向度：人性功能（human function），也就是语用向度（Pragmatic）；制造功能（production function），也就是语义向度（Semantic）；技术功能（technical function），也就是语构向度（Syntactic）。

首先，人性功能，即语用向度的功能在于满足人类社会的三大需求：经济—社会需求（Economic – Socialneeds）、美学—文化需求（Aesthetics – Cultural needs）以及实用—心理需求（Practical – Physiological needs）。就社会经济需求而言，产品的价格要满足消费者需求；产品造型针对消费者的审美文化需求；产品的效用则反映出使用者对产品实际操作与功能上的期望。这几个品质以及相对应的需求，构建了产品的"人性功能"部分。

其次，制造功能包括企划和制造，是设计过程中让产品实现的重要阶段，属于语用向度。以量产的生产程序为基础，经由系统化的设计程序，在实际操作过程中，将概念转换成具体产品。转换过程中，采用使用者普遍认可的语义，让产品具有影响力与易用性。以用户为中心的设计观念（user – centered design，UCD）而言，设计师在概念可视化的设计过程中，要确保产品具有良好的辨识性与使用性，这也是衡量设计成功的一个重要依据。

最后，技术功能透过技术程序，将设计转换成实际的生产零件，再通过适当的生产技术组合成产品。[1]语构向度可以理解为构成产品的零部件或其全部，可以分为以下两个方面：

（1）直接的技术功能：指的是零件和零件之间的建构关系、组合次序，以及零件和产品整体间的关系。

（2）间接的技术功能：指的是产品与产品或和产品与环境之间的关系。

综合两种理论来看，可以从两方面来对产品进行评价：一个是从人类社会的需求层面，以能否满足用户在经济、审美、操作等需求来评价产品；另一个角度则是从制造过程和生产技术方面，以制造商的立场来评估是否有效满足用户的需求，来评价产品的品质。而两种评价是以用户，即消费者对产品的满意为依据，评价的最终目的也是保证产品能够使消费者满意度指数提高到一定水平。

需要强调的是，在满足人性功能的产品属性中，产品效用是产品属性里的核心要素，包括产品的适用性、可靠性、实现度和性价比等。适用性是指产品适合使用的程度大小，适用性的标准主要是消费者满意的程度。可靠性是指产品在正常使用情况下，发挥其功能的安全程度。实现度指产品功能的达到程度，通常产品的功能会受各种因素的影响而不能全部发挥。

4.2.2　自我概念与手机造型风格一致性研究

本课题是以大学生为目标人群，诺基亚手机为对象，通过实证的方法，研究大学生自我概念一致对于手机造型风格偏好的影响。通过探讨大学生自我概念和 NOKIA 手机造型风格的维度及分类、比较大学生自我概念和 NOKIA 手机造型风格的差别，力求找出评价维度上的一致性变异，进而发掘出 NOKIA 手机造型风格的优势维度，以及待加强的维度。最为重要的是得出智能手机造型风格在大学生心理评价中的情况。从调查情况来看，NOKIA 手机产品覆盖了从低端到高端的全部市场层级，占有国内最大的市场份额，特别是高校市场（将近 70%），因此研究其造型风格，对国内手机企业具有重要借鉴意义。

4.2.2.1　研究方法流程

本研究就自我概念与产品造型风格一致性的测评采用 Claiborne and Sirgy（1990）研究中所运用的方法。该方法是事先确定一组关于形象特征的形容词，根据这些形容词，分别测试被访者对自我概念和品牌个性的认知，然后算出每个问项上自我概念和品牌个性的差值，最后将所有问项上的差值进行加总，即得到了总体差异。

公式如下：

$$X_j = (1/28) \sum | P_i - S_{ij} |$$
$$(i = 1, \cdots, 28; j = 1, 2)$$

其中，P_i = 第 i 个项目上被试者对产品造型风格的评分；S_{ij} = 第 i 个项目上被试者对自我概念的评分；X_1 = 理想自我概念与产品造型风格的一致性；X_2 = 真实自我概念与产品造型风格的一致性。

大学生理想自我概念和 NOKIA 手机造型风格的维度探讨及分类的具体操作是将 12 个手机样本（表 4 – 1）在 13 对形容词（表 4 – 2）上的平均分做因素分析，选取几个主要因素，得出各样本在主要因素上的位置图。

---

① 程能林. 工业设计手册［M］. 北京：化学工业出版社，2007：974.

表 4-1　　　　　　　　　　　　　　　　研究样本

1110i	6088	6500c	3109c	6275	5700xm	1255	E51	6234	3250	1265	6300
a1	a2	a3	a4	a5	a6	a7	a8	a9	a10	a11	a12

表 4-2　　　　　　　　　　　　　　最终确定的 13 对形容词

新奇因子	雅致因子	体量感因子	亲和力因子
沉静的 – 有激情的	通俗的 – 高雅的	轻巧的 – 稳重的	冷酷的 – 亲切的
大众的 – 个性的	普通的 – 专业的	单薄的 – 饱满的	
无想象力的 – 有想象力的	简单的 – 复杂的	随便的 – 正统的	
朴实的 – 惊艳的	马虎的 – 考究的		
情感的 – 理性的			

实证研究的实施过程分为三步：首先筛选手机样本完成问卷项目收集；然后为通过挑选合适的语义形容词来完成问卷项目修订；最后完成问卷制作与发放。

4.2.2.2　统计结果分析

调查的 200 名手机用户中，智能手机用户有60 人，占被访者总数的 30%，打算下一款手机购买智能手机的人数达到了 97 人，占被访者总数的 48.5%；现有 60 名智能手机用户中有 44 人选择下一款继续购买智能手机，重复购买率为73.3%。总体上看，在高校中，智能手机的普及和接受程度都比较高。男女在对智能手机的认可上，没有出现明显差异，基本持平。月消费在500~1000 元的消费区间的大学生是购买手机的主要人群，包括智能手机和非智能手机。随着消费区间的上升，智能手机所占比重越来越大，在月消费 1500 元以上的人群中，已经成为主要的购买机型。随着手机的普及，智能手机价格普降，已经可以被大学生主体消费群所接受。

（1）使用情况分析

该调查将手机的常用功能分为娱乐、实用和无线功能这 3 大类，共包含 15 项子功能。子功能具体包括：拍照，听音乐，看视频，游戏，录音，彩信，闹钟，字典，电子书，秒表，使用QQ、Msn、飞信等，手机接入 Wap 网看网页，手机玩在线网络游戏，用手机收发电子邮件，用蓝牙、红外传输文件。

图 4-3 显示，智能手机用户和非智能手机用户在娱乐功能方面并没有表现出明显的差异。这主要是因为当前大部分手机本身支持拍照、音乐、视频、游戏、录音和彩信等功能。实用功能中的字典和电子书功能，无线功能中的 QQ、MSN 和飞信以及浏览网页、红外蓝牙功能的使用，是智能手机用户明显高于非智能手机用户的几项，因为智能手机有良好的扩展性，以及较快的处理速度，因此可以完成更多的功能，特别是一些在线功能，如 QQ 等。智能手机多具备蓝牙红外模块，通过调查也可以看出近距离的无线传输得到广大学生用户的肯定。

从图 4-4 可以直观看出男生和女生在手机功能使用方面没有明显的差异。如果将手机功能更进一步细化，比如调查拍照场合，手机上网目的，常浏览的网页等，可能会得出差异。图 4-5表明不同专业的大学生在手机功能使用方面基本保持一致，只是略有差异。在字典、电子书、秒表、QQ 和浏览网页等功能使用上，理工类和文科类学生表现得要比设计类和艺术类学生要更为积极。如图 4-6，月消费在 500 元以下的学生在各个功能的得分稍低，但是差异并不是很大。与此相类似，图 4-7 表明家庭所在地是农村的学生在各项功能使用得分上，也稍稍偏低。经济原因造成一些学生购买手机功能配置相对较单一的机型，他们并不过分强调手机的娱乐和扩展性，而是更为看重实用性。

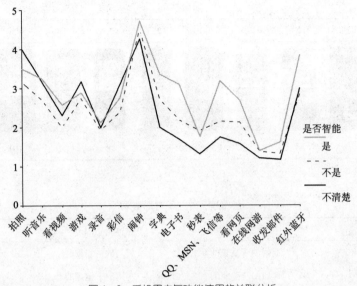

图 4 -3　手机用户与功能使用的关联分析

红色—智能手机用户；绿色—非智能手机用户；蓝色—不清楚自己手机类型的用户

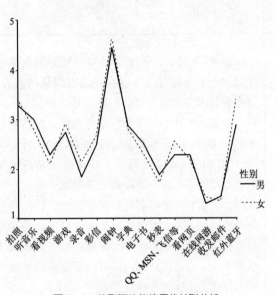

图 4 -4　性别与功能使用的关联分析

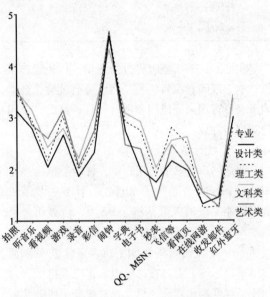

图 4 -5　用户与功能使用的关联分析

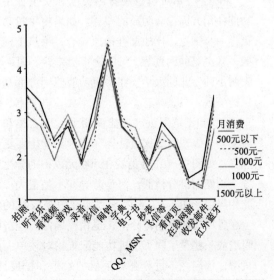

图 4 -6　月消费与功能使用的关联分析

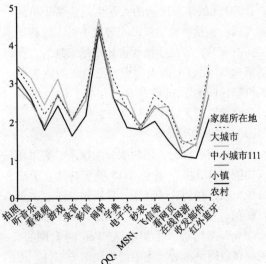

图 4 -7　家庭地理背景与功能使用的关联分析

关联分析结束后，再对数据其进行 Bartlett 检验。因 Bartlett 检验得出显著性 Sig 为 0，小于 0.0001，即相关矩阵不是一个单位矩阵，故考虑对 15 个基本功能进行因子分析。KMO 值越逼近 1，表明对这些变量进行因子分析的效果愈好。本例 KMO 值 = 0.800，因子分析的结果较好。因素抽取使用了 SPSS 软件默认的主成分法（Principal Components），得到 4 个功能因子。为了便于定义两个高阶因子，对因子矩阵进行了正交旋转（Varimax），4 个因子共解释了全部变异的 64.894%。表 4 - 3 显示了正交旋转后，得出手机 15 个功能在 4 个因素维度的分布，其中闹钟项目因为总体贡献度均等，成为必选功能，不计入因子。四个因素维度分别是网络、多媒体、实用和娱乐。具体的来说，使用 QQ（0.831）、接入 Wap 网络看网页（0.811）、用手机收发电子邮件（0.727）、玩在线网络游戏（0.694）这 4 个项目组成了网络因子；听音乐（0.788）、拍照（0.727）、看视频（0.705）和蓝牙红外传输文件（0.679）等 4 个项目组成了多媒体因子；字典（0.842）、电子书（0.813）和秒表（0.438）组成实用因子；游戏（0.780）、录音（0.483）和彩信（0.413）组成娱乐因子。

表 4 - 3　　　手机功能 4 因素维度

因素维度	功能	网络	多媒体	实用	娱乐
网络因子	使用 QQ、MSN、飞信等	0.831	0.134	0.177	0.150
	手机接入 Wap 网看网页	0.811	0.052	0.248	0.260
	用手机收发电子邮件	0.727	0.110	0.082	-0.027
	手机玩在线网络游戏	0.694	0.059	0.087	0.123
多媒体因子	听音乐	0.046	0.788	0.181	0.275
	拍照	-0.009	0.727	0.109	0.267
	看视频	0.132	0.705	0.261	0.207
	用蓝牙、红外传输文件	0.431	0.679	0.242	-0.315
实用因子	字典	0.048	0.326	0.842	-0.089
	电子书	0.211	0.152	0.813	0.290
	秒表	0.212	0.102	0.438	0.134
娱乐因子	游戏	0.060	0.074	0.083	0.780
	彩信	0.151	0.205	0.068	0.483
	录音	0.161	0.283	0.159	0.413

（2）操作情况分析

对操作方式的分析结果如表 4 - 4 所示，使用全键盘和触摸屏的用户为 59 人，占全部调查者的 29.5%，具有一定规模。但是调查结果显示，这两种使用方式并未得到广大学生的认可。全键盘的使用频率很低，并且满意度也较低，同时标准差较大表明了使用者的态度得分比较分散。而触摸屏的情况略好，得分在 3 分左右，使用频率和满意度处于尚可的水平。全键盘的低使用率可能与学生自身情况有较大关系，他们并不需要经常对文件进行编辑，这一点与商务人士有所不同，而普通短信编辑，数字键盘反而会更快捷。触摸屏的使用可以在一定程度上带来操控的便捷，并且也带有一些新奇成分，因而会得到一些学生的认可，但是触摸屏幕操作多需要双手操作，因而方便程度比起普通手机键盘还是略逊一筹。

表 4 - 4　　　操作方式分析

	使用全键盘	使用方便	触摸屏使用	使用方便
Valid	59	59	59	59
Missing	0	0	0	0
Mean	2.08	2.17	3.12	2.68
Std. Deviation	1.764	1.849	1.475	1.395

（3）拓展功能需求分析

在对新的拓展功能的期待方面，智能机用户与非智能机用户基本保持了一致，尽管月消费、年级和专业等差异存在，但是表明了大学生的价值观大致类似。图 4 - 8 表明了视频通话、掌上地图和内存扩展等 3 个项目的得分较高，从侧面反映了大学生用户对交流沟通、出游和多媒体娱乐

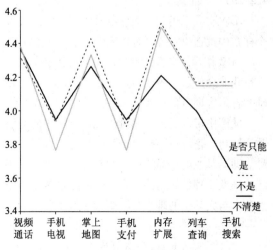

图 4 - 8　智能手机用户与非智能手机用户对拓展功能期望分析

的较大需求。手机电视和手机支付是当中得分最低的两项，一方面因为大学生对自由度较高的网络媒介的依赖和好感度远大于电视，另外对网络安全的担忧使得包括大学生在内的大部分消费者不太放心网购或者手机支付。但是调查中暴露出来的大学生对手机支付认可较低，与业界所保持的乐观态度尚有矛盾之处，需要服务商在实际操作过程中妥善解决。

（4）心理态度分析

心理态度的各个选项得分上，智能手机用户和非智能手机用户基本保持了一致。只有在经常购物和喜欢追求新事物两个项目上出现了一定的分歧，智能手机用户对网上购物和新事物的接受程度上要明显高于普通手机用户。智能手机用户在产品生命周期中扮演的是探索者的角色，在用户角色细分中，基本等同于探索的人群，这两个选项可以作为对前面探索功能期望的一个印证。此外，女生的心理倾向得分整体要高于男生，参看图4-9。差异最大的两项是"我经常网上购物"和"我想节约花费但很难"女生网上购物的频率远大于男生，同时，女生对消费欲望的控制力要略低于男生，通常较难节约。因而结合之前调查大学生对扩展功能的期待情况，可以推断女性对新商品和新功能接受程度较高。

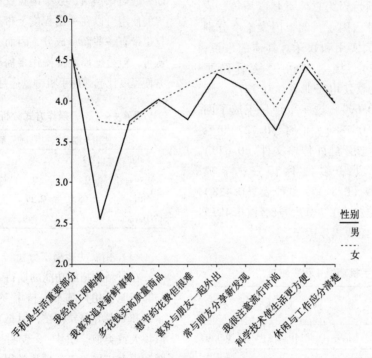

图4-9 性别与生活心理态度关联分析

4.2.2.3 产品意象分布图

本次研究采用问卷测评结果的平均值，从12个样本中挑选出4款具有代表性的手机a1、a10、a11、a12作为产品概念意象图的分析代表，并加入自我概念意象。纵轴为各样本的平均得分，横轴为各形容词意象（图4-10）。

从图中可以看出，相对语义分布集中的是沉重—轻巧、正统—随便、理性—情感、亲切—冷酷。即诺基亚的产品造型风格在稳重—轻巧、正统—随便、理性—情感、亲切—冷酷这4对词组意象上与大学生的理想自我概念保持了较高的一致性，是优势维度；具有明显语义差别的是沉静—激情、专业—普通、无想象力—有想象力、朴实—惊艳、复杂—简单这5对词组意象，在这几个方面由于机型的不同，造成造型风格上较大的差异，与大学生的理想自我概念差异较大。其中，与大学生理想自我概念一致性较高的两款手机a10—诺基亚3250和a12—诺基亚6300，是2006~2007年诺基亚销量最好的两款手机，前者是诺基亚第一款音乐智能手机，上市4个月销量就突破百万；后者2007年上半年全球销量为600万部①。在沉静—激情、专业—普通、无想象力—

---

① 孟哲.6300 销量第一五大品牌最热卖手机披露 [EB/OL]. http：//mobile. people. com. cn/GB/79438/6431816. html，2008 - 04 - 01.

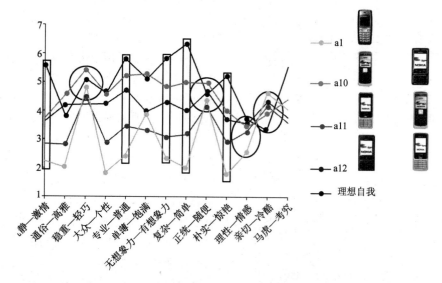

图4-10　产品意象分布图

有想象力和复杂简单这几个测量意象上，大学生的理想自我概念有着明显的正向倾向性，基本反映了这个特殊消费群体的一种生活态度倾向。

（1）手机造型4因素维度评价

本研究采用主成分分析法，选取特征向量大于1的数据，并以最大变异法旋转直交轴作为旋转方式，将语义差异法得出的结果平均值输入SPSS软件进行分析。语义差异法中的12个形容词主成分提取为4个因素维度，如表4-5所示。第1个因素包括：沉静—激情、大众—个性、无想象力—有想象力、朴实—惊艳和情感—理性等5对形容词，命名为"新奇因子"；第2个因素包括通俗—高雅、普通—专业、简单—复杂和马虎—考究等4对形容词，命名为"雅致因子"；第3个因素包括沉重—轻巧、单薄—饱满和随便—正统等3对形容词，命名为"感官因子"；第4个因素包括冷酷—亲切这组形容词，命名为"亲和力因子"。

如表4-6，将12个样本在各因素维度上进行排序，得出正向前3和负向前3。第1个因素维度中，平静—激情、大众—个性、无想象力—有想象力、朴实—惊艳和情感—理性这5个形容词正向因素对应的2款手机样本，均是以多媒体娱乐功能为主的高端机型，给人以时尚前卫的感觉。负向因素样本就比较多低端入门机型，给人朴实平淡的感觉。第2个因素维度中，通俗—高雅、普通—专业、简单—复杂和马虎—考究4个形容词组正向因素对应的手机样本，外观造型更

表4-5　　　　评价手机造型4因素维度

因素维度	形容词对	新奇	雅致	感官	亲和力
新奇因子	沉静的-有激情的	0.900	0.390	-0.260	0.080
	大众的-个性的	0.900	0.360	-0.340	0.110
	无想象力的-有想象力的	0.870	0.410	-0.170	-0.040
	朴实的-惊艳的	0.860	0.470	-0.140	0.110
	情感的-理性的	-0.840	-0.350	0.200	0.040
雅致因子	通俗的-高雅的	0.280	0.950	0.480	0.380
	普通的-专业的	0.360	0.890	0.480	0.150
	简单的-复杂的	0.480	0.860	0.280	0.420
	马虎-考究的	0.470	0.860	0.220	0.550
感官因子	沉重的-轻巧的	-0.120	-0.100	-0.930	0.080
	单薄的-饱满的	-0.060	-0.050	0.900	-0.370
	随便的-正统的	-0.030	-0.020	0.870	0.450
亲和力因子	冷酷的-亲切的	-0.260	-0.220	0.020	-0.680

富有精致优雅的感觉。负向因素样本则造型单纯，细节不够丰富。第3个因素维度中，沉重—轻巧、单薄—饱满和随便—正统等3个形容词组的正向因素，在各个手机样本中都取得了高度的一致性，得分差异较小，说明诺基亚的产品延续性保持得很好，并且这种延续性给产品造型风格带来积极的影响。第4个因素维度中，形容词组冷酷—亲切的正向因素也在各个手机样本中都取

得了高度的一致性。

表4-6　因素维度的正负向顺序表

因素维度	正向——前3个样本			负向——前3个样本		
新奇因子	a6	a10	a12	a1	a11	a7
雅致因子	a10	a6	a12	a1	a11	a7
感官因子	a6	a10	a12	a1	a3	a8
亲和力因子	a10	a2	a3	a1	a5	a11

（2）造型风格认知空间分布形态

图4-11是各个样本在新奇和雅致二维平面空间中新奇因子和雅致因子得分位置排布图。可以看出，所选样本在新奇因子与雅致因子两个轴向上呈较规律的线性分布。并且可以大致分为三个分布集团。A集群为诺基亚的中高端机型，包括以音乐娱乐为主的5系列和以商务实用为主的6系列，其中，样本a6和a10均是智能手机。A集群中机型屏幕较大，按键排布齐整，看起来专业感较强，并且造型风格时尚，符合大学生展现自我个性的心理需求。B集群在新奇因子和雅致因子上的得分较为均衡，主要包括诺基亚商务系列手机。该集群造型风格多为正统平实，产品对圆角运用较多，整体看上去较为圆滑，屏幕尺寸也较为适中，可以在一定程度上满足大学生的心理需求。C集群包括了新奇和雅致两个因子上，负向排名前三的样本，均是诺基亚低端入门的系列手机。该集群的造型风格简单，按键多为一体设计，屏幕较小，适合对手机功能需求单一的低端消费人群。

20
15
10
5
0
5
10
15
20
25
新奇因子
雅致因子
a6
a10
A
a2
a12
a9
a3
a4
a8
a5
B
a11
a7
a1
C

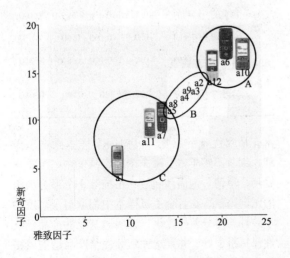

图4-11　大学生手机造型风格认知空间分布形态

4.2.3　以用户为中心的设计研究方法——Persona建立

4.2.3.1　研究方法流程

本研究主要采用创建人物角色的方法，应用在产品功能概念确立和外形风格设计方面。人物角色的确定则通过访谈法和问卷调查两种方法，这两种方法从性质上可以相互补充。前期采用定性的深度访谈法，多方位把握目标消费群的生活方式和个性特征，获得第一手的感性资料，也可以了解消费者潜在的需求和创新点；而后综合分析若干常用的消费者人群细分模型，做初步的人群细分构想；随后进行问卷调查寻找数据支撑，可以大大增加前期对消费者分析的理性程度，进行验证这些人群细分构想，为各个细分人群建立人物角色——Personas模型；将前期信息含量丰富的故事性内容赋予抽象数字以现实意义，得出目标消费人群的特征。

4.2.3.2　基于生活形态法的人群细分

基于作者曾经在实习公司调查所得手机用户AIO描述，采用联想针对手机研发制定的5E用户模型，然后结合作者针对大学生进行的消费者访谈和问卷调查，得出目前手机的大学生用户细分模型。下图4-12将根据功能描述以及5E（经济平衡型—Economic、效率型—Efficient、自我娱乐型—Ego、品质型—Esthetic、探索型—Explore）的AIO描述重新细分为13类。

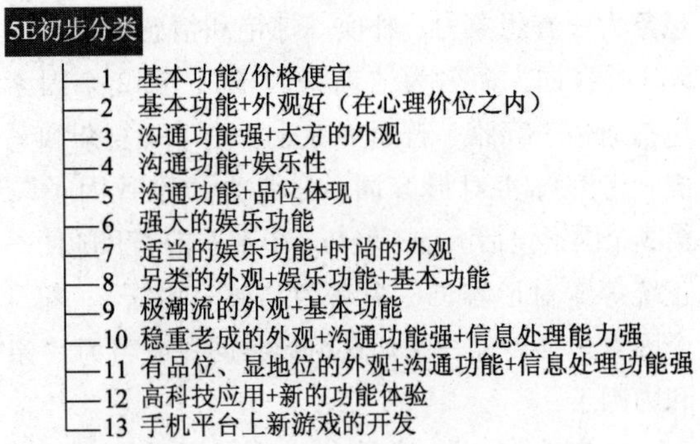

5E初步分类
1　基本功能/价格便宜
2　基本功能+外观好（在心理价位之内）
3　沟通功能强+大方的外观
4　沟通功能+娱乐性
5　沟通功能+品位体现
6　强大的娱乐功能
7　适当的娱乐功能+时尚的外观
8　另类的外观+娱乐功能+基本功能
9　极潮流的外观+基本功能
10　稳重老成的外观+沟通功能强+信息处理能力强
11　有品位、显地位的外观+沟通功能+信息处理功能强
12　高科技应用+新的功能体验
13　手机平台上新游戏的开发

图4-12　按用途初步分13类

最后进行归纳整理，共分为4类，如图4-13，分别是外观时尚、简单实用、娱乐探索和身份品位。其中前三类涵盖了大部分学生群体，最后一类身份品位，是根据当前国内经济发展，高校内出现的一些超前消费现象，以及问卷调查中表现出来的情况而得出，尽管数量上并未成为主体，但是代表了一个特殊消费趋势。

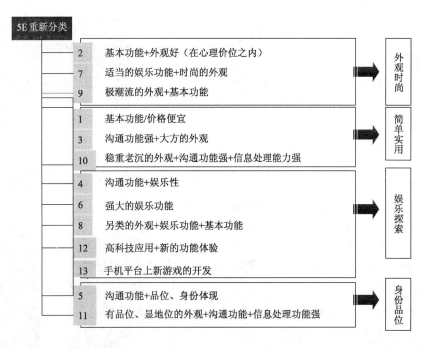

图 4 – 13　重新归类

4.2.3.3　人物角色建立

人群细分中的娱乐自我和技术探索这两个群体，在高校学生中具有鲜明的特点，并且具有较强消费能力，因此考虑建立各自的人物角色。

（1）外观时尚型

自然人文属性：生活在北京、上海以及无锡、青岛等大中型城市。

心理特征：积极、热情、崇尚个性、喜欢新事物、关注时尚、自由、对价格较敏感。

购买动机：随时随地联络，体验新功能，追求高性价比，展示个性，追求流行，建立紧密的人际关系。参见图 4 – 14

①基本信息

小晴，女，22 岁，无锡人。

江南大学工业设计系本科三年级。

月消费：1000 元左右。

生活态度：舒服、开心，不一定很奢侈、但要有质量。

②手机信息

使用机型：诺基亚 5700Xpress Music。

手机特色：旋转键盘，特色音乐播放、200 万像素摄像头，支持 3G 视频电话，可扩展存储。

上市时间：2007 年。

购机时间：2008 年。

购买价格：1900 元。

购买原因：娱乐功能（音乐、拍照）、性价

(a)

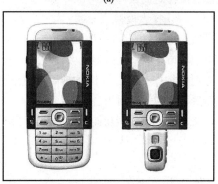

(b)

图 4 – 14　人物角色形象：小晴（a）；
所用手机：诺基亚 5700Xpress Music（b）

比高。

主要用途：联络家人朋友，娱乐。

常用功能：通话，短信，彩信，拍照，听音乐，看视频，游戏，彩信，字典，电子书，手机

QQ，蓝牙等。

③心理状态

开朗、外向、乐观；喜欢玩；有点小任性追求积极乐观、踏实、自然、时尚，高雅的生活品位。渴望自己的努力被社会所认可，有主见，注重个人的品位，喜欢有品质和内涵的事物。

④消费观念

感性型消费，选自己喜欢、能打动自己的产品，也权衡实用和品质，偶尔超前消费。

⑤媒介习惯

关注生活、服饰、休闲娱乐新闻；喜欢看时尚生活、娱乐和体育栏目；主要通过网络获取信息；在意家人的意见。喜欢的杂志和小说如：完全生活手册、瑞丽、两个人住。

⑥电子产品

喜欢时尚化、年轻化的品牌，如：APPLE、三星、索爱、索尼、佳能。

⑦个人爱好

旅游、运动、音乐，喜欢和朋友一起分享。

⑧其他信息

钱包里多是和同学、好友的照片：重视人际关系。化妆包、粉饼、镜子、润肤霜、唇彩等：关注时尚，注重装扮自己。最新购置：Hello Kitty 化妆包、Ipod Nano，购买价格：1200 元左右。

⑨问卷支持

喜欢追求新鲜的事物，我愿意多花一些钱购买高质量的物品，我喜欢与朋友一起外出活动，我很注意流行时尚。

（2）娱乐探索模型

自然人文属性：生活在北京、上海以及无锡等大中型城市，家庭所在地也大致在此范围。

心理特征：执著、自信、热情、崇尚科技、喜欢新鲜事物、关注时尚、自由。

购买动机：体验新功能，随时随地联络，展示个性。参见图 4 - 15。

①基本信息

大刚，男，24 岁，北京人。

江南大学工业设计系研究生一年级。

月消费：1300 元左右。

生活态度：不安于现状，执著，自信，追求生活质量。

②手机信息

使用机型：诺基亚 N81。

手机特色：智能手机，Symbian9. 2 操作系

(a)

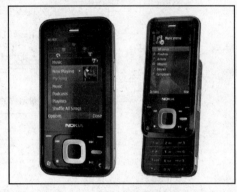

(b)

图 4 - 15　人物角色形象：大刚（a）；
所用手机：诺基亚 N81（b）

统，扩展功能；游戏丰富，内置 N - Gage 游戏平台，拥有音乐播放及游戏控制按键；外形简约；支持 3G 视频电话，8G 内存。

上市时间：2007 年。

购机时间：2008 年。

购买价格：2800 元。

购买原因：扩展性强，娱乐功能（游戏、音乐）强大、造型简约。

主要用途：玩机，娱乐，联络。

常用功能：通话，短信，软件安装，无线上网，手机 QQ，游戏，蓝牙，听音乐，看视频，拍照，电子书，字典，彩信等。

③心理状态

积极、乐观；喜欢玩；追求领先、时尚、个性的生活品位。渴望自己的努力被社会所认可，有主见，注重个人的品位，喜欢有品质和内涵的事物。

④消费观念

理性型消费，选技术领先、能打动自己的产品，会权衡价格和品质，赞同超前消费。

⑤媒介习惯

关注科技、社会、娱乐新闻；喜欢看科技、娱乐和体育栏目；主要通过网络获取信息；在意专家的意见。喜欢的杂志和网站有：新潮电子、瘾科技、网易手机、Hi – ID。

⑥电子产品

喜欢技术领先、时尚化品牌，如诺基亚、IBM、APPLE、西门子、佳能。

⑦个人爱好

体验新科技，泡论坛，网购，看展览、运动、音乐，喜欢和朋友分享。

⑧其他信息

文件夹、notebook、手机、书、钱包、钥匙、笔。

钱包里各种银行卡较多，书店优惠卡，一些电子产品商铺的名片。

⑨问卷支持

喜欢追求新鲜的事物；科学技术使我的生活方便、舒适；我经常网购；我愿意多花一些钱购买高质量的物品；我比较注意流行时尚。

4.2.4 研究结论与展望

4.2.4.1 研究结论

经过研究，我们可以对大学生智能手机的市场有一个很清楚的认识。月消费能力在 500 ~ 1000 元人民币及以上的大学生是智能机的主要购买者。随着月消费能力的上升，智能手机保有量所占比例也越高。大中型城市的高校是智能手机的主要市场。大学生认为拍照、蓝牙、红外无线传输是手机必备功能，其次分别是听音乐、字典、游戏功能。手机在线网络游戏、手机收发邮件等功能得分最低，但是潜力巨大，需要手机厂商和运营商对在线功能进一步做推广。智能手机用户则偏重于字典、电子书、使用 QQ、手机接入 Wap 网和用蓝牙、红外传输这 5 项功能。

（1）关联分析结果

智能手机用户因机器性能和可扩展性远高于非智能机用户，在和网络相关的功能评价中，给出了更高的评价。性别对手机的功能使用方面没有明显的影响。研究者推测，如果将手机功能更进一步细化，比如调查拍照场合，手机上网目的，常浏览的网页等，可能会得出差异。不同的专业对手机功能的选择也差异不大。家庭地理背景对功能使用的影响并不大，只有月消费小于 500 元的大学生在手机功能需求上低于其他的学生。因为他们的经济状况限制了他们只能买功能相对单一的手机。

（2）主成分分析结果

通过主成分分析法，将已有的 14 个功能（闹钟项目因为总体贡献度均等，成为必选功能，不计入因子）分入四个因子中，其中网络因子包括：使用 QQ（0.831）、手机接入 Wap 网络看网页（0.811）、用手机收发电子邮件（0.727）、手机玩在线网络游戏（0.694）。多媒体因子包括：听音乐（0.788）、拍照（0.727）、看视频（0.705）和用蓝牙、红外传输文件（0.679）等。实用因子包括：字典（0.842）、电子书（0.813）和秒表（0.438）等。娱乐因子包括：游戏（0.780）、录音（0.483）和彩信（0.413）等。

从对手机扩展功能（视频通话、手机电视、掌上地图、手机支付、内存扩展、列车时刻查询、手机在线搜索）的调查结果来看，大学生普遍对拓展功能的期待较为强烈，而拓展功能大多基于无线网络，因此网络因子需要得到加强。多媒体因子方面总体表现良好，已经在大学生中得到普遍的认可。实用因子和娱乐因子表现尚可。

（3）产品意向分布与手机造型心理评价

语义差异法将 12 对形容词提取为 4 个因素维度。新奇因子包括：平静—激情、大众—个性、无想象力—有想象力、朴实—惊艳和情感—理性。雅致因子包括：通俗—高雅、普通—专业、简单—复杂和马虎—考究。感官因子包括：沉重—轻巧、单薄—饱满和随便—正统等 3 对形容词。亲和力因子包括冷酷—亲切。通过产品意向分布图，可以看到诺基亚的产品造型风格在稳重—轻巧、正统—随便、理性—情感、亲切—冷酷这 4 对词组意象与大学生的理想自我概念保持了较高的一致性，是优势维度；具有明显语义差别的是，沉静—激情、专业—普通、无想象力—有想象力、朴实—惊艳、复杂—简单这 4 对词组意象，在这几个方面由于机型的不同，导致造型风格上较大的差异，与大学生的理想自我概念差异较大。

通过分析手机样本在新奇因子和雅致因子两个轴向上的得分，所选样本大致分为三个分布集群，A 集群为以音乐娱乐为主和以商务实用为主的中高端机型，机型屏幕较大，按键排布齐整，看起来专业感较强，并且造型风格时尚，符合大学生展现自我个性的心理需求。B 集群在新奇因子和雅致因子上的得分较为均衡，主要为诺基亚商务手机。该集群造型风格多为正统平实，产品对圆角运用较多，整体看上去较为圆滑，屏幕尺寸也较为适中，可以在一定程度上满足大学生的心理需求。C集群为最低，均是诺基亚低端系列手机。该集群的造型风格简单，按键多为一体设计，屏幕较小，适合对手机功能需求单一的低端消费人群。

手机目前在大学生眼中是具有一定社交意义的产品，其产品形象被机主用来作为表达自我的一种工具。手机类产品更容易激发大学生的自我提升动机，使得理想自我概念一致性对造型风格偏好的影响，要高于真实自我概念一致性对造型风格偏好的影响。

（4）用户Persona

该课题将大学生细分为外观时尚、简单实用、娱乐探索和身份品位四个群体，其中"身份品位"代表了一个正在出现的特殊消费趋势。Persona设计选择了人群细分中的娱乐自我和娱乐探索这两个群体，因为他们在高校学生中具有鲜明的特点，并且具有较强消费能力。其中娱乐自我型人物角色特征为：月消费为1000元左右的女性大学生，重视生活品质，感性消费较多，关注时尚，喜欢年轻化、潮流的商品。娱乐探索型人物角色特征为：月消费为1300元左右的男性大学生，喜欢新鲜事物，对科技产品敏感，理性消费偏多，关注时尚和数码信息，有自己的主见。

4.2.4.2　研究展望

随着无线网络技术的日趋成熟，硬件技术也逐渐发展，手机性能得到极大扩展。手机是极端个人化、私密性的产品，这就使得多种功能的整合得以实现（电子消费、识别系统等）。目前智能手机的市场占有率呈快速上升的趋势，因此文章希望可以通过研究，对未来市场需求做出预测，为智能手机的未来发展开拓空间。

在课题基础上，可以继续深入研究产品造型因素与造型风格之间的联系。手机的整体造型风格的形成源自各个组成部分，如键盘布局，握持部分和听筒部分等构成。各设计部件与产品意象的关联性，可以通过进一步的形态分析、造型要素分析，在本文研究所得出的四个风格因素维度的基础上做认知空间分布形态验证，将手机的设计因素进行量化，从而得出手机的最佳设计规范，树立良好的企业品牌价值。

4.3　大学生自我概念与NOKIA手机造型风格偏好实证研究

（本研究课题为江苏省2007年研究生科研创新计划项目）

消费者对手机的价值追求已逐渐由功能性价值转向形象性价值，希望自己购买的手机能充分体现自我概念。如有的手机表征使用者具有成熟、稳重的特点；有的手机则表明其使用者具有年轻、富有朝气的形象。但是，消费者对于产品造型风格方面的偏好，如何才能测评？对于这方面的实证研究具有新颖性和挑战性。

张凌浩、刘观庆（2004）通过语义差异法研究了消费者对手机造型认知的感觉，但未能进一步发掘消费者意象与手机造型要素之间的关系。徐江（2004）运用感性工学，更进一步研究了消费者意象与手机造型要素之间的量化关系，解决手机设计过程中人的感性因素难以掌握的困难。罗仕鉴、朱上上（2005）将语义差异法和口语分析相结合，通过实验分析受测者对手机造型风格感性认知；但是实验分析是建立在专业设计师感性判断的基础上，具有较大的主观性和不确定性，且无法得到感性语义与手机造型特征之间的量化关系，因而具有较大的局限性。台湾的张建成、吴长荣（2006）则是从品牌的角度，针对不同品牌的手机样本，就其外观造型的意象语义测评资料，探讨受测者对不同品牌手机的意象认知与偏好分布情形。

以上的研究涉及了消费者对手机造型认知的感觉及消费者意象与手机造型要素之间的关系，但未能解释消费者何以偏好特定的手机造型风格。本研究从自我概念一致性的角度探讨消费者偏好特定手机造型风格的原因，即消费者自我概念与产品造型风格一致性程度是否会影响其对产品造型风格的偏好。借鉴徐江（2004）的研究方法，本研究也运用感性工学探讨消费者意象与手机造型要素之间的量化关系。

4.3.1　自我概念与造型风格理论

4.3.1.1　自我概念与造型风格一致性

（1）造型认知心理

造型认知心理：每一件创作造型都需要有其意义和价值的认定，而这种认定是在人类感觉经验中给予的一种认知，而思维方法从形的本质观念为出发点，推导出对形进行观察、分析、推理、最后判断的一种科学方法的模式。这一模式就是人类认知的过程。

认知心理学上认为，人是一个主动诠释外来信息的系统。个人的知识与经验在这一方面扮演了重要角色，外来的感觉信息必须被经验与知识诠释后，才能达到辩论的目的；辩论后的信息才有意义，进而转换成另一种信息的形式，为记忆系统所储存与使用。

（2）造型意象的探讨

产品意象的形成，来自人们对于产品的认知。产品所传达的语言信息，是从人的需求角度来思考的。设计师针对人的需求、感受、想法，设计出他所认为的产品外形，应该传达的意象语言，这也是设计师跳开功能面，而探讨产品应具备的意象。如今的消费者越来越重视个性的产

品，在诸多的设计情报中，产品意象的收集最为贴切使用者对产品的直觉印象，而意象是指使用者对产品形态所产生的直觉的联想，这种想象力是对知觉经验的重视。

（3）自我概念的一致性

自我概念对消费者行为的这种影响来源于两种动机：自我提升动机和自我一致性动机。为了建立理想的自我概念或维持实际的自我概念，消费者经常购买并消费各种产品、服务和媒体。自我概念与产品、品牌形象的关系如图 4－16。自我概念一致性模型认为，包含形象意义的产品通常会激发同样形象的自我概念，当产品概念与消费者自我概念的一致性程度越大，购买的意向就越强。

图 4－16　自我概念与产品/品牌形象的关系

目前，手机已经由一个基本的通信工具演变为消费者必不可少的贴身伴侣，包含有形象意义，基于上述观点，我们提出如下假设：

H1：造型风格与大学生自我概念一致性程度越高的手机，越受大学生的偏好。

理想自我一致性与真实自我一致性对产品偏好影响的差异，即消费者的理想自我概念与产品形象的一致性（简称理想自我一致性）对消费者产品偏好的影响与消费者实际自我概念与产品形象的一致性（简称真实自我一致性）对消费者产品选择偏好的影响是否存在差异。产品性质论认为理想自我概念和真实自我概念哪个更有效，取决于产品（或品牌）的性质或者特征。反应模式论认为哪种自我概念更有效，取决于反应模式（Response Mode）。

H2：大学生理想自我概念与手机造型风格一致性程度对于大学生手机偏好的影响，大于大学生真实自我概念与手机造型风格一致性程度对于大学生手机偏好的影响。

由于手机属于在公共场合使用的产品，其形象具有自我表达的功能，而人们对产品造型风格

的偏好同样是种评价，所以理想自我的影响更大。因此提出假设 H2。

（4）有关自我概念与产品造型风格一致性的测量方法

Malhotra（1981）编制了产品形象与自我形象测量量表，该量表是由 15 对正反形容词组成的语义区分量表。测量程序：先由目标消费者在该量表上评估其自我概念，然后要求他们在同一量表上评价给定的一至多个产品或品牌形象。依据下述的公式可以计算出产品或品牌形象与自我形象的一致性程度。

$$D = (1/N) \sum | Pi - Si | \quad (i = 1, \cdots, N)$$

其中，D = 自我形象与品牌形象与自我形象的匹配距离

Pi = 第 i 个项目上被试者对产品或品牌形象的评分

Si = 第 i 个。项目上被试者对自我形象的评分

N = 评价项目的个数

本研究就自我概念与产品造型风格一致性的测量采用 Malhotra 的研究中所采用的方法。具体操作为：事先用语义差异法找出一组测评 NOKIA 手机造

型风格的形容词，然后用同样的这组形容词测评大学生的自我概念，然后算出每个项目（每对形容词）上自我概念和产品造型风格的差值，最后将所有项目上的差值进行加总，即得到了总体差异。

该方法有两个优点：首先，可以在各个项目分别比较消费者自我概念和产品造型风格的差别，进而可以知道是哪些项目上两者是一致的、而哪些项目上是不一致的。其次，企业营销的目的是将产品造型风格定位于与消费者最一致的形象，并将该形象表达和沟通出来，从而加强该形象，同时能与竞争产品的个性或者形象相区隔。因此，就需要在产品造型风格的各个维度中，选择出与目标消费者自我概念最一致、同时又与竞争对手的产品造型风格有足够区分的那些维度。而该方法可以帮助发现那些维度。

4.3.1.2　自我概念与造型风格研究方法

（1）感性工学

感性工学是一套能够转换人类感性（消费者对于目标产品的感觉与欲望）成为设计要素的有效技术。它运用工学方面的技术，探讨人的感性与物之间的设计特征，将人们所具有的感性，运用量化手法表现出来。有关感性工学所关注的内容包括[①]：从人机及心理学的角度去探讨顾客的感觉和需求。从消费者的感性认知辨认出设计特征。建构感性工学的模式和人机系统。随着社会的变迁和人们喜好的改变调整系统。

本研究将利用感性工学来进行手机造型特征与意象认知关系的研究，通过定性和定量的实验设计来建立意象认知与产品特征间的对应关系，并通过语义差异法测量受测者的主观感受。

（2）形态分析法

Zwicky 所提出的形态分析法（Morphological Analysis）目标在于寻找某类问题理论上可行的解答方案，其基本观点为：各种设计方案可以通过重组既有的设计构件来获得。由于形态学图表中所列出的主要内容是针对不同级别可能的方案，并把可能级别的方案构件列出。在各级方案的构件组合时，随着各级构件的个数增加，组合数目会以倍数增长，而判断有效解的过程将要花费大量时间。本研究采用形态分析法分析手机产品的造型要素时，针对产品造型特征的变化导入参数化编码程序，从而在组合数目递增时，有效控制原有量化的数据规模。

本研究采用形态分析法分析手机产品的造型要素时，针对产品造型特征的变化导入参数化编码程序，这样能在组合数目递增时，有效控制原有量化的数据规模。

4.3.1.3　统计分析方法

（1）多元尺度法

多元尺度法可以看成是另外一种方式的因素分析，它是让研究者对观察个体间的相似性或不相似性（距离）做有意义解释的分析工具，将资料处理后以几何图形方式展示类似距离资料的结构。它的主要贡献在于发展图式知觉（Perceptual-Map），是属于一种非属性基础（Nonattribute – based approaches）的方法，与因素分析等属性基础方法（Attribute – based approaches）不同[②]。

多元尺度法处理的一般是表示事物之间接近性的观察数据，既可以是实际距离，也可以是主观评判的相似性。其目的是要发现决定多个事物之间相似性的潜在维度，用较少的变量对事物之间的相似性作出解释。假设有 n 个事物，由被试对事物进行两两比较，判断其相似性程度，就会得出一个表示事物相似性程度的矩阵。如果事物数量较多，两两比较相对困难，可以采用分类的方法将事物进行归类，要求被试自由地将物体分为几个相互排斥的类别，而用被试分在同一类别中的次数作为事物之间的接近性指标。多维尺度法的计算过程是要寻求几个较少的潜在维度，将多个事物表示在由潜在维度决定的坐标系中，并比较坐标系中表示事物的各点之间的模型距离与观察距离的一致性，通常是通过多步迭代的方法，不断调整影响模型拟合度的点的坐标，直到表示模型拟合度的压力函数值不再变小，或者变小的幅度对研究的目的来说足够小。

多元尺度法中一个流行的程序是 ALSCAL（Alternating Least – squares SCALing，ALSCAL），它能做最小方差的迭代过程。问卷的初始设计阶段，我们经常需要从众多初始收集的样本中精选出典型的代表性样本，来进入最终的正式问卷。以往代表性样本的挑选过程通常是：先根据样本特点或调研目的编制测量项目，并请受测者对众多样本在测量项目上打分，根据各样本的得分对样本

---

①　Sun – moYang, Mistuo Nagamachih, Soon – yoLee, . "Rule – base Inference Model for the Kansei Engineering System", International Journal of industrial Ergonomics, 1997 (24)：459 – 471.

②　Suan S. Schiffman, M. Lance Reynolds Forrest W. Young. 多元尺度法理论、方法与应用 [M]．杨浩二译．台北，1996.

进行因素分析，再根据得出的主要因素进行聚类分析，从而挑选出代表性样本。然而，有时候由于各个样本的潜在特征无法得知，或虽可得知却相当麻烦，为了挑选代表性样本而编制测量项目，就显得复杂且不容易。在这种情况下，使用多元尺度法来发掘出各个样本的潜在维度，配合聚类分析进行代表性样本的挑选，就是一种很好的途径。本研究用多元尺度法配合聚类分析进行NOKIA代表性样本的筛选。

（2）数量化1类

数量化1类（Quantification1）的目的，为揭示某一变量（目的变量）与其他各个"个性"项目组（取0或1的Dummy变量）间的近似函数关系，利用多元回归分析，来测定各质项目对目的变量的影响强度；每个质项目（Item）是由数个类目所组成的，并假设所有样本在每个项目中必选，而且只能选其中一个，可用于建立回归公式，预测资料与事件的变异性。其结果可以用函数式表示：

$$Y = \sum \beta X + e$$

其结果可以用函数式表示：$Y = \sum \beta X + e$

其中，Y表示实验的预测值；β表示类目的权重得分；X表示不同类目；e为随机变量。

建立回归公式所需的最少测试样本数可以按照如下公式确定：

$$NC = NL - NA + 1$$

NC：能够算出效用值的最少产品样本数

NL：总的类目数

NA：总的项目数

本文用量化1类将形态解构后的各项目转化为虚拟变量，虚拟变量将作为多元回归分析的因变量。

4.3.2　NOKIA手机造型风格评价的实证设计

4.3.2.1　研究流程

本课题通过问卷测评大学生的自我概念及对NOKIA手机造型风格的感性意象认知和偏好。问卷包括三部分，第一部分为大学生对NOKIA手机造型风格的感性意象认知和偏好测评，第二部分为大学生的自我概念测评，第三部分为大学生的个人基本资料。本课题运用语义差异法测评大学生的自我概念及NOKIA手机造型风格，据自我概念与产品造型风格一致性的测评方法，先是确定测评NOKIA手机造型风格的一组形容词，而大学生自我概念的测评采用同样的一组形容词。具体操作流程见图4-17。

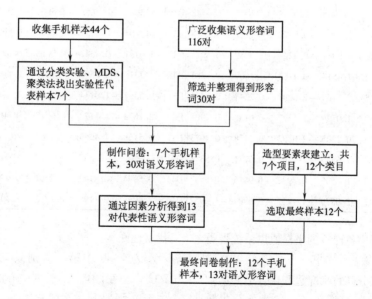

图4-17　手机样本及感性语义的筛选流程图

4.3.2.2　选取NOKIA手机测评项目

课题成员首先搜集NOKIA品牌2006~2007年9月份上市的44款直板手机高分辨正视图片，再由20名大学生对44个样本分成7~8类。受测者观察过所有的手机样本后，把较相似的样本依照编号依序填入相同栏内。每类之间的样本数量不必相同，这样就可以求取样本之间的差异程度。然后将这20笔数据作累计，统计分类相同次数多少后列出44×44的相似性矩阵，并转换为相异性的等距矩阵，进行MDS分析。

依序抽取二至六个维度，如表4-7所示。其过程中模式的适合度的两个检测指标：Kruskal'

sstress 随着维度的增加而递减，而 RSQ 随着维度的增加而增加。因此以 Stress 数值 0.11092（RSQ = 0.79349）最低的六维进行分析。多元尺度法中，Stress 数值为 0.100 时为普通，低于 0.050 是不错或非常好，本例中 Stress 数值说明六维模型对观察数据的拟合还可以[①]。通过 MDS 分析还能得到各样本在六维认知空间中的坐标值。如表 4 - 8 所示。

表 4 - 7　　　MDS 分析表

Dimensions（维度）	Stress（压力指数）	RSQ（可解释变差）
2	0.33282	0.46255
3	0.22471	0.61739
4	0.16694	0.70369
5	0.13401	0.75276
6	0.11092	0.79349

表 4 - 8　　　认知空间中各样本的坐标值

样本	维度 1	维度 2	维度 3	维度 4	维度 5	维度 6	样本	维度 1	维度 2	维度 3	维度 4	维度 5	维度 6
D01	0.6211	2.352	- 0.802	0.5602	0.2483	- 0.237	D23	- 1.4834	- 0.2883	- 0.4465	- 0.0168	1.14	0.6207
D02	0.7439	2.3442	- 0.7051	0.7768	0.2578	- 0.5189	D24	0.7852	2.2913	- 0.661	0.9896	0.0425	- 0.3325
D03	0.0983	0.5945	- 0.3588	- 2.3333	0.5419	0.9312	D25	- 1.2759	0.9289	0.0856	0.9107	- 0.7612	- 0.9522
D04	- 1.4022	- 0.2643	- 0.1994	1.4187	0.2485	- 0.4647	D26	0.3265	- 1.688	- 0.1239	- 0.2489	- 0.0881	- 1.5957
D05	1.0655	- 1.8634	0.0726	0.3295	1.3188	0.0318	D27	- 1.2176	0.2499	2.1218	0.1311	- 0.4677	- 0.3616
D06	- 1.0542	- 1.5706	0.0733	0.2524	0.9771	0.3981	D28	- 1.1076	- 0.3247	0.33	0.4483	- 1.0696	1.3665
D07	2.1085	- 1.1311	0.2674	- 0.0397	1.5141	- 0.48	D29	0.4044	1.471	1.4316	0.5727	- 0.8229	1.12
D08	- 1.5223	- 1.1622	- 0.6733	- 0.0326	- 1.1668	- 0.2278	D30	2.3236	- 0.806	- 0.4692	0.4708	- 0.5436	0.8155
D09	- 1.6829	- 0.9298	- 0.332	0.0204	- 0.89	0.1597	D31	0.9701	- 1.0976	0.2983	1.6314	0.8978	0.3834
D10	- 0.1424	1.5595	1.0861	0.8167	0.9145	0.6059	D32	0.8816	0.312	2.5166	- 1.0421	- 0.9544	- 1.3347
D11	1.8401	- 1.5506	- 0.3187	0.2367	- 0.9952	- 0.4355	D33	2.5043	- 0.7298	0.2001	0.5652	- 0.4316	0.0777
D12	- 0.2619	0.5252	1.9181	0.253	- 0.8742	1.4061	D34	1.3246	- 0.8069	- 0.938	- 0.5326	- 0.2638	1.4148
D13	- 1.066	0.1597	- 1.255	- 0.0152	1.035	- 0.0548	D35	1.3047	0.7658	- 1.5607	- 0.2526	- 0.7465	0.5859
D14	- 1.5887	- 0.7896	- 0.5387	- 0.5872	- 0.7122	- 0.8354	D36	- 1.604	- 0.7134	- 0.1569	- 0.9693	- 0.3836	- 0.6531
D15	0.7034	- 0.2306	- 1.6541	- 0.4263	- 1.0369	0.8911	D37	- 1.0151	- 0.4342	- 0.9096	0.0236	1.443	- 0.6505
D16	- 0.848	0.2532	- 1.4514	0.2183	- 1.1609	- 0.8385	D38	- 0.7315	- 0.6504	1.1625	0.8038	1.0288	0.9336
D17	0.2052	1.1825	- 0.1759	- 2.0094	0.2224	0.2497	D39	- 0.5367	- 1.0134	1.1468	1.3702	0.299	- 0.2124
D18	- 1.0411	1.1269	1.0729	1.1777	- 0.6138	0.2907	D40	2.1673	- 1.1173	0.18	0.6008	- 0.1637	- 1.0991
D19	- 0.6777	0.1669	0.2235	- 2.0893	0.9458	0.4073	D41	0.5168	1.4653	- 0.4801	- 0.802	1.8205	- 1.297
D20	0.6397	0.6818	1.6585	- 1.7765	0.5771	0.5338	D42	- 0.9602	- 0.337	- 0.77	1.0415	0.7953	0.5218
D21	0.8494	0.0503	- 1.3560	- 0.4972	- 0.9416	0.9587	D43	- 0.5994	0.8143	- 1.2361	0.6568	- 0.5155	- 1.0183
D22	0.8434	0.0847	2.0579	- 1.1972	- 0.6997	- 1.9932	D44	- 1.4086	0.1192	- 0.3362	- 1.4083	0.0336	0.889

根据六维空间中各样本的坐标值以系统聚类对 44 个手机样本做初步分析。从分类结果树状图（图 4 - 18）依分群的状况选取最合适的类别数，选取的原则是尽量摒除单一成类的分类状况。依据分类的状况，采用图中纵贯的虚线为分类线，以分 7 类为最佳。再以 K 均值聚类法分类，设定分类数目为 7，计算出每个样本至该类别中心的距离，距离中心最小者，可视为该类的代表性样本。

表 4 - 9 中第一类别只有两个样本 D22 和 D32，且两个样本到类别中心的距离相等，但是二者必须取其一。两样本均是 NOKIA "菱形" 系列的手机，外形较相似。从所选出的代表性样本差异最大的原则考虑，D22（7500）较 D32（7900）与其他样本在外观感觉上差异更大，因此以 D22 为第一类别的代表性样本。

---

① 黄俊英. 多变量分析 [M]. 台北：华泰文化事业公司，1998.

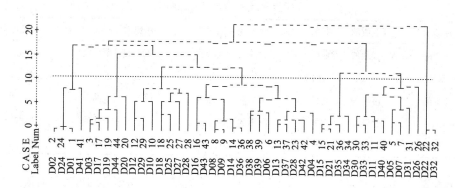

图 4 - 18　样本聚类树状图

表 4 - 9　　　　　　　　　　　　　　　　样本分类与 K 均值聚类结果

样本	类别	与类中心距离	样本	类别	与类中心距离	样本	类别	与类中心距离
D22	1	0.44331	D18	4	1.16626	D37	5	1.46984
D32	1	0.44331	D27	4	1.58913	D42	5	1.40769
D01	2	0.96916	D28	4	1.73428	D15	6	0.56052
D02	2	0.95524	D29	4	1.68391	D21	6	0.30490
D24	2	1.08497	D38	4	1.63778	D34	6	1.13302
D25	2	2.04680	D39	4	1.83437	D35	6	0.97365
D41	2	2.22985	D04	5	1.42601	D05	7	1.46015
D43	2	1.50791	D06	5	1.62602	D07	7	1.51780
D03	3	0.84018	D08	5	1.45332	D11	7	1.30341
D17	3	0.96016	D09	5	1.23236	D26	7	2.06535
D19	3	0.80324	D13	5	1.36122	D30	7	1.61809
D20	3	1.71211	D14	5	1.33044	D31	7	1.71740
D44	3	1.54929	D16	5	1.90851	D33	7	1.24250
D10	4	1.70563	D23	5	1.35562	D40	7	1.05174
D12	4	1.32654	D36	5	1.41102			

　　最终得到 7 类中代表性样本分别为 D22，D02，D19，D18，D09，D21，D40，如图 4 - 19 所示。

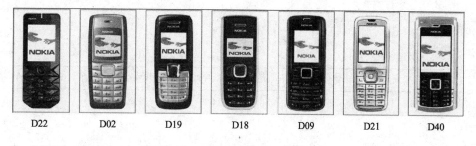

图 4 - 19　最终确定的 7 个代表性样本

4.3.2.3　语义形容词的选取

（1）初步筛选语义形容词

课题组成员广泛收集适合测评手机造型风格且语义没有十分相似的形容词 92 对，再请 20 名受测者从中剔除相对比较不适合形容手机造型风格的形容词，最终选出如表 4 - 10 所示能集中表现受测者认知情况的 30 对形容词。

表 4 –10 经初步筛选后的 30 对形容词

情感的 – 理性的	老成的 – 年轻的	朴实的 – 惊艳的	精锐的 – 圆润的	突兀的 – 协调的
简单的 – 复杂的	普通的 – 专业的	寒酸的 – 气派的	粗犷的 – 精细的	实际的 – 浪漫的
平静的 – 有激情的	不舒适的 – 舒适的	保守的 – 创新的	冷酷的 – 亲切的	平凡的 – 酷的
通俗的 – 高雅的	落伍的 – 时尚的	无想象力的 – 有想象力的	单薄的 – 饱满的	土气的 – 帅气的
含蓄的 – 奔放	幼稚的 – 成熟的	沉重的 – 轻巧的	大众的 – 个性的	马虎的 – 考究的
实用的 – 装饰的	刚毅的 – 柔和的	随便的 – 正统的	静态的 – 动感的	拘谨的 – 大方的

（2）意象语义评价实验

邀请受测者对选取的 7 个代表性样本，仅根据样本的造型风格，依个人主观感觉进行意象语义评价实验。使用语义差异法（SD 法），语义差分调查问卷中编排了 30 组形容词，量尺标准设定为 8 阶态度量尺，量尺从左至右分别给予 1 ~ 8 分。为迫使受测者仔细思考并认真填答每对形容词语义，将部分形容词组的正向语义调整为负向语义。本实验以便利抽样方式邀请了 26 位设计专业研究生同学测试，各样本在各组形容词上的得分平均值如表 4 –11 所示。以因素分析法进行代表性形容词组的选取。将表 4 –11 中的平均分值进行因素分析，并经最大方差旋转，找出这些形容词对的潜在特征。

表 4 –11 代表性样本在各形容词对的测评均值

	情感的 – 理性的	简单的 – 复杂的	平静的 – 有激情的	通俗的 – 高雅的	含蓄的 – 奔放的
样本 1	4.2	5.7	6.8	5.3	6
样本 2	6.6	1.8	1.7	2.6	2.9
样本 3	5.7	3.7	4.2	4.7	3.9
样本 4	6.1	3.6	2.8	3.7	2.5
样本 5	5.9	5	5.5	5.5	3.9
样本 6	7.1	2.9	2.5	4	3
样本 7	5.6	6.1	4.4	6.8	5.2

	老成的 – 年轻的	普通的 – 专业的	不舒适的 – 舒适的	落伍的 – 时尚的	幼稚的 – 成熟的
样本 1	7	5.3	3.6	7.2	5.3
样本 2	2.6	2.9	6.6	2.9	5.1
样本 3	4.7	4.4	6.2	5	5.6
样本 4	3.5	2.8	5.7	3.3	5.7
样本 5	4.3	5	5.6	5.5	6.6
样本 6	4.3	3.3	4.9	3.7	5
样本 7	5.8	6.6	4.4	6.9	7

	刚毅的 – 柔和的	朴实的 – 惊艳的	寒酸的 – 气派的	保守的 – 创新的	无想象力的 – 有想象力的
样本 1	2.3	6.7	7.0	7.2	7.3
样本 2	5.9	2.3	3.2	2.3	2.8
样本 3	4.6	3.8	4.9	4.1	4.5
样本 4	4.0	3.3	4.4	2.6	2.3
样本 5	3.3	3.5	5.5	4.2	3.6
样本 6	4.8	2.4	4.0	3.3	3.2
样本 7	3.4	5.0	6.9	5.9	5.3

续表

	沉重的-轻巧的	随便的-正统的	精锐的-圆润的	粗犷的-精细的	冷酷的-亲切的
样本1	5.9	4.2	1.9	6.1	3.5
样本2	4.6	4.6	5.1	4.9	5.7
样本3	4.7	4.4	5.1	5.2	5.3
样本4	5.2	5.0	4.0	4.5	4.4
样本5	3.4	5.3	3.3	4.5	3.4
样本6	6.6	4.6	4.6	6.0	4.8
样本7	2.3	5.6	3.2	4.7	4.2

	单薄的-饱满的	大众的-个性的	静态的-动感的	突兀的-协调的	实际的-浪漫的
样本1	2.8	6.8	7.1	4.0	5.1
样本2	6.1	3	1.6	6.6	2.1
样本3	5.2	4.6	3.1	6.0	3.7
样本4	4.3	3.2	2.9	5.4	3.8
样本5	5.0	4.2	4.4	6.2	2.7
样本6	3.8	4.1	3.1	6.1	3.6
样本7	6.9	4.7	5.6	6.9	4.4

	平凡的-酷的	土气的-帅气的	马虎的-考究的	实用的-装饰的	拘谨的-大方的
样本1	7.4	7.2	6.9	6.5	5.5
样本2	2.6	3.2	3.6	1.6	5.3
样本3	4.8	4.9	5.3	4.3	5.6
样本4	3.5	3.7	5.2	3.3	5.4
样本5	5.1	4.6	6.3	5.2	4.9
样本6	3.5	4.8	5.4	3.3	5.6
样本7	7.2	6.6	7.3	6.8	5.5

对数据进行 KMO 和 Bartlett 检验,此处的 KMO 值为 0.762,而 KMO 值越大即表示变量间的共同因素越多,越适合进行因素分析。Bartlett's 球形检验的值为 219.633,达到显著,代表母群体的相关矩阵间有共同因素存在,适合进行因素分析。

根据旋转后的因素矩阵挑选出特征值大于 1 的 4 个因素。4 个因素的累积解释变异量达 85.368%。上述结果已经符合 Ealtmanand Burger 所提出的建议:当每个因素的特征值大于 1 时,每个变量因素负荷量的值大于 0.3 且能解释 40%以上的变异量时,则该因素分析的结果可取。4 个语义因素所属的各形容词对见表 4-12 所示。

表 4-12　　30 对形容词的因素矩阵

旋转后的因素矩阵				因素	
因素轴	编号	形容词对	因素负荷值	特征值	解释变异量	累积解释变异量
新奇因素	Q3	平静的-有激情的	0.902	9.145	30.662	30.662
	Q23	大众的-个性的	0.901			
	Q16	无想象力的-有想象力的	0.870			
	Q13	朴实的-惊艳的	0.859			
	Q1	情感的-理性的	-0.840			
	Q7	老成的-年轻的	0.811			
	Q26	实际的-浪漫的	0.787			
	Q15	保守的-创新的	0.786			

续表

因素轴	编号	形容词对	因素负荷值	特征值	解释变异量	累积解释变异量
新奇因素	Q5	含蓄的－奔放的	0.759			
	Q28	土气的－帅气的	0.754			
	Q24	静态的－动感的	0.745	9.145	30.662	30.662
	Q9	不舒适的－舒适的	−0.723			
	Q19	精锐的－圆润的	−0.671			
雅致因素	Q4	通俗的－高雅的	0.949			
	Q8	普通的－专业的	0.886			
	Q2	简单的－复杂的	0.859			
	Q29	马虎的－考究的	0.857			
	Q6	实用的－装饰的	0.835	7.690	23.648	56.148
	Q14	寒酸的－气派的	0.774			
	Q10	落伍的－时尚的	0.754			
	Q27	平凡的－酷的	0.740			
	Q12	刚毅的－柔和的	−0.646			
感官因素	Q17	沉重的－轻巧的	−0.931			
	Q22	单薄的－饱满的	0.901			
	Q18	随便的－正统的	0.866			
	Q11	幼稚的－成熟的	0.840	3.578	18.593	74.741
	Q25	突兀的－协调的	0.819			
	Q20	粗犷的－精细的	−0.731			
亲和力因素	Q21	冷酷的－亲切的	−0.684	3.188	10.627	83.368

表 4－12 中，形容词对的因素负荷量大小依序排列，正值代表正相关，负值代表负相关。因素负荷量绝对值越大，代表与该因素有较大相关性。给每个因素轴中贡献度较大的因素定义：因素一定义为新奇因素，因素二定义为雅致因素，因素三定义为感官因素，因素四定义为亲和力因素。各因素解释变异量的比例大致为 5：4：3：2，因此从各因素中选出具有代表性的形容词，新奇因素 5 对，和雅致因素 4 对，体量感因素 3 对，亲和力因素 1对。最后共得到 13 对形容词，具体分类如表4－13 所示。

表 4－13　最终确定的 13 对形容词

新奇因素	雅致因素	体量感因素	亲和力因素
沉静的－有激情的	通俗的－高雅的	轻巧的－稳重的	冷酷的－亲切的
大众的－个性的	普通的－专业的	单薄的－饱满的	
无想象力的－有想象力的	简单的－复杂的	随便的－正统的	
朴实的－惊艳的	马虎的－考究的		
情感的－理性的			

4.3.2.4　NOKIA 手机样本的形态分析

在借鉴前人研究的基础上，本课题组根据 NOKIA 手机独特的造型语言，对照之前收集的 44 个样本归纳出 NOKIA 手机的 7 项造型要素。整个手机造型要素分析表的项目与类目得到 7 大项目及 17 个类目。

A. 顶端形状：NOKIA 手机的顶端形状可以分为平顶形、小圆弧、大圆弧三类。

B. 机身腰线形状：指机身两侧腰线的形状，分直线型和弧线型两类（均为对称）。

C. 机身比例：机身比例即为手机本身整体的大小比例。NOKIA 手机根据机身的长宽比例分为三类：瘦长型－长宽比为 2.5，适中型－长宽比为 2.34，以及宽型－长宽比为 2.10。

D. 底部形状：底部形状指的是手机底部的形状，底部形状相比顶端形状，少了平直的类别，只包括两类：小圆弧和大圆弧。

E. 屏幕比例：屏幕比例是指信息显示部分的长宽比例，在收集的 NOKIA 手机样本中有卧式、立式和正方形三类，由于具备正方形比例的仅有两例：2610 和 2626，且二者造型非常相似，不具备典型性，因此屏幕比例仅取卧式和立式两类。

F. 表面分割：手机的正面视图上，屏幕与键盘是主要的两大块面，而这两大块面的相互关系对手机的整个造型感觉产生重要影响。这里的表面分割方式就是指屏幕与键盘的相互关系。比较 NOKIA 手机的各个样本，基本可以总结出 NOKIA 手机的两类表面分割方式：屏幕与键盘整体嵌入机身式，屏幕与键盘分开嵌入机身式。

G. 功能键位置：NOKIA 手机各样本的功能键位置可分为三类：与屏幕一起、独立、与数字键一起。

从所得手机造型要素项目与类目数量结果来看，至少需要挑选 17 - 7 + 1 = 11 个手机样本，才能客观进行意象语义评价实验，本研究最终按照尽量均匀分配每个项目的各类目数量，各样本之间差异尽可能大的原则挑选出 12 个手机样本，配合 13 对代表性形容词，制作成意象语义评价问卷。利用数量化 1 类将 12 个样本的形态要素转化为虚拟变量值。

4.3.2.5　正式问卷制作

正式问卷共分为三部分。第一部分是有关 NOKIA 手机的造型风格语义的测量及其偏好测量，共有 12 个手机样本，每个样本有 13 对形容词需做出判断，采用七级量表。为迫使受测者仔细思考并认真填写每对形容词语义，将部分形容词对的正向语义调整为负向语义。并且每个手机样本都有 3 道偏好测量问题：我很喜欢它—我很不喜欢它；我对它很满意—我对它很不满意；它令人愉快—它令人讨厌。

第二部分是大学生理想自我概念和真实自我概念的测量。按照衡量自我概念与产品形象一致性的方法，在问卷中也使用同 NOKIA 手机造型风格语义测量相同的量表。但是为了避免被访者因为连续回答同样顺序的量表而产生的测量误差，对测量真实自我概念和理想自我概念量表中形容词对的顺序做相应调整，使得两个量表中形容词对顺序不同，并加入干扰项，以判别问卷是否有效。量表的形容词有 15 对（有两对形容词属于干扰项）。

第三部分是受测大学生的背景资料和相关人口统计特征变量。

问卷进行信度效度考验后，正式发放。总计发放问卷 400 份，回收 384 份，其中有效问卷 330 份，有效率为 82.5%。

4.3.3　自我概念对手机造型风格偏好影响实证讨论

4.3.3.1　自我概念与产品造型风格一致性对产品的影响

（1）单个样本回归结果分析

统计结果的分析采用了多元回归的方法，设定"产品造型风格偏好"为因变量（Y），"理想自我概念与产品造型风格的一致性"、"真实自我概念与产品造型风格的一致性"分别为自变量（X1，X2）（以下简称"理想一致性"、"真实一致性"）。理想一致性和真实一致性的计算公式如下：

$$X_j = (1/13) \sum |P_i - S_{ij}|$$
$$(i = 1, \cdots, 13; j = 1, 2)$$

其中，P_i = 第 i 个项目上被试者对产品造型风格的评分；

S_{ij} = 第 i 个项目上被试者对自我概念的评分

X1 = 理想自我概念与产品造型风格的一致性

X2 = 真实自我概念与产品造型风格的一致性

将 13 个项目上的差异绝对值加总后进行平均，就得出理想/真实一致性的分值。这一数值越小，则代表理想/真实自我概念与产品造型风格越接近；反之，这一数值越大，则理想/真实自我概念与产品造型风格差异越大。

表 4 - 14　　多元回归模型摘要（样本 1）

model	R	R Square	Adjusted R Square	Std. Error of the Estimate	Durbin - Watson
1	0.451	0.204	0.199	1.0624	1.906

先以样本 1 为例对回归结果进行讨论。从表 4 - 14 可知，样本决定系数 R 平方为 0.204，说明自我概念与产品造型风格一致性对于产品造型风格偏好的解释能力为 20.4%。显然还有很多其他的因素会影响因变量"产品造型风格偏好"，但是由于我们的回归方程并不用于预测而是用于解释变量之间的关系，故 20.4% 的解释能力是可取的。另外，D - W 统计量为 1.906 ≈ 2，表明不存在变量的自相关。

表 4 - 15　　多元回归方差分析（样本 1）

Model1	Sum of Squares	df	Mean Square	F	Sig.
Regression	94.304	2	47.152	41.778	0.000
Residual	369.063	327	1.129		
Total	463.367	329			

参数估计和方差分析分别见表 4 - 15 和表 4 - 16。表 4 - 16 的参数估计结果数据可知，整个模型对应的回归方程通过显著性检验（Sig = 0.000 < 0.05），即"理想一致性"、"真实一致性"这两个变量对因变量"产品造型风格偏好"的联合影响显著。X1（理想自我一致性）对应的参数系数在统计上通过显著性检验（Sig = 0.000 < 0.05），表明理想自我一致性对样本 1 的造型风格偏好有显著影响；而 X2（真实自我一致性）对应的参数在统计上未通过显著性检验（Sig = 0.18 > 0.05），表明对于样本 1 来

说，真实自我一致性对产品造型风格偏好并不具有显著影响。样本 1 的标准化回归方程为：$Y = -0.376 \times X1 - 0.096 \times X2$。

表 4 – 16 多元回归参数估计（样本 1）

Model1	Unstandardized Coefficients		Standardized Coefficients	t	Sig
	B	Std. Error	Beta		
（Constant）	3.235	0.205		23.519	0.000
理想自我一致性	-0.552	0.105	-0.376	-3.231	0.000
真实自我一致性	-0.160	0.119	-0.096	-1.342	0.180

从标准化回归方程中可以发现，样本 1 的造型风格偏好与自我概念—造型风格差异程度有负相关关系。即自我概念（理想自我概念和真实自我概念）与产品造型风格越不一致，X1 和 X2 数值越大，则 Y 的数值就相对越小；反之，自我概念（理想自我概念和真实自我概念）与产品造型风格越一致，X1 和 X2 数值越小，则 Y 的数值就相对越大。即自我概念—产品造型风格一致性

程度与产品造型风格偏好有正相关关系，从而验证了 H1 对样本 1 是成立的。

对比样本 1 的标准化回归系数，可以看出，X1 的系数绝对值（0.376）远大于 X2 的系数绝对值（0.096），且 X2 系数未通过显著性检验，说明理想自我概念与产品造型风格的一致性程度对于产品造型风格偏好的影响要远大于真实自我概念与产品造型风格的一致性程度的影响，且真实自我一致性的影响对于样本 1 来说几乎可以忽略。验证了 H2 对样本 1 是成立。

（2）全部样本回归结果分析

为了使验证更有说服力，必须对参与调研的其他样本（12 个）进行分析。全部样本的回归方程参数统计后，可以看出：12 个样本决定系数 R 平方均在可取范围内；D – W 统计量都约在 2 左右，表明所有的样本都不存在变量的自相关；另外，所有样本对应的回归方程显著性值（Regression – Sig）均为 0.000 < 0.05，表明都通过显著性检验，即"理想一致性"、"真实一致性"这两个变量对因变量"产品造型风格偏好"的联合影响显著。

表 4 – 17 12 个样本的多元回归参数估计

	X1（理想一致性）		X2（真实一致性）		RSquare	D – W	Regression – Sig
	Std – Beta	Sig	Std – Beta	Sig			
样本 01	-0.376	0.000	-0.096	0.180	0.204	1.906	0.000
样本 02	-0.491	0.000	0.088	0.191	0.191	1.775	0.000
样本 03	-0.411	0.000	-0.029	0.676	0.186	2.021	0.000
样本 04	-0.419	0.000	0.016	0.815	0.167	1.849	0.000
样本 05	-0.516	0.000	0.081	0.242	0.214	1.881	0.000
样本 06	-0.400	0.000	0.314	0.000	0.122	1.953	0.000
样本 07	-0.453	0.000	-0.050	0.440	0.237	2.110	0.000
样本 08	-0.561	0.000	0.085	0.178	0.260	1.891	0.000
样本 09	-0.438	0.000	0.127	0.050	0.140	1.906	0.000
样本 10	-0.584	0.000	0.406	0.000	0.233	1.959	0.000
样本 11	-0.393	0.000	-0.142	0.046	0.257	2.077	0.000
样本 12	-0.549	0.000	0.283	0.000	0.177	1.821	0.000

H1 验证：由表 4 – 17 可知，绝大部分样本 X2（真实一致性）系数的 Sig 值都大于 0.05，说明对于大部分样本来说，真实自我一致性对产品造型风格偏好的影响不显著，这样我们在考察自我概念一致性与产品造型风格偏好的关系时完

全可以以 X1（理想一致性）为主，表中 X1（理想一致性）的标准回归方程系数均为负，且对应的 Sig 值小于 0.05，通过显著性检验，所以推出对大部分样本（样本 6、10、12 除外）来说，自我概念与产品造型风格越一致，X1 越小（X2 影

响忽略不计），则 Y 的数值就相对越大，对该产品造型风格的偏好度就越高，也就是说自我概念——产品造型风格一致性程度与产品造型风格偏好有正相关关系，从而再次验证了 H1 对大部分样本是成立的。这一研究结果说明大学生在形成对手机产品态度以及在手机产品购买选择时，愿意考虑那些产品造型风格与大学生自我概念相一致或者相似的产品。

H2 验证：通过对比 12 个样本的标准化回归系数（Std - Beta）可以看出，X1 的系数绝对值均大于 X2 的系数绝对值，这说明对全部样本来说，理想自我概念与产品造型风格的一致性程度对于产品造型风格偏好的影响，要大于真实自我概念与产品造型风格的一致性程度的影响。从而验证了 H2 对 12 个样本均成立。这一研究结果说明大学生在形成对手机产品的态度以及在手机产品购买选择时，更愿意考虑那些产品造型风格与其理想自我概念相一致或

者相似的产品。这是因为手机在我国现阶段属于社交型产品且具有较大的象征性效用，因此，大学生们更关心被评价的产品造型风格，能否将他们的自我概念提升到其理想自我状态。大学生们更喜欢那些与其理想自我概念相一致或相似的产品造型风格，就手机产品而言，产品造型风格与大学生理想自我概念一致性程度对于大学生产品造型风格偏好的影响，高于产品造型风格与大学生真实自我概念一致性程度对于大学生产品造型风格偏好的影响。

4.3.3.2 大学生理想自我概念与 NOKIA 手机造型风格意象语义讨论

本节的主要目的是，分别就大学生理想自我概念的各项目与 NOKIA 手机造型风格意象语义的各项目进行相关讨论，以得出理想自我概念是如何影响大学生对 NOKIA 手机造型风格意象的认知。相关分析结果汇总如表 4 - 18，表中的数字表示的项目间的相关系数 r。

表 4 - 18　NOKIA 手机造型风格意象语意与大学生理想自我概念的相关分析

大学生理想自我概念	NOKIA 手机造型风格意象语意												
	沉静的-有激情的	通俗的-高雅的	轻巧的-稳重的	大众的-个性的	普通的-专业的	单薄的-饱满的	无想象力的-有想象力的	简单的-复杂的	随便的-正统的	朴实的-惊艳的	情感的-理性的	冷酷的-亲切的	马虎的-考究的
沉静的-有激情的	-0.009	-0.055	0.071	-0.11*	-0.026	-0.034	-0.064	-0.11*	-0.071	-0.032	-0.019	-0.085	0.020
通俗的-高雅的	0.060	0.074	-0.024	-0.008	0.035	0.055	-0.034	0.026	0.036	0.014	-0.013	0.021	-0.004
轻巧的-稳重的	-0.023	-0.102	0.059	-0.072	0.035	-0.018	-0.039	0.006	0.028	-0.098	-0.065	0.22**	-0.078
大众的-个性的	0.018	0.102	-0.13*	0.089	0.093	0.041	0.019	-0.035	-0.015	0.086	-0.017	-0.014	0.022
普通的-专业的	-0.12*	-0.095	0.082	-0.15**	0.041	-0.029	-0.11*	-0.086	0.132*	-0.19**	-0.17**	0.086	-0.007
单薄的-饱满的	-0.020	-0.018	0.007	0.021	-0.054	0.044	0.010	-0.049	0.011	-0.039	-0.003	-0.001	0.040
无想象力的-有想象力的	0.003	-0.005	-0.010	-0.055	0.056	-0.005	0.046	-0.12*	0.058	-0.076	-0.078	0.029	0.092
简单的-复杂的	0.002	0.041	-0.060	0.049	-0.089	-0.068	-0.080	0.072	-0.047	0.073	0.125*	-0.015	-0.13*
随便的-正统的	-0.023	-0.021	0.093	-0.062	0.026	-0.059	-0.016	-0.016	0.097	-0.11*	-0.11*	0.106	-0.083
朴实的-惊艳的	0.15**	0.14**	-0.16**	0.089	-0.016	0.022	0.014	0.023	-0.067	0.19**	0.14*	-0.062	0.011
情感的-理性的	0.021	0.038	-0.048	0.054	0.000	0.035	0.068	0.011	-0.087	0.141*	0.117*	-0.12*	0.078

续表

大学生理想自我概念	NOKIA 手机造型风格意象语意												
	沉静的－有激情的	通俗的－高雅的	轻巧的－高重的	大众的－个性的	普通的－专业的	单薄的－饱满的	无想象力的－有想象力的	简单的－复杂的	随便的－正统的	朴实的－惊艳的	情感的－理性的	冷酷的－亲切的	马虎的－考究的
冷酷的－亲切的	0.000	−0.11*	0.16**	−0.14**	0.046	−0.034	−0.008	−0.047	0.028	−0.21**	−0.076	0.104	0.047
马虎的－考究的	0.025	0.013	0.104	−0.060	0.006	−0.025	−0.029	−0.11*	0.026	−0.12*	−0.068	0.066	0.038

* 表示 P 值 < 0.05，** 表示 P 值 < 0.01

（1）大学生理想自我概念中"沉静的—有激情的"与 NOKIA 手机造型风格意象语义中"大众的－个性的"（r = −0.11，P 值 < 0.05）及"简单的—复杂的"（r = −0.11，P 值 < 0.05）均存在着显著的负相关。由此可知，理想概念越是偏向于有激情的大学生，越是认为 NOKIA 手机造型风格意象偏向于大众及简单。

（2）大学生理想自我概念中"轻巧的—稳重的"与 NOKIA 手机造型风格意象语义中"冷酷的—亲切的"（r = 0.22，P 值 < 0.01）有显著的正相关。由此可知，理想概念越是偏向于稳重的大学生，越是认为 NOKIA 手机造型风格意象偏向于亲切。

（3）大学生理想自我概念中"大众的—个性的"与 NOKIA 手机造型风格意象语义中"轻巧的—稳重的"（r = −0.13，P 值 < 0.05）存在着显著的负相关。由此可知，理想概念越是偏向于个性的大学生，越是认为 NOKIA 手机造型风格意象偏向于轻巧。

（4）大学生理想自我概念中"普通的—专业的"与 NOKIA 手机造型风格意象语义中"沉静的—有激情的"（r = −0.12，P 值 < 0.05）、"大众的—个性的"（r = −0.15，P 值 < 0.01）、"无想象力的—有想象力的"（r = −0.11，P 值 < 0.05）、"朴实的—惊艳的"（r = −0.19，P 值 < 0.01）及"情感的—理性的"（r = −0.17，P 值 < 0.01）存在着显著的负相关，而与"随便的—正统的"（r = 0.132，P 值 < 0.05）存在显著正相关。由此可知，理想概念越是偏向于专业的大学生，越是认为 NOKIA 手机造型风格意象偏向于沉静、大众、无想象力、朴实、情感及正统。

（5）大学生理想自我概念中"无想象力的—有想象力的"与 NOKIA 手机造型风格意象语义中"简单的—复杂的"（r = −0.12，P 值 < 0.05）有显著的负相关。由此可知，理想概念越是偏向于有想象力的大学生，越是认为 NOKIA 手机造型风格意象偏向于简单。

（6）大学生理想自我概念中"简单的—复杂的"与 NOKIA 手机造型风格意象语义中"情感的—理性的"（r = 0.125，P 值 < 0.05）存在着显著的正相关，与"马虎的—考究的"（r = −0.13，P 值 < 0.05）存在着显著的负相关。由此可知，理想概念越是偏向于复杂的大学生，越是认为 NOKIA 手机造型风格意象偏向于理性及马虎。

（7）大学生理想自我概念中"随便的—正统的"与 NOKIA 手机造型风格意象语义中"朴实的—惊艳的"（r = −0.11，P 值 < 0.05）及"情感的—理性的"（r = −0.11，P 值 < 0.05）均存在着显著的负相关。由此可知，理想概念越是偏向于有激情的大学生，越是认为 NOKIA 手机造型风格意象偏向于大众及简单。

（8）大学生理想自我概念中"朴实的—惊艳的"与 NOKIA 手机造型风格意象语义中"沉静的—有激情的"（r = 0.15，P 值 < 0.01）、"通俗的—高雅的"（r = 0.14，P 值 < 0.01）、"朴实的—惊艳的"（r = 0.19，P 值 < 0.01）及"情感的—理性的"（r = 0.14，P 值 < 0.05）均存在着显著的正相关，而与"轻巧的—稳重的"（r = −0.16，P 值 < 0.01）存在着显著的负相关。由此可知，理想概念越是偏向于惊艳的大学生，越是认为 NOKIA 手机造型风格意象偏向于有激情、高雅、惊艳、理性及轻巧。

（9）大学生理想自我概念中"情感的—理性的"与 NOKIA 手机造型风格意象语义中"朴实的—惊艳的"（r = 0.141，P 值 < 0.05）及"情感的—理性的"（r = 0.117，P 值 < 0.05）存在着显著的正相关，而与"冷酷的—亲切的"（r = −0.12，P 值 < 0.05）存在着显著的负相关。由此可知，

理想概念越是偏向于惊艳的大学生，越是认为 NOKIA 手机造型风格意象偏向于有激情、高雅、惊艳、理性及轻巧。

（10）大学生理想自我概念中"冷酷的—亲切的"与 NOKIA 手机造型风格意象语义中"轻巧的—稳重的"（r = 0.16，P 值 < 0.01）存在着显著的正相关，而与"冷酷的—亲切的"（r = -0.12，P 值 < 0.05）、"通俗的—高雅的"（r = -0.11，P 值 < 0.05）、"大众的—个性的"（r = -0.14，P 值 < 0.01）及"朴实的—惊艳的"（r = -0.21，P 值 < 0.01）存在着显著的负相关。由此可知，理想概念越是偏向于亲切的大学生，越是认为 NOKIA 手机造型风格意象偏向于稳重、冷酷、大众及朴实。

（11）大学生理想自我概念中"马虎的—考究的"与 NOKIA 手机造型风格意象语义中"简单的—复杂的"（r = -0.11，P 值 < 0.05）及"朴实的—惊艳的"（r = -0.12，P 值 < 0.05）均存在着显著的负相关。由此可知，理想概念越是偏向于考究的大学生，越是认为 NOKIA 手机造型风格意象偏向于简单及朴实。

4.3.4 手机造型特征与大学生意象认知关系实证讨论

下面将以感性工学为理论基础，运用数量化 1 类及多元回归方法，探讨手机造型特征对人意象认知的影响。根据分析所得到的感性语义对应的造型要素项目权重及类目效用值，设计师或消费者只需选择理想的感性语义，便可得到最能诠释该语义的手机造型要素。

利用数量化 1 类，将各项目转化为虚拟变量，以手机样本在各形容词上的得分为自变量，再经过多元回归分析，得出手机造型特征对受测者意象的影响。参见表 4 - 19：

表 4 - 19　利用数量化 1 类将 12 个样本的形态要素转化为虚拟变量值

项目	A1	A2	B	C1	C2	D	E	F	G1	G2
样本 1	0	0	1	0	1	1	1	1	0	0
样本 2	1	0	0	1	0	1	0	0	0	1
样本 3	1	0	1	0	0	0	0	0	0	1
样本 4	0	1	0	0	1	0	0	1	1	0
样本 5	0	0	0	1	0	0	1	0	1	0
样本 6	0	1	1	0	0	0	0	0	0	1
样本 7	0	0	0	0	1	1	1	1	0	1
样本 8	0	1	1	0	1	0	0	0	0	0
样本 9	0	1	0	0	1	1	0	0	0	1

续表

项目	A1	A2	B	C1	C2	D	E	F	G1	G2
样本 10	0	1	0	0	0	1	0	0	1	0
样本 11	0	0	0	1	0	0	1	1	0	0
样本 12	0	1	0	1	0	1	0	0	1	0

根据 12 个样本在 13 对形容词的得分数据及 12 个样本的造型要素分类数据，通过数量化 1 类方法及多元回归方法统计分析后，就可以得到各对形容词语义的造型要素函数式，根据函数式里的权重值，可以观察出每对形容词语义和造型要素之间相互影响的关系。

下面以"沉静的—有激情的"这对形容词为例对统计结果进行分析。

表 4 - 20　"沉静的—有激情的"的回归方程汇总表

Model	R	R Square	Adjusted R Square	Std. Error of the Estimate	Durbin - Watson
1	0.968(a)	0.936	0.921	0.59783	1.750

回归方程汇总表（表 4 - 20）给出了拟合情况，RSquare 决定系数等于 0.921，表明了自变量对于因变量的解释度很高，回归方程拟合良好。将数量化 1 类的类目效用值及项目权重值情况整理如表 4 - 21 所示。

如表 4 - 22，每个类目的效用值有正负之分，负值代表偏向通俗；正值代表偏向有激情的，负值越多表示越偏向沉静的，正值越多代表越偏向高雅。例如，将顶端形状（项目）中的每个类目的效用值由小到大排序：-0.917（平顶形）< -0.568（小圆弧）< 1.486（大圆弧），由此可以得到大圆弧最偏向有激情的，平顶形最偏向沉静的，而其他的项目同理可以得到。项目权重值反映了各造型元素相对于其他造型元素的重要性。其数值越大，相对重要性也就越大。例如，项目的权重值：0.266（屏幕比例）> 0.181（顶端形状）> 0.16（腰线形状）> 0.145（底部形状）> 0.13（功能键位置）> 0.08（表面分割）> 0.038（机身比例），表明对于"沉静的—有激情的"这对形容词，屏幕比例对其影响最大，而表面分割及机身比例对其影响则不显著。因此，设计师在考虑设计沉静的或有激情的手机时，应将主要精力放在屏幕比例，机身比例等项目权重值较高的造型元素上。其他形容词的数量化 1 类结果见表 4 - 23。其余感性语义整理出来的手机造型元素特征见表 4 - 24。

表4-21　　　　　　　　　　"沉静的—有激情的" 的数量化1类类目得分

项目（Items）	A. 顶端形状			B. 腰线形状		C. 机身比例			D. 底部形状		E. 屏幕比例		F. 表面分割		G. 功能键位置		
类目（Categories）	A1 平顶形	A2 小圆弧	A3 大圆弧	B1 直线型	B2 弧线型	C1 瘦长型	C2 适中型	C3 宽型	D1 小圆弧	D2 大圆弧	E1 卧式	E2 立式	F1 屏幕/键盘联体	F2 屏幕/键盘分开	G1 与屏幕一起	G2 独立	G3 与数字键一起
类目效用值	-0.917	-0.568	1.486	-1.065	1.065	-0.33	0.15	0.181	0.963	-0.963	-1.766	1.766	-0.53	0.53	-0.442	0.849	1.289
项目权重值	0.181			0.16		0.038			0.145		0.266		0.08		0.13		

表4-22　　　　　　　　　　13对形容词的数量化1类类目得分（a）

项目	类目	通俗的—高雅的 类目效用值	通俗的—高雅的 项目权重值	轻巧的—稳重的 类目效用值	轻巧的—稳重的 项目权重值	大众的—个性的 类目效用值	大众的—个性的 项目权重值	普通的—专业的 类目效用值	普通的—专业的 项目权重值	单薄的—饱满的 类目效用值	单薄的—饱满的 项目权重值	无想象力的—有想象力的 类目效用值	无想象力的—有想象力的 项目权重值	简单的—复杂的 类目效用值	简单的—复杂的 项目权重值
顶端形状	平顶形	-0.36		0.909		-0.57		-0.27		-0.09		-0.38		-0.19	
	小圆弧	-0.46	0.14	0.773	0.17	-0.55	0.13	-0.48	0.13	0.296	0.16	-0.34	0.12	0.307	0.15
	大圆弧	0.818		-1.68		1.119		0.753		-0.2		0.723		-0.12	
腰线形状	直线型	-1.05	0.23	1.452	0.19	-1.52	0.23	-1.13	0.23	0.182	0.11	-1.08	0.23	-0.15	0.09
	弧线型	1.053		-1.45		1.515		1.125		-0.18		1.078		0.146	
机身比例	瘦长型	-0.13		-0.02		-0.17		-0.03		-0.61		-0.25		-0.01	
	适中型	-0.15	0.05	0.649	0.09	-0.16	0.04	-0.17	0.04	-0.36	0.5	-0.2	0.08	-0.76	0.48
	宽型	0.281		-0.63		0.327		0.197		0.968		0.457		0.77	
底部形状	小圆弧	0.65	0.14	-0.86	0.11	0.937	0.15	0.751	0.16	-0.07	0.05	0.635	0.14	-0.01	0.01
	大圆弧	-0.65		0.858		-0.94		-0.75		0.074		-0.64		0.008	
屏幕比例	卧式	-1.17	0.26	1.72	0.23	-1.54	0.24	-1.18	0.24	0.1	0.06	-1.13	0.24	-0.09	0.06
	立式	1.169		-1.72		1.544		1.183		-0.1		1.131		0.093	
表面分割	屏幕/键盘联体	0.22	0.05	-0.45	0.06	0.451	0.07	0.359	0.07	-0.08	0.05	0.296	0.06	0.054	0.03
	屏幕/键盘分开	-0.22		0.447		-0.45		-0.36		0.083		-0.3		-0.05	
功能键位置	与屏幕一起	0.034		0.466		-0.14		0.071		0.06		-0.1		0.101	
	独立	-0.63	0.13	0.845	0.14	0.985	0.14	-0.66	0.13	0.072	0.06	-0.56	0.13	0.236	0.18
	与数字键一起	0.6		-1.31		-0.85		0.592		-0.13		0.65		-0.34	

表 4-23　　　　　　　　　　**13 对形容词数量化 1 类类目得分（b）**

项目	类目	随便的—正统的 类目效用值	项目权重值	朴实的—惊艳的 类目效用值	项目权重值	理性的—情感的 类目效用值	项目权重值	冷酷的—亲切的 类目效用值	项目权重值	马虎的—考究的 类目效用值	项目权重值	沉静的—有激情的 类目效用值	项目权重值
顶端形状	平顶形	0.25		-0.44		-0.693		-0.51		0.021		-0.917	
	小圆弧	-0.022	0.25	-0.388	0.13	-0.267	0.18	-0.26	0.17	-0.52	0.14	-0.568	0.18
	大圆弧	-0.229		0.829		0.96		0.775		0.497		1.486	
腰线形状	直线型	0.101		-1.181		-1.042		-0.66		-0.77		-1.065	
	弧线型	-0.101	0.11	1.181	0.24	1.042	0.23	0.661	0.17	0.768	0.21	1.065	0.16
机身比例	瘦长型	-0.017		-0.095		-0.136		-0.25		-0.23		-0.33	
	适中型	-0.05	0.06	-0.204	0.05	0.04	0.03	0.434	0.09	-0.06	0.52	0.15	0.04
	宽型	0.067		0.298		0.097		-0.18		0.294		0.181	
底部形状	小圆弧	0.073		0.667		0.515		0.406		0.534		0.963	
	大圆弧	-0.073	0.08	-0.667	0.13	-0.515	0.11	-0.41	0.11	-0.53	0.14	-0.963	0.15
屏幕比例	卧式	0.177		-1.204		-1.128		-0.79		-0.85		-1.766	
	立式	-0.177	0.19	1.204	0.24	1.128	0.25	0.791	0.21	0.853	0.23	1.77	0.27
表面分割	屏幕/键盘联体	-0.095		0.405		0.392		0.244		0.246		-0.53	
	屏幕/键盘分开	0.095	0.1	-0.405	0.08	-0.392	0.09	-0.24	0.07	-0.25	0.07	0.53	0.08
功能键位置	与屏幕一起	0.263		-0.21		-0.409		-0.24		0.078		-0.442	
	独立	-0.149	0.22	-0.51	0.12	-0.335	0.13	-0.52	0.17	-0.56	0.14	0.849	0.13
	与数字键一起	-0.113		0.72		0.745		0.768		0.484		1.289	

表 4-24　　　　　　　　　　**感性语义形容词与造型元素的对应表**

编号	形容词语义	顶端形状	腰线形状	机身比例	底部形状	屏幕比例	表面分割	功能键位置
1	有激情的	大圆弧	弧线型	宽型	小圆弧	立式	屏幕/键盘分开	与数字键一起
2	沉静的	平顶形	直线型	瘦长型	大圆弧	卧式	屏幕/键盘联体	与屏幕一起
3	高雅的	大圆弧	弧线型	宽型	小圆弧	立式	屏幕/键盘联体	与数字键一起
4	通俗的	小圆弧	直线型	适中型	大圆弧	卧式	屏幕/键盘分开	独立
5	稳重的	平顶形	直线型	适中	大圆弧	卧式	屏幕/键盘分开	独立
6	轻巧的	大圆弧	弧线型	宽型	小圆弧	立式	屏幕/键盘联体	与数字键一起
7	个性的	大圆弧	弧线型	宽型	小圆弧	立式	屏幕/键盘联体	独立
8	大众的	平顶形	直线型	瘦长型	大圆弧	卧式	屏幕/键盘分开	与数字键一起
9	专业的	大圆弧	弧线型	宽型	小圆弧	立式	屏幕/键盘联体	与数字键一起
10	普通的	小圆弧	直线型	适中型	大圆弧	卧式	屏幕/键盘分开	独立
11	饱满的	小圆弧	直线型	宽型	大圆弧	卧式	屏幕/键盘分开	独立

续表

编号	形容词语义	造型元素						
		顶端形状	腰线形状	机身比例	底部形状	屏幕比例	表面分割	功能键位置
12	单薄的	大圆弧	弧线型	瘦长型	小圆弧	立式	屏幕/键盘联体	与数字键一起
13	有想象力的	大圆弧	弧线型	宽型	小圆弧	立式	屏幕/键盘联体	与数字键一起
14	无想象力的	平顶形	直线型	瘦长型	大圆弧	卧式	屏幕/键盘分开	独立
15	复杂的	小圆弧	弧线型	宽型	大圆弧	立式	屏幕/键盘联体	独立
16	简单的	平顶形	直线型	适中型	小圆弧	卧式	屏幕/键盘分开	与数字键一起
17	正统的	平顶形	直线型	宽型	小圆弧	卧式	屏幕/键盘分开	与屏幕一起
18	随便的	大圆弧	弧线型	适中型	大圆弧	立式	屏幕/键盘联体	独立
19	惊艳的	大圆弧	弧线型	宽型	小圆弧	立式	屏幕/键盘联体	与数字键一起
20	朴实的	平顶形	直线型	适中型	大圆弧	卧式	屏幕/键盘分开	独立
21	情感的	大圆弧	弧线型	宽型	小圆弧	立式	屏幕/键盘联体	与数字键一起
22	理性的	平顶形	直线型	瘦长型	大圆弧	卧式	屏幕/键盘分开	与屏幕一起
23	亲切的	大圆弧	弧线型	适中型	小圆弧	立式	屏幕/键盘联体	与数字键一起
24	冷酷的	平顶形	直线型	瘦长型	大圆弧	卧式	屏幕/键盘分开	独立
25	考究的	大圆弧	弧线型	宽型	小圆弧	立式	屏幕/键盘联体	与数字键一起
26	马虎的	小圆弧	直线型	瘦长型	大圆弧	卧式	屏幕/键盘分开	独立

本课题研究了自我概念与产品造型风格一致性程度对产品造型风格偏好的影响，验证了假设 H1 对大部分样本是成立的，也就是说自我概念—产品造型风格一致性程度与产品造型风格偏好有正相关关系。验证了假设 H2 对 12 个样本均成立，即理想自我概念与产品造型风格的一致性程度对于产品造型风格偏好的影响，要大于真实自我概念与产品造型风格的一致性程度的影响。同时，对大学生理想自我概念与 NOKIA 手机造型风格意象语义进行分析，得出理想自我概念是如何影响大学生对 NOKIA 手机造型风格意象的认知。分析 NOKIA 手机造型特征与大学生意象认知的关系，后续研究将分析各类别大学生群体的理想自我概念及其对应的 NOKIA 手机造型元素组合。最终组合出受所有大学生偏好的 NOKIA 手机。

4.4 智能手机应用软件设计的用户期望研究

现在，越来越多的人会提到"用户体验"这个概念，以用户为中心的设计已经是企业进行产品开发的重要研究方向，而用户期望作为用户体验设计的先觉条件，其重要性以及必要性也越来越受重视。本课题通过实证的方式对智能手机应用软件的用户期望进行探讨。课题首先介绍用户期望相关理论背景，然后通过 TOOLKITS 法进行定性研究，得出智能手机用户对应用软件的情境性期望，接着通过问卷法定量分析了用户期望的容忍域。最后本课题探讨了改良后的情境研究方法优点，并总结了大学生对智能手机应用软件期望各方面特征。

本课题的研究对象为应用软件（application program，APP），也就是第三方应用程序，是第三方针对某些平台所开发设计的具有某些功能服务的插件。APP 首先从在网页上开始流行，被称为 WebAPP，而后由于 iPhone 智能手机的流行，加上移动互联网的发展，使得手机 APP 兴起，现在直接用 APP 一词指第三方智能手机的应用。

手机应用可以分为两种：一种是基于手机浏览器的应用；另一种是独立的基于移动互联网的应用。其中以独立的基于移动互联网的应用为主流。当前，智能手机应用软件有着极好的市场，用户规模壮大，市场行情好；经济价值大，消费市场大；软件使用率在增加；但很多智能手机应用软件自身却有很多缺陷，如应用软件定位模糊、用户黏度弱、用户体验设计差等问题。未来的应用软件要想在市场上拥有更长的生命力，应用软件自身定位和用户体验设计将成为研究的重点。

4.4.1　用户期望相关理论

4.4.1.1　用户期望研究现状

用户期望（User Expectation）是指用户在接触使用产品之前或过程中，根据自己以往的经验及用户个体的需要，对产品的一种客观存在的"事前期待"，对产品确立的心理目标或标准①。Woodruff 从期望价值的形成过程来阐述人的期望，认为人在购买或使用前有一个对产品预评价的过程，在预评价的基础上产生购买或使用，而后对产品做出评价，同时形成下一次购买或使用前的预评价。当用户处于预评价阶段时，对价值的感知认知为正向价值时，用户才会去购买或使用；而由于在购买或使用的过程中需要花费时间或金钱的成本，因此用户所感知到的价值也可能为负向价值②。用户期望的心理模型形成参见下图 4 - 20。

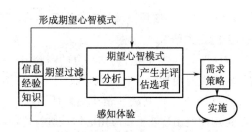

图 4 - 20　用户期望心理模型

用户期望分为普遍期望和个体期望。普遍期望：某类群体用户的期望，用户共同的期望就属于普遍期望。（有相似的工作经历、生活环境等条件的群体）。个体期望：由于用户个体之间的差异性导致的对同一产品的期望有细微差异。但同一人群对于某种产品的功能和形态会有一个基本的期望值，这是不变的。在产品的设计、推出过程中需要对用户期望值的这两个层次分析研究，对更好地锁定目标群体、研究用户将很有价值。用户期望的特性包括层次性、情境性和等级性这三个特点。

（1）层次性

期望的层次可分为：

①考虑产品属性及其表现的期望层次：是基于感官体验/外观感觉的期望，是一种较为浅层的期望。用户关注产品属性特征/属性所表现出来的绩效价值；

②考虑产品使用结果的期望层次：基于行为体验的期望，是用户行为层次的期望。

行为层次的期望因素：包括使用方式、交互流程、功能技术，关注用户对产品的使用感觉是否满意。

③考虑产品的使用目标或目的的期望层次：基于情感体验/心理度量是心理情感层次，是个人实现需求的较高层次的期望。

（2）情境性

三种层次的用户期望对应的三种不同的用户期望情境，并且这些情境从低到高分为三个层次：考虑期望的属性及其表现的情境、考虑期望结果的情境和考虑目标或目的的情境。对应的顾客感知价值要素分别是期望的属性及其表现要素、期望结果要素和目标或目的要素。

随着情境的转换，用户期望的产品要素可能会发生变化。用户期望的情境性是源于用户期望的心理形成过程的特征：由于用户的期望价值是用户对产品的属性及其表现，和在使用情境中促进或阻碍顾客目标和意图达成的使用结果的认知偏好与评价，其与用户使用情境中的结果相联系，而使用结果则与用户目标或意图的达成又直接相关，所以用户的期望是具有情境性特征的。用户在对产品的使用必然是处在一定的特定情境中，所以用户的预评价的过程也是带有某种情境色彩的。

（3）等级性

用户期望的 3 个等级分别为保健等级、激励等级、满意等级，图 4 - 21 显示了三者之间的联系。

①保健等级——在用户看来是产品应该具备、必备的最为基本因素，是产品必须达到的最低标准。当这些因素恶化到用户认为可以接受的水平以下时，就会产生对此情境中的应用软件产品的不满意。它们的改善能够解除用户的不满，但不能使用户感到满意并激发起用户的积极性。由于它们只带有预防性，只起维持工作现状的作

---

①　秦银，李彬彬，李世国. 产品体验中的用户期望研究［J］. 包装工程，2010（10）：70.

②　郑立明，何宏金. 顾客价值分析［J］. 模型商业研究，2004.

用，也被称为"维持因素"。

②激励等级——产品如果具备的、能让用户足以投奔自己的价值要素。这往往用户已经认知到自己需要但目前产品却没能够满足或不能很好满足的价值要素，甚至是用户自己也没有想到能够得到的价值满足。这些等级的期望就是那些使用户感到满意的因素，唯有它们的改善才能让用户感到满意。

③满意等级——可用于界定、研究用户期望中的保健因素期望与激励因素期望，保健因素期望是可商量的期望，可根据实际情况来决定在设计中发展的程度，有条件可做到最好，没有条件时，只要不要让用户讨厌即可；而激励因素指的是能给用户的体验带来积极作用的期望，是设计中需要大力发展的主要期望。

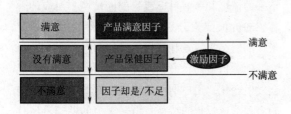

图 4 -21　用户期望与体验的关系图

4.4.1.2　用户期望的容忍域与期望的水平

用户期望可以分为理想的期望水平和适当的期望水平这两类。理想水平是用户认为产品设计"应该是"和"可能是"的混合水平（C. Gronroos，1982；U. Lehtinen 等，1982；Brown and Swartz，1989）。理想水平的期望反映了用户对产品设计的较高层次的希望和愿望，如果这些希望没有可能被满足，用户很可能有点失望但能接受。适当期望是指用户认为产品设计处于可接受的水平，具有一个最低可接受的界限。如果这些低层次水平的期望都没有被满足的可能性，用户可能就会产生强烈的挫败感。

容忍域是在理想期望值和适当期望值之间形成的是容忍区间，即用户愿意接受的产品差异性的范围。用户承认并愿意接受自身主观感受与期望具有的个体差异便是容忍。若用户对产品的满意绩效高于容忍域的上限，用户将会对产品产生满意的感觉[①]。若用户对产品的满意绩效低于容忍域下限，用户则产生不满意的感觉。在容忍域中，用户并不会感觉到有非常大的差别，即它是一个让用户对产品满意感受的相对安全的区域，

但在区域外（非常低或非常高），便能很快地引起用户的注意力。

理想服务的水平比适当服务的水平稳定，容忍域介于这两者之间。容忍域随用户不同而不同，即使对同一用户，容忍域也可扩大或缩窄。由于用户类型的差异、产品设计维度等因素的影响，用户容忍区间会有较大的不同。用户的容忍域会因不同的产品特征和维度的不同而不同。因素越重要，容忍域有可能越窄。如图 4 -22 就显示了最重要因素和最不重要因素的容忍域之间的可能差别。

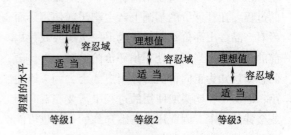

图 4 -22　不同等级的期望水平的差异图

4.4.2　手机软件应用情境界定和不同情境下用户期望的定性研究

本课题的定性研究分为 2 部分的内容：一是进行大学生使用智能手机应用软件的情境分析：运用改良的情境研究法（情境属性研究法）对大学生用户使用智能手机应用的情境进行广泛收集与分类研究，获得使用情境的属性因素、分类及不同类别情境中的重点情境属性特征。二是选取用户认为重要的 5 种情境类别，运用 TOOL-KITS 法进行应用软件产品的具体期望以及产品界面设计期望的定性研究，重点侧重研究应用软件产品的情境性期望/等级性。

操作流程为：首先根据情境日记工具广泛收集大学生使用应用软件的具体使用情境，以及大学生对这些情境属性的特征描述；然后归纳这些收集到的具体使用情境，并根据情境表格制作出具体情境元素卡片；而后通过邀请大学生参与卡片分类实验，归纳出情境的分类状况，以及对这些具体情境的属性描述。以上是定性研究的一部分内容，而后运用 TOOLKITS 分析法进行另一部分的定性研究内容：研究用户在不同具体情境类别中的设计期望。这部分的前期准备是制作分析工具——视觉风格板，界面元素工具实验包。然

---

① 鲁江. 基于顾客价值的 B2C 在线销售对传统零售替代的抽象模型设计 [J]. 经营谋略，2009（6）：52 -60.

后邀请大学生用户参与深访，了解用户基于不同情境的设计期望，最后邀请用户参与工具包实验，研究用户在不同情境中对于软件界面设计的期望。

4.4.2.1　界定使用情境

本课题中情境指的是大学生用户在某特定时间、某特定地点、某特定环境中，某个人具体状态，对某特定目标的应用软件的使用状况。目前主要使用情境描述法来研究情境，但该方法主观性太强且缺乏全局观念。在本课题中通过归纳情境属性，将散乱的情境描述变成规律性情境特征描述，保证一定的客观性。具体操作如下：

向 20 位通过抽样选择出的大学生发放情境日记表格，记录一周中使用手机软件的名称、使用场合、时间，一周后回收情境日记表格，并进行访谈，然后从表格中提出相似的场景，共 21 个。试验的过程中，用户认为重要的情境属性因素如表 4 - 25 所示。再从邀请大学生使用卡片分类法对已提出的情境进行分类，得出大学生最重视的 5 个情境为：以资讯为目的的情境、以学习为目的的情境、以娱乐为目的的情境、多任务情境和移动情境。

表 4 - 25　　大学生使用智能手机应用软件的情境重要属性因素表格

时间状态		地点状态	
个人可控制的时间	个人不可控制的时间	私密场合	公共场合　★
可预知时间段	不可预知时间段	室内场合	室外场合
长时间	短时间/缝隙时间　★	限制声音的环境	不限制声音的环境
非连续的时间段	整段时间　★	光线充足的环境	光线弱的环境

个人状态					
注意力	持续的全神贯注	持续保持部分注意力	行为状态	一心多用状态	一心一意状态
	间歇性全神贯注	间歇性保持部分注意力		移动状态	固定状态
				多任务操作	单任务操作
				双手操作　单手操作　不用手操作	
目的	无目的性	有明确目的性　★		社会互动 - 分享/交流 - 引发话题/注意	
	获取资讯	寻求帮助/查询		学习　等待　休闲娱乐	
其他	主动状态	被动状态		积极心情状态	消极心情状态
	个人状态	多人存在状态		急迫心理需要	非急迫心理需要

4.4.2.2　不同情境下软件产品具体期望及产品界面设计期望的定性研究

TOOLKITS 实验是情境卡片实验法的一种，TOOLIKS 是一种参与式的工具研究法，需要设计一些工具包，邀请用户来使用这些工具，过程中可与用户交流，以了解用户使用行为以及偏好的心理模型。通过 TOOLKITS 实验，对大学生用户使用应用软件的情境进行情境分类。其目的是为了获得大学生用户使用的主要情境，次要情境，以及情境的类别特征。本实验邀请 10 名江南大学同学来参与此项实验。实验为一对一实验，每名被试的实验时间为 1 小时左右（图 4 - 23）。

图 4 - 23　TOOLKITS 实验

4.4.2.3　实验结果分析

（1）以娱乐为目的情境性期望

用户期望应用软件看起来比较轻松、活泼，在使用时能给用户的心理带来一种放松的感觉。对于设计的视觉、交互方式、布局等，用户的包容性比较大。界面的视觉效果具有较强冲击力的，其交互方式简单、方便操作。产品界面在操作时反馈多，互动性强。

（2）以获得资讯为目的情境性期望

用户期望应用软件看起来比较专业、理性、权威，这样在使用的时候能给用户的心理带来安全可信赖感。信息布局的设计是较清晰明确，方便查看信息。界面不要太花哨，避免带来浮躁的感觉。界面的资讯信息呈现方式有多种选择，可根据需要进行切换。每条信息以标题的方式列表呈现，挑选感兴趣的内容阅读。每条信息以完全呈现的方式逐一出现，以方便用户进行逐条阅读。尽量少的需要用户对界面内容进行选择操作。资讯内容以图片方式呈现信息，减少用户的文字阅读量。可记录上次的阅读进度，方便下次的连续阅读。产品界面的视觉效果与使用场合匹配会使个人的心理感觉更良好。

（3）以学习资讯为目的情境性期望

因为用户使用目的性强，所以用户期望软件看起来专业、理性，给用户的心理带来安全可信赖的感觉，也有部分用户期望软件视觉上有亲切感，降低学习压力。信息布局需要相对清晰明确方便查看信息。学习的内容信息可以自动播放的形式呈现给用户。内容以语音朗读的方式提供用户所需要的信息。页面可同时完成不同学习内容之间的切换。简单的交互方式加速学习信息的获取，而复杂的交互方式带来更多功能。

（4）移动情境性期望

用户期望应用软件看起来轻松、短暂、可随时打断，无使用负担。用户对于设计的视觉、交互方式、布局等，用户的包容性比较大，并且愿意尝试新事物。界面上的信息以图片为主，少出现文字，也不要展现太多的细节信息，并且信息最好以自动播放的方式展现，界面上的操作按钮要更明显，尽量避免需要自己操作。

（5）多任务的情境性期望

在多任务状态中时，用户操作行为可能处于单手活动的状态。年轻用户更常使用多任务模式。在年轻用户的日常生活中，多任务或者称为一心二用是他们习惯的行为方式。

4.4.3　手机应用软件设计的情境性期望的定量研究

4.4.3.1　问卷设计与发放

大学生对手机应用软件的情境性期望，其定量分析主要使用问卷调查的方法进行。问卷共分为三部分，第一部分关注大学生用户对智能手机应用软件产品设计的具体情境性期望、对这些具体设计的期望程度，以及对应用软件产品设计期望的等级性。第二部分具体考察大学生用户在不同类型的情境中，对界面设计各项的具体期望是什么，以及对于这些设计各项的期望程度，以及容忍度。第三部分是受测大学生的背景资料和相关人口统计特征变量。正式问卷共发放250份，有效问卷227份，有效率为94.2%。

4.4.3.2　大学生对手机应用软件设计的情境性期望的分析

（1）资讯目的的情境性期望分析

在以获得资讯目的的情境的不同属性中，大学生用户对各项具体设计项的期望程度差异波动非常大，如图4-24所示。

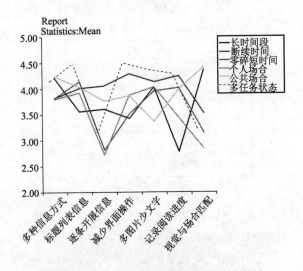

图4-24　资讯情境属性的因子期望的关联分析

不同时间属性中：零碎时间与断续时间属性的期望值相似，比较平均且处于一个较高的水平，不过零碎时间属性中用户对"逐条展开信息"和"减少页面操作"的期望比断续时间属性中的低。在长时间段中，大学生用户对各项的期望程度差异大，可能也与他们在长时间段的有多种活动可能性有关。

不同地点环境状态属性中：在多人公共场合中的期望程度高于个人私密场合，尤其是"记录阅读进度，能连续使用"以及"产品的界面视觉效果与使用场合匹配"的期望在多人公告场合远高于个人私密场合。因为多人公共场合中情境经常变化导致了用户期望的多变性和选择性;而在个人私密的场合中,用户更在意内容本身,对期望要求相对较低。

在多任务的个人状态属性中,用户的注意力是分散的,所以对可以不用花太多注意力的选项的期望程度都比较高。

（2）学习目的的情境性期望分析

在学习目的情境的不同属性中,大学生用户对各项具体设计项的期望程度差异比较大,如图4－25所示。

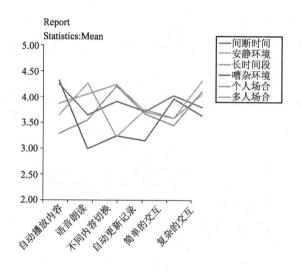

图4－25　学习情境属性的因子期望的关联分析

不同时间属性中:在间断时间中用户对"自动播放的形式呈现学习内容"与"简单的交互方式"的期望程度高于在长时间段中的;而在长时间段中用户则更期望"能在不同学习内容之间的切换"与"复杂的交互方式"。这表明用户期望在间断时间中能不用花很多操作或者学习精力就能快速获取信息;在长时间段属性中,用户有足够的时间与精力来研究如何使用手机软件,所以他们更期望的是能拥有更多的信息与功能,而且他们也更乐意尝试新的功能或使用方式。

不同地点环境状态属性中:在安静环境中用户对"语音朗读的方式获取学习信息","资料按用户习惯自动更新记录"与"有更多功能的复杂的交互"的期望程度高于嘈杂环境,表明在安静环境中用户能更加集中注意力在获得学习信息这件事上,表面的大功能不是他们的主要关注点,他们对深入的细节使用方式与功能的期望程度比较高。嘈杂环境中用户对"自动播放的形式

呈现学习内容"和"简单的交互方式是用户快速获得内容信息"的期望高于安静环境中。这表明用户的注意力无法在嘈杂环境中非常集中时,他们更在意界面中所呈现的内容信息。

多人状态中大学生用户对各项的期望程度高于个人状态。因为在多人状态下,外界因素对用户的使用会带来比较大的影响,用户会在意其他人的目光。

（3）娱乐目的的情境性期望分析

在娱乐目的情境中,大学生用户对不同属性中的各项具体设计项的期望程度差异比较小,相对比较均衡,且几乎都集中在3.5～4.5这个程度水平中。说明在娱乐情境中,用户的期望水平比较高且多样化,如图4－26所示。

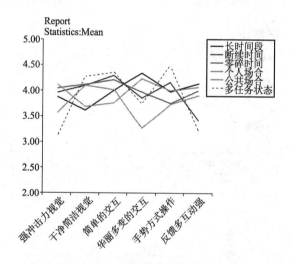

图4－26　娱乐情境属性的因子期望的关联分析

不同时间属性中:断续时间的用户对"手势方式操作"的期望程较高,长时间段的用户对"华丽多变的交互"的期望程度最高。这表明在零碎时间与断续时间中,用户期望出现简单的以及直觉性的设计特征;而在长时间段属性中,用户有更多的精力花费在消耗时间上,所以他们更倾向于华丽、新奇好玩、复杂的设计特征。

不同地点环境状态属性中:与其他情境下相似,多人公共场合中用户的期望程度高于个人私密场合。

在多任务个人状态属性中,用户对"干净简洁的视觉使娱乐信息更清晰"（4.29）、"简单的交互式操作变得容易"（4.36）以及"手势方式操作令产品使用顺畅"（4.51）这3项的期望程度很高,表明大学生用户在多任务的状态下,期望不用花费过多的精力就能获得想要的内容。

（4）移动情境中的具体期望分析

在移动状态中，用户需要一心多用，他们更期望回归产品功能的本质，用更加简单的明确的方式提供给用户所需要的服务。图4-27表明用户对于图标的设计期望程度高，希望图标能表意明确、易识别、避免误操作。用户对新的布局或者设计的期望程度比较低是因为用户没有过多的精力花费在学习成本上。相对传统、定式化、规范的布局与设计对于用户的使用是有利的。

（5）多任务情境中的具体期望分析

多任务情境结合之前资讯情境与娱乐情境中

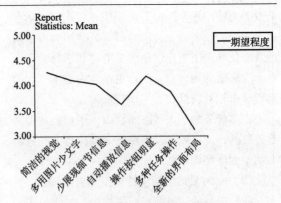

图4-27　移动情境期望的程度分析

对多任务情境属性的具体期望因素的态度评价的3个关联，具体期望分析如图4-28所示。

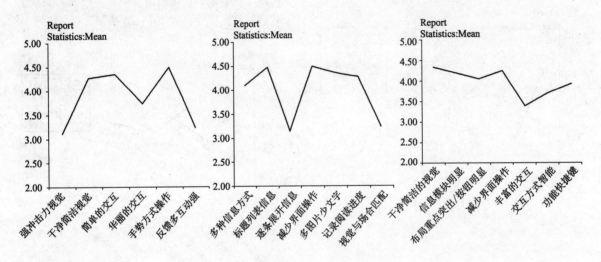

图4-28　多任务情境属性的因子期望的关联分析

在多任务的情境中，大学生用户最重视的是"干净简洁的视觉，使信息更突出"，最不在意的是"丰富的交互，吸引自己的注意力"。在多任务状态中，用户可能只在使用手机，但是同时使用手机多个功能进行多任务操作，抑或者是用户在使用手机软件的同时在做其他的事情，可能出现单手操作/无手操作/双手操作的状态。这种客观上的限制，使用户更加追求功能明确视觉简单的设计，使产品的内容更加突出。总体来看，在多任务状态中，用户对于界面视觉方面的期望比较回归简单纯净，对于使用方面也趋于选择简单的不需要过多占用手的操作方式的设计。

4.4.3.3　视觉风格设计方面的情境性期望

本研究在智能手机应用软件产品的界面设计方面，对其具体用户期望进行了分类定量考察。考察内容包括不同的情境中应用软件界面的视觉设计（包括视觉风格、界面色彩、界面质感、图标设计）以及界面交互设计（界面布局、界面交

互方式、界面交互效果），考察结果如图4-29所示。

（1）资讯情境性界面视觉风格设计期望

大学生用户对简洁风格与苹果风格的期望程度最高，卡通风格最低。女性的期望程度曲线与总体期望程度曲线比较相似。女大学生对于视觉风格的期望更倾向于比较分散平均，而男大学生选择具有明显倾向性，说明女大学生对视觉风格设计的接受性比男性高，而且女大学生个体的期望想法相对比较不统一，而男大学生的期望趋于统一。

（2）学习情境性界面视觉风格设计期望

大学生用户对理性风格与简洁风格的期望程度最高，卡通风格最低。男性大学生的选择集中在理性风格、简洁风格、苹果风格、科技风格、模拟真实风格，而女大学生的选择比较多样化，集中在可爱风格、卡通风格、华丽风格、复古风格、印刷品平面风格。男大学生在学习情境性视

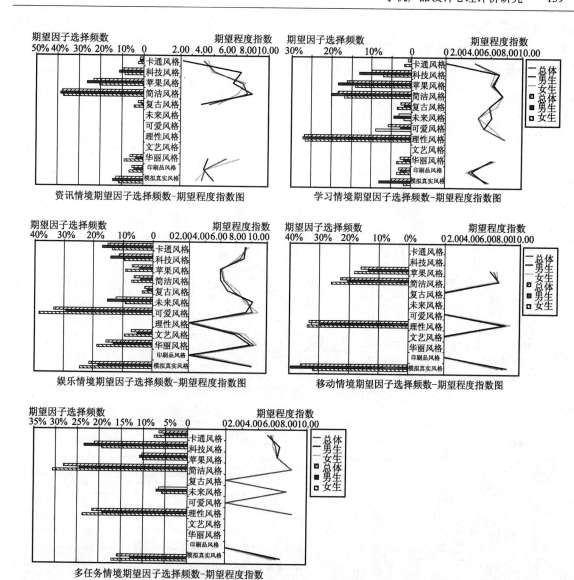

图4-29 界面视觉风格情境性期望因子选择频数-期望程度指数图

觉风格期望上比较偏理想风格的选择,科技感、理性感、真实感的设计更能让男性感到专业性;而女大学生即使在学习情境中也依然充满了浪漫主义色彩,华丽感、可爱感、平面感的设计是她们的期望。

(3)娱乐情境性界面视觉风格设计期望

女大学生对可爱风格的期望频数非常高,而对于其他风格的选择则相对平均。男大学生的选择比较分散平均。大学生用户对娱乐情境性的期望因子的期望程度基本都比较高,大部分因子的期望程度的得分在8.00以上(最高分为10.00),说明大学生用户非常重视娱乐情境中的视觉风格设计。不论男性还是女性用户对可爱的、华丽的、卡通的、酷的视觉风格设计期望程度都很高。

(4)移动情境性界面视觉风格设计期望

所有大学生受试者在所提供的12种视觉风格设计中只选择了4种风格,并集中在理性、简约的视觉风格上。男性大学生更多的选择了模拟真实风格上,说明男性大学生更期望出现真实感的,与现实世界比较关联的设计风格;而女性大学生更倾向于平面的,简洁的设计风格。男大学生与女大学生的差别主要在于对于苹果风格的期望上,女性大学生用户对苹果风格的期望程度明显高于男性大学生用户的期望程度。

(5)多任务情境性界面视觉风格设计期望

大学生用户对简洁风格和理性风格期望程度最高,未来风格最低。男大学生与女大学生的差别主要在于对于卡通风格与科技风格的期望上,女性大学生用户对卡通风格的期望程度高于男性大学生用户的期望程度,对科技风格的期望低于男性大学生的期望程度。

4.4.3.4 界面色彩设计方面的情境性期望

根据数据统计制成的不同情境中大学生用户对色彩感觉的具体期望表格，以及对界面色彩的主色调的期望表格如图4-30和图4-31所示。

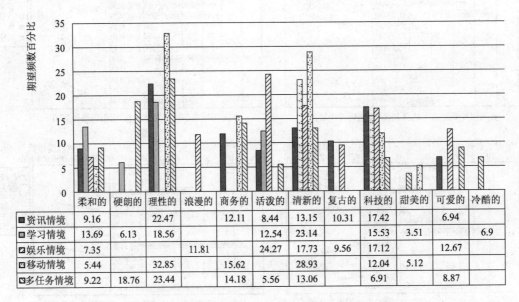

	柔和的	硬朗的	理性的	浪漫的	商务的	活泼的	清新的	复古的	科技的	甜美的	可爱的	冷酷的
■资讯情境	9.16		22.47		12.11	8.44	13.15	10.31	17.42		6.94	
□学习情境	13.69	6.13	18.56			12.54	23.14		15.53	3.51		6.9
▨娱乐情境	7.35			11.81		24.27	17.73	9.56	17.12		12.67	
▤移动情境	5.44		32.85		15.62		28.93		12.04	5.12		
▨多任务情境	9.22	18.76	23.44		14.18	5.56	13.06		6.91		8.87	

图4-30 不同情境中大学生用户对色彩感受的具体期望值表格

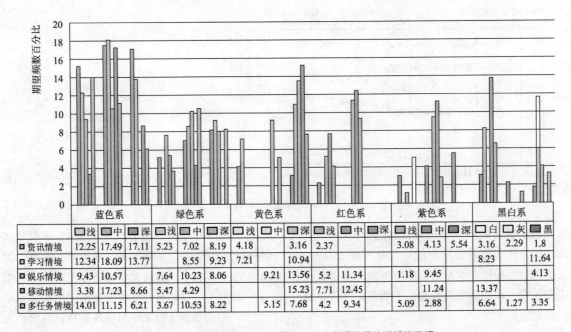

	蓝色系			绿色系			黄色系			红色系			紫色系			黑白系		
	□浅	■中	▨深	□浅	■中	▨深	□浅	□中	■深	□浅	■中	▨深	□浅	■中	▨深	□白	□灰	■黑
■资讯情境	12.25	17.49	17.11	5.23	7.02	8.19	4.18		3.16	2.37			3.08	4.13	5.54	3.16	2.29	1.8
□学习情境	12.34	18.09	13.77		8.55	9.23	7.21		10.94							8.23		11.64
▨娱乐情境	9.43	10.57		7.64	10.23	8.06		9.21	13.56	5.2	11.34		1.18	9.45				4.13
▤移动情境	3.38	17.23	8.66	5.47	4.29				15.23	7.71	12.45			11.24		13.37		
▨多任务情境	14.01	11.15	6.21	3.67	10.53	8.22			5.15	7.68	4.2	9.34	5.09	2.88		6.64	1.27	3.35

图4-31 不同情境中大学生对界面色彩主色调的具体期望值表格

根据图4-26和图4-27，我们可以对比分析大学生用户不同情境中对视觉色彩的期望。

（1）资讯情境性界面色彩设计期望

用户期望的色彩感受为比较多样化，用户的选择多偏向于专业的，理性的，干净的感受，其中理性的（22.47）最受用户喜欢。但是色彩感受也避免过于严肃，专业搭配一些轻松是共有的特征。用户对界面色彩主色调的期望多集中在蓝绿色系，尤其以蓝色系最受期望。蓝绿色系中无

论是浅蓝（15.25），中蓝（17.49）或是深蓝（17.11）都有非常高的选择频率。

（2）学习情境性界面色彩设计期望

在学习情境中用户期望的色彩感受多偏向于理性的，安静的，干净清新的，条理比较明晰的，能感觉到是权威。用户最期望的几项为柔和的（13.69）、理性的（18.56）、清新的（23.14）、科技的（15.53）。用户对界面色彩的主色调的期望比较分散，且频数也比较平均。蓝色系最受用户

期望。用户期望对比度比较高，看起来较为厚重的色调或感觉比较清新理性的色调。

（3）娱乐情境性界面色彩设计期望

用户最期望的色彩感受为活泼的、清新的、科技的。在资讯情境中用户期望的色彩感受是比较偏向于感性的、浪漫的、新奇的、轻松的。这也符合用户在娱乐过程中为了放松心情的状态。用户对界面色彩的主色调的期望相对比较多样化，分布在各个色系中，没有非常明显的集中在某一个色调上。相对来说，用户多倾向于选择比较鲜艳热闹的颜色，而且用户的选择的中间色调的颜色最多，由此可看出用户在娱乐情境中比较期望热闹、明度高、不凝重、也不过于轻浅的色调。

（4）移动情境性界面色彩设计期望

80%以上的用户选择理性的、商务的、科技的色彩感受，这说明在移动情境中用户期望的色彩感受是比较统一。用户对界面色彩的主色调的期望多集中在中蓝色系、深黄色系、中红色系、中紫色系、白色系。用户多倾向于选择比较重的色调，因为在移动情境中，用户的注意力无法像固定状态时那么稳定，他们更期望界面呈现的是比较明确、具体稳定感的色彩。

（5）多任务情境性界面色彩设计期望

用户期望的色彩感受相对分散。根据选择的频数数据来看，与资讯情境中的用户数据非常相似，说明多任务情境中用户对色彩感受的期望跟资讯情境中差不多。用户对界面色彩的主色调的期望程度最高的是浅蓝色系（14.01）。用户多倾向于选择浅中色调，蓝绿色系的选择频率最高。因为用户多任务情境中一心多用，他们更期望界面呈现的是比较理性、安定、不跳跃的色彩。

（6）界面视觉质感设计方面的情境性期望

对界面视觉质感设计方面的情境性期望研究主要是用户对质感形容词的选择与程度表态进行考察，不同情境中大学生用户对视觉质感的各项的期望程度关联分析，如图4-32所示。

从图4-28中，我们可以看出：

在资讯情境中，用户比较期望具有光泽感的/纸质质感的/糖果质感的视觉界面；在学习情境中，用户比较期望具有纸质质感的/光泽感的视觉界面；在娱乐情境中，用户比较期望具有糖果质感/皮质质感的视觉界面；在移动情境中，用户比较期望具有光泽感的/糖果质感的视觉界面；在多任务情境中，用户比较期望具有金属质感的/纸质质感的视觉界面。

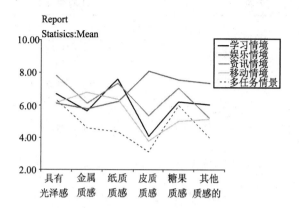

图4-32 不同情境中的质感期望的关联分析

大学生用户对具有光泽感的期望程度，在5种情境中具有比较高的期望程度，尤其以资讯情境中对它的期望程度最高。大学生用户对金属质感的期望程度除了在移动情境中较低外，在其他情境都处于中等水平。大学生用户对纸质质感的期望程度，在资讯情境、学习情境中处于比较高的水平；在娱乐情境、多任务情境中，用户对它一般程度的期望；在移动情境中，用户对它的期望程度不高。大学生用户对具有皮质质感的期望程度，在娱乐情境中却一枝独秀地表现出强烈的期望，但在其他情境中都表现出比较低的期望程度。大学生用户对糖果质感的期望程度等级分明，在娱乐情境、资讯情境中对它的期望程度还是较高的，在学习情境、移动情境中期望程度一般，在多任务情境中不太期望。

4.4.4 大学生对应用软件设计期望的等级性讨论

4.4.4.1 大学生对应用软件设计期望的等级性（权重）的相关分析

在问卷中，通过考察大学生用户对具体使用情境的3层面设计（9个子项）的期望权重，来得到不同使用情境中的保健等级期望因素/激励等级期望因素/满意等级期望因素，获得的具体等级划分及权重系数如表4-26所示。

（1）总体权重情况

从表4-26中的整体数据来看，我们可以发现：

①在不同的情境中，大学生用户对于保健等级/激励等级/满意等级的设计因子的判断各不相同。这说明，大学生用户在不同的情境中对设计因子的重要程度的感知是不一样的。

表4-26　　　　　　　　　　　设计的情境性期望的等级与权重系数表格

评价项目	评价子项目	资讯情境		学习情境		娱乐情境		移动情境		多任务情境	
		等级	权重	等级	权重	等级	权重	等级	权重	等级	权重
内容设计	产品定位	保健○	0.58	激励△	0.13	激励△	0.38	保健○	0.42	保健○	0.26
		激励△	0.30							激励△	0.21
	产品功能	激励△	0.64	满意☆	0.72	激励△	0.77	激励△	0.64	激励△	0.42
						满意☆	0.69				
视觉设计	视觉风格	保健○	0.13	激励△	0.26	激励△	0.54	激励△	0.43	保健○	0.37
	界面色彩	保健○	0.37	激励△	0.34	激励△	0.27	保健○	0.22	激励△	0.35
								激励△	0.19		
	视觉质感	激励△	0.22	保健○	0.17	保健○	0.54	保健○	0.16	保健○	0.39
				激励△	0.56	激励△	0.25				
	图标设计	保健○	0.19	保健○	0.21	保健○	0.23	满意☆	0.47	满意☆	0.49
交互设计	界面布局	满意☆	0.62	激励△	0.12	保健○	0.44	激励△	0.43	满意☆	0.63
	交互方式	满意☆	0.55	保健○	0.33	满意☆	0.59	满意☆	0.45	激励△	0.28
	交互效果	满意☆	0.21	保健○	0.16	满意☆	0.52	保健○	0.11	激励△	0.31
										满意☆	0.16

注：保健等级—○；激励等级—△；满意等级—☆

②总体看来，用户所认为保健等级设计因子，激励等级设计因子，满意等级的设计因子几乎都是分散的。用户不仅对不同层面的设计因子的期望不同，而且往往还对同一设计层面不同因子的期望等级性也并不相同。如视觉设计层面中包含视觉风格/界面色彩/视觉质感/图表设计这4个设计因子，即使在某一类型的情境中，用户也没有对这4个设计因子产生同样的期望。

③用户在不同情境中对某些设计因子的期望具有争议性。如在资讯情境中大学生用户对产品定位性具有不同的期望等级的判断，有的大学生用户对它的期望是保健等级，而有的大学生用户对它的期望是激励等级。这种争议是合理的，毕竟期望是一个比较主观的事物，具有主体差异性，用户的感觉存在差异是正常的现象。所以在获得这样的数据时，在制表的过程中保留了不同意见，将结果进行并置。

④总体来看大学生用户期望的划分，我们可以发现：表格中的黄色色块处于交互设计层面的居多，尤其以交互方式与交互效果这两项的最多，即大学生用户对交互设计层面的期望等级划分为满意等级级别的比较多，说明在多数情境中大学生用户认为，更好的交互方式与交互效果的设计会让他们对手机应用软件产品更容易产生满意感。表格中的绿色块多集中内容设计层面与视

觉设计，即在多数情境中大学生用户对内容设计和视觉设计中的子项属于激励等级的期望，若对这些激励子项多刺激努力，将会让用户产生满意的感觉。表格中蓝色色块比较分散，即保健等级的期望会分散不同的设计层面中，而且从图标中可以发现，不同的情境中集中的地方不一样。如学习情境与娱乐情境中多集中在表格的下部，即视觉设计层面与交互设计层面；但是对于资讯情境与移动情境中，是分散在设计的各个层面中的。在多任务情境中则是集中在内容设计与视觉设计层面中。

⑤从各类情境中，用户对保健等级/激励等级/满意等级所划分的设计因子的数量来看，不同情境中各类等级的设计因子数量也不相同。尤其以学习情境中的划分最为不同，只有一项满意级别期望的设计因子。

（2）具体各类情境中对设计各项的等级划分以权重

具体各类情境中对设计各项的等级划分拟权重分析如下：

①以获得资讯目的的情境

保健等级的设计期望因子和排序：产品定位＞视觉风格＞界面色彩＞图标设计。

激励等级的设计期望因子和排序：产品功能＞产品定位＞视觉质感。

满意等级的设计期望因子和排序：界面布局＞交互方式＞交互效果。

②以学习为目的的情境

保健等级的设计期望因子和排序：视觉质感＞交互方式＞图标设计＞交互效果。

激励等级的设计期望因子和排序：视觉质感＞产品定位＞界面布局＞界面色彩＞视觉风格。

满意等级的设计期望因子为：产为品功能，权重系数为：0.72。

③以娱乐为目的情境

保健等级的设计期望因子和排序：视觉质感＞界面布局＞图标设计。

激励等级的设计期望因子和排序：产品功能＞视觉风格＞产品定位＞界面色彩＞视觉质感。

满意等级的设计期望因子和排序：产品功能＞交互方式＞交互效果。

④移动情境

保健等级的设计期望因子和排序：产品定位＞界面色彩＞视觉质感＞交互效果。

激励等级的设计期望因子和排序：产品功能＞界面布局＝视觉风格＞界面色彩。

满意等级的设计期望因子和排序：图标设计＞交互方式。

⑤多任务情境

保健等级的设计期望因子和排序：视觉质感＞视觉风格＞产品定位。

激励等级的设计期望因子和排序：产品功能＞界面色彩＞交互效果＞交互方式＞产品定位。

满意等级的设计期望因子和排序：界面布局＞图标设计＞交互效果。

4.4.4.2　大学生对智能手机应用软件设计期望的容忍域分析

（1）容忍域的考察

在问卷中针对各个不同情境类别分开考察大学生对于软件产品设计 3 个不同层面的容忍域，包括：产品内容设计层面—应用软件的产品定位、功能设定；界面交互设计层面 - APP 的界面布局、交互方式、交互效果；界面视觉设计层面 - APP 的界面质感、界面整体的视觉风格、界面的色彩搭配、界面的质感、界面的图标设计。

容忍域的分析内容包括：考察用户的平均理想期望与最低期望之间的差距关系，了解用户对不同层面的设计项的容忍域状况。具体的做法

为：当把各指标的理想期望、最低期望分别连接后，就会形成不同的区域。

考察评价用户对现在所使用的应用软件产品的实际感受价值是否在用户可容忍的满意程度范围内。若低于可容忍的最低期望，则是此产品以后需要改进的方面；若高于可容忍的理想期望，表明此项对于用户而言超出了期望，是此项产品的强势之处。

（2）具体的情境容忍域分析

①产品内容设计层面分析

大学生用户的总体最低期望容忍数值比较高。产品功能项的总体最低期望容忍值达到了3.99，是所有设计子项中最高的用户期望最低容忍值的数值。总体上大学生用户在娱乐情境中，对产品功能的期望水平很高，用户的最低容忍值很高，此项很容易使用户产生不满意感；而对产品定位的期望水平相对产品功能而言，期望水平低一些，大学生用户整体上不像产品功能项那么容易产生不满意感。从图 4 - 33 中还可以看出这2 项的容忍域的域值不大（这两项的用户理想期望值与用户最低容忍值之间的差值并不是特别大，总体平均差值为 0.35 - 0.46），说明若用户一旦进入可以接受的期望水平到进入满意的状态，就变得相对容易，通过一定的激励因素刺激就能使用户对产品功能项或产品功能项获得满意感。

不同性别对这两项的期望容忍域有很大的差别，男性的期望容忍域域值的差异较小，说明男性的期望容忍性比较平均，而女性则显得态度非常明确，对产品功能的期望容忍域域值比较大，而对产品定位的期望容忍域域值很小。

②产品交互设计层面分析

界面布局：大学生用户对于界面布局的容忍域域值最大，总体容忍域域值为：3.04 ~ 4.73，说明大学生用户整体上对于界面布局设计的满意度的感知并不是非常的灵敏，对界面布局方面的设计，包容性很强。最低容忍值为3.04，说明用户对于此项的期望水平为一个平均值水平，只要不是太差，用户都会觉得可以接受；但是用户的期望容忍值为4.73，是一个非常高的水平，说明要想用户对此项感受到满意并不是一件容易的事，从可接受水平晋升到满意感需要非常多的努力与激励因子的刺激。

不同性别对这此项的期望容忍域情况为：男大学生容忍域域值为 2.96 ~ 4.92 大于女大学生

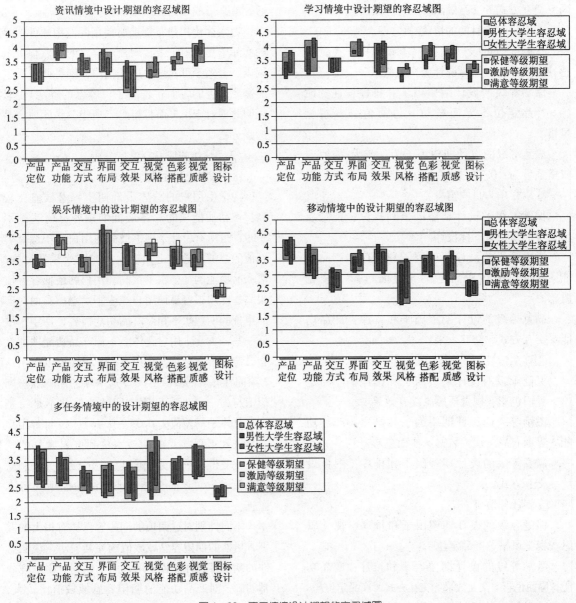

图4-33　不同情境设计期望的容忍域图

的容忍域域值3.13~4.61。男性大学生对此项的容忍域高于总体平均水平，容忍域的范围更广，而女性大学生的容忍域域值范围在总体平均范围之内，略小于总体容忍域。男性与女性的差异表明，男性对于界面布局的容忍性比女性的稍强一些，但是男性在此项上获得满意感比女性困难一些，他们容易产生可接受的感觉，但不易感到满意。

操作方式：相比界面布局项而言，大学生用户的总体容忍域域值范围小很多，总体域值为3.17~3.74。最低可容忍值处于中等偏下的水平，说明大学生用户整体上对此项比较容易获得可接受的感受；理想期望值3.74，是一个处于中等水平的值，说明大学生用户整体上对此项要获

得满意感不是很难达到，一定激励因子的刺激便可以达到满意的层次；3.17~3.74的容忍域差值也并不大，说明用户处于可接受状态的范围不是太大，从可接受状态晋升到满意层次的步伐不是太长。

不同性别对这此项的期望容忍域情况为：男大学生容忍域域值为3.33~3.82，女大学生的容忍域域值为3.14~3.58。男性大学生对此项期望的容忍最低水平明显高于总体平均水平，理想期望的容忍水平也高于总体平均水平，说明男性对此项的容忍性高于总体平均情况；而女性大学生对此项期望的容忍最低水平与总体平均水平持平，理想期望的容忍水平也明显低于总体平均水平。男性大学生在此项的期望容忍情况高于女性

大学生的情况，说明男大学生在此项上不仅更难获得可接受的感觉，也更难获得满意感。

交互效果：大学生用户对交互效果的容忍域介于界面布局项与操作方式项之间。总体域值为3.21～4.15，最低可容忍值处于中等水平，说明大学生用户整体上对此项比较容易获得可接受的感受；理想期望值4.15，是一个处于中等偏高水平的值，说明大学生用户整体上对此项要获得满意感较难达到，需要较多的激励因子的刺激才能达到满意的层次；3.21～4.15的容忍域差值较大，说明用户从处于可接受状态晋升到满意状态水平是需要花费不少工夫的。

不同性别对这此项的期望容忍域情况为：男大学生容忍域域值为3.34～4.23，女大学生的容忍域域值为3.11～4.11。男性大学生对此项期望的容忍水平略高于总体平均水平，容忍域的范围与总体水平相当，而女性大学生的容忍水平略低于总体水平，容忍域的范围与总体水平相当。男性与女性的差异表明，男性对于操作方式的要求比女性的强一些。在这一项上，女性不仅更容易产生可接受的感觉，也更容易获得满意感。

③产品视觉设计层面分析

视觉风格：总体域值为3.75～4.22，最低可容忍值处于非常高的水平，说明要使大学生用户整体对此项产生可接受的感受是挺不容易的；理想期望值4.22也是一个处于高水平的值，说明大学生用户整体上对此项要获得满意感也不太容易达到，需要非常多的激励因子的刺激，才能使大学生用户获得满意的感觉；3.75～4.22这种高水平的容忍域，说明用户对视觉风格的期望水平是很高的；容忍域差值不大，说明用户从可接受状态晋升到满意状态的这种转变是比较快的。

不同性别对这此项的期望容忍域情况为：男大学生容忍域域值为3.54～4.04，女大学生的容忍域域值为3.89～4.39。男性大学生对此项期望的容忍最低水平明显低于总体平均水平，理想期望的容忍水平也低于总体平均水平，说明男性对此项的容忍性低于总体平均情况；而女性大学生对此项期望的容忍最低水平明显高于总体平均水平，理想期望的容忍水平也明显高于总体平均水平，说明男性大学生用户对视觉风格的要求比女性大学生用户的要求低，女性相对男性不仅不容易获得可接受的感觉，也更不容易获得满意感，女性的期望容忍性比男性的期望容忍性高出一个水平。

色彩搭配与视觉质感：这两项从图表来看还是比较相似的。色彩搭配项的总体域值为3.34～4.13，视觉质感的总体域值为3.31～3.98，最低可容忍值相似并都处于一个中等偏上的水平，说明大学生用户整体上对此项的可接受感，难度系数一般；理想期望值分别为3.98和4.13，稍有一些差距但都是处于中等的水平，说明大学生用户整体上对此项要获得满意感，难度系数也是一般，需要一定的激励因子的刺激会使大学生用户获得满意的感觉。

不同性别对这此项的期望容忍域情况为：男性大学生对这两项期望的容忍最低水平都略低于总体平均水平，理想期望的容忍水平都明显低于总体平均水平，说明男性对此项的容忍性低于总体平均情况；而女性大学生对此项期望的容忍最低水平都略高于总体平均水平，理想期望的容忍水平有一些不同，女性对色彩搭配项的理想期望容忍水平明显高于总体平均水平，对视觉质感项的理想期望容忍水平与总体平均水平相当。女性大学生用户对这两项的要求比男性大学生用户的要求高，女性相对男性不仅不容易获得可接受的感觉，也更不容易获得满意感，女性期望容忍性比男性期望容忍性高出一个水平。

图标设计：总体域值为2.21～2.57，最低可容忍值以及理想期望值处于非常低的水平，说明要使大学生用户整体对此项的要求比较低，较容易产生可接受感和满意感；容忍域差值不大，说明用户从可接受状态晋升到满意状态的这种转变是比较快的。

不同性别对这此项的期望容忍域情况为：男大学生容忍域域值为2.14～2.48，女大学生的容忍域域值为2.27～2.74。男性大学生对此项期望的容忍最低水平明显和理想期望的容忍水平都略低于总体平均水平，说明男性对此项的容忍性低于总体平均情况；而女性大学生对此项期望的容忍最低水平和理想期望的容忍水平都高于总体平均水平，容忍域差值也大于平均水平明显高于总体平均水平，理想期望的容忍水平也明显高于总体平均水平，说明男性大学生用户对图标设计的要求比女性大学生用户的要求低，女性的期望容忍性比男性的期望容忍性高出一个水平。

4.4.4.3 不同情境中的设计因子期望容忍域的关联分析

图4-34将5种类型的情境的容忍域进行关联分析，可以更加直观地看出情境之间的容忍域

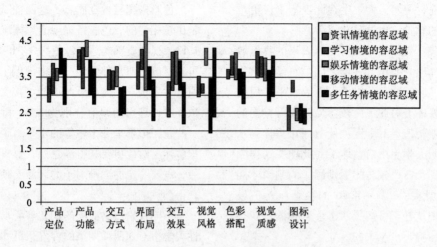

图4-34 不同情境设计期望的容忍域的关联分析

异同，即为不同情境设计期望的容忍域的关联分析图。从图示中我们可以发现：

①不同情境中，大学生用户对各个设计要素的期望的容忍域都不相同。

②总体来看，大学生用户对于设计要素的最低容忍值都在2.0以上，说明用户不论在何种情境中针对设计的哪一方面的期望的底线都是在一定标准上的。

③大学生用户在同一情境中对各设计因素的容忍程度相差很大。例如，在娱乐情境中，用户对与各设计要素的期望的容忍区域各不相同，而且区别比较大。如将产品定位与产品功能的容忍域进行相比，两者的容忍域域值都比较小（产品定位的容忍域域值为：3.6-3.4=0.2，产品功能的容忍域域值为：4.5-4.1=0.3）两者在域

值上相似，但是期望的水平却不在一个水平上（最低忍受值不在同一个水平上，如产品功能的最低忍受值为3.4，而产品功能的最低忍受值为4.1，它们两者的最低基准已经不在同一个期望水平的档次上）。

④大学生用户对不同情境中同一设计因素的容忍程度大部分不太相同，但是有些情境中针对某些设计项具有相似的容忍域。如针对图标设计而言，大学生用户在娱乐情境/移动情境/多任务情境中的容忍域状况非常相似，不仅期望的水平相似（最低忍受值基本上是在一个水平线上的），而且容忍域的域值也差不多（容忍域的范围）。

⑤大学生在资讯情境与学习情境中，设计要素的期望容忍域相似性比较高。

5
小家电产品设计心理评价专题研究

本专题包括三个小家电产品设计研究子课题，分别是：课题一，《基于顾客价值家用吸尘器设计心理评价实证研究》；课题二，《"E"世代人群生活方式分类与电磁炉消费行为研究》；课题三，《主观幸福感导向电吹风设计效果的心理评价研究》。

5.1 小家电产品设计心理评价研究文献综述

本专题文献综述以三个研究子课题理论为切入点，生活方式理论与主观幸福感理论属于社会学理论，顾客价值理论属于消费心理学理论。文献综述分别从社会心理学与消费心理学两个角度展开，本着客观性、数据性、中立性、系统性的原则，对比相关研究，对本专题三个子课题进行定性与定量实证分析及成果展示。

5.1.1 社会心理学与小家电产品设计心理评价

社会心理学是一门研究个体与群体社会心理学现象的科学。社会心理学现象包含个体和群体的思想、情感、行为、生活方式及交往关系等[①]，许多社会心理现象能运用到小家电产品设计心理评价研究，从而解构与分析小家电产品设计的社会行为意义，最终导向小家电产品设计的迭代改进与新产品设计。

5.1.1.1 相关研究文献分析

社会心理学集中在对生活方式理论与情感化理论的研究。生活方式具有综合性、稳定性、社会形态性及量化性特征，情感化理论强调小家电产品设计情感化特征。生活方式理论与小家电产品设计评价体现为三点：一是生活方式与小家电产品购买取向，二是生活方式与小家产品消费行为，三是生活方式与小家电产品设计，同时生活方式的细分研究可以为小家电产品设计挖掘新的设计点。

国外生活方式经典研究是日本社会学家井关利明和堀内四郎的研究，他们以东京地区530位家庭主妇为对象，进行名为"生活体系划分和购买行动模式"的问卷调查，对所得调查数据采用因子分析与聚类分析。第一，从36个初始变量检验出可解释的7个基本因子：生活享受志向因子、家务志向因子、社交性因子、踏实努力性因子、社交接触度因子、购买志向因子和稳定性因子；第二，以各样本的因子得分为基础进行群分析；第三，将各样本群的类型特征分别列出，得出7种生活体系类型：积极的生活扩充型（生活革新意识强、余暇活动积极、交际范围广、努力料理家务，读书量也大，占16%），消极停滞型（回避家务劳动、对余暇活动和修饰打扮不关心、整个生活中显得懒散，占15%），勤劳节俭型（喜好家务、勤劳，余暇活动消极，生活缺少享乐，注意储蓄，生活用品使用时间长，没有冲动的购买行为，占14.3%），余暇享乐型（外出多、余暇志向强，愿接受新产品，革新性强，浪费性也强，占13.2%），保守市民型（有社交但交际范围窄、勤劳但生活革新意识不强、喜爱购物但不易接受新产品，生活圈子狭小、生活变化不多，占13.4%），闭锁不关心型（生活没有目标、缺乏社交、闲暇活动少，电视机前混时日，占13.6%），自我规划型（有明确生活目标、生活有计划、踏实，与人交往不多，看电视也少，占14.3%）。井关利明作为经济社会学者，在研究日本家庭主妇生活体系时，侧重她们的物质消费行为特征。

美国加利福尼亚的SRI公司开发设计著名的VALS（Alues And Lifestyle Survey）模型和VALS2，该模型是一种生活方式的评价方法，其中文名称为价值观及生活方式调查。VALS是基于人口统计、价格观念、姿态倾向和生活方式变量的研究。美国学者米切尔（Arnold Mitchell）根据被调查者的价值观和生活方式归纳出4大类（需要驱动型、外向倾向型、内向倾向型、内外整合型）共9种（苟活型、维持型、财富归属

---

① David G. Myers. 社会心理学 [M]. 张智勇等译. 北京：人民邮电出版社，2009.

型、奋斗型、成功型、随心所欲型、体验型、社会自觉意识型、内外整合型）美国消费者的生活方式。该研究数据来自对美国 1600 人的抽样调查，问卷涉及 800 多个项目题，因而能够对每种类型所占比例、衣食住行及闲暇时间的消费状况、社会价值观及政治态度做出详细描述。尽管 VALS 和 VALS2 是基于美国消费者开发出来的，目前被应用于欧洲消费者，但这种问卷在略加修改后同样被用于日本市场，日本的 VALS 模型用三个导向代替了两个导向：自我表现者、成功者和传统者，由于中西方经济发展程度和社会文化差异，VALS 和 VALS2 模型在中国有相对局限性。

国内生活方式代表性研究有零点研究集团研究总监吴垠博士（2005）[1] 主持开展的中国消费者分群范式（China – Vales）与应用研究，该研究针对中国的特殊国情，借鉴西方研究成果，就消费者的分群、价值观、生活形态及社会分层等市场细分相关理论及应用进行深入探索，通过对全国 30 个城市的 70684 位消费者入户调查，以被访者的生活形态为分类基础，进行分群结构范式的探索研究，其成果（CHINA – Vals 模型）的 14 族群的平均正确判别率为 93.7%，11 项分群指标的累积贡献度为 61.38%。CHINA – Vals 构建了中国独特的系统范式，提出五项新的理论性观点：①中国消费者 14 大族群（经济头脑族、求实稳健族、传统生活族、个性表现族、平稳小康族、工作成就族、理智事业族、随社会流族、消费节省族、工作坚实族、平稳求进族、经济时尚族、现实生活族、勤俭生活族）；②七点文化元素（时尚新潮意识、经济消费意识、广告意识、个性成就意识、家庭生活意识、饮食健康意识、随意性意识）；③中国社会心理结构的三层结论（安全、认同、事业）；④China – Vales 模型；⑤应用性价值观。该研究是目前国内生活方式较为系统性和客观性的研究，对小家电产品消费生活方式特征有参考价值。

结合生活方式细分研究及家庭生活方式结构的不同，导致小家电产品设计的差异化。浙江工业大学施高彦、张露芳《现代城市家庭厨房设计研究》（2009）的研究，深入调研分析城市家庭饮食生活方式和厨房产品[2]，采用人种志法的研究方法，跟踪采访不同城市居民家庭成员，搜集他们的行为习惯图片信息，记录用户与对象产品的交互作用及现场的烹饪实践。通过这些步骤，发掘饮食烹饪生活中存在的问题及需求，了解居民所期待的饮食生活方式及对未来炊具的功能要求，最终总结出不同家庭结构厨房家电产品设计及相应设计策略，分别是单身人群厨房产品设计、三口之家厨房产品设计、高龄者之家厨房产品设计。

家电产品既是构成现代家庭生活形态的重要组成部分，又是典型现代家庭生活形态和家庭生活文化元素的反映，对生活形态的研究成为家电产品设计的重要研究方向。湖南大学王增、何人可《基于生活形态的家电产品设计研究》（2010）的研究，是湖南大学、北京大学科学技术会调查中心和四川长虹电器集团三方合作的科研项目[3]，同时为四川长虹未来 C 家庭生活概念产品设计。该研究探讨生活形态相关理论，并与产品设计结合，建立测量家庭生活形态的模型，通过生活形态的问卷设计、实地调研，通过入户访谈和问卷填写，收集 800 份有效问卷，并采用 SPSS 统计软件对问卷数据进行录入和统计分析。根据分析结果，获得了现代家庭和个人生活形态的不同类别，将不同生活形态分类与家电产品的使用模式对应起来，通过实证研究的结论指导了家电产品的设计。该研究的优势在于以生活形态研究作为家电产品设计方法研究的切入点，对以生活形态研究为导向的家电产品设计方法的可行性与科学性进行深入探索，与本专题组小家电产品研究方向有很多共同之处。

人是社会情感化动物，社会化的人需求发展呈现层次性，当物品实现了基本使用功能，用户将追求更高层次的情感化需求。产品情感化设计强调产品情感化特征，产品应以有趣、生动和活泼的形态结构或使用特点，在现代紧张繁忙的生活节奏中起到点缀和调节人们生活的作用。《厨房家电情趣化设计研究》（卢素然、张家祺，2007）论述情趣化设计对厨房家电产品设计的影响[4]，总结目前情趣化设计方法和规律，并从美

① 吴垠. 关于中国消费者分群范式（China – Vals）与应用研究 [C]. 第四届中国经济学年会参会论文，2004.
② 高彦. 现代城市家庭厨房设计研究 [D]. 杭州：浙江工业大学，2009.
③ 王增. 基于生活形态的家电产品设计研究 [D] 长沙：湖南大学，2010.
④ 卢素然. 厨房家电情趣化设计研究 [D]：石家庄：河北工业大学，2007.

学（材料、造型、表面工艺、色彩）、人机（人机交互，触觉、听觉、嗅觉、视觉等）、技术（功能的实现方式等）、设计制造（易拆解设计等）4 个方面阐述其在厨房小家电中的应用。

5.1.1.2　本专题组课题二、课题三研究成果分析

本专题组课题二《"E"世代人群生活方式分类与电磁炉消费行为研究》（葛建伟，2007）的研究对象为电磁炉小家电产品，以生活方式为理论基础，建立电磁炉产品用户生活方式分类系统，了解我国苏锡常地区"E"世代人群生活方式与其购买小家电、消费行为之间的关系，采用理论分析与实证研究方法，定性和定量研究相结合。研究思路是通过研究相关文献和二手资料，并配合消费者深度访谈获得生活方式的研究范围，建立生活方式测量模式。实证研究采用问卷调查的形式，正式调查时，调查范围锁定苏锡常三个城市，因为这三个城市是江南沿海经济比较发达的三个代表，消费者生活水平相对较高，整体生活消费理念比较先进，对整体市场有一定引导性与代表性。调查多采用访问员入户调查及电脑网络调查，总共回收样本 197 份，获得有效样本 161 份，对回收有效问卷进行统计处理分析，得到定量结果。生活方式测量采用因子分析与聚类分析法。因素分析是处理多变量数据的一种数学方法，要求原有变量之间具有比较强的关联性，从为数众多的"变量"中概括和推论出少数因素。聚类分析实质是建立一种分类方法，将一批样本数据按照在性质的亲疏程度，在没有先验知识的情况下自动进行分类。本课题研究从 30 个生活方式变量进行主因素分析，提取 10 个主因素，且 10 个主因素解释了总体方差的65.829%。"E"世代人群生活方式 10 个因素分别为：事业成就发展因子、挑战生活因子、实用方便因子、产品风格关注因子、传统家庭因子、运动休闲因子、谨慎购物因子、购物消遣因子、经济安全感因子和关注生活规律。根据各样本在生活方式各主因素上的得分，使用聚类分析将"E"世代人群细分为成熟时尚型、追求完美型、传统居家型三种类型。最终研究发现不同生活方式类型与小家电产品消费行为存在显著关联。

本专题组课题三《主观幸福感导向电吹风设计效果的心理评价研究》（曹百奎，2009），选取电吹风小家电为研究对象，结合社会学主观幸福感的相关理论知识及常用量表模型，建立主观幸福感导向的产品设计效果心理评价模型，探讨将主观幸福感应用于电吹风设计效果心理评价活动的可行性，由充裕感、公平感、安定感、自主感、宁静感、和融感、舒适感、愉悦感、充实感和现代感这 10 个幸福感指标体系为手段编写问卷，以实证研究的形式探讨幸福感与家电产品设计效果评价的关系，实证研究采取网络调研的形式，以电子邮件问卷为主，将电子问卷（Word文档格式）以 E－mail 形式发送到指定邮箱，采取配额抽样的形式，共发放问卷 250 份，回收有效问卷 201 份。最终获得主要实证结论：设计精美且有品位的产品能增强人们的幸福感；主观幸福感对小家电产品影响涉及 6 个方面因素：情感因素、生活状态、家庭因素、社会因素、心理因素和健康因素，其中情感因素、生活状态、家庭因素是消费者购买产品时考虑最多的 3 个因素。与传统的 CSI 产品设计心理评价相比，本课题主观幸福导向小家电产品设计心理评价最大的不同，是加入了消费者本身情感体验、生活状态及幸福心理体验，即以消费者情感体验为中心而设计与评价，是本课题研究的创新点。

社会心理学是心理学和社会学之间的一门边缘学科，受到来自两个学科的影响，本专题组课题二、课题三以本方向设计心理学和设计效果评估学为基础，充分利用社会心理学边缘交叉学科优势，将社会行为生活方式理论与及情感理论研究的最新成果，导入小家电产品设计心理评价研究，建立可行的设计心理评价模型，结合科学的定性与定量实证研究，挖掘与分析小家电产品设计背后消费者社会行为结构特征与情感化需求，对小家电产品设计的迭代改进与新产品设计有重要价值。

5.1.2　消费心理学与小家电产品设计心理评价

小家电产品设计与消费者之间有密切关系。消费心理学研究消费者心理活动与行为规律，小家电产品设计价值取决于消费者的感知和认同，消费心理学与小家电产品设计心理评价关联研究，体现在小家电产品消费者心理活动与消费行为。因此，研究小家电产品消费心理学意义非凡。本专题组课题一《家用吸尘器设计心理评价的实证研究》（吴君，2008）利用消费心理学顾客价值理论。顾客满意理论是本课题实证研究方法学的理论支点，相关小家电产品设计研究集中在用户满意度与需求心理学角度。小家电产品设

计用户体验及用户体验度量对产品设计开发至关重要，用户体验度量揭示产品的用户体验①。

5.1.2.1　相关研究文献分析

西安工程大学刘俊海、张阿维《基于用户感性信息的家用电器色彩设计研究》（2007）的研究，以用户感性层面信息为出发点，结合色彩语义与色彩属性对应的知识，在整理分析国内外有关产品色彩设计理论观点的基础上，总结影响产品色彩设计的各种因素，并对影响产品色彩设计的感性语义进行分析，总结出 140 个对针对用户的色彩感性语义形容词，并在此基础上着重对冰箱的色彩设计作分析和研究，根据用户对这类产品色彩的心理感受，采用"交集法"（色彩语义交集、参考流行色交集、产品配色交集）对其进行色彩设计，最终构建基于用户感性信息的家用电器色彩设计框架，提出基于色彩语义的家用电器产品色彩设计的一般程序和方法，分别是色彩调研与定位、色彩方案提出与确、色彩评价与管理三个阶段，最后通过冰箱的配色方案予以展示设计②。该研究是基于用户感性信息的产品色彩设计，将用户的感性因素导入产品设计开发之中，寻找人类的感觉语汇与产品造型之间的相互对应关系，以促成符合用户感性需求的产品开发，提升消费者对于产品的购买意愿与满意度。这种色彩设计的方法与流程不仅对家用电器产品，而且对其他消费性产品的色彩设计同样具有很好的参考价值和指导意义。

湖南大学的谭永胜、肖狄虎、宋玉新《基于用户满意度的产品满意度评价》（2008）的研究，以产品创新评价工具为研究对象，首先从用户满意度的理论角度③，分析消费者行为总体模式和产品创新评价理论发展，对产品创新的定义进行要素分析；阐述基于用户感知的产品创新评价模式，该评价模式含有 3 个构面：产品属性、情感和主观意愿，这 3 大构面又可划分为 7 个尺度（产品新颖性、问题解决的有效性、精密性及其他综合性特征、愉悦度、激活度、中意度和可用性）；结合人类信息加工模型，将用户满意融入到产品创新评价模式中，提出用户满意度的产品创新评价模型，该模型包括 3 个尺度（情感、可用性、功能性）17 个因子，形成基于用户满意度的产品满意度评价问卷，对调研问卷采用因素分析和逐步回归分析两种方法，因素分析法用来确定产品创新评价的尺度及因子，而逐步回归分析法用来验证用户满意度与这些评价构面及因子的关系，并将它们的关系量化；结合实际产品评价，最终验证该评价模型是切实可行的。该研究成果为产品创新设计提供了富有价值的工具，具有良好的实际操控性，在一定研究范围内，实证研究方法控制了合适的误差范围，但由于本研究实践验证的对象为礼品类产品，本研究的结果对其他种类产品适应性有待考究。

湖南大学曾莉、何人可、杨雄勇的《基于用户价值的小家电产品设计研究》（2010），在分析罗伯特 B. 伍德鲁夫（Robert B. Woodruff）代表顾客价值理论的基础上，提出小家电产品设计的用户价值，分析用户价值的四大构成因素（功能性因素、情感性因素、情境性因素和社会性因素）和四个层级（基本层、期待层、满足层和兴奋层），综合运用移情法、观察法、访谈法和产品留置测试法，构建基于用户价值的产品设计模型，并以实践产品设计验证模型的有效性。王琦的《厨房小家电的体验性设计研究》（2008）；将青年消费者作为目标群体，以厨房小家电为研究对象，将体验设计的相关理论运用到厨房小家电的产品设计中，得出厨房小家电的体验性设计要遵循突出产品简洁实用性、愉悦使用者感官、创造产品的差异性、强化产品的主题、强调产品互动参与性、重视产品的生态型原则，并将体验性从感官、行为、精神三个层面上综合表现④，将用户价值应用到产品设计开发前期的用户研究阶段，既是对用户价值理论的新贡献，也是对用户价值应用领域的拓展，为产品设计决策提供了一定参考。

南京理工大学孙一文、张锡《产品设计与消费者行为的互动性研究》的研究结合理论研究和实证研究，首先，分析消费者行为（认知行为、使用行为、购买行为）对产品设计的影响，及产品设计（产品语义、人机工学、品牌形象）对消费者行为的影响，具体阐述产品设计和消费者行为之间的关系，通过新老产品对比，总结出家

　　①　（美）特里斯，阿伯特著. 周荣刚译. 用户体验度量［M］. 北京：机械工业出版社，2009.
　　②　刘俊海. 基于用户感性信息的家用电器色彩设计研究［D］. 西安工程大学，2007.
　　③　谭永胜. 基于用户满意度的产品满意度评价［D］. 长沙：湖南大学，2008.
　　④　曾莉. 基于用户价值的小家电产品设计研究［D］. 长沙：湖南大学，2010.

电产品的总发展趋势；然后，利用消费者满意度的实证研究，得出人口因素与空调、除湿机产品的关联分析报告，从而得到消费者对产品外观的具体需求；最后，将理论研究的成果具体应用到春兰系列除湿机造型设计的实际开发项目中，对理论成果作进一步验证。该研究从消费者行为方式及心理方式两个角度出发，分析产品设计和消费者行为之间的关系，重新审视产品设计的概念，发掘产品的内涵，重视以消费者行为导向的产品设计。

5.1.2.2　本专题课题一研究成果分析

课题一《家用吸尘器设计心理评价的实证研究》（吴君）通过资料收集深入研究家用吸尘器的行业、产品特点及市场情况，将顾客价值理论引入家用吸尘器产品设计心理评价实证研究，通过家用吸尘器已有用户和潜在用户两类划分，抽取9位吸尘器用户和7位吸尘器潜在用户进行深度访谈，识别家用吸尘器的顾客价值要素，即主观评价项目，并细化成满意度问卷的60项刺激变量，展开定量实证研究，在无锡市共发放问卷200份，回收176份，回收率88%，其中有效问卷143份，有效率81.25%。通过因素分析将消费者对家用吸尘器的心理评价因素简化为10个主因素：多功能因子、方便因子、外观造型因子、材料因子、品牌因子、广告促销因子、性能因子、可持续购买因子、色彩因子和净化空气因子。其中核心因素是"家用吸尘器产品的多功能因子"，该因子是家用吸尘器产品消费的核心价值、目的和目标，是消费者通过家用吸尘器产品的使用期望达到的最终目标。研究结果表明，对于家用吸尘器产品来说，新技术的运用、多功能的实现使消费者在基本层面的价值要素中，不断发现吸引他们的新价值，同时对其他层面的价值，消费者表现出与对待成熟产品相同的价值需求，即重视产品的个性与品位、在乎品牌形象、重视产品服务等。本研究结果具有良好信度和效度，可以为国内家用吸尘器行业在现有消费者群巩固的基础上，进行新的产品设计提供依据。

从消费心理学角度研究，本专题组课题研究着重强调对理论分析和实证量化研究，将顾客价值理论导入具体小家电产品实证研究，强调实证研究科学性与逻辑性，整个实证研究过程分为产品的消费心理或前期理论分析、定性研究、定量实证研究、实证成果分析四部曲。

5.2　基于顾客价值家用吸尘器设计心理评价实证研究

5.2.1　基于顾客价值的顾客满意度理论

5.2.1.1　顾客价值的概念与基本特征

现代管理之父彼得·德鲁克指出，顾客购买和消费的决不是产品，而是价值。对于顾客价值究竟是什么，不同的学者根据研究，给出他们自己对顾客价值的定义。

美国著名营销学者隋塞莫尔（Zeithaml）认为，价值就是顾客根据自己对所获得的和所付出的感知，对产品效用的总体评价。也有人认为，购买者的价值感知就是一种权衡，是其对自己所获得的利益和所付出的价格的一种权衡；美国学者Gale则将其视作"通过相对价格进行调整后"的市场感知质量。美国罗伯特B.伍德拉夫教授（Woodruff）则认为，顾客价值是顾客的一种感知偏好，是顾客对产品或者服务特性、绩效特性和使用结果的一种评价。从设计效果心理评价理论指导和方法操作的角度来看，Zeithaml和Woodruff对顾客价值的定义是其重要支持系统。

Zaithaml认为，在企业为顾客设计、创造、提供价值时应该从顾客导向出发，把顾客对价值的感知作为决定因素，顾客感知价值就是顾客所能感知到的利得与其在获取产品或服务中所付出的成本进行权衡后，对产品或服务效用的整体评价。

Woodruff通过对顾客如何看待价值的实证研究，提出顾客价值是顾客对特定使用情境下有助于（有碍于）实现自己目标和目的的产品属性、这些属性的实效以及使用的结果所感知的偏好与评价。该定义强调顾客价值来源于顾客通过学习得到的感知、偏好和评价，并将产品、使用情境和目标导向的顾客所经历的相关结果相联系。

很多学者从不同角度对顾客价值进行分类。根据Sheth-Newman-Gross消费价值模型，客户价值可分为五类：功能性价值、社会性价值、情感性价值、认知价值和条件价值。美国学者Burns M.J.结合客户评价过程，把客户价值分为产品价值、使用价值、占有价值和全部价值。Woodruff、Flint则将其分为实受价值和期望价值。通过以上分析可以看出，虽然学者们对顾客价值的理解有很多，但都是从交换的角度来看待价值，并认同感知价值的核心是感知利得与感知利失之间的权衡。

从顾客价值的概念中，我们可以总结出顾客价值的几个基本特征：

（1）顾客价值是顾客对产品或服务的一种感知，与产品和服务相挂钩，它基于顾客的个人主观判断；

（2）顾客感知价值的核心是顾客所获得的感知利益与应获得和享用该产品或服务而付出的感知代价之间的权衡（trade - off），即利得与利失之间的权衡；

（3）顾客价值是从产品属性、属性效用到期望的结果，再到客户所期望的目标，具有层次性。

5.2.1.2 顾客价值与顾客满意的内在联系性

顾客价值和顾客满意这两个术语存在密切的内在联系，即都是企业单纯从内部寻求持久竞争优势未果转向外部市场和顾客时，将"顾客声音"引入企业的结果。

第一，作为"顾客的声音"，两者都融入了顾客个人的主观心理体验；第二，这种体验均来源于产品、企业服务人员以及相关的使用情境；第三，从根本上说，顾客价值是顾客满意的根本和内在原因；顾客满意是顾客价值的外在表现。科特勒认为，顾客是根据产品是否符合他们的期望价值进而决定他们的满意水平的。

5.2.1.3 顾客价值与顾客满意的关系模型

南开大学的白长虹教授，在总结国内外多种顾客价值与顾客满意关系的文献基础上，提出较有代表意义的"期望不一致"模型（图5-1）。

在这个模型中，总体的顾客满意作为一种顾客情感来评价一次或多次的购买产品/服务经历。顾客究竟会评价服务经历中的什么内容，此模型很好地回答了这个问题。顾客按照层次模型，并依据以往的消费经历预期产品/服务的价值，也可以依据层次模型中的属性、性能及使用结果来评价某次服务的经历，而期望价值反过来又可以引导顾客评价他们所经历的产品/服务的优劣。实受价值可以直接影响总体的顾客满意，或是通过比较一个或多个标准（如价值、预期价值、经验）所形成的期望与实际绩效的不一致，而从另

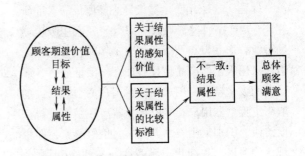

图5-1 顾客价值与顾客满意的关系

一条路线影响顾客满意。[1]

5.2.1.4 基于顾客价值的顾客满意研究

董大海、金玉芳、汪克艳（2003）针对顾客满意研究存在的问题及分析，将顾客价值引入现有的顾客满意理论，构建一个基于顾客价值的顾客满意度测量框架。[2]该框架切实从顾客出发，以顾客价值理论为基础，选择适当的测量模式，并结合差距分析和奖惩分析，提出有意义的策略。

图5-2 基于顾客价值的顾客满意研究框架

（1）顾客价值要素识别

顾客价值要素的识别可以通过三个途径得到：

一是通过现有的文献，找出相关行业在进行顾客满意度测量时所涉及的因素有哪些。这种方法得到的要素只起参考作用，使研究者心中有数。

二是通过焦点小组访谈或者头脑风暴的方法

从专家和顾客那里找到顾客看重的价值要素。

三是通过对顾客的深度访谈。对顾客的深度访谈是探察顾客价值要素的关键，因此要特别掌握其中的技巧。

三种方法可以组合使用，但是对顾客的深度访谈是必不可少的一步。在对顾客进行深度访谈的过程中，除了了解顾客关心的价值要素之外，

---

① 李彬彬. 设计效果心理评价 [M]. 北京：中国轻工业出版社，2008：11-12.

② 董大海，金玉芳，汪克艳. 基于顾客价值的顾客满意度测量与策略分析方法及应用 [C]. 中国市场研究"宝洁"论文奖，2003.

还可以了解到顾客对这些因素重要性的看法。但是这种对重要性的认识都是定性的，还需要收集定量数据，以了解更多顾客的想法。因此，用上一过程中识别出来的顾客价值要素形成问卷，请顾客对该项价值要素的重要性进行打分。基于收集到的数据，可以了解顾客对价值要素的重要性的看法，还可以根据一些指标删减一些要素。用最后形成的价值要素进入到下一步顾客满意研究中去（图5－3）。

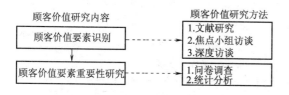

图5－3　顾客价值研究内容与方法

（2）顾客满意研究

顾客看重的价值要素识别出来以后，接下来的工作就是利用识别出来的价值要素进行顾客满意研究与实施。顾客满意研究与实施包括图5－4的内容与方法。

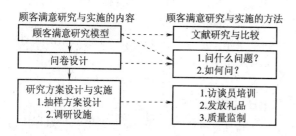

图5－4　顾客满意研究与调研实施

顾客满意研究阶段主要解决如何问的问题，就是前文提到的测量模式的选择问题。学术上目前已有5种模式，分别是绩效模式、期望不一致模式、需要不一致模式、公平模式和个人差异模式。

绩效模式是直接询问顾客对某一产品或服务属性的评价，采用5级或7级量表，从"非常差"到"非常好"的评价等级。

期望不一致模式源自Oliver的期望不一致模型，该模式询问顾客感受到的产品或服务的表现与其期望的差距，采用"比期望的差很多"到"比期望的好很多"的评价方法。白长虹教授对此提出较有代表意义的"期望—不一致"模型。

需要不一致模式源自Westbrook的顾客需要满足程度模型。该模式询问顾客的需要满足状况，其比较标准不是顾客的期望，是顾客想要的（wanted）、理想的（Ideal Performance）、需要的（needed）和渴求的（desired）。

公平模式主要比较自身与相关群体的投入产出比。而个人差异模式是用顾客之间的差异来解释满意。严格地说，这种模式并没有提供明确的测量方法。

本课题的理论研究采用基于顾客价值的顾客满意研究，并以此为实证研究的主要依据来设计问卷。通过文献资料的查找和消费者的深度访谈（定性研究），从家用吸尘器产品FATSUDS过程获得其顾客价值要素。以消费者满意度CSI理论研究为载体，将识别出来的价值要素转化到问卷调查的实证研究中，进行顾客满意研究与实施，即实证研究的定量研究部分，问卷的构成综合采用顾客满意理论中的绩效模式、期望不一致模式、需要不一致模式。

5.2.2　家用吸尘器设计心理评价定性研究

5.2.2.1　课题研究人群定位

由于人力物力限制，本次实证研究不可能涉及我国城市家用吸尘器全体用户，因而只能从中选择一类具有代表性的人群进行研究。2000年以来，国内房地产市场一直持续火暴，其主要原因是有效需求人口的猛增。据国家统计局数据显示，这类人群主要是在18～59岁之间，在18～59岁人群中，以26～42岁年龄段的人口居多。因此，本课题对研究人群做如下定位：①年龄在25～45岁之间；②家里拥有吸尘器；③是家里吸尘器的主要使用者。

5.2.2.2　定性研究调查方案

通过对家用吸尘器消费市场研究，在顾客价值理论的指导下，结合人们家庭生活方式的研究，通过文献检索、头脑风暴、用户访谈、专家访谈等方法，整理出深度访谈问卷，旨在了解消费者的生活方式（尤其是家庭生活方式）、价值观，以及对吸尘器的看法、需求、使用评价等。希望从访谈中了解已有用户为什么买吸尘器、买了什么样的吸尘器，用过后评价如何；了解潜在用户没有购买吸尘器的深层原因，以及对理想中吸尘器产品的要求如何，为"家用吸尘器设计心理评价问卷"设计及后期定量研究做准备。

5.2.2.3　调查覆盖范围及调查对象

由于吸尘器属于居家小家电，鉴于这一特性，访谈的对象抽查以无锡市6个行政区的家庭户数为抽样单位，尤其以新小区为主，以家庭是否使用吸尘器来寻找用户，按已有用户和潜在用户两类划分，抽取 9 位吸尘器用户和 7 位吸尘器潜在用户，对其进行深度访谈，具体访谈对象为家中的男主人或女主人，即在家庭支配和家庭劳力起主要作用的人，其年龄在 25~45 岁之间。

5.2.2.4　访谈结果定性分析

（1）被访者基本特征

被访者的受教育程度为中等或以上，大多有良好的教育背景、有体面的职业、稳定的收入，也带来较好的居住条件。具体情况如表 5-1、表 5-2 所示。

表 5-1　　　　　已有用户基本特征

性别	年龄	婚姻	文化程度	住房面积	对吸尘器了解程度
男：3 人，女：6 人	Mean（平均值）：34.22 岁，Median（中位数）：32 岁，Minimum（最小值）：人，25 岁，Maximum（最大 0 人值）：45 岁	已婚：9 人，未婚：	中专或高中：1 人，大专：2 人，本科：5 人，硕士：1 人	Mean（平均值）：126.67m² Median（中位数）：120² Minimum（最小值）：90² ，Max-imum（最大值）：200m²	8 人购买、使用过吸尘器，1 人家中拥有吸尘器

表 5-2　　　　　潜在用户基本特征

性别	年龄	婚姻	文化程度	住房面积	对吸尘器了解程度
男：3 人，女：4 人	Mean（平均值）：31.57 岁，Median（中位数）：31 岁，Minimum（最小值）：人，26 岁，Maximum（最大 0 人值）：39 岁	已婚：8 人，未婚：	中专或高中：2 人，大专：1 人，本科：4 人	Mean（平均值）：86.86m²，Median（中位数）：65m² Minimum（最小值）：50m² Maximum（最大值）：208m²	1 人购买但未使用过吸尘器，7 人未购买、使用吸尘器

（2）被访谈者生活方式与个性特征分析

深度访谈的问卷中，性格特征项采用吴垠等研究中的相关词句，用来测试被访谈者的个性特征和生活方式等。分析结果显示，已有吸尘器的 9 位被访谈者，超过一半的人为自己"追求实际"、"讲究饮食"、"喜欢稳定工作"；70% 以上的人认为自己"注重生活品质"、"家庭观念重"。近一半的人每天的必做事中包括"打扫卫生"。所有人的娱乐活动，都包括"看电视"，这与徐鹏[①]的调查是一致的。其中，年龄偏中年的人均表现出求实稳健、传统生活等态度指标，年龄偏年轻的人有的还表现出经济时尚等特质。

在生活方式价值观的访问中，已有用户和潜在用户没有表现出明显的不同，有的只是微观个体间的差异。具体分析如下：

①个性特征：17 位被访者的个性特征基本符合其年龄和身份特点，表现出追求时尚、追求实际、讲究饮食、待人热情、勤俭节约、喜欢稳定工作、感情丰富、注重生活品质、家庭观念重等特点。没有人选择喜欢竞争、富于冒险、不善

言谈、思想前卫。

②家庭生活：两类用户中均有近一半的人对居家环境卫生比较讲究；其中已有用户 3 人家中每天清扫地面，4 人家中 2~3 天清扫地面，2 人家中每周清扫一次；2 人家中每周大扫除一次，4 人家中两周大扫除一次，3 人家中一个月以上大扫除一次，5 人家中有地毯；潜在用户中 3 人家中每天清扫地面，4 人家中 2~3 天清扫地面，5 人家中每周大扫除一次，2 人家中两周大扫除一次，3 人家中有地毯。"事业与家庭重要性"，已有用户 4 人表示都重要，3 人表示家庭更重要，1 人认为事业要重要点，1 人表示事业重要；潜在用户 5 人表示家庭更重要。

③新生活意识：已有用户中有 6 人向往发达国家的生活方式；潜在用户中有 4 人向往发达国家的生活方式。

④时尚流行：已有用户中，年纪较轻的 4 位被访者均表示喜欢追求时尚、喜欢或比较喜欢购买时尚产品，从他们换过好几个手机这一项就能表现出这一特点。另外，在购买商品重要性排序中，这类

①　徐鹏. 20 世纪 70 年代 Vs80 年代，阅读趋势的新变化［EB/OL］. http：//www.sinomonitor.com/sinoweb/news/list.asp？newsid＝1251.2005－11－8.

消费者也会将商品的外观看得比较重要，购物时往往会先被产品外形所吸引。潜在用户中，没有人选择喜欢追求时尚，但其中有3人换过3个或以上手机，有4人表示自己（有点）喜欢购买时尚产品。

⑤工作金钱：没有人选择"工作第一"这一项；已有用户中，选择现有工作原因，没有人表示是为了生存，多是因为兴趣所在、专业对口、或是有良好的发展空间，因此这9位被访者多属兴趣工作和家庭工作型；潜在用户中，选择现有工作原因，有2人表示是为了生计，他们的教育程度均是高中。

⑥经济消费：已有用户中，有2人认为自己经济意识强，5人认为自己勤俭节约，2人购物时一定会货比三家，4人看看具体买的东西而定。潜在用户中，有2人认为自己经济意识强，3人认为自己勤俭节约，3人购物时一定会货比三家，2人看看具体买的东西而定。因此，总体而言，被访者的消费行为多偏向理智。

⑦品牌意识：已有用户中，有2人认为自己注重品牌，1人认为自己喜欢名牌，2人认为名牌可以提高身份；潜在用户中，没有人选择注重品牌和喜欢名牌，都不同意名牌可以提高身份。

⑧健康意识：关注家人健康方面，5人对卫生也关注；9人都认为现在的环境污染严重，已经影响到了健康，都表示愿意为了健康而购买环保产品。

（3）吸尘器购买使用行为分析

①购机原因：9位被访用户中，其中4位主要是为了地板吸尘，认为拖把拖地会损坏地板；3人是因为觉得有了吸尘器清洁卫生就能方便一点；1人因为家里买了地毯，为吸地毯才买的吸尘器；1人家中的吸尘器是别人赠送，现在也主要用来吸地板和边角。

②品牌款式抉择因素：1人是品牌上门直销，在销售人员的当场演示下，被其多功能、强吸力吸引，虽然价格超出其预算，但最终购买，是使用到目前认为是最好的吸尘器品牌；3位用户在满足功能的前提下，性价比是其考虑的主要因素，因此，有的选择了比较实惠的国产品牌，其心里明白虽然较国外品牌有差距，但满足功能就行；2位被产品外形吸引，最终做出了抉择；还有1位将品牌因素放在第一位，认为所选品牌是同类产品中质量最过硬的牌子，于是在既定品牌中选价格合理的产品。

③使用情况：3位用户用吸尘器清洁家中几乎所有的地方，3位用户主要用吸尘器清洁地板，2位用户主要用吸尘器清洁地毯，还有1位

用户觉得噪声太大，已不经常用吸尘器。

④满意度：4位用户对现用吸尘器表示满意，5位表示基本满意。

根据访问他们购买的具体过程，再加上对其个性特点的结合分析，可以看出，已有用户均表现出理性消费的特征，对于吸尘器产品的需求动机也是以实用为主。被访者中，7位家里使用的是外国品牌吸尘器，2位家里使用国产品牌，价格从300多元到2000多元不等。由此可以分析，消费者对家用吸尘器产品的消费档次拉得比较开，这与其经济实力和个性特征均有关联。

（4）家用吸尘器消费需求分析

吸尘器的需求分以下几种情况：

①符合马斯洛的需求理论，即认为此产品不是生活的必需品，要等基本生活条件都满足改善以后才会考虑购买使用此产品；

②习惯成自然，即从小家里一直有吸尘器，则其拥有了独立家庭后，必然会继续使用；

③对环境卫生比较讲究，此类消费者很关注家居卫生，见不得到处都是灰尘，并认为单纯的扫地解决不了问题；

④对新技术产品关注者，吸尘器产品的技术更新和多功能等特点会吸引这类消费者去尝试使用。

在对潜在用户的访谈中得知，其没有购买使用吸尘器的原因主要有：没有地毯；房子小，还没有必要；卫生由家政人员负责；吸尘清理麻烦；吸尘器没什么用。对于第一种情况，若其家中添加了地毯，必然会购买吸尘器；第二种情况，其居住条件改善后，必然会要求提高生活质量，保持美好居家环境，很有可能会添购产品；第三种情况有两种可能，经济条件好的消费者，其家中即使买了吸尘器，也是由家政人员来使用，自己并不是很关心使用情况，所以，这类消费者会凭品牌或价格购买较高档的产品；还有就是习惯了家政人员的服务，但也不排除在广告或熟人的推荐下，会尝试购买使用吸尘器；第四种情况，表明这类消费者要么不了解吸尘器的发展情况，还停留在以前对吸尘器的认识上，一旦向其讲清，很有可能会有看法上的改变；要么就是对吸尘器有相当了解和较高要求，看到此类产品的不足之处，而不足之处正是其关注重视的地方；对于最后一种原因，很可能是此类小家电还没有进入其考虑之中，根本没有关注过，也不想关注，认为有个扫把扫扫地就行了。

综上所述，通过深度访谈，本人认为大致可将消费者对吸尘器产品的关注因素归为以下几方

面：功能、技术、造型、品牌、价格、家庭生活
方式、个性、消费观念，真实情况有待正式问卷
的设计发放后的定量研究得出。

5.2.3 家用吸尘器设计心理评价定量研究

5.2.3.1 实证研究问卷设计与准实验

（1）问卷设计

主要采用以下三种方法：头脑风暴法，从访谈
调研中获得各种吸尘器相关信息以及消费者的生活
方式、消费行为等各种信息，对其进行分析整理，
得到若干个问卷项目。文献分析法，参照有关论文
对小家电市场及家用吸尘器现状的分析，参照相关
网站对家用吸尘器的评价，以及相关文献对消费者
生活方式的分析，进行相关因素的收集。德菲尔法，
德菲尔法是以匿名的方式，逐轮征求一组专家各自
的预测意见，最后由主持者进行综合分析，确定市
场预测值的方法。本文中主要是通过向产品销售专
家、心理专家进行有关问题的咨询、请教，然后从
专业的角度进行分析来筛选和确定相关的项目。

（2）问卷区分度考验

对前面回收的 18 份问卷，进行"CSI 问卷"
的区分度测试。采用李克特总加态度量表法对问
卷中的每一个项目进行区分度考验，把辨别力低
的意见删掉。

首先，计算统计所发问卷的 CSI 总分，并按
得分高低排序，将 25% 的高分问卷和 25% 的低
分问卷取出。

其次，计算总分为高分的问卷中每条项目的
平均值，同时计算总分为低分的问卷中每条项目
的平均值。

再次，计算出高分问卷中各项目平均值与低
分问卷中各项目平均值之差，得出差值。

最后，将各项目的均值差按大小排序，得高
分的题目表示区分度好，得低分的表示区分度
差。[1] 从中选出个区分度好的项目，并被分成四
大块散放在问卷中，连同开放式试题、非态度表
征题目一并组成实验问卷。

（3）问卷的信度分析

信度是指测验结果的可靠性和稳定性，或者
说是同一测验对同一被试者前后几次施测的结果
之间的一致性程度。[2]

信度分析一般分为三种类型：同质性信度，也

称为内部一致性，主要用来测验内部所有项目间的
一致性；分半信度，即在测试以后，对测试项目按
奇项、偶项或其他标准分成两半，由两半分数之间
的相关系数得到信度系数，这实际上是测验内部一
致性的一个粗略估计；重测信度，同一个测验项目，
对同一组人员进行前后两次测试（一般间隔两周左
右），两次测试所得的分数的相关系数即为重测信度。

本问卷采用同质性信度进行信度考察。根据同
质信度考察，Alpha 信度系数为 0.947（表 5 - 3），
说明问卷具有较高的信度。

表 5 - 3　　问卷同质信度系数

| | Cronbach's Alpha | |
Cronbach's Alpha (Cronbach's α 值)	Cronbach's Alpha Based on Standardized ltems（标准化 Cronbach's α 值）	N of Ltems （项目数）
0.947	0.948	60

5.2.3.2 问卷调研的实施

（1）调查对象

本次实证研究的调查范围界定在无锡市内年
龄为 25 ~ 45 岁之间的吸尘器消费群，由于人力
物力的缺乏，本次调研主要覆盖无锡市六大行政
区内一些大户型新小区的消费群。

（2）抽样方法

本次实证研究采取非概率抽样中的滚雪球抽样
方法。在滚雪球抽样中，首先选择一位符合要求的
调查对象，对其实施调查之后，再请他提供另外一
些符合研究要求的调查对象，调查人员根据所提供
的线索，进行此后的调查。滚雪球抽样与随机抽取
的被调查者相比，被推荐的被调查者在许多方面与
推荐他们的那些人更为相似。因此更容易找到那些
属于特定群体的被调查者，效差的成本也比较低。

5.2.3.3 实证研究分析

本次调研主要在无锡市展开问卷发放，共发
放问卷 200 份，回收 176 份，回收率 88%，其中
有效问卷 143 份，有效率 81.25%。

（1）被调查人群人口特征分析

①性别分析：在回收的有效问卷中，女性 91
份，占总调查人数的 63.6%，男性 52 份，占总调
查人数的 36.4%。由于家用吸尘器产品的特殊性，
无论是使用还是购买，女性人数较男性要多，故
在问卷法方式有意控制女性被试人数多于男性。

① 李彬彬. 设计效果心理评价 ［M］. 北京：中国轻工业出版社，2005. 50 - 50.
② 余建英，何旭宏. 数据统计分析与 SPSS 应用 ［M］. 北京：人民邮电出版社，2003. 354 - 362.

②年龄特征：在回收的有效问卷中，25～30岁的51人，占总数的35.7%，31～35岁的27人，占总数的18.9%，36～40岁的23人，占总数的16.1%，41～50岁的34人，占总数的23.8%，51～59岁的8人，占总数的5.6%。

③文化程度分析：在回收的有效问卷中，初中及以下学历1人，占总数的0.7%，中专或高中学历16人，占总数的11.2%，大专学历48人，占总数的33.6%，大学本科学历63人，占总数的44.1%，硕士及以上学历15人，占总数的10.5%。总体来说，大专及大学本科的学历的人数共111人，占总体的77.6%，说明被调查的家用吸尘器用户的受教育程度总体很高。

④调查人群的职业性质分析：消费者选择购买和使用家用吸尘器，与其职业特征没有必然联系，各行各业的人都有可能成为家用吸尘器的用户。

⑤住房特点分析：调查结果表明被调查者以品质追求型居多，这也表明消费者购买使用家用吸尘器是其生活水平提高、进一步追求高质量生活的体现。消费者不同的个性与品位决定其不同的居室风格，而特定的居室风格必然决定居家环境中的家具等的特色和布置的不同。被试的143位消费者其居室风格都各不相同，这说明消费者是否购买使用家用吸尘器，与其居室风格没有必然的联系。

（2）调查人群生活方式与个性分析

表5-4为被试人群生活方式的统计描述。均值（Mean）是集中趋势的测度值之一，是一组数据的均衡点所在，易受极端值得影响。标准差（Std. Deviation）是离散程度的测度值之一，反映了数据的分布，反映了各变量值与均值的平均差异。

表5-4　被试人群生活方式与个性研究

序号	生活形态指标	变　量	Mean（均值）	Std. Deviation（标准差）
1	时尚新潮	喜欢追求新奇的东西	3.73	1.095
		较早购买新技术产品	3.31	1.112
		在乎买的东西是否流行	3.05	1.286
2	经济消费	便宜没好货，好货不便宜	4.07	1.041
		购物时货比三家	3.99	1.062
		愿意攒钱买大件商品	3.48	1.101
		喜欢买打折商品	3.01	1.125
		对花销非常谨慎	3.29	1.099
3	生活品质	最重视商品是否符合自己品位	4.29	0.788
		即使贵点也只去大商场	3.61	1.096
		愿意多花钱买质量高的	4.31	0.780

续表

序号	生活形态指标	变　量	Mean（均值）	Std. Deviation（标准差）
4	家庭生活	向往发达国家生活方式	3.42	1.209
		看电视是最主要娱乐方式	2.64	1.364
		很满足现在的生活	3.30	1.235
		对居家环境卫生很讲究	4.06	0.765
		对我来说事业比家庭更重要	2.35	0.967
		喜欢邀亲戚朋友到家里做客	3.50	1.018
5	工作金钱	有富余钱更愿意存入银行	3.17	1.237
		工作只是为了谋生	2.69	1.276
		希望达到所从事行业的顶峰	3.76	1.071
		工作稳定比高收入更重要	3.53	1.101
		为了赚更多的钱可以牺牲休闲时间	2.70	1.320
		工作成绩比金钱更重要	3.39	1.113
		金钱是衡量成功的最佳标准	2.62	1.156
6	饮食健康	对饮食非常讲究	3.21	1.016
7	广告态度	没做过广告的产品不会买	2.42	1.107
		广告是否频繁代表公司的实力和产品的优劣	2.38	1.067
		广告是生活中必不可少的东西	3.41	1.208
8	品牌意识	合资企业产品质量不及原装进口的好	2.90	1.159
		即使价格贵一点，还是喜欢购买国外品牌	2.82	1.144
		购物时不注重品牌	2.57	1.226
		使用名牌可以提高人的身份	2.89	1.228
		喜欢尝试新的品牌	3.22	0.969
9	环保意识	常常以实际行动支持环保	4.02	0.804
10	购物计划	很少在购物前把要买的东西考虑周全	2.80	1.240

续表

序号	生活形态指标	变 量	Mean（均值）	Std. Deviation（标准差）
11	购物节奏	购物时，只要买的东西，买完就走	3.42	1.317
		只有要买东西时，才去商场	3.31	1.407
12	对小家电的认知	小家电对于普通家庭已不是奢侈品	4.54	0.725
		小家电是时尚的代表	3.38	1.156

分析表格可以看出，被试人群的生活方式是具有以下共同特征：

①被试人群对生活品质有较高的要求。被试人群均重视工作、金钱与家庭三者间的平衡：对事业都有一定的追求，但在其心目中，事业并不比家庭更重要，他们也不会为了金钱，拼命工作，不顾家庭。他们很重视家庭生活，对居家环境卫生均表现出较高的要求。

被试人群对生活品质的关注还表现在他们品牌意识的认知上。他们注重品牌，但又不盲目看重、相信品牌，对他们来讲，产品的品质是第一位的，而不是品牌，虽然在一定程度上品牌就是品质的象征。

当今一些发达国家人们的价值观正从"最大限度地推进经济增长转向通过生活方式的变化而最大限度地保证生存幸福"、"最大限度地提高生活质量"的转变。被试人群注重生活质量这一特征正体现了这种转变。

②被试人群多为理性消费者。从对被试人群的购物计划、购物节奏、时尚心潮意识、经济消费和广告态度几个维度上的考察，可以看出他们理性消费的特点，这与被试人群的年龄、受教育程度和经济状况不无关系。

③被试人群普遍具有高度的环保意识。在"常常以实际行动支持环保"这一变量上，被试人群的平均得分为4.02分，标准差为0.804，高均值低、标准差说明了被试人群对生存环境的普遍重视，并已经有了将之付诸行动的具体体现。

④被试人群普遍认为"小家电对于普通家庭已不是奢侈品"，但却不太以为"小家电是时尚的代表"。而慧聪网家电行业频道（2003年）调

查显示，82%以上的消费者认为"小家电在家庭生活中扮演越来越重要的角色"，"小家电对于普通家庭已经不是奢侈品"。同时，65%的消费者趋向同意甚至完全同意"小家电是一种时尚的仪表"。他们之所以持这种观点，是认为小家电已成为他们家庭的消费必需品，重在其实用性，因而不再是炫耀性的、时尚的代表。

同时调研发现被试人群在"家庭观念重"、"注重生活品质"、"环保意识强"等选项上具有高选择率，由此可以发现被试人群对自己个性形态上的判断与其生活方式上的考量结果相一致，其中在家庭生活这一指标上还须说明的是：随着社会的发展和生活质量的提高，婚姻家庭逐渐成为人们（不管是男性还是女性）人生价值的重心，婚姻家庭将越来越受到人们的重视。这与零点调查&指标数据于2005年5月进行的城市居民生活调查结果是相一致的。

虽然生活形态和价值观有所不同，但是中国和国外消费者对小家电产品的情感需求并没有本质性差异，主要集中在追求更有品质的生活、关注健康等方面。中国和国外消费者对于小家电产品的需求差异主要体现在功能需求的差异以及产品物理表现元素的差异。比如对于功能，中国消费者也许喜欢功能复杂一些，而国外消费者也许喜欢功能简单一些；对于外观，中国消费者也许喜欢体积轻巧一些，而国外消费者也许喜欢体积庞大一些。[①]

5.2.3.4 被调查人群吸尘器使用相关情况分析

（1）被调查者吸尘器使用年限调查

在143位被访者中，其中102位家里的吸尘器是第一次购买使用，其余41位被访者家里使用过不止一台吸尘器。有95位被访者家中的吸尘器是2000年以后购买的，占调查总人数的66.4%。以上数据说明近几年来家用吸尘器国内市场的发展。

（2）现有吸尘器来源调查

对家用吸尘器来源的调查可以看出市场上的吸尘器产品主要有两种销售形式：作为独立产品销售和作为其他产品的附赠产品。

消费者获得此产品则有三种渠道：自己购买、购物赠品和别人赠送。在回收的有效问卷中，76.9%的家用吸尘器是消费者自己购买的，

---

① 小家电营销：消费者引导和教育才是关键 ［EB/OL］. http：//www.globrand.com/2006/05/21/20060521 - 212743 - 1.shtml. 2006 - 5 - 21.

购物赠品只占被试总体的 4.9%，这说明家用吸尘器产品是以独立销售为主，消费者的需求是此类产品销售的最主要因素。

（3）现有吸尘器品牌分析

回收的有效问卷中，被试者家中现有吸尘器品牌众多，共有 14 个，包括国际小家电品牌如飞利浦、松下、伊莱克斯、三洋、好运达等品牌，国内大家电品牌兼营小家电如海尔、美的，合资品牌如灿坤，国内小家电品牌如龙的。

从品牌占有率来看，飞利浦、LG、三洋位列前三位，其次是美的、松下、福维克、海尔、好运达、伊莱克斯等品牌。这与之前对家用吸尘器市场品牌状况分析结果基本一致。

（4）被调查吸尘器价格分析

实证研究对于家用吸尘器价格的调查所得结果与前面资料分析中的价格趋势有所不同。被试家用吸尘器价格总体有向高价位分散的倾向。虽然 500~700 元左右的价格集中度仍然较高，从表中也可以看出，近千元或超过千元价格的家用吸尘器产品也拥有一定比例。由于高价位往往意味着多功能与高品质，这说明消费者对此类产品的综合要求有所提高，低价已不是其主要考虑的因素。

（5）被调查吸尘器款式与功能分析

由表 5 - 4 可以看出，卧式吸尘器占据了半壁江山，占调查总数的 53.4%。这与《数字家电》第 0601 期对国内市场上家用吸尘器款式统计数据相比较有所下降。本次调查中，干式家用吸尘器占到了调查总体的 89.5%，占绝对多数，而干湿两用家用吸尘器只占到 10.5%。

（6）被调查者吸尘器购买场所分析

被试人群购买吸尘器的主要场所是家电商场和百货商场，这可能是考虑这类场所质量和信誉有所保证。

相关资料显示，家居小家电市场各档次产品面对不同的消费群体展开错位竞争。其中，销售高端产品的百货店构成小家电市场的第一层级，家电连锁店形成小家电市场的第二层级，一些大型综合超市等构成小家电市场的中低端市场。①

将被调查家用吸尘器产品价格分布特征与购买场所分析相结合，可以看出被试人群在此类产品的选择上偏向于中高端。

（7）被调查者家用吸尘器使用场所分析

被试人群家用吸尘器使用场所几乎涉及家中所有地方，其中主要用吸尘器清洁的地方是：地面、地毯、家具和墙壁。这说明家用吸尘器产品多功能的发展，其使用已不再局限于传统的清洁地毯。

5.2.4　家用吸尘器设计心理评价的 10 个主因素及研究分析

5.2.4.1　因素分析

在本研究中，通过运用因素分析的方法，将问卷第四部分中收集到的家用吸尘器设计心理评价的多个评价因素提取概括为几个主因素，从而能更简洁明了地分析消费者在各个因素上的期望程度和实际需求。

（1）前提检验

因素分析是从众多的原始变量中构造出少数几个具有代表意义的因素变量，有一个潜在的要求，即原有变量之间具有比较强的相关性。KMO 检验和 Bartlett 球度检验是检验变量是否适合做因素分析的两种比较实用的方法。

①KMO（Kaiser - Meyer - Olkin）检验

KMO 的取值范围在 0 和 1 之间。如 KMO 的值越接近 1，则所有变量之间的简单相关系数平方和远大于偏相关系数平方和，因此越适合于因子分析。如果 KMO 越小，则越不适合于做因子分析。

Kaiser 给出了一个 KMO 的标准②：0.9 < KMO：非常适合；0.8 < KMO < 0.9：适合；0.7 < KMO < 0.8：一般；0.6 < KMO < 0.7：不太适合；KMO < 0.5：不适合。

②Bartlett 球度检验（Bartlett Test of Sphericity）

Bartlett 球度检验的统计量是根据相关系数矩阵的行列式得到的。如果该值较大，且对应的相伴概率值小于用户中的显著性水平，那么应该拒绝零假设，认为相关系数矩阵不可能是单位阵，也即原始变量之间存在相关性，适合于做因子分析；相反，如果统计量比较小，且其对应的相伴概率大于显著性水平，则不能拒绝零假设，认为相关系数矩阵可能是单位阵，不宜于做因子

①　2005 年家居小家电市场评析 [EB/OL]. http：//info. homea. hc360. com/2006/02/241034305527 - 2. shtml, 2006 - 2 - 24.

②　余建英，何旭宏. 数据统计分析与 SPSS 应用 [M]. 北京：人民邮电出版社，2003：294 - 295.

分析。

（2）检验结果

表5-5给出KMO检验和Bartlett球度检验结果。其中KMO值为0.801，根据统计学家Kaiser给出的标准，适合于因子分析。

表5-5　KMO检验和Bartlett球度检验

Kaiser – Meyer – Olkin Measure of Smapling Adequacy.		0.801
Bartlett's Test of Sphericity	Approx. Chi – Square	7343.573
	df	1770
	Sig.	0.000

Bartlett球度检验给出的相伴概率为0.000，小于显著性水平0.05，因此拒绝Bartlett球度检验的零假设，认为适合于因子分析。

因此，通过KMO检验和Bartlett球度检验结果可知此部分设计心理评价因素的相关性很高，适合做因子分析。

5.2.4.2　主因素的提取

对调研的143个有效样本在60个变量上进行因子提取和因子旋转，得到了初始统计量结果（表5-6）

表5-6　初始统计量（InitialStatistics）

Component（因子）	Eigenvalues（特征值）	% of Variance（方差贡献率）	Cumulative%（累积方差贡献率）
1	18.509	30.848	30.848
2	4.544	7.573	38.421
3	4.172	6.954	45.374
4	2.828	4.713	50.087
5	2.171	3.618	53.705
6	2.077	3.462	57.167
7	1.806	3.009	60.177
8	1.730	2.883	63.059
9	1.567	2.612	65.672
10	1.478	2.463	68.135

Extraction Method：Principal Component Analysis.
（提取方法：主成分分析法）

通过因素分析，提取10个主因素，其特征根值均大于1。他们占总方差的68.135%，可以解释变量的大部分差异，可以认为，这10个因素是构成重要因素60个项目变量的主因素。

提取主因素数目的效果，也可由碎石图（Scree Plot）（图5-5横坐标为公共因子数，纵坐标为公共因子的特征值）中直观看出：大因子间的陡急的坡度与其余因子的缓慢坡度之间的明显的折点确定出因子数[1]。

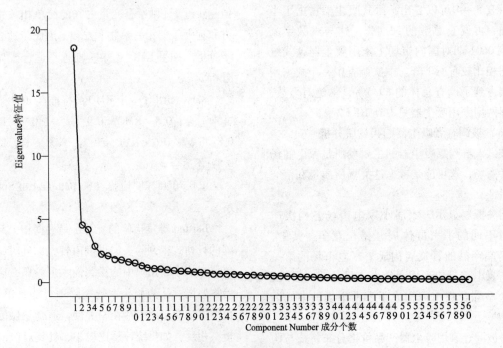

图5-5　心理评价因素碎石图

① 余建英，何旭宏. 数据统计分析与SPSS应用［M］. 北京：人民邮电出版社，2003：307-307.

5.2.4.3　因子矩阵的旋转

未经过旋转的载荷矩阵中，提取的因子在许多变量上都有较高的载荷，含义比较模糊，为了明确解释主因素的含义，将因子矩阵进行方差极大正交旋转（Varimax），得到在各个主因素上具有高载荷的项目。

各个项目内容及载荷值见表5-7。

表5-7　　　　　　　　　　　　　　因子旋转矩阵结果

(Rotated Factor Matrix)

因素	内　容	载荷值	共同度	我的观点		与家中吸尘器相比		均值差
				均值	标准差	均值	标准差	
1 多功能	橡皮刷（清理液体）	0.853	0.834	3.75	1.147	2.16	1.105	1.59
	香波刷头（机内加清洗剂）	0.843	0.848	3.62	1.216	2.00	1.021	1.62
	除螨震动刷头	0.795	0.831	3.69	1.246	2.01	1.021	1.68
	负离子刷头（净化空气）	0.792	0.810	3.66	1.204	2.05	1.009	1.61
	抹布刷头	0.786	0.778	3.78	1.147	2.23	1.099	1.55
	毛刷（清洁家具表面/百叶窗/空调滤尘网等）	0.776	0.841	4.17	0.911	3.17	1.245	1.00
	缝隙吸嘴（清洁角落）	0.746	0.804	4.29	0.871	3.65	1.360	0.64
	吹风功能	0.716	0.764	3.55	1.215	2.90	1.143	0.65
	玻璃清洁刷头	0.703	0.731	3.87	1.112	2.66	1.502	1.21
	吸水功能	0.625	0.680	3.66	0.985	2.73	1.440	0.93
	软毛刷（清洁白墙等）	0.591	0.720	4.05	0.959	3.17	1.473	0.88
	地毯刷头	0.474	0.716	4.29	0.885	3.57	1.402	0.72
	织物刷（清洁窗帘/床垫/布艺沙发/挂毯等）	0.469	0.827	4.42	0.891	3.48	1.347	0.94
	吸尘同时除污垢	0.465	0.696	4.32	0.747	2.80	1.412	1.52
2 方便	可单手操作	0.756	0.842	4.24	0.896	3.27	1.450	0.97
	根据身高，手柄可调节长度	0.732	0.729	4.57	0.587	3.88	1.236	0.69
	集尘盒设计，无须更换尘袋	0.637	0.748	4.01	0.809	2.24	1.076	1.77
	反清洁方便	0.541	0.795	4.18	0.901	2.99	1.175	1.19
	无线操作	0.529	0.757	4.09	1.006	1.90	1.109	2.19
	集尘袋/盒容量大	0.489	0.709	4.29	0.795	3.32	1.018	0.97
	脚踩式开关机	0.477	0.773	3.87	1.125	2.50	1.373	1.37
	可背在身上使用	0.459	0.717	3.22	1.380	2.09	1.221	1.13
	电线足够长	0.446	0.782	4.66	0.595	3.69	1.051	0.97
3 外观	流线型造型	0.808	0.817	4.30	0.880	3.78	1.345	0.52
	产品设计独特，装饰性强	0.771	0.754	4.40	0.840	3.68	1.361	0.72
	外形时尚	0.756	0.829	4.25	0.809	3.71	1.368	0.54
	外形小巧	0.506	0.727	4.38	0.660	3.64	1.241	0.74
4 材料	产品采用环保材料	0.754	0.764	4.43	0.727	3.08	1.114	1.35
	外壳材料韧性好	0.732	0.820	4.41	0.725	3.20	1.212	1.21
	外壳材料耐磨	0.716	0.808	4.55	0.767	3.43	1.286	1.12

续表

因素	内　容	载荷值	共同度	我的观点		与家中吸尘器相比		均值差
				均值	标准差	均值	标准差	
5 品牌	品牌知名度高	0.584	0.724	3.87	0.768	4.05	1.044	−0.18
	品牌口碑好	0.552	0.647	4.50	0.691	4.03	0.996	0.47
	外国品牌	0.511	0.606	2.92	0.953	3.74	1.555	−0.82
6 广告促销	广告吸引人	0.913	0.900	2.78	0.945	2.87	1.037	−0.09
	广告出现率高	0.885	0.832	2.67	0.933	3.05	1.269	−0.38
	产品促销活动	0.571	0.738	2.96	1.006	2.56	1.225	0.40
	低价格	0.472	0.604	3.38	0.999	2.78	1.318	0.60
	销售现场功能演示	0.407	0.708	3.85	0.903	3.29	1.293	0.56
	产品外包装精致	0.407	0.650	3.46	0.962	3.18	1.046	0.28
7 性能	吸力强	0.818	0.820	4.64	0.525	3.99	1.010	0.65
	噪声小	0.667	0.696	4.64	0.523	3.38	1.353	1.26
	省电节能	0.498	0.725	4.50	0.680	3.17	1.002	1.33
8 可持续买	附件可单独购买	0.643	0.637	4.43	0.989	3.38	1.250	1.05
9 色彩	金属漆表面	0.745	0.635	2.88	0.868	1.97	1.103	0.91
	色彩亮丽	0.645	0.701	3.37	1.073	2.97	1.653	0.40
10 净化空气	吸尘同时清新空气	0.743	0.722	3.82	0.969	2.38	1.347	1.44
	可散发香味令人愉悦	0.736	0.789	2.88	1.051	1.97	1.162	0.91
	多重过滤零废气排放	0.438	0.706	4.17	0.872	2.83	1.126	1.34

（1）因子载荷值

在各个因子变量不相关的情况下，因子载荷值指的是原有变量和因子变量的相关系数，即原有变量在公共因子变量上的相对重要性。因此，因子载荷值越大，则公因子和原有变量的关系越强。

（2）变量共同度

也称公共方差，反映全部公因子变量对原有某一变量的总方差解释说明比例。共同度是衡量因子分析效果的一个指标。变量共同度越接近1（原有变量标准化前提下，总方差为1），说明公因子解释原有变量越多的信息。可以通过该值，掌握该变量的信息有多少被丢失了。本研究筛选出来的评价因素变量的共同度大部分都高于0.7，说明提取出的公因子已经基本上能够反映各原始变量70%以上的信息，仅有较少部分的信息丢失，因此，因素分析效果较好。

5.2.4.4　因素的命名

由因子旋转矩阵可以看出主因素与其构成变量间的关系。本研究根据构成每一主因素的高载荷项目变量内容（表5-7），将10个主因素分别命名并且解释如下：多功能因子、方便因子、外观造型因子、材料因子、品牌因子、广告促销因子、性能因子、可持续购买因子、色彩因子和净化空气因子。

①多功能因子（特征值18.509，方差贡献率30.85%）

多功能因子是指家用吸尘器产品的各种使用功能。产品的多功能设计是以消费者的需求为出发点和归宿点。分析表中家用吸尘器产品的各类功能，发现可以将其归纳为以下几方面：首先，保留和发展了传统清洁的原始功能诉求。吸尘器最基本的功能为吸尘，传统的吸尘器以地毯吸尘为主，而新型的吸尘器功能，已不仅限于地毯吸尘，更是延伸到地板、家具、墙壁等室内的各个面上。根据不同的吸尘面，吸尘功能得到进一步细化，刷头的设计也变得多样化，不同的吸嘴可以用来吸不同地方的灰尘。其次，不但能"吸"，更能"扫"、"擦"、"抹"。传统的吸尘器只能吸灰尘，对于污垢、斑迹等则无能为力，而抹布刷头等的运用，则使吸尘器产品吸尘同时还能除污垢。这一设计，实际上使得吸尘器产品的运用不但能代替传统扫帚的功能，更是连抹布等传统清洁用具也一并代替。这种集吸、扫、擦、抹于一体的多重功能，不但扩大了使用场所，更大幅度提高使用效果。再次，针对"水"而设计的功能。吸尘器按使用功能可分为：干式、干湿两用式。传统的干湿两用式吸尘器是用橡皮刷进行吸水，而现在吸"水"功能也已得到更大范围的衍生：机体内加入清洁剂，用香波刷头在吸水同时还能清洁污垢面甚至是玻璃。最后，为消费者的健康而设计的功能。健康，是现代家庭最关心而敏感的话题，吃、穿、住、用、行都与健康息息相关。随着人们生活品质的提高和家居环境的改善，人们越来越关注环境对自身健康的影响。而室内空气质量是衡量家居环境是否健康的重要指标。应用多项先进的健康技术的吸尘器产品，通过高效的过滤和杀菌消毒为人们的健康、快捷提供更多帮助。一些吸尘器更加上除螨功能，创新地将负离子技术应用于吸尘器。在吸尘器工作时，不仅一面依其强大的内压吸尘除螨，还一面释放负离子，能够达到消灭室内多种有害菌的目的，从而保障室内环境健康、清洁，达到房间空气质量的高标准，增加人们对有害病菌及螨虫的抵抗力。

②方便因子（特征值 4.544，方差贡献率 7.57%）

操作简便化是家电产品开拓市场的最有效武器，越来越多的功能固然能吸引消费者，但如果操作烦琐的话只能适得其反，只有很简单就能使用的多种功能才能让消费者满意。

小家电的核心诉求点以"便利"为主。家用吸尘器作为居家小家电，主要用以替代人工劳动，减轻劳动强度，其"方便性"自然成为消费者关注的重点。家用吸尘器产品的设计通过人机工学原则，来达到方便性：比如根据身高，手柄可调节长度，让人操作吸尘时可以保持人体自然姿势，不用弯着背。还有，现在许多吸尘器都具有吸力调节功能，有些产品就将这一功能设计在手柄处，使得消费者使用时能按照清扫的实际

状况选择不同强度的吸力，轻松调节吸力。在人体工程学设计上的方便性还表现为可单手操作、伸缩式手柄的利用、电源开关的布局，甚至是灰尘指示。细节的设计体现了对人性的关怀。省去弯腰操作环节，人性化设计比较突出。

结构功能上的创新也为家用吸尘器产品带来方便性。传统吸尘器使用集尘袋过滤和集尘，导致拆卸集尘袋不方便；集尘袋容易破损，形成二次污染；吸力随着灰尘吸入量的增加而急剧减弱。气旋式的集尘方式使得吸尘器产品不再需要集尘袋，因而避免清洗集尘袋的麻烦和二次污染。不直接用手接触而清洁滤尘器的"滤尘器操作杆"结构以及"点触按钮全方位扫除"功能的设计无不是利用结构的创新为消费者创造方便性。

对于方便因子中的各个变量，被试人群表现出一致的重要评价，说明吸尘器产品操作使用上的方便性的确是消费者重要关注因素，而这些变量上的实受价值得分却不高甚至较低，分析原因，可能是被试人群家中吸尘器产品的种类不同使其无法做出综合判断。

③外观造型因子（特征值 4.172，方差贡献率 6.95%）

产品的形态是技术审美信息的载体，设计必须充分考虑形态的生理效应、心理效应和审美效应，使之体现出技术产品的效用功能、审美功能的统一。产品外观是信息的载体，设计师利用特有的造型语言进行产品的形态设计。利用产品的特有外观向外界传达出设计师的思想与理念。外观因子作为产品价值的外部特性，往往是消费者最能直接感知到的价值。消费者在选购产品时往往是通过产品外观所表达出的某种信息内容来进行判断和衡量与其内心所希望的是否一致，并最终做出购买决策。因此，一件产品只有迎合消费者的价值观念和审美情趣才能被消费者所接受，特别是在当今社会物质极大丰富，市场商品十分充裕的情况下，一件缺乏现代审美意识或并无多少文化内涵的产品，在市场上是没有竞争力的。当一些产品内在质量几乎是差不多的时候，产品外观就是关键因素了。

赏心悦目的产品是每个人都喜欢的，因为其在发挥自身功效的同时，还能充当装饰品摆在家里。现在的家用吸尘器，尤其是卧式吸尘器和便携式吸尘器，大都采用流线型设计。这些吸尘器外形小巧玲珑，宛如微型轿车、迷你跑车、玩具

车、子弹头面包车等，颇具时尚感，在家居美化的装饰效果也不错。

在消费讲求个性化的今天，产品设计独特，个性化强，必然能赢得消费者的喜爱，因为消费者能从产品的独特外形中获得与其个性、审美相一致的价值。被试人群对外观造型因子中的各个变量表现出一致的高赞同就说明了这一点。

④材料因子（特征值 2.828，方差贡献率4.71%）

材料因子指家用吸尘器产品关于材料方面的一些特性，比如"材料是否环保""材料是否耐磨"等。

在对被试人群进行生活方式和价值观调查时，发现他们普遍具有较强的环保意识，并常以实际行动支持环保。环境污染的严重加剧，给居民的生活带来严重的健康危机，这使得消费者对周围一切物质都非常关注其是否环保，是否会影响到自身健康。环保性逐渐成为产品价值的重要影响因素。产品要符合环境保护的要求，就要尽量采用可再生、对环境无污染、易于回收的材料。消费者对吸尘器产品材料环保性的重视正是显示了这一特点。

产品材料除了环保性以外，对于吸尘器产品来说，其材料的耐磨性和韧性也相当重要，因为消费者在使用吸尘器时经常会发生碰擦，吸管、刷头等附件也经常会被扭转、踩塌，所以，优质的材料是产品长久使用的保证。

⑤品牌因子（特征值 2.171，方差贡献率3.62%）

在中国，品牌对于消费者选择的重要性越来越明显，因为今天的消费者受两方面的影响，一方面是强烈的消费主义哲学在影响着他们，另一方面受到有限消费知识的限制，导致消费者对产品的认识也很有限。在这种情形下，品牌作为一个社会选择符号，它的作用是巨大的。①

在品牌因素中，还有一个不可忽视的变量，就是消费者对（家用吸尘器产品）外国品牌的看法。被调查者普遍认为在吸尘器的购买决定因素中，是否是外国品牌不是很重要，而实际情况是，被试者家中的吸尘器产品基本上都是外国品牌。由此可以看出外国品牌在这一产品上的绝对实力，分析其原因有三点：其一，外国品牌整体实力很强，如飞利浦产品线相对完整，各产品系

列均居市场领导地位；其二，家用吸尘器产品的技术门槛比较高，很多国内品牌受技术所限，只能游走于市场边缘；其三，消费者对此类产品的质量、性能、外形和时尚性等，即产品的价值有非常高的要求，这是目前国内很多品牌很难做到的。

⑥广告促销因子（特征值 2.077，方差贡献率3.46%）

广告促销因子是指家用吸尘器产品营销方面的影响因素，包括广告、价格、促销、销售现场的功能演示和产品外包装。

有关资料显示，消费者对于目前广告的整体印象不佳。这使得消费者认为广告是否吸引人、广告出现率是否高，对于其在家用吸尘器产品上的购买决策影响不大。而事实上，根据本研究的调查发现，市场上针对吸尘器产品的广告并不多，甚至可以说很少。除了各大商场或超市的广告小卡片，消费者很难在各类大众传播媒体上看到吸尘器产品的广告。所以，从目前来看，消费者购买此类产品其决策受广告影响不大。但我们不能由此推论吸尘器产品市场不需要广告的介入，相反，这正是提醒业界要加强此类产品的广告宣传，从个别经典的吸尘器广告也可看出此类产品的广告事实上很受人欢迎。

相对来说，在广告促销因子中，对消费者来说较为重要的因素是销售现场的功能演示。对于消费者来说，其购买小家电最关注的是其使用功能，因此，持续的终端演示显得尤为重要。通过演示能让消费者对产品做出正确评价，同时这种体验式的营销也更能说服消费者。

⑦性能因子（特征值 1.806，方差贡献率3.01%）

性能因子是指家用吸尘器产品的核心性能，包括噪声、吸力等。

吸尘器涉及空气动力学、密封性、降噪研究等不少尖端科技。吸尘器在外国普遍体积较大，但在中国，消费者不仅要求吸尘器体积小，还要具备多种先进技术，同时还要除尘多、噪声小。吸力强劲是消费者对吸尘器产品最基本的要求，达不到这一点，吸尘器的发展将无从谈起。消费者在使用产品时不但追求由产品功能所带来的效果，同时也关注产品使用过程的舒适度，这种舒适度包括人机工程学所涉及的每一方面，其中也

---

① 袁岳. 强势品牌在中国的精耕之道［C］. 2002 年 5 月"上海国际品牌论坛"上的演讲记录，2002.

包括噪声问题。

现在，新技术、新材料的利用使吸尘器产品的这一矛盾得到了很好的化解，各自的质量得到大幅度的提高。电机是家用吸尘器核心构件之一，随着设计水平、制造水平以及新材料、新结构、新原理的采用，现今的电机技术正朝着小型化、薄型化、轻量化、无刷化、智能化、静音化、高效化、节能化、环保化、可靠化、精密化、组合化的趋势发展。无极变频技术的采用，把吸尘器的工作噪声降至极低的水平，同时利用变频实现节能。同时，减震材料、隔音棉等新材料的运用以及多气孔结构的设计也在一定程度上减少了噪声问题。

⑧可持续购买因子（特征值1.730，方差贡献率2.88%）

附件可单独购买，是指随着家用吸尘器产品的不断研发更新，有更多的功能被设计创新出来，而消费者可以根据其自身的需求，选择一种或几种其需要的功能，然后单独买其附件。福维克品牌的家用吸尘器即使用了此种销售方式。消费者购买其产品可以选择除尘清洁的基本套型，还可以根据自身的需求与经济实力单独购置除螨深层清洁机或者抛光打蜡机。这种附件可单独购买的方式使得产品能满足多层次、多需求的不同消费者，同时也有利于产品研发的不断创新。

⑨色彩因子（特征值1.567，方差贡献率2.612%）

在产品设计中，色彩是借以实现产品视觉传播的各种符号要素中的很重要的一种，由于色彩具有诉诸人类感情的巨大力量，所以它是产品设计中不可或缺的重要符号要素，也是顾客对产品价值收益的典型外部特性之一。消费者往往会因对产品色彩的喜好而直接获得对产品进行抽象的利益感知。产品色彩规划的审美不仅要追求单纯的形式美，更重要的还在于与产品特性相关的色彩功能性、色彩工艺性、色彩环境性、色彩象征性与色彩流行性、色彩嗜好性等①。

家用吸尘器产品的色彩丰富多样，有的艳丽，有的柔和。比较艳丽的彩色调有黄色、红色或者紫色等。吸尘器色彩比较艳丽，主要是因为家庭劳动，色彩鲜艳有利调节人的心情，而色彩感强烈，可以暗示主人家庭清洁是件愉快的事。

但是问卷的调查显示，消费者不是很喜欢具有亮丽色彩的此类产品，而是比较钟情于柔和、温馨的色彩，这可能与本次实证研究被试人群的群体特征，如年龄、受教育程度等有关。

⑩净化空气因子（特征值1.478，方差贡献率2.46%）

近年来，家庭装修致使甲苯、甲醛等有毒气体超标成为人们患白血病的一大因素，正威胁着人们居家生活的安全和健康，有品质的居家生活已经不满足于看得见的干净，对于消除那些看不见的细菌、真正提升空气质量有着更高要求。现在的吸尘器则采用多重过滤系统，通过强劲离心力，将灰尘与空气彻底分离，将灰尘留在尘袋，清新空气排出机外，同时，（斜）上排风设计也有效控制了积尘飞扬的情况，这样就避免尾气的二次污染。有些吸尘器产品的集尘盒材质中还添加有极强杀菌作用的纳米银颗粒，可以将细菌、微生物、霉菌、螨虫等全面杀死，不会再次污染环境。此外，负离子光触媒技术的应用更是大大加强净化空气的效果。在吸尘器工作的同时通过释放新鲜负离子，消灭室内多种有害菌，不但净化空气更是消除了异味。活性香气的采用更是让消费者吸尘时感受到自然、清新的纯净香气，大大加强了劳动时的愉悦感。

5.3 "E"世代人群生活方式分类与电磁炉消费行为研究

5.3.1 "E"世代人群生活方式理论及定性研究

5.3.1.1 "E"世代人群定位

何谓"'E'世代"，本研究定义的"'E'世代"是指中国社会1975～1988年间出生（即年龄在24～35岁之间的年轻人），伴随互联网发展而成长，在成长过程中深受电脑及互联网因素影响的中国年轻一代消费者。该定义主要参考了西方学术界对于新一代消费者——Y世代的概念界定。

在西方国家，从20世纪90年代中后期开始，已经有学者从互联网发展历程影响因素的角度出发，细分出伴随计算机以及互联网发展而成长的新一代消费者——Y世代（Generation Y），并对其进行深入剖析。

Y世代是相对于X世代（Generation X）的后一个时代消费者。X世代的概念来源于1990年

---

① 张宪荣，张萱. 设计色彩学［M］. 北京：化学工业出版社，2003.

代初的一部小说 Generation X，媒体把当时 18～29 岁的年轻人归划为特定的一群，定义为 X 世代，他们的主要特征是被剥夺公民权而愤世嫉俗，当时，X 世代细分市场的出现引起广大商家的重视（David Ashley Morrison, 1997）。现在，原来的 X 世代已经成长到 30～40 岁之间了，而 Y 世代则是紧接着 X 世代的新一代消费者，他们的主要特征是伴随着计算机以及互联网的成长而成长，身上渗透着互联网的气息。西方对 Y 世代已经做了较为透彻的相关研究，相比国外，中国的"E"世代研究则薄弱了许多。虽然目前已有越来越多的研究者开始对中国消费者行为进行深入研究，但是对 E 世代消费者行为的研究进行透彻研究的还不多见①。

在中国针对"E"世代消费者的研究则更多的是掺杂在各种针对大学生的研究或者针对新生一代消费者或者网络消费者研究当中，没有将其单列为独立的研究对象。因此研究这一群深受占中国总人口的 16% 左右的"E"世代消费者的生活形态，然后分析他们的价值观、消费倾向、业余活动，为企业细分这一群消费者市场、设计营销诉求内容提供决策依据，在现今阶段某种意义上仍是中国企业界的薄弱领域。

在 2003 年《中国消费者生活形态报告》中提到，中等收入家庭的年轻一代（涵盖我们所谓的"E"世代人群）不仅会成为引领中国消费的主要力量，他们引领中国消费时尚，而且对他们的"父辈"有着强烈的影响，所以研究这一人群是具有很强的社会意义的。

5.3.1.2 生活方式相关理论

（1）生活方式概念

生活方式的概念来源于社会学的研究。"生活方式"一词最早是由马克思主义创始人提出的。"生活方式"在英文中大致经历了从短语（style of life）到合成词（life - style）再到单词（lifestyle）的演变过程。

"生活方式"发展成一个专门的术语，其标志就是合成词（life - style）的广泛采用。合成词时期持续到 70 年代，虽然还是强调群体的特征和群体之间的差异，但生活方式已经没有客观的、共同的探究范围，只是主观认定的具有代表性的若干方面。80 年代，生活方式概念由合成词稳定为单词（lifestyle）。这一概念的基本含义

仍然是研究对象的相对差异，但是这一时期谈论的差异是从个人出发的。

生活方式的定义有广义和狭义之分。广义的生活方式是包括经济、政治、文化、劳动、艺术、精神（道德、宗教）、家庭、娱乐生活等一切人类社会生活的各个领域、各个方面、各个层次的全部社会生活现象的总和。狭义的生活方式是指人们的物质消费活动和个人可支配的闲暇时间活动的方式。

（2）生活方式构成要素

生活方式是生活主体同一定的社会条件相互作用而形成的活动形式和行为特征的复杂有机体，基本构成要素有以下几个方面。

①生活活动条件。一定社会的生产方式都规定该社会生活方式的本质特征。在生产方式的统一结构中，生产力发展水平对生活方式不但具有最终的决定性的影响，而且往往对某一生活方式的特定形式发生直接影响。而一定社会的生产关系以及由此而决定的社会制度，则规定着该社会占统治地位的生活方式的社会类型。不同的地理环境、文化传统、政治法律、思想意识、社会心理等多种因素也从不同方面影响着生活方式的具体特征。

②生活活动主体。生活方式的主体分个人、群体（从阶级、阶层、民族等大型群体到家庭等小型群体）、社会 3 个层面。任何个人、群体和全体社会成员的生活方式都是作为有意识的生活活动主体的人的活动方式。人的活动具有能动性、创造性的特点，在相同的社会条件下，不同的主体会形成全然不同的生活方式。

③生活活动形式。生活活动条件和生活活动主体的相互作用，必然外显为一定的生活活动状态、模式及样式，使生活方式具有可见性和固定性。不同的职业特征、人口特征等主客观因素所形成的特有的生活模式，必然通过一定典型的、稳定的生活活动形式表现出来。因此生活方式往往成为划分阶级、阶层和其他社会群体的一个重要的标志。

5.3.1.3 建构"E"世代人群生活方式测量模式

消费态度和行为的特殊性在于消费者生活方式的特殊性和差异性。消费行为是生活方式的外在表现，消费者赋予产品以人格特征和自我形象意义。通过研究消费者的行为可以帮助研究其生

---

① 中国消费者行为报告 [EB/OL] http://www.wehoo.net

活方式。

从价值观和生活方式等多个角度立体地描述目标消费者、深入了解其特征，通过测量"E"世代人群的生活方式并进行分类来理解和预测消费行为是本研究的主要目标。

但是如何测量生活方式？生活方式研究在西方有很多应用，因为生活方式具有很强的文化特性，社会文化环境的变化不断改变人们生活方式的结构和内容，所以设计符合这一课题的特殊测量模式是很有必要的。但是，究竟设计哪些行为和取向，这通常要根据所要研究的具体问题来选择。在已有的研究中，缺乏专门针对中国"E"世代人群的测量模式，国内已有的生活方式测量表也很难拿来就用。所以最好的方法就在借鉴前人设计制作的 AIO，涉及现有生活方式的研究成果所获得的主要类型的基础上，结合深度访谈所得资料，四易其稿编定了适合于本研究的生活方式问卷，以分析"E"世代人群的生活类型。

"E"世代人群生活方式通常和家庭、时尚、购物、健康等关系紧密，这些都是生活方式不同侧面的反映。要建立针对电磁炉产品的生活方式测量模式，还必须考虑这个市场的地位和特殊性。通过详细的桌面调研和细致的深度访谈，本研究选择从日常娱乐活动、炊具消费意识、价格理财意识、品牌意识、生活观念、核心价值观、消费行为等几个方面来测量特定人群的生活方式。按照生活方式对人群进行细分，再用人口统计变量、产品购买和使用情况、媒体使用情况等对各细分类型进行特征描述。由此，本研究所建立的生活方式测量模式如图 5-6 所示：

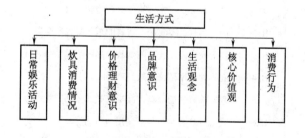

图 5-6　"E"时代生活方式测量模式

5.3.1.4　"E"世代人群深度访谈

"E"世代生活方式与消费行为差异性明显，每个人都有自己认同和向往的生活方式。有的人喜欢自由奔放和无拘无束，有的人喜欢豪华与尊贵，有的人喜欢挑战和冒险，有的人喜欢恬淡与安逸等，可以说每位消费者的需求、期望和购买

行为都是独特的，而"E"世代消费人群独特的心理结构又决定了他们的生活方式和消费心理及行为的独特性。

他们一方面将时间放在工作上，另一方面将时间分配到文化娱乐休闲上。由于价值观的变化，他们不以同一标准为目标，而是更多地追求独特的生活方式。

为了研究"E"世代消费人群的不同侧面，在苏、锡、常三个城市开展了十次深度访谈。访谈脚本是在生活方式现有研究成果的基础上，通过头脑风暴法整理而得。

由于本研究时间、地点的限制，在苏、锡、常地区以随机抽样的方式选择 20 位适龄青年进行访谈预约。访谈的话题是关于他们的生活方式以及电炊具产品特别是电磁炉产品，目的是要从价值观、生活方式等多个角度来立体地描述"E"世代消费人群，从而建立针对他们的生活方式测量模式；同时深入了解这一人群对电磁炉产品的期望以及形象认定、价位取向、购买原因、购买地点、使用情况等多种信息。

在深度访谈前，为了保证访谈对象的合适性，按照知名调研公司 AC 尼尔森的甄别问卷形式拟订了甄别条件如下：实足年龄 22～32 岁之间；过去一年时间内是否属于独立生活状态（自己供养自己，最好自己开火做饭）；本人、家人或朋友没有在以下单位工作的：市场研究公司、公司/企业的市场研究部门、厨房小家电及相关产品生产厂家、厨房小家电及相关产品销售或维修公司；过去的一年里没有接受过任何形式的市场研究的访问；在小家电产品购买过程中有完全决策权或部分决策权。通过用户甄别，最后确定的 10 位访谈对象。

访谈正式进行的时候，第一步工作就是了解被访问者的个人背景资料，诸如姓名、年龄、职业、文化程度、家庭状况等，接下来的主要内容有：

从访谈结果可以看出，"E"世代人群闲暇活动时间相对比较丰富、兴趣爱好也比较广泛，主要有：阅读、上网、听音乐、看电影、看电视、电脑游戏、逛街、聚会、运动、旅游等，他们可以自由安排业余时间和选择喜欢从事的活动。这一人群的人生观价值观也呈现多元化的趋势，他们对很多问题都有自己的看法：家庭、工作、健康、时尚、人际关系、环境、成就、未来等。一方面他们向往现代化的生活方式；另一方面他们有追求传统朴素的价值观，整个人群内部也有一个大概的分类：传统型和现代型也有夹在二者中间的混合型。由于各种环境和观念的不同，他们对于饮食，烹饪、炊具的看法也有所不同。

通过对访谈结果进行分析，可以得出我国"E"世代消费者生活方式的大概轮廓，有助于建立最后的生活方式测量模式，并设计出具体的调查问卷。

5.3.2 "E"世代生活方式分类和电磁炉消费行为定量研究

5.3.2.1 问卷设计

前文理论研究的基础上，我们建立测量生活方式的基本模式，接下来的任务就是实证研究的工作。实证研究就是通过设计有效的问卷并实施调查，获得具体的数据，将回收回来的数据登录到专业的数据统计分析软件，验证测量模式合理性及有效性，同时得到关于我国"E"世代人群的生活方式分类系统及其电磁炉产品的消费行为方式，从而了解生活方式与电磁炉消费行为之间的关系。

设计调查问卷的过程主要有以下三个方面：

①准确界定调研问题和调研目的：本研究的目的在于了解被试生活方式和电磁炉现有消费情况，所以问卷本身都得围绕这两个方面来制作。

②收集问卷相关资料：这部分工作是问卷设计的重要过程，为了对课题有更深入的理解，在正式设计问卷之前已经做了许多相关资料的收集整理工作，什么人群特征分析，产品背景考察，特别是生活方式研究方面做了桌面调研工作。这些前期的准备的工作对之后的问卷设计有极大的帮助。

③设定问卷结构、设计问句并为问句排序：按照一般问卷的格式，本次问卷也设计了以下六方面的内容。

第一部分——眉头，包括问卷编号、城市编号等内容；

第二部分——开场白，包括问候语，调查主题，调查单位，调查用途等内容；

第三部分——甄别问卷，主要用来甄别被试

的基本情况，选择符合调研要求的受访者而设；

第四部分——主题部分，是问卷的最重要的部分。由于本次调研目的的特殊性，该部分问卷又被分解为三个部分。

首先是主问卷部分，主要是生活方式测试问卷（通过被试对一系列陈述句的看法判断其生活方式）还有被试的小家电产品消费习惯考察量表等。生活方式的测量是整份问卷最关键部分，一般的 AIO 清单问题比较多，为了避免大量的题目会妨碍被试答题，本次调查在结合前人的生活方式研究成果基础上，通过区分度测试[①]，仅选取了有针对性的 30 个特殊化的问题作为生活方式考察量表（表 5-8），用李克特五点量表衡量被调查者对这些问题的看法，从而划分生活方式。每个陈述句都有五个选项，分别代表被试对每个陈述句的同意程度：1—完全不同意、2—不太同意、3—说不清楚、4—比较同意、5—非常同意。

表 5-8　　主问卷——生活方式测试问卷

序号	内　　　　容
R1	我喜欢和亲戚或朋友们一起出去活动
R2	如果可以我会尽量待在家里
R3	我经常活跃于社交场所
R4	放假时我喜欢旅游
R5	我经常进行体育运动
R6	我花较多的时间用于娱乐休闲活动
R7	我愿意花钱购买高品质的东西
R8	我很在乎产品的品牌
R9	即使价钱贵一些，我还是喜欢买国外的品牌
R10	我喜欢逛商场等地方，对我来说是一种消遣
R11	我喜欢货比三家，从而保证物有所值
R12	即使喜欢，不实用不需要的东西我也不会买
R13	我喜欢使用现代化的炊具产品
R14	我喜欢使用传统的炊具产品
R15	我选择合适的炊具产品提高我的生活质量
R16	我选择炊具时更关注实用与节约
R17	我选择炊具时更关注方便与卫生
R18	我希望过更加丰富和刺激的生活
R19	我习惯依照计划行事
R20	我希望过悠闲惬意的生活

---

① CSI 问卷的区分度测试就是对问卷中的每一条李科特量表问卷进行区分度考验。首先，计算每份问卷所有项目的总得分并进行排序。其次，计算得分高的前 25% 被试的每一项目的平均值以及得分低的后 25% 被试的每一项目的平均值。最后，通过对这两族的每一项目均差的计算，对均差较小（区分度较弱）的项目进行修改与删除。

续表

序号	内　　容
R21	我向往现代化的生活方式
R22	我喜欢被视作领导
R23	家庭幸福是我生活中最重要的
R24	事业成功是我生活中最重要的
R25	我从工作中得到很大的满足
R26	我对自己的成就有很大的希望
R27	我会不断地充电来接受未来的挑战
R28	储蓄对我来说很重要
R29	我喜欢尝试新事物
R30	为了生活得更舒适，我愿意承担风险

其次是"问卷A"和"问卷B"部分，由于电磁炉的销售量虽然一年比一年高，但是毕竟不是家庭主要炊具，用的人还很有限，所以依据家庭电磁炉的拥有情况将被试分为两种，分别回答"问卷A"和"问卷B"。"问卷A"专门用来考察没有电磁炉的家庭不购买电磁炉的原因、购买此类产品时关注因素以及他们对电磁炉产品的期望，由现时家里没有电磁炉的被试回答；问卷B，则用来考察已经拥有电磁炉的家庭对该产品的购买情况、使用状况及满意度调查等。

第五部分——即被试背景资料问卷，用来记录被试相关统计信息，包括被试的婚姻状况、同住人口数目、职业、家庭每月总收入等。

第六部分——结束语，告知被试此次问卷访问结束，表示感谢。

5.3.2.2　抽样实施

抽样的过程涉及使用少量的项目或总体的一部分来得出关于整个总体的结论，样本就是一个更大的总体的子集或者一部分。抽样的目的在于让人们对总体的一些特征进行估计[①]。

抽样的方法有很多，主要分为概率抽样和非概率抽样两种。非概率抽样是依据调研人员主观判断，即由调研人员确定哪些个体包括在样本中的方法，它又分为方便抽样、判断抽样、配额抽样、滚雪球抽样四种；概率抽样则是指总体中的每一个成员都有一个被选中的已知概率，具体又分为简单随机抽样、系统抽样、分层抽样和整群抽样。

考虑到"E"世代的特定人群背景，此次调查选择的抽样方法有两种。一种是方便抽样方法，主要在预测试阶段；一种是滚雪球抽样法，即在随机选择第一组访问对象的基础上，要求这些被试推荐符合访问要求的其他个体，后面的调查对象是基于推荐产生的，这种方法主要用在正式调研阶段。

正式调查时，地域范围锁定苏锡常三个城市，这三个城市是江南沿海经济比较发达的三个代表，人民生活水平相对较高，整体生活消费理念比较先进，对整体市场具有一定的引导性和代表性。调查多采用访问员入户调查及电脑网络调查，总共回收样本197份，通过初步的数据审核，剔除诸如不完整问卷、逻辑不符问卷、中间路线问卷等不合格问卷，最后获得有效样本161份，其中苏州占29.19%，无锡占31.68%，常州占31.68%。

被试的选取标准主要是年龄及其在小家电产品中的决策权问题。被试年龄必须符合22~32岁这个年龄阶段；另外，要求被试在小家电产品的购买过程中具有一定的决策权，即单独决定或家庭共同决定。

5.3.3　构建"E"世代人群生活方式分类

因子分析就是用少数几个因子来描述许多指标或因素之间的关系，以较少数几个因子反映原资料的大部分信息的统计方法[②]。生活方式的测试语句实际上是一系列与生活方式相关的陈述语句，语句之间存在一定的相关性，利用各语句之间的相关性，可以通过主成分因子分析将相关性强的因素综合为一个主因子，得出主因子的过程就是因子分析的过程。

因子分析主要涉及四大基本步骤[③]：

因子分析的前提检验，因子的提取，因子命名解释，计算各样本的因子得分。

下面从这四个方面入手来进行生活方式量表的因子分析，最后在因子分析的基础上对生活方式进行聚类分析。

5.3.3.1　因子分析的前提检验

因子分析的目的是从众多的原有变量中综合出少数具有代表性的因子，这必定要求原有变量

①　（美）威廉 G·齐克芝德著．吕晓娣，史锐译．营销调研精要（第二版）[M]．北京：清华大学出版社，2004：287.
②　余建英，何旭宏．数据统计分析与 SPSS 应用 [M]．北京：人民邮电出版社，2007：292.
③　薛薇，基于 SPSS 的数据分析 [M]．中国人民大学出版社，2006：363.

之间具有较强的相关关系。检验原有变量间相关关系的方法有很多，这里采用的是 KMO 检验。检验结果表5-9所示。

表5-9 巴特利特球度检验和 KMO 检验

Kaiser - Meyer - Olkin Measure of Smapling Adequacy.		0.720
Bartlett's Test of	Approx. Chi - Square	1472.257
Sphericity	df	435
	Sig.	0.000

由表5-9可知：巴特利特球度检验统计量的观测值为1472.257，相应的概率 P 值接近0。如果显著性水平 α 为0.5，由于概率 P 值小于显著性水平 α，则应拒绝原假设，认为相关系数矩阵与单位阵有显著差异。同时，KMO 值为0.720，根据 Kaiser 给出的度量标准（0.9 以上表示非常适合因子分析；0.8 表示适合；0.7 表示一般；0.6 表示不太适合；0.5 以下表示极不适合）[1]可知原有变量适合进行因子分析。

5.3.3.2 因子提取

按照因子分析的原则"因子数最少的同时信息损失也要尽量少"[2]，根据原有30个生活方式变量的相关系数矩阵，采用主成分分析法提取因子并选取特征值大于1的特征根。分析结果如表5-10所示。

表5-10 生活方式因子特征值及其解释原有变量总方差的情况

特征值		总方差贡献率（%）	累积贡献率（%）
因子1	5.389	17.964	17.964
因子2	2.760	9.200	27.164
因子3	2.188	7.292	34.456
因子4	1.620	5.399	39.855
因子5	1.609	5.363	45.217
因子6	1.519	5.062	50.279
因子7	1.279	4.263	54.543
因子8	1.173	3.909	58.452
因子9	1.161	3.868	62.320
因子10	1.053	3.509	65.829

特征值大于1的一共有10个因子，它们解释了总体方差的65.829%（超过60%，这对于社会科学来说是一个比较可取的比例）。

同样，我们也可以通过因子碎石图（图5-7）更直观地看出因子的分布情况。横坐标为因子数目，纵坐标为特征值。可以看出第一个因子的特征值很高，对解释原有变量的贡献最大；第十一个因子开始特征值较小，对解释原有变量的贡献很小，已经成为可以被忽略的"高山脚下的碎石"，因此提取十个因子是合适的。

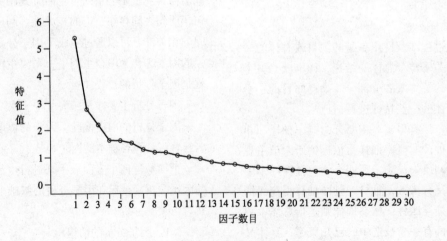

图5-7 因子碎石图

① 薛薇.基于 SPSS 的数据分析 [M].中国人民大学出版社，2006：366.
② 刘国联，大学生的生活方式、服装态度与购买行为研究 [J].苏州大学学报（工科版），2002（6）：21-25.

5.3.3.3 因子的命名解释

为了进一步了解其中每个因子的实际含义，这里我们采用方差最大法对因子载荷矩阵实行正交旋转以使因子具有命名解释性。指定按照第一因子载荷降序的循序输出旋转后的因子载荷，并输出旋转后的因子载荷系数，具体的各因子包含原始变量及其载荷系数见表 5–11。

表 5–11 各因子包含原始变量及其载荷系数

	题号	具体陈述句	载荷系数
因子1	Q9R25	我从工作中得到很大的满足	0.821
	Q9R26	我对自己的成就有很大的希望	0.769
	Q9R24	事业成功是我生活中最重要的	0.743
	Q9R22	我喜欢被视作领导	0.613
	Q9R27	我会不断地充电来接受未来的挑战	0.520
	Q9R06	我花较多的时间用于娱乐休闲活动	0.497
	Q9R07	我愿意花钱购买高品质的东西	0.475
	Q9R03	我经常活跃于社交场所	0.405
因子2	Q9R29	我喜欢尝试新事物	0.762
	Q9R30	为了生活得更舒适，我愿意承担风险	0.740
	Q9R07	我愿意花钱购买高品质的东西	0.545
	Q9R01	我喜欢和亲戚或朋友们一起出去活动	0.425
因子3	Q9R16	我选择炊具时更关注实用与节约	0.778
	Q9R17	我选择炊具时更关注方便与卫生	0.767
	Q9R15	我选择合适的炊具产品提高我的生活质量	0.688
因子4	Q9R14	我喜欢使用传统的炊具产品	−0.772
	Q9R13	我喜欢使用现代化的炊具产品	0.713
	Q9R09	即使价钱贵一些，我还是喜欢买国外的品牌	0.631
因子5	Q9R20	我希望过悠闲惬意的生活	0.756
	Q9R23	家庭幸福是我生活中最重要的	0.624
	Q9R02	如果可以我会尽量待在家里	0.555
	Q9R08	我很在乎产品的品牌	0.451
因子6	Q9R05	我经常进行体育运动	0.828
	Q9R04	放假时我喜欢旅游	0.388
因子7	Q9R12	即使喜欢，不实用不需要的东西我也不会买	0.833
	Q9R11	我喜欢货比三家，从而保证物有所值	0.494

	题号	具体陈述句	载荷系数
因子8	Q9R10	我喜欢逛商场等地方，对我来说是一种消遣	0.869
因子9	Q9R28	储蓄对我来说很重要	0.806
因子10	Q9R18	我希望过更加丰富和刺激的生活	−0.446
	Q9R19	我习惯依照计划行事	0.434

从表格中每个因子上选取载荷系数绝对值大于 0.4 的项目（其中 Q9R04 的载荷值为 0.388，略小于 0.4，基本合格，可以保留），再对所萃取的因子加以命名。

因子 1 是特征值最大和信息说服力最强的因素（特征值为 5.389，解释了总体方差的 17.964%），与事业、成就及未来发展有关，可命名为"事业成就发展因子"；

因子 2（特征值为 2.760，解释了总体方差的 9.200%），由挑战风险、尝试新事物等因子组成，可命名为"挑战生活因子"；

因子 3（特征值为 2.188，解释了总体方差的 7.292%），与炊具产品实用卫生等直接相关，可命名为"实用方便因子"；

因子 4（特征值为 1.620，解释了总体方差的 5.399%），与炊具的产品风格相关，可命名为"产品风格关注因子"；

因子 5（特征值为 1.609，解释了总体方差的 5.363%），由表示传统的生活观念的陈述句组成，可命名为"传统家庭因子"；

因子 6（特征值为 1.519，解释了总体方差的 5.062%），和运动、旅游相关，可命名为"运动休闲因子"；

因子 7（特征值为 1.279，解释了总体方差的 4.263%），与购物时的理性和谨慎相关，可命名为"谨慎购物因子"；

因子 8（特征值为 1.173，解释了总体方差的 3.909%），和购物消遣内容相关，故命名为"购物消遣因子"；

因子 9（特征值为 1.161，解释了总体方差的 3.868%），与日常储蓄相关，可命名"经济安全感因子"；

因子 10（特征值为 1.053，解释了总体方差的 3.509%），与生活的计划、规律相关，可命名为"关注生活规律因子"。

5.3.3.4　计算因子得分

计算因子得分是因子分析的最后一步。因子变量确定以后，对每一样本数据，我们希望得到它们在不同因子上的具体数据值，这些数值就是因子得分，它和原变量的得分相对应。有了因子得分，我们在以后的研究中就可以围绕维数相对少的因子得分来进行。估计因子得分方法有回归法、Bartlette 法、Anderson - Rubin 法等，这里使用回归法，并将因子得分保存在 SPSS 变量中，有几个因子便产生几个 SPSS 变量，变量标签就按照各因子名称命名。

5.3.3.5　"E"世代人群生活方式聚类分析

聚类分析的实质是建立一种分类方法，它能够将一批样本数据按照他们在性质上的亲疏程度在没有先验知识的情况下自动进行分类。聚类分析是一种探索性的分析，在分类的过程中，人们不必事先给出一个分类标准，聚类分析能够从样本数据出发，自动进行分类①。

在前一步因子分析的基础上，借助新生成的因子得分变量，我们使用快速聚类法（K - mean）对所有被试的生活方式进行分类。在通过统计检验的情况下，我们根据统计原则（即任何给定群体之间应最高程度地关联，不同群体之间应最低程度地关联）以及在现实中容易解释的原则，借助小部分样本数据层次聚类的分析，最后选择三个中心的聚类分析，也就是将被试的生活方式类型一共分成三类。这三类聚类中心（类别）如表 5-12 所示，表中数据的得分越高，表示被试对该项指标的认同程度也越高，"0"表示为中间态度。

表 5-12　　　聚类分析的中心

	类别		
	1	2	3
事业成就因子	0.05872	0.12415	-0.30594
挑战生活因子	0.34987	0.12607	-1.01066
实用方便因子	-0.06540	-0.17848	0.39395
产品风格因子	-0.08514	0.13365	0.02844
传统家庭因子	-0.19577	0.21928	0.18194
运动休闲因子	0.30061	0.04782	-0.78829
谨慎购物因子	0.37660	-1.14376	0.60552
购物消遣因子	0.06327	-0.13440	0.02530
经济安全感因子	0.02537	0.04589	-0.12194
关注生活规律因子	0.28586	-0.42370	-0.12864

根据每一位被试的因子得分，最终将其生活方式分为以下三大类：

第一分群，传统家庭意识淡薄，重视运动休闲，喜欢挑战新事物，理性购物意识较强，享受购物消遣，可命名为"成熟时尚型"；

第二分群，有一定的事业成就意识，传统家庭意识较强，关注产品风格、喜欢运动休闲，比较重视储蓄，但缺乏理性购物意识，可命名"追求完美型"；

第三分群，理性消费意识很强，注重实用方便，家庭意识较强，但运动休闲意识淡薄，可命名为"传统居家型"。

得到三个生活方式分类之后，可以根据分类结果将每一个样本分到各自的类群中。各个生活方式分群的人数及其占总体被试的比例如表 5-13 所示。

表 5-13　　　各生活方式分群频数分析

	人数（位）	百分比（%）
成熟时尚型	82	50.9
追求完美型	45	28.0
传统居家型	34	21.1
合计	161	100.0

如图 5-8 所示，是所有 161 位样本的现有家庭电磁炉拥有状况，53.4% 的被试家中没有电磁炉；46.6% 的被试家中已有电磁炉。结合生活方式分群情况，继续考察被试电磁炉拥有情况，利用 SPSS 交叉分析方法可以得到以下柱状图，如图 5-8 所示，除传统居家型分群中，家里已有电磁炉被试人数比没有电磁炉的多，其他两种类型中，则是家里没有电磁炉的人数居多。

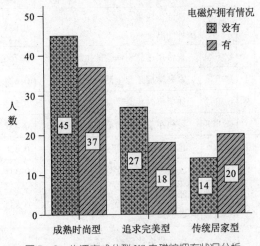

图 5-8　生活方式分群 VS 电磁炉拥有状况分析，

①　余建英，何旭宏. 数据统计分析与 SPSS 应用 [M]. 北京：人民邮电出版社，2007：252.

5.3.4　生活方式分类导向电磁炉产品消费决策因素

再次利用 SPSS 生成关于影响被试产品购买决策因素的折线图，结果如图 5－9 所示：根据生活方式分类后的人群与总体一共产生了四条折线，这四条折线线形拟合程度较高，说明"E"世代人群对这些产品决策因素的要求雷同。在选择电磁炉等小家电产品的过程中，消费者关注最多的是产品的安全系数和产品质量；其次是产品的售后服务因素；产品的价格和品牌知名度也是消费者比较介意的地方；对于产品的包装，消费者的关注程度最低。值得注意的是：打折促销活动对于"成熟时尚型"分群的诱惑力最小，而对于"传统居家型"的吸引力则最大；"成熟时尚型"人士对于"产品功能的多样化"的因素的关注程度较之"追求完美型"人群更高；对于价格因素，"传统居家型"人群比其他人群都更为重视。

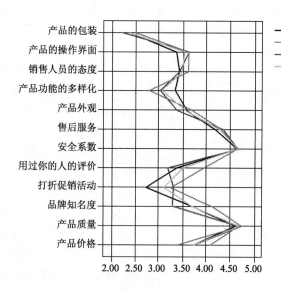

图 5－9　产品决策因子分析

利用因子分析我们将这十几个因素进一步简化，过程如下所述：

5.3.4.1　KMO 检验结果

如表 5－14 所示：KMO 值为 0.710，适合做因子分析；

表 5－14　巴特利特球度检验和 KMO 检验

Kaiser - Meyer - Olkin Measure of Smapling Adequacy.		0.710
Bartlett's Test of Sphericity	Approx. Chi - Square	437.694
	df	0.66
	Sig.	0.000

5.3.4.2　因子提取

如表 5－14 所示：取用因子特征值大于"1"的五个主要因子，解释原有数据 67.949% 的信息，达到社会学所要求的比例，见表 5－15。

5.3.4.3　因子解释命名

通过方差最大法得到旋转后因子的载荷矩阵（见表 5－16），根据各因素的因子载荷，我们开始给因子命名。

表 5－15　因子特征值及其解释原有变量总方差的情况

Componet	Initial Eigenvalues			Extraction Sums of Squared Loadings		
	Total	% of Variance	Cumulative %	Total	% of Variance	Cumulative %
1	3.503	29.195	29.195	3.503	29.195	29.195
2	1.420	11.833	41.028	1.420	11.833	41.028
3	1.168	9.731	50.759	1.168	9.731	50.759
4	1.060	8.833	59.593	1.060	8.833	59.593
5	1.003	8.356	67.949	1.003	8.356	67.949
6	0.841	7.007	74.957			
7	0.767	6.391	81.348			
8	0.609	5.076	86.424			
9	0.517	4.312	90.736			
10	0.482	4.018	94.754			
11	0.340	2.837	97.591			
12	0.289	2.409	100.000			

表 5 - 16　　　　旋转后的因子载荷矩阵

	Component				
	1	2	3	4	5
产品价格	-0.077	0.067	0.015	0.070	0.930
产品质量	0.101	0.734	0.044	-0.070	0.111
品牌的知名度	0.107	0.235	0.462	0.540	-0.024
打折/赠品等促销活动	0.054	-0.186	0.018	0.795	0.123
身边用过人的评价	0.110	0.101	0.887	0.053	0.011
安全系数	0.087	0.662	0.438	-0.133	0.127
售后服务	0.209	0.670	0.083	0.373	-0.306
产品的外观	0.415	0.440	-0.177	0.538	-0.151
产品功能的多样化	0.782	0.185	-0.144	0.052	0.177
销售人员的态度	0.627	0.238	0.392	-0.004	-0.240
产品的操作界面	0.703	0.145	0.051	0.110	-0.135
产品的包装	0.737	-0.068	0.232	0.106	-0.051

Extraction Method：Principal Component Analysis.

Rotation Method：Varimax with Kaiser Normalization.

a. Rotation converged in 8 iterations.

因子 1：与产品功能多样化、产品操作界面、产品包装等有关，可以命名为"产品构成因子"；

因子 2：与产品的质量，安全系数、售后服务相关，可命名为"产品可靠性因子"；

因子 3：与身边用过的人的评价直接相关，可命名为"产品口碑因子"；

因子 4：与产品的打折促销活动相关，故命名为"产品促销打折因子"；

因子 5：与产品的价格息息相关，故直接命名为"产品价格因子"。

通过因子分析发现，在电磁炉购买过程中，消费者关注最多的是"产品构成因子"，其次是"产品可靠性因子"、"产品的口碑因子"，值得注意的是"产品的价格因子"是五个主要因子中最不受"E"世代人群关注的因子。

5.3.4.4　计算因子得分并聚类

通过 SPSS 直接得到样本关于每个因子的得分情况，再次用快速聚类法将人群聚类，聚类结果显示依据因子得分分到的三类人群。

第一类：重视产品功能多样化，操作界面等产品构成因素，打折促销吸引力大，对于产品口碑关注较少；

第二类：关注产品安全性，重视产品质量，打折促销活动对这一分类没有太大吸引力；

第三类：重视产品的口碑，关注产品价格，对于产品多功能等构成要素持无所谓态度。

5.3.4.5　实证小结

（1）成熟时尚型（百分比 50.9%）

这是三个分群中总人数最多的一个分群，这个分群的传统家庭意识比较淡薄、喜欢运动休闲、乐于尝试各种新鲜事物、消费购物时比较理性，对他们而言，购物本身就是一种消遣，他们是一群比较成熟的消费者。

这一分群多为"已婚有孩"人士，以三口之家这样的核心家庭形式为主；在消费行为研究中我们发现成熟时尚型分群在小家电消费时更倾向于"半确定型"，即"在进入商场前，已经有大致目标，但具体要求还不很明确，需要经过较长时间比较后才会真正购买"；在小家电产品的购买决策问题上，他们更多地表现为"家庭共同决定"；同时在产品购买决策因素的考察中，我们发现这一分群对于"打折促销活动"的兴趣远不如其他两种分群，他们除了关注产品的安全系数、质量、售后服务等因素以外，"产品功能多样化"也是吸引这一人群的有效因素。

（2）追求完美型（百分比 28.0%）

这一分群有一定的事业成就意识、传统家庭意识比"成熟时尚"人士要强，比较关注产品风格、喜欢运动休闲，比较重视储蓄、但他们缺乏理性消费意识，是三个分群中人数比例居中的一群，占总人数比例的 30% 左右。

这一分群中，单身人士比例较大，"已婚有孩""已婚无孩"比例相当。在消费电磁炉这类小家电产品过程中，他们的表现要么是"不确定型"，即"在逛商场的过程中做出购买决定，即使事前没有购买计划"；要么"直接去某个商场的某个专柜购买所需要的小家电产品"即"全确定型"，反而是"半确定型"的比例最小。

继续考察这一分群在小家电产品消费过程中的购买决策权问题，我们发现"追求完美型"人群中"自己决定"购买的比例占绝对上风，他们是自主性最强的一个人群。

（3）传统居家型（百分比 21.1%）

这是"E 世代"人群中比例最小的一支，人数只占到 21.1%。这一分群的理性消费意识很强，购物时注重产品的实用方便性能，家庭意识较强，是三个分群中最没有运动娱乐休闲意识的人群。

对于电磁炉产品的消费而言，这一分群是市

场潜力最大的潜在消费者。就电磁炉消费的现状而言，只有在这一分群中"有"电磁炉的比例是大于"没有"电磁炉比例的；这一分群大多也是"已婚有孩"人士，而且被试中女性的比例大于男性；"下岗/失业/无业"人员比例较之其他两个分群明显有所上升。

对于他们而言，在购买小家电产品的过程中处于"半确定型"购物状态的比例居多；在决策权问题上，"自己决定"、"家庭共同决定"的比例相当；在他们看来，经常使用电磁炉的家庭不是很讲究饮食的家庭；他们在消费小家电产品时，除了产品质量、安全系数等因素以外，"打折促销活动"是最吸引这一人群的方法；对于他们而言，产品的价格是影响购买决策非常关键的因素。

5.4　主观幸福感导向电吹风设计效果实证研究

5.4.1　社会心理学的主观幸福感理论及定性研究

5.4.1.1　主观幸福感的定义

主观幸福感是人类个体认识到自己需要得到满足以及理想得以实现时产生的一种情绪状态，是由需要（包括动机、欲望、兴趣）、认知、情感等心理因素与外部诱因的交互作用形成的一种复杂的、多层次的心理状态。美国伊利诺伊大学的心理学教授埃德·迪纳（1997）认为，主观幸福感是指人们如何评估自己的生活，它包括如生活满意、高兴、愉快这些积极的情绪体验并且相对缺乏，如焦虑和抑郁这些消极不快的情绪。他还认为，人们可能是以认知或者是情感的形式来评价自己的生活。即使人们没有意识到它，但事实上人们都存在着一定水平的主观幸福感。它实质上是外在的良性刺激所诱发的一种具有动力性和依赖性的积极情绪体验。

5.4.1.2　主观幸福感应用于设计效果心理评价可行性分析

生活质量研究有经济、社会、心理三种视角。其中，心理学视角评价生活质量使用的是主观幸福感概念。主观幸福感试图解释人们如何评价其生活状况，涉及人们的生活满意度以及人们

的积极情感。幸福感研究为现代生活质量评估提供了新的视角，提供了新的指标，目的是促进人类与社会的健康发展①。

将主观幸福感作为一种评价标准来对产品设计进行评价，是可行的。

第一，主观幸福感是一种心理现象，揭示的是人们对自身生活状况的评价以及生活满意度。这又包括积极和消极的情感，人是有心理活动的，并且人们的日常活动，包括购物和消费等，都会受到人们的当前心理及精神状况的影响。也就是说，人们的心理状况会影响消费活动，从而间接地影响到企业的设计及促销活动。而用人们的主观幸福感进行产品设计评价是行得通的。

第二，从测量学角度来讲，对人们在主观幸福感影响下的购物偏好进行测试是行得通的。经过半个多世纪的研究，人们对主观幸福感的测量日益成熟，并且发展了各种各样的量表，还在中国居民中进行测试，这些量表被证实具有很高的信度和效度。对主观幸福感影响下的人们的电吹风设计效果评价研究，也是在前人研究成果的基础上进行的，运用现有测量量表和结论，编制新的测量量表。

本研究的预期测试方式是问卷形式，指导思想是主观幸福感理论。采用关联问卷形式，第一部分是关于人们生活质量为主的主观幸福感的测量，先测试居民的当前幸福状况。第二部分为一个关于电吹风的心理评价问卷，具体指导思想为CSI和主观幸福感。对统计结果进行关联分析，找出自我感觉幸福的人，喜好什么形式的电吹风，以及自我感觉不幸福的人喜欢什么样的电吹风。这是完全可操作的。

第三，可评价性。用以上所说的关联问卷进行测评，对所得数据进行分析，对结果用SWB和CSI理论进行评价。具有可评价性。

基于以上理由，本研究认为，用主观幸福感对设计效果进行心理测评是可行的并且是可操作的。

5.4.1.3　主观幸福感导向的产品设计效果心理评价模型

该课题所用的理论主要是CSI和主观幸福感（生活满意理论），突破了以前仅仅是依靠CSI进行评价的局限。在测评产品设计效果时，加入主观幸福感理论，将消费者满意层次进行升级，提高到幸福的层面上来，能使结果更加完美。

---

① 苗元江，于嘉元. 幸福感：生活质量研究的新视角［J］. 新视野，2003（4）：50－52.

主观幸福感不仅仅包括生活满意度，还包括情感因素，即积极情感和消极情感。其中生活满意度和 CSI 具有异曲同工之妙，而加入情感因素，使得产品设计效果心理评价更加完整。本研究所预期的目的即是找到一种新的评价标准，并用这种标准为依据，编制问卷，进行测评，找到主观幸福感对产品设计心理评价的内在关联。基于此，本研究认为：主观幸福感导向的设计效果心理评价是以 CSI 为评价标准的设计效果心理评价的改进版。

图 5 - 10 所示为加入情感因素、生活满意因素后的主观幸福感评价层次。其中，物质满意是基石，是产生幸福的基本部分；精神满意是消费者在购买产品过程与使用过程中所体会到的精神上的愉悦。商品充满人情味，消费者才可能真正接受商品，在精神层面上感到满意并产生积极正向的情感反应，这是产生幸福体验的第二步。生活满意层次是将消费者的收入、职业状况、人际关系、教育情况等来综合考虑的。因为人是社会的一分子，人的各种活动都不是孤立存在的，在产生积极正向情感的基础上，综合生活要素，产生生活总体满意，这是主观幸福感的重要组成部分。最后考虑到商品的社会满意层次，最终达到幸福层面。这是主观幸福感进行产品设计效果心理评价的 5 个层次，是对 CSI 层次的改进。

图 5 - 10　添加进主观幸福感的 CSI 评价模型

在改进版 CSI 测评模型的基础上，衍生出主观幸福感导向的整体产品评价模型（图 5 - 11）。增加了情感因素和生活满意两个评价因子。其中，质量、载体、品牌是产品的内在属性，情感因素是消费者本身的内在因素。

在考虑外部属性的时候，不仅考虑服务、社

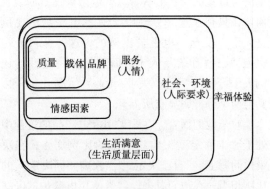

图 5 - 11　主观幸福感导向的整体产品评价

会、环境，而且把与消费者密切相关的生活质量相关因素考虑进来。最终的目的是通过对产品的购买及使用，产生幸福的心理体验。与传统的 CSI 测评相比，主观幸福感测评最大的不同就是加入了消费者本身的因素，比如消费者的情感体验、生活状态、幸福心理体验等。

5.4.1.4　主观幸福感测量指标体系的初步构想

在对所搜集文献资料进行整理，以及对访谈材料进行归纳整理的基础上，从当前中国经济社会和文化背景出发，本研究初步提出由 10 个指标组成的我国城市居民主观幸福感的测量指标体系，分别命名为：充裕感、公平感、安定感、自主感、宁静感、和融感、舒适感、愉悦感、充实感和现代感[①]。

（1）充裕感

指人们对自身所具备的物质生活状况，以及他们的基本物质需求满足状况的心理体验。假定该指标可以通过人们对收入、可支配收入的体验，以及吃、穿、住、娱乐等消费方面的体验反映出来。

（2）公平感

指人们对自身在社会政治、经济事务中是否拥有平等的地位并能自主地发挥作用，以及在对付出与所得的比较基础上所产生的心理体验。它主要包括对社会财富分配状况的公平体验，对政治、社会事务参与程度与公平程度的体验，将自身的付出与所得进行比较而产生的公平体验，将自身状况与他人比较而产生的公平体验，对社会不正之风的态度体验等。

（3）安定感

指人们对社会稳定状况，以及自身生活安定程度的体验。它主要通过人们对政治安定的预

---

①　邢占军 . 测量幸福——主观幸福感测量研究［M］. 北京：人民出版社，2005：65 - 67.

期、对宏观经济的预期、对社会秩序的安全感、对自身收入状况的稳定感，以及对人际关系的安全感体现出来。

（4）自主感

指基于人们对自身的调控与把握而产生的心理体验，它主要包括个体的适应能力、应变能力、对时间的管理能力、自信心、目标感，以及由个人决定的个性发展的自由度等。

（5）宁静感

指人们对自身所面临的事物和境况所持的比较超然的心理体验。它主要表现在是否拥有某种健康向上的信仰、个体的心理承受力、宽容度、嫉妒心，以及放松从容的心理状态等。

（6）和融感

指人们对自身面临的各种环境所感受到的和谐融洽的心理体验。它主要涉及自然环境（通过朋友关系、邻里关系，以及社会的宽容度等反映出来）和家庭环境（主要表现为家庭中的人际关系）等方面。

（7）舒适感

指人们对自身身体与心理健康的心理体验。该指标可以进一步分解为个体对身体健康的体验、个体对心理健康状况的体验、个体是否拥有健康的生活方式等。

（8）愉悦感

指人们由于乐观外向的性格特质，而对外部事物所产生的稳定的积极心理体验倾向。该指标主要考察的是人们的外向性和乐观性品质。人们具备这类心理品质则较为容易获得愉悦感，具备相反类型的品质则较易体验到忧郁感。

（9）充实感

指人们明确自身的目标，并能够有计划地实现自己所设定的目标，使自身价值得以充分发挥而产生的心理体验。在这方面，正向的心理体验表现为充实感，负向的心理体验则表现为空虚感。

（10）现代感

特指在中国社会转型期巨大的变革压力下，从传统人格向适应市场经济和信息社会的现代人格转变过程中人们所产生的内心体验。它主要表现为人们对市场经济的适应感（即个体的竞争意识、公平意识、价值意识、效率意识、等级意识等）、人们对信息社会的适应感（人们对知识、创新、个性化、能力等的需求和重视度）等。

以上10条指标是编制主观幸福感以及生活质量测评问卷所要参照的指导原则。本研究所要

编制的关联问卷的第一部分即是依据这些原则来选取的相关题目。

5.4.2　主观幸福感导向电吹风设计效果定量研究

5.4.2.1　选择电吹风作为评价的缘由

本研究选取的对象为电吹风，希望通过电吹风的设计效果心理评价案例，以小见大，找出小家电设计效果心理评价的一般评价标准和程序。具体原因有以下两个方面。

第一，电吹风能体现本研究所用到的核心理论。主观幸福感主要包括认知部分和情感部分，认知部分主要为生活满意度，情感部分包括积极情感和消极情感。这些都是很主观的心理活动，它们对设计的影响，是要通过一定的载体来实现的，与人们日常生活密切的小家电的设计风格、设计色彩、造型等，更容易体现人们的心情、价值以及对生活的满意度。电吹风是常用的家庭个人护理小家电，与人的生活密切相连，无疑是极佳的研究对象。

第二，调研的便利性。本课题为硕士毕业论文，时间和经费有限，但论文的质量是要严格控制的，要在规定的时间之内完成研究。电吹风是个人护理小家电，比较普遍，认知度较高，很容易得出调研数据。

正是基于以上两条理由，本研究选取电吹风作为载体，以探讨主观幸福感对小家电设计效果心理评价的影响，并期望得出一种新的心理评价体系和思路，对小家电设计指明方向。

5.4.2.2　实证的定量研究

（1）初始问卷设计

本文的研究工具是主观幸福感为指导思想的调查问卷。在初始问卷设计的过程中主要采用了以下方法：

头脑风暴法：以消费者为什么要购买电吹风的消费理由、消费动机、消费需求为刺激变量，采用发散思维来诱导小组成员进行头脑风暴法，进行问卷项目电吹风阶段的题目采集。

专家分析法：通过查询相关学术报告、杂志、设计师、网站搜索引擎和讨论，由课题组专家从专业的角度进行分析，筛选和确定问卷的项目。这部分主要是获得主观幸福感相关因素，以获得评价指标体系。

（2）问卷的准实验

本次准实验的研究被试主要为本校的研究

生，因本研究理想样本集中在拥有电吹风的居民，因为研究生最为接近市民，有部分研究生已经工作，有的已经结婚成立家庭，具有一定的经济来源，他们的想法也比较有说服力。实验一共进行四次，第一次为 10 人，均为男性（2006 级研究生）；第二次为 40 人，收回有效问卷 37 份，其中男性 21 人，女性 16 人；后两次为信度和效度测评，选择 40 名被试进行预测统计，其中男性 22 名，女性 18 名。

（3）预施测

根据消费心理理论对所有问卷项目进行归类，并对每道题的关键词条进行强调，句式采用陈述句并尽量明白表达意思，对文字不易表达的地方采用图形加以辅助表达。问卷答案采用利科特量表评定，1 非常满意；2 比较满意；3 一般；4 不太满意；5 非常不满意；6 说不清。并在问卷中加入少量的开放式问题供被试填写个人意见。

（4）访谈修改问卷

对初始问卷的修改，对 10 名被试样本进行逐个访问，并要求进行问卷填写，征求他们对问卷的意见。在他们填写的过程中，记录下每个人感到疑惑的题目、容易选错的题目以及不愿意真实作答的敏感题目，这些信息是问卷修改的主要依据。

发现的主要问题是题目过长，问卷指导语容易产生歧义；被试对关联问卷概念不理解，以为是两个独立的问卷；第二部分的关于电吹风设计效果心理评价的问卷最后几道题容易产生歧义，测量效果不明显。据此，本研究对问卷进行第一次修订，得到改进版的问卷。

改进版的问卷为一个整体问卷，取消了第一版中把问卷分为两部分的限制，并摒弃了一些重复且效果不理想的题目。最后得到 34 道题目，前 23 题为测试主观幸福感的部分，24 ~ 33 题为测试消费者购买电吹风时消费行为的测试题目，这部分明显的特点是加入了情感、生活满意度的相关因素；34 题为人口统计学部分。

（5）问卷区分度考验

在校内研究生中发放 30 份问卷，进行区分度测试。首先，计算每份问卷所有项目的总得分并进行排序。其次，计算得分高的前 25% 被试的每一项目的平均值以及得分低的后 25% 被试每一项目的平均值。最后，通过对这两组的每一项目均差的计算，对均差较小的项目进行修改与删除。保留 34 条项目，组成实验问卷。

（6）问卷的信度和效度考验

问卷的信度指的是测量结果的可靠性，即测量结果的一致性或可信性程度。效度指的是一个测验或量表的实际能测出其所要测的心理特质的程度。在无锡市区随机选择不同职业、性别、年龄的市民，进行问卷的重复发放，间隔时间为一个月。考察每个项目的重测信度，其中重测信度是指用同一个问卷对同一组被试施测两次所得结果的一致性程度。经过计算信度系数为 0.85，基本达到问卷设计要求。

运用构想效度法进行问卷效度的评估测验。通过研究电吹风设计效果心理评价相关内容，提出主观幸福感导向电吹风设计的问卷测试，根据此问卷的效标设计一份语义差异法的评估问卷，进行问卷发放对原问卷进行评估，结果发现原问卷的理论假设得到验证，说明问卷具有良好的构想效度。

5.4.2.3 被试样本的基本情况

调查对象的性别分布情况，男性样本 105 人，占总体的 52.2%；女性样本 96 人，占总体的 47.8%，接近 1 : 1 的比率。调查对象的年龄状态分布情况如表 5 - 17 所示。其中样本主要集中在 20 ~ 30 岁的年轻人，这部分人思维活跃，容易接受新生事物，是新产品的率先使用者，他们的看法对产品设计会有很大的启发。婚姻对主观幸福感也具有极大的影响，夫妻关系是否和睦，家人相处是否融洽，能影响到每个家庭成员。并且家庭成员的舆论完全能左右家电产品的购买。鉴于此，本次调研把被试婚姻状况作为人口统计学因素之一进行数据搜集，期望能找到婚姻与幸福的关联以及对电吹风设计的影响，未婚为 142 人，已婚 52 人，丧偶 1 人，离异 5 人。

5.4.2.4 被试居民生活幸福状况分析

（1）性别与个人月收入的关联分析

抽样数据显示，男女样本的月收入状况大体相同。男性较女性略多一点。人数最多的频数集中在 1001 ~ 2000 元这一带，数据贡献率为 26.4%，与此相关的是人们对电吹风所能接受的价位的选择。总体上，样本所能接受的电吹风价位在 60 ~ 100 元，男女基本一致。这说明消费者在购买电吹风的时候是比较理性的，不会花大价钱来购买电吹风。目前市场上电吹风定价一般为 60 ~ 100 元之间，因此，商家在定价的时候，是经过深入市场调研的，价位符合消费者的心理承受价位，商品才能畅销。

（2）年龄与个人月收入的关联分析

从搜集的数据看，20～30岁的样本，个人月收入主要集中在1001～3000元这个水平；31～40岁的样本，个人月收入主要集中在2000～5000元；41～50岁的样本，个人月收入主要集中在1001～3000元；51～60岁的样本，个人月收入主要集中在500～2000元；60岁以上的样本，个人月收入主要集中在500～1000元。这是与实际情况相符的，20～30岁的样本主要为学生、白领、刚刚步入岗位的职员、管理者等，他们由于经验不足，以及由于要结婚、人际关系的应酬等，月收入不高；31～40岁的样本主要为公司管理者、企业老板、技术人员等，他们积累了丰富的工作经验，逐渐掌握实权，因此，月收入相应较高。41～50岁，以及50～60岁，这些样本的成员，由于年龄的逐渐增大，工作力不从心，有时还要面临下岗和失业的危机，收入逐渐变少。

（3）"个人月收入"与"能接受的电吹风价位"的相关分析

考虑到产品生命周期，企业应该关注产品生命周期中的第二类人——早期大多数，他们是企业新产品打开销路的重要因素。统计数据显示的趋势表明，消费者能接受的电吹风价位为60～100元，符合市场上的电吹风定价价位。

5.4.3 电吹风设计效果心理评价（造型、色彩、功能）

5.4.3.1 电吹风外观造型设计效果心理评价

电吹风外观的项目主要是造型设计。电吹风早期设计中，外观设计占据重要地位，也是

影响消费者购买动机的重要因素。影响消费者购买决策的变量有很多，比如产品色彩、功能、造型、结构细节、价格、广告宣传等，本次调研采用控制变量的测量方法，即控制或忽略别的变量，只考虑外观造型变量，测试消费者对外观的喜好。

搜集整理电吹风图片100张，包括市场上所能见到的各种风格、价位、厂家的代表性电吹风图片。经过整理，标上序号（1～100），整理成同样尺寸的300×250像素的图片，并用Photoshop CS软件进行去色处理，目的是为了摒弃色彩对用户的影响，并经过筛选，把类似的图片初步归类。最终的效果为60张大小工整的去色图片集合。从江南大学设计学院随机抽取10位研究生（男女各5名）进行图片识别，让他们按自己的标准把图片进行分类。经过这10名被试的分类，最终的图片可以分为六类。第一次的测验结束。

第二次测试是这样进行的：选取另10名被试（与第一次的样本不同），让他们从第一步分好的六类电吹风里面选取一个最能代表该类造型风格的电吹风，最后根据得分多少，找到得分最多的六个电吹风，完成第二步的测验。

问卷中第26题所用的六款电吹风即是从上述检测步骤选择出来的六款电吹风，如图5-12所示。根据数据分析得知，第五个电吹风的选择人数最多，为49人，占24.4%；第三个次之，为42人，占20.9%。其中第三个电吹风为松下公司生产的最新款式负离子电吹风，体积瘦小，风筒部分为银色材质，且风筒与把手为可折叠设计，使用方便，目前在市场上销量不错，有很深的工业设计痕迹。

1   2   3   4   5   6

图5-12 经过实验得到的六个电吹风

消费者对电吹风的造型风格选择与其本身幸福感有什么关联呢？这也是本研究要探讨的一个重要问题。图5-13为幸福感与电吹风造型风格的关联分析图，从这个图中可以看出，在"非常幸福"这个选项上，选择人数排名前三位的电吹风编号依次为：6号，3号，2号；"比较幸福"

这个选项上，样本选择人数排前三位的电吹风编号依次为：6号，3号，5号；"幸福"这个选项上，选择人数排前三位的电吹风编号依次为：3号，5号，1号。

可以看出，自我感觉非常幸福的人，他们购买家电产品时考虑的已经不仅仅是功能、质量和

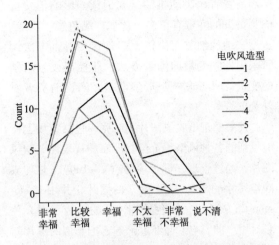

图 5-13 幸福感与电吹风造型风格选择关联分析图

价格因素，更看中的是产品的造型，以及良好的心理体验。以选择人数居多的 3 号，5 号，6 号电吹风为例，3 号电吹风为最新款式电吹风，简洁美观；5 号为流线造型，通体一种色彩，并且大胆采用透明风嘴；6 号电吹风为仿生设计，以自然界的生物为原型，简洁又不失活泼风格。这三种电吹风都是审美心理极强的产品。

5.4.3.2 电吹风色彩设计效果的心理评价

（1）电吹风色彩与性别的关联分析

在对待电吹风色彩的问题上，性别上不存在显著差异，但男性对个性化色彩态度比女性更积极。总体上来说，大家对"整体采用一种主色调"评价较高，对"外壳由多种色彩搭配"评价最低，但总体上态度都是正向的。参见图 5-14。

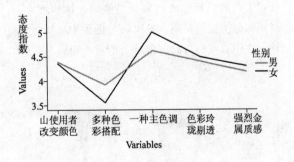

图 5-14 电吹风色彩与性别分析

（2）电吹风色彩与年龄分析

其中，"电吹风色彩像苹果电脑那样玲珑剔透"这一项与年龄成负相关。年龄越大，评价越低，差异显著。而其他几项上，差异则不显著（图 5-15）。

5.4.3.3 电吹风功能设计效果的心理评价

总体来看，功能排序如下：

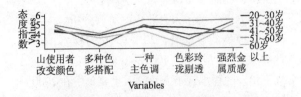

图 5-15 电吹风色彩与年龄分析

吹干头发 > 吹干衣物 > 吹干电器 > 医疗用途 > 清洁家电 > 吹干食物。

作为电吹风最常用的功能，"吹干头发"是大家一致认可必备的功能，因此得分最高（图 5-16）。从图 5-17 可以看出，"吹干电器"与性别关联时，Sig 值是 0.008，远远小于 0.05，因此，男女在"吹干电器"选项上的态度是有显著差异的，男性的态度值要高于女性。

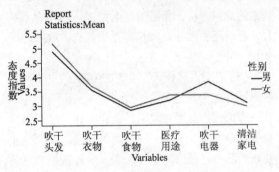

图 5-16 电吹风功能与性别分析

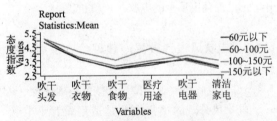

图 5-17 电吹风用途与接受价位分析

从图 5-17 可以看出，消费者对电吹风的"吹干头发"功能态度分数最高，不管什么价位的电吹风都是如此，"吹干头发"也是电吹风的基本功能。在"医疗用途"这个功能上，消费者态度差异最大，不过尚在接受范围之内，150元以上的电吹风得分最高，60~150 元的电吹风次之，可见价格高的电吹风被认为有更好的医疗用途，可以给人以更高的安全感。

5.4.4 主观幸福感导向电吹风设计效果心理评价

5.4.4.1 心理评价

探讨幸福感与家电产品设计效果心理评价的关系，一直是本研究课题所追求的目的。曾提出一个假设，即影响家电产品设计及消费者购买的因素不仅仅是产品的功能、色彩、价格、品牌、广告等物质因素，幸福感（情感、生活状态、社会、家庭、健康、心理等）因素也会影响到家电产品设计。为了弄明白这些非物质因素与家电产品设计的内在关联因素，本研究先从理论层面上探讨可行性，进而设计问卷，进行实证研究。问卷的第31、32、33题为幸福因素与电吹风设计及购买影响的问题，题目为消费者态度指数形式，这样能更深入地窥探样本对这个问题的真实想法。

关于"您觉得适合您的电吹风是什么样的"，男女对此问题的看法如图5-18所示。从图中可以清楚地看出，男女对这些问题的看法大致相同，只是女性样本普遍比男性样本态度得分要高。其中，女性样本得分最高的是"造型精美独特"，其次是"价格适中"。分析原因，女性在考虑问题以及购物时，容易受外界因素的影响，比如促销、广告以及商品本身的外观造型等；男性则比较理性，坚持自己的主见，不易受商品促销及广告的影响。

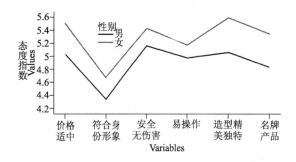

图5-18 消费者期望的电吹风与性别的关联分析

从表5-17可以看出，在分析职业与消费者期望的电吹风是什么形象时，"与身份形象匹配"、"名牌产品"这两项的Sig值均小于0.05，因此，差异是显著的。

表5-17   消费者期待的电吹风与职业的关联分析
ANOVA Table

		Sum of Squares	df	Mean Square	F	Sig.
价格适中 * 职业	Between Groups（Combined） Within Groups Total	6.862 150.163 157.025	11 189 200	0.624 0.795	0.785	0.655
与身份形象匹配 * 职业	Between Groups（Combined） Within Groups Total	39.632 252.617 292.249	11 189 200	3.603 1.337	2.696	0.003
安生无伤害 * 职业	Between Groups（Combined） Within Groups Total	8.282 144.982 153.264	11 189 200	0.753 0.767	0.982	0.465
操作简单易用 * 职业	Between Groups（Combined） Within Groups Total	8.561 167.320 175.881	11 189 200	0.778 0.885	0.879	0.562
造型精美独特，看着心里舒服 * 职业	Between Groups（Combined） Within Groups Total	8.402 161.220 169.622	11 189 200	0.764 0.853	0.895	0.546
名牌产品，质量服务有保障 * 职业	Between Groups（Combined） Within Groups Total	22.272 200.454 222.726	11 189 200	2.025 1.061	1.909	0.040

从图5-19可以明显看出，"党政机关处级以上干部"、"离退休人员"在选择电吹风时，对"电吹风能体现其身份形象"是非常赞同的，态度得分最高。而"商业工作人员"、"学生"在选择电吹风时，对"电吹风能体现身份形象"不置可否，态度值在4附近徘徊。

从图5-20中可以看出，"党政机关处级以上干部"在选择电吹风时比较注重"名牌产品"，而"商业工作人员"则对"名牌产品"态度不置可否，比较暧昧。不过，总体来看，消费者态度指数是大于4（一般）的，说明消费者在选择商品时，正逐渐注意品牌。

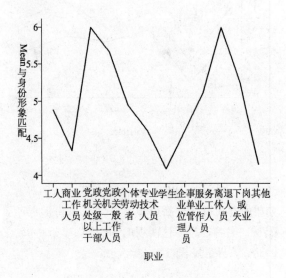

图5-19 身份形象匹配与职业的分析

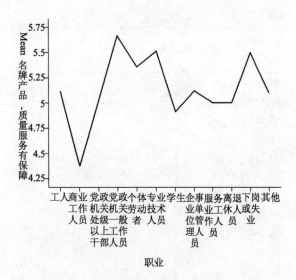

图5-20 名牌产品与消费者期望电吹风之间的联系

其中，得分最低的是"与我的身份形象匹配，能拿的出手"，不过平均得分是大于4.2的，可见样本在购买产品时，已经开始考虑产品满足其身份地位的需求，不过仍处于初级阶段，这是未来家电产品设计应该考虑的一个发展趋势。

图5-21所示为影响消费者购买电吹风的一些因素分析。本次问卷调研的主要目的是测试主观幸福感相关因素对电吹风设计效果的影响，涉及的6个因素为情感因素、生活状态、家庭因素、社会因素、心理因素和健康因素，与第四章提出的10个主观幸福感的指标体系相通。

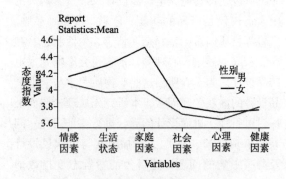

图5-21 影响消费者购买电吹风的一些因素

从图5-21中可以看出，对女性样本购买电吹风影响最大的是家庭因素，比如家庭收入、家庭成员关系、家庭舆论导向等。对男性样本购买电吹风影响最大的因素是情感因素，比如高兴、失落、恐惧等因素。其实，情感因素也是主观幸福感的一个重要组成部分，情感对消费者购买产品的影响，其实就是主观幸福感的影响。

图5-21还有一个重要信息就是，不分男女，消费者对社会因素、心理因素、健康因素对其购买产品时的影响是持否定态度的，态度得分均小于4.0。因此，为电吹风设计提供的一个信息就是：电吹风设计要把消费者情感因素、生活状态、家庭因素作为重要考虑因素，产品诉求以及广告诉求中要突出这些因素，才能使家电产品打开局面，获得市场认可。

小结：有79.6%的样本对"精美且有品位的电吹风会增强您的幸福感"这个论述是持肯定态度的，这与本研究设定的预期结果是相符的，即家电产品与人们的主观幸福感是相关的。设计精美、造型简洁、品味高尚的产品，是能增强人们的良好心理体验，并最终间接增强人们的幸福感觉的。

5.4.4.2 实证研究小结

通过主观幸福感导向电吹风设计效果心理评价问卷分析，总结了电吹风设计效果评价（主要是前期）即设计规划心理评价的要点如下。

（1）与总体设计有关的效果心理评价

①外观造型上应考虑到用户多样化的需求

根据收入的水平，以及目前幸福状况，对电吹风的外观设计要求也有所差异，而在设计人员进行电吹风外观造型设计时应体现出这种差异性，尤其是在进行市场细分时，幸福状况也可成为一个重要的细分标准。

一般说来，感觉幸福的人，无非是两种情

况，或者是对生活感到满意，或者是具有积极正向的情感。这种幸福的状态可以通过各种形式表现出来，比如人际关系融洽、收入增加、职位得到晋升、健康的身心、获得称赞等，幸福即是各种生活状态的综合影响的结果，是个体自我感觉出来的。

经过本次调研，发现自我感觉幸福的人，他们在选择电吹风时，对流线型（24.4%的被试选择）、仿生造型（20.9%的被试选择）比较感兴趣，这也代表了未来家电设计的一个趋势。在整体生活质量达到一定层次以后，人们考虑更多的是精神层面的东西，产品功能是最基本的部分。而那些制作严谨、古板、无设计痕迹的电吹风，则会慢慢被市场淘汰。

②色彩方面应力求简单，不可太花哨

电吹风属于个人日常护理用品，色彩设计应符合消费者的审美习惯及消费心理。根据调研数据分析，年轻男性更喜欢个性化的色彩方案。不过综合来看，"整体采用一种色彩"的消费者态度得分是最高的，还有一个重要现象就是，"电吹风色彩像苹果电脑那样玲珑剔透"这一项与年龄成负相关。年龄越大，评价越低，差异显著。

③功能方面，在满足已有功能基础上，应积极开发新功能

"吹干头发"似乎是人们对电吹风的思维定式，一看到电吹风，第一联想到的必然是吹头发。其实，电吹风还有别的许多用途，比如医疗用途：治疗某些关节风湿病，或者作为辅助的实验用具等；生活用途：吹干衣物，吹干食物，吹干电器，以及清洁电器等。这些功能是电吹风的一些辅助功能，可以由此衍生出许多新功能。比如专门针对医疗用途开发的医疗用电吹风，以及针对日常生活用的多功能电吹风，针对吹头发，可以开发出护理头发的负离子电吹风等。

（2）主观幸福感相关因素对电吹风设计的影响

本次研究主要涉及6个方面的因素：情感因素和生活状态、家庭因素、社会因素、心理因素和健康因素。这些因素很大一部分是主观情感心理因素，属于主观幸福感的相关因素。这些因素对消费者购买家电产品的影响，归根结底是主观幸福感在对人们的购买活动产生影响，不过，这种影响是间接的，通过影响人们的主观意识，来影响人们的购物消费行为。

关于电吹风对人们幸福感的影响，有79.6%的被试样本对"精美的电吹风会增强人们的幸福感"是持肯定态度的，这说明，家电产品对人们的心情及最终的生活满意程度是有一定影响的，这种影响可能是正向的，也有可能是负向的。

6

本土汽车产品设计心理评价研究

6.1 本土汽车设计心理评价实证研究综述

6.1.1 本专题研究方向及成果展示

本专题立足于中国汽车产业大发展这一宏观社会背景，选取本土汽车产品作为研究对象，从多个角度进行心理评价实证研究，具体包括三个子课题，分别是：课题一，《大学生气质类型与微型轿车色彩偏好及意象研究》；课题二，《微型客车战略设计心理评价实证研究》；课题三，《生活方式导向中国多功能乘用车设计》，三个子课题分别从不同的切入点，提出不同的议题和假设，并通过实证研究，运用多种定性和定量方法和工具，得到了大量的真实数据和用户反馈，对研究对象进行了细致的分析，最终导向汽车产品的多个方面的设计改进和建议。

课题1《大学生气质类型与微型轿车色彩偏好及意象研究》（马丽娜，2010）首先在查阅大量相关文献和书籍基础上，对涉及该课题的相关理论知识做了一个梳理与探讨：阐述了气质类型人的心理和行为特征以及气质类型的测评方法，在气质类型与颜色偏好的相关性研究中，采用被绝大多数心理学家广泛接受并认可的气质类型划分方式，即多血质、胆汁质、黏液质和抑郁质四种基本气质类型，并且引入 Pearson 相关系数，对色彩与知觉、色彩与情感等内容进行了深入的陈述，并且探讨意象尺度法的研究思路和应用方法；在具体操作上，选取 2010 年上半年国内最引人注目的四款新上市的微型轿车进行车身主色分析，并对近 7 年来我国汽车厂商推出的绝大多数微型轿车的车身色彩方案进行统计分析，然后制作微型轿车色彩趋势分析图，并根据这些数据以及色彩趋势图得出六点结论，以及对微型轿车色彩趋势进行了五点预测分析。最后，从消费人群定位、车型、使用功能、地理环境、社会文化、行驶安全和流行色彩 7 个方面详细论述轿车色彩设计的依据。

在定性研究阶段，首先采取了德菲尔专家评估法，根据孟赛尔色立体色相环以及目前市场、网络上微型车的现有色彩调研，选取"红色、粉红色、橙色、黄色、绿色、蓝色、紫色、白色、灰色、黑色、金色、银色、褐色"共 13 种色彩样本，然后从 Osgood 的研究结果出发，将描述色彩心理感受的形容词经过因子分析归纳为 4 个共同的因子，即评价性因子、潜力性因子、活动性因子和寒暖性因子，并基于以往的研究成果选择涵盖这 4 类因子的 18 对不同维度正—反义形容词对作为本次实验调查评价的标准。为了确定 13 个色彩样本在色彩意象空间中的大致相应位置，实验采用意象尺度法，选取 7 点量表，用很、较、有点、适中等表示程度的副词将描述某种心理感受的形容词划分为渐变的变量。在实验中，根据实验心理学的要求，进行了广泛合理的、有针对性的被试者选取并以便利抽样的方式邀请了 20 位同学测试，然后运用统计学里的因子分析中的主成分分析法对所收集的数据进行分析处理，最终得到 13 种色彩样本在意象空间中的分布情况，从而构建出色彩意象尺度图。在色彩意象形容词实验研究的色彩意象形容词的收集阶段，马丽娜采用将大学生群体色彩认知的调查结果与二手资料收集相结合的方法得到 257 个色彩意象形容词，随后邀请 30 名同学进行测评，要求各位被试者从这 257 个形容词中，以主观感觉的方式挑选出相对比较不适宜形容色彩带给人心理感受的形容词。在此基础上，在这些词语中挑选出能够更为集中表现被试者认知情况的 171 个形容词。为了更好地进行实验以及方便接下来的用户测试，需要对这 171 个形容词进行分类，分类过程采用卡片分类法。卡片分类法是用来对信息块进行分类的一种技术。在实验前准备好一些大小相同的空白卡片，将这 171 个形容词一一写在不同的卡片上。实验中请被测者在经过相互讨论后，将他们觉得意义相同、属于同类的卡片放在一起，然后在每一叠不同分类卡片的最上方，用空白卡片写上被测者觉得最合适的概括本组总的意义的名称。经过被测者的分类，加之最后的调整、总结，最终将这 171 个形容词分为 16 大类：可爱的、浪漫的、清爽的、靓丽的、自然的、优雅的、清新的、青春的、有活力的、豪华的、粗犷的、古典的、精致的、考究的、稳重的和现代的。

在定量研究阶段，马丽娜根据以上的研究结果及研究目的，完成正式问卷的制作，在进行了问卷的信度分析考量后发放 200 份正式问卷。在对所回收的 131 份有效问卷统计分析后，在大学生群体对于微型轿车的色彩需求、大学生气质类型与微型轿车色彩偏好、性别与微型轿车色彩偏好等方面进行详细分析，并最终成功构建基于大学生气质类型的微型轿车色彩意象尺度图。

课题二《微型客车战略设计心理评价实证研究》（李秋华，2009）研究中，以微型客车战略设计为研究对象，在定性研究阶段，阐述了当前微型客车的市场状况和消费者主导的消费形式等社会背景以及"SWOT 分析模型"、"平衡记分卡"、"设计效果心理评价"和"顾客价值与顾客满意度"等工具方法，并参考艾瑞公司的调查报告《中国白领网民消费形态调查研究》（此报告根据消费观念将白领网民细分为时尚尝新型、理性消费型、冲动消费型、奢侈消费型、透支消费型五类）及零点调查研究公司的吴垠博士的《中国消费者生活形态范式研究》结果（将中国消费者的生活形态研究抽取了 11 个生活形态的基本因素，将中国消费者分为 14 大族群，并构建了 China – Vals 模型）。基于上述的理论和方法，在无锡市及下属的发达乡镇地区抽取 16 位微型客车用户进行深度访谈，并根据数据建立 AIO 模型，把本次微型客车深度访谈的被访者细分兴趣工作型、生存工作型和家庭工作型三类，并初步掌握了消费者特征及微型客车的消费形态；在定量研究阶段，将消费者对微型客车的主观感受指标转化为刺激变量，自主设计了微型客车战略设计心理评价问卷，并选择苏州、无锡、上海地区进行调研，随后对所收集的数据在通过 KMO 检验和 Bartlett 球度检验结果确定适用因子分析法。在完成对调研的 180 个有效样本在 81 个变量上进行主因素分析通过因素分析后，提取了 17 个主因素。为了明确解释主因素的含义，接下又进行因子矩阵方差极大正交旋转（vari-max），从得到在各个主因素上具有高载荷的项目，最终获取由 58 个变量、17 个主成分组成的"微型客车战略设计心理评价因素重要性量表"，

为微型客车战略设计的心理评价提供参考。

课题三《生活方式导向中国多功能乘用车设计研究》（曹稚，2009）研究中，以多功能乘用车（MVP）为研究对象，选取 20~30 岁这一消费潜力巨大的青年消费群体作为研究人群，以生活方式相关理论以及经典生活方式测量模式作为理论依据，先对目标研究人群的生活方式测量模式进行探索性研究：在对 MPV 外观造型设计定位研究中，让消费者根据不同 MPV 车型的图片作出外观偏好的判断，以此构建针对各生活方式分群的设计定位；在对目标施测人群的生活方式测试上，使用 AIO 量表进行测量筛选，萃取出适合本课题目标施测人群的生活方式测试语句。在接下来的定量研究阶段，设计调研问卷，并分别在北京、上海、武汉共发放问卷 150 份，回收 131 份，然后运用因子分析法萃取出生活方式因子；采用聚类分析法对被试的生活方式进行分类；通过单因素方差分析来验证不同生活方式分群的人口统计特征、对 MPV 外观偏好以及消费行为上的差异；用对应分析法来分析不同生活方式分群对 MPV 外观的偏好。最终得到"时尚休闲因子"、"传统家庭因子"、"自我发展因子"、"关注环保因子"、"个性生活因子"、"注重品牌因子"、"理性消费因子"和"追求品质因子"共 8 个主要因子，并将被调查者的生活方式分为三大类："个性精英型"、"时尚实惠型"和"成熟顾家型"，对其生活方式和与多功能乘用车设计偏好以及消费行为之间的关系。

这些研究成果都是以心理学的多个角度对现代汽车设计进行的课题研究，在心理学和设计学两大门类学科不断紧密交叉融合的背景下，相关的理论研究取得丰硕的成果，并不断地取得突破，本专题将会在对相关研究进行综述回顾后详细阐述上述三个研究案例。

6.1.2 汽车设计心理评价相关研究综述

设计心理学是心理学和设计学两门学科交叉融合产生的新的研究领域。设计学科的发展从过去的单纯对物的设计转变为以"人"为中心，人及其与产品、环境关系的研究和设计；从注重设计的感性因素和设计师的主观行为转变为重视理性和科学方法，通过客观的调查和分析研究指导设计工作。设计心理学，正是根据设计学科建设和发展的需要，引入提炼心理学的相关理论和方法，去研究决定设计结果的"人"的因素，

从而引导设计成为科学化、有效化的新兴设计理论学科。设计效果心理评估则是运用设计心理学方面的方法和知识，对产品的设计效果进行心理评价，以了解消费者和市场对于产品设计的态度和意见，从而使得企业和设计师不断调整和优化产品设计，提高消费者满意度。

心理学研究思考人的心理过程，包括感觉、知觉、注意、记忆、思维、想象、言语、人格、个性、需要、动机、能力、气质、性格和自我意识等众多方面，根据其在不同领域中的应用，与其他学科结合又形成了很多分支，包括认知心理学、工程心理学、社会心理学、消费心理学、管理心理学、发展心理学、教育心理学等多个学科分支，其中与产品设计相关的主要有认知心理学、社会心理学、消费心理学、工程心理学等方面。认知心理学研究认知及行为背后之心智处理的心理科学，主要研究人的认知过程，如注意、感知、记忆、语意和语言等；消费者心理学研究消费者在消费活动中的心理现象和行为规律，包括消费者的需要、动机、行为、决策、态度等内容。由于本课题所选用的三篇案例在研究过程中主要涉及认知心理学和消费心理学两大板块中的部分内容，所以主要对这两个方面的相关研究进行综述研究。

6.1.2.1 认知心理学与汽车设计效果评价

从认知心理学角度进行的相关研究主要集中在汽车造型风格与意向认知研究这方面。造型特征和意象认知是汽车造型风格的两个组成部分。造型特征是人们所观察到的汽车形体外观，意象认知是人们对汽车形体的心理感受；造型特征是汽车造型的物质表现，意象认知是汽车造型的精神依托。

同济大学的刘胧、汤佳懿和高静（2010）提出基于感性工学的产品设计工作流程，并研究用户感性词汇与汽车中控台造型要素的关联性。主要运用多元尺度法、聚类分析法，与之对应的消费者认知方面，在初期收集的200个形容词基础上筛选得到8组共16个形容词，最后选用里克特量表设计问卷进行调研分析评估。他的研究与本课题组马丽娜的研究有相似之处：在研究方法上，两者都是通过实证研究收集大量的用户感知形容词，并进一步筛选得到几组主要因子及相应所包含的意向形容词，但马丽娜的研究更进一步，她还绘制出具体色彩意象尺度图和形容词尺度图，更为直观和系统地展现出研究成果；在研究对象上，马丽娜的研究关注于汽车色彩的研

究，而刘胧、汤佳懿等的研究则关注于汽车中控台造型的设计感知上。

湖南大学的周念沙（2010）以语义为桥梁获取用户、设计师、决策层对汽车造型意象的认知并建立一个描述造型意象的形容词语义库，并在实证研究的的基础上探讨库中各形容词的语义关系，生成与汽车造型意象相关的、相对稳定的认知语义框架，进而对语义框架中的形容词进行词义、意象标定，加强汽车造型设计中三类角色语义认知行为统一性，为基于认知语义框架的造型意象匹配奠定基础。另一方面，从情境的观点分析汽车造型设计面对的客体情境、本体情境，研究设计师如何从设计角度把这些情境信息转化成造型意象、实现造型意象视觉化。在研究主体上，周念沙选择了多个主体：用户、设计师、决策层对于汽车造型的意向感知为研究内容，和马丽娜的研究对象相比，研究对象范围更加广泛。研究过程有区别，周念沙的课题从认知概念出发通过研究最终导向汽车设计造型，而马丽娜的研究则相反，是从汽车设计造型出发，通过意向尺度法等方法工具的运用最终导向设计感知形容词和意向尺度图。

武汉理工大学的许超凤（2010）以用户生活方式与混合动力轿车内饰设计之间的关系为研究内容，以心理情感及使用方式等各种人性化因素的考虑为出发点，从空间的角度思考生活方式对于车辆内饰的影响，结合材料、人机及设计心理等，将更多人性化的因素融入到内饰设计。曹稚的《生活方式导向中多功能社用车设计研究》也是从消费者的生活方式研究着手，研究不同群体在生活方式上的差异以及所带来的汽车消费需求上的差异，不同的是许超凤的研究偏重于汽车空间因素，曹稚的研究偏重于生活方式导向最终的汽车造型设计偏好和消费行为。

合肥工业大学的汪汀（2009）对轿车的个性化色彩进行研究，通过对汽车的使用功能、使用环境、使用对象、行驶安全、流行色彩等方面进行分析研究，对汽车个性化色彩需求进行初步总结，应用意象尺度法，根据不同的性格类型和色彩语义的对应关系，得出"性格—色彩意象图"，再由色彩意象导出色彩及其搭配，最终得出色彩方案，他将色彩体系划分为三个层次：性格层、色彩意象层和色彩层。这一研究与马丽娜的研究有相似处，都是对汽车色彩进行研究，得到了意向尺度图，一个是性格——色彩意向，一

个是气质类型——色彩意向，马丽娜在研究对象上更为精准，选取大学生为研究对象，研究结果可信度更高。

天津大学的张琳（2007）在进行汽车造型审美心理测量实验时，采用语义分析量表法，依据人的审美心理特点的心理学实验设计设置了13对形容词对，构建语意量表。运用主成分分析法对数据进行分析并进行信度效度检验，最终得出了产品意向分布图。马丽娜的研究与其相比，更为详细和具有实证研究特征。

欧洲的英国诺丁汉大学的人类工效学研究室，德国的波尔舍汽车公司和意大利的菲亚特汽车公司都热衷于感性工学的应用研究；美国福特汽车公司也运用感性工学技术研制出新型的家用轿车；日本索尼、韩国现代、三星等公司也已有了相当深入的感性工学的研究。[①]

从上面调查所得到的内容，可以总结看出，所研究的内容和对象种类较多，包括：汽车特征线、汽车中控台、汽车内饰、造型和车身色彩等，方法也较为多样，包括实验法、多元尺度法、聚类分析法、问卷法、感性工学分级推论法、意向尺度法、语义差异法、多向度评测法等。由于对于汽车设计评估多具有主观色彩和很多不确定因素，难于把握和量化，而现代工业强调产品对象的可测定、量化和分析，因而认知心理学的应用使得人的主观心理感受、潜在需求和态度得到挖掘，对汽车设计的评估起到很好的客观实验印证及量化作用。本专题研究团队中的马丽娜，在参考了上述多种研究方法，创造性地选择以大学生为研究群体，将感性研究与基于实证的理性研究结合起来，除了使用访谈法和问卷法等常用研究以外，通过意象尺度法将被试的潜在的主观想法意见提取出来并制成大学生微型汽车色彩意象尺度图，将主观评价提取出来制成意象形容词尺度图，具有较高的理论操作价值和现实参考意义。

6.1.2.2 消费心理学与汽车设计效果评价

消费心理学是心理学的一个重要分支，它研究消费者在消费活动中的心理现象和行为规律以及个性心理特征，具体包括消费者的需要、动机、行为、决策、态度等内容。从消费心理学角度对汽车产品设计进行的相关研究主要包含对消费者的购车需求的研究，汽车的情感化设计等内容。

武汉理工大学的姜轲（2010）以武汉为目标进行地域特征分析，并以武汉的私家车车主作为典型用户人群展开用户研究，分别从使用需求、外观需求、内饰配置需求、动力技术需求、经济性需求和安全性需求6个方面，对其实际的家用车使用情况进行分析，得出武汉用户在实际使用中对家用车的多重需求。这一研究与李秋华的研究课题具有相似之处，都是以消费者对汽车的设计需求为研究内容，也都是对某个具体的地区范围内进行的，姜轲的研究成果以需求列表的形式呈现，而李秋华则通过隐喻转化，将消费者的需求装化为58个具体设计变量并制成了量表，显得更加明显易懂。

湖南大学的崔杨（2009）研究用户情感需求和汽车造型要素的情感表达，综合两者提出一套基于用户情感需求的模型来指导汽车造型情感化设计。他还探讨了汽车造型要素在情感化三个层次中的情感表现，在此基础上提出基于原型和意象联想转化造型的设计方法，以此来联接用户情感和汽车造型特征。这一研究与曹稚的生活方式研究有一定相似之处，但曹稚的研究更为深入地通过对用户生活方式的不同带来需求的不同，最终导向对汽车设计的要求也不同。

对消费者需求的研究是消费心理学的重要研究内容，通过对消费者对汽车设计的需求进行调查和研究，可以指导企业和设计师更好地进行设计规划，设计生产出更加符合消费者需求的汽车。不同国家、地区、不同阶层的消费者对汽车有着不一样的需求重点和内容，国外汽车在进入国内市场前也需要根据本地具体的消费者需求和喜好，对汽车设计进行改装和调整，本土化的汽车设计更需要对本土消费者的需求进行研究和考量。从消费者需求角度进行调研。调查和研究消费者对汽车设计需求的共性，以及本土消费者、不同阶层消费者以及特定群体消费者的个性需求，对本土汽车设计具有明确的指导意义和价值。

6.2 大学生气质类型与微型轿车色彩偏好及意象研究

课题一《大学生气质类型与微型轿车色彩偏好及意象研究》选取大学生为研究群体，从消费者个性化心理特征之一的气质入手，在大学生群体对于色彩的认知调研及个性化需求的基础上，

---

① 百度百科. 感性工学［EB/OL］http://baike.baidu.com/view/1157622.htm, 2010.

结合问卷调查的数据，得到不同气质类型大学生在轿车色彩偏好上存在显著差异的结果，并探索性地制作色彩趋势分析图、色彩意象尺度图和意象形容词尺度图，以期为本土汽车在色彩设计评估的研究提供一些参考价值。

6.2.1 实证研究理论基础——气质类型与色彩意向理论

6.2.1.1 气质学说

气质一词源于拉丁语 temperamentum，它是人的最典型最稳定的一种个性心理特征。现代心理学把气质定义为：气质是表现在人们心理活动和行为方面的典型的、稳定的动力特征。不同个体之间在气质类型上存在着多种个别差异。这种差异会直接影响个体的心理和行为，从而使每个人的行为表现出独特的风格和特点。每个消费者都会以特有的气质风格出现于其所进行的各种消费活动之中，而并不完全依赖于消费的内容、动机和目的。

长期以来，心理学家对气质这一心理特征进行了多方面的研究，对气质类型的划分有着不同的见解，因而形成不同的气质理论。常见的气质学说包括：体液说、血型说、体型说、激素说、高级神经活动类型说。基于研究的普遍适应性和问卷的可操作性，本文采用被绝大多数心理学家广泛接受并认可的气质类型划分方式，即四种基本气质类型：多血质、胆汁质、黏液质和抑郁质。在气质判别的方法上，国际上主要有美国学者吉尔福特和晋莫编制的《曼吉晋气质调查表》、波兰华沙大学心理学教授简·特里劳编制的《简·特里劳气质调查表》、英国心理学家艾森克编制的《艾森克个性问卷（EPQ）》等。另外还有一种是陈会昌等人结合国际量表进行本土化修订后编制的《气质类型测验量表》，该量表简便易做，所测结果比较符合我国实际，因而使用较广泛。所以本研究中气质类型的测量欲采用该量表。

6.2.1.2 色彩意向尺度法

色彩的心理效应就如同色彩所带来的美感、情感和象征作用一样，是无法直接衡量和评价的。而色彩意象尺度法，就主要是将色彩的属性和心理表现进行综合考虑，把不具体的色彩印象，根据色彩的逻辑而生成的意象尺度来区分有关色彩的心理以及情感层面的效应，是以科学的实验方法为依据而进行的色彩关系的研究。

（1）意象尺度法的概念

意象尺度法是美国心理学家 Osgood 于 1957年提出的，又名语义差异法（Semantic differential method，简称 SD 法），主要是借助实验、统计、计算等科学方法，通过对人们评价某一事物的层次的心理量的测量、计算、分析，减少人们对某一事物的认知维度，并得到意象尺度图，比较其分布规律的一种方法。色彩意象尺度主要是根据色彩所引发的心理感觉为分类标准，一般以柔软—僵硬感为纵轴，以动感—静止感为横轴，形成二维坐标系。任何一个或一组色彩或产品都能在坐标上找到合适的位置，并且各个坐标位置可以用适当的语言来表达，这样在色彩形象和语言形象之间就建立起了一一对应的联系，让我们能客观、理性地来判断原本抽象难懂的色彩意象。

（2）意象尺度法的研究思路和方法

意象尺度图的建立过程是一个较为复杂的多学科交叉的问题，涉及实验心理学、统计学等方法和原理；意象尺度法的应用步骤为，首先寻找与研究目的相关的意象语汇来描述研究对象的意象风格，然后使用类似"暖的—冷的"等多对反义形容词对从不同的维度来量度"意象"这个模糊的心理概念，并建立五点或七点心理学量表，以很、较、有点、中常、都不是来表示不同维度的连续的心理变化量，一次心理测量一般使用 15~25 对形容词；接着进行实验，实验要求被试根据自己的主观感觉对事先选定的样本逐个进行不同语义的评价，然后通过对实验数据的分析整理则必须借助于数理统计的方法，一般采用因素分析中的主成分分析或多向度法进行研究；简而言之，就是将由多种因素组成的多维意象空间，通过统计意义上的降维，找到能最大程度地反映总体意象倾向的尽可能少的意象维度的描述，以及各维度之间的相关性，并最终构建色彩的意象尺度图。

色彩意象尺度主要是根据色彩所引发的心理感觉为分类标准，一般以柔软—僵硬感为纵轴，以动感—静止感为横轴，形成二维坐标系。任何一个或一组色彩或产品都能在坐标上找到合适的位置，并且各个坐标位置也都可以用适当的语言来表达，这样就在色彩形象和语言形象之间建立起了一一对应的联系，这样就可以客观、理性地判断原本抽象难懂的色彩意象了。色彩意象尺度的目的在于提供一个直观的色彩定位和分类的系统，帮助人们更好地认识色彩，把不具体的色彩印象，根据颜色的逻辑分类成关于色彩的心理、情感层面的感受。

6.2.2　实证研究定性研究——问题提出与实验设计

6.2.2.1　研究流程

为了达到本课题的研究目的，需要通过问卷来测评大学生的气质类型及对微型轿车色彩的偏好以及对于色彩意象的认知。最终的问卷共分为四个部分，第一部分为大学生气质类型的测量，第二部分为大学生对于微型车的色彩需求以及对于色彩意象的认知测评，第三部分为大学生针对微型车色彩的需求和建议，第四部分为大学生的个人基本资料。

本研究以选取的 13 个色彩样本及大学生的气质类型为研究对象，运用数理统计的方法分析气质类型与色彩偏好的关系，利用意象尺度法构建微型轿车的基于气质类型的个性色彩意象尺度图。要构建该图，需要确定色彩样本在坐标系中的位置，以及色彩样本与基本意象的对应关系。确定色彩样本在坐标中的位置，以及色彩基本意象形容词的确立至关重要，下面就这两个问题作详细的说明，具的确定流程如图 6-1、图 6-2 所示。

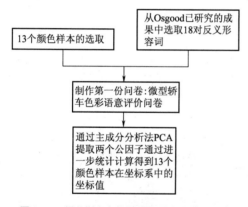

图 6-1　颜色样本在坐标中位置确定的流程图

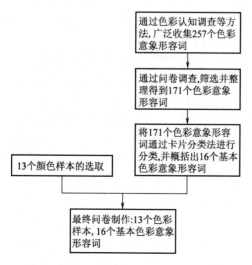

图 6-2　色彩基本意象形容词确立的流程图

6.2.2.2　色彩样本的语义评价实验

（1）色彩样本的选取

对于色彩样本的选取，采取了德菲尔专家评估法（Delphi Expert Assessment Method），包括了姚小平、李红印、苏向红三位专家。颜色的种类成千上万，不可能每一种都选作研究对象，考虑到实验的可行性及可操作性，本次研究根据孟赛尔色立体色相环以及目前市场上、网络上微型车的现有色彩调研，最终为本次研究选取了"红色、粉红色、橙色、黄色、绿色、蓝色、紫色、白色、灰色、黑色、金色、银色和褐色"共 13 种色彩样本。

（2）正—反语义形容词的选取

本次研究是从 Osgood 的研究结果中出发，他认为色彩意象是一个多维空间，所有描述色彩心理感受的形容词经过因子分析可以归纳为 4 个共同的因子，即评价性因子、潜力性因子、活动性因子和寒暖性因子。本次研究基于以往的研究成果，选择了涵盖这四类因子的 18 对正—反义形容词对（因为一次心理测量一般使用 15～25 对形容词[①]）作为本次实验调查评价的标准。这 18 对正—反义形容词尽量选择不同维度的，选择结果如表 6-1 所示。

表 6-1　　18 对反义形容词

评价性因子	潜力性因子	活动性因子	寒暖性因子
甜美的—苦涩的	重的—轻的	动态的—静态的	温暖的—寒冷的
愉快的—不快的	坚硬的—柔软的	开朗的—忧郁的	
优雅的—粗俗的	现代的—古典的	明亮的—昏暗的	
华丽的—朴素的	男性化的—女性化的	兴奋的—沉静的	
醒目的—不显眼的	强的—弱的	热闹的—冷清的	
情绪的—理智的	紧张的—松弛的		

（3）意象语义评价实验

本次实验的目的是为了确定 13 个色彩样本

---

① 张军，赵江洪. 意象尺度法与产品设计研究［J］. 装饰，2002（7）.

在色彩意象空间中的大致相应位置。本实验采用意象尺度法，意象尺度法的评价尺度一般采用标准的心理学5点或7点量表。本次实验选取7点量表，用很、较、有点、适中等表示程度的副词描述某种心理感受，如图6-3所示。

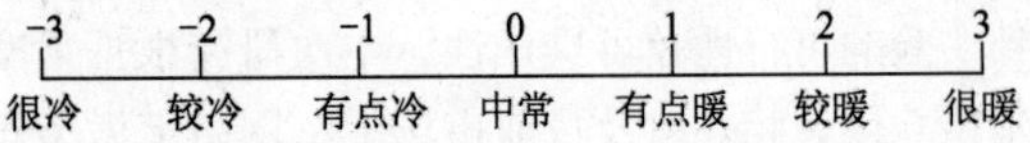

图6-3 感觉的方向和强弱变化示意图

为了保证数据的可靠性，根据实验心理学的要求，以便利抽样的方式邀请了20位设计专业的研究生同学测试。在实验中，要求被试者根据个人的主观感受，对最终选取的13个色彩样本进行感性意象评价，并在量表相应的位置打钩作为标记。

（4）实验数据结果分析

借助统计软件 SPSS 对实验的结果数据进行录入与分析，得到13个色彩样本在这18对反义形容词对上的平均分，如表6-2、表6-3和表6-4所示，然后运用统计学中的因子分析中的主成分分析法（Princile Component Analysis, PCA），来求取主成分的结果，如表6-5所示。不同的形容词对使色彩意象的描述形成了一个立体的、多维的意象空间，而本次试验的目的是为了能从这些多维的描述中，找到某个或某几个意象维度的描述，他们能够最大程度地反映总体的色彩意象，以及各个维度之间的相互关系，并通过色彩意象空间的内在数据结构，来最终构建本次试验需要的色彩的意象尺度图。在数理统计中，这正好属于因子分析的问题，所以本次实验采用因子分析中的主成分分析来解决这类问题。

表6-2　　　　　　　　　　　　色彩样本在形容词对上的平均分1

	甜美的—苦涩的	愉快的—不快的	优雅的—粗俗的	华丽的—朴素的	醒目的—不显眼的	重的—轻的
红色	-1.4000	-1.6000	-0.6000	-2.2500	-2.8500	-1.6000
粉色	-2.9500	-2.0500	-1.0000	-0.9500	-0.3500	1.9500
橙色	-1.2500	-2.1500	-0.6000	-1.2000	-2.6500	0.1000
黄色	-0.6500	-1.2500	0.1500	-1.5000	-2.0500	1.1500
绿色	0.2500	-0.9500	-0.5000	0.1500	-0.5500	0.6000
蓝色	0.9500	0.1500	-1.1500	-0.0500	-0.1500	0.3500
紫色	0.7500	0.5500	-1.9500	-2.0500	-0.2500	-0.9000
白色	-0.2500	-0.2000	-1.2000	1.1500	1.2500	2.5000
灰色	1.9500	2.1000	0.6500	2.0000	2.4500	0.4500
黑色	2.2000	1.7500	-0.2000	0.4500	0.4500	-2.6500
金色	-0.7500	-1.1000	-0.9500	-2.5500	-2.7000	-1.6500
银色	0.0000	-0.6500	-1.9000	-1.3000	-1.1500	0.6500
褐色	2.2000	1.9500	1.2500	1.7000	1.5000	-1.6000

表6-3　　　　　　　　　　　　色彩样本在形容词对上的平均分2

	坚硬的—柔软的	现代的—古典的	男性化的—女性化的	弱的—强的	情绪的—理智的	动态的—静态的
红色	0.9500	0.0000	1.6500	1.8500	-2.2000	-2.2000
粉色	2.5000	-0.6000	2.8000	-1.8500	-1.9000	0.4000
橙色	1.7500	-0.9500	-0.0500	0.6500	-1.6000	-1.8500
黄色	2.0500	0.1500	-0.2500	-0.2500	-1.2500	-1.5000
绿色	0.2000	-0.4500	-0.5000	-0.1000	0.3000	0.2500
蓝色	-0.4500	-0.8000	-0.9500	0.3000	1.0000	1.6000
紫色	0.1000	1.2500	2.0500	0.2500	-1.0000	0.8500
白色	2.4500	-0.6500	0.5500	-1.8000	1.4000	1.8500
灰色	0.0000	-0.1000	-1.3500	-0.9500	0.5000	1.3000
黑色	-2.4000	-0.7000	-2.0000	2.2000	1.6000	1.9500
金色	-1.2500	0.4500	-0.0500	1.9500	-0.1500	-0.9000
银色	-0.1500	-1.5500	-0.3500	0.2500	0.9500	1.1000
褐色	-0.5500	0.9000	-1.1000	0.7000	0.3500	0.7000

表6-4　　　　　　　　色彩样本在形容词对上的平均分3

	开朗的—忧郁的	明亮的—昏暗的	兴奋的—沉静的	热闹的—冷清的	紧张的—松弛的	温暖的—寒冷的
红色	-1.9500	-2.2000	-2.6000	-2.4500	-1.9000	-2.6500
粉色	-1.4000	-1.7000	-0.3000	-0.2000	1.5000	-1.0000
橙色	-2.4500	-2.6500	-2.2000	-2.4000	-1.2500	-2.4500
黄色	-2.1000	-2.4000	-1.7500	-1.7000	-1.1500	-2.2500
绿色	-0.1000	-0.9000	0.7500	1.0500	0.8000	1.0500
蓝色	1.5000	0.3500	2.0500	2.1000	0.3000	2.4500
紫色	1.3500	0.8500	1.5000	1.2500	-0.0500	0.3000
白色	-0.5000	-1.8500	1.2500	1.6500	1.2500	1.9000
灰色	2.0500	2.2500	2.0500	2.1500	1.0500	1.5500
黑色	2.1000	2.4000	2.1500	1.8000	-1.2000	2.0500
金色	-1.3000	-2.3000	-2.1000	-1.9000	-0.7000	-1.6500
银色	0.0500	-1.3500	1.0500	1.6500	0.9500	1.6500
褐色	1.6000	2.0500	1.4500	0.9000	0.1000	-0.1500

在表6-5中，成分为描述色彩意象的各个形容词对和维度，方差的%表示该成分的显著性水平或该维度的解释量，累积的%表示到n维变量为止的n维意象空间的描述特征。提取累计特征值为46.476%的两维变量，通过进一步的统计计算，得出13个色彩样本的两维描述值，如表6-6所示。表中13种色彩样本的两维描述值对应于二维平面坐标系中的坐标值，根据这种对应关系，得到13种色彩样本在意象空间中的分布情况，从而构建出色彩意象尺度图，即图6-4。

表6-5　　13个色彩样本的两维描述值

颜色样本	X (1, 1)	Y (1, 2)	颜色样本	X (1, 1)	Y (1, 2)
1. 红色	-2.6500	0.9500	8. 白色	1.9000	2.4500
2. 粉红色	-1.0000	2.5000	9. 灰色	1.5500	0.0000
3. 橙色	-2.4500	1.7500	10. 黑色	2.0500	-2.4000
4. 黄色	-2.2500	2.0500	11. 金色	-1.6500	-1.2500
5. 绿色	1.0500	0.2000	12. 银色	1.6500	-0.1500
6. 蓝色	2.4500	-0.4500	13. 褐色	-0.1500	-0.5500
7. 紫色	0.3000	0.1000			

由于考虑到实验的可操作性，本次研究只选择了13种颜色，但包含了基本的色相，因为颜色的种类成千上万，我们不可能一一选择，虽然结果不够全面，但是加之前面对色彩的研究，还是可以从图6-4中看出一些规律的。

表6-6　　　解释的总方差

成分	初始特征值			提取平方和载入		
	合计	方差的%	累积%	合计	方差的%	累积%
1	5.274	29.298	29.298	5.274	29.298	29.298
2	3.092	17.177	46.476	3.092	17.177	46.476
3	2.634	14.636	61.111	2.634	14.636	61.111
4	1.646	9.143	70.254	1.646	9.143	70.254
5	1.158	6.434	76.688	1.158	6.434	76.688
6	1.073	5.964	82.651	1.073	5.964	82.651
7	0.901	5.004	87.656			
8	0.511	2.838	90.494			
9	0.475	2.641	93.134			
10	0.388	2.158	95.292			
11	0.250	1.389	96.681			
12	0.241	1.341	98.022			
13	0.139	0.772	98.794			
14	0.098	0.543	99.337			
15	0.076	0.425	99.761			
16	0.030	0.168	99.929			
17	0.008	0.047	99.976			
18	0.004	0.024	100.000			

提取方法：主成分分析。

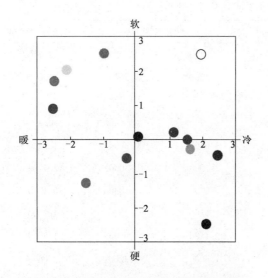

图6-4　冷暖轴与软硬轴构成的色彩意象尺度图

x轴水平方向代表了冷暖，从左至右代表由暖色到冷色，主要表示了色彩样本中色彩色相的冷暖变化趋势。这与我们之前所进行的色彩研究的结果是一致的，例如，红色的意象极富暖意且稍有柔软的感觉，与此相对，蓝色的意象则是冷且稍带硬朗的感觉。

y轴垂直方向代表了软硬，从上到下反映了色彩样本明度、纯度上的变化，即明度由亮变暗，纯度由灰变纯（由于色彩样本选择的关系，这一点并不是很明显）的变化趋势，而这也符合软—硬这对形容词的色彩意象，即明度低、纯度高的色彩给人的感觉是硬的，而明度高、纯度低的色彩则给人柔软的感觉。

这个由代表暖—冷的x轴与代表软—硬的y轴所构成的两维意象平面，是由实验和数理统计的科学方法所确立的单色意象尺度图，它反映了不同色相在暖与冷、软与硬的空间中的确定位置和相互之间的某种逻辑关系，是将人的色彩感觉量化的结果。

6.2.2.3　色彩样本的语义评价实验

对于本次研究，基本色彩意象形容词的选取流程为：首先通过访谈及调研得到大学生群体对于色彩的认知情况，然后根据调研的结果概括总结出257色彩意象形容词，剔除掉不合适的形容词后，接着邀请设计专业的学生运用卡片分类法，将剩下的171个色彩意象形容词分成16大类，从而概括提取出最终使用的基本色彩意象形容词。

（1）大学生群体对于色彩认知的调研情况

在调研大学生群体对于色彩认知的阶段，一方面，通过与大学中各学院的学生们进行访谈，例如你觉得黑色给你一种什么感觉？你可以用哪些形容词来表达金色带给你的感受？说到橙色，你能联想到什么呢？等等一系列的问题，进而从访谈的对话中记录大学生群体对于不同色彩产生的心理感受情况；另一方面，通过网络、书籍等平台广泛地收集大学生群体对于色彩的认知情况。下面就是本次色彩认知调研的情况描述。

1）针对13个色彩样本的认知调研情况

①红色：红色是一种引人注目的颜色。它是太阳、火、血的色彩，具有炎热、高兴、精力充沛、性感、爱情、运动、能量、温暖、热情、兴奋、积极、向上、活力等意象特征。同时红色也象征革命、喜庆、幸福，但是虽然红色性格热情而突出，然而过于暴露，容易冲动，过分刺激，因此又象征野蛮、恐怖、卑鄙又危险。在中国，红色是东方民族的色彩。

②粉红色：粉红色是一种温柔的颜色，大学生对其的认知多限于具有香甜、年轻、可爱、温柔、女性化的、少女的、浪漫、幸福、甜蜜、优雅的、母性的、平和的等意象特征。粉红色是少女嗜好度最高的色彩，象征温情脉脉的情怀。与紫红色、红色相近的粉红色和紫色都具有性感的一面。

③橙色：橙色是橙子、橘子等水果的颜色，它是光感明度比红色高的暖色。橙色给人的印象一般多为活力充沛、运动、心情愉快、快乐、华美、富丽、兴奋、亲和力、流行，总的来说是一种非常具有活力的色彩。另外，人们看到橙色会自然地产生有味道的感觉，它也是一种可以增进食欲的色彩。

④黄色：大学生普遍认为黄色是一种与众不同的色彩，既鲜艳又明朗，并且有着幸福的感觉。它是所有颜色中最亮的色彩，给人温暖、灿烂、光明、明朗、欢乐、愉悦、好胜、乐天、幸福、高贵、欺骗等意象特征。在调研的过程中发现，女性对黄色系有很好的感觉。

⑤绿色：绿色的世界既充满盎然的生机，又充满了和谐与安宁，给人以极大的慰藉。绿色被赞为生命之色，使人联想到大自然，给人以郁郁葱葱的感觉。具有和平、青春、理想、舒畅、春天、安逸、新鲜、安全、宁静等意象特征。黄绿色是初春的色彩，更具生气与活力，象征着青春少年的朝气；青绿色是海洋的色彩，是深远、沉着、智慧的象征；带有灰色调的绿色，会给人一

种悲伤衰退的感觉。

⑥蓝色：蓝色是蓝天和大海的颜色，具有广袤、深远、宁静、高深、智慧、博爱、沉静、理智、真理、大方、冷淡、神秘莫测等意象特征。鲜明的蓝色看起来有着年轻和运动的感觉，给人精力充沛、印象深刻的感觉，同样蓝色也具有永恒、可信赖的感觉，深海蓝色是蓝色中最有力量及深奥的颜色。

⑦紫色：紫色属于中性色彩，是大自然中比较稀少的颜色，容易让人想起紫丁香、紫罗兰之类的花儿，所以其优雅的感觉与女性化的意象关系密切。另外，紫色具有高贵、优雅、性感、神秘、华丽、幻想、出众等意象，但是也会给人一种虚荣、有毒、嫉妒的感觉。

⑧白色：白色是最明亮的颜色，使人联想到白云，白雪。白色象征纯洁、光明、神圣，具有单纯、轻盈、干净、朴素、清洁、卫生、冷淡、明澈等意象特征。将各种色彩中加入白色，提高其明度变成浅色调时，一般都具有高雅、柔和、恬美的情调。但是，大面积的白色容易让人产生空虚、单调、虚无、飘忽的感觉。

⑨灰色：灰色是无彩色，是黑色与白色的中间色，纯净的中灰色具有稳定、雅致的意象特征，给人一种谦恭、和平、中庸、温顺与模棱两可的心理感受。

⑩黑色：黑色是最深暗的色彩，使人联想到万籁俱寂的黑夜。因为它的明度最低，因此给人留下了神秘、黑暗、力量、死亡、恐怖、庄严的意象。但是另一方面，黑色能表现出一种男性坚毅、力量和勇敢的精神。此外，黑色还具有另一种意象，即优雅、高档、稳重、高科技。

⑪金色：说到金色，人们首先就会联想到黄金这种贵金属，它是色彩中最为高贵华丽的颜色之一，给人以富丽堂皇之感，象征权力与富有。金色偏暖，具有华丽、昂贵、丰收、理想、美丽、美好、幸福等意象特征。

⑫银色：像金色一样，银色首先也使人联想到贵金属，它同样也是色彩中最为高贵华丽的颜色之一。银色偏冷，是现代的色彩，具有高雅、现代、摩登、雅致等意象特征。

⑬褐色：褐色是土地的颜色，人们一般会联想到树木、皮革、咖啡豆、巧克力等，给人们以丰富、富饶、舒适、沉重、无聊、温暖、厚重、怀念的意象。

将大学生对这13种颜色的具象与抽象联想概括如下表6-7所示。

表6-7   大学生对13种颜色的具象与抽象联想

颜色	具体联想	抽象联想
红色	血、太阳、火、玫瑰、苹果、西红柿、樱桃、草莓、邮筒、红色信号灯、花朵、口红、红旗、晚霞	热情、危险、革命、反抗、胜利、紧张、活泼、情绪化、能动性、色情性、燃烧、强烈、刺激、引人注目、激动、强大、强烈、炽热、爱情、仇恨、生命力、激情、愤怒、生气、诱惑、力量、吸引力、兴奋、女性、性感、活力、禁止、警告、吉利、喜庆、喜悦
粉红色	樱花、大波斯菊、脸颊	幸福、女性、爱、甜美、甜蜜、温柔、柔软、娇嫩、天真、妩媚、温和、浪漫、多愁善感、敏感、柔和、可爱
橙色	蜜橘、甜橙、杏、火烈鸟、虾、胡萝卜、柿子、枫叶、南瓜、果汁	积极向上、热闹、快活、欢乐、喜悦、亢奋、紧张、活泼、情绪化、积极向上、明亮、温暖、醒目、外向、愉快、有趣、甜美、温情、明朗、华丽、鲜艳、充沛、热闹、积极、活力、活泼、任性、饱满、健康、奔放
黄色	柠檬、香蕉、向日葵、金合欢、玉米、月亮、油菜花、菊花、小鸡、皇帝的龙袍、光	明亮、轻快、玩笑、笑容、欢乐、喜悦、亢奋、攻击性、卑贱、嫌恶、不信任、可爱、幸福、幼稚、乐观、喜悦、活力、嫉妒、猜忌、虚伪、吝啬、明快、信心、丰收、富饶、富贵、豪华、爽朗、愉快、光明、希望
绿色	树叶、牧草、绿茶、草原、森林、草坪、植物、公园、绿色信号灯、春天	自然、和平、希望、新鲜、安全、深远、包容力、年轻、未来、安静、和谐、柔软、自由、新鲜、清爽、朝气蓬勃、天然、活泼、希望、健康、青春、镇静、令人愉快、宽容、深远、公平、成长、茂盛、富饶

续表

颜色	具体联想	抽象联想
蓝色	大海、天空、湖泊、清晨、宇宙	理智、冷静、静寂、理想、清净、忠实、亲切、好情绪、舒适、善、美、幸运、寒冷、冷淡、爽朗、平静、信任、渴望、幻想、凉爽、好感、友谊、遥远、寂静、安宁、客观、男性的、悠久、深远、高科技、理性、精确、忠诚、沉重、冷漠
紫色	紫罗兰、葡萄、茄子、紫丁香	优雅、神秘、高贵、有气质、女性的、悲哀、忧愁、苦难、昏暗、严肃、迟钝、老、无生命、中性化、高贵、文雅、优雅、神秘、性感、女性化、时尚、虚荣、幽婉、浪漫情调、内向、文静
白色	雪、云、砂糖、盐、纸、婚纱、白兔、护士	清楚、清洁、洁白、无污染、纯洁、清晰、公正、迟钝、死、中性化、神圣、清楚、崭新、真理、诚实、无辜、现代、轻、咸味、冷峻、纯真、空灵、真诚、天真无邪
灰色	老鼠、灰尘、西装、都市的水泥森林	忧郁、平凡、寂寞、阴沉、暧昧、含糊、昏暗、深沉、悲哀、苦难、忧虑、严肃、质朴、烦闷、无聊、孤独、不自信、内向、无情、年老、谦虚、秘密、绝望、荒废、沉静
黑色	夜、煤、炭、墨汁、恶魔、丧服、葬礼、黑伞	悲哀、恐怖、严肃、死亡、苦难、忧虑、昏暗、不快、恐惧、厌恶、丑陋、城市化、大方优雅、现代、神秘、不吉利、悲伤、空洞、自私、坚硬、保守、经典、残忍、权利、沉重、邪恶、坚实、阴郁、压迫感、科技
金色	金币、小麦、黄金、金属、黄铜、	财富、奢侈、享受、昂贵、华丽、幸运、欢庆、傲慢、荣誉、豪华
银色	银饰、银镯子、铝、白金、钛、金属、戒指	高雅、永恒、现代、优雅
褐色	巧克力、咖啡、啤酒、可可、黏土、毛皮、板栗、松子、檀香木、陶土	不快、恐惧、厌恶、丑陋、坚强、有力、男性、懒惰、不讨人喜欢、不节制、愚蠢、舒适、芳香、平庸、过时、沉稳、成熟

2）针对各种色调的认知调研情况

将大学生对 11 种色调的心理感受总结概括如表 6-8 所示。

3）针对色彩三属性的认知调研情况

将大学生对颜色及色调的认知调查结果，经过分类、归纳、总结后，按色彩的三属性总结概括如表 6-9 所示。

表 6-8 　　　　　　　　　　大学生对 11 种色调的心理感受

色调	心理联想
鲜色调	艳丽、华美、生动、活跃、欢快、外向、兴奋、悦目、刺激、自由、激情
亮色调	青春、鲜明、光辉、华丽、欢快、健美、爽朗、清澈、甜蜜、新鲜、女性化
浅色调	清朗、欢愉、简洁、成熟、妩媚、柔弱
淡色调	明媚、清澈、轻柔、成熟、透明、浪漫
深色调	沉着、生动、高尚、干练、深邃、古风
暗色调	稳重、刚毅、干练、质朴、坚强、沉着、充实、男性化
浊色调	朦胧、宁静、沉着、质朴、稳定、柔弱
浅含灰调	温柔、轻盈、柔弱、消极、成熟、文雅
灰色调	质朴、柔弱、内向、消极、成熟、平淡、含蓄
暖色调	温暖、活力、喜悦、热情、积极、活泼、华美
冷色调	寒冷、消极、沉着、深远、理智、幽情、寂寞、素净

表6-9 大学生对不同色彩属性的心理感受

	色彩的属性	心理感受
色相	暖色系	温暖、活力、喜悦、甜熟、热情、积极、活泼、华丽、动感、明亮等
	中性色系	温和、安静、平凡、可爱、纯朴、清新、休闲、优雅、自然等
	冷色系	寒冷、消极、深远、清洁、素静、沉着、理智、高雅、考究、幻想等
明度	高明度	轻快、清爽、软弱、清透、明朗、单薄、优美、女性化等
	中明度	随和、附属性、保守、中庸、亲切、舒适等
	低明度	厚重、阴暗、压抑、硬、迟钝、安定、经典、古典、男性化等
纯度	高纯度	鲜艳、醒目、有力量、刺激、活泼、积极、热闹、新鲜等
	中纯度	中庸、稳健、休闲、文雅、现代等
	低纯度	寂寞、陈旧、消极、老成、无力量、朴素等

（2）色彩意象形容词的选取

本研究主要通过色彩意象来探讨微型轿车色彩设计的新方法，文章的前面也提到过，在日常生活中，人们常使用各种形容词来表现事物的意象以及想购买产品的特质，例如，我想买辆"可爱的"小车，她想买个"时尚的"手机等，这是因为形容词经常可以用来正确地传达事物所蕴涵特质或给人的心理感受，而且色彩也比形态能更加有效地将事物的意象传达出来。所以色彩意象形容词是本问卷的主要构成要素。本研究中所使用的色彩意象形容词的收集将采用大学生群体色彩认知的调查结果与二手资料收集法相结合的方法。通过前面对大学生群体的色彩认知调查结果的分析、总结与概括，以及从以往学者色彩意象研究中所使用的色彩意象形容词中，还有网上、报刊杂志中，广泛收集能表达色彩意象的形容词257个，然后进入下一阶段的筛选。

邀请本学院工业设计专业的30名同学（本科生与研究生）进行测评，其中男生15名，女生15名，要求各位被试者从这257个形容词中，以主观感觉的方式挑选出相对比较不适宜形容色彩带给人心理感受的形容词，不强制限定挑选形容词的数量。在此基础上，通过进一步筛选，最终在这些词语中挑选出能够更为集中表现被试者认知情况的171个形容词，如表6-10所示。

表6-10 筛选后的171色彩意象形容词

稚气的	纯真的	快乐的	快活的	绚丽的	简朴的	温馨的	健康的	鲜嫩的	运动的
先进的	有趣的	伶俐的	纯净的	放松的	田园的	和平的	新鲜的	畅快的	明快的
迅捷的	甜美的	朦胧的	鲜艳的	舒适的	安宁的	悠闲的	温和的	年轻的	进步的
童话般的	女性化的	有品位的	有气质的	无修饰的	生机勃勃的	青春洋溢的	精力旺盛的	富丽堂皇的	富于装饰的
清纯的	柔软的	活跃的	清凉的	融洽的	家居的	辉煌的	水润的	惬意的	安稳的
温柔的	纯洁的	高兴的	开放的	清洁的	动感的	娇嫩的	清淡的	温顺的	淡泊的
明亮的	甜蜜的	爽快的	轻盈的	明朗的	鲜明的	雅致的	娇美的	高贵的	高雅的
神秘的	细腻的	纯粹的	洁净的	灿烂的	突出的	细致的	纤细的	端庄的	感性的
透明的	少女的	清冷的	冷澈的	热闹的	轻快的	激情的	亲切的	清秀的	贤淑的
轻的	幻想的	清澈的	清冽的	整洁的	醒目的	温润的	自由的	宁静的	美丽的
理想的	丰富的	跃动的	进取的	主动的	大胆的	刺激的	热烈的	激烈的	热情的
华丽的	活泼的	成熟的	迷惑的	光彩的	奢华的	野性的	坚韧的	结实的	勇敢的
男性化的	有风味的	有格调的	人工化的	高科技的	摩登的	精密的	冷静的	理智的	机械的
强劲的	阳刚的	健壮的	怀旧的	古韵的	深邃的	传统的	保守的	质朴的	庄重的
微妙的	谨慎的	洗练的	潇洒的	娴静的	都市的	素雅的	知性的	别致的	简练的
时髦的	典雅的	深沉的	绅士的	严谨的	正统的	坚实的	厚重的	稳定的	庄严的
严肃的	权威的	坚定的	正式的	锐利的	复杂的	生硬的	沉重的	几何的	革新的
冷彻的									

（3）色彩意象形容词的分类

对于筛选后的 171 个色彩意象形容词，如果把它们都放入问卷中来让被测者测试的话，这对于分析以及被测者的判断来说都是不现实的，加之这 171 个形容词中有很多都是意义相近的，所以本研究中需要将他们进行分类，以便找出最基本的意象形容词。对于这 171 个形容词，这次实验将采用卡片分类法来进行。卡片分类法是用来对信息块进行分类的一种技术。本次实验将让被测者对这些形容词以及它们之间的逻辑关系进行辨别，从而对这 171 个形容词进行分类。

从本学院工业设计专业的研究生同学中邀请被测者 10 名，其中男女各 5 名。在实验前准备好一些大小相同的空白卡片，将这 171 形容词一

一写在不同的卡片上。实验中请被测者在经过相互讨论后，将他们觉得意义相同、属于同类的卡片放在一起，数量大致在 15～20 组之间，然后在每一叠不同分类卡片的最上方，用空白卡片写上被测者觉得最合适的概括本组总的意义的名称。

经过被测者的分类，加之最后的调整、总结，最终将这 171 个形容词分为了 16 大类，如表 6－11 和表 6－12 所示，从而得到 16 个基本色彩意象形容词，分别为：可爱的、浪漫的、清爽的、靓丽的、自然的、优雅的、清新的、青春的、有活力的、豪华的、粗犷的、古典的、精致的、考究的、稳重的和现代的。

表 6－11　　　　　　16 个基本色彩意象形容词与 171 个扩展意象形容词分类 1

	基本意象形容词						
	可爱的	浪漫的	清爽的	靓丽的	自然的	优雅的	清新的	青春的
基本意象形容词	稚气的	纯净的	清澈的	高兴的	温润的	雅致的	温顺的	鲜嫩的
	纯真的	童话般的	清冷的	开放的	家居的	有品位的	无修饰的	生机勃勃的
	快乐的	朦胧的	纯粹的	鲜艳的	融洽的	娇美的	淡泊的	畅快的
	快活的	清纯的	爽快的	绚丽的	安宁的	端庄的	水润的	年轻的
	明亮的	温柔的	清洁的	热闹的	悠闲的	细致的	惬意的	运动的
	有趣的	柔软的	清凉的	灿烂的	舒适的	纤细的	新鲜的	明快的
	甜美的	纯洁的	轻盈的	明朗的	放松的	清秀的	安稳的	进步的
	伶俐的	甜蜜的	整洁的	醒目的	简朴的	宁静的	温和的	理想的
		神秘的	洁净的	轻快的	田园的	美丽的	青春洋溢的	
		细腻的	冷彻的	激情的	温馨的	贤淑的		
		透明的	清洌的	鲜明的	和平的	有气质的		
		少女的		突出的	健康的	感性的		
		轻的		辉煌的	自由的	高贵的		
		幻想的			亲切的	高雅的		
					清淡的	女性化的		
					娇嫩的			

表 6－12　　　　　　16 个基本色彩意象形容词与 171 个扩展意象形容词分类 2

	基本意象形容词						
	有活力的	豪华的	粗犷的	古典的	精致的	考究的	稳重的	现代的
扩展意象形容词	动感的	华丽的	野性的	怀旧的	微妙的	深沉的	厚重的	摩登的
	精力旺盛的	富丽堂皇的	男性化的	有风味的	谨慎的	有格调的	稳定的	人工化的
	跃动的	丰富的	坚韧的	古韵的	洗练的	严谨的	庄严的	精密的
	进取的	成熟的	结实的	深邃的	潇洒的	绅士的	严肃的	冷静的
	主动的	迷惑的	勇敢的	传统的	娴静的	正统的	权威的	理智的
	大胆的	光彩的	强劲的	保守的	都市的	坚实的	坚定的	冷彻的
	刺激的	富于装饰的	阳刚的	质朴的	素雅的		正式的	高科技的
	热烈的	奢华的	健壮的	庄重的	知性的			机械的
	激烈的				别致的			锐利的

续表

基本意象形容词							
有活力的	豪华的	粗犷的	古典的	精致的	考究的	稳重的	现代的

扩展意象形容词

热情的				简练的			复杂的
活跃的				时髦的			生硬的
活泼的				典雅的			沉重的
							几何的
							先进的
							迅捷的
							革新的

（4）正式问卷的制作

本研究的最终问卷分为四大部分。

第一部分是有关大学生气质类型的测量，采用我国学者陈会昌等人编制的气质类型测验量表，该量表由60道题目组成，每种气质类型各15道题，按随机顺序排列。要求测试者按指导语的要求回答问题。问卷采用五级记分，答案选项有"很符合"、"较符合"、"介于中间"、"较不符合"和"很不符合"，分别依次记为"+2"分、"+1"分、"0"分、"-1"分和"-2"分。

第二部分是有关大学生色彩需求与心理感受的测量，共有13个色彩样本，首先每位测试者选出最喜爱的颜色和最厌恶的颜色（数量没有限制），然后就是有关色彩意象的测量，每个颜色样本有对应的16个基本色彩意象形容词，测试者需要一一作出判断，采用五级量表，选项为"很符合"、"较符合"、"说不清"、"较不符合"和"很不符合"。

第三部分是收集被测大学生针对微型轿车色彩的需求和建议，采用开放式题型。

第四部分是关于被测大学生的背景资料，以及相关人口统计特征变量。

（5）问卷的信度分析

信度是指测验结果的可靠性和稳定性，或者说是同一测验对同一被试者前后几次施测的结果之间的一致性程度。

众所周知，无论是物理测量还是心理测量，由于测量误差的影响，对同一个人或者是物体进行若干次的测量，其测试的每一次结果都不可能完全一致。本问卷的重测信度测试是采取便利抽样法，从工业设计专业的研究生中选取20名同学进行问卷测试，两个星期后再对这20名同学进行同样的测试，然后将这两次测试的数据进行相关分析，结果如表6-13所示。

表6-13　　问卷重测信度分析表

		第一次测试	第二次测试
第一次测试	Pearson Correlation	1	0.756**
	Sig.（2-tailed）		0.000
	N（变量数）	239	239
第二次测试	Pearson Correlation	0.756**	1
	Sig.（2-tailed）	0.000	
	N（变量数）	239	239

注释行说明标有"**"的相关系数的显著性概率水平为0.01。

从表6-13中可以看出，本问卷前后两次施测的相关性系数为0.756，并且具有0.01水平的显著性相关（即误差水平在0.01下，有显著性相关）。学者DeVellis（1991）认为，相关系数取值为0.60~0.65（最好不要）；0.65~0.70（最小可接受值）；0.70~0.80（相当好）；0.80~0.90（非常好）。所以，本问卷重测信度较高，并且显著相关也说明该问卷的信度值较为合理，能够稳定地测量被试。

（6）问卷调查的实施

①问卷的正式发放

本次问卷调查采取分层随机抽样的方法，在学校各个年级同学当中随机抽取一定数目的样本进行问卷的发放与回收，并且选择在校内实地发放与网络发放相结合的方式进行。此次调查，共发放问卷200份（其中实地发放100份，网络发放100份），回收176份（其中实地回收91份，网络回收85份），回收率88%，其中有效问卷131份，有效率为65.5%（由于本问卷的题量较大且不易回答，所以很多同学都放弃填完问卷或者有应付心理）。回收的问卷在数据整理的基础上进行统计分析，采用统计软件SPSS17.0作为工具来进行数据分析。

　　②被试者基本信息统计

　　本次问卷中人口统计特征变量为：性别、所在年级、专业以及家庭所在地。经过频数分析后，得到样本的基本结构如表6-14所示。

表6-14　人口统计变量描述统计分析

特征变量	类型	人数	百分比	累计百分比
性别	男	70	53.4	53.4
	女	61	46.6	100.0
所在年级	大一	12	9.2	9.2
	大二	12	9.2	18.3
	大三	28	21.4	39.7
	大四	15	11.5	51.1
	研究生	64	48.9	100.0
专业背景	理科	25	19.1	19.1
	工科	51	38.9	58.0
	文科	43	32.8	90.8
	其他（管理学、医学农学、体育等）	12	9.2	100.0
家庭所在地	华北（北京、天津、河北、山西、内蒙古）	13	9.9	9.9
	华东（上海、江苏、浙江、山东、安徽）	62	47.3	57.3
	东北（辽宁、吉林、黑龙江）	10	7.6	64.9
	华中（湖北、湖南、河南、江西）	18	13.7	78.6
	西北（陕西、甘肃、新疆、青海、宁夏）	13	9.9	88.5
	西南（四川、重庆、贵州、云南、西藏）	8	6.1	94.7
	华南（广东、广西、海南、福建、包括港、澳、台）	7	5.3	100.0

　　本次调研共收回有效问卷131份，其中男生70名，占53.4%；女生61名，占46.6%，男女比列基本接近1∶1，较为理想，但是由于问卷发放地是以理工科为主的院校，所以男生的数量还是比女生略多一些。受测者中，大一学生占9.2%，大二学生占9.2%，大三学生占21.4%，大四学生11.5%，研究生占48.9%。可以看到，研究生的数量较多，比例接近一半，其次是大三

学生，形成这种结果的原因主要是：首先，针对研究生的问卷发放多为网络发放，大多数为设计专业的研究生，回答问卷较为认真，几乎都为有效问卷，所以研究生的比例才会如此大；其次，在无效问卷中，实地发放的问卷占了较多，所以导致了本科生整体所占比例与研究生持平。而实地问卷的发放主要集中在学校自习室，而一般大三学生由于考研等原因，较常上自习，所以大三学生的比例在所测本科生中占了近一半。在受测者中，理科背景的学生占19.1%，工科背景的学生占38.9%，文科背景的学生占32.8%，其他专业像管理学、医学农学、体育等背景的学生占9.2%，理工科背景的学生比例总共占了58%，与文科及其他专业背景的学生比列基本接近1∶1，受测者中理工科学生较多的原因正如上面所提到的：问卷发放地是以理工科为主的院校，所以这样的比例较符合实情。在家庭所在地这个特征变量上，华东地区的学生占了47.3%，接近受测者人数的一半，这主要是因为问卷发放的学校处在江苏省，来自华东地区的学生本来就占了大多数，基数较大，所以这样的结果同样是符合实情的。

6.2.3　实证研究定量研究——返回数据、数据讨论

6.2.3.1　调查对象气质类型比例

　　这次问卷调查中，受测的大学生中气质类型为多血质或黏液质的人数稍多，其他两种类型的人数比例相差无几。这与以前学者研究得出的多血质与黏液质的气质类型在大学生中所占的比例较大结论较为符合。调查对象气质类型比例图如图6-5所示。

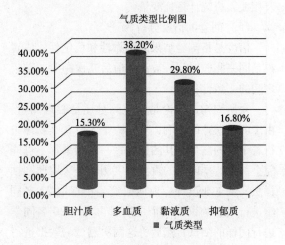

图6-5　受测大学生气质类型比例图

6.2.3.2　大学生群体对于微型轿车的色彩需求

为了了解大学生群体，即微型轿车的潜在消费者对于轿车色彩的个性化需求，非常有必要对其最喜爱和最厌恶的微型轿车色彩进行调查，并根据调查结果来掌握微型车色彩运用的市场情况和消费者潜在需求。

（1）大学生群体最喜爱的微型轿车色彩调查

大学生群体最喜爱的微型轿车颜色排序，如图6-6所示。从统计结果中可以看出，最受大学生欢迎的颜色前五名分别为：黑色（58.8%）、白色（47.3%）、蓝色（42.7%）、银色（38.2%）、红色（36.6%），另外黄色的选择率也较高（34.4%），这六种颜色的选择率均达到三成以上，这是因为以黑色、白色、蓝色、银色和红色为主体色的轿车历来受到消费者的喜爱，车型尽管是微型轿车，但是这些经典颜色还是受到大众的欢迎。此外，黄色由于其明亮、温暖而醒目的视觉感受，以及带给人们可爱、快乐的心理感受，尤其用在微型轿车上就更能突显轿车的可爱，所以常常受到年轻人的追捧，一般的微型轿车色彩系列中均会出现黄色。橙色虽然排名不

是很靠前，但是发展潜力巨大，前面章节中的色彩调研也提到众多汽车厂商都推出了橙色系的微型轿车，这点能够很好的反映这一流行趋势。灰色处于中间状态，虽然受欢迎的程度不高，但是由于其中庸、稳妥的特性，所以一般的轿车色彩中也较多出现灰色。绿色则由于近来环保呼声的此起彼伏而逐渐受到重视。同时，大学生群体对于紫色、粉色、金色、褐色的喜好程度则不太高，选择率在10%左右，褐色则是选择率最低的颜色，只有7.6%。对于微型轿车的潜在消费者即大学生群体而言，他们都是朝气蓬勃的年轻人，而褐色则给人厚重、沉重的印象，所以不太受到时尚年轻人的喜爱。粉色、紫色由于其女性化的意象而不太受到男性的喜爱，选择主要受到性别的限制。

（2）大学生群体最厌恶的微型轿车色彩调查

大学生群体最厌恶的微型轿车颜色的统计结果大致正好与最喜爱的颜色相反，粉色、褐色、紫色、金色最不被大学生所喜爱，选择的比例均超过三成以上。大学生最厌恶的微型轿车色彩排序如图6-7所示。

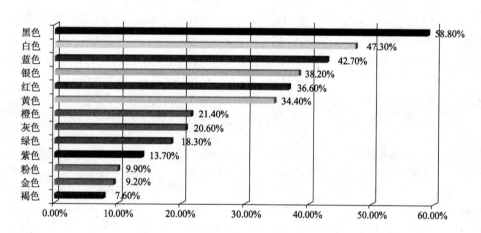

图6-6　大学生群体最喜爱的微型轿车色彩排序

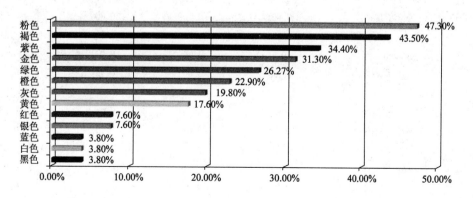

图6-7　大学生群体最厌恶的微型轿车色彩排序

男生普遍厌恶粉色、紫色轿车,认为这些颜色太过于女性化,所以在厌恶粉色和紫色轿车的数据中,男生占了绝大多数。而对于褐色而言,由于其给人的印象太过于沉重及乡土,所以大学生也不是很喜欢褐色的轿车。

6.2.3.3 大学生气质类型与微型轿车色彩偏好分析

自然界中有许多现象之间是具有一定联系的,描述这种现象或客观事物相互间关系的密切程度并且用适当的统计指标表示出来的过程就称为相关分析(correlation analysis)。按数理统计法建立两个或多个随机变量之间的联系,称之为相关关系。相关分析就是研究随机变量之间的相关关系的一种统计方法。

统计学中测量两个或多个变量之间的相关程度是用皮尔森(Pearson)相关系数来表示的,该系数的值在 −1 ~ 1 之间,可以是此范围内的任何值。当该系数为 −1 时,表示变量间为完全负相关,数值在 −1 和 0 之间,表示变量间为负相关;当该系数为 1 时,表示变量间为完全正相关,数值在 0 和 1 之间,则表示变量间为正相关;该系数为 0 则表示不相关。Pearson 相关系数的绝对值越接近 1,表示两变量间的关联程度越强,该系数的绝对值越接近 0,则表示两变量间的关联程度越弱。

本研究对回收的 131 份有效问卷,用 SPSS 软件进行了大学生气质类型与微型轿车颜色偏好的相关分析,相关系数模型包括四种大学生气质类型(胆汁质、多血质、黏液质、抑郁质)和被试者对 13 种色彩样本喜爱与厌恶的态度(各 13 个变量),它们之间的皮尔森相关系数如表 6–15 和表 6–16 所示。

表 6–15　　　　　大学生气质类型与微型轿车颜色偏好的相关分析表 1

		胆汁质	多血质	黏液质	抑郁质
喜爱:红	Pearson 相关性	0.382 **	0.250 **	− 0.287 **	− 0.342 **
	显著性(双侧)	0.000	0.004	0.001	0.000
	N	131	131	131	131
喜爱:粉	Pearson 相关性	0.001	0.002	0.063	− 0.081
	显著性(双侧)	0.990	0.982	0.474	0.359
	N	131	131	131	131
喜爱:橙	Pearson 相关性	0.245 **	0.319 **	− 0.339 **	− 0.234 **
	显著性(双侧)	0.005	0.000	0.000	0.007
	N	131	131	131	131
喜爱:黄	Pearson 相关性	0.140	0.424 **	− 0.295 **	− 0.325 **
	显著性(双侧)	0.111	0.000	0.001	0.000
	N	131	131	131	131
喜爱:绿	Pearson 相关性	− 0.091	− 0.291 **	0.210 *	0.210 *
	显著性(双侧)	0.300	0.001	0.016	0.016
	N	131	131	131	131
喜爱:蓝	Pearson 相关性	− 0.195 *	− 0.330 **	0.349 **	0.190 *
	显著性(双侧)	0.025	0.000	0.000	0.030
	N	131	131	131	131
喜爱:紫	Pearson 相关性	− 0.108	− 0.268 **	0.031	0.414 **
	显著性(双侧)	0.221	0.002	0.724	0.000
	N	131	131	131	131
喜爱:白	Pearson 相关性	0.065	− 0.210 *	0.219 *	− 0.058
	显著性(双侧)	0.459	0.016	0.012	0.512
	N	131	131	131	131
喜爱:灰	Pearson 相关性	− 0.111	− 0.167	0.205 *	0.074
	显著性(双侧)	0.205	0.056	0.019	0.401
	N	131	131	131	131

续表

		胆汁质	多血质	黏液质	抑郁质
喜爱：黑	Pearson 相关性	-0.033	-0.012	0.104	-0.080
	显著性（双侧）	0.712	0.888	0.236	0.363
	N	131	131	131	131
喜爱：金	Pearson 相关性	0.160	0.023	-0.091	-0.072
	显著性（双侧）	0.069	0.795	0.301	0.415
	N	131	131	131	131
喜爱：银	Pearson 相关性	0.016	-0.035	0.004	0.025
	显著性（双侧）	0.856	0.691	0.964	0.774
	N	131	131	131	131
喜爱：褐	Pearson 相关性	-0.122	0.011	0.064	0.025
	显著性（双侧）	0.165	0.902	0.466	0.780
	N	131	131	131	131

**. 在 0.01 水平（双侧）上显著相关。

*. 在 0.05 水平（双侧）上显著相关。

表6-16　　　　　大学生气质类型与微型轿车颜色偏好的相关分析表2

		胆汁质	多血质	黏液质	抑郁质
厌恶：红	Pearson 相关性	-0.042	-0.167	0.064	0.178*
	显著性（双侧）	0.633	0.057	0.466	0.041
	N	131	131	131	131
厌恶：粉	Pearson 相关性	0.065	-0.084	0.118	-0.099
	显著性（双侧）	0.459	0.341	0.178	0.262
	N	131	131	131	131
厌恶：橙	Pearson 相关性	-0.181*	-0.391**	0.241**	0.387**
	显著性（双侧）	0.039	0.000	0.006	0.000
	N	131	131	131	131
厌恶：黄	Pearson 相关性	-0.140	-0.321**	0.182*	0.329**
	显著性（双侧）	0.110	0.000	0.037	0.000
	N	131	131	131	131
厌恶：绿	Pearson 相关性	0.031	0.200*	-0.129	-0.133
	显著性（双侧）	0.721	0.022	0.142	0.130
	N	131	131	131	131
厌恶：蓝	Pearson 相关性	0.359**	-0.074	-0.130	-0.089
	显著性（双侧）	0.000	0.398	0.140	0.309
	N	131	131	131	131
厌恶：紫	Pearson 相关性	0.140	0.259**	-0.260**	-0.153
	显著性（双侧）	0.111	0.003	0.003	0.081
	N	131	131	131	131
厌恶：白	Pearson 相关性	0.026	-0.074	-0.043	0.124
	显著性（双侧）	0.766	0.398	0.629	0.159
	N	131	131	131	131
厌恶：灰	Pearson 相关性	0.002	0.121	-0.157	0.032
	显著性（双侧）	0.985	0.168	0.074	0.713
	N	131	131	131	131
厌恶：黑	Pearson 相关性	0.026	0.008	-0.043	0.017

续表

		胆汁质	多血质	黏液质	抑郁质
	显著性（双侧）	0.766	0.932	0.629	0.846
	N	131	131	131	131
厌恶：金	Pearson 相关性	-0.012	-0.090	0.209*	-0.127
	显著性（双侧）	0.893	0.308	0.017	0.148
	N	131	131	131	131
厌恶：银	Pearson 相关性	0.038	-0.108	0.001	0.102
	显著性（双侧）	0.668	0.222	0.987	0.248
	N	131	131	131	131
厌恶：褐	Pearson 相关性	0.013	0.103	-0.100	-0.024
	显著性（双侧）	0.885	0.243	0.256	0.789
	N	131	131	131	131

**. 在 0.01 水平（双侧）上显著相关。
*. 在 0.05 水平（双侧）上显著相关。

（1）对于气质类型为胆汁质的大学生而言，胆汁质类型的受测者与喜欢红色微型轿车的相关系数为 0.382，它们之间存在正相关关系，显著性水平 p 为 0.00 < 0.01，说明它们之间具有极显著的相关关系。同理，气质类型为胆汁质的受测大学生与喜爱橙色微型轿车的相关系数为 0.245，为正相关，显著性水平 p 为 0.005 < 0.01，而气质类型为胆汁质的受测大学生与厌恶橙色微型轿车的相关系数为 -0.181，它们之间为负相关，显著性水平 p 为 0.039 < 0.05，说明气质类型为胆汁质的大学生喜欢橙色微型轿车。而气质类型为胆汁质的受测大学生与喜欢蓝色微型轿车的相关系数为 -0.195，显著性水平 p 为 0.025 < 0.05，加之气质类型为胆汁质的受测者与厌恶蓝色微型轿车的相关系数为 0.359，显著性水平 p 为 0.00 < 0.01，它们之间也具有极显著的相关关系，这说明胆汁质类型的大学生厌恶蓝色的微型轿车。

（2）对于气质类型为多血质的大学生而言，多血质类型的受测者与喜爱红色微型轿车的相关系数为 0.25，显著性水平 p 为 0.004 < 0.01；多血质类型的受测大学生与喜爱橙色微型轿车的相关系数为 0.319，显著性水平 p 为 0.00 < 0.01；同样，多血质类型的受测大学生与喜爱黄色微型轿车的相关系数为 0.424，显著性水平 p 为 0.00 < 0.01，它们之间具有极显著的相关关系，这充分说明气质类型为多血质的大学生喜爱红色、橙色、黄色的微型轿车（多血质类型的受测者与厌恶橙色微型车的相关系数为 -0.391，显著性水平 p = 0.00 < 0.01；多血质类型的大学生与厌恶黄色微型

车的相关系数为 -0.321，显著性水平 p = 0.00 < 0.01，该数据也证明了这一结论）。但是由于多血质类型的受测者与喜爱红色微型轿车的相关系数 0.25 小于胆汁质类型的受测者与喜欢红色微型轿车的相关系数 0.382，所以多血质类型的大学生喜欢红色微型轿车不如胆汁质类型的大学生喜欢红色微型轿车的相关关系显著，即胆汁质类型的大学生比多血质类型的大学生更加喜欢红色微型轿车。同样，气质类型为多血质的受测大学生与厌恶绿色微型车的相关系数为 0.20，显著性水平 p = 0.022 < 0.05；气质类型为多血质的受测大学生与厌恶紫色微型车的相关系数为 0.259，显著性水平 p = 0.003 < 0.01，这说明，气质类型为多血质类型的大学生厌恶绿色、紫色的微型轿车（多血质类型的受测者与喜欢绿色微型车的相关系数为 -0.291，显著性水平 p = 0.001 < 0.01；多血质类型的大学生与喜欢紫色微型车的相关系数为 -0.268，显著性水平 p = 0.002 < 0.01，该数据也证明了这一结论）。

（3）对于气质类型为黏液质的大学生而言，黏液质类型的受测者与喜爱绿色微型轿车的相关系数为 0.210，显著性水平 p 为 0.016 < 0.05；黏液质类型的受测大学生与喜爱蓝色微型轿车的相关系数为 0.349，显著性水平 p 为 0.00 < 0.01；同样，黏液质类型的受测大学生与喜爱白色微型轿车的相关系数为 0.219，显著性水平 p 为 0.012 < 0.05；黏液质类型的受测大学生与喜爱灰色微型轿车的相关系数为 0.205，显著性水平 p 为 0.019 < 0.05，它们之间具有显著的相关关系，这说明了气质类型为黏液质的大学生喜爱

绿色、蓝色、白色和灰色的微型轿车。而黏液质的大学生与厌恶橙色微型车的相关系数为0.241，显著性水平p=0.006<0.01；气质类型为黏液质的受测大学生与厌恶黄色微型车的相关系数为0.182，显著性水平p=0.037<0.05；气质类型为黏液质的受测者与厌恶金色微型车的相关系数为0.209，显著性水p=0.017<0.05，这说明，气质类型为黏液质类型的大学生厌恶橙色、黄色和金色的微型轿车。

（4）对于气质类型为抑郁质的大学生而言，抑郁质类型的受测者与喜爱绿色微型轿车的相关系数为0.210，显著性水平p为0.016<0.05；抑郁质类型的受测大学生与喜爱蓝色微型轿车的相关系数为0.190，显著性水平p为0.030<0.05；抑郁质类型的受测大学生与喜爱紫色微型轿车的相关系数为0.414，显著性水平p为0.00<0.01，它们之间具有极显著的相关关系，这充分说明了气质类型为抑郁质的大学生喜爱绿色、蓝色和紫色的微型轿车。从黏液质和抑郁质分别与喜欢绿色和蓝色微型轿车的相关系数的比较中可得知，黏液质和抑郁质的大学生喜欢绿色微型车的程度相同，而黏液质的大学生比抑郁质类型的大学生更加喜欢蓝色的微型轿车。同样，气质类型为抑郁质的受测大学生与厌恶红色微型车的相关系数为0.178，显著性水平p=0.041<0.05；气质类型为抑郁质的受测大学生与厌恶橙色微型车的相关系数为0.387，显著性水平p=0.00<0.01；气质类型为抑郁质的受测者与厌恶黄色微型车的相关系数为0.329，显著性水平p=0.00<0.01，可以看出它们之间具有极显著的相关关系，这说明，气质类型为抑郁质类型的大学生厌恶红色、橙色和黄色的微型轿车。相对于黏液质类型的大学生厌恶橙色和黄色的微型轿车而言，由于抑郁质类型的大学生厌恶橙色和黄色微型轿车的相关系数要大于黏液质类型的大学生厌恶橙色和黄色微型车的相关系数，所以抑郁质类型的大学生比黏液质类型的大学生更加厌恶橙色和黄色的微型轿车。

从以上数据中分析得到，大学生气质类型与微型轿车色彩偏好之间具有显著的相关关系，这验证了本研究之前提出的假设。总的来说，气质类型为胆汁质的大学生喜欢红色、橙色的微型轿车，厌恶蓝色的微型轿车；气质类型为多血质的大学生喜欢红色、橙色、黄色的微型轿车，厌恶绿色、紫色的微型轿车，并且胆汁质类型的大学生比多血质类型的大学生更加喜欢红色微型轿车，而多血质类型的大学生比胆汁质类型的大学生更加喜欢橙色微型轿车；气质类型为黏液质的大学生喜爱绿色、蓝色、白色和灰色的微型轿车，厌恶橙色、黄色和金色的微型轿车；气质类型为抑郁质的大学生喜爱绿色、蓝色和紫色的微型轿车，厌恶红色、橙色和黄色的微型轿车。黏液质和抑郁质的大学生喜欢绿色微型车的程度相同，而黏液质的大学生比抑郁质类型的大学生更加喜欢蓝色的微型轿车，抑郁质类型的大学生比黏液质类型的大学生更加厌恶橙色和黄色的微型轿车。

6.2.3.4 性别与微型轿车色彩偏好分析

性别与微型轿车色彩偏好的相关分析如表6-17和表6-18所示，将数据进行分析后可知，性别与微型轿车色彩偏好之间也具有相关关系，被试的男女生对微型轿车的颜色偏好具有明显差异，这与资料中所说的性别是影响人们颜色喜好的重要因素的结论是一致的。简而言之，男生对蓝色、灰色和黑色的微型轿车较为喜欢（男生与喜爱蓝色微型车的相关系数为0.374，显著性水平p=0.00<0.01；男生与喜爱灰色微型车的相关系数为0.173，显著性水平p=0.048<0.05；男生与喜爱黑色微型车的相关系数为0.337，显著性水平p=0.00<0.01）；而女生则偏爱于暖色调的微型轿车（红色、橙色、黄色），另外，对于具有女性化意象的颜色如粉色、紫色的偏好程度也大于男生（女生与喜爱红色微型车的相关系数为0.211，显著性水平p=0.015<0.05；女生与喜爱橙色微型车的相关系数为0.297，显著性水平p=0.001<0.01；女生与喜爱黄色微型车的相关系数为0.259，显著性水平p=0.003<0.01；女生与喜爱粉色微型车的相关系数为0.304，显著性水平p=0.00<0.01；女生与喜爱紫色微型车的相关系数为0.383，显著性水平p=0.00<0.01）。

表6-17　性别与微型轿车颜色偏好的相关分析表1

		男	女
喜爱：红	Pearson 相关性	−0.211*	0.211*
	显著性（双侧）	0.015	0.015
	N	131	131
喜爱：粉	Pearson 相关性	−0.304**	0.304**
		−0.173*	−0.173*
	显著性（双侧）	0.000	0.000
	N	131	131

续表

		男	女
喜爱：橙	Pearson 相关性	-0.297**	0.297**
	显著性（双侧）	0.001	0.001
	N	131	131
喜爱：黄	Pearson 相关性	-0.259**	0.259**
	显著性（双侧）	0.003	0.003
	N	131	131
喜爱：绿	Pearson 相关性	0.086	-0.086
	显著性（双侧）	0.328	0.328
	N	131	131
喜爱：蓝	Pearson 相关性	0.374**	-0.374**
	显著性（双侧）	0.000	0.000
	N	131	131
喜爱：紫	Pearson 相关性	-0.383**	0.383**
	显著性（双侧）	0.000	0.000
	N	131	131
喜爱：白	Pearson 相关性	-0.004	0.004
	显著性（双侧）	0.964	0.964
	N	131	131
喜爱：灰	Pearson 相关性	0.173*	-0.173*
	显著性（双侧）	0.048	0.048
	N	131	131
喜爱：黑	Pearson 相关性	0.337**	-0.337**
	显著性（双侧）	0.000	0.000
	N	131	131
喜爱：金	Pearson 相关性	-0.075	0.075
	显著性（双侧）	0.395	0.395
	N	131	131
喜爱：银	Pearson 相关性	0.072	-0.072
	显著性（双侧）	0.414	0.414
	N	131	131
喜爱：褐	Pearson 相关性	0.095	-0.095
	显著性（双侧）	0.278	0.278
	N	131	131

**．在 0.01 水平（双侧）上显著相关。

*．在 0.05 水平（双侧）上显著相关。

表6－18　　性别与微型轿车颜色偏好的相关分析表2

		男	女
厌恶：红	Pearson 相关性	0.095	-0.095
	显著性（双侧）	0.278	0.278
	N	131	131
厌恶：粉	Pearson 相关性	0.088	-0.088
	显著性（双侧）	0.318	0.318
	N	131	131
厌恶：橙	Pearson 相关性	0.035	-0.035
	显著性（双侧）	0.689	0.689

续表

		男	女
	N	131	131
厌恶：黄	Pearson 相关性	-0.012	0.012
	显著性（双侧）	0.895	0.895
	N	131	131
厌恶：绿	Pearson 相关性	0.010	-0.010
	显著性（双侧）	0.907	0.907
	N	131	131
厌恶：蓝	Pearson 相关性	-0.054	0.054
	显著性（双侧）	0.543	0.543
	N	131	131
厌恶：紫	Pearson 相关性	0.160	-0.160
	显著性（双侧）	0.069	0.069
	N	131	131
厌恶：白	Pearson 相关性	0.106	-0.106
	显著性（双侧）	0.228	0.228
	N	131	131
厌恶：灰	Pearson 相关性	-0.264	0.264
	显著性（双侧）	0.002	0.002
	N	131	131
厌恶：黑	Pearson 相关性	-0.054	0.054
	显著性（双侧）	0.543	0.543
	N	131	131
厌恶：金	Pearson 相关性	0.069	-0.069
	显著性（双侧）	0.433	0.433
	N	131	131
厌恶：银	Pearson 相关性	-0.135	0.135
	显著性（双侧）	0.124	0.124
	N	131	131
厌恶：褐	Pearson 相关性	-0.138	0.138
	显著性（双侧）	0.117	0.117
	N	131	131

在 0.01 水平（双侧）上显著相关。

在 0.05 水平（双侧）上显著相关。

6.2.3.5　其他因素与微型轿车色彩偏好分析

本研究还分析了其他一些因素，如大学生所在年级、专业与家庭所在地与微型轿车色彩偏好的关系，通过数据分析发现，这些因素与微型轿车色彩偏好并没有显著的相关性。由于这些因素与微型车颜色偏好相关分析的数据表格庞大，加之它们之间也没有显著的相关性，另外由于文章篇幅的限制，所以就不在这里附上它们间的相关分析表格了。另外说明的是，样本人数的多少会影响相关系数的显著性，而在抽样的过程中，被测大学生的家庭所在地的分布较为不均，正如前面提到的，由于发放问卷的学校所在地为华东地区，所以样本中家庭所在地为华东的学生就占了总人数的47.3%，相应的家庭所在地为其他地区的样本数量就比较少，所以这也可能是造成家庭所在地与微型轿车色彩偏好没有显著的相关性的原因之一。

6.2.4　实证研究结果讨论——构建色彩意象尺度图及形容词尺度图

经过前面对现有微型轿车色彩的研究，以及大学生对于基本色彩的心理认知、评价和个性化需求后，本节将基于所调查的这13种色彩样本，结合相关色彩理论，运用定量法和意象尺度法探索性的构建基于大学生气质类型的微型轿车色彩意象尺度图。

6.2.4.1　基于大学生气质类型的个性化微型轿车色彩意象尺度图的构建方法

消费者在购车时，常常会将自己中意的轿车色彩用一些形容词来描述，例如，小米想要一辆颜色"可爱的"的mini cooper，而小乐却想要一辆颜色"粗犷的"吉普。这些形容词代表的不同颜色的感性意象，在理想情况下，不同的感性意象对应不同的色彩，每一种颜色都有其对应的色彩意象。那么设计师应该了解、掌握产品目标人群对于色彩的认知情况及个性需求，这样才能设计出真正满足消费者需求的产品色彩方案。

所以非常有必要建立一种基于意象语义的色彩设计模式。在产品色彩设计的最初，就根据市场调研结果、设计意图等内容确定色彩设计风格，然后将确定好的设计风格转化为描述性的语言，在色彩语义空间中实现色彩与意象语义的映射关系，从而再逐步地转化为色彩的属性值，进一步确定具体的色彩方案，最终得到相应风格、符合消费者需求的色彩设计方案。这种心理型的色彩设计结果模型如图6-8所示。

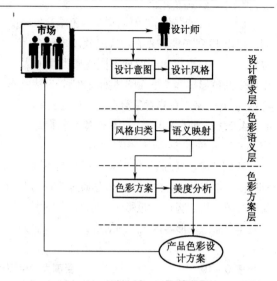

图6-8　心理型色彩设计结构模型

该模型主要分为三个层面，设计需求层、色彩语义层和色彩方案层。市场情况、消费者需求形成了设计需求层，层与层之间存在着一定的约束与映射关系，这种关系决定了色彩设计的风格走向。

本研究大学生气质类型个性化微型轿车色彩意象尺度图就是基于这个模型的，最终会构建两个尺度图，一个是色彩意象尺度图，另一个是意象形容词尺度图。这两个尺度图都是基于大学生气质类型并针对微型轿车而构建的，色彩意象尺度图是单色意象图；意象形容词尺度图是将形容词按照与色彩的对应关系编制成的尺度坐标。并且，色彩意象尺度图与意象形容词尺度图有着等价变换的关系。

为了达到研究目的，以气质类型为基础的个性化微型轿车色彩尺度图与意象形容词尺度图是基于问卷中大学生对微型轿车的色彩需求及针对色彩样本的意象评价分析的基础上构建出来的。具体的构建流程如图6-9所示。

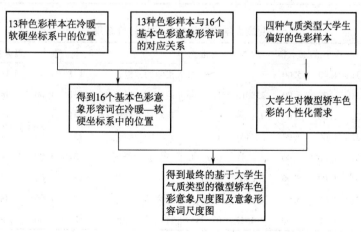

图6-9　得出最终结果的流程图

图 6 - 4 冷暖轴与软硬轴构成的色彩意象尺度图已得出 13 种色彩样本在冷暖—软硬坐标系中的位置，上一节也得出了四种不同气质类型的大学生偏爱的色彩样本，下面阐述如何得到 13 种色彩样本与 16 个基本色彩意象形容词的对应关系。

6.2.4.2　13 种色彩样本与 16 个基本色彩意象形容词的对应关系

不同的颜色具有不同的意象，带给人不同的心理感受，本节的研究内容主要就是通过调查问卷的统计分析，找到这 13 种色彩样本与之前归纳出的 16 个基本色彩意象形容词之间的对应关系，从而为下面构建微型轿车色彩意象空间做好充分的准备。

这部分的研究内容对应问卷中的第二部分，让每位受测的大学生对这 13 种颜色进行色彩意象的测量，每个颜色样本有对应的 16 个基本色彩意象形容词，测试者需要一一作出判断，问卷采用李克特五级量表，选项依次为为"很符合"、"较符合"、"说不清"、"较不符合"和"很不符合"。

将回收问卷得到的数据用统计软件 SPSS 进行分析后，得到受测大学生群体对这 13 种色彩样本的评价结果如表 6 - 19 ~ 表 6 - 31 所示。

表 6 - 19　　　　　　　　　　受测大学生对红色的意象评价结果

	N	极小值	极大值	均值	标准差		N	极小值	极大值	均值	标准差
可爱的：红色	131	1.00	5.00	2.8473	1.11957	浪漫的：红色	131	1.00	5.00	3.8244	1.07761
清爽的：红色	131	1.00	5.00	2.1756	1.03389	靓丽的：红色	131	1.00	5.00	4.2977	0.85660
自然的：红色	131	1.00	5.00	2.6947	1.06622	优雅的：红色	131	1.00	5.00	3.2748	1.07455
清新的：红色	131	1.00	5.00	2.5496	1.12465	青春的：红色	131	1.00	5.00	4.0992	1.00656
有活力的：红色	131	1.00	5.00	4.5649	0.76560	豪华的：红色	131	1.00	5.00	3.9924	0.85482
粗犷的：红色	131	1.00	5.00	2.9008	1.24564	古典的：红色	131	1.00	5.00	3.2519	1.22376
精致的：红色	131	1.00	5.00	3.4427	1.17774	考究的：红色	131	1.00	5.00	3.3359	1.18068
稳重的：红色	131	1.00	5.00	2.6336	1.18456	现代的：红色	131	1.00	5.00	4.0763	0.92502

表 6 - 20　　　　　　　　　　受测大学生对红色的意象评价结果

	N	极小值	极大值	均值	标准差		N	极小值	极大值	均值	标准差
可爱的：粉色	131	1.00	5.00	4.4809	0.74783	浪漫的：粉色	131	1.00	5.00	4.2443	0.86905
清爽的：粉色	131	1.00	5.00	2.9008	1.13582	靓丽的：粉色	131	1.00	5.00	3.8397	0.95930
自然的：粉色	131	1.00	5.00	2.9847	1.04502	优雅的：粉色	131	1.00	5.00	3.0916	1.17964
清新的：粉色	131	1.00	5.00	3.3893	1.10643	青春的：粉色	131	1.00	5.00	4.1679	0.89574
有活力的：粉色	131	1.00	5.00	3.5038	0.90617	豪华的：粉色	131	1.00	5.00	2.5267	1.00252
粗犷的：粉色	131	1.00	5.00	1.7405	0.80944	古典的：粉色	131	1.00	5.00	2.2061	1.02069
精致的：粉色	131	1.00	5.00	3.4198	1.10908	考究的：粉色	131	1.00	5.00	2.6183	1.02626
稳重的：粉色	131	1.00	5.00	1.8626	0.81111	现代的：粉色	131	1.00	5.00	3.5267	0.99482

表 6 - 21　　　　　　　　　　受测大学生对粉色的意象评价结果

	N	极小值	极大值	均值	标准差		N	极小值	极大值	均值	标准差
可爱的：橙色	131	1.00	5.00	3.2977	0.98991	浪漫的：橙色	131	1.00	5.00	3.1069	0.93851
清爽的：橙色	131	1.00	5.00	2.8015	1.13286	靓丽的：橙色	131	1.00	5.00	3.8244	0.99600
自然的：橙色	131	1.00	5.00	3.1069	0.97074	优雅的：橙色	131	1.00	5.00	2.7405	1.05676
清新的：橙色	131	1.00	5.00	3.2443	1.12381	青春的：橙色	131	1.00	5.00	4.0611	0.90090
有活力的：橙色	131	1.00	5.00	4.3282	0.72793	豪华的：橙色	131	1.00	5.00	2.5725	0.95298
粗犷的：橙色	131	1.00	5.00	2.2901	1.05603	古典的：橙色	131	1.00	5.00	2.1985	0.89803
精致的：橙色	131	1.00	5.00	2.9695	0.96028	考究的：橙色	131	1.00	5.00	2.6031	0.93380
稳重的：橙色	131	1.00	5.00	2.1527	0.89849	现代的：橙色	131	1.00	5.00	3.4962	1.01051

表 6 - 22　　　　　　　　　　　　受测大学生对黄色的意象评价结果

	N	极小值	极大值	均值	标准差		N	极小值	极大值	均值	标准差
可爱的：黄色	131	1.00	5.00	3.2824	1.05448	浪漫的：黄色	131	1.00	5.00	2.8321	0.96199
清爽的：黄色	131	1.00	5.00	2.9008	1.08737	靓丽的：黄色	131	1.00	5.00	3.9008	0.89318
自然的：黄色	131	1.00	5.00	3.2443	1.08905	优雅的：黄色	131	1.00	5.00	2.8321	1.03145
清新的：黄色	131	1.00	5.00	3.3359	1.07138	青春的：黄色	131	1.00	5.00	3.9008	0.98336
有活力的：黄色	131	1.00	5.00	4.0305	0.95224	豪华的：黄色	131	1.00	5.00	2.8092	1.02368
粗犷的：黄色	131	1.00	5.00	2.5267	1.10473	古典的：黄色	131	1.00	5.00	2.6565	1.08678
精致的：黄色	131	1.00	5.00	2.9924	0.98836	考究的：黄色	131	1.00	5.00	2.7939	0.99782
稳重的：黄色	131	1.00	5.00	2.1985	0.92337	现代的：黄色	131	1.00	5.00	3.3969	0.93380

表 6 - 23　　　　　　　　　　　　受测大学生对绿色的意象评价结果

	N	极小值	极大值	均值	标准差		N	极小值	极大值	均值	标准差
可爱的：绿色	131	1.00	5.00	3.0076	1.15356	浪漫的：绿色	131	1.00	5.00	2.5267	1.01017
清爽的：绿色	131	1.00	5.00	4.2519	0.81659	靓丽的：绿色	131	1.00	5.00	3.4656	1.11146
自然的：绿色	131	1.00	5.00	4.3969	0.81031	优雅的：绿色	131	1.00	5.00	3.2519	1.04766
清新的：绿色	131	1.00	5.00	4.4580	0.83445	青春的：绿色	131	1.00	5.00	4.4351	0.82368
有活力的：绿色	131	1.00	5.00	4.2595	0.88220	豪华的：绿色	131	1.00	5.00	2.3359	0.96565
粗犷的：绿色	131	1.00	5.00	2.0305	0.83149	古典的：绿色	131	1.00	5.00	2.3817	1.02626
精致的：绿色	131	1.00	5.00	3.1221	1.03792	考究的：绿色	131	1.00	5.00	2.9160	1.07445
稳重的：绿色	131	1.00	5.00	2.7710	1.04928	现代的：绿色	131	1.00	5.00	3.6107	0.98896

表 6 - 24　　　　　　　　　　　　受测大学生对蓝色的意象评价结果

	N	极小值	极大值	均值	标准差		N	极小值	极大值	均值	标准差
可爱的：蓝色	131	1.00	5.00	2.6412	1.10292	浪漫的：蓝色	131	1.00	5.00	3.3053	1.13607
清爽的：蓝色	131	1.00	5.00	4.2519	0.80712	靓丽的：蓝色	131	1.00	5.00	3.3511	1.02974
自然的：蓝色	131	1.00	5.00	4.1527	0.88989	优雅的：蓝色	131	1.00	5.00	3.7634	1.06578
清新的：蓝色	131	1.00	5.00	4.1069	0.93851	青春的：蓝色	131	1.00	5.00	3.6718	1.00340
有活力的：蓝色	131	1.00	5.00	3.3435	1.09384	豪华的：蓝色	131	1.00	5.00	2.6794	1.03973
粗犷的：蓝色	131	1.00	5.00	2.1069	0.99423	古典的：蓝色	131	1.00	5.00	2.9313	1.20378
精致的：蓝色	131	1.00	5.00	3.5802	0.99965	考究的：蓝色	131	1.00	5.00	3.3664	1.05397
稳重的：蓝色	131	1.00	5.00	3.4275	1.05269	现代的：蓝色	131	1.00	5.00	3.5725	0.94487

表 6 - 25　　　　　　　　　　　　受测大学生对紫色的意象评价结果

	N	极小值	极大值	均值	标准差		N	极小值	极大值	均值	标准差
可爱的：紫色	131	1.00	5.00	2.5725	1.18990	浪漫的：紫色	131	1.00	5.00	4.0076	0.98055
清爽的：紫色	131	1.00	5.00	2.6183	0.98025	靓丽的：紫色	131	1.00	5.00	3.4275	1.10961
自然的：紫色	131	1.00	5.00	2.8702	1.13948	优雅的：紫色	131	1.00	5.00	4.0382	1.04074
清新的：紫色	131	1.00	5.00	2.6183	1.04114	青春的：紫色	131	1.00	5.00	2.7405	1.04945
有活力的：紫色	131	1.00	5.00	2.7099	0.94045	豪华的：紫色	131	1.00	5.00	3.4427	1.13110
粗犷的：紫色	131	1.00	5.00	2.1298	0.94785	古典的：紫色	131	1.00	5.00	3.4809	1.14590
精致的：紫色	131	1.00	5.00	3.6336	1.04665	考究的：紫色	131	1.00	5.00	3.5725	1.09566
稳重的：紫色	131	1.00	5.00	3.1450	1.07505	现代的：紫色	131	1.00	5.00	3.2519	1.06224

表 6 −26 受测大学生对白色的意象评价结果

	N	极小值	极大值	均值	标准差		N	极小值	极大值	均值	标准差
可爱的：白色	131	1.00	5.00	3.0992	1.22069	浪漫的：白色	131	1.00	5.00	3.2901	1.24954
清爽的：白色	131	1.00	5.00	4.4046	0.83922	靓丽的：白色	131	1.00	5.00	3.3740	1.26087
自然的：白色	131	1.00	5.00	3.9389	1.05798	优雅的：白色	131	1.00	5.00	3.9237	1.12057
清新的：白色	131	1.00	5.00	4.2061	0.94232	青春的：白色	131	1.00	5.00	3.4809	1.11873
有活力的：白色	131	1.00	5.00	3.1679	1.26584	豪华的：白色	131	1.00	5.00	3.3359	1.16097
粗犷的：白色	131	1.00	5.00	1.9389	0.95881	古典的：白色	131	1.00	5.00	2.9695	1.18930
精致的：白色	131	1.00	5.00	3.8473	1.04861	考究的：白色	131	1.00	5.00	3.5420	1.17185
稳重的：白色	131	1.00	5.00	3.3206	1.11815	现代的：白色	131	1.00	5.00	4.0229	0.83634

表 6 −27 受测大学生对灰色的意象评价结果

	N	极小值	极大值	均值	标准差		N	极小值	极大值	均值	标准差
可爱的：灰色	131	1.00	5.00	1.7557	0.87786	浪漫的：灰色	131	1.00	5.00	1.8779	0.94481
清爽的：灰色	131	1.00	5.00	2.0611	0.91782	靓丽的：灰色	131	1.00	5.00	1.9924	0.98055
自然的：灰色	131	1.00	5.00	2.5725	1.05269	优雅的：灰色	131	1.00	5.00	2.8702	1.33818
清新的：灰色	131	1.00	4.00	2.1527	0.88120	青春的：灰色	131	1.00	4.00	2.0076	0.80857
有活力的：灰色	131	1.00	4.00	2.0611	0.82047	豪华的：灰色	131	1.00	5.00	2.8473	1.19919
粗犷的：灰色	131	1.00	5.00	3.2443	1.17074	古典的：灰色	131	1.00	5.00	2.9008	1.23323
精致的：灰色	131	1.00	5.00	2.7099	1.04872	考究的：灰色	131	1.00	5.00	3.0992	1.10839
稳重的：灰色	131	1.00	5.00	3.9847	0.80369	现代的：灰色	131	1.00	5.00	3.2672	1.11510

表 6 −28 受测大学生对黑色的意象评价结果

	N	极小值	极大值	均值	标准差		N	极小值	极大值	均值	标准差
可爱的：黑色	131	1.00	5.00	1.5954	0.84833	浪漫的：黑色	131	1.00	5.00	1.9389	1.20739
清爽的：黑色	131	1.00	5.00	1.9237	1.15438	靓丽的：黑色	131	1.00	5.00	2.1374	1.21379
自然的：黑色	131	1.00	5.00	2.7252	1.25914	优雅的：黑色	131	1.00	5.00	3.3206	1.36024
清新的：黑色	131	1.00	5.00	1.8855	0.98169	青春的：黑色	131	1.00	5.00	1.8855	0.98949
有活力的：黑色	131	1.00	5.00	2.1756	1.17984	豪华的：黑色	131	1.00	5.00	3.9466	1.17220
粗犷的：黑色	131	1.00	5.00	4.0687	0.94617	古典的：黑色	131	1.00	5.00	3.6870	1.19024
精致的：黑色	131	1.00	5.00	3.6107	1.25006	考究的：黑色	131	1.00	5.00	4.1374	0.90947
稳重的：黑色	131	1.00	5.00	4.6870	0.62121	现代的：黑色	131	1.00	5.00	3.9313	1.15819

表 6 −29 受测大学生对金色的意象评价结果

	N	极小值	极大值	均值	标准差		N	极小值	极大值	均值	标准差
可爱的：金色	131	1.00	5.00	2.4046	1.18178	浪漫的：金色	131	1.00	5.00	2.7176	1.26049
清爽的：金色	131	1.00	5.00	2.0229	0.94840	靓丽的：金色	131	1.00	5.00	3.2519	1.34932
自然的：金色	131	1.00	5.00	2.3359	1.10670	优雅的：金色	131	1.00	5.00	3.1145	1.30467
清新的：金色	131	1.00	5.00	2.2214	1.09748	青春的：金色	131	1.00	5.00	2.3282	1.19256
有活力的：金色	131	1.00	5.00	2.9008	1.17575	豪华的：金色	131	1.00	5.00	4.2366	0.95942
粗犷的：金色	131	1.00	5.00	2.7634	1.06578	古典的：金色	131	1.00	5.00	3.5344	1.21717
精致的：金色	131	1.00	5.00	3.4427	1.22889	考究的：金色	131	1.00	5.00	3.6183	1.11257
稳重的：金色	131	1.00	5.00	3.1527	1.02637	现代的：金色	131	1.00	5.00	3.2137	1.05253

表 6 - 30					受测大学生对银色的意象评价结果					
	N	极小值	极大值	均值	标准差		N	极小值	极大值	均值	标准差
可爱的：银色	131	1.00	5.00	2.2443	1.11694	浪漫的：银色	131	1.00	5.00	2.6565	1.29953
清爽的：银色	131	1.00	5.00	2.8550	1.27172	靓丽的：银色	131	1.00	5.00	2.9389	1.22006
自然的：银色	131	1.00	5.00	2.7557	1.29550	优雅的：银色	131	1.00	5.00	3.5420	1.22323
清新的：银色	131	1.00	5.00	2.7481	1.27306	青春的：银色	131	1.00	5.00	2.4885	1.27319
有活力的：银色	131	1.00	5.00	2.7328	1.18856	豪华的：银色	131	1.00	5.00	3.9542	0.97557
粗犷的：银色	131	1.00	5.00	2.6031	0.97412	古典的：银色	131	1.00	5.00	3.0382	1.16622
精致的：银色	131	1.00	5.00	3.7786	1.12517	考究的：银色	131	1.00	5.00	3.7000	1.05397
稳重的：银色	131	1.00	5.00	3.4198	0.99965	现代的：银色	131	1.00	5.00	3.9924	1.00381

表 6 - 31					受测大学生对褐色的意象评价结果					
	N	极小值	极大值	均值	标准差		N	极小值	极大值	均值	标准差
可爱的：褐色	131	1.00	4.00	1.6412	0.78514	浪漫的：褐色	131	1.00	5.00	1.7023	0.90888
清爽的：褐色	131	1.00	4.00	1.5954	0.68813	靓丽的：褐色	131	1.00	5.00	1.6947	0.88486
自然的：褐色	131	1.00	5.00	2.2214	1.08337	优雅的：褐色	131	1.00	5.00	2.0229	1.02631
清新的：褐色	131	1.00	4.00	1.6489	0.68975	青春的：褐色	131	1.00	4.00	1.6947	0.82175
有活力的：褐色	131	1.00	5.00	1.9237	0.87370	豪华的：褐色	131	1.00	5.00	2.2824	1.01735
粗犷的：褐色	131	1.00	5.00	3.6870	1.19024	古典的：褐色	131	1.00	5.00	3.1985	1.23051
精致的：褐色	131	1.00	5.00	2.2366	1.01399	考究的：褐色	131	1.00	5.00	2.7786	1.18510
稳重的：褐色	131	1.00	5.00	3.9160	1.05275	现代的：褐色	131	1.00	5.00	2.2672	0.94319

以上每个表中的均值是总体受测大学生针对各个颜色样本的不同意象评价的平均得分，问卷设计的是五级量表，从"很不符合"到"很符合"的得分是 1 ~ 5 分，很不符合为 1 分，很符合为 5 分。所以，对于每种颜色的评价，其均值得分越低，说明这种颜色越不符合该意象形容词；相反，得分越高，被评价的意象形容词越能代表该色彩样本。为了能够更加清楚地得到颜色样本与意象形容词的评价关系，分析出某种色彩意象的代表颜色样本，特将以上该表格的均值数据制成线图，如图 6 - 10 和图 6 - 11 所示。

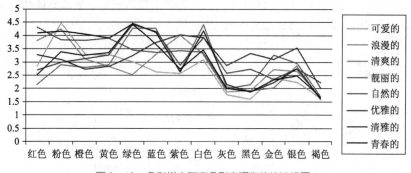

图 6 - 10 色彩样本与意象形容词均值统计线图 1

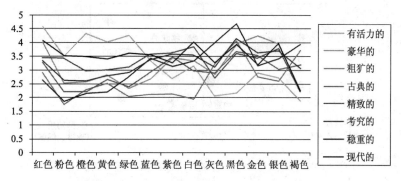

图 6 - 11 色彩样本与意象形容词均值统计线图 2

从图 6 - 10 和图 6 - 11 中的直观表示以及表 6 - 19 至表 6 - 31 的数据，试着分析归纳出某种色彩意象的代表颜色样本，如表 6 - 32 所示。

表 6 - 32　基本色彩意象形容词所对应的颜色样本

基本色彩意象形容词	代表颜色样本
可爱的	粉色
浪漫的	粉色、紫色
清爽的	白色、绿色、蓝色
靓丽的	红色、黄色、橙色
自然的	绿色、蓝色
优雅的	紫色
清新的	绿色、白色、蓝色
青春的	绿色、红色
有活力的	红色、橙色、绿色、黄色
豪华的	金色、黑色
粗犷的	黑色、褐色
古典的	金色、褐色
精致的	白色、银色
考究的	黑色、银色
稳重的	黑色、灰色、褐色
现代的	白色、银色、黑色

需要特别指出的是，由于考虑到本研究的可行性，在色彩样本选择的时候，只涉及基本色相，但是其他的颜色也是在此基础上拓展出来的，所以研究结果还是具有一定代表性的。另外，虽然结果显示出不同的颜色样本有的具有相同的意象，但是需要说明的是，虽然色相是相同

的，而色调的不同是区分同种色相形成不同色彩意象的因素。例如，红色、橙色和黄色都能给人靓丽的、有活力的感受，但是具有有活力的意象的红、橙和黄色要比具有靓丽的意象的红、橙、黄色的色调要更加的深暗。

6.2.4.3　构建基于大学生气质类型的个性化微型轿车色彩意象尺度图

13 种色彩样本在冷暖—软硬坐标系中的位置（图 6 - 4），以及上一节中得出的 13 种色彩样本与 16 个基本色彩意象形容词之间的对应关系，这样就可以得到 16 个基本色彩意象形容词在冷暖—软硬坐标系中的位置，以及所对应的颜色。加之，上文中得出了四种不同气质类的大学生各自偏爱的颜色，根据颜色样本在坐标系中的位置，以及四种不同的气质类型所对应的心理特征，就可以构建出基于大学生气质类型的微型轿车色彩意象尺度图，如图 6 - 12 所示。

需要指出的是，该图中的色彩样本除了本研究调查的 13 种颜色外，还根据前面章节中对色彩心理的研究以及大学生对色相、色调的认知情况进行了扩展，是有据可循的。该色彩意象尺度图即理性又直观、有效地描述了色彩意象的空间分布情况。

将前面研究得到的 171 个色彩意象形容词，根据分类的结果（表 6 - 11、表 6 - 12，表 6 - 32）分别置入坐标系中，就得到了基于大学生气质类型的个性化微型轿车色彩意象形容词尺度图，如图 6 - 13 所示。

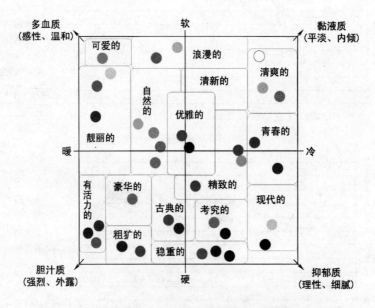

图 6 - 12　基于大学生气质类型的个性化微型轿车色彩意象尺度图

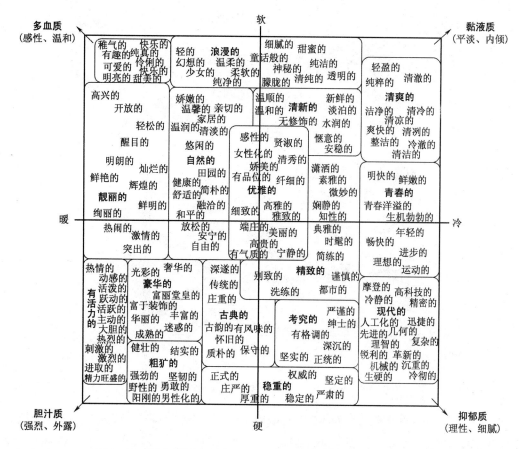

图 6-13 基于大学生气质类型的个性化微型轿车色彩意象形容词尺度图

需要指出的是，色彩意象形容词尺度图与色彩意象尺度图有着等价变换的关系，但是应该明确，不能作绝对的一对一理解，我们的目的是参照尺度图寻找颜色所要达到的意象。另外，在色彩意象形容词尺度图中，不能把各个形容词的位置看成是一个固定的点，而应理解为像水波一样，形容词的中心部分所代表的意思最明显，然后向周围逐层扩展，离中心位置越远，所代表的意思就越弱。

在图 6-13 中，可以看到气质类型与色彩意象之间的对应关系。该尺度图总共分为 16 个区域，各区域内用黑体表示的形容词是基本色彩意象，集中表现了该区域的总体色彩意象；小的用宋体表示的形容词是扩展色彩意象，是对基本色彩意象的一个展开描述，显示了各位置色彩心理感受的细微差别，从图中也可看出色彩意象的分布具有一定的倾向性。在第 1 象限中，沿 +45°轴方向上离坐标原点越远，色彩的意象就越显得淡弱而有品质，对应人的气质类型为黏液质，即平淡而内倾；相反在第 3 象限沿上述 +45°轴的反方向上离坐标原点越远，色彩意象就越显得强

烈而粗野，对应人的气质类型为胆汁质，即强烈而外露；在第 4 象限沿 -45°轴的方向上离坐标原点越远，色彩的意象就越富于理智性，对应人的气质类型为抑郁性，即理智而细腻；相反在第 2 象限沿上述 -45°轴的反方向上离坐标原点越远，色彩意象就越显得富于情绪性，对应人的气质类型为多血质，即感性而温和。在这基于气质类型的色彩意象形容词尺度图中还可以看出，在任何一条通过原点的直线上相互远离的色彩，除了在色彩意象上出现相反方向变化的倾向外，还在气质类型上也有着相反方向变化的倾向。

将调研的微型轿车图片导入到该尺度图中，即可看到直观图，如图 6-14 所示。

基于大学生气质类型的个性化微型轿车色彩意象尺度图、意象形容词尺度图、微型轿车色彩直观图的建立，实现了把用户意象需求转化为对应的具体色彩。任何一款微型轿车的色彩都能在尺度图中找到合适的位置，并用适当的形容词来描述，从而达到在色彩意象与意象形容词之间建立一种联系，起到客观的解释色彩形象的作用。在微型轿车色彩设计的前期阶段，运用这些尺度

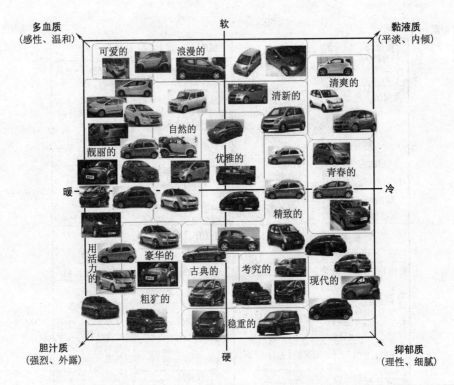

图 6-14　基于大学生气质类型的个性化微型轿车色彩直观图

图，可以为企业了解现有产品以及竞争对手产品的色彩形象定位、确定市场趋势、确定消费者对微型轿车的个性意象、色彩的初步定位以及色彩方案的选取和评价等内容提供方便快捷的指导和帮助，帮助设计师挖掘色彩设计的核心，从而提升微型轿车色彩设计的有效性和针对性。

6.2.4.4　受测大学生对微型轿车色彩的个性化需求

问卷的第三部分，希望调查的大学生从个人需求的角度对微型轿车的色彩提出一些建议和看法，给予的意见和建议大致可以归为以下几点。

（1）对环保的关注

大学生们对待环保的问题还是非常重视的，认为微型车是人们对于环境问题的态度体现，希望能够通过低排放、新能源等方式改变交通工具对于环境的污染。同时，希望微型轿车的颜色也多运用能够体现环保的颜色，这样更能体现微型车的社会责任与驾驶者的环保理念。

（2）对满足个性化需求的微型轿车色彩的期望

主要观点为，希望能够对自己的微型轿车色彩进行个性化，甚至是个人化的定制从而来彰显车主个人的个性与品位，不愿意在街上看到与自己同款同色的轿车；有些同学希望轿车的颜色可以随天气变化、车主的心情或者车内播放的音乐

而改变车身色彩；有的人希望轿车色彩能够在不同角度有不同的颜色变化，从而带来更多的视觉乐趣。

（3）对我国微型轿车色彩设计发展的建议

主要观点为，希望轿车色彩设计中能考虑加入运动元素，以增强运动感和色彩体验；大部分同学希望微型轿车的色彩可以更加大胆、时尚和靓丽；希望针对不同类型人群，设计更加多样化的色彩系列可供选择；有一部分人建议微型轿车的色彩不一定只选用纯色，可以有两三种颜色进行合理搭配，甚至可以增加图案；大部分同学希望我国的汽车厂商可以发展和改进车漆、喷涂等工艺，提升微型轿车的品质感。

6.3　微型客车战略设计心理评价实证研究

课题二立足于中国消费者生活方式的变迁这一宏观社会背景，选取青年消费群体作为研究人群，选取多功能乘用车（MPV）作为研究对象，以生活方式相关理论以及经典生活方式测量模式作为理论依据，研究结果表明多功能乘用车的潜在消费群的生活方式包含时尚休闲维度、传统家庭维度、自我发展维度、关注环保维度、个性生活维度、注重品牌维度、理性

消费维度和追求品质维度等。根据生活方式变量，可以把多功能乘用车的潜在消费群细分为个性精英型、时尚实惠型和成熟顾家型三种类型。针对不同生活方式的目标消费群体，企业可以制定出更准确的设计定位和更有效的营销策略来满足消费者的需求。

6.3.1　相关理论阐述及定性研究

6.3.1.1　平衡记分卡理论

平衡记分卡（The Balanced Scorecard）管理法是一个最新的管理理念（图6-15），财富500强企业中已有80%以上的企业在管理中引入BSC。平衡记分卡使经营者以企业战略目标为出发点，从最关键的4个方面来考核业绩，其中第三个方面是顾客角度：指现代企业的竞争应立足于服务顾客、满足顾客及帮助顾客实现其价值取向。平衡记分卡为微型客车企业战略设计的绩效管理提供了参考，其中重要的一个方面是微型客车企业的经营战略应以顾客和市场为导向，确定应为顾客和市场提供的价值，并据此确定相应的评价要素来衡量顾客层面绩效。

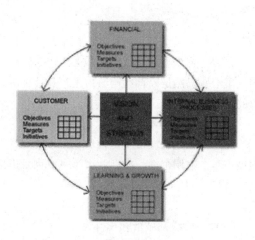

图6-15　平衡记分卡

6.3.1.2　消费形态的理论研究

消费形态主要指消费者的购买行为、使用行为、更新行为等消费行为，以及消费者的人口特征、心理特征和生活形态特征等。传统的市场细分主要以人口统计特征（性别、年龄、收入、职业、居住地点等）来细分市场，随着社会经济的迅猛发展，消费市场日趋复杂，以消费者为中心的市场竞争形势已使许多企业的市场研究由一般性的社会统计变量向消费者的消费特征、心理特征和生活形态等深层展开，从而根据不同细分市场的情况有效地制定发展战略和有针对性地开发产品。

Schiffman和Kanuk（1995）所著的《消费者行为学》中则将消费者行为定义为：消费者行为指的是消费者在寻找、购买、使用、评价和处理他们期望能满足他们需要的产品和服务时所表现出来的行为。消费者行为研究是企业制定营销策略的基础，通过对消费者行为的研究可以根据本企业的能力、竞争对手的优劣势、影响市场的经济或技术环境，按相似性原则对消费者进行分群，选择目标市场，针对目标市场设计产品、价格、沟通、分销、服务等因素的组合。

"生活形态研究"是指通过对不同族群的"生活市场区隔"，研究不同生活形态下不同族群的生活观、消费观和传播观，从而发现和解读"需求密码"，为目标族群（目标消费群）定位、品牌定位和品牌概念设计提供科学依据的研究方法。生活形态研究的主要特点是从消费者的生活形态和生活轨迹中发现市场、发现需求，从消费者的生活主张中发掘商品概念和营销概念。生活形态研究的核心概念是"族群研究"，根据消费行为和消费方式进行区隔，深度破译目标消费对象的需求密码。在微型客车同质化的激烈市场环境中发现和找到不同企业的市场位置和目标群体，从而有针对性地制定发展战略是十分必要的。

6.3.1.3　以消费形态为基础细分用户的相关研究

微软MSN公司委托艾瑞进行了"中国白领网民消费形态调查研究"，通过调查，根据消费观念将白领网民细分为时尚尝新型、理性消费型、冲动消费型、奢侈消费型和透支消费型五类。

（1）时尚尝新型：追求个性化产品、喜欢选择新产品并使用新颖的购物方式的白领人群。

（2）理性消费型：消费态度较为理性，对常用品牌忠诚度较高。

（3）冲动消费型：消费行为容易受外界因素（广告和环境等）的影响，对消费计划性较低。

（4）奢侈消费型：对奢侈品接受度高、喜欢国外的品牌或有出国购买商品的冲动、商品包装对购买的影响程度较高。

（5）透支消费型：对透支消费依赖性较高，收入水平不低，消费金额比重较高，信用卡使用频繁。

零点调查研究公司的吴垠博士以中国消费者的生活形态研究为中心，借鉴西方研究成果，就消费者的分群、价值观、生活形态及社会分层等市场细分相关理论及应用进行了深入探索，共抽取了 11 个生活形态的基本因素（表6-33），将中国消费者分为 14 大族群，并构建了 China - Vals 模型（图6-16）。

表6-33　　　　抽取生活形态的基本因素

因子	因素名称	因子	因素名称
C1	新生活意识	C7	媒介意识
C2	广告意识	C8	随意性意识
C3	时尚新潮意识	C9	家庭生活意识
C4	饮食健康意识	C10	理财意识
C5	个性成就意识	C11	工作金钱意识
C6	经济消费意识		

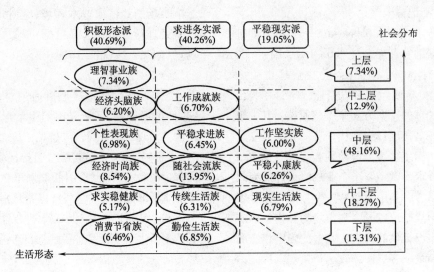

图6-16　中国范式模型

通过 China - Vals 模型可知：不同族群的人具有不同的消费观和消费方式，如有些消费者是时尚型的，紧跟潮流，引导时尚；有些是自保型的，主要为自己的生计考虑，考虑自己能否有稳定的经济来源，维持家庭的经济保障是他们最关心的问题；有些是领袖型的，追求产品的档次与品位；有些是上进型的，对生活的态度积极，生活节奏快；还有些是迷茫（缺乏生活目标）型的，生活节奏较缓慢。

6.3.1.4　汽车用户消费形态研究

新华信集团从 2001 年开始进行中国汽车用户消费形态研究，到 2006 年，共选取全国 24 个不同级别城市进行调查，调查覆盖中国市场 127 款量产车型，包括微型轿车、小型轿车、紧凑型轿车、中型轿车、中大型轿车、MPV、SUV、微型客车、轻型客车，共计 15000 个车主。主要得出如下结论：

（1）汽车消费群体构成发生明显变化

随着汽车普及率的提高，女性对于汽车的兴趣、关注度和话语权正在不断飙升，女性车主的比例明显增加；车主年龄呈年轻化趋势，2006

年车主平均年龄为 32.3 岁；车主家庭收入有所增长，2006 年车主家庭平均月收入 10193 元。中国汽车消费仍然是以首次购车为主，并且首次购车的比例继续上升。

（2）汽车消费观念地理差异

通过不同级别城市车主价值观比较发现，大型城市车主强调个性，中型城市车主看重身份地位的体现，而中小型城市车主在意全面成本和社会归属。

（3）不同级别城市购车行为分析

在针对 24 个城市汽车用户购车行为的调查中，大城市汽车市场更加成熟，经销商实力成为车主选购时最为看重的因素。

（4）消费者购车时考虑因素。

大中城市消费者首先考虑价格档次，而中小城市首先考虑品牌。可见大中城市消费者更加注重汽车带来的实际价值，而中小城市消费者选购汽车更看重对社会地位的标榜和社会归属感（图6-17）。经销商的竞争力也是消费者考虑的因素，主要包括产品力、市场力、维修力和销售力（图6-18）。

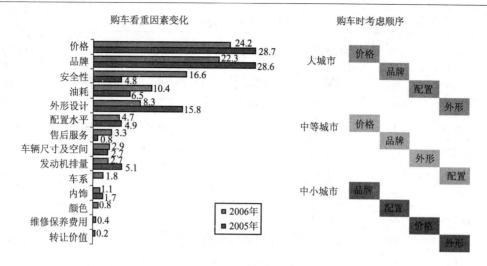

图 6 - 17   消费者购车时考虑因素

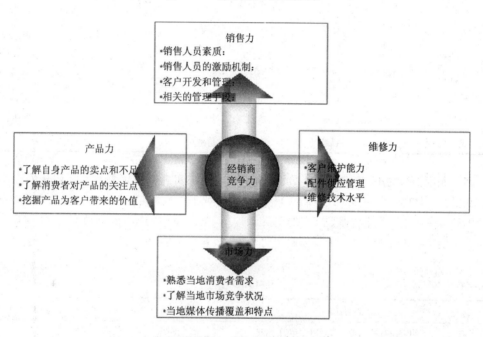

图 6 - 18   经销商的竞争力

6.3.1.5   市场调研

通过文献检索、头脑风暴、专家访谈整理出用户深度访谈问卷，旨在经过访谈了解用户的消费形态、使用习惯、价值观以及对微型客车的看法和评价等信息，把相关因素进行归纳整理，为"微型客车战略设计心理评价问卷"的设计及后期的定量研究做准备。

本次调查通过对专业人士和用户的深度访谈，来获取微型客车战略设计心理评价的一些基本信息，主要想了解以下几方面的内容（图 6 - 19）。

深访调查的地点选为无锡市及下属的发达乡镇地区。按已有用户和潜在用户两类划分，经过被访者甄别，抽取了 8 位微型客车现有用户和 8 位微型客车潜在用户，对其进行深度访谈，由于

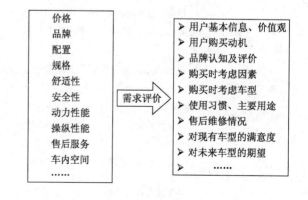

图 6 - 19   定性调查内容

微型客车驾驶者主要为男性，故抽取的男性多于女性。调查对象基本信息详见表 6 - 34。

表6-34　　　　　　　　　　　　　　　　　调查对象基本信息

序号	称呼	年龄	婚姻状况	文化程度	职业性质	住房面积（平方米）	被访者性质
1	王先生	37	已婚	本科	私营业者（五金）	120	现有
2	孟先生	45	已婚	中专	自由职业（载客）	80	现有
3	许先生	39	已婚	大专	自由职业（载客）	100	现有
4	杨先生	20	未婚	中专	自由职业（载货）	80	现有
5	杨先生	38	已婚	本科	私营业者（窗帘）	140	现有
6	姚女士	37	已婚	大专	服务业	100	现有
7	陈先生	26	未婚	本科	私营业者（食品）	100	现有
8	陆先生	44	已婚	本科	家电维修	90	现有
9	许先生	42	已婚	高中	待业中	120	潜在、用过
10	何先生	28	已婚	本科	私营业者（文具）	100	潜在
11	王女士	36	已婚	中专	家庭主妇	80	潜在
12	严先生	39	已婚	大专	私营业者（五金）	100	潜在、用过
13	王先生	41	已婚	高中	职员	70	潜在
14	孙先生	36	已婚	高中	私营业者（杂货）	80	潜在
15	李先生	28	已婚	本科	技术员	70	潜在、用过
16	吴先生	46	已婚	初中	待业中	90	潜在

微型客车深度访谈的16位被访者年龄平均值是36.38岁，文化程度为中高等，他们的职业以私营业者和自由职业者为主，微型客车的主要用途是拉载少量货物和载人，被认为是创业初期的经济实惠交通工具，也是部分用户谋生的工具。对本次深度访谈的被访者的生活形态和个性风格，通过AIO模型进行了分类归纳分析，表6-35所示的是本研究深访对象的AIO模型。

表6-35　　　　　　　　　　　　　　　　　用户AIO模型

序号	称呼	活动（A）	兴趣（I）	观点（O）
1	王先生	90%左右精力放在工作上，负责出进货物。主要活动场合：展销会、家庭、经销店。	娱乐活动较少，业余时间陪家人聊天、看电视。	思想比较传统，积极向上，正向价值观通过工作使家人幸福。
2	孟先生	以每天出车载客为职业，几乎没有休息日。主要活动场合：家，客人要求场所。	业余时间少，喜欢看电视、听广播、看报。	家庭观念强，思想传统中庸，不追求时尚，渴望通过工作努力谋生。
3	许先生	工作为重，每天拉载乘客，接送孩子。主要活动场合：学校、家、客人要求场所。	喜欢娱乐节目，财经股票，教育。	注重教育，追求家庭幸福，积极向上、渴求财富。
4	杨先生	时间主要放在工作上，在集贸市场拉载货物，主要活动场合：家、娱乐场所、客人要求场所家。	和朋友聚会，打游戏，唱歌，很少待在家里。	喜欢新鲜事物，希望快速积累财富，渴望有好的机会。
5	杨先生	90%左右精力放在工作上。主要活动场合：经销店、家、顾客家里。	喜欢时事政治，上网，听音乐，偶尔健身。	渴望通过工作努力来让自己活得充实，思想积极，不传统。
6	姚女士	以工作为主，主要活动场合：单位、家。	休息时间少，喜欢时装，喜欢看电视、逛街、聚会。	时尚，渴望好的生活条件，追求品牌，健康。

续表

序号	称呼	活动（A）	兴趣（I）	观点（O）
7	陈先生	80%的精力放在工作上工作是食品批发，主要活动场合：工作、家里。	喜欢读书，体育锻炼，会经常聚会，有很多朋友。	时尚、追潮流、讲求品牌，喜欢竞争刺激，有自己的价值观和追求。
8	陆先生	工作家庭并重，到不同客户家中，主要活动场合：单位、家庭、客户家里。	时间比较机动，喜欢看电视，看报。	思想保守，安于现状，没有明确的生活目标。
9	许先生	目前下岗，希望有快速赚钱的方式，主要活动场所：家、朋友家。	喜欢看电视，闲逛，和朋友聚会。	思想积极，重情感，渴望好的生活状态。
10	何先生	事业为重，主要活动场合：经销店、家。	喜欢锻炼身体，音乐，自我充电学习。	追求品牌，健康环保意识较强，时尚，积极。
11	王女士	家庭为重，准备闲暇时工作，主要活动场所：家。	喜欢看电视，关注健康，时尚，娱乐新闻。	思想积极，渴求进步，时尚，想改善现有的生活。
12	严先生	家庭事业并重，主要活动场所：经销店、家、娱乐场所。	喜欢交朋访友，关注环保，爱唱歌、上网。	追求时尚，注重品牌，喜欢学习新事物。
13	王先生	事业家庭并重，主要活动场所：公司、家。	喜欢健身，有时加班，业余时间较多陪家人。	有健康意识，渴望有新的突破。
14	孙先生	事业为重。主要活动场所：经销店、家。	关注新资讯，喜欢上网、玩游戏。	前卫，自我意识较强，有明确的追求目标。
15	李先生	事业家庭并重，主要活动场所：公司、家。	喜欢旅游聚会，驾驶，业余时间上网，看电视。	想逐步改善生活品质，积极向上。
16	吴先生	失业中，主要活动场所：家。	喜欢看电视，睡觉，偶尔朋友聚会。	中庸保守，不求进取，生活目标不明确。

根据 AIO 模型，可以把本次微型客车深度访谈的被访者细分为三类：兴趣工作型，工作与兴趣爱好完美统一，生活上比较富足，在工作中取得成就感；生存工作型，工作是纯粹的谋生手段，通过工作赚取一定的报酬满足生活需要；家庭工作型，为家人生活的更好而工作。

在购买动机上，消费者购买微型客车的主要原因是：微客可以客货两用，便宜实惠、省油。其中有 15 位被访者认为微型客车是比较经济实惠的交通工具，可以家用，也可以商用，6 位被

访者认为购买微型客车是有益于私营个体作为创业初期的交通用具的。用户在选购时比较重视的是油耗、售后服务、车内空间大小等因素（图 6-20）；在信息获取途径：网站、熟人推荐和销售人员介绍是被访者获取信息的主要途径；在商品比较购买上，4 位被访者看过 3 家专卖店，2 位去过 4 家专卖店，也有直接购买朋友推荐的车型者。5 位被访者认为专卖店的宣传，销售人员的介绍对他们选购具体车型起了很大的影响作用。

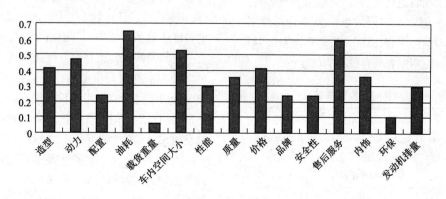

图 6-20 被访者选购重视因素

根据深度访谈可知，微型客车的品牌具有明显的集中度，消费者由于经济实力不同，对微型客车的消费档次也不同。从整体来看，被访者表现出了理性消费的特点，追求的是实用性。按照被访者消费形态可以把其分成如表 6－36 所示几种类型。

表 6－36　　　　被访者消费类型

类型	消费特征
品牌消费型	具有较强的品牌意识，相信品牌保障，忠实消费特定的品牌
亲朋推荐型	相信亲朋对产品的推荐，认为别人用过的评价是可信的
功能至上型	追求产品较高的功能配置，新技术
经济实惠型	注重性价比，好产品也要有适当的价格
尝试创新型	敢于接受新鲜事物，相信自己的选择和判断

综上所诉，通过以上定型调查研究，初步掌握了消费者特征及微型客车的消费形态，为下一步的微型客车战略设计心理评价的定量调查提供了参照依据。

6.3.2　微型客车战略设计心理评价定量研究

在对微型客车消费市场及定性研究的基础上，将消费者对微型客车的主观感受指标转化为刺激变量，自主设计了"CSI"（Consumer Satisfaction Index）调查问卷并发放、回收且对数据进行统计分析整理。实验中选取了上海市金山地区的微型客车消费者作为被试对象，被试的选择综合考虑了行业性质、购车品牌以及性别等特征，选择的被试具有一定的代表性。

对前面回收的 20 份问卷，进行"CSI 问卷"的区分度测试。采用李克特总加态度量表法对问卷中的每一个项目进行区分度考验，把辨别力低的意见删掉。问卷采用同质性信度进行信度考察。根据同质信度考察，Alpha 信度系数为 0.947（表 6－37），说明问卷具有较高的信度。

表 6－37　　　　问卷同质信度系数

Cronbach's Alpha（Cronbach's α 值）	Cronbach's Alpha Based on Standardized Items（标准化 Cronbach's α 值）	N of Ltems（项目数）
0.947	0.948	81

实际调研主要选择苏州、无锡、上海的消费者作为被调查人群。由于微型客车产品的特殊性，无论是使用还是购买，男性人数大大多于女性，故被试者中男性占较大比例。抽样时，采取了配额抽样和滚雪球抽样的方法。本次调研在苏州、无锡、上海地区各发放 75 份问卷，共发放问卷 225 份，回收 196 份，回收率 87.1%，其中有效问卷 180 份，有效率 80%。

本次实证研究的数据处理工作是在社会科学统计软件包 SPSS 中，运用因素分析的方法完成的。问卷的主要部分为考察被试者对微型客车设计的心理评价，在微型客车的各种评价指标上分别要求被调查者表明其理想观点，对于被试需要填写的地方采用"利克特量表"进行评定。

经过整理与分析，我们可以看出（图 6－21），被试人群购买微型客车获取产品信息的主要途径是电视、卖场、亲朋推荐，三者占有 82% 的比例，其中亲朋推荐的比例高达 45%，卖场的比例为 26%，说明消费者在选购微型客车的时候，周围人的意见、品牌口碑非常重要，另外微型客车销售场所的运作方式也会对消费者的购买决定产生重要的影响。

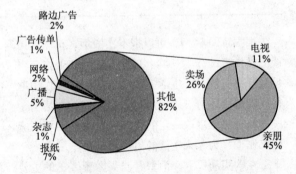

图 6－21　获得产品信息途径

在主要用途的分析上，被试者比较赞同微型客车的用途是工作采购/载运商品/货物、日常工作/业务代步、日常生活代步，这与微型客车主要消费群体为私营业者（个体工商户、微型企业）有一定的关联性，也有部分被访者认为微型客车可以作为家庭的代步工具，特别是多人口家庭，被试者对于微型客车用于长途旅行、接送员工上下班的同意度相对较低，这与微型客车产品自身的空间大小和性能特点有必然的联系（图 6－22）。

在造型喜好上，调查主要通过把目前市场上知名品牌的四款畅销车型做成图板，请被访者选择喜欢的造型，来了解其对微型客车造型的喜好

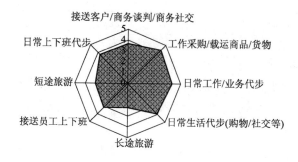

图6-22 微型客车的主要用途

Component（因子）	Eigenvalues（特征值）	% of Variance（方差贡献率）	Cumulative %（累积方差贡献率）
3 基本配置因子	4.158	5.109	28.042
4 质量因子	3.491	4.053	32.095
5 售后服务因子	3.018	3.658	35.753
6 人机因子	2.443	3.312	39.065
7 外观造型因子	2.382	3.224	42.289
8 车身材料因子	2.321	3.157	45.446
9 安全因子	2.151	2.634	48.080
10 车身颜色因子	2.108	2.491	50.571
11 信息渠道因子	1.941	2.392	52.963
12 品牌因子	1.908	2.357	55.320
13 性价比因子	1.625	2.292	57.612
14 销售因子	1.601	2.192	59.804
15 附加配置因子	1.539	1.991	61.795
16 环保因子	1.439	1.929	63.724
17 内饰因子	1.397	1.829	65.553

（提取方法：主成分分析法）

及相关原因，获得的信息可以指导新产品的开发设计，来满足消费者的审美需求。对于被试者普遍称赞的五菱鸿图，原因多为是大气、饱满、流线、前卫，轿车感较强，感觉安全性高。在车灯和格栅造型喜好的调查中，被试者普遍喜好车灯比较大、新颖、霸气、立体感强、侧面可见，格栅进风口散热口较大，感觉散热快、美观高档、轿车化。在颜色的调查中，银灰色是接受度较高的，被选率为79%，其次为宝马灰，被选率为6%，被试者认为银色符合主流、耐滑伤、耐脏旧。

在进行因素分析前，为了解变量之间的相关性情况。进行了 KMO 检验和 Bartlett 球度检验，以判别变量是否适合做因素分析。表6-38 给出了 KMO 检验和 Bartlett 球度检验结果。其中 KMO 值为0.820，根据统计学家 Kaiser 给出的标准，KMO 值大于0.8，适合做因子分析。如表6-38 所示。

表6-38 　　KMO 检验和 Bartlett 球度检验

Kaiser - Meyer - Olkin Measure of Smapling Adequacy.		0.820
Bartlett's Test of Sphericity	Approx. Chi - Square	9043.878
	df	3230
	Sig.	0.000

通过对调研的180个有效样本在81个变量上进行主因素分析，得到了初始统计量结果，如表6-39 所示。

表6-39 　　初始统计量

Component（因子）	Eigenvalues（特征值）	% of Variance（方差贡献率）	Cumulative %（累积方差贡献率）
1 功能因子	13.056	16.023	16.023
2 动力因子	5.657	6.910	22.933

通过因素分析，提取了17个主因素，其特征根值均大于1。它们占总方差的65.553%，可以解释变量的大部分差异，可以认为，这17个因素是构成原始问卷81个项目变量的主因素。

未经过旋转的载荷矩阵中，提取的因子在许多变量上都有较高的载荷，含义比较模糊，为了明确解释主因素的含义，将因子矩阵进行方差极大正交旋转，得到在各个主因素上具有高载荷的项目。各个项目内容及载荷值见表6-20，本课题17个主成分归纳参见表6-40。

表4-40 　　因子旋转矩阵结果

因素	变量	项目内容	载荷值	共同度
1 功能因子	18	客货两用	0.812	0.824
	5	车内空间大	0.805	0.802
	11	载货功能	0.794	0.831
	4	载重能力强	0.788	0.785
	7	载人功能	0.721	0.822
	3	载客人数多	0.543	0.776
2 动力因子	1	动力强劲	0.765	0.771
	2	油耗小	0.753	0.742
	13	发动机品质	0.716	0.736
	15	发动机排量	0.643	0.768
	14	发动机散热好	0.571	0.693

续表

因素	变量	项目内容	载荷值	共同度	因素	变量	项目内容	载荷值	共同度
3 基本配置因子	23	中后排座椅方便折叠拆卸	0.819	0.782	10 车身颜色因子	71	车身颜色体现稳重	0.791	0.785
	22	中后排座椅翻转功能	0.724	0.701		75	车身颜色耐滑伤、耐脏旧	0.694	0.721
	32	前雨刷器	0.645	0.712		73	车身颜色视认性好,安全	0.618	0.734
	39	大的储物箱	0.634	0.785	11 信息渠道因子	50	亲朋推荐	0.795	0.786
	35	收音机	0.621	0.768		55	销售员推荐	0.634	0.747
	25	前电动窗	0.584	0.761	12 品牌因子	47	品牌口碑好	0.842	0.839
	28	可调节驾驶座椅	0.523	0.794		46	品牌知名度高	0.741	0.752
	31	后雨刷器	0.439	0.741	13 性价比因子	49	性价比合理	0.734	0.771
4 质量因子	6	整车质量品质好	0.807	0.804	14 销售因子	57	销售场所专业性	0.641	0.697
5 售后服务因子	53	售后服务好	0.811	0.768		56	销售现场试驾	0.627	0.675
	58	保修时间长	0.784	0.742		54	产品促销活动	0.619	0.753
	62	维修方便	0.571	0.771		59	广告出现频率	0.547	0.738
6 人机因子	19	驾驶操作方便舒适	0.794	0.801	15 附加配置因子	20	烟灰缸及点烟器	0.752	0.741
	12	仪表清晰易懂	0.743	0.762		37	时间显示	0.712	0.765
7 外观造型因子	63	外观稳重	0.789	0.784		27	滑门自动闭合功能	0.631	0.757
	64	外观大气	0.729	0.771		21	高位(第三)刹车灯	0.586	0.687
	74	大型车灯	0.646	0.734		42	天窗	0.451	0.692
	8	大车窗,视野宽阔	0.539	0.747		45	空调	0.429	0.713
	67	外观流线型造	0.421	0.764	16 环保因子	61	环保	0.541	0.734
	66	大格栅	0.401	0.731	17 内饰因子	78	内饰颜色耐脏旧	0.642	0.691
8 车身材料因子	10	车身材料坚固	0.783	0.778		80	内饰舒适感	0.601	0.703
	9	车身材料耐腐蚀	0.684	0.712		79	内饰温馨感	0.513	0.705
9 安全因子	40	前保险杠	0.816	0.827					
	38	驾驶座气囊	0.725	0.764					
	41	后保险杠	0.628	0.741					

6.3.3 微型客车战略设计心理评价的17个主因素及研究分析

"微型客车战略设计心理评价因素重要性量表"中的17个主因素分别是:功能因子、动力因子、基本配置因子、质量因子、售后服务因子、人机因子、外观造型因子、车身材料因子、安全因子、车身颜色因子、信息渠道因子、品牌因子、性价比因子、销售因子、附加配置因子、环保因子和内饰因子。

在因子旋转矩阵中可以看出主因素与其构成变量间的关系。本课题根据构成每一主因素的高载荷项目变量内容,将17个主因素分别命名并且总结归纳。在因素分析的基础上,得到"微型客车战略设计心理评价因素重要性量表"。量表由17个主因素,58个小项目组成(表6-40),其中因子具体如下。

(1)功能因子

对于功能因子中的客货两用、车内空间大两变量被试者评价很高,说明他们非常重视。目前市场上微型客车有两种:偏载货型微型客车和偏载人型微型客车。偏载货型微型客车的消费者比较重视其载重能力,偏载人型微型客车主要用于短距离载客，很适合多人口家庭使用，被试者比较关注的是载人数量。

（2）动力因子

发动机是微型客车的心脏，消费者在选购时也是十分重视的，由于购买大排量车的成本并不会高出很多，所以大排量的微型客车较受欢迎。随着燃油价格的上涨，油耗也成为消费者选购微型客车时考虑的一个重要因素。

（3）基本配置因子

包括中后排座椅方便折叠拆卸、中后排座椅翻转功能、前雨刷器、大的储物箱、收音机、前电动窗、可调节驾驶座椅、后雨刷器等。

（4）质量因子：微型客车作为一种耐用消费品，需要在客货两用时都能够安全耐用，消费者在选择时将会越来越理性，质量品质将成为一款汽车成功的关键因素之一。

（5）售后服务因子：买车并非一次性消费，购后的使用、保养、维修等也都是消费者购买时的考虑因素，如果车辆在使用中发生故障，将会对车主的经济效益形成直接的损失。所以被试者对于售后服务质量、保修时间和维修的方便性很重视。

（6）人机因子：人机因子主要指驾驶的舒适性、操作的方便性及人机界面的合理性等，也是消费者在购车，特别是试车时会深切感受到的。

（7）外观造型因子：在产品品质逐渐趋同，消费者对于相关知识知之甚少的情况下，外观成为选择的要素之一。好的外观是吸引消费者购车的重要要素，微型客车市场走向审美时代必然会引起新一轮产品升级。

（8）车身材料因子：车身材料因子指车身材料坚固、车身材料耐腐蚀。车身材料可以体现整车的品质，也可以提高耐用性，所以被访者比较重视。

（9）安全因子：目前，国内微型客车市场正处于升级换代的关键阶段，安全性能正逐渐成为新一代微型客车产品的重要衡量指标。

（10）车身颜色因子：颜色是实现产品视觉传播的重要元素之一，并且颜色具有低成本高附加值的功效。据国际流行色协会调查数据表明：在不增加成本的基础上，通过改变颜色的设计，可以给产品带来10%~25%的附加值。

（11）信息渠道因子：调查中发现亲朋推荐、营业员推荐是多数被试者获取微型客车信息的主要来源，对消费者具体购买哪种车型起了很大的决定作用。这种现象与心理学家指出的家庭与朋友的影响、消费者直接的使用经验、大众媒介和企业的市场营销活动共同构成影响消费者态度的四大因素。

（12）品牌因子

消费者在购车前一般都会通过多种渠道充分掌握相关信息，除了报纸、电视、网络外，还很留意品牌口碑，被试者表示品牌知名度高、好的品牌口碑也是其购买决策的重要影响因素；

（13）性价比因子

由于微型客车的主要消费群体是私营业者，针对较多创业阶段的消费者而言，微型客车高性价比是具有很大的吸引力的。

（14）销售因子：主要指销售场所专业性、销售现场试驾、产品促销活动、广告出现频率，这些变量对消费者的选购起了一定的促进作用。

（15）附加配置因子：附加配置因子主要指烟灰缸及点烟器、高位（第三）刹车灯、滑门自动闭合功能、天窗、空调等受部分消费青睐的变量，这些配置可以提高产品的高档感和附加值，是中高档产品的象征。

（16）环保因子：在其他情况都相同的情况下，消费者会倾向于购买燃油更干净高效的汽车，同时也更环保。

（17）内饰因子：多数被访者表示喜欢温馨舒适感的内饰，同时比较喜欢不易显脏旧的颜色。

总的来说，从表6-40可以看出，"功能因子"，对总方差的贡献率最大，为16.023%。它在所有的17个评价因素中占核心地位。这是微型客车产品消费的核心价值和目标，是消费者购买使用微型客车期望达到的最终目的。

因素1、因素2、因素3、因素4、因素5、因素6、因素7、因素9、因素13是属于顾客满意方面的基本层面价值要素，这类要素是顾客满意所必须的，该类属性的缺失将导致顾客的极大不满，顾客不满成指数级增加。

因素8、因素10、因素11、因素12、因素14、因素17属于顾客满意方面的满足层面价值要素，这类要素与顾客满意呈线形相关关系，是顾客所熟知的，该属性维度的增加将导致顾客满意的增加。

因素15、因素16是属于影响顾客满意因素方面的兴奋层面价值要素，兴奋层面价值要素是经常不能被顾客所理解和表示的因素，该类属性的缺失不会导致顾客的不满，但具备该类属性将带给顾客出乎意料的惊喜和兴奋，因此将大大增加顾客的满意程度。

从长远看，微型客车企业的发展重点应致力于设计和制造符合普通大众需求的车型，如高品质、低油耗、经济实用、价格便宜、质量可靠的产品，增强市场竞争力。在基本层面同质化的情况下，满足层面和兴奋层面的价值要素受到越来越多的关注，微型客车在设计、技术和配置上应向轿车化迈进，在外观审美、安全舒适、经济实用，环保等方面上实现突破。因此，未来微型客车市场将是个快速壮大的时期，微型客车将迎来新一轮发展机遇。

6.4 生活方式导向多功能乘用车设计实证研究

6.4.1 生活方式测量模式构建——实证定性设计

6.4.1.1 生活方式的概念、衡量和应用研究

生活方式是个多层面、多元素的概念，它由人们固有的个性特征、过去的经历以及现在的情境所决定。因此，生活方式受内部因素和外部条件的影响，其中内部因素主要包括生理和心理方面，比如个性、价值观、情绪、动机等；外部因素主要指文化、亚文化、社会阶层、家庭和人口统计等方面。生活方式还受一定的社会环境影响，包括文化背景、消费水平、家庭、社会安全与服务、教育环境与状况等，这又决定了个人生活方式的丰富性和多样化。生活方式不是一成不变的，它是在诸多因素的综合作用和影响下表现出来的各种行为、兴趣和看法。随着社会环境的变化，这些影响因素本身在变化，所以消费者的生活方式也会随之改变。生活方式是研究消费行为与心理的最佳着眼点，以其为基点，使市场细分从平面转向立体，多方位、多角度去分析消费群体，使划分和确定的目标市场更具深度。生活方式概念的基本构成要素如图6-23所示。

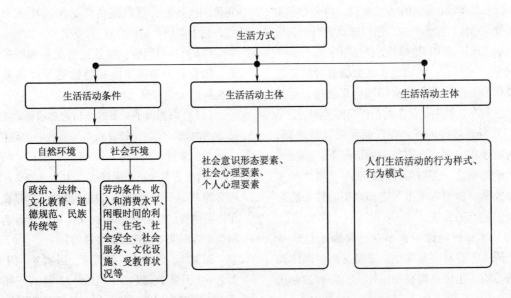

图6-23 生活方式概念的基本构成要素

衡量生活方式较常用的方法是心理绘图（Psychographics）。最为常见的心理绘图主要是利用三类的变量——活动（Activities）、兴趣（Interests）与意见（Opinions）来对消费者进行分群，一般合称为AIO量表（Wells 1975）；另外一个著名的生活形态衡量系统是VALS（Value and Lifestyle Survey）系统，目前的VALS 2系统共使用39个项目（包括35个心理项目和4个人口统计项目）来对消费者进行分群；PRIZM（Potential rating Index by Zip Market）是也是一种著名的人口统计分析。可以得到一组40种的生活形态，然后将这40种的生活形态归类到美国的12大范围的社会群体中。而每一个美国的区域都可以用这40种的生活形态来描述（Hawkins，Best，andConey 1992）。

应用研究领域也从很早就开始关注对生活方式的研究。一项对英国妇女化妆品市场的生活方式研究，分析重点集中于外表、时尚、运动和健康。根据消费者在这四个领域的态度和价值观将这些妇女分为六个组。分析表明，各个组在人口统计特征、购物行为、产品使用和媒体使用等方面存在显著差异。美国的服饰业也投入很大力量

进行消费者生活方式的分类研究并取得了显著成果。在产品设计应用方面，日本的釜池光夫（1982）在三菱帕杰罗（Pajero）设计项目中通过对消费者生活方式的系列研究，最终得到六个主要设计因子，并应用于设计实践之中。意大利的 Ezio Manzini（2007）在创造性社区与可持续生活方式（CCSL）研究项目中，对中国、巴西和印度城市居民的生活方式进行案例收集和分析，定性地探讨这些案例所代表的可持续生活方式，为多用户产品设计创新提供理论指导。

生活方式在产品设计和消费行为研究中的应用通常集中在研究消费者的生活方式及其与外观偏好、消费行为之间的关系方面。面向生活方式的产品设计方法通常有三种：研究产品的使用环境、研究产品的使用方式以及研究消费者的需求。产品设计首先应该满足消费者的现有需求，然后还要满足消费者的潜在需求，而更高层次则是面向健康的生活方式，这要求设计在满足消费者的需求，具有宜人的使用方式和使用环境，和谐的消费文化的同时，还对消费者的消费行为进行合理地引导，不断满足人、机、环境的协调发展。

本课题隶属于生活方式的应用性研究，研究目的是以中国 MPV（Multi - Purpose Vehicles）潜在消费者生活方式分群为基础探讨多功能乘用车（MPV）的外观造型设计定位，因此参考文献的研究方法均对本课题有着一定的启示性作用。在生活方式测量模式的建构上可以参考吴垠的研究思路，对 AIO 量表进行筛选，萃取出适合本课题目标施测人群的生活方式测试语句，进行测量模式的维度架构，再经过深度访谈对每一维度的测试语句进行优化，最终得到本课题的生活方式测量模式。

6.4.1.2 经典生活方式测量模式

（1）AIO 清单

AIO 清单（Activities，Interests，and Opinions）用于测试消费者的个性、兴趣、态度、信仰、价值观、购买动机等，通过理性的、具体的、行为的心理学变量，获得对消费者的总体看法。AIO 清单由大量的陈述句（通常约 300 条）组成，被调查者可以表达对这些陈述同意或不同意的程度。

（2）VALS 模型

著名的 VALS 模型（Value and Life style，价值观与生活形态模型）是由美国的标准研究协会（Standard Research Institute，SRI）开发出来的。VALS 的功能句主要分为这样五类：Intellectual（智力）、Excitement（激情）、Variety（求变）、Crafts（工艺喜好）、Fashion（时尚）、Religion（超自然物或传统）、Management（管理能力）。

（3）VALS2 模型

VASL2 仅包括与消费行为有关的项目。所以相对 VALS 来说，它比 VALS 更接近消费，有着更为广泛的心理学基础，更侧重于活动与兴趣，更多地选择那些相对具有持久性的态度和价值观。VALS2 模型基于 4 个人口统计变量和 42 个倾向性项目，验明美国消费者的细分市场是基于对 170 个产品目录上产品的消费状况进行调查的结果。细分市场基于两个因素：消费者的资源，包括收入、教育、自信、健康、购买愿望、智力和能力水平；自我导向，或者说什么激励他们，包括他们的行为和价值观念。

根据自我导向变量，消费者被划分为 8 个细分市场：现代者（Actualizers）、实现者（Fulfilleds）、成就者（Achievers）、享乐者（Experiencers）、信任者（Believers）、奋斗者（Strivers）、休闲者（Makers）和挣扎者（Strugglers）。

（4）LOV 尺度

价值观清单（LOV）尺度也是一种和生活方式相关的衡量方法，目的是评估某人的主导价值观。LOV 尺度评估九种价值观：自我实现、刺激、成就感、自尊、归属感、被尊重、安全、娱乐和享受、与他人的和谐关系。利用 LOV 尺度进行市场调查时，除了关于被调查者的价值观问题以外还应加上人口统计特征问题。

6.4.2 MPV 用户生活方式测量模式的建构（实证设计）

6.4.2.1 深度访谈结果分析

根据吴垠（2002）关于中国居民分群范式（China - Vals）的研究，该受访者的生活方式在个性成就意识维度和家庭生活意识维度表现突出，如"车要能吸引路人的目光"、"可以做自己想做的事情"、"能够完成自己的梦想"、"足够的容量可以满足全家人的要求"等。在理财意识维度和时尚新潮意识维度也有所表现，例如"希望看起来很高档，但价格更便宜"、"外形不够时尚"。在 14 种生活方式族群属于求进务实派随社会流族群，这一族群在该模型中占有比例最大，约为 13.9%。

同时，根据吴垠（2006）关于中国人价值观年谱（China – Value）的研究，该受访者的年龄层出于 24～26 岁年龄组，价值体现在"稳健"、"求变"、"广告"、"自我"、"实惠"、"中庸"、"求新"、"媒介"、"国际"和"诚信"上，其中，"求变"意识表现强烈，如"出去旅游！要是自驾游的话就更棒了"、"想要改变自己的生活现状，换一种生活环境，不想每天重复的生活"等。综合以上分析，并结合所有三例访谈的内容，我们可以大致对这一群体的生活方式特征作以下描述：

20～30 岁的青年消费人群闲暇生活比较丰富，逛街购物、看书学习、玩电脑（包括上网）、运动健身、看电影、听 MP3 的人的比较多，但知识型、提高型活动所花费的时间仍很有限，例如阅读、自学等。户外休闲活动普遍较受欢迎，这与该类消费群体的文化程度和自身修养有一定的关系，美国的一些生活方式研究学者在分析了美国的情况后得出结论"高收入水平的人去参加休闲活动的范围更加广泛，受过高等教育的人更愿意参加室外娱乐活动"。但是户外休闲活动的种类比较单一，一些休闲活动还不算是真正意义上的"休闲"，例如逛商场或超市并不意味着纯粹去享受都市的闲暇生活，其中还隐含着满足生活需要的成分（购买食品或日用品等生活必需品）。该群体对流行、健康的休闲生活方式表现出一定的向往，如自驾游等，对休闲生活的品质有一定的要求，希望丰富多彩，放松身心。

在个性和价值观上，这个消费群体普遍崇尚个性生活，对流行时尚比较敏感，对新鲜事物的反应速度较快，接受能力较高；一般拥有特定的朋友圈（俗称"死党"），与好友们的交流频繁，害怕寂寞，乐于分享；重视亲人和朋友，表现出较强烈的恋家、爱家情绪；对未来个人发展有一定的期望，渴望获得事业的成功，享受更优质的生活；不安于现状，希望靠自己的努力实现人生的目标和梦想；崇拜自力更生并获得成功的精英人士。

由于乘用车对目前中国消费群来说，属于高档消费品，因此，被访问者在购买决策上比较谨慎，受到媒体、生活经验、身边的同事朋友等诸多因素的影响。可接受的 MPV 价位也多为 15～20 万元，对价格昂贵的高端 MPV 未表现出较大的兴趣。

被访问者对产品的安全性、外观、品牌、价位等方面表现出较大的关注。购买动机多为 MPV 的高容量、大空间可满足生活中的绝大多数用车需要，尤其是可作为家庭出游、朋友聚会之用。被访问者普遍表示对 MPV 概念的模糊，容易与 SUV 相混淆。原因之一是目前厂家和媒体大力为"SUV 热"造势，而对于 MPV 的报道较少。另外一个原因是 MPV 自身造型设计的模棱两可。表现为目标人群定位较窄，在产品年轻化趋势的大背景下，对具有巨大消费潜力的青年消费群未投入足够的关注；造型辨识度不高（如车身的尺寸、比例），对于 MPV 的多功能性特征诉求不足。

被访问者普遍对 MPV 的造型设计提出了更高的要求，认为外观造型应该符合现今年轻化潮流，更加动感和时尚，同时内饰风格应该更加多元化，并不一定要与轿车内饰保持一致，应该更加舒适，强调空间的可变性和多功能性。

6.4.2.2　生活方式测量模式的建立

MPV 消费群的生活方式通常与家庭、事业、时尚、休闲、品牌等方面联系紧密，这些方面都是 MPV 消费者生活方式不同侧面的反映。要建立针对 MPV 的生活方式测量模式，还必须考虑这个市场的地位、独特性以及消费者需求的主要特点。通过对国内外已有研究和相关文献的归纳总结，以及对消费者深度访谈结果的分析，我们可以得到本课题目标消费人群生活方式（在活动、兴趣、观点方面）的大致轮廓以及表现突出的生活方式维度（如个性成就意识维度、家庭生活意识维度等），以此建立出的生活方式测量模式在理论以及实践上是可行的、合适的。因此，本研究选择从日常活动、品牌意识、品质追求、流行倾向、休闲态度、价格和理财意识、家庭意识、外向程度、对事业和成功的看法、对科技的态度、对环保和社会公益的态度等几个方面来测量目标调研人群的生活方式，并按照生活方式对消费者进行分类，再从人口统计变量、消费行为、对 MPV 外观造型偏好等方面对各分群进行特征描述。由此，本研究所建立的生活方式测量模式如图 6 – 24 所示。

6.4.2.3　问卷设计

本研究所使用的调查问卷由三部分组成：第一部分是通过陈述句量表来测量消费者的生活方式；第二部分关于消费者对 MPV 外观造型偏好以及消费行为的调查；第三部分是人口统计特征调查。

问卷的第一部分为生活方式量表，是问卷的主体部分。本研究依据前面得出的生活方式测量

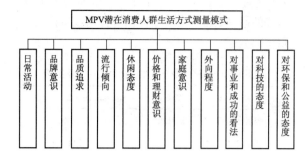

图6-24 MPV潜在消费人群生活方式测量模式表

模式，对模式中的各个维度选取有针对性的3~4个生活方式项目，总共40个特殊化的AIO问题（初始量表为40个问题，经过准实验后删减到29个）用李克特五点量表衡量被调查者对这些问题的看法，作为划分生活方式类型的基础。问卷的第二部分是4个关于消费者对MPV外观造型偏好的问题以及2个关于消费行为的问题。在对外观偏好的调研方面，本研究选取14张典型的MPV产品图片作为选项分别考察被试对于总体造型、前脸造型、侧面造型以及车漆色彩等四个方面的偏好。本研究对消费行为的调研主要考核两个方面，一是消费者购买时关注的因素，选项分别为动力性、安全性、外观、油耗、价格、品牌、舒适性、多用途、配置齐全、内部空间和售后服务。二是消费者所能接受的价位。问卷的第三部分是基本的人口统计特征调查。

6.4.3 生活方式导向MPV设计实证研究反馈及讨论

6.4.3.1 实证研究数据反馈

本研究的准实验是选取10个便利样本进行的。被试均为江南大学设计学院在校研究生，其中，男性5名，女性5名。在实验中，对10名被试进行逐个访问，并要求进行问卷填写。随后对其结果进行区分度考量。

对回收的有效问卷，数据统一输入SPSS 11.0进行如下的数据分析：①采用因子分析法萃取出生活方式因子，并进行因子内部的信度分析，从而更好地理解生活方式纬度；②采用聚类分析法对被试的生活方式进行分类；③通过单因素方差分析来验证不同生活方式分群在人口统计特征、对MPV外观偏好以及消费行为上是否具有显著差异；④采用对应分析法来分析不同生活方式分群对MPV外观的偏好。

如图6-25所示，KMO（Kaiser-Meyer-

Olkin）值为0.610，根据学者Kaiser（1974）的观点，KMO值在0.5以上，适合使用因子分析。同时，巴特利球体检验（Bartlett's Test）值对应的相伴概率值小于0.01，表明变量间并非独立，取值是有联系的，因此，使用因子分析得到的结果是可以接受的。通过主成分分析，我们从29个生活方式测试语句中萃取出特征值（Eigenvalue）大于1的8个主因子，它们解释了总体方差的58.084%（接近60%，对于社会科学来说是个比较可取的比例）。为了进一步发现其中每一个主因子的实际含义，我们对因子进行最大方差正交旋转（Varimax），选取负荷系数绝对值大于0.4的项目，并对萃取的各主因子进行命名（表6-41和表6-42）。

KMO and Bartlett's Test检验表 KMO and Bartlett's Test,		
Kaiser-Meyer-Olkin Measure of Sampling Adequacy		0.610
Bartlett's Test of Sphericity	Approx.Chi-Square	1030.226
	df	406
	Sig	0.000

图6-25 KMO and Bartlett's Test 检验表

表6-41 生活方式公因子统计参数表

	特征值	方差贡献率	累计方差贡献率
因子1 时尚休闲因子	4.262	14.698	14.698
因子2 传统家庭因子	2.958	10.201	24.899
因子3 自我发展因子	1.903	6.561	31.459
因子4 关注环保因子	1.843	6.354	37.814
因子5 个性生活因子	1.721	5.935	43.749
因子6 注重品牌因子	1.490	5.136	48.885
因子7 理性消费因子	1.464	5.047	53.932
因子8 追求品质因子	1.204	4.152	58.084

表6-42 各公因子包含项目及负荷系数表

	题号	题目内容	负荷系数
因子1 时尚休闲因子	Q1.06	我花很多钱用于休闲活动	0.516
	Q1.13	流行与实用之间我比较喜欢流行	0.572
	Q1.14	在别人眼里我是个时髦的人	0.752
	Q1.15	我很注意流行的趋势	0.743
	Q1.29	我往往是最早购买最新技术产品的人	0.512

续表

	题号	题目内容	负荷系数
因子2 传统家庭 因子	Q1.19	对我来说，家庭比事业更加重要	0.609
	Q1.20	我喜欢花时间与家人待在一起	0.786
	Q1.21	我喜欢与家人一起外出活动	0.788
因子3 自我发展 因子	Q1.01	我经常活跃于社交场所	0.585
	Q1.22	我对我的成就寄以很大的期望	0.519
	Q1.24	我希望被视为一个领导者	0.768
因子4 关注环保 因子	Q1.25	对环境无害的产品，即使价钱高一些，我也会去购买	0.702
	Q1.26	我常常以实际行动支持环保	0.754
	Q1.27	我欣赏支持公益事业的企业或品牌	0.733
因子5 个性生 活因子	Q1.03	放假时我喜欢去旅游	0.747
	Q1.08	我喜欢购买具有独特风格的产品	0.554
	Q1.18	会花钱比多挣钱更重要	0.437
因子6 注重品 牌因子	Q1.05	生活中，休闲与工作应该划分得相当清楚	0.596
	Q1.10	即使价钱贵一点，我还是比较喜欢买外国产品	0.644
	Q1.11	我喜欢的品牌，我会一直使用它	0.466
因子7 理性消 费因子	Q1.09	我愿意多花一些钱购买高质量的物品	-0.527
	Q1.16	我通常选择购买最便宜的产品	0.777
因子8 追求品 质因子	Q1.07	我向往欧美等发达国家社会的生活方式	0.644

（1）量表信度的检验

通过求算 Cronbach's α 系数对萃取的各公因子进行内部信度分析。结果如表6-43显示，量表总体信度 Cronbach's α 系数为0.7250，各公因子的信度均大于0.4，8个公因子基本正确可信，所涵盖的内容与理论分析预测相吻合，内部一致性较好。各公因子的信度 Cronbach's α 系数如表6-43所示（因子5与因子6的 α 系数在0.4与

0.5之间，可靠性还不是很高，有待后续研究进一步的修订；因子8有待今后补充高载荷代表项目）。

表6-43　各公因子 Cronbach's α 系数表

	Alpha	Standardized Item Alpha
因子1	0.7121	0.7126
因子2	0.7012	0.7110
因子3	0.5848	0.5872
因子4	0.7027	0.7025
因子5	0.4931	0.5167
因子6	0.4892	0.4882
因子7	0.6242	0.6255

（2）对各公因子的命名

因子1的特征值和方差贡献率均为最大（特征值4.262，方差贡献率14.698%），信息说服力最强，包含的项目与流行、潮流、趋势、休闲态度等因素有关，可以命名为"时尚休闲因子"；

因子2（特征值2.958，方差贡献率10.201%）是由与家庭观念相关的问题组成，可命名为"传统家庭因子"；

因子3（特征值1.903，方差贡献率6.561%）包含的项目是关于对事业、成就、社交的态度问题，可命名为"自我发展因子"；

因子4（特征值1.843，方差贡献率6.354%）是由一系列关于对环保公益事业的态度的问题组成，因此可命名为"关注环保因子"；

因子5（特征值1.721，方差贡献率5.935%）包含的项目看似没有联系，分析其本质我们发现这些问题都与消费者的个性有关，因此该因子可命名为"个性生活因子"；

因子6（特征值1.490，方差贡献率5.136%）基本上是关于品牌意识以及品牌忠诚度的问题，可以命名为"注重品牌因子"；

因子7（特征值1.464，方差贡献率5.047%）包含的问题是对于价格和性价比的关注，可命名为"理性消费因子"；

因子8（特征值1.204，方差贡献率4.152%）是关于品质生活的问题，所以命名为"追求品质因子"。

在聚类分析阶段，经过因子分析所得到的8个公因子可以作为新的变量，在按照相似程度对这些变量进行 K - 均值聚类分析（K - means Clustering）之后，我们就可以得到根据生活方式

对目标研究人群进行细分的研究结果。

根据统计原则（即任何给定群体之间最高度的关联和不同群体之间最低的关联）和在现实中容易解释的原则，选择了有 3 个中心的聚类分析。在聚类分析的同时，采用单因素方差分析（One‑Way ANOVA）对各公因子在分类中的贡献度进行考察，结果如表 6‑44 所示。

表 6‑44　单因素方差分析 ANOVA 检验表

	ANOVA					
	Cluster		Error			
	Mean Suare	df	Mean Square	df	F	Sig.
时尚休闲因子	8.407	2	0.879	122	9.568	0.000
传统家庭因子	9.592	2	0.859	122	11.165	0.000
自我发展因子	10.204	2	0.849	122	12.018	0.000
关注环保因子	6.248	2	0.914	122	6.836	0.002
个性生活因子	4.610	2	0.941	122	4.901	0.009
注重品牌因子	5.527	2	0.926	122	5.970	0.003
理性消费因子	22.766	2	0.643	122	35.395	0.000
追求品质因子	7.175	2	0.899	122	7.983	0.001

测量结果显示，各公因子在单因素方差分析中 P 值均小于 0.05，可以认为各公因子对聚类结果存在显著差异，在聚类分析时都予以保留。

聚类分析的结果如下表 6‑45 所示，表中数据值越高，表明被调查者对该公因子的认同程度越高，0 表示中间态度。

表 6‑45　　　最终聚类中心表

	Final Cluster Centers		
	Cluster		
	1	2	3
时尚休闲因子	−0.33035	0.31197	−0.59980
传统家庭因子	−0.51646	0.11617	0.71109
自我发展因子	0.60985	−0.25006	−0.33878
关注环保因子	0.28478	0.02018	−0.76591
个性生活因子	0.29000	−0.23617	0.35925
注重品牌因子	0.36845	−0.06380	−0.59196
理性消费因子	−0.39396	0.48190	−1.20257
追求品质因子	−0.37804	0.03490	0.74298

（3）消费者的生活方式分类

根据每一类被调查者的因子特征，并考量形容词的概括性，最终将被调查者的生活方式分为以下三类：

①个性精英型

这一类人群对自我发展因子、个性生活因子以及注重品牌因子认同度较高，他们注重事业与成就，渴望被重视，具备领导潜质，凡事追求辨识度，希望与众不同，对于品牌有一定的忠诚度，认为品牌是主人身份和地位的象征，热衷于追求有个性的高端产品。但是他们往往传统家庭意识较为淡薄。

②时尚实惠型

这一类人群对时尚休闲因子和理性消费因子有较高的认同度。他们被媒体所驱动，渴望走在时尚潮流的尖端，但又不愿意为之付出过高的金钱，追求性价比，享受高科技产品带来的舒适与乐趣，懂得休闲，乐于分享，在收入并不丰厚的前提下却始终能扮演"街头潮人"的角色。但他们对于自我的发展、事业以及成就并不热衷。

③成熟顾家型

这一类人群对传统家庭因子、个性生活因子和追求品质因子认同度很高。他们是"80 后"一代的"新好男（女）人"，在追求个性与品质生活的同时，也是父母眼中的"乖乖仔（女）"，家人在他们的心目中占有重要的位置，闲暇时与家人一起度过是他们共同的特征。时尚与品牌对他们来说并没有太大的吸引力，他们"只买对的，不买贵的"。

得到以上三个生活方式分类后，再根据分类的结果判别每一样本所属的类型。样本中各生活方式分群的人数以及所占百分比如图 6‑26 所示：

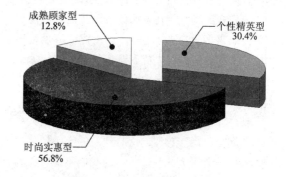

图 6‑26　各生活方式分群的人数以及所占百分比

表 6‑46　　　各生活方式分群的人数以及所占百分比

	个性精英型	时尚实惠型	成熟顾家型
人数	38	71	16
百分比	30.4%	56.8%	12.8%

如果考虑被调查者的居住城市，我们也可以发现各生活方式分群在北京、上海、武汉这三座城市分布的不同。

由图 6 - 27 可见，不同地域之间经济、文化等方面的差异性导致了消费者的生活方式也存在一定的差异。

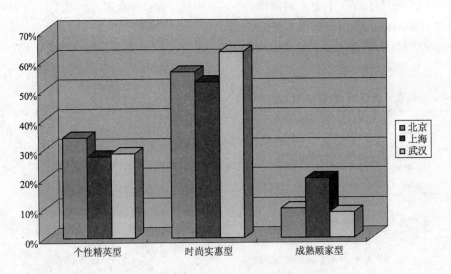

图 6 - 27 各生活方式分群在不同城市的分布

个性精英型人群在北京样本中所占的百分比要高于上海和武汉，这与北京的地理位置与文化氛围不无关系。北京是我国的首都，是我国政治文化的中心，既拥有深厚的文化底蕴，又是高端、前卫时尚的聚集地，追求个性，崇尚精英文化是这里的人们的普遍特征。

时尚实惠型人群在武汉的分布较高。武汉交通便利，"九省通衢"，因此武汉人信息灵通、勇于开拓创新，各种潮流文化都能以最快的速度在武汉传播开来。但是武汉人又是生意经，头脑精明，因此理性消费是他们的另一特征。

成熟顾家型人群在上海的分布比其余两座城市要高出很多。"时尚之都"的上海却有着独特的吴越文化，这里的人群表现出较强的传统家庭意识，循规蹈矩但又追求品质和个性生活。成熟顾家是他们的普遍特征。

整体来看，20～30 岁这个潜在的消费人群大部分属于时尚实惠型，这与他们的年龄层面以及收入情况有很大的关系，但是我们不能忽视另外两类人群的存在，他们的总和已经与时尚实惠型人群相当，因此针对这两类人群的 MPV 设计研发也是值得各厂家关注的。

6.4.3.2 实证研究结果讨论

（1）各生活方式分群在人口统计特征上的差异分析

对聚类分析结果进行单因素方差分析（One - Way ANOVA）后发现，不同生活方式分群在性别和职业上存在显著差异（$P < 0.05$）；个人月收入差异也比较明显，但还不是十分显著；文化程度与家庭人数上存在一定差异，但不明显。

个性精英型人群的职业除去学生之外，大部分是公司职员（达到了 36.8%），文化程度以硕士以上居多，月收入多在 2000～5000 元。

时尚实惠型人群的职业类型较为丰富，除去学生外，以公司职员和专业技术人员居多（分别达到 23.9% 和 15.5%），月收入多为 2000 元以下。

成熟顾家型人群男女比例差异显著，其中男性达到 81.3%，文化程度上硕士以上毕业占绝大多数（达到 62.5%），家庭人数偏多（5 人以上家庭达到 12.6%），月收入偏高（其中 10000 元以上达到 12.5%）。详细情况如图 6 - 28 至图 6 - 32 所示：

（2）各生活方式分群对 MPV 外观要素的偏好

了解不同生活方式群体对 MPV 外观要素的偏好，对于指导 MPV 外观设计具有重要的作用，下面就分别从总体外观、前脸造型、侧面造型、色彩四个方面进行具体的分析。

①总体外观

问卷上所选择的四辆 MPV 均为常见的品牌车型，代表了四种不同的造型风格：选项 1 是通用别克（Buick）GL8，造型稳重大气，又不乏时尚的细节处理，是商务精英们的首选车型，在

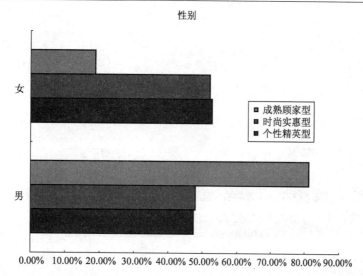

图 6 -28　各生活方式分群性别差异

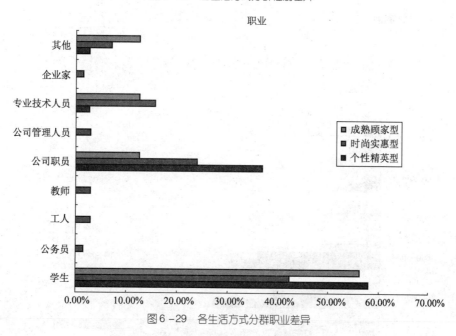

图 6 -29　各生活方式分群职业差异

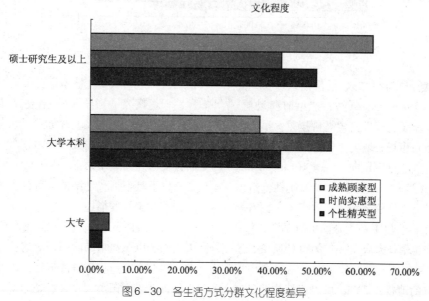

图 6 -30　各生活方式分群文化程度差异

家庭人数

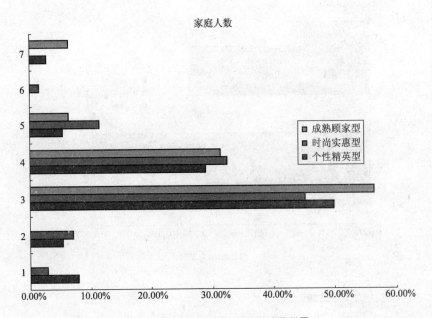

图6-31 各生活方式分群家庭人数差异

月收入

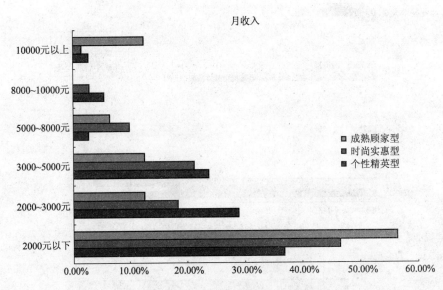

图6-32 各生活方式分群月收入差异

中国 MPV 市场占据较大的市场份额；选项 2 是本田奥德赛（Honda Odyssey），造型时尚动感，前脸造型以及流线型车身富含高科技感，虽较晚进入中国，但在市场表现上很快就能与别克 GL8 分庭抗礼；选项 3 是雪铁龙毕加索（Citroen Picasso），车身虽然小巧，但不失多用途性，造型可爱讨喜，具有很强的亲和力，也牢牢占据着一定的市场份额；选项 4 是大众途安（Volkswagen Turan），简洁实用是大众车一贯的设计风格，这款 MPV 也不例外，正因如此，由于品牌在中国市场具有深厚的消费者基础，所以车型的销量也

很不错。这四款车在造型语言上具有很明显的差异性，也代表了当今 MPV 造型设计最主要的四种风格取向，在准实验中也获得了良好的效度，因此我们可以通过被试对这四款车型的偏好来判断其所偏爱的造型语言。

以下是根据统计结果，对各生活方式分群对总体外观偏好的描述：

A. 个性精英型。由于自我发展因子、个性生活因子以及注重品牌因子对该类人群贡献度较大，因此在对造型语言的偏好上，虽然 50.0% 的样本青睐于本田奥德赛，但是选项 1 别克 GL8 的比例要高于其他两类人群。个性精英型人群崇尚精英文化，渴望充当领导者的角色，因此稳健、大气、彰显身份与地位的造型设计是他们所钟爱的。具体来说，宽大的进气格栅，大面积的前大灯、较大的车轮、镀铬的表面装饰都会对这类人群产生较大的吸引力。同时，由于年龄层面的制约，个性精英型人群具备 20～30 岁青年消费者共同的审美倾向，在这里表现为个性生活因子的高贡献度。所以在针对该类型人群的总体造型设计应在大气流畅的车身线条中加入时尚个性的细节处理，如 LED 雾灯、后视镜上设置转向灯等。

B. 时尚实惠型。选项 2 造型时尚的本田奥德赛自然是这类人群的最爱。对于这类人群，在整体的造型把握上应处理好时尚的外观与多功能的内在的平衡。MPV 作为一种以多用途、大空间、强动力为卖点的车型在造型定位上应区别于价格低廉的紧凑型轿车，精致与高科技可以是造

型设计上的一个重要诉求点。在形与面的处理上应注意对空间体量感的把握（车身线条动感、饱满）；在对诸如前大灯、尾灯等重要造型的处理时，应采用流行的 LED 装饰灯营造出层次感丰富的平面效果。同时，由于理性消费因子的作用，减少不必要的金属装饰也是降低成本、提升偏好度的一个有效手段。

C. 成熟顾家型。这类型人群对选项 4 大众途安表现出较高的偏好度。在传统家庭因子的高作用下，整体造型语言应稍微收敛，趋向简约、圆融、中庸、干练的车身线条、亲和友善的前脸布局是该类人群所偏好的。烦琐的前大灯、夸张的格栅等过度的细节处理会对造型语义产生不良的影响，设计的重点是对整体均衡、和谐造型的把握。

各生活方式分群对总体外观偏好的比率如图 6-33 和表 6-47 所示。

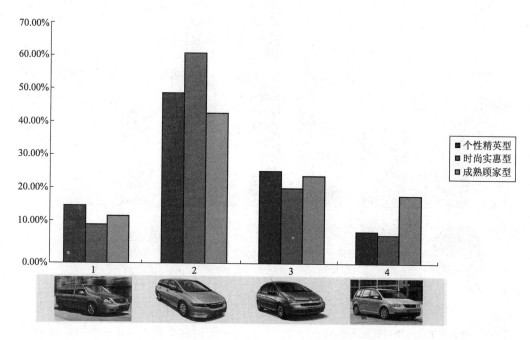

图 6-33　各生活方式分群对总体外观偏好的比率

表 6-47　各生活方式分群对总体外观偏好的比率

	个性精英型	时尚实惠型	成熟顾家型
选项 1	15.8	9.9	12.5
选项 2	50.0	62.0	43.8
选项 3	26.3	21.1	25.0
选项 4	7.9	7.0	18.8

②前脸造型

我们选择了六种不同类型的典型 MPV 前脸

造型图例来对样本进行偏好度的考察。这六个选项的造型语义分别如下：选项 1 精致、优雅；选项 2 富贵、显达；选项 3 圆润、中庸；选项 4 动感、活力；选项 5 科技、未来；选项 6 尊贵、大气。

A. 个性精英型。除选项 4 外，选项 1 比例与其他两类人群相比较高，达到 13.2%。动感活力的造型意象是总体样本所表现出的普遍特征，精致优雅是该类人群的特征意象，科技未来以及尊贵稳健所占比例也较高。根据统计结果，考虑

到高作用公因子，我们不难发现追求自我发展与个性的个性精英型人群偏爱细节处理丰富、线条优雅的前脸造型，对平庸圆润的前脸造型认同度较低。

B. 时尚实惠型。选项4、5、6 的比例较高，其中选项4 动感活力、选项5 科技未来的认同度比其他两类人群都高，分别达到 39.4% 和 28.2%。这与该类人群的决定因子是相吻合的。我们可以发现选项4 与选项5 的前脸造型都脱胎于其畅销的 B 级车型：选项4 为福特 S - MAX 的前脸，与福特 Focus 的前脸造型一脉相承；选项5 为本田奥德赛，与本田 Civic 前脸造型基本一致。这也为我们自主品牌针对此类人群进行 MPV

前脸造型设计提供了很好的思路。

C. 成熟顾家型。选项3 的比例远高于其余两类人群，达到25%。选项3 圆润、中庸的造型特点与成熟顾家型的传统家庭因子相契合，选项6 尊贵大气无人选择也说明了该类人群的生活方式特征。这里我们需要注意的是，圆润中庸并不等于平庸，而是在形面处理上讲究和谐、均衡、不张扬、不突兀，对大众（Volkswagen）B 级车前脸造型的研究可以帮助设计师很好地把握设计的"度"。

各生活方式分群对前脸造型偏好的比率见图6-34和表6-48。

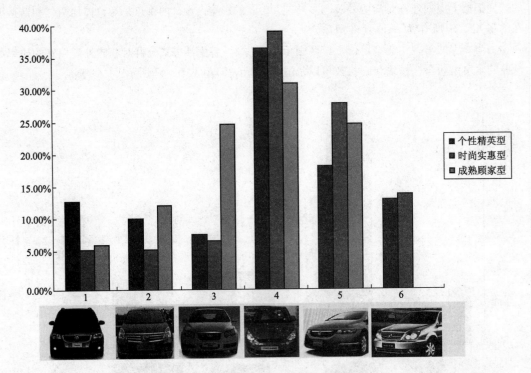

图6-34 各生活方式分群对前脸造型偏好的比率

表6-48 各生活方式分群对前脸造型偏好的比率

	个性精英型	时尚实惠型	成熟顾家型
选项1	13.2	5.6	6.3
选项2	10.5	5.6	12.5
选项3	7.9	7.0	25.0
选项4	36.8	39.4	31.3
选项5	18.4	28.2	25.0
选项6	13.2	14.1	0

③侧面造型

我们选择了四款在侧面造型上有着明显差异

的 MPV 对消费者进行车身尺寸、比例、侧面线条偏好的考察。这四款车型在尺寸和比例上的特征如下：选项1 轴距较长、车身较高、厚重、沉稳、线条优雅；选项2 轴距较短、小巧轻盈、线条干练简洁；选项3 轴距适中、和谐均衡、线条流畅；选项4 轴距较长、车身较低、侧窗较小、线条动感、时尚。

在这个项目的选择上，各生活方式分群的差异性都不太显著，这与中国消费群对二维图形 Graphic 的反应判断能力远比对三维形态的判断能力要高（钟伯光，2007 年）有很大关系。具体来说，个性精英型人群对于轴距适中，视觉上稳定均衡的选项 3 认同度较高（50.0%），但对轴距偏长，车身低矮的选项 4 并不喜爱（2.6%）；时尚实惠型人群与成熟顾家型人群在各个选项上分布较平均，视觉上偏爱车身较低、线条简单流畅的车型，对车身较高、线条繁复的车型（选项1）还需要一段时间的适应才能接受。

各生活方式分群对前脸造型偏好的比率见图 6-35 和表 6-49。

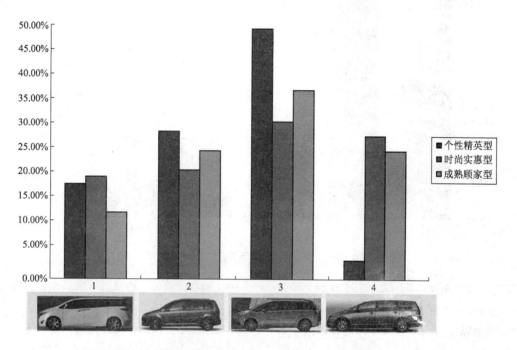

图 6-35 各生活方式分群对侧面造型偏好的比率

表 6-49 各生活方式分群对侧面造型偏好的比率

	个性精英型	时尚实惠型	成熟顾家型
选项 1	18.4	19.7	12.5
选项 2	28.9	21.1	25.0
选项 3	50.0	31.0	37.5
选项 4	2.6	28.2	25.0

表 6-50 各生活方式分群对车漆色彩偏好的比率

	个性精英型	时尚实惠型	成熟顾家型
选项 1	42.1	28.2	25.0
选项 2	39.5	40.8	43.8
选项 3	10.5	15.5	12.5
选项 4	2.6	2.8	12.5
选项 5	5.3	12.7	6.3

④外观色彩

在对车漆色彩的偏好上，银色、黑色、白色是各生活方式分群最爱的三种颜色。单就这一个项目来看，尽管是针对 20～30 岁的潜在消费群，但大气传统稳健的颜色仍属主流，个性时尚的红、黄、蓝、绿等有彩色占的比例仍十分低。具体来说，个性精英型人群较偏爱黑色（42.1%），时尚实惠型人群和成熟顾家型人群均较偏爱银色（分别为 40.8% 和 43.8%）；时尚实惠型人群对于红、黄、蓝、绿等有彩色的偏爱比例远高于其他两类人群；成熟顾家型人群对金色、古铜色等最近流行起来的"东方色彩"表现出高于其他群的偏好度。各生活方式分群对外观色彩偏好的比率见图 6-36 和表 6-50。

⑤小结

A. 个性精英型。在自我发展因子、个性生活因子、注重品牌因子的影响下，彰显身份、地位的造型设计是针对这类人群设计时的主要思路，其造型语义包含有：身份、地位、阶层、体面、自尊、自信、求新、求变、发展、积极、向上。前脸造型偏重于优雅、尊贵；车身比例协调、均衡；车漆颜色多为黑色。

B. 时尚实惠型。时尚休闲因子与理性消费因子对该类型人群的影响较大。在时尚动感的设计原则下，睿智（高科技、实惠）与精致（细节丰富）也要考虑在内。此分群的造型语义包括：时尚、流行、智慧、机敏、理智、乐观、动感、积极。前脸造型偏爱动感、未来；车身线条

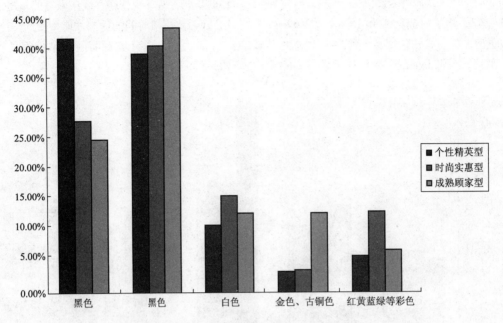

图6-36　各生活方式分群对车漆色彩偏好的比率

流畅简约，偏爱车身较低的车型；车漆颜色偏爱银色，也接受红、黄、蓝、绿等有彩色。

C. 成熟顾家型。该类人群的高作用因子为传统家庭因子、追求品质因子和个性生活因子。重视家庭、追求品质是此分群的共同特征，因此，设计思路以中正、平和、圆融为主。其造型语义包括：圆融、稳健、中庸、亲和、舒适、空间、成功、品质。前脸造型偏爱圆润、中庸；车身线条干练、简洁，偏爱比例和谐的车型；车漆颜色偏爱银色，也不排斥金色、古铜色。

各生活方式分群的 MPV 造型偏好见图 6-37 所示。

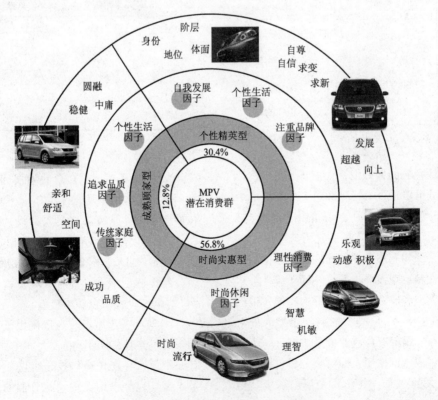

图6-37　各生活方式分群的 MPV 造型偏好

6.4.3.3　各生活方式分群消费行为的差异分析

由于汽车这种消费品自身的特殊性，在消费行为方面，本研究仅对影响购买决策的重要因素以及心理价位两方面来进行分析。

（1）影响购买决策的重要因素

整体来看，安全性、外观与舒适性是消费者购买时最关注的三个方面，价格、动力性、油耗也受到了较高程度的关注。具体来说，成熟顾家型人群对动力性和外观的关注要高于另外两类人群；个性精英型人群对油耗的关注比其他分群要高；时尚实惠型人群相对而言对舒适度有较高的要求。其余各项指标三个生活方式分群态度相近，差异不十分明显。

各生活方式分群关注的因素如图6 - 39和表6 -51所示。

表6 -51　　　各生活方式分群关注的因素

	个性精英型	时尚实惠型	成熟顾家型
动力性	9.6	8.5	12.5
安全性	21.1	21.1	16.7
外观	17.5	16.4	22.9
油耗	11.4	6.6	8.3
价格	12.3	10.3	10.4
品牌	5.3	5.6	4.2
舒适性	10.5	15.5	14.6
多用途	3.5	2.3	4.2
配置齐全	1.8	3.3	2.1
内部空间	2.6	4.7	2.1
售后服务	4.4	5.6	2.1

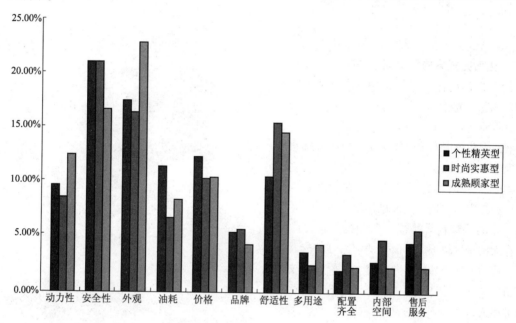

图6 -38　各生活方式分群关注的因素

（2）心理价位

从总体来看，10万～15万元这个价位所占比例最高，其次是15万～20万元。20万元以下是被试样本的心理价位，这样看来，目前大部分合资品牌的MPV售价都在20万元以上，自主品牌具有较强的价格优势。但是，随着合资品牌MPV售价不停下降（如东风日产骏逸售价13.88万～16.23万元），自主品牌的优势也在不断丧失，只有研发出能够满足消费者需求的新产品，才能挽回不断减少的市场份额。

具体来说，个性精英型人群在25万～30万元这个价位的比例要显著高于另外两个人群，而时尚实惠型人群在5万～10万元这个价位的比例

明显较高，成熟顾家型人群集中在10万～15万元、15万～20万元这两个价位。

各生活方式分群心理价位如图6 - 39和表6 - 52所示。

表6 -52　　　各生活方式分群心理价位比较

	个性精英型	时尚实惠型	成熟顾家型
5万元以下	2.6	2.8	0
5万～10万元	2.6	11.3	0
10万～15万元	31.6	28.2	43.8
15万～20万元	26.3	28.2	37.5
20万～25万元	18.4	19.7	6.3
25万～30万元	13.2	4.2	6.3
30万～35万元	5.3	5.6	6.3

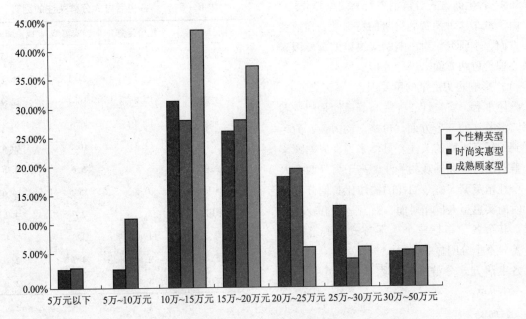

图6-39 各生活方式分群心理价位比较

6.4.4 生活方式导向下的概念设计

本设计选取生活方式分群中的个性精英型人群作为目标消费群。在生活方式特征上，根据上文中的研究结果，个性精英型人群在自我发展维度、个性生活维度、关注环保维度和注重品牌维度表现较活跃。在设计偏好上，身份、地位、阶层、体面、自尊、自信、求新、求变、发展、积极、向上；在总体造型上，稳健、大气、彰显身份与地位的造型设计是他们所钟爱的。具体来说，宽大的进气格栅，大面积的前大灯、较大的车轮、镀铬的表面装饰都会对这类人群产生较大的吸引力；在前脸造型上，动感活力的造型意象是该类型人群所表现出的普遍特征，精致优雅是他们的特征意象，科技未来以及尊贵稳健所占比例也较高。他们偏爱细节处理丰富、线条优雅的前脸造型，对平庸圆润的前脸造型认同度较低；在侧面造型上，他们对于轴距适中，视觉上稳定均衡的车型认同度较高，而难以接受轴距过长，车身低矮的车型。车身色彩的选择以黑色、银色为主。最终，我们从中提取以下设计元素并进行了设计（图6-40，图6-41）。

整体造型：具有厚实的体量感，稳重扎实；车身较高，车窗面积较大，视野开阔。

前脸造型：大面积进气格栅，配以金属装饰包边；前大灯饱满大气，细节丰富。

侧面造型：腰线力度感十足，微微上扬；侧窗较大，保证可视面积；车门外表面辅以渐消面、镀铬装饰条等造型细节。

图6-40 概念设计效果图1

图6-41 概念设计效果图2

尾部造型：简洁大方，尾灯同样具有丰富细节，行李厢把手使用镀铬装饰。

细节处理：后视镜、雾灯、前大灯、转向灯等多处使用LED，镀铬的细节装饰也非常多。

在环境保护维度上，概念设计在造型上会考虑将清洁能源"可视化"，取代常用的进气格栅等。

7

女性产品设计心理评价研究

7.1 女性产品设计心理评价文献综述

女性产品设计心理评价专题研究包括三个子课题：课题一，《女性自我概念导向手机产品设计心理评价》；课题二，《新宅女情感价值与小家电体验设计》；课题三，《性别导向的本土汽车品牌展示设计评价研究》。

7.1.1 女性产品设计心理评价研究综述

7.1.1.1 国内研究成果综述

首都师范大学的陈晓艳（2009）从消费心理学的视角切入，探究白领女性的感觉特征和知觉特征，透彻分析女性在标准学习层次下，认知、情感和行为之间的关系。并创新性地提出情感化设计理论的两个相互影响、相互促进的层面，即"感官层面"和"理解层面"。

昆明理工大学的文瑞青（2010）对女性审美心理及消费心理的特征做出分析和探讨，并提出基于女性审美心理及消费心理的三条原则。最后，研究基于女性审美及心理的家电产品设计方法，通过对家电产品进行装饰的表达以及运用隐喻、风格吸收法等手法的设计来增强家电产品的情感。

西南交通大学的谭箐（2004）对女性消费者自我概念进行研究和分析，选取较有代表性的消费行业——女性旅游市场进行研究，通过因子分析，把女性旅游消费者的自我概念分成5个因子：能力展现因子、情感因子、外在表现因子、情绪因子和传统保留因子。再通过聚类分析，把具有不同自我概念因子的女性旅游消费者分成5个类型：情感至上型、内敛顺从型、外强中干型、传统现代结合型和领导气质型。通过数据证明，应用女性消费者自我概念来进行女性市场细分是个有效的工具。

浙江大学的曹高举（2005）在品牌个性维度量表（BDS）的基础上进行实证研究，通过借鉴国内外品牌个性研究和心理学人格研究方面的研究成果，对品牌个性的结构进行探讨，同时考察消费者的自我概念和生活方式与选购产品品牌个性的关系。品牌个性有"酷""惠""智""雅""勇"五个维度，其中"智""雅""勇"三个维度与西方品牌个性具有跨文化的一致性，而"酷"和"惠"两个维度突出中国文化的特殊性。表现自我的消费者较看中品牌个性"酷"和"勇"这两个维度，情感自我的消费者比较关注品牌个性中"雅"和"惠"这两个维度，心灵自我的消费者比较关注品牌个性中"惠"这个维度。不同自我概念的消费者所选购产品的品牌个性显著不同，即自我概念影响消费者对不同品牌个性的品牌的购买行为。研究结论对企业定位目标消费群、制定市场策略以及塑造品牌个性具有非常重要的意义。

华东大学师范大学的张萍萍（2010）从女性的生理、心理、审美以及消费行为进行分析，掌握女性的性别特征以及差异性，针对性别的差异性探讨数码产品的发展方向。

江西师范大学的聂琰（2007）通过分析女性的生理特征和心理特征，确定女性的独特需求和偏好，以及女性的性别特征和差异性而导致的设计产品在风格要素上和设计方法上的差异，使设计能够更好地为女性服务。

吉林大学的任旭（2009）通过设计心理科学的对消费者心理研究分析发现，当代优秀轿车造型设计缜密地考虑了消费者的心理因素和情感因素，并从消费者的心理活动去策划汽车轿型的设计。

7.1.1.2 专题已有研究成果关联分析

西南交通大学谭箐借鉴国内外理论和实证研究结果，引用男性消费者和女性消费者自我概念对比量表，通过T检验和多元方差统计对我国男性消费者和女性消费者自我概念进行比较，填补了目前国内消费者心理和行为研究领域关于两性自我概念比较研究的理论空白，根据国内外理论成果编制了适合国内女性在旅游中的自我概念量表，通过信度分析证实了该量表的可靠性，并应用因子分析和聚类分析对女性消费者在旅游中的自我概念进行了定量研究，具有一定的现实意义。

课题一《女性自我概念导向手机产品设计心

理评价》（孙宁）的研究特色是将女性消费者自我概念理论首创性地引入产品形象研究领域，课题首先在女性消费者自我概念和整体产品论的研究基础上，提出整体产品形象系统（VQS）理论模型以及它与女性自我概念系统之间的投射关系假设。接着按照女性自我概念 5 种成分对女性消费者进行分类。然后以手机为例进行实证研究，验证 VQS 模型的可靠性和假设的成立，并运用关联分析法研究女性自我概念影响下的手机产品形象诉求。最后根据分析结论提出针对不同自我概念类型女性的手机产品形象塑造与定位策略，为实际操作提供参考。

昆明理工大学的文瑞青（2010）以女性审美及消费行为的角度进行研究，侧重理论结合案例分析的研究方式，通过市场调查研究进行小家电设计方案的改良设计研究，提出概念方案。虽进行了市场调研，但实证研究缺乏数据化、系统化。

课题二《"新宅女"情感价值与小家电体验设计》（董绍扬）将用户情感价值与"新宅女"匹配并引入产品设计；制定"新宅女"情绪情感主导原创性问卷，最终以电吹风个案为切入点设计研究，为"新宅女"美容小家电体验进行个案外观样式设计策略研究，结合电吹风产品评价得出产品情感体验因素，联系"陪护感"体验主题得出用户情感价值三要素：愉悦、安心及成就感，从情感体验的本能、行为、反思情感体验层次形式将"新宅女"对美容小家电关注因素匹配，逐个归纳基于美容小家电"陪同感"情感价值下体验设计策略。实证研究较系统化，数据客观真实，已包含误差。

吉林大学的任旭（2009）从情感化设计角度，通过消费者心理分析轿车造型设计，以层次清晰的理论展开研究。但缺乏实证研究，无数据化体现。

课题三《性别导向的本土汽车品牌展示设计评价研究》（王轶凡）立足于经济体系由服务经济向体验经济过渡的这一宏观经济背景，选取近年来快速崛起的本土汽车品牌为研究对象，研究其在品牌展示设计环节的效果和趋向；将深度访谈法、问卷调查法、关联分析法和比较分析法相结合，以品牌认知及其相关理论研究为基础，进行本土汽车品牌展示设计的心理评价研究。

7.1.2　女性产品设计心理评价研究创新点
7.1.2.1　理论创新

课题一在理论分析上将消费者自我概念的理论引入产品形象系统研究领域，论述女性消费者自我概念系统和整体产品形象系统各自的结构特征。基于产品形象/自我形象一致性理论，对两者进行比较分析，推论女性消费者自我概念与整体产品形象之间可能存在某种投射关系：女性消费者对产品社会形象的评价和诉求，更多地会受到其心灵自我的影响。女性消费者对产品视觉形象的评价多会受到其表现自我和发展自我成分的影响，而对产品形象的评价则多会受到情感自我和家庭自我的影响。

课题二首先回顾女性情绪情感相关理论，将用户情感价值与"新宅女"匹配引入产品设计，分析用户价值构成与传递，探讨理论在设计中运用；对"新宅女"人群分析，阐述生活方式、价值观、消费情感等特征，结合罗氏价值观引导以追求自我幸福、内外和谐为终极渴望，由自由实现、美与健康、物质享受、效率经济与内外和谐组成的六大价值观体系。在五大体验层次模块（感官体验、思考体验、情感体验、行为体验与关联体验）中明确情感因素的主导决定地位，结合美容小家电的市场现状及自身产品特点导致的特殊受众群体分析都可预见"新宅女"用户的潜在发展趋势；通过情绪情感的不同建立用户体验模型，确定情感体验设计体验主题丰富体验范畴并从本能、行为、反思三个层面对产品设计开发进行策略性指导。

课题三研究涉及体验经济、体验设计、展示设计、设计效果心理评价以及品牌学方面的诸多理论，将多学科进行交叉融合，形成新的学科交叉点，且内容的延展性较好，可以拓展到更多方面，形成丰富多样的后续研究。在理论研究的基础上，结合实证研究方法，获取消费者的认知态度数据，以此为依据结合理论分析的成果，总结提升本土汽车品牌展示设计效果的方法。从汽车品牌展示设计的横向比较开始，分析国内外汽车品牌展示设计的多个方面，从中发现差异性，探讨本土汽车品牌展示设计的发展趋势。

7.1.2.2　实证研究方法创新

课题一研究利用女性自我概念对女性手机用户进行分类，分析并验证不同类型女性消费者对手机产品形象的各自诉求，提出塑造与定位策略，为女性手机产品形象的设计操作提供方向。通过文献分析、头脑风暴和专家分析法，自主设计"女性手机产品形象与自我概念测量问卷"。问卷对女性消费者自我概念的测量采用 15 条陈

述句来分别表述女性消费者自我概念系统中的5
种成分，即：家庭自我、心灵自我、情感自我、
表现自我与发展自我，运用因子分析的方法，对
5种成分的存在加以验证。运用聚类分析的方
法，按照5种自我概念成分在女性自我概念系统
中的权重，实现对女性消费群的分类。采用理论
分析中得出的VQS模型，运用因子分析法对该
理论设想进行验证。运用关联分析的方法，讨论
每种类型的消费者对手机产品形象系统各维度中
不同项目的评价状况，分析出不同类型的女性手
机消费者对手机产品形象的诉求点。

课题二制定以新宅女情绪情感主导的原创性
问卷，针对新宅女美容消费、美容行为、美容小
家电认知方面做调查分析。试验主要以线上调查
为主，线下调查为辅，按照情绪情感特征四个层
次组成"新宅女"情绪情感特征量表，统计归
纳从情绪的正负从两个维度建立新宅女的情绪情
感的特征模型，并总结"陪护感"在新宅女情
绪体验上的重要作用；结合其价值观层面对美容
消费行为特征进行分析总结。

课题三采用定性和定量研究技术，对本土汽
车品牌体验设计进行实证研究，评价目前品牌体
验设计的效果，测量消费者对品牌体验设计的偏
好，并以此为依据提出未来本土汽车品牌体验设
计的发展方向。

7.1.3　女性产品设计心理评价意义

7.1.3.1　中国步入女性消费时代

CTR市场研究发布的《2008年中国高端女
性调查》显示，北京、上海、广州、深圳等8个
一线城市的高端女性规模达到167万人，并呈飞
跃式发展趋势。这个新兴群体总体呈现高学历、
高收入的特征，且消费潜力逐年走高，平均月收
入为7000元，家庭年平均收入更是高达24万
元，40%的高端女性主要担任企业的管理人员或
董事会成员（参见《商务周刊》2010年第6期
封面故事《25商业女杰》）。在职场上经历过洗
礼的女性，在家庭中也获得比过去更高的地位。
安永报告显示，虽然在多数中国家庭中，女性不
一定是家庭主要收入来源——74%的女性的收入
比配偶低，但她们在消费方面拥有很大的发言
权。数据显示，我国51%的已婚妇女将夫妻双方
工资放在一起共同管理，而我国家庭中60%～

70%的消费力掌握在女性手中，仅有2%的女性
将收入全部交给配偶管理。

此外，全国妇联的调查也显示，有78%的已
婚女性负责为家庭日常开销和购买衣物做出决
定；在购买房子、汽车或奢侈品等大额商品时，
23%的已婚女性表示她们能做出独立决定，其余
的77%女性会与配偶商量后决定，但她们的个人
好恶仍然会对最终决定产生重大影响。

另一组分类统计数字也说明了女性消费的无
限潜力。万事达卡国际组织预计，独居或已婚未
育的中国年轻女性的总购买力很可能从2005年
的1800亿美元增至2015年的2600亿美元；子
女已经长大离家的"空巢"家庭的年长女性购
买力预计也将从2005年的1000亿美元增至2015
年的1500亿美元；独居的一人家庭年长女性的
消费力很可能从2005年的500亿美元增至2015
年的1150亿美元。这三类中国女性的消费能力
合计将从2005年的3300亿美元增长到2015年
的5250亿美元。

7.1.3.2　产品两性化设计——人性化设计对性别特征的表达

产品的消费市场细分步入更高阶段，是消费
者生活形态变化和市场发展竞争加剧导致的必然
结果，面对21世纪数字化的生活方式，强大的
网络及全面的数据为现代人生活和工作带来极大
的便利。新的形势下消费群体出现分化也是必然
趋势，明确设计市场的目标领域并进行市场定位
是设计顺利开展并获得成功的前提条件。

如今，越来越多的设计师关注到这样的状
况：两性消费群体的消费需求在其心理及生理
上存在较大的差异。因此，设计中也存在性别
差异，这不仅仅现在产品设计的不同风格，还
表现在针对不同性别采用的群体设计研究方法
上。而这种针对两性消费群体的两性化产品设
计包含男性化设计和女性化设计两个方面。这
正是人性化的具体表现，它不仅是人性化设计
中对性别特征的具体表达，同时也是对个性化
设计的追求。

由于男女的色彩、风格、审美趣味是不一样
的，并且对产品的需求与使用方式也是不一样
的，所以设计时把对不同的性别的心理需要、使
用习惯以及色彩风格特征考虑在内，这将会使设
计产生更优的结果。[①]因此，在强调尊重与关怀

女性、理解与支持男性并凸显个性化的今天，两性化设计显得尤为重要；也是顺应社会生活及消费市场细化的趋势。

7.2　女性自我概念导向手机产品设计心理评价

本课题以手机为例，在女性消费者自我概念和整体产品论的研究基础上，进行实证研究，验证整体产品形象系统（VQS）模型的可靠性和VQS与女性自我概念系统之间的投射关系假设的成立，并运用关联分析法研究女性自我概念影响下的手机产品形象诉求。最后根据分析提出针对不同自我概念类型女性的手机产品形象塑造与定位策略，为实际操作提供参考。发表相关论文《自我概念对手机造型风格偏好影响的性别差异研究》（孙宁、李彬彬，江南大学学报人文社会科学版，2009）。

7.2.1　女性自我概念导向手机产品设计心理评价理论研究

7.2.1.1　女性自我概念与消费心理 5F 模型

女性消费者自我概念是女性对自己在多个方面的看法和感觉。我国女性消费行为学研究专家杨晓燕博士在中国系统思维方法的指导下和西方消费者自我概念理论研究范式的基础上，构建了中国女性消费心理 5F 模型，如图 7-1 所示。她认为女性自我概念系统中存在五种成分，且每种成分对应不同的消费态度和类型。

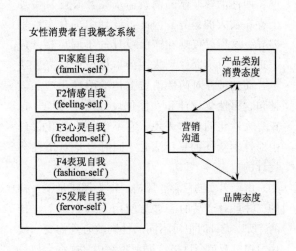

图 7-1　女性消费心理 5F 模型

（1）家庭自我 Family - self

家庭自我是女性对自己家庭角色的感觉和观念。如果女性消费者特别关注整个家庭的物质生活水平质量，希望家人的生活优于自己的个人生活，这就是中国典型的贤妻良母式的传统女性以及那些自愿成为专职家庭主妇的现代女性的自我概念特征。家庭自我型的女性重视体现家庭生活质量、体现贤妻良母形象的家庭公共物品或服务。

（2）表现自我（Fashion - self）

表现自我是指女性对自己的外表或形象在他人眼中的形象的感觉和看法。显现自我型女性消费者特别喜欢表现自己，喜欢向他人表露自己的个性，比较外向，在消费生活中喜欢"我行我素"，喜欢通过外表、形象和语言等方面来吸引他人的关注。表明自我型的女性张扬外表形象，偏好满足交际和追求时尚的个人消费品或服务。

（3）发展自我（Fervor - self）

发展自我是女性消费者积极向上，渴望成功和成就的自我概念。她们积极参加与取得社会地位和职业成就的消费活动；会在职业生涯中保持良好的精神状态和竞争地位，成为与男性一样的事业成功者；她们偏爱能表现事业成功的职业女性形象的家庭和个人消费品或服务。

（4）情感自我（Feeling - self）

情感自我是指女性消费者自己在情感生活方面的看法和感觉。如果女性消费者喜欢感情用事，喜欢用自己比较敏感的主观感受来对应客观世界，喜欢有情调的消费生活方式，偏向表达女性情感、抒发情感的家庭或个人消费品或服务，则在她们的自我概念系统中，情感自我强度比较大。

（5）心灵自我（Freedom - self）

有些女性消费者对外在世界不太关心，消费欲望比较低，在选择购买产品和品牌时比较冷静、客观、果断，在这类女性消费者的自我概念系统结构中其心灵自我成分比较多。心灵自我型女性消费者则看重展示个性独立、内心平衡强大、有主见、果断的消费品和服务。

另外，女性消费者自我概念系统中各成分的地位并不是平均的，它们之间存在着内外和层次高低的差异。显然，女性的家庭自我和情感自我更多地表现为女性对自己的家庭生活和内心情感生活的感觉，因此，属于自我概念的内在层面，而表现自我和发展自我主要是女性对自己在社会生活和交往中的看法和感觉，属于自我概念系统的外在层面。从意识和无意识的关系角度看，女性消费者自我概念的内外层面仍属于女性的意识层面，而心灵自我则是女性自我概念系统的无意识层面，它是自我概念系统中与意识层面自我概念相对的一种概念，参见图7-2。

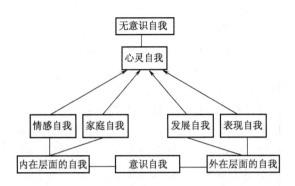

图7-2 女性消费者自我概念成分的层次关系

7.2.1.2 整体产品形象系统（VQS）的提出

对消费者来说，产品包括一切能满足购买者需求和欲望的物质和非物质的各种因素。物质的产品包括产品实体及其品质、特色、样式等；非物质的产品包括产品能够提供给消费者的利益、声誉、象征价值等。只有具备了物质和非物质两种因素的产品才算做完整的产品，这种概念在市场营销学中被称为"整体产品概念"。它包含有核心产品、有形产品、附加产品和心理产品四个层次。

产品形象是产品在人们头脑中形成的印象的总和，可以通过整体产品中各层次的产品在人们脑中形成印象的不同方式和途径，归结出整体产品概念四层次所对应的产品形象系统VQS，包含三个维度：

（1）整体产品视觉形象（VI：Visual Image）

整体产品的视觉形象，是通过视觉、触觉等感官能直接了解到的产品形象。

（2）整体产品品质形象（QI：Quality Image）

它是整体产品形象系统的核心层次，是可知的、内在的、本质的形象。

（3）整体产品社会形象（SI：Social Image）

它是物质形象外化的结果，因此，处于产品形象的外延层，它是可感的、精神的、外化的形象。

VQS的具体系统成分如图7-3、图7-4所示。

7.2.1.3 整体产品形象系统与女性消费者自我概念系统的投射关系假设

前文分别论述了女性消费者自我概念系统和整体产品形象系统各自的结构特征。基于产品形象/自我形象一致性理论，对两者进行比较分析，可以推论女性消费者自我概念与整体产品形象之间可能存在某种投射关系，具体假设如下。

（1）整体产品形象系统中，处于较高的、精神层次的产品社会形象会更多地激发同样处于较高的、非意识层次的心灵自我概念。即女性消费者对产品社会形象的评价和诉求，更多地会受到其心灵自我的影响。这是因为，心灵自我为主的自我概念系统具有高度和谐的内部结构，各成分都得到平衡发展，因此物质消费欲望最低，产品的品质跟外观只要能满足基本的生活需要就可以，心灵自我为主女性对产品品质形象和视觉形象相对关注度会比较低，而唯一可能会比较在乎的是精神层次的产品社会形象。

（2）整体产品形象系统中处于较低的、物质层次的产品视觉形象和品质形象会更多地激发同样处于较低、意识层次的情感自我、家庭自我、表现自我和发展自我。且外在的视觉形象更多激发的是同样外在的表现自我和发展自我，而内在的品质形象则更多激发的是同样内在的情感

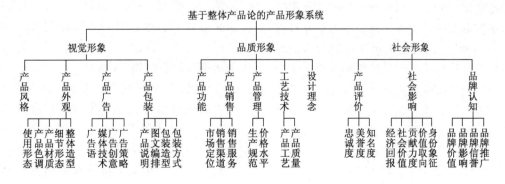

图7-3 整体产品形象系统子成分

自我和家庭自我。即女性消费者对产品视觉形象的评价多会受到其表现自我和发展自我成分的影响，而对产品品质形象的评价则多会受到情感自

图7-4 基于整体产品论的产品形象系统结构

我和家庭自我的影响。这是因为，情感自我使女性消费者对待产品和服务比较重视自己的主观感受，她们会比较关注产品使用或接受服务过程中自己的体验跟感受，因而会比较关注产品的品质形象；家庭自我成分会使女性比较关注全家人的物质生活水平的提高，因此，在选购商品时对其质量好坏更加看中，由此她们会比较注重产品品质形象的高低。表现自我成分会使女性比较注重自己的外表，喜欢追求时尚并通过商品来表达自己的个性和魅力，因此，产品看上去怎么样对她们来说是最重要的，所以她们更重视产品的视觉形象；而发展自我和表现自我一样，也十分希望得到别人的关注，只不过她们获得关注的方式不同，她们更希望通过产品来提升其自身的身份和地位，产品看上去是否高档，能不能提升其自我形象对她们来说更加重要，因此她们也会看中产品视觉形象。

7.2.2 女性消费者自我概念导向手机产品形象实证定性研究

本研究以手机产品为例，整体产品形象系统为理论框架，通过文献分析、头脑风暴和专家分析法自主设计"女性手机产品形象与自我概念测量问卷"。问卷包括主体和辅助两个部分。主体部分包括手机产品形象测量和女性自我概念测量两块内容。主体部分包括手机产品形象测量和女性自我概念测量两块内容。辅助部分则设置了4个相关手机消费习惯的调查项目。

7.2.2.1 问卷的设计

（1）手机产品形象的测量

以整体产品形象系统结构为框架，问卷产品

形象测量部分可分为三大板块。

第一板块是对产品视觉形象的测量，结合手机产品本身的特点，又将该板块细分为九个子板块。视觉形象板块共有71条描述语句，每条语句配以Likert7分量表从"很喜欢"到"很不喜欢"，让被试者进行评价。

第二板块是对产品品质形象的测量。共有两个子板块。根据前文，产品的功能形象是产品品质形象的主要部分，所以在该板块中，有单独的子板块来测量产品的功能形象，另一个子块则包含了产品品质形象的其他因素。品质形象板块共有18条描述句，与视觉形象的测量一样，也配以Likert 7分量表，从"很重要"到"很不重要"，形成问卷项目，测试被试者对品质形象的态度。

第三板块是对产品社会形象的测量。该部分通过板块内部的陈述句来对应社会形象中的各个成分。此板块共有12条陈述句，采用与品质形象同样的量表，形成问卷项目。

（2）女性消费者自我概念的测量

通过对女性消费心理5F模型的理论分析，可知在利用陈述句对女性自我概念系统结构进行测量时需要选择能够反映女性自我概念系统结构中5种成分的若干项目。通过这些项目，从被访者的回答中可以判断女性消费者的自我概念系统结构。基于这种想法，本研究沿用女性消费心理5F模型中对女性消费者进行测试的陈述句，即对每一种自我概念成分用三个陈述句来表述，总共就有15个陈述句来表述女性自我概念系统中的5种成分。然后每条陈述句配以Likert7分量表（从7分到1分，分别对应"很同意"、"同意"、"比较同意"、"一般"、"不太同意"、"不同意"、"很不同意"），形成测量女性消费者自我概念系统结构的15条问卷项目（表7-1）。为了防止被试者在答题时产生思维定式和猜测出测量的目的，将这15条项目的顺序打乱后再纳入调查问卷（第13题）。

至此，女性手机产品形象与自我概念测量问卷的主体部分已基本形成，问卷的辅助部分则是对被试者年龄变量、最常购买手机的地点、最常了解手机的途径以及最能接受的手机价位四个相关手机消费习惯方面的调查（第14题）。正式问卷共有14个题目，共120条项目。

表7-1　女性自我概念系统结构测量量表

幸福来自心灵的安详和宁静，与享受或声望无关

真正的美不需要华丽服饰与外表化妆

女性化妆更能体现自己的魅力和品位

保持体形对女性生活和工作都很重要

得到社会认可是我追求的目标

我喜欢把桌子、房间布置得很有情调

相夫教子是女人的本分

丈夫的成功也就是妻子的成功

做一位贤妻良母是中国当代女性的理想

我喜欢把家变得很温馨

我喜欢买菜做饭

现代女性必须有自己的事业，生活才有保障

与自然保持和谐是最美的

追求事业成功是我最大的心愿

我用多种护肤品及化妆品来提高自信和形象魅力

7.2.2.2　问卷的准试验及正式实施

问卷设计完成后，进行三次小规模发放。对问卷进行访谈修改、区分度考验和信度考验，然后开始正式实施。调查地点选在南京，选用街头调查的方式。共发放213份，回收186份，回收率87.32%，其中有效问卷161份，有效率75.59%。其中21～30岁最多，占总人数的62.7%；20岁以下的占17.4%；31～40岁的占13.2%；40岁以上的占6.2%。搜集的数据被输入SPSS10.0软件进行统计与分析。

7.2.3　女性消费者自我概念导向手机产品形象实证定量研究

7.2.3.1　女性消费者自我概念成分检验及分群

（1）女性消费者自我概念的成分检验

本问卷对女性消费者自我概念的测量，采用15条陈述句来分别表述女性消费者自我概念系统中5种成分，即：家庭自我、心灵自我、情感自我、表现自我与发展自我，下面将利用本问卷搜集来的数据，运用因子分析的方法，对5种成分的存在加以验证。

①KMO检验与Bartlett检验

对本研究中15个问卷项目的KMO检验与Bartlett球度检验的结果如表7-2所示。

表7-2　女性自我概念因子分析KMO与Bartlett球度检验结果 KMO and Bartlett's Test

Kaiser - Meyer - Olkin Measure of Sampling Adequacy.		0.876
Bartlett's Test of Sphericity	Approx. Chi - Square	720.388
	df	105
	Sig.	0.000

结果表明KMO值为0.876，大于0.8，适合做因子分析；Bartlett球度检验给出的相伴概率为0.000，小于显著性水平0.05，认为适合于因子分析。通过KMO检验和Bartlett球度检验结果可知本问卷中对女性自我概念的测量项目，适合做因子分析。

②提取公因子

对调研的161个有效样本的关于女性自我概念测量的15个变量提取公因子，采用系统的默认选项，提取那些特征值大于1的因子作为公因子。结果得到5个特征值大于1的公因子，其初始统计量和如表7-3所示。

表7-3　女性自我概念因子分析公因子方差统计 Total Variance Enplained

Component	Intitial Eigenvalues			Extraction Sums of Squared Loadings		
	Total	% of Variance	Cumulative %	Total	% of Variance	Cumulative %
1	3.763	25.086	25.086	3.763	25.086	25.086
2	2.121	14.138	39.225	2.121	14.138	39.225
3	1.681	11.209	50.434	1.681	11.209	50.434
4	1.168	7.789	58.223	1.168	7.789	58.223
5	1.009	6.725	64.947	1.009	6.725	64.947

Extractopm Method：Principal Component Analysis.

公因子的累计方差贡献率为64.947%，说明提取的公因子可以解释大部分的原变量。所提取的前5个因子是可以代表其余变量的公因子。由此证明，在女性自我概念系统内部确实存在着5种成分。为了验证5个公因子与女性自我概念中5种成分的对应关系是否如料想中的一样，必须进行旋转处理，使变量间相关系数向0和1两极分化，从而看出每个公因子与原始变量较为明显的差别。

③因子矩阵的旋转

根据实际情况的需要，本研究选择的是方差最大旋转（Varimax）选项，它是一种正交旋转，特点是能够使每个因子上具有的最高载荷的变量数最小，从而简化对因子的解释①。因子载荷指的是原有变量和因子变量的相关系数，即原有变量在公共因子变量上的相对重要性，因子载荷值越大，则公因子和原有变量的关系越强，旋转后的因子载荷矩阵如表 7 - 4 所示。

表 7 - 4　女性自我概念因子分析公因子旋转矩阵结果 Rotated Component Matrix

	Component				
	1	2	3	4	5
M1	− 0.104	0.124	**0.768	−2.20E −02	−9.93E −03
M2	7.331E −02	− 0.185	**0.813	−8.69E −02	−1.10E −0.2
M3	0.266	**0.713	6.841E −02	− 0.101	0.140
M4	2.615E −02	**0.714	0.167	0.227	0.274
M5	2.705E −02	0.190	0.150	**0.668	−4.23E −02
M6	0.304	0.217	0.414	− 0.151	**0.652
M7	**0.830	0.269	6.270E −02	−1.80E −02	−8.09E −03
M8	**0.796	0.160	− 0.147	−4.37E −03	0.133
M9	0.879	1.601E −02	9.355E −02	4.792 −02	−2.73E −02
M10	0.328	− 0.138	0.437	0.206	**0.579
M11	0.484	0.210	− 0.109	− 0.110	**0.541
M12	−7.28E −02	1.401E −02	− 0.185	**0.747	0.297
M13	5.446E −02	− 0.176	**0.677	0.190	0.345
M14	5.497E −02	0.378	0.204	**0.774	− 0.207
M15	0.312	**0.689	− 0.219	−4.72E −02	−4.76E −02

Extraction Method：Principal Component Analysis.
Rotation Method：Varimax with Kaiser Normalization

上表中从 M1 ~ M5 代表的是问卷中 15 个女性自我概念测量项目的编号，数字 1 ~ 5 代表的是提取的因子，表中列出的是每个原变量与生成因子之间的相关系数，用"＊＊"标明的是每个因子上具有最高载荷的变量，它们的值要明显大于同个因子上其他变量相关系数的值。变量对各因子的解释对应关系如表 7 - 5 所示。

④因子内部一致性检验

通过因子矩阵旋转，根据对应变量的具体内容，确定每个因子的含义，结果正好与原先设想的一样，下面将通过因子内部一致性检验，来考察每组变量对其因子的解释能力。结果表明（表 7 - 6）女性自我概念系统因子内部一致性较好（判断标准为 Alpha 的值越接近 1 越好）。至此，可以说明参与本次调研的女性消费者自我概念系统中，确实存在着 5 种成分，且问卷所使用的女性自我概念量表可以很好地对这 5 种成分进行表述。

表 7 - 5　女性自我概念系统成分检验结果

因子	内容
因子 1：家庭自我	M7：相夫教子是女人的本分
	M8：丈夫的成功也就是妻子的成功
	M9：做一位贤妻良母是中国当代女性的理想
因子 2：表现自我	M3：女性化妆更能体现自己的魅力和品位
	M4：保持体形对女性生活和工作都很重要
	M15：我用多种护肤品及化妆品来提高自信和形象魅力
因子 3：心灵自我	M1：幸福来自心灵的安详和宁静，与享受或声望无关
	M2：真正的美不需要华丽服饰与外表化妆
	M13：与自然保持和谐是最美的
因子 4：发展自我	M5：得到社会认可是我追求的目标
	M12：现代女性必须有自己的事业，生活才有保障
	M14：追求事业成功是我最大的心愿
因子 5：情感自我	M6：我喜欢把桌子、房间布置得很有情调
	M10：我喜欢把家变得很温馨
	M11：我喜欢买菜做饭

表 7 - 6　女性自我概念因子内部一致性检验

Factor	Alpha	N
因子 1：家庭自我	0.8370	3
因子 2：表现自我	0.6590	3
因子 3：心灵自我	0.6728	3
因子 4：发展自我	0.6267	3
因子 5：情感自我	0.6009	3

（2）基于自我概念的女性消费者分群分析

---

① 卢纹岱. SPSS for Windows 统计分析 ［M］. 北京：电子工业出版社，2006（3）：518.

下面将运用聚类分析方法，按照 5 种自我概念成分在女性自我概念系统中的权重，将搜集来的 161 份有效样本归类，以此来实现对女性消费群的分类，为后面的分析做准备。

①选择特征变量

考虑到样本的数量较大，本节选择的是针对大量样本的快速聚类法（K‑Means Cluster）。通过因子分析，将原始的 15 个变量浓缩为 5 个因子，分别代表女性消费者自我概念中的 5 种成分。现对每个因子所包含的变量（各 3 个）求平均值以生成 5 个新的自我概念变量，代替原有的 15 个变量，来代表每个被测试样本的自我概念特征，将新变量按照其所对应的因子命名为：Family，Fashion，Freedom，Fervor 和 Feeling。

②聚类结果分析

为了提高聚类分析的效果，采用指定初始类中心（聚类种子）的方法进行聚类分析。通过对 5 个变量数据特征的仔细分析，选出 5 个最具代表性的样本（每个样本各有一个自我概念变量值特别突出）作为聚类分析的种子。聚类结果如表 7‑7 所示。

表 7‑7 　　　快速样本聚类结果

	Cluster				
	1	2	3	4	5
FAMILY	6.30	6.35	4.14	3.82	3.36
FEELING	6.33	5.94	5.83	4.79	4.71
FREEDOM	6.18	5.94	6.29	5.12	4.86
FASHION	4.70	6.04	5.27	6.23	4.30
FERVEOR	4.91	5.75	5.76	6.05	6.14

从上表看出，聚类结果将样本分为 5 个类型。第一群体特点是情感自我最为突出，但家庭自我也较发达；第二群体特点是家庭自我比较突出，同时表现自我也表比较发达；第三群体特点是心灵自我最为突出，但情感自我也比较发达；第四群体特点是表现自我突出，发展自我次之；第五群体是以发展自我为主，同时也比较注重心灵自我。根据每个群体特点，分别命名为：情感自我型、家庭自我型、心灵自我型、表现自我型和发展自我型。

③基于自我概念的女性消费群体频数统计

根据聚类分析结果，对参与问卷调查女性手机消费者进行分类，其频数统计量如下。其中，

发展自我型消费者所占比例最高，共有 64 人，占总人数 39.8%；人数比例次之的是心灵自我型消费者，43 人，占总人数 26.7%；家庭自我型所占比例为 14.9%，共有 24 人；表现自我型共有 19 人，比例为 11.8%；情感自我型最少，有 11 人，占总数 6.8%。

7.2.3.2　整体产品形象系统（VQS）维度验证

本问卷对整体产品形象系统的测量，采用理论分析得出的 VQS 模型，将问卷划分三大板块，分别测量产品视觉形象、产品品质形象和产品社会形象。但这一划分现在还仅仅存在于理论层面，本节将运用因子分析法对该理论设想进行验证。

（1）因子分析变量的确定

产品视觉形象的测量对应的是问卷中的第 1~7 题及第 9、10 题，其中，第 1~7 题是对产品外观态度的测量（63 个项目）、第 9、10 题分别是对产品包装（4 个项目）和产品广告（4 个项目）态度测量。产品品质形象测量对应问卷中第 8 题对产品功能形象测量、第 11 题的 8 个项目中包含对设计概念、工艺流程、产品管理和产品销售测量。产品社会形象测量对应问卷第 12 题，包括社会形象三方面：品牌认知、产品评价和社会影响。将图中的三级成分按照上面的描述归类，并求平均值，得到与图中二级成分（产品风格除外）相对应的 11 个新项目，分别将其命名为产品外观、产品包装、产品广告、产品功能、设计概念、工艺流程、产品管理、产品销售、品牌认知、产品评价和社会影响。用它们来进行因子分析，验证整体产品形象系统的维度结构。

（2）KMO 检验与 Bartlett 检验

对以上 11 个项目进行因子分析的 KMO 检验与 Bartlett 球度检验的结果表明 KMO 值为 0.816，KMO 值大于 0.8，适合做因子分析；Bartlett 球度检验给出的相伴概率为 0.000，小于显著性水平 0.05，认为适合于因子分析。

（3）提取公因子

对 11 个项目变量提取公因子，结果得到三个特征值大于 1 的公因子，其初始统计量如表 7‑8 所示。可以看出累计方差贡献率为 66.606%，说明提取公因子可解释大部分原变量。所提取的前三个因子可代表其余变量公因子。由此也证明在整体产品形象系统内部确实存在三个维度。

表7－8 整体产品形象系统因子分析公因子方差统计

Com-ponent	Intitial Eigenvalues			Extraction Sums of Squared Loadings		
	Total	% of Variance	Cumulative %	Total	% of Variance	Cumulative %
1	4.533	41.394	41.394	4.553	41.394	41.394
2	1.574	14.305	55.699	1.574	14.305	55.699
3	1.200	10.907	66.606	1.200	10.907	66.606

Extraction Method：Principal Component Analysis.

（4）因子矩阵的旋转

本次因子分析中，旋转后的因子载荷矩阵如表7－9所示。

表7－9 整体产品形象维度验证因子矩阵旋转结果

	Cluster		
	1	2	3
产品外观	**0.760	-8.81E-02	0.322
产品功能	0.379	**0.762	0.102
产品包装	**0.753	-3.720E-02	0.151
产品广告	**0.755	0.350	-2.15E-02
设计理念	0.195	**0.749	0.173
产品管理	5.306E-2	**0.872	0.141
工艺技术	0.237	**0.802	0.210
产品销售	0.354	**0.879	0.438
产品评价	0.113	0.251	**0.845
品牌认知	7.707E-02	0.350	**0.774
社会影响	0.480	-0.229	**0.633

Extraction Method：Principal Component Analysis.
Rotation Method：Varimax with Kaiser Normalization.

数字1~3代表刚提取的因子，用"＊＊"标明的是每个因子上具有最高载荷的变量值，它们明显大于同个因子上其他变量相关系数的值。可以看出，因子1对应的三个最高载荷变量为：产品外观、产品包装和产品广告；因子2中有5个变量的载荷都较高，它们分别是：产品功能、设计理念、产品管理和工艺技术；因子3中载荷最高的变量有三个：产品评价、品牌认知和社会影响。显然，因子1对应的是产品视觉形象维度；因子2对应的是产品品质形象维度；因子3对应的是产品社会形象维度。由此整体产品形象系统

内的三个维度得以验证。

（5）因子内部一致性检验

整体产品形象系统因子内部一致性检验结果如表7－10所示。三个Alpha值与1都比较接近。这说明因子内部一致性较好。至此证明：①根据理论分析研究得出的整体产品形象系统的三个维度（视觉形象、品质形象和社会形象）在本研究中是成立的。②理论分析中对次级维度的划分也是可靠的，也就是说，用产品外观、产品广告、产品包装三个次级维度来诠释视觉形象；用产品功能、设计理念、产品管理、工艺技术、产品销售5个次级维度来诠释品质形象；以及用品牌认知、产品评价和社会影响三个次级维度来诠释社会形象，均是可取的。

表7－10 整体产品形象系统因子内部一致性检验

Factor	Alpha	N
因子1：产品视觉	0.675	3
因子2：产品品质	0.779	5
因子3：产品社会	0.723	3

7.2.3.3 VQS与女性消费者自我概念系统投射关系假设验证

（1）回归分析方法

采用回归分析法，它是研究变量间的非确定关系，构造变量间经验公式的数理统计方法[1]。研究中，自变量沿用自我概念成分变量Family、Fashion、Freedom、Fervor和Feeling。对上节中得到的3个因子，分别求其所包含变量平均值，作为产品形象维度变量值，分别命名为Visual、Quality和Social，作为回归方程的应变量。因此本次回归分析将会得到三个回归方程，分别检验自我概念各成分与产品形象各维度评价间的关系。

（2）回归模型检验

回归模型的检验指标统计如表7－11所示。从R平方值可以看出本研究中女性消费者自我概念对产品形象各维度评价情况的解释能力分别为22.3%、28.5%和30.1%，该取值可取。D－W统计量均约等于2，表明变量间不存在自相关[2]。回归模型的sig值均小于0.05，说明3个回归方程都通过显著性检验，即女性自我概念成分对产品形象各维度评价的联合影响均比较显著。

---

① 卢纹岱. SPSS for Windows统计分析 [M]. 北京：电子工业出版社，2006（3）：295.
② 柯惠新，沈浩. 调查研究中的统计分析法 [M]. 北京：中国传媒大学出版社，2000：146.

表7-11 三个回归模型有效度检验

Model	R - Square	Durbin - Watson	sig
1. Visual	0.223	1.622	0.00
2. Quality	0.285	1.731	0.00
3. Social	0.301	1.738	0.00

（3）产品视觉形象维度的回归分析

从表7-12的参数估计结果数据可以看出，Freedom（心灵自我）、Fashion（表现自我）、Fervor（发展自我）各自所对应的回归变量的检验系数（Sig值）在统计上都通过了显著性检验（即③个 Sig <0.05，用"＊"标出），表明在本研究中，心灵自我、表现自我、发展自我对产品视觉形象维度评价的影响都比较显著；相反的，Family（家庭自我）、Feeling（情感自我）对应的检验系数在统计上未通过显著性检验（Sig > 0.05），说明它们对产品视觉形象维度的评价影响不大，因此，在下面的研究中，不将它们列入回归方程进行讨论。

表7-12 产品视觉形象维度回归参数估计

Model 1	Standardized Beta	t	sig
（Constant）		8.281	0.000
Family	0.108	1.247	0.214
Feeling	- 0.122	- 1.384	0.168
Freedom	＊＊0.015	4.786	＊0.000
Fashion	＊＊0.379	2.479	＊0.014
Fervor	＊＊0.214	0.056	＊0.036

根据上表中，三个通过了显著性检验的自变量所对应的参数（用"＊＊"标出），可以得到视觉形象维度的回归方程：

$$Visual = 0.015\ Freedom + 0.379Fashion + 0.214Fervor$$

从该方程中可以看出，女性消费者对产品视觉形象维度的评价与女性自我概念系统中的心灵自我、表现自我及发展自我的成分之间有正相关关系。即女性消费者自我概念系统中，心灵自我、表现自我、发展自我成分越高，对产品视觉形象评价态度越积极，对其关注程度就越高。另一方面，从3个变量回归参数（Beta）的大小比较看来，表现自我（0.379） > 发展自我（0.214） > 心灵自我（0.015）。这说明，在这3个自我概念成分中，表现自我对产品视觉形象维度的评价影响最大，其次是发展自我，心灵自我的影响较其他两个小一些。

（4）产品品质形象维度的回归分析

从产品品质形象维度的回归分析结果看来（表7-13），Family（家庭自我）、Feeling（情感自我）、Freedom（心灵自我）都通过显著性检验，即三个 Sig 值都小于 0.05（用"＊"标出），这表明，家庭自我、情感自我、心灵自我三种女性消费者自我概念成分对产品品质形象维度评价影响较显著；而 Fashion（表现自我）、Fervor（发展自我）所对应的检验系数在统计上未通过显著性检验，影响不显著。

表7-13 产品品质形象维度回归参数估计

Model 2	Standardized Beta	t	sig
（Constant）		5.90	0.000
Family	＊＊0.046	0.573	＊0.01
Feeling	＊＊0.219	2.91	＊0.00
Freedom	＊＊0.042	5.97	＊0.00
Fashion	0.131	1.62	0.106
Fervor	- 0.137	- 1.67	0.097

根据品质形象维度回归的参数估计，选取3个通过了显著性检验的自变量所对应的参数（用"＊＊"标出），可以得到产品品质形象维度的回归方程：

$$Quality = 0.046\ Family + 0.219Feeling + 0.042Freedom$$

可看出，女性消费者对产品品质形象维度的评价与其自我概念成分中的家庭自我、情感自我和心灵自我有正相关的关系。另一方面，从3个变量回归参数的大小比较看来，情感自我（0.219） > 家庭自我（0.046） > 心灵自我（0.042）。这说明，在这3个自我概念成分中，情感自我对产品品质形象维度的评价影响最大，心灵自我的影响相对最弱。

（5）产品社会形象维度的回归分析

从表7-14的参数估计结果数据可以看出，Family（家庭自我）、Freedom（心灵自我）、Fervor（发展自我）各自对应回归方程的Sig 值都小于0.05，因此，也都通过了显著性检验（用"＊"标出），表明在本研究中，家庭自我、心灵自我和发展自我对产品社会形象维度评价的影响都比较显著；而 Feeling（情感自我）、Fashion（表现自我）对产品社会形象维度的评价影响不显著。

表7-14 产品社会形象维度回归参数估计

Model 3	Standardized Coefficients	t	sig
	Beta		
(Constant)		3.479	0.001
Family	**0.222	2.778	*0.006
Feeling	-0.132	-1.632	0.105
Freedom	**0.030	5.807	*0.000
Fashion	0.058	0.778	0.438
Fervor	**0.250	*0.149	*0.000

根据上表中，3个通过了显著性检验的自变量所对应的参数（用"＊＊"标出），可以得到产品社会形象维度的回归方程：

$$Social = 0.222\ Family + 0.03\ Freedom +$$
$$0.250\ Fervor$$

从该方程中可以看出，女性消费者对产品社会形象维度的评价与女性自我概念系统中的家庭自我、心灵自我以及发展自我的成分之间有正相关的关系。即家庭自我、心灵自我、发展自我的成分越高，对产品的社会形象就越看重，对其关注的程度也越高。而从3个变量回归参数的大小比较看来，发展自我（0.250）＞家庭自我（0.222）＞心灵自我（0.030）。说明这3个自我概念成分中，发展自我对产品社会形象维度的评价影响最大，其次是家庭自我，心灵自我的影响较小。

（6）回归分析总结与假设的验证

第一，对产品视觉形象维度的评价影响较大的女性消费者自我概念成分除了假设中提到的表现自我和发展自我外还有心灵自我，但心灵自我的影响力相对弱一些。对产品品质形象维度的评价影响较大的女性消费者自我概念成分除了假设中的情感自我和家庭自我，也出现了心灵自我，其影响力也稍弱于前两者。

第二，对产品社会形象维度的评价影响较大的除了假设中提到的心灵自我，还有发展自我和家庭自我。而且，发展自我和家庭自我对其的影响甚至比心灵自我还要大。这一点与假设中的不太一样。这是因为，发展自我在自我概念成分中占主要的女性，在购买需要用于公共场所的产品时，多会考虑购买能够提高其自身身份和地位的具有象征价值的产品，所以她们会比较看重产品的社会形象。而以家庭自我概念为主的女性，由于在购买产品的时候比较习惯于搜集足够的产品信息和他人的评价才作

决断，所以产品的社会评价对她们来说很重要，因此她们除了很看重产品的品质形象外也会对产品的社会形象比较关注。

第三，女性消费者心灵自我成分对产品形象三个维度的评价都有影响，但影响力都不大，这是因为，以心灵自我为主的女性消费者，其自我概念成分已达到一种平衡状态，所以她们对手机产品形象维度的评价有影响，但其影响力无所谓高低，没有特别注重的维度，态度比较均衡。该结果恰好从另一个侧面证明了心灵自我的非意识性。

由此可见，VQS与女性消费者自我概念系统投射关系假设基本成立的。有所不同的是，女性消费者自我概念的心灵自我成分影响力较均衡，而产品社会形象维度评价还会受到家庭自我和发展自我影响。验证后的投射关系如图7-5所示。

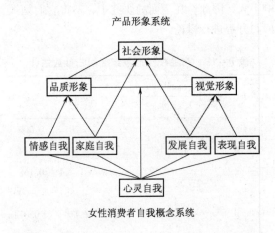

图7-5 VQS与女性自我概念系统经验验证后的投射关系

7.2.3.4 手机产品形象诉求与女性消费者类型关联分析

前文通过聚类分析的方法对参与本次调研的161名女性手机消费者按照其自我概念结构的不同分成了5种类型：情感自我型、家庭自我型、心灵自我型、表现自我型和发展自我型。此部分根据分类，运用关联分析的方法，讨论每种类型的消费者对手机产品形象系统各维度中不同项目的评价状况，分析出不同类型女性手机消费者对手机产品形象的诉求点。

（1）手机消费习惯与女性消费者类型关联分析
①最常购机地点与女性消费者类型的关联分析

图7-6为对女性消费者最经常购买手机地点频数统计：通信市场＞专卖店＞百货商场＞超市＞网购，说明大多数女性比较青睐专业的

通信市场和手机专卖店，很少去非专业网上、超市购买。从女性消费者不同类型来看，发展自我型、表现自我、心灵自我型及情感自我型对购买地点的选择跟整体情况差不多。而家庭自我型的女性消费者首选专卖店而非通信市场，这是因为，她们对产品品质形象比较看重，认为手机专卖店比鱼龙混杂的通信市场更有品质保证。

②了解手机的途径与女性消费者类型的关联分析

从图7-7的女性消费者类型与了解手机的途径统计图总体看来，各种信息渠道的被选频数高低为：网络＞他人介绍＞报刊杂志＞电视＞街头广告。这是由于现代网络发达，普及率较高且网上的信息量大，时效信高，所以为大多数女性所选择。另外，还有不少女性消费者选择通过他人介绍来了解手机的相关信息，可见女性手机口碑也较重要。

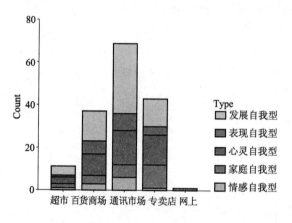

图7-6 最常购机地点与女性消费者类型关联分析

③手机心理价位与女性消费者类型的关联分析

女性消费者最能接受的手机心理价位的频数统计图来看，目前女性手机市场上购买频率最高的还是1000～2000元的中端手机。家庭自我型中没有人选择3000～4000元这个价位，说明家庭自我型女性消费者对于手机不太可能愿意花过高的价钱去消费。表现自我型和情感自我型的除了没选千元以下的，对其他价位的选择都比较平均，这说明了这两类人对手机档次有一定的要求，不会接受过于便宜的手机产品。

（2）手机产品视觉形象诉求与女性消费者类型关联分析

①手机外观材质诉求与女性消费者类型的关联分析

从图7-8手机外观材料诉求与女性消费者类型的关联分析结果得出：女性消费者对前7个材质类型的项目评价得分由高到低依次是：钢琴烤漆＞磨砂质感＞镜面质感＞金属质感＞半透明塑料＞皮质材料＞凹凸纹理，而对后两项材质搭配方式的评价中明显对"以一种材料为主，统一协调"评价更高。

②手机整体色调诉求与女性消费者类型的关联分析

图7-9是对手机整体色调诉求与女性消费者类型关联分析的结果：女性消费者对各种手机色调的喜好度排名为：白色＞黑色＞蓝色＞银色＞粉色＞红色＞紫色＞金色＞绿色＞黄色＞彩色。可见纯净优雅的白色系手机是女性消费者的首选，除发展自我型外的四种类型女性消费者最偏爱色

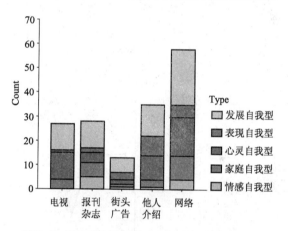

图7-7 了解手机的途径与女性消费者类型关联分析

系都是白色，家庭自我型比其他类型偏好度更高；大气理性的黑色由于其百搭的特点排名第二；优雅浪漫的蓝色系认可程度也较高。在所有被评价的颜色中，不同类型的女性消费者对金色的差异最大，其中表现自我型最为喜欢高贵奢华的金色，对它评价最低的是情感自我型的女性消费者；不同类型的女性消费者之间对粉色系、红色系、黄色系、绿色系的评价差异也较大，其中最喜欢温婉可爱粉色系和热情奔放红色系的是情感自我型，最不喜欢的是发展自我型；最喜欢健康动感绿色系和明艳活泼黄色系的是家庭自我型，最不喜欢的则是心灵自我型。

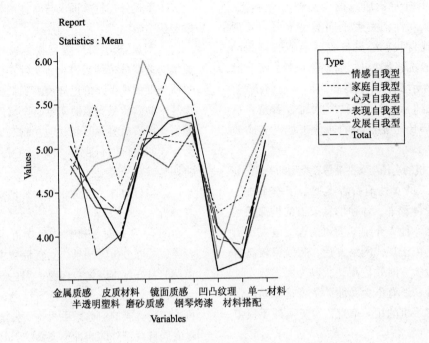

图 7 –8　手机外观材质诉求与女性消费者类型关联分析

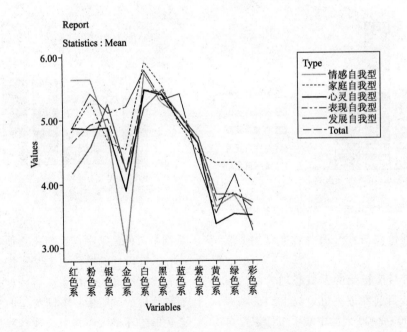

图 7 –9　手机整体色调诉求与女性消费者类型关联分析

　　③手机整体形态诉求与女性消费者类型的关联分析

　　图 7 –10 是手机整体形态诉求与女性消费者类型关联分析的结果：可看出五种类型的女性消费者都偏爱"手机外观圆润饱满，线条柔和"且"局部转折处光滑柔和"，而对"外观形态方方正正，线条硬朗"和"手机造型有棱有角，个性十足"这两个项目评价较低，而且态度差异

也较大，其中，情感自我型和家庭自我型相对其他类型的女性消费者棱角分明造型的喜好度更高，较不喜欢的是表现自我型；心灵自我型比其他类型女性对方正硬朗线条的接受度高些，较不喜欢的是情感自我型。对手机形状的测量，大家一致最为偏爱的是"外形偏向细长，纤巧型"的形状，对于"外形有别于传统，越奇特越好"比较能接受的是家庭自我型、情感自我型和表现

自我型，最不能接受的是心灵自我型。图中最后三个项目是对手机体量感的评价，总体态度排名是：更薄＞更轻＞更小。

④手机显示屏样式诉求与女性消费者类型的关联分析

图7-11的手机显示屏样式诉求与女性消费者类型关联分析结果中的整体曲线走势（Total）显示，女性消费者对手机屏幕样式各项目评价排名为：彩屏比黑白屏更有吸引力＞背景灯最好有多种颜色可选择＞显示屏大小无所谓，关键要比例协调＞显示屏越大越好，看起来更爽＞我更喜欢时尚的触摸式显示屏＞如果能有两个或多个显示屏更好＞比起方形更喜欢圆形或其他形状的屏幕。用户对彩屏和大屏幕的诉求度较高，而一致评价较低的是圆形或其他形状的屏幕。

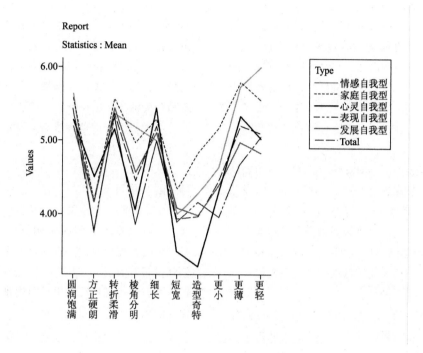

图7-10　手机整体形态诉求与女性消费者类型关联分析

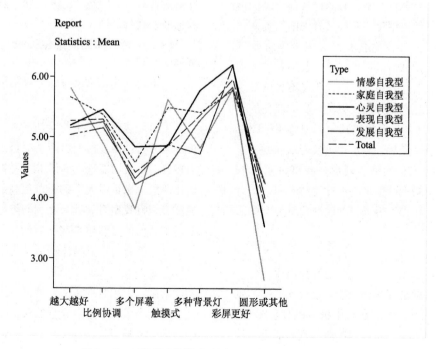

图7-11　手机显示屏样式诉求与女性消费者类型关联分析

⑤手机按键样式诉求与女性消费者类型的关联分析

手机按键样式诉求与女性消费者类型的关联分析结果：女性消费者对各项目的评价得分高低依次为：按键与机体融于一体，和谐统一 > 按键形状规整且排列整齐 > 按键数量较少，看起来更简洁 > 一触即红的按键背景灯很有趣 > 按键上的符号较大，看的清楚 > 按键区面积较大，更实用方便 > 按键尺寸较大，看起来更大气 > 按键不对称排列更有个性 > 按键排列密集，看上去比较复杂。可见手机按键要与机体融合受到一致认同，也希望按键数量少而简洁，尺寸大一些，操作面积和符号也都大一些，评价最低的是按键排列密集和不对称排列。

⑥手机机身装饰诉求与女性消费者类型的关联分析

手机机身装饰诉求与女性消费者类型的关联分析结果，横坐标轴上的第一个项目是对机身装饰需要程度的测量，结果用户都一致认为可以"不需要额外的装饰，简简单单就好"，但表现自我型对此比较不认同。对手机上镶珍珠和宝石的做法，总体评价是比较低的，尤其是发展自我型，而比较能接受的是表现自我型。而对"装饰花纹若隐若现，含蓄优雅"的偏好要明显高于"装饰花纹十分明显张扬"，其中家庭自我型对手机上的暗纹最为偏爱，而表现自我型相比其他类型比较能接受明显花纹装饰，最不能接受的是情感自我型和心灵自我型。对四种装饰图纹，情感自我型比其他类型对"花纹具有中国传统文化内涵"最为偏爱，家庭自我型和表现型自我其次；家庭自我型和情感自我型对"装饰着柔美动人的植物花纹"也比较喜欢，但程度不如传统纹样；表现自我型在四种图纹中最喜欢"漂亮的抽象图形"；心灵自我型相比其他类型对四种图纹装饰的态度低。最后，对于手机换壳的问题，家庭自我型、情感自我型、表现自我型诉求度较高，对其态度最低的也是心灵自我型。

⑦手机使用形态诉求与女性消费者类型的关联分析

手机使用形态诉求与女性消费者类型关联分析结果，可以看出，不同类型的女性消费者对于手机使用形态的喜好各异，唯一比较统一的两点是：对"游戏感很强的横板手机"的评价最低，且态度比较一致；对其评价次低，且态度也比较一致的是"个性奇特的项链式、手表式手机"。

这说明大多数女性消费者还是钟情于传统样式的手机。

⑧手机包装形象诉求与女性消费者类型的关联分析

手机包装形象诉求与女性消费者类型关联分析结果：包装方式要安全可靠 > 产品说明书要简明扼要 > 包装造型要新颖独特 > 包装上的图文编排要精美。对于女性消费者来说，手机产品包装的可靠性形象是第一位，其次简明扼要的产品说明书也是很重要的，至于包装方式是否新颖，包装是否精美则相对没那么重要。可见，女性消费者对产品包装形象的诉求还停留在基本的包装功能阶段，但从总体态度指数 > 5 看来，新颖的方式和精美的图文也是受欢迎的。

⑨手机广告形象诉求与女性消费者类型的关联分析

从手机广告形象诉求与女性消费者类型关联分析的结果可知：巧妙的广告创意更有吸引力 > 广告语要好记，新颖独特 > 特别的广告媒体更能引起我注意 > 大牌娱乐明星的代言更能吸引我。可见，现代女性手机消费者更注重广告本身创意是否有吸引力，其次，好记独特的广告语也很重要，因为现代社会生活节奏加快，人们每天接受的信息不计其数，要想让广告迅速进入人们的脑海，最有效快捷的方法就是想出一条特别又好记的广告语。相比较而言，大家对产品明星代言的做法却不是那么看好，这说明了，现在的女性消费者对广告的态度已渐成熟，她们会用自己的标准去判断。

（3）手机产品品质形象诉求与女性消费者类型关联分析

①手机功能种类诉求与女性消费者类型的关联分析

手机功能种类诉求与女消费者类型的关联分析结果分析：横坐标上前两个项目测量的是女性消费者对手机功能程度的诉求。可看出，对"功能比一般手机更强大"的诉求更高，且家庭自我型和表现自我型对其诉求比别的类型更高些，对此诉求最低的是情感自我。后面 8 个项目测量的是女性消费者对手机具体功能的诉求。大家意见比较一致的是，对"拍照、摄像"功能和防盗功能的高诉求和对香味手机的低诉求，但与其他类型对比来讲，情感自我型的对拍摄和防盗功能的诉求最不强烈。

②手机品质形象诉求与女性消费者类型的关

联分析

　　除具体功能以外的，手机产品品质形象诉求与女性消费者类型关联分析的曲线（Total）走势看来，女性消费者对手机品质形象各个测量项目的态度值由高到低依次是：该手机的售后服务很好＞手机的质量过硬，很耐用＝该手机产自正规的生产厂家＞手机的做工看上去很精细＞手机具有很特别的设计概念＞手机具有别的手机所没有的功能＞该手机是专门卖给我这类人用的＞手机的设计曾获过奖。这说明女性手机消费者最关注的产品品质形象是其销售服务，其次才是手机质量和生产的规范性以及流程工艺。

　　（4）手机产品社会形象诉求与女性消费者类型关联分析

　　手机产品社会形象诉求与女性消费者类型关联分析的结果是：品牌信誉＞产品美誉度＞品牌推广＞品牌影响＞价值取向＞产品知名度＞社会价值＞产品忠诚度＞品牌价值＞经济回报＞身份象征＞贡献力度。

　　以上相关分析均从不同类型的女性消费者角度对她们的偏好进行分析，为了更清晰地看出其不同诉求，下面将以上关联分析结果进行小结。

7.2.4　女性消费者自我概念导向手机产品形象实证研究小结

7.2.4.1　手机产品形象诉求与女性消费者类型关联分析小结

　　（1）情感自我型女性消费者对手机产品形象的诉求

　　产品视觉形象维度上：情感自我型的女性消费者比较希望手机具有"优雅含蓄的磨砂质感"，倾向于统一协调的单一材质搭配，但也可接受质感丰富的不同材料搭配。纯净优雅的白色系手机是她们的首选，同时也比较喜欢"温婉可爱粉色系"和"热情奔放红色系"，最不喜欢的是"高贵奢华的金色"手机。她们对"外观圆润饱满柔和"的造型线条比较偏爱，但也可在一定程度上接受"有棱有角"，她们更喜欢"偏向细长纤巧型"的形状而且偏爱轻型、薄型、小型的手机。她们希望手机的屏幕越大越好，最好是触摸式的彩色显示屏，最不喜欢的是"圆形或其他形状的屏幕"。更喜欢按键上符号较大，与机身融为一体最好，另外还希望按键数量少而简洁，最讨厌排列密集的按键。情感自我型的女性消费者多半觉得手机上"不需要额外的装饰，简

简单单就好"，但如果手机上装饰花纹具有中国传统文化内涵，而且是若隐若现，含蓄优雅的暗纹，也会比较喜欢。她们只喜欢"技术感较强的触屏手机"。对于产品包装，她们认为最重要的是"产品说明书要简明扼要"。这类女性对产品广告的诉求相比其他类型女性而言是最低的。产品品质形象维度上，她们认为手机功能的多少和是否强大并不重要，最喜欢的功能类型是电子地图功能、广播影音功能和拍摄功能，对手机质量和销售服务的要求比较高。产品社会形象维度上，情感自我型女性比较看重手机的品牌信誉、产品忠诚度和产品美誉度，且对这三项的诉求明显高于其他类型女性。此外，她们对产品的社会价值，如"材料很环保，可循环利用"和对产品的品牌价值评价比其他类型女性要高。一般在通信市场购买手机，经常从报刊杂志上获取有关信息，她们对手机价位有一定的要求，不会选择千元以下的低端手机，而是以1000～2000元的中端手机为主。

　　（2）家庭自我型女性消费者对手机产品形象的诉求

　　产品视觉形象维度上：家庭自我型的女性消费者更偏爱"玲珑通透的半透明塑料材质"，统一协调的单一材质搭配，也可接受质感丰富的不同材料搭配。最喜欢的手机色彩是纯净优雅的白色，诉求是五种女性中最高的，其次是"温婉可爱粉色系"和"优雅浪漫的蓝色系"，最不喜欢的金色和彩色。"外观圆润饱满柔和"的造型线条是她们的首选，对有棱有角的造型也不排斥，喜欢"细长纤巧型"形状，偏爱薄轻小的手机。屏幕越大越好的彩色触摸屏是她们最喜欢的。对于手机按键，希望数量少而简洁，能与机体和谐融合在一起，按键的形状规整且排列整齐。她们"不需要额外的装饰，简简单单就好"，比较喜欢若隐若现含蓄优雅的暗纹装饰和技术感较强的触屏手机。对于产品包装，她们认为包装可靠性和扼要的产品说明书都很重要。家庭自我型女性对手机产品广告的态度较其他类型最高，容易受广告的影响，看重广告创意和广告语。产品品质形象维度上：家庭自我型的女性觉得手机功能数量不在多，但必须强大。首选的功能是拍摄、广播影音、电子地图和防盗。此外，家庭自我型女性对手机质量和工艺水平的要求高于其他女性。产品社会形象维度上：该类女性很注重手机的品牌信誉和产品美誉度也就是产品口碑，而且对产

品的价值取向，如"该手机辐射小，对人体健康有利"的诉求要高于其他类型女性。家庭自我型的女性在购买手机时首选的地点是手机专卖店，而不是通信市场；她们一般不会考虑购买 3000 元以上的高端手机，而是以 1000～2000 元的中端甚至千元以下的低端手机为主。

（3）心灵自我型女性消费者对手机产品形象的诉求

产品视觉形象维度上：对于手机外观材质，心灵自我型女性消费者除了不喜欢皮质材料和凹凸纹理外，对其他材质的喜好较均衡，也倾向于统一协调的单一材质搭配。纯净优雅的白色是她们的最爱，其次还喜欢优雅浪漫的蓝色系和时尚冷艳的银色系，最不能接受的是黄绿色系及彩色系的手机。她们喜欢"外观圆润饱满柔和"的造型线条，但也可以接受方正硬朗的线条，她们对细长纤巧形状的偏好高于其他女性，最不能接受短宽型或奇特的手机造型。她们也喜欢彩色的触摸屏幕，并认为显示屏与机体的比例协调比大尺寸更重要，比其他类型女性更喜欢多个屏幕。对于手机按键，她们认为能够与机体融合，和谐统一就好。认为手机要么无装饰简简单单的，要有的话，可以是若隐若现含蓄优雅的暗纹，对装饰图纹种类要求不高。对新颖时尚的滑盖手机、传统理性的直板手机和优雅专业的翻盖手机都比较喜欢。她们对手机包装诉求比较高的是包装方式的可靠性以及扼要的产品说明书。巧妙的广告创意能很好地吸引她们的注意。产品品质形象维度上：认为功能品质比数量重要，她们首选的功能是电子地图功能、电子词典功能、购物向导功能和防盗功能。对手机销售服务和产品是否来自正规渠道比较看重，另外他们对手机本身的设计概念相对比较关注。产品社会形象维度上：她们对产品美誉度、品牌信誉诉求较高，另外对产品知名度和是否具有社会价值（如环保价值）也比较看重。她们通常在通信市场购买手机；通过网络或电视来了解相关信息；多选择 1000～2000 千元的价位。

（4）表现自我型女性消费者对手机产品形象的诉求

产品视觉形象维度上，表现自我型女性对于手机材质喜好较高的是：时尚的镜面质感、高雅的钢琴烤漆、感觉很高档的金属质感，最不喜欢半透明塑料和皮质手机，倾向于统一协调的单一材质搭配。首选的手机颜色是纯净优雅的白色

系，另外对优雅浪漫的蓝色、温婉可爱粉色也比较偏爱，表现自我型女性对高贵奢华的金色和时尚冷艳的银色的态度要比其他女性高。她们对手机是否小、薄而且轻不是很在意，喜欢"外观圆润饱满柔和"的造型线条。该类女性比较喜欢尺寸比例协调的彩色屏幕。希望按键能与机体融合统一最好，对细节没有别的类型的女性关注度高。更加喜欢可以更换外壳的手机，对于手机的装饰图案，最喜欢的是抽象图形，另外，她们对镶有珍珠宝石的手机和图纹明显张扬的手机接受度比其他类型更高。表现自我型女性最喜欢新颖时尚的滑盖式手机，而对"优雅专业的翻盖手机"评价比别人低。她们对包装方式唯一比较关注的是其安全可靠性。她们容易被巧妙的手机广告创意所吸引。产品品质形象维度上，她们希望手机的功能越强大越好，喜欢的手机功能是购物向导、广播影音、拍摄和防盗。她们最关注手机的销售服务，而且，她们对手机定位的要求也比其他类型女性要高。产品社会形象维度上，表现自我型女性消费者对手机产品社会形象的整体诉求比别的类型女性要低，她们有所关注的是产品美誉度和品牌信誉，同时对产品的社会贡献力度（如"这款手机是奥运会指定用品"）的诉求比其他类型女性更高些。表现自我型的女性一般在通信市场购买手机；喜欢通过他人介绍获得相关信息；她们偏爱中高档的手机，对千元以下的产品不予考虑。

（5）发展自我型女性消费者对手机产品形象的诉求

产品视觉形象维度上：发展自我型女性比较喜欢的手机材质是，高雅的钢琴烤漆、含蓄的磨砂质感以及感觉很高档的金属质感，并倾向于统一协调的单一材质搭配，比起其他女性更不喜欢时尚的镜面质感。与以上四种类型女性不同的是，她们最喜欢大气理性的黑色系手机，其次才是纯净优雅的白色系和时尚冷艳的银色系，更不喜欢"热情奔放的红色系"。比较偏爱"外观圆润饱满柔和"的造型线条和"细长纤巧"的形状，喜欢体量感较薄的手机，比例协调的彩色屏幕是她们的首选，她们希望按键与机体融合统一，按键形状规整，排列整齐。相比其他类型女性，发展自我型更不能接受手机上镶宝石珍珠，对装饰暗纹和具有中国传统文化内涵的花纹比较偏爱。最喜欢的是新颖时尚的滑盖手机，其次是传统理性的直板手机，她们比较看重包装的可靠

性和扼要的产品说明，巧妙的广告创意更能吸引她们的注意。产品品质形象维度上，防盗功能、电子地图功能、电子词典功能和拍摄功能是她们的首选，比较看重手机的销售服务，对手机质量的诉求较高。产品社会形象维度上，发展自我型女性消费者对产品美誉度、品牌信誉和产品社会价值（环保）诉求都比较高。该类女性多在通信市场购买手机；一般通过网络搜集相关信息；选择的手机价位以 1000～2000 元的为主，但对其他档次手机也有选择。

7.2.4.2 女性手机产品形象塑造与定位策略分析

通过关联分析及其小结，进一步提出针对不同类型女性消费者的手机产品形象塑造与定位策略。

（1）针对情感自我型女性消费者

针对情感自我型女性消费者开发的手机，应定位成 1000～2000 元的中端手机；整体风格应趋向优雅含蓄，富有文化内涵；整体色调首选白色，其次选用粉色系和红色系；体量感要小而轻薄；细长纤巧的圆润造型是较好的选择；机壳材料处理成磨砂质感；配以尺寸较大的触摸式彩色屏幕；按键设计要与机身融于一体，按键区域设计的要简洁大方；机体可以装饰比较有文化内涵的纹样，最好是暗纹；手机中最好纳入电子地图的功能；手机产品说明书设计要尽量简明扼要；没有必要花大价钱请明星做广告，因为他们最为关注的是产品品质本身的好坏；环保、民族品牌这样的宣传卖点对她们更有效；宣传渠道选择报刊杂志会比较有效；应注重手机销售地点的氛围和服务态度的提高，因为情感自我型会比较注重购买的体验和感受。另外要注意的是，应将手机产品品质形象的塑造作为重中之重。

（2）针对家庭自我型女性消费者

针对家庭自我型女性消费者开发的手机，可以定位在千元左右的中低端位置；整体风格应趋向平实小巧简洁大方；其色调首选白色，可以考虑粉色系和蓝色系；体量感要小而轻薄，细长纤巧的圆润造型是较好的选择；机壳材料可选择玲珑通透的半透明塑料；配以尺寸较大的触摸式彩色屏幕；按键设计要与机身融于一体，形状规整排列整齐；机身不需要额外装饰简简单单就好；最好纳入防盗功能；手机产品说明书要设计得尽量简明扼要，外包装必须安全可靠；巧妙的广告创意和简洁的广告语会对她们起作用；质量高、

辐射小有利健康这样的宣传卖点对她们更有效；要树立良好的品牌形象和产品口碑；手机专卖店会是最好的销售渠道。在塑造针对家庭自我型女性消费者的手机形象时，应将重点放在产品品质形象和产品社会形象地塑造上。

（3）针对心灵自我型女性消费者

针对心灵自我型女性消费者开发的手机，可以定位在 1000～2000 元的中端位置；整体风格应趋向专业化，高品质；其整体色调首选白色，其次可以考虑蓝色系和银色系；圆润中略带硬朗的线条和细长纤巧的形状是比较好的选择；机壳材料不一定要囿于一种，但最好不要做成凹凸纹理，也不要使用皮质材料；屏幕尺寸要适中，能够与机体协调；按键设计能够与机体融合，和谐统一就好；机身不需要额外装饰，简简单单就好；最好选择滑盖或直板或翻盖的样式；手机产品说明书要设计得尽量简明扼要，外包装必须安全可靠；巧妙的广告创意会对她们起作用；手机功能中最好纳入电子地图和电子字典功能；质量高、环保这样的宣传卖点对她们更有效；要树立良好的品牌形象和产品口碑；最好选择正规的销售渠道。塑造针对心灵自我型女性消费者的手机形象时，应对产品形象的三个维度平均发力，对心灵自我型女性来说它们都很重要。

（4）针对表现自我型女性消费者

针对表现自我型女性消费者开发的手机，可以定位成 1000～3000 元的中高端手机；整体风格应趋向时尚高雅，张扬多变；整体色调可选白色、蓝色系和粉色系，不排除金色银色；细长纤巧的圆润造型是比较好的选择；机壳材质考虑可选择时尚的镜面质感、高雅的钢琴烤漆或感觉很高档的金属质感；配以尺寸比例协调的彩色屏幕；按键设计要与机身融于一体；手机外壳可以更换；机身可装饰张扬醒目的抽象图形，甚至可以考虑镶嵌珍珠宝石；最好选择滑盖的样式；手机中最好纳入购物向导的功能，且尽量配以高端的功能设置；手机外包装必须安全可靠；广告创意要能吸引人的眼球；时尚、漂亮这样的宣传卖点对她们更有效；要树立良好的品牌信誉和产品口碑。在塑造针对表现自我型女性消费者的手机形象时，应将重点放在产品视觉形象的塑造上。

（5）针对发展自我型女性消费者

针对发展自我型女性消费者开发的手机，可以定位成 1000～2000 元的中端手机；整体风格应趋向专业、理性、大气；其整体色调可多考虑

黑色系、白色系和银色系；细长纤巧的圆润的造型，较薄的体量感是比较好的选择；机壳材质可选择高雅的钢琴烤漆、含蓄的磨砂质感以及感觉很高档的金属质感；配以尺寸比例协调的彩色屏幕；按键设计要与机身融为一体且按键形状规整，排列整齐；机身可装饰具有文化内涵和品位的暗花纹；最好选择滑盖或直板的样式；手机中最好纳入防盗功能、电子地图功能、电子词典功能；手机外包装必须安全可靠；广告创意要能吸引人的眼球；专业、有品位这样的宣传卖点对她们更有效；宣传渠道选网络会更好；要树立良好的品牌信誉和产品口碑。在塑造针对发展自我型女性消费者的手机形象时，应将重点放在产品视觉形象和产品社会形象的塑造上。

7.3 "新宅女"情感价值与小家电体验设计

7.3.1 "新宅女"行为特征分析及成因分析

7.3.1.1 "新宅女"行为特征

"新宅女"的"宅"状态究竟是何种表现。我们跟踪"新宅女"的生活轨迹（参见太平洋游戏论坛《一个非典型宅女的24小时生活作息表》），"新宅女"的生活，包含日复一日的上下班路线，枯燥单调的工作内容，无时无刻的网络消遣，开心网，QQ，网络游戏，下班回家之后电视相伴。尤其自称"六星级宅女"的小潘描述自己的每一天：起床，穿着睡衣面对电脑，不停地按键刷新网页，然后打游戏、看电影、看漫画。家里备有泡面和各种干粮，饿了就随便吃点。手机永远调成振动，电话一响或者有人敲门就神经紧张。QQ上常年隐身或者干脆不上线。有时候突然想找人聊天，可刚说两句话自己就先不耐烦地跑掉了。出行地点仅限于住所两公里以内的范围，到人多的地方就会觉得很累。"有时候，也想出门走走，但起床、化妆、梳洗打扮完了已经是下午了，于是就放弃了。"小潘的形象如图7-12所示。

■ 关键词：电脑、睡衣、零食干粮、漫画、卧室、泡面、不得已打扮出门

图7-12 宅女小潘生活作息情景图

"新宅女"的行为特征有以下四点：

（1）对网络的高依赖度

"新宅女"不愿出门并非封闭自己，只因网络成其为获取外界信息的有效途径。

（2）家内、外强烈形象反差

"新宅女""能不出门尽量不出门"，"吃饭叫外卖"、"买东西网购"。一旦需要且必须出门活动，她们则花大力气把自己打扮得光鲜亮丽。

（3）寻找一个非人类的存在相伴

不爱跟人打交道的"新宅女"都会有一或两只动物陪伴，这种动物往往是猫。因为在人对动物的观念中，猫象征独立、自由与妩媚，某种角度与"新宅女"某些需求类似。

（4）基本规律的作息时间

据桌面资料调查，"新宅女"大多文化程度较高，关注时事，即便不出门，也都能找到属于自己的兴趣爱好来充实"宅"生活，可能是阅读、听音乐。

7.3.1.2 "新宅女"成因分析

探究"新宅女"形成原因，首先追寻"宅"状态成因。对"宅"虽有关注，出现各种谈论，但提升到学术研究范畴的并不多。蒋平在《也谈我国的"宅男宅女"现象》中，从空间社会学角度探讨现象出现背后的动力机制，由于城市空间的分异特质，意味着人与人之间的交往界限，加上虚拟化社区互动逐步分流瓦解现实社会的互动，为个人的独处提供了有机的可能。

前人的研究是从社会学领域而言，课题尝试从消费者研究角度分析成因，我们先从"新宅女"的身份情况调查入手。考虑到网络与"宅"状态的依存关系，网络便是研究该人群的重要途径。

在豆瓣网（www.douban.com）的"王道的宅女"小组中，通过发帖进行小范围调查。选择豆瓣网作为广义调查的第一平台，基于豆瓣网自身所具有的社会影响力；网站布局更能吸引"80后"群体的关注。另外，宽松的网络舆论氛围为"圈子"（小组）的成员之间的自由交流了提供条件。

初步设计开放性问卷的帖子，主要涉及"新宅女"所处的身份职业和"新宅女"们所从事的行业。从2009年7月初发到2009年11月截止，具体主要情况的统计分析如图7-13所示，"新宅女"职业分布上，"在校学生"达到一半人数以上，结果符合"80后"的年龄层面；而"编辑/传媒/影视/新闻/翻译"则在从业"新宅女"中占较高比例，"美术/设计/创意/策划"也是"新宅女"们从事比较多的行业。

图7-13 "新宅女"主要任职行业分布

对大多数的学生"新宅女"们，研究者对她们所学的专业也做了一个统计，结果如图7-14所示

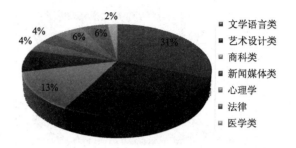

图7-14 "新宅女"在校学生主要所学专业

从图7-14可看到，学"文学语言类"、"艺术设计类"及"商科类"专业的女生在"新宅女"中占很大比例。这些学科，恰与之前的职业分布统计图中的高比例行业吻合，就是说，学这些专业的"新宅女"们在未来工作中，只要她们从事相关专业，也有极大的可能继续保持"宅"状态。

除身份情况特点，从成长环境是时代背景来看，"新宅女"倾向在家自娱自乐，即使出门活动范围也非常局限的特点，其原因包括：

（1）"80后"人群的生长微环境的成因；

（2）网络与互联网的广泛流行的成因；

（3）社会经济大环境的发展趋势成因；

7.3.2 "新宅女"生活模式与消费行为

7.3.2.1 "新宅女"生活方式三维度模式

生活方式是指一个人、或一个群体对于生活消费、工作和娱乐的不同看法或态度，同时也反映出消费者同环境相互影响的全部特征。

如何准确考量目标人群的生活方式，学术观点看，主要从内在的心理作为切入点进行。美国斯坦福研究所（SRI international）根据20世纪80年代当地家庭的调查，首次建立著名的VALS类型的系统分类，即价值观与生活方式系统（Values and lifestyle System）；在10年后，斯坦福研究所又开始寻找更有效的细分法则，通过构成水平维度的三个自我维度：即原则导向（principle）、地位导向（status）与行动导向（action），导向消费者以购买产品影响周围的世界，从而建立了VALS 2三维度导向的细分系统（图7-15）。

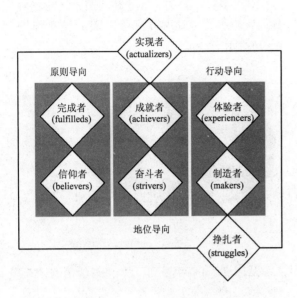

图 7 – 15   VALS2 生活方式系统

"新宅女"作为现代社会新新关注团体，通过对其行为特征的调查与整理，我们对她们生活方式的探究主要以 VALS2 的三个导向维度模型（原则导向、地位导向、行动导向）为理论依据做相应分析。

首先，"新宅女"们年龄跨度集中在 20～30 岁，是所谓"80 后"，故"80"后普遍心理特点适用于"新宅女"人群，即她们有很强的自我意识，追求独立个性与自由，有强烈的潜在逆反心理，一般不会兼顾他人想法。同时，她们也较单纯，即使很纠结犹豫也会通过某种途径进行自我排解；通常接受自己不喜欢的东西的能力弱，有自己独特的方式寻找新的解决方法；不愿意自动服从先定的权威，却甘愿跟随让其心悦诚服的有影响力的人；前瞻性大，想象力宽广。

相对男性而言，"新宅女"更具追求内在和谐与平衡的特点，所以在对外的冲突上表现并不明显，她们更向往精神层面上的满足。

结合 VASL2 系统图分析，可以知道"新宅女"不关注他人的想法，不被他人喜好左右，是"原则导向"型；兼顾她们绝大多数是学生或职场新人，不能拥有很多的资源，但并不安于传统的宗教、道义，不循规蹈矩，所以，她们并不属于"完成者"与"信仰者"，是原则导向基础上的新细分市场。

另一方面，"80 后"的年龄特征决定了她们具

有冲动与热情的本质。喜欢摸索与尝试新奇与异常的产品或者活动（绝大多数大多仅限于室内），以上这些都比较符合"体验者"细分的特征。

总的来说，"新宅女"是一个复杂的新群体，属于有着"原则导向"，为自我"奋斗"的新新事物的"体验者"。通过"体验"一种以家为活动空间的形式，结合网络大环境获取信息、与志趣相投的人交流，怀揣坚定的自我原则去寻找想要的生活。

7. 3. 2. 2　"新宅女"的消费行为特征

"新宅女"的消费行为受生活方式的影响。

一方面，由于她们大部分时间在家里，对网络有着较高依赖性，一些伴随网络而来的新消费观念最先影响到她们。

据前期跟踪调查，多数"新宅女"表示"有网络购物的经历"，将网络购物作为消费主要方式——"衣食住行能网购的都网购"，更有甚者将网络购物作为自己的爱好或者打发时间的方式。

另一方面，尽管"新宅女"经济实力相对弱，他们对新鲜及新奇事物信息的追寻并没停止。她们具有爱美心理，感情丰富，情绪波动比较剧烈，富于想象力。特别在经济、文化比较发达地区，"新宅女"对个人消费需求更高且种类更多，除了基本生活用品，她们还会关注精神层面的需要，以达到取悦自己的目的。

提前消费作为新的理念，随"新宅女"对超过能力产品的渴望而产生，已被"新宅女"所接受。在网络购物的"新宅女"中，有近90%的人表示自己有网上银行，并且有大多数人习惯通过信用卡进行支付，甚至不止一张信用卡。

7. 3. 2. 3　"新宅女"的价值观与消费行为分析

通过"新宅女"消费行为可以概括其价值观。之前，西方普遍认同的是美国教授迈克尔·R. 所罗门提出价值观的定义，认为某种情况比其对立面更好的信念。[①]我国的心理学工作者除引用西方的价值观定义外，也有一些研究者借鉴哲学上对价值观的界定。如黄希庭（1994）认为，价值观是人们区分好坏、美丑、益损、正确与错误，符合或违背自己意愿的观念系统，它通常是充满情感的，并为人的正当行为提供充分理由。

"新宅女"的终极价值观为追求舒适的生活，追求自由与幸福，寻求一种内部的和谐，达到自我更高的提升。为了达到终极价值观需要的

①　（美）迈克尔·R. 所罗门，（中）卢泰宏. 消费者行为学. 中国版（第六版）［M］. 北京：电子工业出版社，2008：127.

行动组成的工具性价值观则包括独立、智力、富有想象力。

根据对消费行为特征的归纳总结，这里总结"新宅女"的基本价值观，包括：自由、自我实现、美与健康、物质享受、效率经济与内外和谐六个方面，主要特征关系见表7–15所示。

表7–15　"新宅女"价值观体系

基本价值	主要特征	与消费行为的关系
自由	选择的自由	更广泛地获取产品的信息，发掘更多的获取渠道，从更多的角度更全面真实地了解产品
自我实现	追求个性化与真实的自己	关注能展现自我、增加自我注意力的产品，选择有个性化或更有性格标签的产品
美与健康	完善自我，追求健康	接受能够保持或增进身体健康的食品、活动或者设备
物质的享受	令人舒适的生活	关注使生活更舒适、更有趣的产品且尽量接受
效率经济	性价比及效用性	关注并购买功能好且节省时间、精力与金钱的产品；接受新的、改良特色的产品
内外和谐	对外的平衡	寻找能慰藉内心矛盾与困惑的产品，更注重精神的放松与修养

经研究归纳六条基本价值与终极价值观的发展递进的关系，从马斯洛需求模型基础上做一个整理与排序，结合弗洛伊德关于"本我""自我""超我"的三重境界进行梳理（图7–16）。

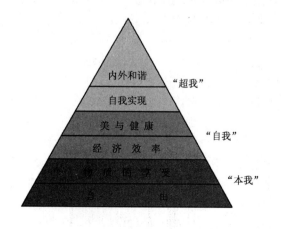

图7–16　"新宅女"价值层面等级体系

"新宅女"价值层面一，追求选择自由，在消费决策时能更广泛、更多角度地挖掘目标类型产品信息；"新宅女"价值层面二，在自由基础上尽可能满足对舒适生活的享受；"新宅女"价值层面三，物质满足上考虑产品或服务的性价比，倾向选择改良性产品；"新宅女"价值层面四，在物尽其用的基础上追求美与健康；"新宅女"价值层面五，选择个具有个人标签的东西展现自我；价值层面六，在以上的基础上考虑与周围环境和谐统一，重视精神层面修养。

7.3.3　"新宅女"情感消费心理分析

7.3.3.1　"新宅女"情感心理分析

价值观决定着"新宅女"渴望获得的状态，这种驱使又带有情感色彩，而"新宅女"情感价值不仅是从价值观角度获知，情绪情感也考虑在内。所以，除表象生活行为特征考虑以外，还应从她们的情绪情感方面深入剖析。

尽管"新宅女"选择新的生活方式，但需求特征仍保留性别特点。作为女性，她们更容易产生移情作用，即将自身置于他人的情绪空间中，同时稳定性差、易受暗示、遵从性强[1]。

女性有复杂而又强烈的情感世界，但在需求上有高情感需要；与青春期相比，她们的情绪体验来得快而强烈，经过刻意调节和抑制过程后，导致这种情绪表现为内敛修饰的、曲折多变的性质，与年长一些的社会经验人士相比，具有不稳定性。

另外，80后"新宅女"正处于人生交叉路口，面临很多选择，对未知的恐惧包括前途、事业、恋爱、婚姻等。而这种焦虑与恐惧可以导致某种情绪的神经质，甚至转变为对事态的淡漠。但从大方向来看，80后"新宅女"情绪发展趋势是稳定的，且情感也逐渐成熟。

7.3.3.2　"新宅女"情感心理特点

结合"新宅女"价值观与消费行为分析，对"新宅女"基本情感的关系，可得出"新宅女"的主要消费情感有以下几个特点。

（1）易受感染

她们重视产品的外观形象与情感特征，即关注产品所具有的象征性与情感色彩。

---

① 李彬彬．设计心理学［M］．北京：中国轻工业出版社，2003：100．

（2）冲动决策

由于"新宅女"的对外社交行为多依附于网络，渐渐远离公众行为空间，这种女性自我隐藏现象①会增加她们的内在压力。信息轰炸导致"新宅女"决策时产生"可能还有更好选择"的心理，会有处于矛盾情感状态的可能。

（3）缺少情感陪伴

"新宅女"对自我完善有更高的要求，有较强的自我意识与自尊心。高科技产品虽能在生活上为她们带来便捷，但对于情感的渴望与追求，"新宅女"们并不能得到满足。

7.3.4　美容小家电的情感体验设计

7.3.4.1　用户价值与美容小家电产品

由于与生活的密切相关，美容小家电产品竞争不容小视。小家电使用寿命有限，新功能、新产品层出不穷，面临换代的美容小家电必将掀起新热潮。由用户价值研究可知，用户价值与密切的产品因素也会将在设计开发中起重要作用。

国外品牌的雄霸市场、国内品牌的严重同质化现状，使自主设计，尤其在用户研究关注的产品少之又少。国内一些知名企业虽有所觉悟，但依然处于起步阶段。美容小家电与用户生活关系密切，用户与产品交流中用户价值尤为体现，在设计开发时美容小家电能通过本身的产品属性吸引目标用户，让用户通过产品特质获取自己的需要。在本次研究中，"新宅女"的情感价值作为主要的关注面。

7.3.4.2　"新宅女"与美容小家电的需求关系

首先，美容小家电的使用环境与"新宅女"生活方式中大部分活动范围有交集——"家"，使"新宅女"有接触到美容小家电的可能；其次，"新宅女"对自身关注及对美的心理需求，从功能上满足她们某些潜在需要；另外，"新宅女"对于物质享受的价值层面引导可能愿意支付较高昂的费用。

个人护理小家电作为一种新鲜的产品类型，从目前中国市场占有情况来看，虽显现比例不高，但随着人们对于自身要求的提高而受到越来越多的重视，相对于其他小家电，个人护理小家电与人体有较近距离的接触，所以在产品的性能上，除了小家电基本的安全性能考虑外，更重要的从产品对使用者的心理和生理特征的适应性考虑。

女性自我意识觉醒，尤其是"80后""新宅女"们，她们对自身关注度大大提高，对新的美容护理产品抱着一种体验尝试的心态，有较高兴趣。针对她们设计的美容小家电产品除了顾及功能的创新与实现，更应从女性的审美角度及情感方面进行考虑。

7.3.5　"新宅女"美容小家电产品情感心理评价设计

7.3.5.1　以电吹风为例的"新宅女"美容小家电情感体验研究

（1）研究目的

为更有针对地说明美容护理小家电的情感体验设计要素与"新宅女"情感价值的一些联系，进一步将产品类别缩小为电吹风。

电吹风的产品功能相对单一，技术含量相对其他美容护理小家电要少，用户在操作时候也会相对熟悉，从而在体验过程中情感关注来源因素将会更集中地显现，在后期研究中更利于控制变量从而降低其他因素干扰的可能性。

①被试人群的再筛选

为了使个案研究实验更好地与抽样定量研究进行匹配与衔接，之前被调查的有效问卷中，选择"使用过电吹风"的88名"新宅女"。通过随机抽取45名被试，做进一步小范围实验研究。

②研究方法

以访谈法为主结合小问卷形式辅助进行，中间穿插投射法的应用。本次试验就是结合"宅"的生活形态了解具体目标人群电吹风的使用体验。

（2）电吹风个案体验研究方法的实施

第一步，焦点小组访谈：将45名被试分为3个焦点小组，先设置一个讨论话题"大家谈谈自己的电吹风"，让三组分别进行针对电吹风使用的经验进行无政府小组讨论，从发言讨论中了解使用感受与遇到的问题。

一对一谈论过程中，锁定了5名发言比较积极的讨论者，进行一对一的访谈，关于访谈的形式，其中3人通过电话形式，2人通过单独QQ聊天形式，主要针对电吹风的使用体验进行交流。通过对访谈的整理，得到表7-16中的5位被试对电吹风的体验评价（为保证信息的原始，评价皆是被试的原话记录）。

---

① 李莉. 基于角色特征角度的女性消费者冲动性购买行为倾向实证研究［D］. 厦门：厦门大学，2009：18.

表 7 – 16　　　　　　　　　　　　　一对一用户访谈电吹风体验表

	星空	研究生	
	体验电吹风		
	REVELON 露华浓	型号 RV – 645I	
1. 紫色很大气，也很漂亮，手感好，看起来也很有档次			
2. 冷热风交替方便、负离子吹着头发还挺舒服的			
3. 洗完澡，吹头发比较方便，可以把刘海吹得蓬蓬的			
4. 可以折叠的，不过有点儿沉，有时候没地儿放			
5. 声音有点儿吵，风量不是特别足，一般用大的档			

（a）

	小舞	文员	
	体验电吹风		
	Panasonic 松下	型号 EH5269	
1. 样子也挺漂亮的，拿着也舒服，跟我家浴室的色调很搭			
2. 三档温度调节很舒适，不会很热或很凉			
3. 干发速度很快，双负离子很放心			
4. 工作时候几乎没噪声，这点大推			
5. 有点儿贵，不过觉得也挺值得，推荐给朋友买了			

（b）

	shirley	编辑	
	体验电吹风		
	PHILIPS 飞利浦	型号 HP4886	
1. 样子一般，用了 3 年一直没换，有感情了			
2. 中温档能把头发吹得很顺很亮，风也没有怪味道			
3. 负离子避免静电，感觉挺舒服的			
4. 激起了我对飞利浦的好感，可能会买个卷发棒之类的			
5. 风量一般，性价比还行			

（c）

	小 MO	行政	
	体验电吹风		
	T3	型号 不明	
1. 红色的好特别，样子挺简洁的			
2. 吹风的速度很快，头发感觉很润泽			
3. 论坛达人推荐的，果然没有错，很喜欢			
4. 重，手酸，好在吹干的速度很快			
5. SEPHORA 专柜买的，好贵，不过东西够专业			

（d）

续表

	糖果果	广告	
	体验电吹风		
	PHILIPS 飞利浦	型号 HP8203	

1. 金色跟白色，颜色好看显气质，手感也好
2. 吹完头发比较顺滑，感觉不干燥
3. 造型能力也不错，吹过几次造型，结果挺满意
4. 吹的时候声音不算很大，风量也可以
5. 淘宝代购的，代言的明星很喜欢就买了

(e)

从上面各自对产品体验描述可以看出，虽电吹风品牌、型号不同，但对体验关注的因素有共通之处，比如电吹风的外观样式与质感就首先得到关注，不仅仅是在使用的时候，在她们选择购买的时候也受到关注，比如，在表 7 - 16（e）的糖果果还告诉我在购买的时候，这个系列的三种不同型号虽然各自有不同的功能改进，但"功能太过专业，自己也不是很在意，觉得应该也差不多"，最后由于三个型号各自的颜色不同，于是选择"自己喜欢的金、白的搭配"，表示外观样式在体验中获得了主要的关注。

另一个关注面，是从电吹风本身的功能入手的，一对一访谈的 5 个人中，无一例外提到"吹完的头发的感觉"，而这种感觉取决于吹的速度、风量，而针对这种"感觉"，被访的人也表示更多的一种心理效应。

而产生这种心理效应的原因除了风量，还有关于产品质量、口碑的潜意识影响，一些"论坛达人推荐的"及"好的品牌"也是体验潜在的推动因素。

第二步问卷法，通过 5 位"新宅女"代表对电吹风的体验结合焦点小组访谈中的相关内容整理，罗列并挑选出现频率比较大的词组："外观造型""色彩搭配""质感""运转声音""出风口风量"，除此以外，"与家居环境的协调性"虽没有一开始被提到，但提到时引起很多人的共鸣，并且在一对一访谈中也被提到［表 7 - 16（b）］，也纳入体验要素。

从下表 7 - 17 可看出，在访谈中征询到的情感体验因素项在后来统计式的研究被试中的满意程度都不高，说明电吹风产品虽然作为被接受最

早、普及率高的小家电，依旧有可以改进提升的空间的。

表 7 - 17　电吹风情感体验要素满意度情况

		满意%	不满意%
电吹风情感	外观造型	28.9	35.6
体验因素项	色彩选择	22.2	33.3
	质感	26.7	20
	与家居环境的协调性	17.8	35.6
	运转声音	15.6	40
	出风口风量	31.1	31.1

结合三组讨论的情况，将不满意的描述问题总结如下：

（1）外观造型多"呆板"；

（2）颜色、质感选择不多；

（3）与家居环境的不协调；

（4）使用时候噪声大；

（5）风量调节不够恰当；

通过以上种种问题导致的不满意对应导致一系列的负面体验，如表 7 - 18 所示。

表 7 - 18　使用的负面体验描述

使用问题描述	（负面情绪）现有体验
外观造型多"呆板"	呆板、风格雷同
颜色、质感选择不多	冰冷的、低劣的
与家居环境的不协调	不协调、吵闹的
使用时候噪声大	
风量调节不够恰当	失望、挫折

第三步，根据情用户情感体验主题进行电吹风用户情感价值的分析：

从人与产品交互情境看，分为"新宅女"对电吹风挑选购买与"新宅女"使用电吹风的时候。其中，购买挑选只是通过图片的感知，仅从网店的照片或者官方网站提供的图片以及描述进行判断；即使在到现场购买，也只是多了一些手感的触摸对风量、按键等的感受，购买挑选的短时间的体验不能反映在回家使用时的体验，并且促使新宅女购买的因素还可能包括潜在的一些消费心理影响。

由对 45 名被试群征集的关于"我是如何使用电吹风"的照片信息反馈来看，"新宅女"使用电吹风的基本使用场景有两种：沐浴完吹干头发与出门之前做头发造型时用。

沐浴与做造型从女性角度而言，本是一件轻松愉快的事情，而"新宅女"对"美与健康"价值观层面的追求让变美变得更有意义。此时，电吹风完成自体验的重要体验道具，不仅应该很好胜任功能上的职责，还应该起到一种情感上互动陪同、分享的体验。在前面调查分析的新宅女情绪情感特征也包括"孤独、寂寞"，有时候会"害怕"，"陪护感"的主题情感体验也就顺其自然。

围绕"陪护感"主题让被试进行头脑风暴，通过形容词的总结、统计，得出高频的 12 个关键形容词语，分别是温柔的、亲切的、可爱的、灵巧的、舒适的、自由的、体贴的、安静的、安心的、放松的、满意的与柔和的。

根据之前对"新宅女"在以往电吹风使用时的体验所带来的负面情感总结，将这些理想的体验词匹配至相对立的现有负面情感体验，并通过这些理想的情感体验对用户需求进行转化（表 7－19），其中，灵巧、可爱对应着负面情感中的呆板、风格雷同；亲切、温柔、体贴则是相对于冰冷的、低劣的体验所提出；柔和、安静、舒适、放松等是相对于吵闹的、不和谐的体验所带来的理想体验；满意与自由则是希望改变现有体验中的产品所带来的失望与挫折感，而这些理想体验都是在"陪护感"的主题下发散开的，也从另一方面印证了前面关于"陪护感"体验主题的推测。在通过对理想情感体验的分类归纳，得到在"陪护感"主题下面用户情感价值包括的三要素：愉悦、安心及成就感。

表 7－19   电吹风"陪护感"情感价值要素

现有体验 （负面情感）	情感休验 主题	理想情感体验	情感价值
呆板、风格雷同 冰冷的、低劣的 不协调、吵闹的	陪护感	灵巧、可爱、 亲切、温柔、体贴 柔和、安静、舒适、 放松、安心	愉悦 安心
失望、挫折		满意、自由	成就感

第四步，针对性地从具体问题的情感价值入手，进行产品概念的体验设计要素探讨准备：

结合表 7－18 与表 7－19，电吹风"陪护感"情感价值中的"愉悦"与"安心"所针对的复原情感体验对照之前美容护理小家关注因素，属于外观样式部分的，而"成就感"则更多属于小家电产品功能开发与完善的部分。

先从外观样式入手，根据之前电吹风产品体验因素项目的分析结果，主要分为外观造型与颜色质感两部分。

为了更好地让"新宅女"在外观造型上有个直观的判断，能结合具体的产品形态作为分析的标准，作者采用 MATERIAL BOARD（素材板）的展示方法对被测试进行调查，结合之前搜集包括市面上能见到的各种价位、品牌、风格的电吹风的图片共 84 张，经过整理筛选，将相近的图片归为一类，并删减了一些角度不好、不能表现电吹风的图片，经过整理最终选出 60 张图片。

由于本次测试焦点小组访谈对象的特殊性，整个调查是在线上进行，于是通过建立网络空间相册，编辑电吹风的外观图片集来代替本该在访谈现场面对面提供的图片素材板，为下面的研究实验做好准备。

接下来，被试在 60 张图片中按照"是否有愉悦、安心的感觉"作为标准进行通过图片留言的形式评分：3 分选表示有愉悦、安心的感觉，2 分表示有些有，1 分表示没有这种感觉。为了避免被试由于一次性接触过多的图片，产生疲劳厌烦的情绪从而影响实验效果，作者将 60 张图片随机分在 A、B、C 3 个相册，分别进行编号。

经过一段时间，最后将留言的分数进行统计，结果分数越高，表示越符合目标情感价值因素，接近"新宅女"理想的外观造型。根据计算选取加权得分最多的 10 张图片，进行排序归类整理，具体如表 7－20 所示。

表7-20 被选电吹风产品设计产品外观造型评价

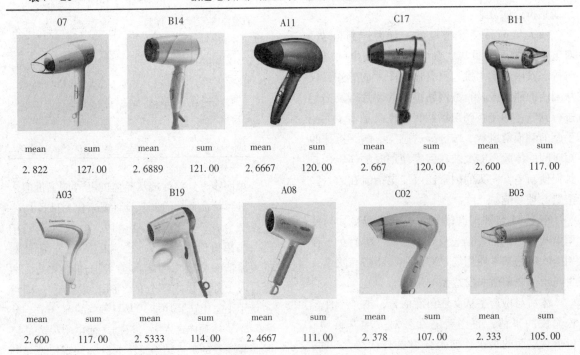

	07		B14		A11		C17		B11
mean	sum	mean	sum	mean	sum	mean	sum	mean	sum
2.822	127.00	2.6889	121.00	2.6667	120.00	2.667	120.00	2.600	117.00

	A03		B19		A08		C02		B03
mean	sum	mean	sum	mean	sum	mean	sum	mean	sum
2.600	117.00	2.5333	114.00	2.4667	111.00	2.378	107.00	2.333	105.00

7.3.5.2 "新宅女"美容护理小家电体验主导设计要素

（1）造型方面

①"新宅女"倾向于电吹风整体风格的简洁性，更加灵巧；②产品的整体线条流畅，相对于直线更倾向通过弧线表现产品的圆润与柔和；③机身与把手的链接过度舒缓柔和，无论是直握式还是折叠式的连接都要尽量自然；④握手处线条圆滑，但在机身与把手之间走势需要形成一些角度。

（2）颜色方面

大致分为4种：①金属色泽质感；②半透明明亮色；③亚光磨砂实色；④多种色彩搭配，用投票小问卷形式对这几种颜色材质进行简单的偏好研究。

7.3.5.3 "新宅女"美容小家电产品针对性的设计策略

（1）体验层次下的"新宅女"小家电设计策略

①整体设计概念将以美容小家电的"陪护感"体验主题为主导

"新宅女"人群情感情绪因素量表调查是在定性研究基础上建立，由分析可知"新宅女"消极情感中的孤独、焦虑是带动其他情绪的相关因素，而"陪护感"作为针对的情感缺失能唤起"新宅女"产品使用时的感激、兴趣、期待等积极情感的情感共鸣。具体如表7-21所示。

表7-21 "新宅女"美容小家电情感价值

关键词		表现特征
积极情感	感激	会在生活中发现乐趣、受到感染，但尽力寻找平衡
	兴趣	有精神、有动力
	期待	趋向更好的信念，对神秘未知的向往
消极情感	恐惧	孤独、焦虑感
	愤怒	压力、挫折感

"陪护感"体验主题从"陪同"与"保护"两方面理解，分别对应情感体验的两个层次：本能体验层面与行为体验层面，而反思层面是结合前两种体验产生对后期行为潜在影响力（图7-17），也对应具体设计因子的策略分析。

图7-17 "陪护感"相对于情感体验层面

②"新宅女"美容需求引导产品新功能的开发

由调查可知，面部问题是她们最困扰也是最直接呈现的。如何解决这些，需要技术研发，在负离子蒸汽美容仪、面部眼部按摩器之类新的美容小家电产品上衍生更有针对性的产品功能。

③美容小家电产品设计细节体验的层次需求

由美容护理小家电产品因素的评价及产品关注调查，将具体"新宅女"关注的小家电设计要素与 Norman 提出的情感设计层面上进行如图 7-18 的匹配。其中，美容小家电的外观样式与价格因素属于体验设计的本能体验层；安全性能、节能环保与体积大小属于体验设计的行为体验层；售后服务、品牌美誉的、产品代言人则属于体验设计的反思体验层。

图 7-18　"新宅女"美容小家电体验层次因素系统

（2）每个层面关注的设计要素的设计策略

①本能体验层：包括外观样式、价格因素

外观样式方面：产品设计更倾向用一些圆润的线条、整体化的产品风格，包括一些产品的部件之间的曲线过渡线条；色彩质感方面，主要是轻快明亮的色彩节奏，可在用户使用过程中产生一些情感共鸣，支撑"陪同感"的主题。

价格方面："新宅女"的消费特征情感决定她们会选择自己不是很需要但是喜欢的东西，产品成本在价格上还需要"新宅女"有一定的承受经济基础，所以产品选择必须基于功能基础。

②行为体验层面：安全性能、节能环保、体积大小

安全性能方面：在使用中满足护理功能过程中必须先保证产品运行安全性，从而体现一种让用户"受保护"的感觉。

节能环保方面：从产品的功率入手尽可能地做到低消耗、低污染（包括操作噪声的污染）。

体积大小也看体现节能环保的意识，减少不必要的材料浪费、电线长度可根据使用空间大小做调整，避免因占用而失调显得突兀。

③反思体验层面：售后服务、品牌美誉度、产品代言人

售后服务、品牌美誉度，都是通过无形产品即美容护理小家电的服务中获得，这是一种推广的策略与宣传，首先渠道的选择，受关注度较高的博客及热门分类论坛上的信息分享频道，这些都是现场产品信息发布推广的良好平台。同时用户特征单一的热门网络社区也作为高效便捷的用户意见信息的反馈平台，通过网络体验媒体的加

强提升用户体验价值。

产品代言人方面只作为辅助手段，"新宅女"有自己的权威，传统意义的大牌明星不一定适应她们的胃口，甚至会起到反效果。而跟她们"距离感"近的人物，推荐可能具有更好的说服力。另一方面，可考虑采用虚拟形象的代言人，一些在"新宅女"中接受度高的动漫角色，营造一种可爱、可亲近感，拉近与"新宅女"的情感距离，为购买提供说服力。

7.4　性别导向的本土汽车品牌展示设计评价研究

7.4.1　性别导向的本土汽车品牌展示设计评价价值

7.4.1.1　汽车展示设计的类型

（1）广场式展销

广场式展销的优点在于：首先，广场式展销的展示成本低，适合在中小型城市中使用，展示所需的构件简单易拼装，也适合在多个城市中巡回展出；其次，在广场上举办车展不会像室内车展受到空间的约束，在展品陈列设计和展台搭建上都要自由得多；再次，广场是人们生活中休闲散步的常去之处，在广场上举办车展更容易吸引人们前来参观，能够为品牌传播吸引到更多注意力；最后，广场式营销有助于提升人们对汽车产品的理解，拉近汽车与人们生活的距离，也能够通过汽车展会的形式丰富人们的生活。广场式展销也有许多不足之处，首先的一点就是露天展示容易受到天气情况的制约，后来经销商就在广场上加盖大蓬式屋顶，以避免恶劣天气对展品和参观者的影响；其次是广场式展销占地面积大、参观者众多，难以保证会场秩序和做好展品维护；最后，广场式营销适合大众型、家用型汽车展示，中高端汽车产品则不适合在广场环境里做展示。

（2）卖场式汽车销售中心展示

继广场式展销和大蓬顶室外展销之后就是完全室内的汽车销售中心。卖场式汽车销售中心的优点在于，首先对于各品牌而言，相比独立展示降低了成本，又能够保证吸引足够多的人前来参观选购。其次对消费者而言，多个品牌集中展示方便他们更直观地对同类产品作比较，以选择出最合心意的产品。最后，这种形式的销售催生出了汽车服务产业，从代理销售开始逐渐发展壮大。

虽然大卖场式的销售能够降低品牌展示的成本，但各大品牌厂商仍没有放弃独立品牌展示的阵地。

（3）独立的品牌汽车展示销售中心

独立的品牌汽车展示中心有以下几方面的优点：独立的品牌汽车展示中心有助于品牌形成统一的形象，更有效地进行品牌宣传。品牌汽车展示中心更容易吸引目标市场人群的注意，容易获取人们的深入理解和偏爱。品牌汽车展示中心能够实现具有品牌特色的系统化汽车销售与售后服务，为消费者营造独特的消费环境。品牌汽车展示中心借助地理优势成为城市新地标，这对于城市建设和品牌推广都能起到重要作用。

（4）品牌汽车城和体验公园

国内外实力雄厚的汽车品牌都着手兴建具有自身特色的汽车城和体验公园，比如德国大众汽车城主题公园的特色是突出大众及其 7 个细分品牌的形象和发展；法拉利在建中的汽车主题公园特色在于赛车文化和运动；2007 年 10 月 20 日起开始向公众开放的宝马世界专为宝马汽车用户而建。

7.4.1.2　汽车品牌展示设计的理论和意义

美国学者大卫·艾克于 1996 年提出品牌识别模型（图 7 – 19），是品牌识别理论的丰富和发展，他将品牌识别分为核心识别和扩展识别两个层次。品牌核心识别反映品牌最重要和最稳定的本质元素，代表品牌的"本性"和精髓，它好似品牌基因（DNA）；扩展识别是指能为品牌带来更丰富的内涵，同时使品牌识别表达更完整的元素。[①] 品牌展示设计是属于扩展识别范畴的，用以形象、生动地诠释汽车品牌的核心识别。适当地在展示设计中加入体验的成分，可以增强展示的效果，也就使得扩展识别更丰富，品牌传递的核心识别信息更具体。

图 7 –19　大卫·艾克的品牌识别模型

目前，我国的汽车产业市场仍存在着一些亟待解决的问题，汽车自主品牌的竞争实力与国际汽车巨头相比还有一定的差距。数量虽多但规模有限；增长迅速，但产品集中于低端市场，与合资品牌产品相比在技术、性能、质量上差距较大；缺乏整体品牌规划，品牌差距显著，溢价能力低下，价值差距明显，利润微薄悬殊等问题依然困扰着国内汽车行业的发展。品牌展示设计是品牌推广的一个组成部分，从目前的本土品牌展示体验现状看来，这个部分还没有受到足够的重视，国内外差距显著。本土汽车品牌要提高竞争力、提升品牌价值、获得更高的销售利润，就必须与国际接轨，重视品牌展示设计。

7.4.2　性别导向的本土汽车品牌展示设计心理评价的实证研究

实证研究分为定性研究与定量研究两部分，定性研究部分采用深度访谈法，抽取了部分本土汽车品牌的目标消费者和潜在消费者样本进行深入细致的访谈，定量研究部分采用问卷调查的形式，来获取消费者当前的满意度情况和体验需求。

7.4.2.1　定性研究

深度访谈的提纲围绕人们对本土汽车品牌展示设计的了解度、认知度、满意度展开，主要涉及内容包括以下几点：对品牌汽车展示有怎样的理解，知晓哪些种类，参与过哪些形式的展示；这些多种多样的展示留给人们怎样的回忆，人们从中获得了什么；如今很多品牌都在强调消费体验、顾客体验，如果在汽车品牌展示中加入体验的成分，人们希望体验些什么；已有的品牌展示设计哪些受人欢迎，哪些不被接受；本土汽车品牌在人们心目中的形象、地位；本土汽车品牌展示设计的接受情况、满意程度，存在些什么问题。

深度访谈邀请的 14 位被访者都是经过精心挑选的，年龄在 24 岁以上，教育背景均为大学以上学历，从业背景包括房地产业、金融证券业、教育业、创意产业、对外贸易业等。受访者中女性样本 8 个，男性样本 6 个，所在地区情况是上海 5 个、无锡 5 个、北京 1 个、青岛 2 个、苏州 1 个，样本分部面较广，且都来自大城市。受人力、物力、财力的限制，采用的抽样技术为

① 李彬彬. 设计效果心理评价 [M]. 北京：中国轻工业出版社，2005：92.

非概率抽样，抽选的原则是符合汽车产品目标消费群体特征或有成为未来汽车消费主体的潜力，具有高学历、稳定收入的人群。受访者整体素质较高，配合访谈程度也高，平均每位受访者的访问时间都在 1 个小时以上，从中获取了大量有价值的信息，为实证研究的顺利进行奠定了良好的基础，受访者基本状况如表 7 - 22 所示。

表 7 - 22　深度访谈的样板人口特征概况

类别	描述	均值
年龄	最大 42 岁，最小 24 岁	31.14 岁
性别	女性 8 人，男性 6 人	
教育程度	MBA、硕士及本科学历	本科以上
年收入	最高 20 万元以上，最低 2 万~5 万元	约 5 万~10 万元
购车状况	其中 6 人已购车，3 人有打算购买	

通过深度访谈的结果整理，发现当前人们在本土汽车品牌展示设计的认知方面存在一些问题，这里简要概括如下：

从受访者对展示设计的态度来看，受访者普遍接触过多种形式的展示设计，其中平面和视频广告是接触最为频繁的展示设计形式，男性受访者对网站展示设计的接触情况好于女性，对于汽车展示会这种形式受访者普遍表示感兴趣，至于参观汽车品牌体验中心，大多数受访者认为如果没有购买打算是不会前去参观的。综合受访者对各种形式的接触情况、喜爱程度、认知识别等方面的描述，可以获得这样的结论：通过平面和视频广告带给受众展示设计虽然接触频率高，也受到一致的认可，但这种形式有时太过直接的宣传产品、服务，有时又做得太抽象让人不明就里，加之目前此类宣传也相互模仿，因此这种展示往往只能产生即时的体验效果，长久效果不明显；网络展示设计则很大程度上受到性别影响，女性普遍对网络上与汽车相关的信息不感兴趣，男性则表现出了非常强的尝试意愿，对当前网络展示设计情况，有过接触的受访者满意度较高；实体展示方面，受访者所在的五个城市都时常举办大中型的汽车展会，受访者对车展这种形式很感兴趣，认为是很好的休闲活动，又能获得大量信息，并对当前的车展体验表示满意，而汽车品牌专卖店之类的形式则不被大多数人接受，仅少数购车者对此表示满意。

从受访者对本土汽车品牌的态度来看，在未提示情况下，第一提及最多的汽车品牌是奔驰，其他提及率高的是大众、通用、宝马及其旗下的分支品牌，本土汽车品牌只有极少的几次提及。受访者对本土汽车品牌中比较有代表性的奇瑞、吉利的印象是价格较同类偏低、质量比较好、性价比高、产品样式多方便选择、外观可爱、省油等，大多是集中在产品层面的评价，这就说明本土汽车品牌在品牌价值的创造和维护上做得还很不够，若仅以产品的某些优势代表品牌特色，短期内可以建立不错的口碑，但从长远来看，这会给品牌的延伸造成阻碍，也容易被更具产品优势的新品牌取代。受访者对本土汽车品牌的发展表示关注和支持，但被问及是否愿意购买本土汽车产品时，大多数支持者表示不愿购买。本土汽车品牌是民族产业、国家支柱，受访者表示普遍的支持这很正常，但支持的背后却不愿购买，这就说明本土汽车品牌在某些方面有严重的缺陷。大多数不愿购买者认为本土汽车产品安全系数不够，质量不及知名品牌的产品，少数不愿购买者提到本土产品品牌价值不高、附加价值低、不上档次等。

对于本土汽车品牌展示设计，受访者认为目前这方面的宣传太少，几乎没有留下深刻印象的体验经历，因此改为由受访者来描述他们喜爱的展示设计形式、项目、风格、内容、主题等。综合受访者的描述可以获得这样的结论：设计形式应当平民化、大众化，加大宣传推广的力度，降低参与的门槛；项目可以参考知名品牌的成功经验，结合平民化的定位，打造低成本高回报的本土化展示设计项目；风格上应以生活化为主，不能够盲目模仿知名品牌的奢华尊贵；内容上要强调本土汽车品牌的价值、产品的质量，以排除消费者对品牌和产品的怀疑心理；主题方面受访者提出很多不同的概念，比如环保主题、国民品牌主题、改装汽车主题、性能测试主题等。具体的品牌展示设计中，受访者首先结合对车展的了解，提及各类车展中本土汽车品牌的展示规模、效果都不及国外品牌或者合资品牌，没有打出自己的个性风格，把更多的精力放在宣传车型和价格上，借用一位受访者的原话："我走进奔驰的展位瞬间就能感觉到这个品牌的历史，特浓厚，国产车这边就不行，走几家下来全是一个样。"这很形象地说明了本土汽车品牌展示设计上存在的欠缺。

7.4.2.2 定量研究

结合资料收集和被访者的诸多描述，共列出了 98 道备选题目，然后将这 98 道题目按相似度划分成 11 个版块的内容，组合成一张问卷初稿，进行区分度测试。区分度测试通过网络问卷调查的形式进行，共获取 31 个样本信息，在进行数据统计整理之后，将问卷总分最高的前 25% 与最低的后 25% 样本提取出来，求得样本组各题均值并做差值比较，以此为依据修改问卷题目。实际操作中提取的样本组样本量为 10 份，略大于 25% 的要求。区分度较低的题目进行合并、归纳或删除，修改后的问卷保留题目 74 个。

初步确定问卷后，进行问卷的信度效度检验，信度检验采用重测信度法，就近选择在校的部分同学和实习单位的同事共计样本 17 个，间隔时间为 2 周，每份样本统计变量 80 个（包括题目 74 个，人口特征因素 6 个），共计 1360 个变量。通过下表前后两次测试的相关系数矩阵可知，两次测试的相关度为 0.645；在显著性概率水平 0.01 基础上，两次测试所得可计算的均小于 0.001，因此根据判断标准，第一次施测与第二次施测是相关的，说明问卷达到信度要求（表 7 - 23）。

表 7 - 23　问卷的信度测试 Correlations

		第一次	第二次
第一次	Pearson Correlation	1	0.645 **
	Sig. （2 - tailed）	.	0.000
	N	1360	1360
第二次	Pearson Correlation	0.645 **	1
	Sig. （2 - tailed）	0.000	.
	N	1360	1360

**. Correlation is sianificant at the 0.01 level （2 - tailed）

问卷的效度主要通过专家判断法来进行，问卷设计过程中获得多方面专家学者的审阅和提点，使得问卷一步步完善。由于本课题是探索性研究课题，现存的相关测量指标尚不丰富，缺少可参考的量表数据库，因此效度评价部分缺少具体的数据支撑，希望在后续研究中能够逐步丰富并完善。

最终问卷为 80 道题目，通过网络问卷调查平台进行发放和回收。抽样方法采用非概率抽样，截至 2008 年 4 月 5 日，网络调查已回收有效问卷 137 份，其中女性样本 51 份，男性样本 86 份。

由在性别分布上，137 个样本中有 62.77% 的样本是男性样本，男女样本比率差值达到 25.54%，超过 1/4。造成比例失衡的原因最重要一点就是女性往往对汽车相关的事物不那么感兴趣。考虑到汽车产品的购买决策往往是男性消费者决定的，男性样本能够更好地反映消费群体的行为特征和心理需求，因此性别方面的偏差不会影响研究的有效性；在样本的年龄分布上，逾九成样本集中在 20 ~ 30 岁；在样本的购车情况上，近八成的受访者尚未购车，短期内也没有购车打算，这类人群属于汽车产品的潜在消费者，有 9.49% 的受访者近期有购车打算；从年龄分布上看，绝大多数受访者还处于创业初期，还没有能力购买和供养汽车；在是否愿意接受国产车上，超过八成的受测者愿意接受，但也有 18.25% 的受测者表示不愿接受，对国产车的接受程度反映了消费者对本土汽车品牌的态度，这种态度会影响到消费者对本土汽车品牌展示设计的评价。

7.4.2.3 关联分析结果

（1）参观意愿与各相关因素的关联分析结果

人们主观上愿意到展厅参观并了解新款汽车，特别是对汽车产品兴趣明显低于男性的女性消费者，也愿意积极参与。女性以参与汽车品牌展示体验作为休闲娱乐活动，能够获得人们较高的认同度，将展示体验娱乐化、休闲化也可以很好地吸引女性消费者的积极参与。展厅中的专业导购能够获得消费者的认同，尤其男性消费者愿意接受导购的服务。人们对于到展厅购车可以享受特惠表示怀疑，可以由此判断在展厅中对产品的优惠信息做宣传是不容易被人们接受的，应当避免这类的展示活动。人们对于在展厅购车能够产生心理的满足感并不十分认同，尤其对女性消费者而言，参与展示体验与感受尊贵并不十分契合。男性往往特别喜爱汽车品牌，且对喜爱的品牌非常关注，愿意获得品牌的相关信息，女性对这个因素的认可度要低一些，总的说来，人们愿意到偏爱的汽车品牌展厅去参观。人们对在展厅中参与设计、生产、个性化定制认同程度较低，从目前的市场状态来看，汽车刚刚开始进入人们的生活，人们对汽车的要求还比较低，现在引入个性化定制的概念还有些早。调研结果还显示如果本土汽车品牌建造品牌汽车展厅，人们比较愿意前去参观，为本土汽车品牌捧场。

（2）展厅气氛与各相关因素的关联分析结果

人们不喜欢汽车展厅太过奢华高贵，脱离大

众，可见汽车展厅要获得大众的喜爱就需要降低门槛，贴近大众，尤其要吸引女性消费者的喜爱就要注意营造大众化氛围。品牌汽车展厅应当布置得生活化，温馨、浪漫这一观点获得了女性样本的更高认同，比男性样本均值低，这说明在生活化的氛围中展示汽车品牌更有助于获得女性消费者的认可。总的说来，男性偏爱动感前卫、生活化和国际风格的汽车展示体验氛围，女性偏爱生活化的、流行风格的展示体验氛围。从这些因素中反映出的性别导向的展示风格偏爱差异，可作为本土汽车品牌展示设计的参考。动感、前卫、富有激情地展示氛围能够获得大众一致的喜爱。大众对博物馆式的展厅持中立态度，对艺术氛围的展示并不表示偏爱。对于中国特色大众比较感兴趣，但认可程度不很高，这可能是由于大众没有接触过具有中国特色的展示环境，对这一概念理解不深刻所致。对于具有本国风情的展示氛围，人们的偏爱程度与收入水平成反比，低收入群体比较赞同，高收入人群则态度模糊。可见利用中国元素装点展厅可以获得大众消费者的认同，但对中高端消费者收效甚微。

（3）展示内容与各相关因素的关联分析结果

展厅中设置有关车技和赛车的体验项目能够获得男性消费者的支持，女性消费者对此不感兴趣。在展示体验的内容中涉及汽车的构造和原理这一点上，男性支持程度较高，女性消费者本就对汽车产品兴趣不强，汽车的构造和原理又属于机械方面的知识，很难获得女性消费者的喜爱。男性消费者比较赞同在展示体验中了解品牌背后的研究团队和专家组，女性消费者接近于比较赞同但兴趣不大的程度。人们对品牌背后的研究团队的了解欲望不强，而都对汽车历史和未来构想具有比较强的了解欲望。对于当下很多品牌热衷于在大型车展上推出概念产品，表达未来产品的走向，往往都能取得比较好的展示效果。在汽车的性能测试及相关的实验场景方面，消费者对性能测试和实验环节感兴趣，可以从这些项目中反映产品的品质高低，帮助他们更好地理解品牌和产品。关于品牌的历史、理念、传奇的了解体验，这项上女性的均值略低于男性，整体接受程度也不错，说明品牌汽车展示中对品牌的宣传是必不可少的。

不同收入水平的消费者对展示体验内容的喜好程度有很大差异，但不可忽略的一个趋势是收入层次越高的消费群体认可程度越高，也就是对

品牌的了解需求会随收入的增高而增加。对汽车产品的发展动态和前沿，收入越高的消费者兴趣越大。高收入人群接触汽车产品早，大多有使用经验，因此对汽车产品的理解更深刻，也就会更多关注这一产品的发展情况。同层次的高收入人群行为特征和心理认知存在多样性，很有研究价值。关于赛车和车技表演，中高收入人群表示赞同且兴趣较大，收入偏低的人群则表示兴趣不大。

（4）展示着重表现与各相关因素的关联分析

结果显示，消费者认为安全性能应当在汽车展示体验中着重表现，男性消费者对这一点尤为看中。在舒适性方面，男性样本和女性样本的认可度相近，可见在这一点上无论男女都比较看重。对于汽车产品的外观造型消费者认为比较重要，在展示中应当有所体现，其中男性对外观展示的要求略微高一点。在汽车动力性能方面的描述，男性消费者认可度较高，女性则低得多，因此这方面的展示体验应当针对性别差异进行设计。对汽车省油性能的展示获得女性消费者的更多赞同，在汽油价格节节攀升现状下，对于汽车省油性能的展示越发重要。环保特性得到消费者较高的赞同度，尤其是女性消费者，环保性能是除安全性外人们最为看重的一项，在展示体验中应当对此类主题作细致设计。在品牌知名度上，消费者认为是比较重要的展示主题，男性的认可度略高，综合看来品牌知名度并不是消费者心目中最重要的展示主题。消费者对汽车展示中展现汽车尊贵、气派特性的体验表示不感兴趣，可见以高档、奢侈的产品做主题的汽车展示体验不符合消费者的心理需求。实用性也获得了消费者的认可，是容易被大众接受的、不受性别差异影响的主题。

（5）参观所得与各相关因素的关联分析结果

分析结果显示，人们参与展示体验很大程度上是希望得到与购车有关的参考信息，展示体验的终极目的也是产品销售，由此可以推断消费者对展示体验营销的接受程度很高。品牌的个性特征是人们比较想要获得的信息，展示中突出品牌的个性特征能够帮助消费者理解品牌及其产品。关于汽车业务信息，男性消费者赞同程度高，女性略低但也表示了赞同，因此展示体验中加入此类信息能够被消费者接受，尤其是男性消费者。对于参观展示体验活动得到厂商的赠品或宣传品人们表示比较赞同，愿意接受，男女样本差异表

明男性更容易接受此类赠品和宣传材料。对于展厅中提供特色餐饮人们表示赞同但兴趣不大，说明人们可以接受在展示体验中加入饮食文化体验，但是主观上认为这与汽车展示主题不符，对此表示怀疑。人性化的服务获得消费者的一致认同，说明消费者参观品牌展厅希望能够获得自主的体验环境，随时随地获得想要的信息和周到的服务，体现人性化设计的特点。E7 对于专业人员提供专业服务，消费者是表示欢迎的，但女性消费者的欢迎程度略低于男性消费者，可见对于专业化的服务更容易获得男性消费者的喜爱。

（6）互动活动与各相关因素的关联分析

对进厂参观体验活动的描述，男性消费者赞同程度高，女性消费者比较赞同，兴趣不大。工厂参观类的体验活动虽然机会难得、意义丰富，但相对其他类型的展示要显得枯燥一些，女性消费者认可度偏低是可以理解的。参加活动赢奖品的形式最不受消费者喜爱，赞同程度很低，可见人们参与此类活动的热情偏低。对于试乘试驾体验获得了男性消费者的高度赞同，女性消费者赞同度略低但总体来看也处于比较高的水平，可见汽车展示体验中如果加入试乘试驾体验会很受消费者喜爱。电脑模拟驾驶体验活动也获得消费者较高的赞同度，尤其女性消费者对电脑模拟驾驶的兴趣比真车试乘试驾更高，男性则完全相反，更喜欢真车驾乘体验。对个性拼装体验人们表示比较赞同，男性消费者更感兴趣一些，个性拼装往往是对汽车产品了解深入的资深用户感兴趣的活动，这种形式要获得大众的认可和喜爱还要需要一定的时间。参与汽车设计消费者认为比较赞同，尤其是男性消费者，这种活动可以为品牌搜集大量的用户信息，丰富和提升产品设计。参与品牌车友俱乐部也获得比较高的认同，消费者普遍表示欢迎。在拥有专属的品牌经理方面的认同度也较高，在汽车展示体验中引入品牌与消费者互动的项目可以提升展示效果。公益性质的活动比较吸引女性消费者的注意，整体认知情况也比较好，公益活动也是人们喜闻乐见的体验项目之一。

（7）展示条件与各相关因素的关联分析结果

对于汽车展厅需要很大规模这一观点，消费者表示比较赞同，汽车产品不同一般产品，需要大面积的展厅、大空间的体验场所。对于将品牌汽车展厅打造为城市旅游景点，男性消费者表现出的认可度很低，女性消费者相对高一些。消费

者比较希望品牌汽车展厅采用先进的展示技术，新奇的展示技术能有效地吸引消费者的注意。在利用声光电效果来彰显品牌特征这一方面，消费者比较赞同，利用多元媒体展示品牌特征也能够获得较好的体验效果。在汽车模特方面，获得男性消费者更高的赞同，女性认同度则很低。对于汽车展厅联合其他相关产业消费者表示普遍的赞同，限量车型展示业获得消费者的一致认可。

（8）展示类型与各相关因素的关联分析结果

男性接触到的展示体验在绝大多数类型上的频率都要高于女性，而在电视广告是唯一一项女性消费者接触频率高于男性的类型。广播广告的接触频率较低，说明消费者接触广播广告的机会比较少。专业汽车杂志接触频率是最高的，尤其是男性消费者特别频繁，女性消费者接触也比较多。非专业性报刊杂志广告中接触到品牌汽车广告的概率也比较高，但比起专业汽车杂志和电视广告要低一些。车展类的展示体验人们接触的不太多。对于户外广告、楼宇广告、宣传册之类，人们的接触频率也不高，男性接触频率要比女性高一些。在品牌汽车网站上，男性消费者接触的频率比较高，女性则持中立态度。品牌汽车展厅女性接触的频率最低，男性较高。整体上看男性接触最多的类型为专业汽车杂志、电视广告和网络展示，女性接触最多的是电视广告和专业汽车杂志，男女差异较大。

不同年收入人群的展示体验接触情况不同，具体来看，2 万元以下人群接触最多的是专业汽车杂志，其次是电视广告，最少的是广播广告和户外广告。2～5 万元人群接触网络展示的频率高于低收入人群，其他类别的频率与 2 万元以下人群类似。5～10 万元人群参与汽车展示体验的频率最低。10～20 万元收入人群参与车展体验的频率最高，但在接触综合类汽车网站和品牌汽车展厅的频率最高，整体来看这类人群也是接触展示体验频率最高的。20 万元以上人群接触电视汽车广告非常少，广播广告和户外广告也比较少，但专业汽车杂志、品牌汽车网站的接触频率是最高的。从这些不同收入人群的接触情况看，每个层次消费者都有其认知特点，针对不同的收入人群，采用不同的展示体验类型，就能达到理想的宣传效果。

（9）展示感受与各相关因素的关联分析结果

首先从整体上看，人们对经历过的各类展示体验的整体印象接近于比较赞同的程度，所有描

述中均值最低的一项，也就是当前的展示体验能够获得人们的广泛认同，且不受性别影响。展示体验对于有车生活的描绘更受女性消费者的喜爱，男性也倾向于比较赞同。对于展示体验中有虚夸成分这一观点，男性消费者认为有些赞同，女性消费者赞同度较低，因此女性更倾向于相信展示体验的宣传，男性有些许怀疑。在展示体验有助于购车参考这一观点上，消费者对此表示比较赞同。对于车展上的广告行为，女性消费者对广告宣传的接纳能力要比男性消费者强。对于通过展示能够提升个人审美水平这一观点上，整体处于比较赞同的程度，男性消费者赞同度略高一些。

（10）本土汽车品牌与各相关因素的关联分析结果

本土汽车品牌难以进入高端市场，男性消费者对此表示有些赞同，女性的表态近于模棱两可，这说明消费者对本土汽车品牌还是有很高期望的，没有完全将其纳入低端品牌阵营，通过适当的宣传推广也能够使本土汽车品牌进入高端市场。对于本土汽车品牌缺乏个性这一观点，获得男性消费者较高的认同，女性消费者也表示比较赞同，说明消费者心目中本土汽车产品不仅缺少品牌价值，其自身也要有所创新。女性消费者的认可度高于男性，表示比较看好本土汽车品牌，男性则表现较低程度的赞同，说明在男性消费者心目中，本土汽车品牌还不够形成关注。广大消费者尤其女性消费者，表示比较愿意舍弃国外知名品牌而选择本土汽车品牌产品，说明对本土汽车品牌还是有一定品牌忠诚的。在本土汽车品牌的宣传力度上，消费者比较认可。服务水准方面，消费者认为本土和知名品牌之间还有差距，在未来的发展中应注意服务体系的完善。

从结果还可看出，高收入人群不看好本土汽车品牌，中低收入人群对本土汽车品牌较有信心，收入水平越高越不看好本土汽车品牌。10万～20万元收入人群最赞同本土汽车品牌的不成熟现状，同时他们也表明不愿过多支持本土汽车品牌。总的来说，高收入人群表示无所谓，中低收入人群表示比较愿意支持。对本土汽车品牌难以打入高端市场这一观点，10万～20万元收入人群表示不很赞同，中低端收入人群表示赞同的程度略高，说明这类人群对本土品牌产品有些不满。此外中低端人群认为本土品牌宣传力度不够，中高收入人群则持中立态度。服务水准方面

最不满意的是10万～20万元收入人群，其他水平消费者相对集中。

7.4.3　本土汽车品牌展示心理评价与展示设计的思考

7.4.3.1　本土汽车品牌展示设计的消费者认知

（1）消费者认知状况

首先对于汽车品牌展示设计的形式，消费者表示有一定了解，也愿意接受。接触频率方面，消费者接触最多的是专业汽车杂志、电视广告和大众报刊杂志上发布的广告展示体验，大多数消费者仍处于被动接受汽车品牌展示设计的阶段，缺少主动参与的需求和热情。其中部分消费者认为这些展示设计中包含的广告宣传比较多，也有些虚夸的成分。由此可以得出，消费者对接触过的展示设计比较满意，要使展示设计的效果在已有的基础上获得持续提升，需要进行多方面的提升和改进。

消费者参与汽车展示体验的目的很单纯，就是了解产品、品牌，寻求购车信息以及获得休闲。他们希望展示体验的氛围是生活化的、动感前卫的或者国际化的，这样的体验环境更容易使他们身心放松，融入其中。消费者不喜欢奢华高贵的展示气氛，充满艺术气息的、类似博物馆的体验环境也没有获得消费者的认可，这样的气氛会使消费者产生紧张、压抑的不适感。汽车品牌展示设计想要获得大众消费者的认可，获得潜在消费者的认可，就必须摒弃脱离大众的华贵感、肃穆感，营造大众喜闻乐见的氛围，在轻松和谐的体验气氛中产生对品牌的好感。

众多类型的展示设计项目中，消费者最想获得汽车产品性能测试方面的体验，其次是品牌背景、汽车的发展和未来及汽车的构造和原理。消费者关注的展示设计主题是安全性、舒适性、环保性及实用性。这两方面表明消费者最关注的是汽车产品本身的一些特性，大众消费者直接接触汽车产品的机会不多，对汽车的认识和理解比较肤浅，因此对汽车产品基础方面的体验项目感兴趣，对相对高级的汽车品牌的研究团队、赛车和车技之类的体验项目不感兴趣，也不喜欢以产品高级、气派为主题的展示设计。考虑到本土消费者的认知需求，在品牌展示设计中就要注意帮助大众消费者建立和丰富汽车产品的概念，引导他们的消费理念逐步升级，最终成为品牌的忠诚顾客。

消费者最想参与的展示体验是驾乘体验，最不感兴趣的是参与活动赢奖品之类的活动，对其他种类的体验活动均表示比较有兴趣。这说明大众消费者的兴趣广泛，乐于参与形式多样的体验活动，同时他们的体验需求比较高，对常见的体验活动兴趣不大。通过参与展示体验，消费者希望获得购车的参考、人性化的展示环境、专业人员的高水准服务等，不太在意展示中提供其他相关服务。这表明大众消费者的参与目的直接，需求单纯，对多元化的展示体验理解程度不高，主观上还不能很好地接受。品牌汽车展厅应当具备的条件中，消费者最赞同展厅中有多产业联合的服务项目，有特别的产品展示，应用先进的展示技术；不太在意品牌汽车展厅是不是具有旅游价值以及是否有漂亮的汽车模特，表明消费者更关心展示设计的功能性和体验效果，进一步证明了消费者体验目的的单纯。

（2）不同性别消费者的认知差异

男性消费者和女性消费者对本土汽车展示设计的感受、偏爱、期望和需求有较大的差异，性别导致的认知差异决定了品牌展示设计需要充分考虑性别因素，遵循认知差异的特征进行差异化的设计。从整体上看，男性对汽车相关的内容感兴趣，女性则对汽车周边的内容更偏爱，具体归纳如下：

①男性消费者的认知偏好

男性消费者对汽车产品比较感兴趣，往往有各自偏爱的品牌，接触到的展示设计类型丰富，对汽车产品和品牌多有独到的见解。这决定了男性消费者会主动了解汽车相关的信息，积极参与感兴趣的体验项目，比如与专业的导购人员沟通、体验车技和赛车运动、了解汽车的构造原理、进厂参观等。从问卷反馈的数据可以知道，男性消费者对于汽车直接相关内容的偏好度大多高于女性。

此外，男性消费者倾向于偏爱国际化的展示氛围，展示中突出汽车产品的安全性能和动力性能，详细介绍汽车产品与品牌的个性、特征以及发展史，获得相关的业务信息和宣传品，结交志同道合的朋友和获得专业人员的服务，并且有漂亮的汽车模特辅助展示。

②女性消费者的认知偏好

女性消费者对汽车产品的兴趣要弱一些，但参与汽车品牌展示体验的积极性比男性要高，女性消费者更认可参与展示体验是一种休闲娱乐，对展示体验的要求不像男性那样目的性强，因此女性更容易接受多种多样的展示体验，且包容性好，善于被动地接受展示体验中所包含的广告信息。女性不太关注与汽车直接相关的内容，但与汽车间接相关的内容，比如公益性质的活动、汽车展厅的旅游价值之类，则更容易获得女性关注。女性消费者倾向于偏爱生活化的展示体验氛围，展示中突出汽车产品的环保性能，设置电脑模拟的驾车体验，参与公益性质的体验活动，参观具有旅游价值的品牌汽车展厅，以及接受展示体验中表现的新生活方式。

（3）不同收入层次消费者的认知差异

收入层次导致的认知差异显著，主要以年收入10万元为界线，10万元以内收入人群认知状况相似，10万元以上收入人群则在许多方面表现迥异。在这里将收入层次区分为中低收入水平（年收入10万元以内）、中高收入水平（年收入10~20万元）、高收入水平（年收入20万元以上）三类进行探讨。

①中低收入水平人群的认知偏好

中低收入水平消费者具有很强的包容性，对各式各类的展示设计内容、形式、主题都能较好地接受。未来汽车产品消费的主打力量就将从这类消费者中孕育而出，尤其对本土汽车品牌而言，了解中低水平消费者的认知偏好是非常重要的。综合众多的态度指数可以看出，中低收入水平的消费者愿意接受展示体验活动作为休闲活动，对汽车产品的品牌关注程度略低，偏爱前卫的、生活化的、国际化的体验氛围。中低收入水平消费者接触汽车产品的程度浅，因此更希望了解与汽车产品密切相关的内容，对主题方面的各项描述认可度也相近，可以说是保持中立态度，有兴趣但兴趣不深。

②中高收入水平人群的认知偏好

这类消费者的认知偏好显著，他们看重汽车产品的品牌，并且明确偏向于不接受本土汽车品牌。这类人群对汽车品牌展示体验很有兴趣，希望了解汽车相关的各类信息。他们不喜欢奢华感的展示氛围，只喜欢前卫风格和生活化的气氛。他们热衷于了解汽车产品的过去、现在和将来，但对产品本身是如何设计的、生产的、运作的并不感兴趣。众多主题中他们最认可安全性能主题，最不认可以档次为主题的展示设计。他们希望在展厅中获得大量信息，获得汽车产品及其周边产品的独特体验，接受新事物的能力比较强。

他们参与体验的积极性很高，希望在体验中丰富了解、完善自身，但不愿为品牌提供自己的想法。他们对展示的效果要求很高，不太在意展示的规模、影响力。

③高收入水平人群的认知偏好

高收入人群也看重品牌，但不同的是高收入者对本土汽车品牌表示完全支持，他们对展示体验的兴趣不大，不期望从中获取信息或者服务。他们偏爱生活化的展示氛围，其次是国际化，对其他的描述都表示不感兴趣。他们对展示体验的内容都较感兴趣，尤其是对品牌的研究团队和产品构造，可见他们想要获取的是更深层次的信息。他们关注关于安全性、舒适性、动力性、环保性的主题，希望通过展示设计获得购车信息、业务信息和人性化的服务，不愿参与大众化的体验项目，不喜欢汽车模特辅助展示。由于这类人群是汽车产品的资深用户，对产品认识深刻，认知需求的目的性强，决定了他们对基础类体验兴趣低、有深入探究的热情以及独具的兴趣和爱好。

7.4.3.2 本土汽车品牌展示设计效果的提升

对消费者心理认知的分析有助于本节提出本土汽车品牌展示设计的改良方案，在数据支持的基础上提出的改良方案更有参考价值和实践可行性。下面从性别导向、收入层次导向两个方面分别探讨本土汽车品牌展示设计的效果提升。

（1）性别导向的本土汽车品牌展示设计

男性消费者对汽车产品有着与生俱来的兴趣，获得他们的热情支持并不难，因此针对男性消费者的展示设计重点就要放在更高的层面上，通过展示设计获得他们的价值认同、逐步建立品牌忠诚。具体的设计执行依照从认知到说服的接受模式，可以参考以下几个步骤：

①有针对性地向男性消费者发布多元化的展示设计

男性会主动接触各种类型的展示设计，尤其是比较高层次的网络展示和实体展示。更多的接触机会意味着更多的认知机会，迈出第一步才会有递进发展的可能。

②品牌展示设计符合男性消费者的认知偏好

前面总结了男性消费者的认知偏好，品牌展示设计就要遵循这些偏好，投其所好地进行改良和创新，运用巧妙的设计手法为男性消费者和女性消费者设置不同的体验路径。

③争取男性消费者的价值认同

价值认同包括品牌认同、产品认同、服务认同，其中品牌认同包含的内容最丰富、最广泛。男性消费者价值观的形成往往与其成长环境、发展背景有关，这就需要将男性消费群体进行细分研究，归纳出几种认同的类别，在此基础上进行设计，才能在展示设计中提升他们的价值认同。

④男性消费者忠诚度培养

获得了价值认同之后就能够进行更深层次的说服，以求获得男性消费者的品牌忠诚。在品牌展示设计上就要加强品牌宣传、加强品牌与消费者的互动，在男性消费者心目中留下深刻的、完整的品牌印象。建立起初步的品牌忠诚，才有可能成为显在或潜在的终端消费者。

女性消费者明显没有男性消费者那么兴趣浓厚，从认知到说服的过程就要多花一些心思。具体步骤如下：

①女性接触展示设计的种类和频率都不及男性的程度高，要获得她们的注意就要集中在高到达率媒体上发布体验信息。从调查数据上看，女性消费者多从电视广告和报刊杂志上获得相关信息，这两类媒体也就是争取女性消费者的首选媒体了。随着汽车产品与大众的生活关联度越来越高，相信女性消费者也会逐渐产生对汽车产品的兴趣和热情。

②女性消费者喜好参与汽车周边产品的体验，设计中就可以在主线上设置男性偏爱的各类汽车产品体验，辅线上设置多产业结合的新鲜项目供女性消费者体验，比如汽车内外饰品、养护品、品牌产地民俗体验。此外具有社会责任感的品牌更容易获得女性的青睐，在展示设计中可以适当加入环保、资助、事业支持等公益项目的成分。

③要获得女性消费者的价值认同，就要为她们提供多样化的、丰富全面的展示设计，尤其是附加价值方面的体验。女性消费者大多感性丰富、情感细腻，人性化、情感化的体验有助于提升她们的认同度。

④培养女性消费者的忠诚度也需要更多的努力，这是一个长期的、持续的过程。女性消费者更多关注产品和品牌的附加价值，建立在附加价值之上的忠诚度自然没有建立在产品和品牌之上的稳固，这就要求品牌与女性消费者多做沟通，及时了解她们的兴趣转向，提供优质高效的附加体验。

（2）收入层次导向的本土汽车品牌展示设计

对汽车企业而言，目标消费群体是宣传推广

的主要对象，但从汽车产业市场的发展前景分析，争取潜在用户的偏爱对于汽车品牌的长远发展更为重要。这一部分就将收入层次分为两个类别，即显在消费群体和潜在消费群体，进行效果提升分析。

①提升显在消费群体的体验效果

显在群体大多属于城市新生代中产阶级，具有良好的知识背景，接受能力强，兴趣广泛。他们有着对汽车产品的消费需求，就会特别关注此类信息，选取对自己购车有用的信息作参考。要提升他们的体验效果就要从了解他们的认知需求入手。前面的分析中，中高收入人群和部分中低收入人群就是汽车产品的显在消费群体。从分析的结果来看，显在消费群体的内部认知差异复杂，需要细分研究才能获得真实有效的结论。

受问卷调查样本数量的限制，课题研究未能做更精确的细分和描述，在这里依据前文的分析对提升此类人群的体验效果做基础性的推断。在认知方面，显在群体会主动探测这方面的信息，因此吸引他们的注意并不难，只要选择适当的媒体进行有针对性的宣传就可以。认知过程要结合他们差异化的消费需求，突出产品特点、推出品牌形象，在提供大量实用的购车信息的基础上，以丰富多样的展示设计获得他们的价值认同，并对品牌产生好感。显在消费者能够接受新颖、特别的展示设计，因此可以在体验设计中加入特别的设计，给参与者留下深刻、美好的回忆。说服的过程需要品牌与消费者进行深度的沟通，提供人性化的贴心服务，提升消费者对品牌的认知好感，引导消费者做出购买决策。

②提升潜在消费群体的体验效果

潜在消费者一般还没有形成具体的产品需求、品牌需求，对他们宣传具象的产品概念收不到好的效果，展示设计也是如此，因此要从产品和品牌出发，从最基础的概念出发，引导潜在消费者的消费心理逐步完善，形成价值观念，最终成为品牌忠诚者。要塑造潜在消费者对品牌的初步好感，企业可以借助公益活动，如关注环境保护、扶持下岗失业人员、自主国家事业建设、捐助困难群体等。调查显示公益性质的活动能够获得大众消费者的特别关注，因此在展示设计中宣传企业的社会公民责任感，能够获得更好的效果。

潜在消费者在几年内可能都不具备汽车产品的购买力，因此展示设计的作用就集中在形成认知方面了。针对潜在消费者的品牌展示设计应当是普及性的，帮助他们形成产品和品牌的概念，并推出一些在他们购买能力以内的体验产品，培养初步的品牌忠诚。当然还有一类潜在消费群体是刚刚买了车，短期内不会再买，但几年后有可能再次购买。这类消费者属于显在的用户、潜在的消费者，他们会将当前品牌产品的使用感受作为再次购买时的决策参考。对这类消费者就要注重购买行为后坚定其品牌忠诚度了，应当根据所得的消费者信息，提供人性化的附加服务，以维持良好的客户关系，并借助客户的口碑力量提升品牌形象。

(3) 本土汽车品牌展示设计效果的整体提升

以上从消费群体细分方面对本土汽车品牌展示设计效果提升作了分析，从整体上看，展示设计效果受到诸多方面的影响，把这些影响归结为天时、地利、人和三个方面，消费者的认知属于"人和"的部分，这一部分是终端的提升要素，对消费者认知的理解则是架构在"天时"和"地利"之上的，从这三个方面综合来看，本土汽车品牌展示设计效果的提升有这样几个特点：

①本土汽车企业对品牌展示设计的理解处于比较低的层次，擅长利用简单、直观的品牌展示设计方法，缺少新颖、高级的展示设计。要获得整体的提升，就需要本土汽车企业积极学习国外先进的展示设计经验，丰富和完善展示设计的类型和效果。

②借助本土优势作为提升的动力，问卷反映出人们对本土汽车品牌的认知情况并不是很理想，说明本土汽车品牌没能很好的利用本土优势，获得本土受众更深刻的理解，这对于展示设计效果的整体提升是不利的。

③调查显示消费者对展示设计方面的概念并不十分清楚，说明这个理念在汽车产品行业中还是很新颖的，国际知名品牌在国内也没有做过太多尝试。因此若本土汽车品牌能够率先抓住这样的时机，进行系统化的新型品牌展示设计尝试，必然能获得即时的反馈和长久的推广提升效果。

8

品牌产品设计心理评价研究

品牌产品设计心理评价研究专题有四个项目：项目一，《品牌认知模式导向都市白领电熨斗心理评价研究》；项目二，《多元品牌忠诚模式的手机设计实证研究》；项目三，《跨文化理论导向 TCL 手机品牌文化推广研究》；项目四，《杭州市区康佳与诺基亚手机品牌形象比较的实证研究》。

8.1 品牌产品设计心理评价研究综述

品牌产品设计心理评价研究主要是从认知心理和管理心理为切入点，以品牌为核心，研究品牌对产品设计心理评价的影响。

8.1.1 认知心理学与品牌产品设计心理评价

认知心理学在国外品牌导向的产品设计心理评价研究中广泛运用于高尖端科技领域，对感觉和知觉等进行量化研究，同时对于人的行为进行分解编码，运用行为分析仪、立体头盔等工具或软件来进行数据的提取与分析。比如飞机驾驶室的使用心理及影响因子评价研究、汽车驾驶室的心理及影响因子评价研究，这部分研究方法主要是实验室研究法。其他产品的心理评价研究集中于网络领域，如网站的可用性评价研究、网页可用性评价研究等。韩国檀国大学文学艺术学院 Hong Joo Lee 和延世大学信息与工业工程系 Choon Seong Leem 和 Sangkyun Kim，针对电子电视进行可用性评价研究[①]。Stanislaw Pfeifer 教授在 2004 年在其会议论文《Additive Models For Product Assessment》就在产品诊断的基础上，提出了非线性模型最适合产品设计的评估[②]。意大利博洛尼亚大学 Daniele Scarpi 在其论文《Effects of Presentation Order on Product Evaluation：An Em-

pirical Analysis》中进行了呈现顺序对产品评估影响的实证研究[③]。奥斯汀得克萨斯大学传播学院广告系 Wei – Na Lee、Taiwoong Yun 和 Byung – Kwan Lee 在其论文中进行产品原产地效应对产品评价的影响研究[④]。Aaker 和 Keller 认为，消费者认为原品牌质量越高，对延伸产品评价也越高，反之则越低。

在国内，品牌研究与实践自 20 世纪 90 年代中期以来才逐渐兴起，目前为止基本集中在产品质量控制、商标保护、广告宣传、品牌形象以及 CIS（企业识别系统）的理论探索与实践方面，品牌产品评价方面的研究并不多。以马谋超为首的中国科学院心理研究所实验室 2004 年以"品牌特质、品牌关注特性、消费者品牌选择决策"选题申请到国家自然科学基金研究项目（项目号：70402015）。马谋超的研究更偏重于在微观认知心理领域，研究消费者内隐认知和无意识记忆对于品牌抉择的影响，通过利用心理学中的实验方法，借助各种实验仪器以及计算机模拟功能了解消费者潜藏的消费动机，同时结合模糊测量的理论和方法来计算品牌特质隶属度。

上面课题是从品牌特质、品牌关注特性以及消费者品牌决策研究，下面几个科学项目分别从品牌延伸评级、联合品牌评价、品牌态度评价实证研究方面研究相应课题。何浏、肖纯和梁金定 2011 年的广东省软科学项目（2010B070300108）及国家教育部哲学社会科学研究重大课题攻关项目（08JZD0019）《相似度对品牌延伸评价的影响研究》中，通过实验研究，探讨了品牌延伸中的相似度因素对消费者不同品牌偏好度在延伸评价影响中的调节作用，研究结果：无论是在高度偏好品牌还是在中度偏好品牌延伸情境下，当延伸产品与母品牌产品满足一般程度的目的一致

---

① A Study on the Development of Usability Evaluation Framework . ICCSA 2006.

② Stanislaw Pfeifer. Additve Models for Product Assessment. Proceedings of the 14th IGWT Symposium（Volume Ⅰ）. 2004，08.

③ Daniele Scarpi. Effects of Presentation Order on Product Evaluation：An Empirical Analysis. The International Review of Retail；Distribution and Consumer Research.

④ Wei – Na Lee；，Taiwoong Yun，Byung – Kwan Lee. The Role of Invol`ement in Country – of – Origin Effects on Product Evaluation. Journal of International Consumer Marketing. 2005（6）．

时，消费者比较难以对相似度做出迅速判断；消费者对高度偏好品牌延伸产品的评价随着母子品牌产品之间相似度程度的增强而强化，反之亦然；消费者对中度偏好品牌延伸产品的评价与母子品牌产品之间相似度程度先强后弱，呈倒 U 形关系。①吴芳、陆娟 2010 年在其国家自然科学基金资助项目（70772010）的论文《联合匹配性对联合品牌评价的影响研究》中从 Keller 品牌联想模型出发，剖析了联合匹配性内涵，建立了联合匹配性二维结构，并且通过实验研究的方法检证了联合匹配性的维度结构及其对联合品牌评价的影响。②李彭 2010 年的论文《品牌并购对品牌态度评价影响的实证研究——基于低资产品牌的视角》针对国内企业并购缺乏相应理论的情况，通过实证研究，得出实证研究结论：并购高资产品牌后，无论采取哪种品牌整合策略，均能显著提高低资产品牌的消费者评价。并购后，无论采取哪种品牌整合策略，消费者对于低资产品牌的评价几乎没有差异。在高权力距离国家，并购可能更加容易成功。③

丁夏齐、马谋超 2005 年在《消费者对网上购物的风险认知及影响因素》中，认为风险认知是影响消费者网上购物的重要因素。网上购物的风险主要包括财务风险、性能风险、身体风险、时间风险、隐私风险、心理风险和社会风险等维度。影响消费者网上购物风险认知的因素，主要有网络使用经验、网上购物经历、产品知识、创新性等。采取一些适当的措施，可以有效地降低网上购物的风险认知④。胡飞、李扬帆 2010 年在其论文《游戏设计的用户心理研究：以"QQ 农场"为例》中，以"QQ 农场"为研究对象，以大学生为典型用户，通过个案研究法对农场游戏的体验过程进行描述性和解释性研究。研究发现，游戏玩家在休闲娱乐、自我实现．社会交往和释放潜意识等四个方面获得了心理需求的满足。"QQ 农场"的游戏设计也由此展开。进而指出，偷的快感和田园原型是"QQ 农场"的核心竞争力。游戏设计的成功之道在于深入和准确地发掘用户的潜意识⑤。以上两篇论文分别是从消费者的风险认知及影响因素研究网上购物和 QQ 农场。

综上所述，以认知心理学为切入点的品牌导向产品设计的心理评价研究，主要从各细微的角度对产品进行评估研究，从人的感知进行量化研究，注重数据的科学。从品牌角度去进行产品设计的心理评价研究，注重品牌的特征，研究品牌心中形象和公司形象对比，及时调整产品设计在品牌发展的总方向，挖掘新的用户需求。品牌既保持产品开发前后的传承性又能对新产品进行创新设计。比如宝马的车，即使你没有看到标志，你也能一眼就能认出来，这就是宝马品牌导向的产品设计做得很好。

8.1.2　管理心理学与品牌产品设计心理评价

管理心理学是从现代管理科学和行为科学发展过程中派生出来的一门新兴的独立学科。研究重点是企业管理中社会、心理现象，以及个体、群体、领导、组织中的具体心理活动的规律性。品牌导向的产品设计心理评价主要理论是企业品牌管理理论。品牌管理是复杂的、科学的过程，没有品牌的产品或服务是很难有长久生存的。从品牌管理角度进行品牌导向产品设计心理评价是本专题的核心。

从品牌导向来研究产品设计的论文有：一、皮永生和宋仕凤 2005 年在其论文《产品设计的品牌导向》一文中提出了产品设计要以品牌为导向的观点，同时对以品牌为核心的产品设计程序进行了研究。他们认为在产品设计的诸要素当中，处于核心地位的是企业品牌的形象与特征。它处于统领地位，其他的一些因素都是在它的基础上所作的一些调整和适应。比如，诺基亚手机，它的使用者从高级白领到青年学生。手机的型号与"款风"也随着使用者的不同而发生变化。但是，只要拿出一款 NOKIA 手机，你会马上认出它是 NOKIA，而不是其他的品牌。同时他们也提出了在消费社会中以品牌导向的产品设计的具体操作流程（图 8 - 1）。这是国内对产品设计的品牌导向比较早的研究。二、汤晓颖 2011 年在其论文《品牌导向的本土动漫产品设计》

①　何浏，肖纯，梁金定．相似度对品牌延伸评价的影响研究．软科学．2011，25（5）.
②　吴芳，陆娟．联合匹配性对联合品牌评价的影响研究［J］．商业经济与管理．2010（7）.
③　李彭．品牌并购对品牌态度评价影响的实证研究——基于低资产品牌的视角［D］华东师范大学．2010.
④　丁夏齐，马谋超．消费者对网上购物的风险认知及影响因素［J］．商业研究．2005（22）.
⑤　胡飞，李扬帆．游戏设计的用户心理研究：以"QQ 农场"为例［J］．南京艺术学院学报（美术与设计版）．2010（5）.

中，以喜洋洋动漫产品的成功设计案例为出发点，分析动漫产品的类型和特点，结合中国本土动漫产品特有的特点，论述动漫产品设计中品牌导向的重要性，分析中国动漫产品设计存在的问题和科学、创新的本土动漫产品设计方法。作者认为品牌导向的本土动漫产品设计方法是：第一，动漫产品设计的多元化定位；第二，围绕新媒介形式开展动漫产品设计；第三，国际化表达方式和中国特色化设计相结合[①]。作者从品牌导向谈本土动漫产品设计，对于国内产品导向的产品设计具有借鉴作用和相当的影响力。可是文中两位作者并没有涉及品牌导向的产品设计心理评价方面的相关研究。

从企业品牌战略、策略来研究产品设计（产品识别体系、产品形象塑造、产品设计评价标准）的论文有：

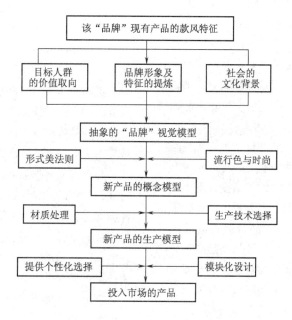

图8-1　以品牌导向的产品设计的具体操作流程

（1）孔丹阳和喻德容 2009 年在其论文《基于企业品牌战略的产品识别体系的研究》中提出品牌形象是企业与消费者之间的一个重要的桥梁，是企业发展的奠基石。要想确立企业的品牌形象首先要明确企业的产品识别体系，这样才能够更加有效地展现出企业产品，更好地树立企业品牌形象[②]。品牌形象是品牌在品牌利益相关者心中的形象，而这种形象的主要表现方式就是产品，因而产品给品牌利益相关者的形象就组成人们对品牌的主要形象。而产品识别体系是让品牌下的产品能有统一的识别形象，这样可以给人们形成品牌特有的形象。

（2）孙冬梅 2007 年在其论文《品牌战略影响下的产品形象塑造研究》中，从品牌战略的基本模式入手，分析了在企业管理层面和单个品牌层面的品牌战略影响下的产品形象设计。企业管理层面的品牌战略分为单一品牌战略和多品牌战略；单个品牌层面的品牌战略较多，其中与产品形象相关的有品牌定位战略、延伸战略、国际化战略等。产品形象设计的程序与方法主要分析了以下几点：第一，创造性地将产品形象的理念层面分为核心理念和扩展理念，并提出相应的总设计原则和分设计原则，以适应不同产品与品牌之间的关系以及产品在整个产品群中所处的位置，即：是核心产品、附属产品还是延伸产品等[③]。第二，产品形象设计不是单个产品的设计，需要塑造出鲜明而统一的个性，因此有必要设定品牌产品的整体风格，并用语言描述出来。第三，在设计原则指导下，通过设计具有识别性的形态特征、色彩特征、材质特征、交互性特征等将差异性的风格通过产品形象表现出来，并用消费者满

①　汤晓颖．品牌导向的本土动漫产品设计［J］．包装工程，2011（4）．
②　孔丹阳，喻德容．基于企业品牌战略的产品识别体系的研究［J］．广西轻工业，2009，25（11）．
③　孙冬梅．品牌战略影响下的产品形象塑造研究［D］．山东大学，2007．

意度理论对之进行评价。第四，就产品形象的延续问题进行了分析，包括从品牌形象与消费者认知角度分析产品形象延续的必要性，从社会因素、技术因素、流行因素等角度分析产品形象更新的必然性，以及在产品形象延续的过程中需要注意的几个问题等。产品形象设计是产品设计的重要组成部分，产品形象设计侧重产品的传承性，也就是产品设计中强调产品形象与品牌的对应性，也是品牌导向下的产品设计的具体描述。

（3）马超民和何人可教授 2007 年在其论文《基于品牌战略的产品设计评价标准》中，认为在当代社会广泛强调"以用户为中心的"设计思潮背景下，仍然不能忽视品牌对产品起到的绝对影响力，并应当正确地运用这种影响力，来辅助产品设计工作朝良性的方向发展。纵观产品设计史，伟大的产品总是出自于伟大的品牌之下，基于品牌战略建立完善的产品评价体系，将是企业发展的重要环节①。品牌对于产品设计的指导作用在这里可以充分地看出来，产品设计受用户和品牌的双重指导，产品设计来源于用户，融入于品牌。以上几篇论文都是在品牌战略的基础上，分析产品的设计或者评价标准，这是品牌导向的产品设计的重要组成部分，对于企业发展和产品设计都有很大的作用，可是同样没有涉及品牌导向的产品设计心理评价相关内容。

（4）吴水龙 2009 年的国家自然科学基金重点项目（编号：70632003）的论文《公司品牌对产品评价影响研究的新进展》认为公司品牌整体上对消费者的产品评价具有积极影响，但公司品牌不同维度影响产品评价的作用机制与效果具有显著差异。不论是基于公司品牌的整体视角，还是从具体维度来看，公司品牌对消费者产品评价的影响都存在作用边界②。

（5）马骁骅 2007 年在其论文《混合品牌策略对消费者产品评价的影响因素研究》中，以混合品牌策略为主要研究对象，来探讨混合品牌策略是如何影响消费者对产品的评价及偏好的。公司品牌旗下产品类别的数目多少对混合品牌策略的作用效果没有显著影响；公司品牌强度高的企业采用混合品牌策略，对消费者产品评价的影响要大于公司品牌强度低的企业；在构成公司品牌强度的七个维度中，产品品质、创新能力和全球

化形象三个维度与消费者对新产品的评价相关程度最高，而公司知名度与消费者对产品的评价相关性最小。

（6）清华大学蔡军教授 2006 年在其论文《设计战略中的定位因素研究》中进行了战略设计中定位因素的研究，认为战略设计中定位因素有品牌策略因素、文化策略因素、成本策略因素、技术策略因素、服务策略因素。这些定位因素的研究对于战略设计有很大的理论指导作用，对于品牌导向的产品设计也有很大的借鉴作用。

上面的六篇论文都是以品牌战略为切入点对产品设计相应方面进行研究或实证研究的。下面这篇论文则是从品牌声誉来研究联合品牌产品评价。丁昌会 2009 年在其论文《品牌声誉水平对联合品牌产品评价的影响研究》中，探讨了品牌联合中的品牌声誉效应，讨论了合作品牌的产品种类以及消费者的产品知识对品牌声誉效应的影响。结果表明合作品牌的品牌声誉愈高，消费者对联合品牌的产品评价愈高，并且合作品牌的这种品牌声誉效应会因其联合对象的产品种类不同而有显著差异。另外，也证实了消费者的产品知识愈高，品牌声誉水平对联合品牌产品评价的影响效果愈低。③

这里以苹果为品牌产品设计的案例，讲述乔布斯和他的苹果王国，苹果从升级操作系统 Mac OS 8 到推出半透明的 iMac，到强大操作系统 Mac OSX，到 iPod、Power G5，再到现在的 iphone 和 Apple TV 以及 ipad，乔布斯都力图让创新产品都符合消费者心目中的苹果文化印记，因为要求苛刻，以至于苹果每年只能开发出一两款产品，但几乎每款都让消费者欣喜若狂：这就是苹果！苹果凭借压倒性的优势打出一连串王牌产品，甚至无视于竞争对手的存在。2010 年 9 月 17 日，ipad1 发售，北京第一位用户排队 50 个小时；2010 年 7 月 10 日，苹果上海浦东店第一位用户排队 60 个小时；2010 年 9 月 25 日，ipnone4 上市，上海香港广场店第一位排队 77 小时；相对于苹果，上海世博会盛况的沙特馆排队 8 小时简直就不值一提。苹果已经是全球公司市值最高的品牌，但是苹果并不是一直就如此成功，苹果开始的经营情况却很一般，虽然是个人电脑的开创

①　超民，何人可．基于品牌战略的产品设计评价标准［J］．包装工程，2007，28（6）．

②　吴水龙．公司品牌对产品评价影响研究的新进展［J］．外国经济与管理，2009，31（12）．

③　丁昌会．品牌声誉水平对联合品牌产品评价的影响研究［J］．JMS 中国营销科学学术年会暨博士生论坛，2009．

者，却败给了 IBM，成为了先烈，在苹果成立之后开始的几十年时间里，多次承担了先烈的角色，至于如何成为先驱，苹果痛定思痛，推出图形界面操作界面系统，做了被广告界认为十大广告之一的《1984》，同时乔布斯回归之后，苹果开始一路领先，放弃先前软件硬件一起做以及不愿意分享，从小众产品走向大众产品，进行了一系列的改革措施：第一，产品功能上采取饥饿式营销策略，即产品功能的陆续增加或改良；第二，推出 iTunes 平台分享计划，形成网络群体，从产品转移到平台战略；第三，做低价格，走低价路线，走向大众。每一个苹果购买者是个体，而"果粉"就是群体。乔布斯就是领导，苹果的成功不仅仅是乔布斯的个人魅力，还有苹果产品一次次的改革，每次改革都是紧跟目标人群，让产品拥有非常好的用户体验、硬件和大量的软件，同时注重产品的营销策略，领先的品牌管理理念，才能让苹果的品牌号召力一直保持。品牌的战略定位与产品的战术定位达到有机结合，才能让品牌拥有灿烂的明天，苹果产品的设计就是所有的产品都有苹果的风格，极致的精简外观，良好的用户体验等，产品保持了风格一致。

从微创新的视角重新审视苹果的成功，为我们带来了不一样的感受。

现在的互联网时代是一个用户体验为王、消费者驱动的时代，用户体验创新与核心技术创新同样重要。360 董事长周鸿祎在 2011 中国微创新高峰论坛上指出：微创新的定义实际上跟用户体验是结合在一起的，从用户出发、从用户体验的角度去改善用户使用的体验，就是微创新。"持续、坚持、坚韧不拔地从用户体验出发，这种微小的改善最终是可以颠覆世界，可以改变世界。"很多创新不是从企业自身出发，而是从改善用户的体验出发，有时候甚至是让企业做了一些很不起眼的创新。但是这个微小的变化给用户带来了一种新的感觉，一种冲击。一旦打动客户，这个"微"创新实际上一点都不微，可能成为占领市场的巨大力量。周鸿祎的"微创新"理论正由小众走向业界主流。360 作为微创新的典型案例，其快速的发展速度和颠覆式创新给业界留下了深刻的印象。

很多人可能认为微创新就是通过一点一滴的改进，积少成多，集腋成裘，就能完成从量变到质变。然而，要改变市场格局，微创新一定是从冷门开始，从大公司不注意的角落开始。在热门

中进行微创新，无法到达革命的彼岸。乔布斯在 1997 年重返苹果之后，在最初的三年也曾经在热门的 PC 上进行微创新，比如，他设计了一些苹果机彩壳，一时间争取到了眼球，但并没有成功。卖 PC 卖不过戴尔，卖系统卖不过 Windows。没办法，乔布斯只好从大公司看不上的 MP3 开始。从 2001 年做 iPod 开始，乔布斯带领苹果重新踏上了创业的道路。iPod 是一个 MP3 播放器，对于像微软、戴尔这样的大公司来说，MP3 没有前途、没有价值。乔布斯做 iPod，实际上是打了一个侧翼战，避开了当时主流竞争对手的主战场，通过微创新，达到了颠覆市场的目标。乔布斯只不过是通过 iPod 把人们听音乐这个需求的体验做到了极致。从 iPod 开始，每一个微小的创新，持续改变，都成就了一个伟大的产品。在 iPod 中加入一个小屏幕，就有了 iPod Touch 的雏形。有了 iPod Touch，任何一个人都会想到，如果加上一个通话模块打电话怎么样呢？于是，就有了 iPhone。有了 iPhone，把它的屏幕一下子拉大，不就变成了 iPad 了吗？要学习乔布斯，就要学习他的精粹，就一定得从 iPod 学起。现在大家觉得 AppStore 简直是神来之笔，但 AppStore 根源是在 iTunes——既然能在 iTunes 上卖歌，那么自然就可以在 AppStore 上卖软件和游戏。乔布斯的战略不是大跨步的战略，他是一步一步地走，每一步都是在不断地捕捉当前的用户需求和市场状态。

综上所述，以管理心理学为切入点的品牌导向的产品设计心理评价研究，主要从品牌战略和品牌形象理论等研究产品的具体设计及评价。纯粹的品牌导向的产品设计心理评价研究相对薄弱，品牌导向的产品设计心理评价研究是对产品的评价，及时修改设计的错误发现新的机会点等，在品牌导向的产品设计中起到举足轻重的作用。

8.1.3 本专题研究成果概述

8.1.3.1 本专题组已有成果概述

本专题组项目一《品牌认知模式导向都市白领电熨斗心理评价研究》立足中国个人生活小家电市场的变迁的宏观社会背景，选取未来小家电时尚消费的先导力量——白领作为研究人群，选取个人生活类小家电电熨斗作为研究对象，把认知心理学中知觉、注意、记忆等理论引入品牌认知研究中，对白领这一特定消费群进行品牌消费观念、消费方式、消费习惯的研究。理论研究部分，通过运用文献检索和专家访谈的方法，将认

知心理学引入品牌认知研究，从微观领域研究都市白领的品牌消费及认知心理。对现有小家电市场品牌状况进行分析，得出当前中国电熨斗市场上竞争的五股力量分别是：国际小家电品牌，国内大家电品牌兼营小家电，台资、港资及合资品牌，众多国内小家电品牌以及一些 OEM 生产商。影响电熨斗市场规模的四大因素分别为：城镇人口规模、城镇居民生活水平、电熨斗产品本身的性价比和使用寿命。然后展开论文的实证研究，用甄别问卷从 60 位白领中选出了 10 位被访者，用访谈脚本对其进行深度访谈，获取用户的基本信息、生活方式、消费行为等内容。通过访谈建立了消费者 AIO 模型，将消费者划分成三种用户类型：兴趣工作型、生存工作型、家庭工作型。定性了解白领的电熨斗品牌认知情况及影响其品牌认知的因素。设计出品牌认知调查问卷进行定量研究，对上海 143 位白领进行问卷发放，对回收问卷进行了统计分析。首先从青年白领对目前市场上电熨斗品牌的注意、记忆、回忆来分析其初级阶段的品牌认知，然后从多维度品牌比较及关联分析比较来分析其高级阶段的品牌认知，最后分析其购买行为中品牌认知的影响因素。从品牌初级认知、品牌高级认知及品牌认知模式的影响因素三方面建立品牌认知模式。统计出品牌识别度和记忆度，找出国有小家电品牌所处位置，并选取代表电熨斗市场三股主要力量的宏观企业品牌飞利浦、海尔、红心从（飞利浦态度指数 5.008、海尔态度指数 4.512、红心态度指数 3.460）、个性程度（4.308、3.527、3.363）、性能好坏（4.992、4.160、3.541）、服务好坏（4.679、4.519、3.513）、质量好坏（5.145、4.282、3.381）、信赖度（5.214、4.267、3.099）、亲切程度（4.664、4.084、3.062）七个维度进行横向比较，找出消费者对企业整体品牌认知的差异，最后将国外企业品牌与国内企业品牌进行对比，找出国内品牌的差距，进而提出国内企业的品牌推广策略：市场策略、价格策略、产品策略、广告策略和促销策略。

本专题组项目二《多元品牌忠诚模式的手机设计实证研究》针对目前国内对品牌忠诚的探索尚处萌芽阶段，国外学者对于品牌忠诚的研究虽历程久远，但大量文献仍对焦于单一或特定的品牌，对于多元品牌忠诚研究的文献十分稀缺的状况。作者打破品牌研究方法的壁垒，对 Jacob Jacoby 多品牌忠诚模式进行拓展研究；探索性地提出了多元品牌忠诚模式，并将品牌忠诚度划分为品牌绝对忠诚、品牌相对忠诚、无品牌忠诚三种类型，并以品牌域的层级形式进行构建。以手机市场这一代表性的行业为着眼点，对最具碎片化倾向，同时颇具示范效力的大学生分众消费群体展开实证研究。实证研究在品牌域概念的统摄之下，逐步确定市场中的手机品牌、目标消费群知晓的手机品牌，及其购买时所考虑的手机品牌，分析消费者的激活品牌域、拒绝品牌域、惰性品牌域三者的内涵及其变化原因；援引文献中的原始量表，考量目标消费群在认知、态度和行为三个方面的手机品牌域忠诚心理。拟定了大学生对手机产品的 40 个购买因素，并采用联合分析法，将消费者选购手机产品时的权重要素及其水平，通过正交设计组合成九个模拟手机的产品方案，从消费者的选择结果分析出各属性水平的效用值和重要程度；不使用李克特量表直接对用户施测的方法，有效避免了被试在评分过程中由于过多的区分值和对评价因素的不确定等负面影响所带来的较大偏差。自主设计了"多元品牌忠诚模式的大学生手机手机设计调查问卷"。完成多元品牌忠诚模式的构建，及其导向的手机设计综合研究。绝对忠诚类型的大学生消费者非常偏好于诺基亚的手机效用值达到 2.311，而联想手机的偏好程度效用值仅为 −1.812，研究结果显示了多元品牌忠诚模式的有效性，将碎片化的大学生手机消费群体整理为四种类型的多元品牌忠诚消费：绝对忠诚者 I（钟情于单一品牌，即使在缺货情景下也不轻易转换品牌）、相对忠诚者 IIa（在特定的品牌集合中选择对比，不因购买经验而带有明显的倾向性）、相对忠诚者 IIb（虽然有较为确定的目标范围，但倾向于尝试不同的品牌）、无品牌忠诚者 III（品牌意识较为薄弱，可以接受的品牌范围宽泛且非常不确定）。对其消费观及消费行为进行对比研究；并分析出诺基亚、索尼爱立信、联想三种代表性品牌为维系忠诚消费者，所进行产品整体设计的权重要素。使企业进行新品研发时，能够掌握消费者在众多购买因素之间的取舍问题，从产品层面制定多元品牌的忠诚策略，有力提升品牌竞争力。

本专题组项目三《跨文化理论导向 TCL 手机品牌文化推广研究》主要从介绍国际著名跨文化学者霍夫斯塔德的文化价值层面理论，以及品牌文化推广的相关概念入手，并在产品设计、包装、品牌定位、广告宣传等各方面，分析比较国际品牌和本土品牌的文化推广策略，提出跨文化理论导入品牌文化推广的具体实施，为本土品牌树立民族品牌形象，提升品牌文化竞争力提供参考。将霍氏文化价值层面理论导入品牌文化推广研究，从其理论的五个维度"权力距离"（Power DistanceIndex）、"个人主义—集体主义"（Individualism – collectivism）、"不确定性回避"（Uncertainty Avoidance Index）、"男性度—女性度"（Masculinity—Femininity）和"长期观—短期观"（Long – Term—Short – Term Orientation）分析品牌文化推广策略，是品牌研究领域的一个新亮点，对霍氏跨文化理论的应用也是一个新领域。实证研究以 TCL 手机品牌作为个案分析，根据理论导入和案例分析的结果，以霍氏理论的五个维度为基础自主设计 TCL 手机品牌消费心理调查问卷，并在无锡江南大学和镇江江苏大学进行大学生消费心理调查，对 TCL 品牌进行跨文化心理评价，如权力距离维度 TCL 女性手机设计风格优雅精致得分超过 4 分，TCL 女性手机色彩时尚绚丽得分为 3.88，说明 TCL 一直以来以女性产品作为突破点的品牌推广，在消费者心目中留下了较深的印象，认同度较高。而 TCL 男性手机的认同度明显较低：TCL 男性手机设计风格简约稳重均分为 3.48，TCL 男性手机色彩沉稳大方均分为 3.26，TCL 男性手机具有商务化特征均分为 3.12。最后根据 TCL 手机的心理评价结果，分析其优劣势，为其提出一套针对大学生消费人群的手机品牌跨文化推广策略：在消费者心目中形成一个高质量、高性能、高品位、值得信赖的产品形象；针对不同的消费群体侧重不同消费文化；着重强调设计的"科技美学化"，以吸引男性白领的注意。

本专题组项目四《杭州市区康佳与诺基亚手机品牌形象比较的实证研究》以品牌形象及其相关理论研究为基础，改进了品牌关系模型学说，原创性地提出：品牌识别与品牌形象之间互成因果的过程，形成了品牌与消费者的互动关系。在此基础上，对品牌形象构成要素进行了探索性研究，提出了八条品牌形象构成要素（品牌标志、品牌名称、品牌口号、品牌情感、理想价格水平、使用者数量、品牌形象代言人、产品外观印象）作为手机品牌形象比较实证研究的理论依据。实证研究部分，采用原创性的语义区分量表问卷，对杭州市区消费者进行品牌形象构成要素心理调查。品牌标志、品牌名称、品牌口号、品

牌情感、理想价格水平这六项构成要素在康佳和诺基亚品牌形象比较的相关分析中具有 0.01 水平显著相关，对于研究康佳和诺基亚的品牌形象比较的贡献度较大，两者在这六项指标上具有较强的可比性。其中的品牌标志、品牌名称、品牌口号、品牌情感、理想价格水平五项呈现显著正相关，而使用人数评价呈现显著负相关。品牌形象代言人、产品外观印象这两项构成要素在康佳和诺基亚品牌形象比较的相关分析中无显著相关。说明这两项指标对于研究康佳和诺基亚的品牌形象比较的贡献度不大，两者在这两项指标上可比性较弱。其中，品牌形象代言人呈现出负相关性。贡献程度高低排序依次为：理想价格水平（Pearson Correlation ＝0.397）、品牌口号（Pearson Correlation ＝0.254）、使用人数评价（Pearson Correlation ＝0.242）、品牌名称（Pearson Correlation ＝0.213）、品牌标志（Pearson Correlation ＝0.209）、品牌情感（Pearson Correlation ＝0.136）、品牌形象代言人（Pearson Correlation ＝0.052）和产品外观印象（Pearson Correlation ＝0.037）。然后，展开实证分析，了解杭州的消费者对两品牌的态度差异，寻求康佳手机品牌形象的提升之道。首先，验证这些构成要素对于康佳与诺基亚手机品牌形象比较研究的贡献度；然后，展开实证分析，了解杭州的消费者对两品牌的态度差异，寻求康佳手机品牌形象的提升之道。最后，将实证分析的结论运用到具体设计中，以 POP 广告设计提升为载体进行品牌形象提升的具体化设计实践。

8.1.3.2　已有成果比较研究

国内品牌导向产品设计的心理评价研究主要是从认知心理和管理心理为切入点对产品进行评估研究。从品牌的战略和品牌形象等理论角度去进行产品的具体设计及评价研究，纯粹的品牌导向的产品设计心理评价研究及实证研究方面则相对薄弱，理论研究与实证研究结合较少，以文献研究为主，这种实证上的缺乏使得一些学者的定性分析往往停留在较浅的层面。然而产品设计心里评价研究既可以及时调整产品设计在品牌发展中的总方向，又可以挖掘出新的用户需求。品牌导向的产品设计心理评价研究是对产品的评价，可以很好地即时修改设计中的错误以及发现新的机会点等，在品牌导向的产品设计中起到举足轻重的作用。本专题研究相比与于国内其他品牌产品设计方面的研究，具有以下几点优势：

（1）独特的理论导向

四个项目研究都有自己的理论来导向产品设计心理评价，项目一是品牌认知模式理论导向都是白领电熨斗的心理评价，项目二是多元品牌忠诚模式理论导向手机设计的实证研究，项目三是霍氏跨文化理论导向 TCL 手机品牌文化推广研究，项目四是品牌形象理论导向的康佳与诺基亚手机品牌形象比较的实证研究。

（2）实证的方法研究

四个项目都是采用实证研究的方法来进行各项目的实证研究。具体使用的方法有文献检索法、专家访谈法、深度访谈、问卷调查法、关联分析、联合分析、案例分析等。

（3）具体的数据讲话

四个项目都是采用问卷调查然后进行数据分析，得出的结论都有数据支撑。从数据来分析个因子的贡献度等。

（4）理论研究与实证研究形结合

各项目在理论基础上导向品牌导向的产品设计心理评价，在实证研究中验证并建立评价体系与量表，实现理论与实践相结合。

（5）桌面调查与实证研究相结合

各项目通过前期大量的相关理论著作和在网上收集相关的文献资料的阅读和分析。同时结合定量及定性分析方法，通过访谈、任务测试、头脑风暴等定性研究，以及问卷法、统计分析法等定量研究方法，综合研究品牌导向产品设计的心理评价。

针对各项目国内该领域的研究尚处于待发展状态，本专题研究的出现是对该领域的及时补充，同时对于设计心理学这门学科的研究和发展起到了很好的奠基作用。本专题研究开发出了一套适用于品牌导向产品设计心理评价的体系，为我国品牌导向的产品设计心理评价提供了一套本土化的参考与检验工具。

8.1.3.3 发展趋势

品牌导向的产品设计在产品设计日益同质化的今天将越来越发挥重大的导向作用，产品设计不是仅仅以用户为中心来设计，以用户为中心的设计是可以满足消费者的需求，但是会慢慢淡化品牌形象，使得各种品牌的相关产品长得越来越同质化，所以产品设计在以用户为中心的设计基础上，还应以品牌为导向，符合品牌定位的要求，满足品牌形象的目的。未来的产品设计也将考虑越来越多的因素，产品会放在品牌生态系统中进行设计，基于品牌生态系统的产品设计将是未来设计的方向，以用户和品牌双导向的产品设计也是未来产品设计的方向。同时产品设计将越来越重视人与人之间的关系，产品与人之间的关系，产品服务系统设计也是未来产品设计的趋势。

8.2 品牌认知模式导向都市白领电熨斗的心理评价研究

本项目以品牌认知模式为导向，将认知心理学中关于感知、注意、记忆等的研究成果引入品牌认知研究中，进一步结合特定的先导性消费人群，在特定市场领域以一种产品作为个案展开品牌认知模式的研究。针对白领阶层特定的品牌消费心理分析，结合电熨斗市场的品牌现状，研究当代青年白领对电熨斗产品的品牌认知状况。首先从青年白领对目前市场上电熨斗品牌的注意、记忆、回忆来分析其初级阶段的品牌认知，然后从多维度品牌比较及关联分析比较来分析其高级阶段的品牌认知，最后分析其购买行为中品牌认知的影响因素。从品牌初级认知、品牌高级认知及品牌认知模式的影响因素三方面建立品牌认知模式。得出品牌七个因子：喜欢的、亲切的、信赖的、质量好的、服务好的、性能好的和有个性的，并提出国有小家电品牌推广的市场策略、价格策略、产品策略、广告策略、促销策略。

8.2.1 品牌认知理论研究

8.2.1.1 认知心理——品牌认知方法学的理论支点

认知心理学是一个复杂的学科，本项目借鉴了认知心理学自然观察、出声思考、专题研究、控制观察（实验）等方法，将这些用在了定性研究深度访谈中。本项目对认知心理学内容上的借鉴有以下三方面。

（1）知觉——品牌感知度

心理学家 Navon 根据"反应时与一致关系的水平"实验得出：总体特征的知觉快于局部特征的知觉，当人有意识地去注意总体特征时，知觉加工不受局部特征影响，当人注意局部特征时，他不能不先知觉总体特征。这也就是说知觉是从整体到部分的。知觉研究用到品牌认知研究中便是品牌感知度，品牌感知度是消费者对品牌传达的信息与同类产品相比的优势综合体验，决定品牌的效应价值比。根据认知心理学中知觉从整体到部分的特性，消费者在关注品牌时往往先关注品牌整体，而后才是具体产品。

（2）注意——品牌注意度

以心理学家 Deutch 和 Deubch（1963）为代表的心理学家认为几个输入通道的信息均可进入高级分析水平，得到全部知觉加工，但输出是按其重要性来安排的，对重要刺激才会作出反应，对不重要的刺激不作反应。如果更重要的刺激出现，则又会挤掉原来重要的东西，改变原来的重要性标准，作出另外的反应。关于注意的研究与品牌认知结合就是品牌注意度。由心理学的研究结果可见，多个输入通道的信息无论是否能进入高级分析水平得到知觉加工，消费者都会对获取的信息进行选择。多种品牌推广手段都会对消费者产生刺激，消费者会对刺激按重要性进行反应，反应过程中会舍弃一些消费者自身认为不重要的信息，将重要信息保留在记忆中。

（3）记忆——品牌记忆度

认知心理学"两种记忆说"认为，记忆存在短时记忆和长时记忆。认知心理学家有一项重复次数与回忆效果试验结果为：插入项目多的并不比插入项目少的或复述次数少的回忆好。说明信息并不能通过这样机械的复述而转入长时记忆。认知心理学对记忆的研究用在品牌认知研究中即为品牌记忆度。品牌记忆度是指提到某个品牌时，人们对于它们的记忆程度如何。如果消费者是事先制订了计划来进行购买的，其记忆程度就会起着很大的作用。研究中发现在非注意条件下，成熟品牌比新品牌能引起更多的内隐记忆和自动化加工。

以上是微观理论展示，即从认知心理的角度看消费者品牌认知中的感知、注意、记忆。而以下是宏观理论表达，即从品牌认知发展的四个阶段看消费者对品牌的认知方式。

8.2.1.2　品牌的认知进化

品牌发展从 20 世纪 50 年代开始经历了以下四个阶段：

第一个阶段，品牌标识阶段。从消费者角度看，品牌的主要功能是作为一种速记符号，与产品类别信息一同储存于消费者头脑中，而品牌也就成了他们搜寻记忆的线索，成了他们在产品类别中选择特定产品的指示牌。

第二个阶段，品牌象征阶段。20 世纪 60 年代，David. Ogilvy 提出对品牌的新认识。指出："品牌是一种错综复杂的象征。它是品牌的属性、名称、包装、价格、声誉、广告风格的无形组合。品牌同时也因消费者对其使用印象及自身经验而有所界定。"①

第三个阶段，品牌消费者认知阶段。在认知心理学"心智模式"② 理论指导下，1978 年美国学者 Levy 教授提出，品牌是存在于人们心智中的图像和概念的群集，是关于品牌知识和品牌主要态度的总和；与产品本身相比，品牌更依赖于消费者心智中的解释。

第四个阶段，品牌的消费者关系阶段。中国著名营销专家卢泰宏教授认为：品牌是一个以消费者为中心的概念。品牌在开发之初虽属制造商和服务者，但最终都将根植于品牌和消费者的关系中。

由品牌认知的四阶段，可发现从第三阶段开始，认知心理被纳入到品牌研究之中。第三、四阶段，研究者都充分强调了品牌与消费者的关系。尤其在"浅尝资讯式购买决策"时代，消费者购买决策的根据是他们自以为重要、真实、正确无误的认知，而非具体、理性的思考。消费者脑中的"事实"实质上是他们认知到的信息。

8.2.1.3　品牌认知状况指标体系

反映品牌认知情况的主要指标有四个，即提示前第一提及知名度、提示前其他提及知名度、提示后品牌知名度和认知渠道比。前三个指标反映的是品牌知名程度，指标数值越大，品牌力量越大，知名度越高。在这三个指标中，第一提及品牌知名度最高的品牌便是领导品牌。认知渠道比所反映的是消费者获知商品信息的渠道，某种信息渠道所占比重越大，在其认知影响方面所起的作用便越大。这四个指标的计算公式如下：

提示前第一提及知名度 = 首先回答该品牌名称的人数/被调查人数

提示前其他提及知名度 = 第二次以后回答该品牌名称的人数/被调查人数

提示后知名度 = 提示后才回答该品牌名称的人数/被调查人数

某认知渠道比 = 通过某渠道认知某商品的人数/被调查人数③

---

① 江波. 广告心理新论［M］. 暨南大学出版社. 2002：356.
② 张声雄.《第五项修炼》导读［M］. 上海三联书店. 2001：107 – 108.
③ 于洪彦. 略谈消费者行为研究指标体系［J］，税务与就经济，1999（2）.

8.2.1.4 消费者购买行为认知理论

认知理论的核心是把购买行为看成是一个信息处理过程。该理论认为，从消费者接受商品信息开始、直至最后购买行为结束，自始至终都对信息的加工和处理直接有关。在整个过程中，商品信息在消费者机体内流动，从注意、知觉开始，通过储存、提取、直到在购买时使用。消费者走进现场，对品牌和产品关系意义建构的过程中，会包括对品牌和产品的注意、辨别、理解和思考等复杂的心理活动。产品具有的客观特性固然重要，但对消费者来说他们只承认和接受他们所感受到的特性，即主观认知非事实认知。

8.2.1.5 都市白领心理分析

（1）都市白领消费心理分析

白领群体文化程度高，注重自我形象，强调个性。他们的消费心理表现是：所购商品既要经济实用、又要能体现自己的身份地位；既重视商品的功能与内在质量，又要求外型美观有艺术性，对商品的整体协调性要求较高。由于知识分子信息来源广，思想较为开放，因而对新产品、流行商品、高技术商品接受较快，在经济条件许可下，常常成为这些产品的早期购买者。

消费观是人们对消费品的主观评价，通常在条件允许的情况下主导消费者的消费行为。消费观可分两种：一是个性化炫耀性的消费观，一是实用主义消费观。白领阶层不仅重视物质生活，更注重文化消费和精神享受，他们凭借较高的素质和收入，总是走在时代消费的最前列，在大都市里领导着一个又一个潮流。在夏建中、姚志杰的"白领群体生活方式的一项实证研究"中，有一项白领群体的消费观研究，题为"假如给您足够的钱让您购买物品，您会选择如何购买"。研究结果显示，将追求个人喜好、品位和档次算做个性化炫耀性的消费观，将其余类型视为实用主义消费观，通过交互分类得到消费项目的关联表。白领群体在个性化和炫耀性消费观方面都明显高于普通人平均水平，而在实用性消费观方面则低于普通大众。

（2）都市白领品牌消费心理分析

随着人们生活水平的提高，品牌消费渐成时尚，中国市场与媒体研究机构 11 年前在全国 20 个城市 5 万余名消费者中的调查发现，认同品牌的人数有增多的趋势。白领人士属于职业地位较

高的群体，其品牌意识自然趋前，统计分析的数据表明，虽然有一部分白领购物时对产品的档次没有特别的要求，表现出无所谓的态度（占43.8％）；但大多数白领具有较强的品牌意识，比例高达56.2％，其中钟爱国产优质产品的白领居首位，比例达39％，其次是进口名牌产品，占9.2％，最后是三资企业产品，为 8.1％。这一方面表明白领较信赖国产名牌商品，并不盲目推崇国外产品，追求名牌但保持理性；另一方面因为国产品牌具有价格优势，符合白领的价格消费原则。

白领人士的品牌消费是同白领的职业地位和身份联系在一起的。德国社会学家 M. 韦伯的三位一体分层模式理论认为，任何有组织的社会生活都存在权力分层现象，在现代社会中，合法权力的主要源泉就是分层组织管理部门中的各种管理职位。根据这个理论，本文用白领所处的职位级别作为白领社会地位的指标，用白领购物时对产品档次的要求来表示白领的品牌消费方式，二者的相关分析和显著性检验如表 8−1 所示。

表 8−1　职位级别与品牌消费相关表①

品牌消费	职位级别		
	高级白领	中级白领	一般白领
进口名牌产品	25	15.8	7.2
三资企业产品	0	2.6	9.5
国产优质产品	58.5	44.7	36.9
无所谓	16.7	36.8	46.4
$X^2 = 13.395$，df = 6，sig = 0.037 < 0.05			

从表 8−1 中最后一栏可以看出，二者通过了显著性检验（sig = 0.037），这表明社会地位不同的白领在追求品牌上具有差异性。从百分比的统计可以发现职位越高的白领选择无所谓的比例越低，说明高级白领的品牌意识更强；级别越低的白领选择进口名牌产品的比例越低，说明高级白领更倾向于进口名牌，对产品档次的要求更高。这一结论同西方社会学界对社会分层与消费关系的研究成果相类似，表明不同阶层的消费方式呈现出不同的特征，形成不同的认同群体。

① 周春霞. 大众传播对都市白领消费生活方式的影响研究［D］. 华中农业大学 2004 P22.

8.2.2 品牌认知模式导向都市白领电熨斗的定性研究

定性调研是与定量研究相对而言的，它是对不能量化的现象系统化理性认识的研究。其方法依据是科学的观点、逻辑判断及推论，其结论是对事物的本质、趋势及规律的性质方面的认识。① 个别面谈是一种由调研人员直接与被调查者进行单独沟通交流，获得关于个人的某种态度、观念等方面信息的调查方法。根据选择沟通的地点的不同，个别面谈方法包括由调研人员主动上门对用户进行访问和双方到约定地点的个人访问两种具体方法。

8.2.2.1 定性研究前期准备

（1）定性研究调查方案

在品牌认知理论的指导下，通过文献检索、头脑风暴，整理出深度访谈的脚本，首先采用甄别问卷在上海市不同行业选择十二位青年白领进行深度访谈，了解都市青年白领的生活方式，对电熨斗的需求及品牌认知的状况，并将这些因素进行归纳整理，为我们自主设计"都市青年白领对电熨斗品牌认知"的调查问卷及后期论文定量研究做准备。

（2）调查覆盖范围及调查对象

本次访谈的抽样按照上海市的行业分类进行，尤其以白领密集的行业为主要抽样对象。上海市行业可分为39类，根据我们对白领的详细界定，其中医疗、机械及工业设备、电子、建筑、贸易、IT、化工、金融保险、电信通信、商务服务、家用电器、文化传媒、教育培训、房地产、汽车行业、政府部门是白领的重要聚集行业。但由于人力物力的限制，本文重点抽取了IT行业、教育行业、汽车行业、科研院所、通信业、设计业、商务服务业中年龄范围在23~35岁的青年白领作为重点调研对象。

（3）抽样方法

本次实证研究定性部分采取分层随机抽样的方法。具体操作为：将上海市不同行业作为分层标准，根据不同行业中白领所占比重的大小，重点确定几大行业，然后对这些行业中的青年白领分别随机抽取一定数目的样本进行调查研究。

（4）访谈前的用户甄别

在深度访谈前，为保证访谈对象为典型性用户，先拟订了一系列甄别条件，大体归纳为：已经购买或者有电熨斗使用经验者；本人挑选和购买过，或本人使用过电熨斗，但不一定是自己付钱；不是学生，但不必排除在职研究生；是上海城市当地人，或在当地生活半年及以上，今后还会在上海生活；非调研、市场研究、电熨斗制造及销售相关行业。甄别问卷的样本总量为60人，样本分布为上海市白领聚集的行业，其中性别分布为男：女 = 1：2，职业分布为商务人士10人，设计师6人，管理人员10人，一般公司职员15人，公务员6人，具博士硕士学位的青年教师7人，研究所研究人员6人。

（5）最终访谈对象的确定

结合白领人士上网频率高的特点，甄别问卷主要通过 E - mail 等网络手段进行发放，最终确定了12位符合要求有代表性的用户，其中10位接受访问，另两位是候补访问对象，10位被访者主要来自：研究所3人，IT类公司2人，上海某高校大学教师2人（来自不同高校），公务员1人，汽车业（民营企业）1人，证券公司1人，其中男女性别比例控制在2：3。由于白领人士工作繁忙，访谈基本在周末进行，其中6人采取当面访谈，另外4人通过网络工具视频访谈，并作了相应文字记录。

8.2.2.2 访谈结果定性分析

（1）被访者基本特征

被访者以公司职员、高校教师、科研院所工作人员为主体，但用户间之间存在显著差异。被访者的月平均收入有显著性差异，从月平均收入2000~10000元不等，平均收入在5000~6000元之间，其中刚工作的白领及在高校工作的教师工资相对较低。被访者平均年纪是28岁，其中有3名本科生，5名硕士和2名博士。大多数人租房居住，其中只有3人已买房，但未买房者均表示在未来3~5年有购房计划。从他们在上海居住的时间上看，除一位当地人之外，外来人员在上海居住时间1~7年不等，平均为2.6年。被访者中有5人现在拥有电熨斗，其中有两位使用的是飞利浦的，一位使用松下的，一位使用的是海尔的，另有一位使用的是特福旗下的子品牌swift。另有1人正在使用房东的电熨斗，1人使用父母的电熨斗，另有3人参与过购买或者帮别人挑选过电熨斗，这些被访者均表示自己购房以后会买电熨斗家用。

---

① 李彬彬. 设计效果心理评价 [M]. 北京：中国轻工业出版社，2008.

（2）用户 AIO 模型

AIO 模型主要从三个维度来测量消费者的生活方式，即活动（activities），如消费者的工作、业务消遣、休假、购物、体育、款待客人等；兴趣（interests），如消费者对家庭、服装流行式样、食品、娱乐等的兴趣；意见（opinions），如消费者对自己、社会问题、政治、经济、产品、文化、体育、将来的问题等的意见。[①]表 8 - 2 所示的是本文深访对象的 AIO 模型。

表 8 - 2　　　　用户 AIO 模型

Name	Activeties	Interests	Opinions
李小姐	兼顾生活工作，偏重工作 主要工作内容：人力资源 主要活动场合：单位、家庭、大小招聘会、出差	娱乐活动较多 偶尔外出旅游 业余时间喜欢和朋友聊天 周末经常逛街	时尚、现代、追潮流思想比较前卫 积极向上，正向价值观享受生活 渴望通过工作让生活更宽裕
刘先生	以工作为重心，80% 以上精力放在工作上 主要工作内容：教学科研 主要活动场合：实验室、家庭、学校	娱乐活动比较多 业余时间喜欢参加培训，自我充电 喜欢上网关注国家大事	不时尚、不追潮流 家庭观念强，思想传统中庸不偏激 渴望通过工作努力得到社会认可
朱小姐	工作生活并重 主要工作内容：教学 主要活动场合：学校、家	娱乐活动不太多 欣赏动画片、韩剧 业余时间喜欢游泳 偶尔需要自我充电	不时尚、不追潮流 思想比较传统 低调不张扬 享受生活

根据 A - I - O 模型，我把被访者细分为三个子类（3Persona）。兴趣工作型（6 名）：工作与自我兴趣爱好完美统一，生活上比较自信。生存工作型（2 名）：把工作当成谋生的手段，希望通过工作赚取一定的报酬满足自己的生活需要。家庭工作型（2 名）：为家庭、家族而工作。

（3）被访者个性风格描述

①对着装的在乎程度

被访者中对着装讲究及比较讲究的占到了 80%，

一方面是自己的习惯原因，另一方面是工作的需要。其中对着装不在意的 2 位也是工作性质决定的，由于是技术人员工作偏重于研发，见客户的机会较少，因此对着装要求不高。

②消费者类型

在此次有关个性风格访谈中主要涉及了两方面的问题，一是被访者对衣服的讲究程度，二是他们属于什么类型的消费者。当要求被访者对自己属于什么类型的消费者时，大多数人认为自己偏向理智型，但其中有部分人偶尔会受到情绪的影响转向冲动购买者，真正认为自己是冲动性购买者仅占一成。这一实际访谈结果与理论研究中白领消费心理分析相吻合。

（4）消费者品牌认知及购买行为

①购买电熨斗时品牌对其影响程度

消费者被问及购买电熨斗时品牌对他们的影响程度时，他们中有 30% 认为影响很大，40% 认为有一定影响。认为没有影响的人主要是觉得电熨斗不属于大件商品，且价格也较便宜。由于白领群体在个性化和炫耀性消费观方面都明显高于普通人平均水平，而在实用性消费观方面则低于普通大众。职位越高的白领的品牌意识越强，级别越低的白领选择进口名牌产品的比例越低，说明高级白领更倾向于进口名牌，对产品档次的要求更高。因此品牌对白领购物的影响要超出其他人群。兴趣工作型的人士更加看重的并不是品牌，他们更偏向于理智型的消费者，他们更多看中的是商品本身的性能、安全等。

②品牌知觉

在整个访谈过程中，消费者在回答提问时，有意无意地提及了很多的电熨斗品牌，并描述出他们对这些品牌的内心感觉、动心点。访谈后将这些品牌及消费者的动心点做归纳整理后详细内容如表 8 - 3 所示，左侧为品牌名，右侧是被访者对相应品牌的内心感觉和动心点。

这十位被访者在访谈中提到较多的品牌依次是：飞利浦、松下、博朗、美的、灿坤、海尔、三洋、特福，对各品牌的感觉如表 8 - 3 所示。被访消费者中大都认为国外的品牌质量更加可靠，技术更加成熟，相比较而言国内的品牌可能不是很出名，对厂家不太了解，质量也不是很信任。

---

① 马谋超等．品牌科学化研究［M］．中国市场出版社．2005 年 1 月第一版 P10.

表8-3 提及的其他品牌及动心点

品牌	动心点
飞利浦	口碑好、大品牌、宣传多、质量好、安全、好看又好用
松下	日本品牌、质量好、技术成熟、日本的东西小巧节能
博朗	质量好、口碑好、大品牌、德国的东西严谨可靠
美的	国内名牌、外观漂亮、促销活动多、价格合适
灿坤	促销活动多、价格便宜
海尔	大品牌、成熟、价格适中
三洋	国内品牌、外观漂亮、价格便宜
特福	国内品牌、价格便宜

（3）购买行为

a 预算：当问及"您打算花多少钱购买电熨斗"时，三类人群的回答略有不同，兴趣工作型认为大品牌、质量可靠、经久耐用最重要，价钱稍贵一点没有太大关系，心理价位一般在 200～300 元，预算的出处多由个人单独决策；生存工作型的人则希望能稍微便宜一点，价格在 150～200 元；家庭工作型的人认为大品牌质量好、轻便灵活，外观好看一点，价格 200 元左右可以接受，预算的出处是与家人协商的结果。可见兴趣工作型和家庭工作型的白领更看重品牌。

b 产品信息获取：被访者最信赖的方式还是亲朋好友的推荐，最不相信的是各类广告，而被问及购买电熨斗的地点时，被访者 100% 选择了大超市和大的电器销售商场。没有一人选择和厂家购买或者到小店去购买。

c 人际影响：女性配偶多从外观上提建议，多希望轻便、漂亮、颜色好、好操作；男性配偶关注更多的则是性能、安全及品牌；父母主要关心安全及预算问题；朋友提供各种品牌的使用经验和售后服务情况；销售人员提供的则是各种产品的销售情况、售后反映情况；所有被访者均认为人际影响对其决策具有重要参考价值。

d 实际购买：购买者均是亲自到超市或家用电器市场购买，从决定购买到实际买到，平均花费 1～3 天时间，实际购买时有 2 人去了两次市场，第一次主要是观察询问，第二次再真正购买，有 3 人则是一天走访几家市场后即决定购买，另有 3 人在朋友介绍推荐下稍作比较即购买。

（4）国内外品牌对比

被访者基本上都表示对国内的电熨斗品牌不是很了解，原因各种各样，首先市场可能先被国外品牌占领了，先入为主，比如飞利浦这样的小家电品牌进入中国市场多年，所占市场份额很大且知名度高；其次，受到购买其他家电产品的影响，所以会选择用得比较好的相同品牌，如海尔，在大家电市场上的口碑很好，对消费者会产生一定的影响，会导致他们购买此类大家电品牌的小家电产品；第三，国内的一些好的品牌的家电不比国外品牌便宜，与飞利浦、松下等国外品牌相比，国内的小家电有的也不便宜，所以相比较而言会选择国外品牌。

当被访者被要求对"购买电熨斗时影响购买决策的因素"进行排序时，他们的排序依次是：质量，品牌，功能，售后服务，价位；从这一排序可见对于电熨斗产品而言，消费者首先看重的还是质量，因为这个会直接影响后期使用的安全，其次是品牌，他们认为好的品牌代表好的质量，好的性能，好的售后服务。相比而言，这些白领人士反而不是十分关注价位，觉得满足要求的话价位高点没有太大关系。

在被问及"如果将来要购买电熨斗的话，倾向于买国内的还是国外的产品"时，其中仅有一人表示会购买国内的品牌，有 6 人明确表示会购买国外的品牌，主要以飞利浦和松下为主，另有 3 人则表示会综合考虑，如果国内的产品在质量方面可靠的话会考虑购买。

当被访者被问及"是否经常能看见国外品牌（如飞利浦）的广告"时，他们均表示看到过飞利浦的广告，但电熨斗的电视广告几乎没有，主要看到的是剃须刀的广告，另外在超市及一些大商场见过飞利浦的产品促销等。在这些被访者的印象中，飞利浦是一个国际大品牌，是小家电的代名词，身边的朋友们经常会推荐他们一些飞利浦的小家电，他们如果购买电熨斗，购买这个品牌的可能性很大，主要原因是质量好，品牌大。对于国内的电熨斗品牌，他们了解的比较少，普遍觉得宣传的力度不大。

8.2.3 品牌认知模式导向都市白领电熨斗的定量研究

在前期对白领的消费心理、用户 AIO 模型研究的基础上，通过深度访谈对 10 位青年白领的深度访谈及其分析，采用了头脑风暴法、文献分析法和德菲尔法三种方法，自主设计了"都市青年白领对电熨斗品牌认知"的调查问卷，并将问卷在上海不同行业的 23～35 岁的青年白领中发放，对回收回来的问卷数据做了归纳分析整理，从而对本课题展开定量研究。

8.2.3.1 基本信息

对上海 30 位白领进行试发放，进行"CSI问卷"的区分度测试。采用李克特总加态度量表法对问卷进行区分度考验。选择 20 位白领，间隔半个月进行问卷重复发放，考察问卷的重测信度。

（1）抽样对象

被调查白领群体的年龄构成是 23～35 岁。职业地位分别是管理人员、技术人员，科研/研发人员，技术兼管理人员，普通职员，高校教师，以及其他。基本上是受全日制大学本科、专科、硕士研究生、博士研究生。收入状况一般月平均收入为 2917 元。

（2）抽样方法

本次实证研究采取分层随机抽样的方法，将上海市各行业作为分层标准，然后在各行业的青年白领中分别随机抽取一定数目的样本进行问卷的发放与回收。

（3）被试白领的人口分类特征（性别、年龄、受教育程度、性格）

调研主要在上海的科研院所，IT 类行业，高校，商务服务，汽车业，设计业，通信业白领中进行，共发放 200 份，回收 163 份，回收率 81.50%，有效率 71.50%。

在回收的有效问卷中，男性 61 份，占总调查数的 42.66%，女性 82 份，占总调查数的 57.34%。在回收的有效问卷中，20～25 岁的 31 人，占总数的 21.68%，25～30 岁的 94 人，占总数的 65.73%，30～35 岁的 18 人，占总数的 12.59%。在回收的有效问卷中，硕士及以上学历的人数较多，占了整个被试的 56.64%，其次为本科学历，占了 38.46%，还有少部分大专，电大等，占了 4.90%。在所有被试白领中"买东西时比较理智，只有确实需要时才买"的占 44.76%，"买东西时受情绪影响比较大"占 12.59%，"有时较理智，有时受情绪影响较大"的占 42.66%。

8.2.3.2 品牌认知模式分析

认知心理学中将认知分为低级阶段和高级阶段，低级阶段的认知包含注意、识别、记忆、回忆；而高级阶段的认知则包含判断、选择、比较、决策。因此本项目首先从青年白领对目前市场上电熨斗品牌的注意、记忆、回忆来分析其初级阶段的品牌认知，然后从多维度品牌比较及关联分析比较来分析其高级阶段的品牌认知，最后分析其购买行为中品牌认知的影响因素。综上所述：本文从品牌初级认知、品牌高级认知及品牌认知模式的影响因素三方面建立品牌认知模式。

（1）初级阶段认知模式分析——品牌回忆与品牌识别

认知心理学中描述的初级（低级）阶段的认知包含注意、识别、记忆和回忆。结合到初级阶段的电熨斗品牌认知，本项目重点研究电熨斗品牌的提及度、回忆度、识别度。

①无提示下的品牌第一提及率

提及率是消费者提到的所有品牌，而第一提及率则是消费者最先提及的品牌。消费者是否能自发地想到一个品牌会很大程度上影响其实际购买，一个他不能想到的品牌是不会出现在他的采购单上的。无提示认知度最高的前四位品牌：

从图 8-2 可看出飞利浦在未经提示下的品牌第一提及率遥遥领先。紧随其后的是国产大家电领导品牌海尔，日本品牌松下及国产小家电品牌红心。飞利浦之所以能位居第一，与飞利浦在整个小家电领域良好的品牌形象分不开，根据整体知觉快于局部知觉的特性，消费者受到整体品牌形象的影响，对飞利浦的品牌第一提及度明显高于其他品牌。而排名第二的海尔和松下则是受其在大家电领域的品牌地位影响。虽然这两个品牌提及率较高但消费者更容易将飞利浦与小家电相联系。排名第四的红心在电熨斗单个产品品牌提及上有所优势但就企业品牌而言却处于弱势。

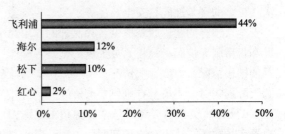

图 8-2 品牌未经提示下的第一提及率

②品牌认知模式中的记忆度与识别度

品牌认知有两个层次，即品牌记忆度和品牌识别度。品牌记忆度指在提到某一产品类别的时候，消费者能自发地想到的某品牌的程度。如在本研究中，当提到电熨斗时，消费者能够想到的品牌。品牌记忆度反映了消费者对品牌的认知深度。品牌识别度是指当有人提到了某品牌，消费者知道该品牌的程度。如在本次研究中，当我们给出一些电熨斗的品牌，看消费者是否知道。品牌识别度反映了消费者对品牌的认知广度。因此我们在问卷中设计了"没有任何提示下的品牌记忆"和"经过提示以后的品牌识别"，根据消费者提及的概率和识别的概率，本文将两者用同一张图来反映消费者对电熨斗品牌的记忆度和识别度。

如图8-3所示，我们根据18个品牌的记忆

度和识别度绘制了一张曲线图，可以比较直观地看到各品牌的记忆度和识别度比较状况。图中下方曲线为品牌记忆度曲线，上方曲线为品牌识别度曲线。从图中我们发现从博朗开始往后的品牌，识别度和记忆度都很低，且识别度和记忆度曲线基本重合，说明这一类品牌消费者的记忆和识别较差，企业有待于在这两方面进行提升。而前六种品牌的认知存在差异性，品牌的记忆度都低于识别度，说明消费者在毫无提示的情况下，对品牌的记忆度不如提示以后的再认。

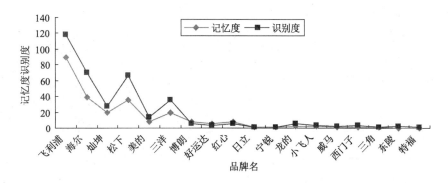

图8-3　品牌记忆度识别度曲线

该图也说明当提及电熨斗产品时，消费者对相应的品牌心中存有不确定性，他们大脑中储存的来自外界的信息刺激，很难准确地将产品与品牌联系起来，他们无法明确表示某一品牌是否有电熨斗产品。而当给出消费者提示后，品牌的再认度明显提高，说明品牌的广告力度不够，消费者目前接受到的信息量有待进一步提高。

③品牌认知度层次分析

GRAVEYARD（即品牌记忆与品牌认知比较分析模型）是一种品牌知名度分析方法，提示前知名度对应的是品牌记忆率，提示后知名度对应的是品牌认知率。GRAVEYARD曲线把整个图形分为三个部分，每一部分各对应一类品牌。

GRAVEYARD BRAND（问题品牌）：位于曲线左上方，这类品牌的品牌认知率较高，但品牌记忆率较低。较高的品牌认知程度并不必然是强势品牌的特征。这类品牌应加深消费者心目中的品牌意识，提高品牌记忆率。

MCHE BRAND（利基品牌）：位于曲线左下方，这类品牌的品牌认知率和品牌记忆率均较低。这类品牌可能因刚进入市场，消费者对其不够熟悉，应进行大量的广告活动及有效的促销活动来提高消费者对品牌的认知及熟悉程度。

HEALTH BRAND（健康品牌）：位于曲线中上方或右上方，这类品牌的品牌认知率和品牌记忆率均较高。这类品牌在市场上属领导品牌，发展趋势健康。

如图8-4所示，我们根据18个品牌的回忆度和识别度的数据将各品牌投射到散点图上。在右上角，飞利浦既有很高的回忆度，又有很高的识别度。这表明消费者接受到的该品牌的信息刺激较多，大脑中储存的信息量大，很容易建立产品与品牌之间的联系，表现出来就是消费者对这个品牌非常了解，而且在购买的时候会想到这个品牌。由于消费者对信息的加工存在总体特征知觉快于局部特征知觉的特性，当人有意识地去注意看总体特征时，知觉加工不受局部特征的影响，当人注意局部特征时，他不能不先感受知觉总体特征。这意味着总体特征是先于局部特征被知觉的，总体加工是处于局部分析之前的一个必要的知觉阶段。飞利浦有强大的企业品牌做支撑，使消费者在对个别产品品牌进行知觉加工时无法回避其强大的整体品牌特性，因此该品牌的回忆度和识别度都高于其他品牌。因此合资品牌的认知度高于国产本地品牌，这与合资品牌本身巨大的国际品牌声誉和影响力是分不开的。处于中间的海尔和松下境遇比较尴尬，因为消费者熟

知这两个品牌，但在购买时却很少会考虑它们。更不利的是，由于消费者对这两个品牌非常熟悉，厂家则很难通过赋予品牌新的含义来改善消费者对品牌的认识，因为在现在信息过剩的时代，消费者很难有兴趣再去了解自己早已熟悉的品牌了。落在左下角的品牌需要提高自身在市场上的影响，需要在回忆度和识别度上均有提升。

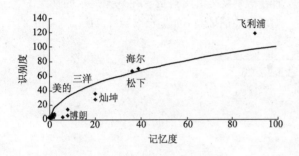

图 8 - 4　品牌记忆度识别度分布图

（2）高级阶段认知模式分析——品牌比较

认知心理学中描述的高级阶段的认知包含判断、选择、比较和决策。结合到高级阶段的电熨斗品牌认知，本项目重点研究电熨斗品牌中三股主要竞争力量：国外小家电品牌、国内大家电进军小家电代表品牌以及国内小家电品牌，将这三股力量分别选取代表品牌进行品牌认知的比较研究。具体选取了飞利浦、海尔、红心三个品牌进行了多维度品牌比较以及三大品牌关联分析比较。

①通过雷达图进行多维度品牌比较

问卷设计了七个维度，分别是：喜欢程度、有个性程度、性能好坏、服务好坏、质量好坏、信赖度和亲切程度。采用六分法让消费者对品牌印象进行打分。飞利浦、海尔、红心三个品牌各自在七个维度上的分布情况详见图 8 - 5（a）～（c）。

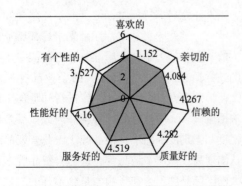

图 8 - 5（a）　海尔电熨斗

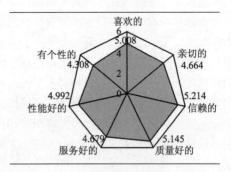

图 8 - 5（b）　飞利浦电熨斗

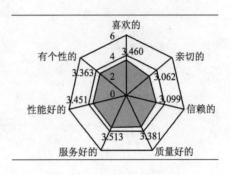

图 8 - 5（c）　红心电熨斗

各雷达图中，七个维度都有实证研究满意度的统计数值，数值是在 0～6，数值越大，说明这个维度用户就越满意，满意度数值就越高。如图 8 - 5（a）所示，各维度用户的满意度分别是：亲切的是 4.084，信赖的是 4.267，质量好的是 4.282，服务好的是 4.519，性能好的是 4.16，有个性的是 3.527，喜欢的是 4.512，其中，服务好的满意度是 4.519，数值最大，说明用户对海尔的服务这个维度相对于其他维度要更满意。从单个雷达图上我们可以看见三个品牌各自在每个纬度上的分布情况，将三个品牌七个维度的满意度数据放到在同一张雷达图 [图 8 - 5（d）] 上展示，我们更加清晰地看出各品牌的差异，飞

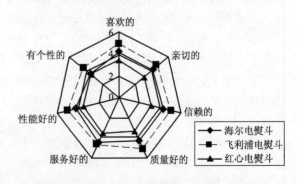

图 8 - 5（d）　多维度品牌比较

利浦在七个维度上满意度数值均大于海尔和红

心，总体雷达图面积也最大，说明被试白领对飞利浦这个品牌的满意度好于其他品牌。分布在最里面的七边形是红心电熨斗，面积最小，说明消费者对这个品牌的认知度和满意度较低。白色家电大品牌海尔则介于两者之间，说明这个大家电巨头在电熨斗产品上的品牌竞争力弱于国外大品牌，强于国内其他小家电品牌。

②品牌多维度均值比较

曲线图 8 - 6 是三个品牌在七个维度上的均

值比较图，图中上方曲线代表飞利浦，中间曲线代表海尔，下方曲线代表红心。七个维度分别是：喜欢的——讨厌的、亲切的——陌生的、信赖的——怀疑的、质量好的——质量差的、服务好的——服务差的、性能好的——性能差的、有个性的——无个性的。通过三个品牌在七个不同维度的均值比较结果可以看出，无论从哪个方面来看，飞利浦的态度均值都最高，其次是海尔，最后才是红心。

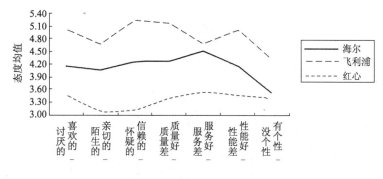

图 8 - 6 三种不同品牌均值比较

飞利浦态度指数各项均值分别为：5.008、4.664、5.214、5.145、4.679、4.992、4.308，得分最高的项是信赖的，得分为 5.214，可见飞利浦给人的印象是值得信赖的，让人放心的，另外质量好的这一项得分为 5.145 也很高，可见消费者普遍认为飞利浦的产品质量可靠值得信赖；海尔的态度指数得分分别为 4.152、4.084、4.267、4.282、4.519、4.160、3.527，其中得分较高的一项是服务好的，可见消费者普遍认为海尔的服务质量较好；低的一项是"有个性的"只有 3.527 分，可见海尔的产品缺乏个性，故其电熨斗品牌推广中更加需要的是彰显品牌个性；红心态度指数分别为 3.460、3.062、3.099、3.381、3.513、3.451、3.363，每一项的得分都偏低，尤其是"亲切的"这一项得分仅为 3.062 分，原因在于消费者对这个品牌了解甚少，感到陌生不亲切。

（3）影响品牌认知模式的因素分析

这里考察白领在选择电熨斗品牌时所考虑的 12 个因素：价格因素、质量因素、性能因素、品牌知名度因素、促销活动因素、方便购买因素、朋友推荐因素、身边朋友都使用、安全性因素、售后服务因素、广告因素和外观因素；将影响选择的因素与五大人口特征——年龄、性别、受教育程度、职业和消费类型进行关联分析。

将问卷中针对海尔的 d0211 - d0217、飞利浦

的 d0221 - d0227、红心的 d0231 - d0237 七个维度（喜欢的——讨厌的、亲切的—陌生的、信赖的—怀疑的、质量好的—质量差的、服务好的—服务差的、性能好的—性能差的、有个性的—无个性的）分别与性别作关联分析得到如下（图 8 - 7）左中右三张曲线图，其中实线代表男性的态度均值走向，虚线代表女性的态度均值走向。

对于海尔品牌的电熨斗，男性在喜欢、亲切、信赖和个性四个方面的态度均值都高于女性，而女性在质量、服务、性能三方面的态度均值高于男性。可见男性更觉得海尔的附加价值高，而女性则是更相信海尔产品的实用价值。且每一项计算 Sig 值之后在 0.01 和 0.05 水平上都没有显著性认知差异。男性和女性的态度均值最高的项都是 d0215，说明男性和女性都对海尔的服务质量表示满意。男性和女性态度均值最低的项都是 d0217，说明男性和女性都认为海尔的电熨斗缺乏个性。这也从一个侧面反映出消费者对海尔在小家电领域的品牌认知缺乏，众所周知，海尔是国内大家电最为著名的品牌，之所以消费者对这个品牌的认知程度较高是受到大家电名声的强烈影响，而对于小家电领域而言，消费者对海尔这个品牌的认知程度与飞利浦相比还相差甚远。对于飞利浦，在七个维度上男性的态度均值都高于女性，可见男性对飞利浦的品牌好感度高于女性。在后来对填写问卷的一部分男性追踪了

解得知：男性更多了解飞利浦的剃须刀，其良好的质量和服务使男性对这一品牌的态度值高于女性。男性态度均值最高的项是 d0223 值得信赖，而女性态度均值最高的项是 d0224 质量好，男性和女性态度均值得分最低的项都是最后一项，可见男性女性也都认为飞利浦的电熨斗缺乏品牌个性。对于红心，七个维度上的得分都偏低，分数基本上在 3~4 摆动，说明消费者对品牌的了解很模糊，态度很折中。从侧面反映了品牌的认知

度远低于海尔和飞利浦。

三个品牌中，海尔的分值在 4~4.5，飞利浦的分值在 4.5~5.5，而红心则在 3~3.5，可见对于飞利浦的电熨斗，无论是男性还是女性品牌认知度很高，海尔的分值低于飞利浦，其认知度比较高，而对于国内品牌红心无论是男性还是女性都表现出较低的认知度，尤其是女性在 d0232 的态度均值仅为 2.85。

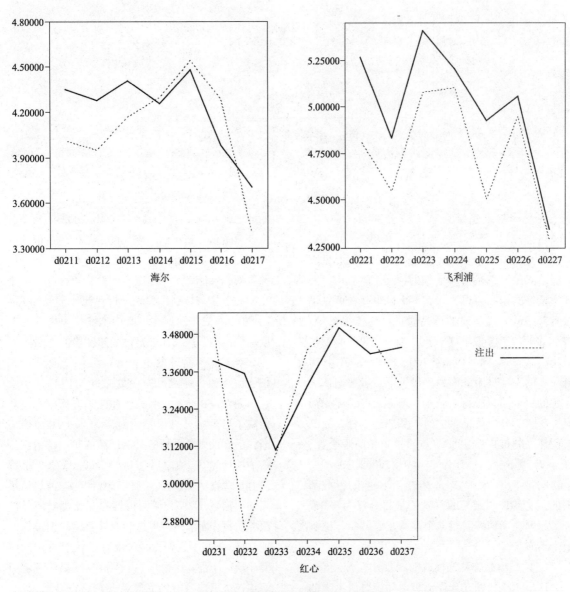

图 8-7 三大品牌与性别关联分析比较

同理，将问卷中三个品牌七个维度分别与年龄作关联分析得出的结论是：年龄稍大的白领对海尔的品牌认可程度高于年轻白领。不同年龄层的白领对海尔的服务感到满意。对于飞利浦喜欢、亲切、信赖三个维度，20~25 岁的白领态度均值稍高，其余维度 25~30 岁白领态度均值

较高。年轻白领由于经济条件的限制，考虑到价钱问题，购买较为便宜的国产电熨斗较多，因此对国内品牌比较了解，而年纪稍大的白领则会选择国外品牌或国内知名品牌。不同年龄层的人在第二项和第三项上的态度均值很低，说明他们觉得这一品牌的电熨斗很陌生，品牌印象模糊。

三个品牌七个维度受教育程度关联分析的结论是：受教育程度低的白领对海尔的品牌态度值低于受教育程度高的白领。受教育程度为专科的白领对红心的态度均值低于受教育程度为本科和硕士以上的白领。受教育程度为专科的白领对飞利浦的态度均值高于受教育程度为本科和硕士以上的白领。受教育程度低的白领对待品牌的态度比较极端，他们觉得国外品牌不管在什么方面都好于国内品牌。而受教育程度较高的人趋于理智，会比较客观地评价国内品牌和国外品牌，不会一味否定国内品牌。三类人群也有很多共性的地方，对于海尔，三类人群普遍觉得其服务较好，并且每一项指标的分数也较高，可见由于其在大家电市场的成功，品牌力量对小家电产品的影响也不可忽视。而对于飞利浦人们普遍觉得其质量好性能好值得信赖，相对而言，其服务的得分并不太高。对于红心，大家表现出的还是对品牌认识较为模糊，态度均值普遍偏低。

三品牌七个维度消费者类型关联分析的结论是：对于海尔，理智型消费者和偶尔受情绪影响的消费者对"服务好的"的态度均值最高，而冲动型消费者则是"信赖的"态度均值最高。三类人群对"有个性的"的态度均值最低，可见不同类型消费者都感觉海尔电熨斗产品缺乏个性。对第一项"喜欢的"，三类人群的态度均值几乎相等，但在第二项"亲切的"偶尔受情绪影响的消费者的态度均值高于理智型和冲动型消费者，他们觉得海尔品牌更加亲切。对于飞利浦，三类人群的态度均值在三个品牌中均为最高，可见品牌认知度高。其中第三项"信赖的"态度均值最高，第七项"有个性的"态度均值最低。对于红心，理智型消费群和偶尔受情绪影响的消费群态度均值仍在3～3.5，可见认知度仍旧偏低。冲动型消费者由于各种因素影响，对于某一品牌的态度会偏离一般人群，且与其他消费群体的态度差异较大。

研究发现不同性别、年龄、职业、教育程度、消费类型的白领在做出品牌选择时，都看重电熨斗的产品质量因素、安全可靠性因素及售后服务因素。他们普遍认为国内品牌在价格因素、种类因素、促销因素上存在竞争优势，但在质量因素与外观因素上与国外品牌差距较大。国外品牌在性能因素、服务因素和外观因素上占据优势，国外品牌的广告宣传也多于国内品牌，但是国外品牌在价格因素和促销活动因素占据劣势。

国内品牌的种类繁多导致不同品牌的售后服务质量差别较大，给消费带来不同的感受。对品牌的关注度，不同职业者差异较大，IT行业职员对品牌关注度较其他行业高。冲动型购买者对品牌因素关注程度高于理智型购买者。商品的促销活动因素对消费者会不会选择该品牌几乎没有影响。"朋友的推荐"这一因素对消费者的品牌抉择会产生一定的影响。消费者类型属于"偶尔受情绪影响"的白领更容易在情绪影响下被外观因素所影响。相对而言冲动型消费者对价格因素和促销活动因素也更加敏感。女性与男性相比对国外品牌的服务质量因素更加肯定，年轻白领对价格因素的不满高于年长的白领。受教育程度高的白领更易受外观因素影响。广告宣传因素对理智型和冲动型消费者都会产生影响。

8.2.4 电熨斗品牌认知模式研究结论

8.2.4.1 电熨斗品牌认知模式影响因素

都市青年白领在选择电熨斗品牌时所考虑的因素，共列举了12个因素，分别用d0501－d0512表示，依次是："这个品牌的电熨斗价格便宜"、"这个品牌的电熨斗质量可靠"、"这个品牌的电熨斗知名度高"、"这个品牌的电熨斗常搞促销活动"、"这个品牌的电熨斗随处可买到"、"我身边的朋友都用这个品牌的电熨斗"、"朋友使用后推荐这个品牌的电熨斗"、"这个品牌的电熨斗使用更安全"、"这个品牌的电熨斗售后服务好"、"这个品牌的电熨斗广告给我印象深"、"这个品牌的电熨斗外观漂亮"、"这个品牌是国际知名品牌"；采用五分法，让消费者按重要性程度大小对其打分，以下是与年龄、性别、受教育程度、职业的关联性分析。

不同年龄段的人在品牌选择时考虑的因素相差不大。其得分按均值从大到小排序为：质量可靠＞使用安全＞售后服务好＞朋友使用后推荐＞知名度高＞外观漂亮＞国际知名品牌＞广告给我印象深＞价格便宜 ＞身边朋友用＞随处可买到＞促销活动。可见消费者在进行品牌选择时，首先考虑的是产品的质量是否可靠，紧接着是使用的安全性，第三是售后服务。

男性的态度均值排序依次为：质量可靠＞使用安全＞售后服务好＞朋友使用后推荐＞外观漂亮＞知名度高＞价格便宜 ＞国际知名品牌＞广告给我印象深 ＞身边朋友用＞随处可买到＞促销活动，女性的态度均值排序依次为：质量可靠

>使用安全＞售后服务好＞朋友使用后推荐＞知名度高＞外观漂亮＞广告给我印象深＞国际知名品牌＞价格便宜 ＞身边朋友用＞随处可买到＞促销活动。两者在中间五个因素的排序上略有不同，差异不太明显，品牌知名度对女性的影响程度略高于男性。

受教育程度的高低消费者都很看重产品质量的可靠性、安全性以及售后服务。不同教育程度的人在选择品牌时，促销活动的影响都不大。受教育程度在中间的对外观的看重程度高于受教育程度在两端的。本科程度者比专科、硕士以上程度者更加看重品牌。人们在购买电熨斗时也更加看重其可靠性、安全性及售后服务。教师行业的白领对于国际品牌的关注程度很低，对于是否有促销活动、是否可随处买到也不在意。

由于电熨斗产品的使用特性导致不同性别、不同年龄、不同职业、不同教育程度、不同消费类型的白领在做出品牌选择时，都同样看重电熨斗的产品质量因素、安全可靠性因素及售后服务因素。他们对国有品牌都非常支持，普遍认为国内品牌在价格因素、种类因素、促销因素上存在竞争优势，但在质量因素与外观因素上与国外品牌差距较大。国外品牌在性能因素、服务因素和外观因素上占据优势，国外品牌的广告宣传也多于国内品牌，但是国外品牌在价格因素和促销活动因素占据劣势。国内品牌的种类繁多导致不同品牌的售后服务质量差别较大，给消费带来不同的感受。

对于品牌的关注度，不同职业者差异较大，教师最不看重品牌、IT行业职员对品牌的关注度较其他行业高。冲动型购买者对品牌因素的关注程度高于理智型购买者。不同性别、不同年龄、不同职业、不同教育程度、不同消费类型的白领对国有品牌都非常支持，男性高于女性，冲动型消费者高于理智型消费者。商品的促销活动因素对消费者会不会选择该品牌几乎没有影响。"朋友的推荐"这一因素对消费者的品牌抉择会产生一定的影响。消费者类型属于"偶尔受情绪影响"的白领更容易在情绪影响下被外观因素所影响。相对而言冲动消费者对价格因素和促销活动因素也更加敏感。女性与男性相比对国外品牌的服务质量因素更加肯定，年轻白领对价格因素的不满高于年长的白领，年轻白领更倾向于接受品牌性能好的商品。受教育程度高的白领更倾向于购买外观漂亮的品牌。理智型和冲动型消费者

比偶尔受情绪影响的消费者更会受到广告宣传因素的影响而选择某一品牌。

8.2.4.2 品牌推广策略

根据目前的电熨斗市场品牌状况和消费者的品牌认知状况，我们可以从中总结出一些对国有小家电品牌推广有用的策略。

（1）市场策略

从对消费者购买途径的研究发现，家电卖场和超市是购买的首选地。因此应当在市场销售上选择这两处地点，但是一级市场的品牌集中度较高，基本是大品牌的天下。而二级市场的家电卖场品牌集中度低，竞争相对缓和，为弱势品牌提供了生存空间。选择二级市场家电卖场作为主渠道，有利于品牌形象树立和知名度提升。

（2）价格策略

从中外品牌比较的调查中发现：价格是国有品牌的一大竞争优势，所以国有品牌应继续保持这种优势，但不能一味降价，其产品价格应始终保持对强势品牌的合理优势。同时应实行高低定价，高端机做形象，做利润。主销中低价位，保留一款有差异化、有诱惑力的特价，提升品牌知名度，从而带动整体销售。

（3）产品策略

从中外品牌比较的调查中发现：人们普遍认为目前国产品牌比起进口品牌在技术水平和造型工艺上都存在差距。而且国有品牌上市的外观款式还是在模仿国外品牌，产品价格也主要集中在低价位段。而电熨斗作为一种家居舒适用品，正越来越多地被城市年轻人所接受，因此外观精美、色泽亮丽、玲珑可爱的电熨斗往往会满足年轻人对个性化的追求。小家电国有品牌需走差异化路线，避免同质化竞争，避开强劲竞争对手。所以电熨斗产品的外观款式应有强势的品牌风格决不能一味模仿。从调查中还发现：人们普遍认为国有小家电品牌的性能远不如国外品牌。因此还要提高电熨斗产品的研发水平，产品性能上要不断创新。

（4）广告策略

从品牌认知度调查中发现国有小家电品牌的认知度非常低。在国内电熨斗市场真正建立起知名品牌形象的只有飞利浦、松下等少数品牌，后起之秀特福在不具备知名优势的情况下选择广告宣传，取得了成功。可见要树立品牌形象，必须加大宣传力度。在市场投入期，可选择地方报纸，全国范围的投入可选择行业内专业杂志如

《家电市场》和《家用电器》作为主流广告媒体，效果佳，投入成本合理。也可选择家电大市场合适的户外广告，车身广告等，能刺激区域市场快速提升。另外小区广告针对性强，到达率高，投入少，见效快。由此可见，在网上信息纷繁复杂，有意注意偏低的情况下，知名品牌在网上发布广告对于其品牌塑造有着更好的效果。

（5）促销策略

从中外品牌比较调查中发现：促销活动是国有小家电品牌的竞争优势，部分消费者对品牌促销活动很感兴趣。而且在购买行为调查中发现：消费者愿意亲自到超市及大的电器商场购买，并且购买的决策过程受到促销人员的直接影响。因此国有品牌应该强化这一优势继续搞促销活动，既可以快速提高品牌知名度也可以提高销售量。而促销活动也应该在离消费者最近的终端现场进行。

8.3　多元品牌忠诚模式下的手机设计实证研究

本专题通过对国内人们使用手机品牌和使用状况的研究，敏感发掘到人们不是一个品牌的忠诚顾客，而是对多个品牌的忠诚，作者对 Jacob Jacoby 多品牌忠诚模式进行拓展研究；探索性的提出了多元品牌忠诚模式，划分为品牌绝对忠诚、品牌相对忠诚、无品牌忠诚三种类型，并以品牌域的层级形式进行构建。以手机市场这一代表性的行业为着眼点，对最具碎片化倾向，同时颇具示范效力的大学生分众消费群体展开调查研究。进行了手机设计的实证研究，通过定性定量研究，得出了多元品牌忠诚模式下手机设计的结论，使企业进行新品研发时，能够掌握消费者在众多购买因素之间的取舍问题，从产品层面制定多元品牌的忠诚策略，有力提升品牌竞争力。

8.3.1　多元品牌忠诚模式及理论构建
8.3.1.1　品牌忠诚理论
（1）品牌忠诚理论

品牌忠诚是品牌资产中最重要的部分。品牌的成功不在于有多少顾客曾经购买过该品牌的产品，而在于有多少顾客曾经经常性地购买[①]。市场营销领域著名的"20/80"经验法则，就指明公司80%的利润来自顾客中20%的忠诚者；另外，也有研究表明吸引一个新消费者所付的成本是保持一个已有消费者花费的 4~6 倍，而从忠诚消费者身上获得的利润是从品牌非忠诚者身上所得利润的 9 倍。由此，足以见得品牌忠诚者的重要性。对于发展较为成熟的行业而言，面对同行业市场中品牌的数量激增，而产品的同质化日趋严重的竞争环境，品牌忠诚无疑是实现品牌产品差异化的一个行之有效的策略。研究品牌忠诚及其影响因素，加深对消费者行为的了解，对市场实践的指导作用不凡。

品牌忠诚的概念在国外已经有很长的历史，1923 年 Copeland 就提出与品牌忠诚有关的"品牌持续性"的概念。但由于品牌忠诚的概念从市场实践中来，早期虽然多次被提及和应用，却一直未有统一的定义。直至 20 世纪 60 年代已成为消费行为领域的研究热点，延续至今。早期的研究，对品牌忠诚多进行操作性定义。根据测量方法和对象的不同，主要分三种流派：行为论观点、态度论观点和认知论观点。其中前两者的典型代表分别为，Lyong 定义品牌忠诚是某特定品牌相对购买频次的函数[②]；而 Jacoby 等则认为品牌忠诚是消费者购买特定品牌产品的偏好[③]。

①行为论观点

行为论观点将品牌忠诚定义为消费者重复购买某个特定品牌的产品。只用重复购买作为品牌忠诚度的测量将无法体现品牌忠诚在决策过程中的行为。此外，重复购买也并不能区分品牌忠诚和惯性购买（Jacoby，Kyner，1973；Amine，1998）（图 8-8）。

图8-8　重复购买行为示意图

---

① Jacoby J, Chestnut R W. Brand Loyalty Measurement and Management. New York：John Wiley and Sons, Inc. , 1978.（摘要）.

② Lyong H C. The Theory of Research Action Applied Brand Loyalty. Journal of Product and Brand Management, 1998, 7 (Issue 1) .

③ Jacoby J, Ryner D B. Brand Loyalty vs. Repeat Purchasing Behavior. Journal of Marketing Research, 1973, February：1 - 9.

②态度论观点

态度论的定义是以消费者动机为基础的，品牌忠诚度的衡量因素是消费者的购买意向（Purchase Intention），包括对一个品牌的偏好、知觉，以及对广告的记忆或对品牌标示的记忆（Baldinger, Robinson 1996）。这种观点试图弥补行为论观点，涵盖品牌忠诚的衡量标准，然而由于侧重于品牌忠诚的心理意义，却忽略了最后的行为结果，因而缺乏对实践的指导意义。

③认识论观点

认知论的观点，即消费者作出购买决策时，对特定品牌给予更多的关心和关注。这种观点将品牌忠诚看做是消费者学习的结果。

④多维度观点

Jacoby 和 Chestnut 指出品牌忠诚的概念应是：非随机，有倾向性的；具有行为反应，比如购买行为等；在较长时间内持续表现出来；经过某些决策过程；针对某品牌集合中的一个或多个特定品牌；是决策、评价等心理过程的函数。这个定义虽然仍无法获得一个品牌忠诚强度的值，但承认了认知、态度、行为多维度的存在，并且是一种"或"的关系。

（2）品牌忠诚的层级划分

①Garth Hallberg（2003）品牌忠诚金字塔（图8-9）

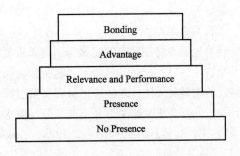

图8-9　品牌忠诚金字塔

②Backman（1988）品牌忠诚层级（图8-10）

图8-10　Backman（1988）品牌忠诚层级图

③Baldinger（1996）态度/行为矩阵（图8-11）

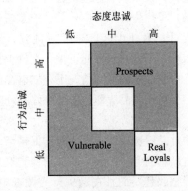

图8-11　Baldinger（1996）态度/行为矩阵

当消费者对一个品牌的态度忠诚强于他对该品牌的行为忠诚时称这类消费者为 Prospects（潜在的）。当消费者对一个品牌的行为忠诚强于他对该品牌的态度忠诚时称这类消费者为 Vulnerable（脆弱的）。只有当消费者对一个品牌从态度和行为上都表现出高度忠诚时才称这类消费者为真正的忠诚，即 Real Loyals。

（3）品牌忠诚度及其测量

品牌忠诚度是对消费者品牌忠诚强度的测量，它是指产品或者服务的质量、价格等因素的影响，使消费者对特定的品牌产生感情依赖，并表现出对该品牌的产品或者服务有偏向性的行为反应。

品牌忠诚度的测量可以分为两类：行为测量和态度测量。行为测量关注消费者已发生的购买行为，多以概率模型的形式出现，以该品牌的市场销售总额与该种类所有品牌的市场销售总额的商，求得品牌总体行为忠诚度。态度测量关注消费者的购买意向和态度偏好，将之看做是重复购买的动机，多采用量表形式，并将品牌忠诚当作一个连续尺度。

（4）品牌忠诚的形成过程

品牌忠诚的形成是一个复杂的过程，消费者购买的过程中一般可细分为提出问题（Problem Recognition）、寻找解决方案（Search）、评估（Alternative Evaluation）、选择（Choice）和购后评价（Post - acquisition Evaluation）五个阶段（Mowen, Minor）。Griffin 提出了一次完整的购买决策过程示意，如图8-12所示。

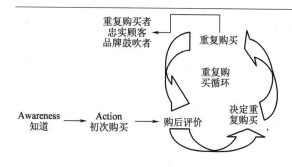

图8-12 Griffin 循环再购买图

根据品牌忠诚在认知、态度和行为三个方面的定义，搜索并整理了文献当中对于品牌忠诚在各个方面的前导变量有：认知（风险认知、涉入度高低）、态度（品牌信任、品牌喜爱、价值感知、满意度）、行为（重复购买、市场份额、习惯性购买）。

8.3.1.2 已有多品牌忠诚模式分析

（1）国内外研究进展综述

①国内对品牌忠诚的探索和研究尚处萌芽阶段

由于我国企业在品牌忠诚的战略管理方面尚处萌芽阶段，在品牌忠诚的维系上的效益有限，令早期投入的资源在缺乏理论的指导下形同虚设，对民族工业的长远发展造成一定程度的障碍。另外，研究者们对品牌忠诚的探索多局限于营销和商业管理方面，而对于产业链上游的设计研发及市场定位涉猎甚少，导致指导实践的不彻底，诸多矛盾无法避免。

②国外学术界对品牌忠诚研究的局限

品牌忠诚自1923年被提出至今，国外对它的探索可谓历程久远。学术研究的重点主要集中于纵向研究领域，即品牌忠诚的定义、影响因素、层级划分及忠诚度的测评四个方面，而在横向多品牌忠诚的研究方面十分有限。面对同类产品品牌数量激增，而品牌号召力弱化的局面，以往惯用的定牌研究方法虽意义不凡，但在指导商业实践时却捉襟见肘。

（2）对已有研究的评价

鉴于国内对品牌忠诚的探索尚处萌芽阶段，研究主要对国外品牌忠诚的相关文献进行评述。

①大量文献对焦于单一或特定品牌

②稀缺文献对于多元品牌的忠诚问题展开研究

Jacob Jacoby 提出其多品牌忠诚模型，将消费者的特定品牌域分为接受域（region of acceptance）、拒绝域（region of reject）和中间域（region of neutrality）。在此基础上，他还提出同一（Assimilation）和对比（Contrast）的概念，同一是指个人感知到的针对客体的趋势和信息，这些趋势和信息在接受领域内比实际情况更接近个人喜爱的位置。Jacob Jacoby 在品牌忠诚的基础上提出了多品牌忠诚的概念及其模式，将品牌忠诚的研究领域拓展至多元品牌的更为宽泛的领域，不仅推动了品牌忠诚理论质的飞跃，也在品牌忠诚的应用方面迈进了新的一步。

③对 Jacob Jacoby 多品牌忠诚模式的评价

Jacob Jacoby 在品牌忠诚的基础上提出了多品牌忠诚的概念及其模式，将品牌忠诚的研究领域拓展至多元品牌的更为宽泛的领域，不仅推动了品牌忠诚理论质的飞跃，也在品牌忠诚的应用方面迈进了新的一步。Jacob Jacoby 多品牌忠诚的理论模式，引用了品牌域的构架方法，为课题新模式的研究提供了切实有效的思路，奠定了厚实的理论基底。为本研究的开展提供了非常宝贵的参考资料。

8.3.1.3 新模型的构建

（1）模型构建的目的及意义

为了对品牌忠诚作更进一步的研究，将品牌忠诚的理论体系更有效地应用于商业操作及设计实践，研究将在多元品牌忠诚的层面上，立足消费者视角兼顾厂商利益，借鉴 Jacob Jacoby 的多品牌忠诚模式，援引品牌域的研究方法，对品牌忠诚进行重新分类、模式构建的探索性研究。

此向度的分类研究将有助于我们了解品牌忠诚在市场空间和顾客空间上的分布特征，从而利用这样的描述性特征来辨别顾客的忠诚类型，指导市场细分和品牌忠诚度的改进与提高。在指导实践时，往往注重消费者同时存在对多元品牌的复杂态度。

（2）构建的理论依据

①消费者品牌购买模型

Philip Kotler 和 Paul N. Bloom 用品牌组的形式说明消费者品牌筛选过程，见图8-13。①

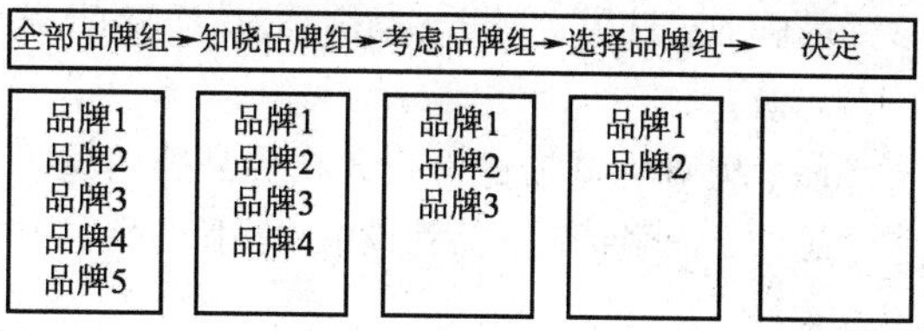

全部品牌组	知晓品牌组	考虑品牌组	选择品牌组	决定
品牌1 品牌2 品牌3 品牌4 品牌5	品牌1 品牌2 品牌3 品牌4	品牌1 品牌2 品牌3	品牌1 品牌2	

图8-13 消费者品牌购买决策过程

---

① 菲利普科特勒. 营销管理 [M]. 梅汝和，梅清豪，周安柱译. 北京：中国人民大学出版社. 2001：210.

L. W. Turley 等提出了一个动态的购买过程模型，该模型动态的描述了消费者从品牌选择到购后评价过程中所经历的六个阶段，如图 8 – 14 所示①。

这六个阶段分别是可获得阶段、意识阶段、评估阶段、选择阶段、实施阶段和购后评价及重新划分阶段。L. W. Turley 和 Ronald P. LeBanc 通过增加前后的与激活域信息相关的选择过程而扩展了 Narayana 和 Makin 的激活域模型。扩展的过程模型的两个中心概念为：一，消费者运用两部结果过程，而传统的观点认为是一步决策制定过程；二，激活域的组成可能随着时间而改变。扩展的模型说明：消费者首先作出一个初始的决定组成一个激活域，然后再作出实际购买决策，在激活域中做出选择②。

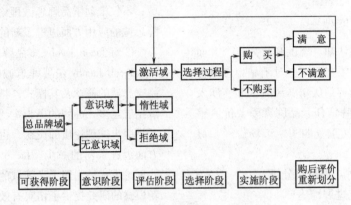

图 8 – 14　消费者品牌购买过程模型

②激活域理论

激活域（awareness set）也被称为考虑域（consideration set），是消费者行为研究中广泛使用的一个概念。激活域的概念首先由 March 和 Simon 在 1958 年提出。March 和 Simon 提出时，其主要是与组织性问题相联系的，而没有应用到消费者行为领域。其后由 Howard 和 Sheth 于 1963 年引入到消费者决策行为模型之中的。激活域是指由消费者在做出某种产品的购买或消费决策时认真考虑的品牌所构成的集合。激活域的概念主要是指在某一个产品类别中的几个品牌，这几个品牌被消费者在实际购买行为中给予购买考虑；消费者在选择购买品牌时，主要从激活域当中进行选择。所以能进入到激活域中，是一个品牌能够被消费者购买的必要条件。

8.3.1.4　模型及其假设

（1）构建目标

课题立足于对多元品牌之间的忠诚问题研究，研究在消费者视角与品牌差异向度上，拟将多元品牌的忠诚模式划分为品牌绝对忠诚和品牌相对忠诚。

品牌绝对忠诚描述消费者在多品牌的选择中，忠诚于一个特定的品牌或单一品牌，而将其余品牌剔除在考虑范围之外。品牌相对忠诚描述消费者面对多元品牌的选择，会根据已有的品牌认知与消费经验等综合因素，而将该类产品的品牌分为一定的品牌集合，在购买产品时在这个集合的品牌中进行选择和对比。

（2）构建的原则

对于品牌忠诚的分类，应该遵循一定的原则。这些原则主要是从消费行为学以及市场营销应用的角度为着眼点，按照分类学的观点，并结合品牌忠诚的实际，分类应坚持以下原则：

其一，能描述一种明显的品牌忠诚的习惯和倾向，便于识别；

其二，特征明显，有可靠的评价指标，即品牌忠诚度的评价标准存在；

其三，相互界线分明，即各类品牌忠诚之间的差异显著，相应的评估标准之间存在明显差异；

其四，品牌忠诚分类以后，所有的类别之和应该能反映所有顾客对所有产品的忠诚的综合表现，这也是分类学的基本要求；

其五，具有应用价值。分类以后，各类忠诚都对市场营销研究的理论与实践具有指导意义。③

（3）构建条件假设

其一，多品牌竞争存在的现实状况。市场上

①　L. W. Turley, Ronald P. LeBanc. EVOKED SETS：A DYNAMTC PROCESS MODEL. Journal of Marketing. spring 1995：28 – 37.

②　March JG. , Simon H. A. . Organizations. Wiley, New York, 1958.

③　李克琴, 喻建良. 湖南大学学报（社会科学版），2002, 5.16（3）：25 – 28.

品牌的数量逐年激增，使得消费者的心理及行为也相继发生变化。手机消费市场从大众转变为分众，面对越来越高的市场细分，消费者的品牌选择也发生变化，他们不再盲目追求品牌而听信品牌宣言，而是更为主动更为积极地涉入产品。多品牌竞争的结果使得消费者购买产品时更加务实，心目中的理想品牌与最后实际购买品牌之间的差异日渐分明。

其二，产品呈现同质化势态。在品牌运营时代，产品的选择空间不断扩充，而彼此之间的差异却微乎其微。随着科技的普及与融合，硬件标准的同一化进程虽不确定，但基础技术平台化与开放化已成定势。手机硬件技术和基础结构体系的同一化趋势，加之品牌的恶性竞争，促使手机产品促使产品的替代性大大增强，其特性进一步缺失。同质化背景下，品牌差异化及品牌忠诚的维系成为品牌的重要命题。

（4）定性描述

①域定位

在 Jacob Jacoby 多品牌忠诚模式的描述中，模式构建很大程度上决定于品牌域的定位及其变化，品牌域是多品牌忠诚模式考量的重要标准。在借鉴该模式的同时，研究对多元品牌忠诚模式中的品牌绝对忠诚、品牌相对忠诚两个分模式的界定也以品牌域作为基础的衡量标准。因此对于模式的构建，首先要对品牌域作定性的描述。其一，纵向定位。衡量多元品牌相对忠诚模式的品牌域是由此线路选择逐渐产生的：市场中的手机品牌——目标消费群知晓的手机品牌——目标消费群考虑的手机品牌，继而在该品牌域中，结合研究的实证部分所模拟的产品轮廓，产生由目标消费群所选定的手机品牌产品。其二，横向定位。目标消费群所考虑的手机品牌中，因为涉及消费者个体的购买意愿而做出的不同考虑，因而又将该品牌域分为：激活品牌域，拒绝品牌域和惰性品牌域。

②域形成或变化的原因

手机品牌域的形成或其变化的原因主要来自于目标消费者在对个体品牌，或在品牌对比中所产生的品牌综合心理因素。

③域的特性

模式假设品牌绝对忠诚、品牌相对忠诚两个分模式随着消费者意识的更进与市场竞争格局的

转变，目标消费群考虑的手机品牌的大小有所变化，即品牌绝对忠诚、品牌相对忠诚与无品牌忠诚之间存在动态的相互转化的过程。另外，目标消费者对于手机品牌的选择不仅是作为初次使用者而产生的心理，更是在换机过程中由手机的使用经验所产生的心理及行为决策，因此对于手机品牌域的选择是一个循环往复的过程，随着消费者经验的累积及其对新产品的心理判断，消费者的手机选择也会发生变化。鉴于以上两方面的原因，使得品牌域呈现动态性。

8.3.2 多元品牌忠诚模式下手机设计的定性研究

8.3.2.1 碎片化背景下的手机品牌消费研究

（1）碎片化

碎片化（Fragmentation），原意为完整的东西破成零片或零块，在 20 世纪 80 年代末常见于"后现代主义"的研究文献中。① "碎片化"作为描述分化的形象比喻，频繁出现于后现代主义的研究文献中，用于表征其态度取向与文化特征。社会学领域中，"碎片化"则主要是指阶层"碎片化"，当社会阶层分化的同时，各个分化的阶层内部也在不断的分化成社会地位和利益要求各不相同的群体。②

品牌碎片划分为两个层面：其一，品牌目标市场的缩小及转换，所带来的细分化的品牌战略；其二，品牌选择的分崩离析。

（2）碎片化背景下的品牌消费

①碎片化形成新的分众群体

消费者"碎片化"之时也是重新聚合之日，拥有相似生活形态的消费者重新聚集，形成新的分众群体，消费心理会历经一个由从众消费——追求个性——寻找特定群体归属的过程。尽管"碎片化"是以"权威"的坍塌与自我意识的崛起为特点的，但受众对群体的需要是人的本性。追求个性化与寻求群体归属二者并不矛盾，人们在个性化消费时代寻找特定群体的归属是推动消费者重新聚合的内在动力。

②碎片化带动市场细分的研究与品牌忠诚客户的培养

碎片化背景下，目标市场不断细化，随之而

① 黄升民，杨雪睿. 碎片化背景下消费行为的新变化与发展趋势［J］. 广告大观理论版. 2006（2）：4-9.
② 黄升民，杨雪睿. "碎片化"来临品牌与媒介走向何处［J］. 国际广告，2005（9）：25-29.

来的问题就是利润率的下降。面对满足个体消费者成本的上升而目标市场范围的缩小，厂商从原来单纯追求绝对消费者数量的增长，转向了追求个体受众终身价值最大化的方向①。通过细分市场的精准定位，改变品牌的信息建构，重塑媒介选择的渠道，并展示营销的创意表现，力求培养忠实和稳定的客户群，从而为企业带来良好的收益。

③碎片化市场使细分变量引入新的量化指标

随着消费市场的发展，消费分化的程度日益加深，"碎片化"的趋势越来越显著，局限于传统指标划分消费者已经不能切合实际。只有更多地将消费者态度及行为规律等能够体现生活方式的变量与常用变量相结合，发掘出重新聚合消费的理由和指标，才能更全面更透彻地把握消费者。

（3）碎片化背景下的消费者

最具碎片化的消费群体是大学生群体。因为：颇具碎片化倾向、极具挖掘潜力、颇具示范效力。

大学生群体的消费特点有以下几个方面：

由注重物质方面的消费观转向注重精神文化方面的消费观；由注重物质实用性的消费观转向注重实用和美观相统一的消费观；由单一保守的消费观转向多样开放的消费观；由从众模仿的消费观转向在消费中突出追求个性的消费观。

8.3.2.2　研究设计

研究的实证部分根据研究的实际情况采用调查表——问卷的形式。结合访谈法，以书面形式了解被调查对象的反映和看法，并以此获得资料和信息的载体。

根据图 8-15 所示的流程，正式问卷内容主要分为以下两个部分：

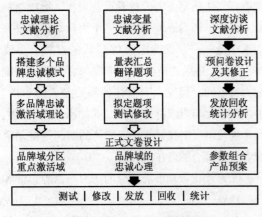

图 8-15　品牌资产要素结构

第一部分，忠诚品牌域调查。第二部分，多元品牌忠诚的模式之下，手机的设计开发研究。研究在第一部分主要采用多题项量表法，对多元品牌的忠诚模式进行测量。第二部分选用联合分析法进行新产品研发设计研究，作为主要的研究方法。

8.3.2.3　问卷设计

问卷设计经过深度访谈、品牌域分区、准实验、区分度考验和信度考验，才最终确定。

（1）深度访谈

访谈前用户甄别，访谈内容及流程安排，访谈用户信息分析，AIO 模型。

甄别问卷的样本总量为 30 人。选定的用户样本其所属的高校地区分布为上海市 7 人，南京市 10 人，无锡市 13 人；性别分布为男：女＝3：2，学历分布为本科 19 人，硕士 9 人，博士 2人；专业分布为理科 6 人，工科 14 人，文科 10人。再根据手机购买的数量进行归类甄选，选定访谈用户为 8 名。

AIO 模型主要从三个维度来测量消费者的生活方式，即活动（activities），如消费者的工作、业务消遣、休假、购物、体育、款待客人等；兴趣（interests），如消费者对家庭、服装流行式样、食品、娱乐等的兴趣；意见（opinions），如消费者对自己、社会问题、经济、产品、文化等问题的意见。表 8-4 所示的是本文深访对象的AIO 模型。

表 8-4　　　被访者 AIO 模型

Name	Activeties	Interests	Opinions
李同学	电子信息专业学习之余多用于上网	喜爱星象学、文学 关注网络信息	有点偏激，但不张扬 勤俭朴素，努力奋斗
周同学	数学系学习之余多用于阅读	娱乐较少，喜欢健身 业余时间喜欢自我充电	思想趋于传统，选择性的接受新鲜事物；学习认真
张同学	机械电子工程学习之余多进行娱乐	爱好集邮、上网和溜冰 关注高科技产品和新材料	性格温和，较为前卫 注重潮流元素，目的性不明确

① 金鑫，杨静怡，殷黎佳，王茜，于壮，王顺．碎片化：21 世纪营销变化的关键词［J］．广告大观理论版，2007（1）：16-24.

续表

Name	Activeties	Interests	Opinions
佟同学	法律专业 注重与人的沟通交流	喜爱文学、电影作品 关注新闻、社会性事件	思想较为传统，低调不张扬 较为被动，随遇而安
秦同学	学习艺术学 业余时间热衷休闲娱乐	兴趣广泛，热爱旅游、音乐 关注时尚潮流和电子产品	时尚但不追潮流，低调不张扬 积极向上，努力奋斗
汪同学	金融专业 业余时间热衷休闲娱乐	喜欢文娱活动 对时尚元素情有独钟	个性张扬，思想前卫 喜欢变化，享受生活
梁同学	新闻学专业 业余多与人沟通、休闲	喜爱文艺、绘画、写作 有目的的关注一些产品	对时尚有独立的见解 勇于奋斗，积极向上
陈同学	土木建筑学，科研为主 学习之余多进行网游	热衷于信息、游戏、运动 时尚品牌服饰	对于生活品质的要求较高 时尚但不追随潮流

根据 AIO 模型，研究把被访者细分为三个子类（3Persona），如表 8-5 所示。

表 8-5　　被访者细分类型

类型	被访者	手机品牌意愿	手机消费情况
I	李	对品牌的要求不明确 价格意愿优先，关注新功能 关注卖场的促销信息和广告	购买过三线的国产品牌 具有即兴消费的特征
II	周/秦/佟/张/梁	对国际知名品牌较为关注 综合考虑各个品牌产品的性价比 接受推介与网络论坛中的信息交流	购买前有较为明确的备选机型 受影响的因素较多，有时现场决定，有时购买前决定
III	汪/陈	钟情于一个特定的手机品牌 产品满意时，价格可以适当的放宽 从品牌的官方网站了解产品信息	只购买一个品牌的手机 且同为诺基亚

（2）品牌域划分

根据对多元品牌忠诚模式的构建，问卷将

以品牌域层级递进的形式，产生大学生消费者决定购买的品牌手机。问卷提供了目前市场中的存在的 90 个手机品牌，以供被试选择自己所知晓的手机品牌，以及目标消费群考虑的手机品牌，继而在该品牌域中，结合研究的实证部分所模拟的产品轮廓，产生由目标消费群所选定的品牌手机。目标消费群考虑的手机品牌中，因为涉及消者个体的购买意愿而做出的不同考虑，因而又将该品牌域分为：激活品牌域，拒绝品牌域和惰性品牌域，研究将激活品牌域作为重点研究对象，配合后面的题项，考量多元品牌的忠诚心理。为了避免多个忠诚模式的框架局限，问卷设计题项时，在充分考虑所有可能出现的情况之前提下，设计开放式问卷部分，以供被试选择填写。

（3）准实验

本次准试验的研究对象为三地高校的 30 名大学生，有针对性地选取了理科、工科、文科的学生进行测试。对被试大学生进行了随机分层抽样，综合考虑了学科性质、所在年级、学历层次以及性别等特征，选择的被试具有一定的代表性。准试验研究对象，将问卷中部分要求用户填入态度指数的所有评价项目的顺序打乱，放入表格中，尽量做到既简练又能准确传达意念。对于被试需要填写的地方采用"李克特量表"进行评定。其中，"5"表示很重要，"4"表示比较重要，"3"表示说不清，"2"表示不重要，"1"表示很不重要。要求被试根据自己在手机品牌抉择时所考虑的每个项目的重要性程度进行打分。同时对准试验施测的大学生中的 15 位（男性 10 位、女性 5 位）追踪访问来进行的，首先要求被试填写问卷，然后询问他们对问卷的建议。在他们填写的过程中，记录每个人疑惑的项目、容易选错的项目以及不愿意表达实态的项目，然后对问卷进行了相应的修改。

（4）区分度考验

对前面回收的 30 份问卷，进行"CSI问卷"的区分度测试。采用态度总加量表法对问卷中的每一个项目进行区分度考验。首先，计算统计所发问卷的 CSI 总分，并按得分高低排序，将 25%的高分问卷和 25%的低分问卷取出。其次，计算总分为高分的问卷中每条项目的平均值，同时计算总分为低分的问卷中每条项目的平均值。再次，计算出高分问卷中各项目平均值与低分问卷中各项目平均值之差，得出差值。最后，将各项目的均值差按大小排序，得高分的题目表示区分度好，得低分的表示区分度差。从中选出个区分度好的项目，并被分成四大块散放在问卷中，连同开放式试题、非态度表征题目一并组成了实验问卷。

（5）信度考验

重测信度，同一个测验项目，对同一组人员进行前后两次测试，两次测试所得的分数的相关系数即为重测信度。本问卷采用重测信度进行信度考察，用两次测试的相关系数来判断问卷的信度是否达到要求。相关系数高于0.8说明问卷有信度较高，相关系数为0.7表示问卷的信度达到要求。

对选取的20位受测者，在间隔时间半个月的时间后进行问卷的重复发放，考察问卷的重测信度。第一行中的数值是行变量与列变量的相关系数矩阵。行、列变量相同，其相关系数为1。变量第一次施测与变量第二次施测之间的相关系数为0.679。第二行中的数值是使相关系数为0的假设检验成立的概率，可以计算的均小于0.001。第三行中的数值是参与该相关系数计算的观察量数目，均为1100。注释行说明标有"＊＊"的相关系数的显著性概率水平为0.01。

从两次施测的相关性指数表（表8-6所示）中可以看到两次施测的相关性指数为0.679，并且具有0.01水平的显著性相关。根据判断标准，第一次施测与第二次施测是相关的，说明问卷达到信度要求。

表8-6　前后两次施测的相关系数矩阵

（Correlations）

		第一次施测	第二次施测
第一次施测	Pearson Correlation	1	0.679＊＊
	Sig.（2-tailed）	.	0.000
	N（总题项数）	2160	2160
第二次施测	Pearson Correlation	0.679＊＊	1
	Sig.（2-tailed）	0.000	.
	N（总题项数）	2160	2160

＊＊ Correlation is significant at the 0.01 level (2-tailed).

8.3.2.4　多品牌忠诚模式下的手机设计

根据Thompson（2005）的研究，在产品设计时盲目地增加产品的属性会使消费者产生"属性疲劳"。即增加属性未必会给消费者带来更高的价值，消费者在购买产品时可能只注重其中几个较为关键的属性[②]。因此对目标消费群体进行了前测，一是确定他们在选择手机时最关注的产品属性，二是确定对他们而言最具有代表性的不同属性水平。

（1）大学生对手机产品的购买因素

通过文献分析法和德菲尔法（专家分析法）研究拟定了大学生对手机产品的40个购买因素，包含了常见的功能、主要属性等，具体情形如表8-7所示。

表8-7　大学生对手机产品的购买因素

品牌	价格	网络制式	手机外形
主屏参数	内存容量	系统	标准配置
待机时间	外壳颜色	体积	铃声
通讯录	信息功能	是否支持E-mail的收发	输入法
游戏	录音功能	主要功能	附加功能
电子词典	蓝牙	红外线	JAVA应用程序
WAP上网	数据线	扩展卡	是否支持WIFI
是否支持GPS定位系统	其他数据功能	摄像头	传感器类型
是否支持闪光灯	变焦模式	拍摄功能	视频功能
MP3播放器	视频播放	多媒体	待机桌面/屏幕保护

（2）主要属性及其水平

手机产品因素的选定是联合分析法在手机新产品定位中应用的首要工作，其质量好坏很大程度上决定了此次分析的科学性。这个过程事实上是在众多影响消费者购买的手机产品特性中选择作用最大的若干因素，并确定消费者购买过程中对该因素按什么水平区分的过程。

根据深度访谈信息的综合分析，得到大学生消费者购买手机决策时最关注的主要属性有品牌，整机功能，价位和外观样式。根据前文对手机品牌格局的分析，研究选择品牌阵营中的代表品牌，而不是以品牌来源国或者其他单一标准选出的品牌为研究对象。

从市场推出的音乐手机数量来看，前五位厂商为诺基亚（22款）、三星（20款）、索尼爱立信（18款）、联想（18款）、摩托罗拉（17款）。综合考虑音乐手机主流品牌的品牌来源国、所占的市场份额、市场策略以及推出的手机产品数量，研究选定诺基亚、索尼爱立信、联想三个品牌为品牌的因素水平。根据品牌属性的水平，分别以三个层次水平来衡量其他三个属性。

（3）产品轮廓方案

研究根据联合分析法采用数理统计中的正交设计虚拟产品数量减少到9种。以下是正交设计产生的产品方案：

表8-8	大学生手机产品模拟方案			
虚拟产品	品牌	价格	外观样式	整机功能
A	诺基亚	便宜	美观	较好
B	索尼爱立信	较高	一般	较好
C	联想	便宜	一般	普通
D	联想	中等	较好	较好
E	诺基亚	中等	一般	高级
F	联想	较高	美观	高级
G	诺基亚	较高	较好	普通
H	索尼爱立信	中等	美观	普通
I	索尼爱立信	便宜	较好	高级

8.3.3 多元品牌忠诚模式手机设计定量研究

8.3.3.1 问卷的发放与回收

在上海、南京、无锡三地高校在校大学生发放问卷，共发放问卷250份，回收232份，回收率92.8%，其中有效问卷180份，有效率72%。

8.3.3.2 被试的基本信息分析（性别、专业、学历、地区）

在回收的有效问卷中，男生109份，占总被调查大学生的60.5%，女生71份，占总被调查大学生的39.5%。理科类大学生98人，占总被调查大学生的54.4%；文科类大学生82人，占总被调查大学生的45.6%。本科生137人，占总被调查大学生的76.1%；硕士研究生35人，占总被调查大学生的19.4%，博士研究生8人，占总被调查大学生的4.5%。上海、南京和无锡的样本量分别为54个、51个、75个，分别占总样本数的30%、28.4%、41.6%。

8.3.3.3 品牌域划分的统计分析

（1）知晓品牌域

将目前市场上存在的90个中外手机品牌提供给被试作选择，经过统计品牌再认度最高的前十位的品牌如图8-16所示：可以看出诺基亚、摩托罗拉、三星、索尼爱立信四个国外品牌的再认度遥遥领先。紧随其后的是国产品牌多普达、联想、波导及两个国外品牌LG、飞利浦，而其余品牌的再认度则不及50%。

（2）虑品牌域

在样本分群及描述的基础上，研究对品牌绝对忠诚者（Ⅰ）、品牌相对忠诚者（Ⅱ）、无品

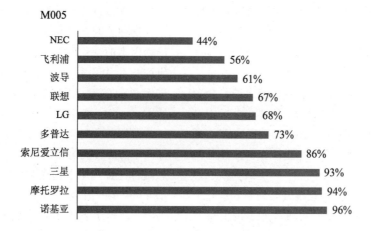

M005

图8-16 手机品牌再认度

牌忠诚者（Ⅲ）三种忠诚类型的样本进行统计，数据显示第Ⅱ类型的大学生消费者以132个占据了全部样本73%的比例，而第Ⅰ、Ⅲ则以17%、10%的悬殊差异占据小部分比例。以激活域为分群指标，第Ⅱ类型的大学生消费者又可细分为Ⅱa、Ⅱb两种，分别代表一般相对忠诚者和倾向于尝试不同品牌的品牌转换型相对忠诚者，而其中以Ⅱa占据较大比例，如图8-17所示。

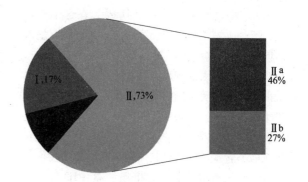

图8-17 三种类型样本的分布情况

8.3.3.4 不同忠诚类型各影响因素的关联分析

多元品牌忠诚的评价题项基础：

H1：品牌忠诚的前导变量存在于消费者的认知之中，消费者的认知导致品牌忠诚。H1a：消费者对品牌的风险认知能够导致品牌忠诚。H1b：对于高涉入度消费者而言，各影响因素对忠诚的贡献要大于低涉入度消费者。

H2：品牌忠诚的前导变量存在于消费者的态度之中，消费者的态度导致品牌忠诚。H2a：消费者对品牌的信任能够导致品牌忠诚。H2b：消费者对品牌的喜爱能够导致品牌忠诚。H2c：消费者感知到的价值能够导致品牌忠诚。H2d：消费者感知到的质量能够导致品牌忠诚。H2e：消费者感到满意能够导致品牌忠诚。

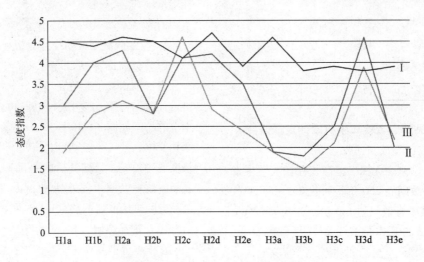

图 8 -18　三种类型样本的忠诚影响因素

H3：品牌忠诚的前导变量存在于消费者的行为之中，消费者的行为导致品牌忠诚。H3a：消费者对该品牌产品的重复购买是品牌忠诚的表现。H3b：缺货情境下，消费者不会转移品牌是品牌忠诚的表现。H3c：消费者对品牌忠诚，会向他人推荐该品牌的产品。H3d：品牌在市场中份额能够反映该品牌拥有的忠诚者数量。H3e：品牌忠诚者购买该品牌的产品不是源于对该品牌产品的习惯性购买。

在几个特定的因素方面呈现较大的差异：其一，品牌喜爱（H2b）。绝对忠诚者所忠诚的单一品牌同时也是其钟爱的品牌，而另外两类忠诚消费者用于选择对比的品牌却不是来自自身的情感；其二，感知到的价值（H2c），在这个因素上，三种类型消费者的态度相差不大，没有呈现形同总趋势的梯度；其三，重复购买（H3a），相对忠诚者和无品牌忠诚者对于选择对比的品牌受前次购买经验的影响不大，出现新的购买意向也不是出于重复购买；其四，缺货情境下的反应（H3b），这一因素上的态度指数相差最大，绝对忠诚者不转换品牌，而其他两类消费者则会很大程度的转换品牌；其五，市场份额（H3d），三类消费者对于品牌的选择都会参照该品牌产品的市场销售情况，而相对忠诚者与无品牌忠诚者对

于他人意愿的以来更强一点。

三种忠诚模式可能随着自身意识、品牌格局等因素的变化而变化，在上述分析的基础上，研究得出由无品牌忠诚者向品牌绝对忠诚者，进而再向绝对忠诚者转换的条件如表 8 - 9 所示。

根据前文对于不同忠诚类型描述可以获知，倾向于品牌转换的相对忠诚者（Ⅱb）和无品牌忠诚者（Ⅲ）用于选择对比的品牌最为不确定。第Ⅱb 类型的消费者虽然其激活域相对确定，但是由于倾向于尝试不同的品牌体验，其选择对比的品牌也会出现碎片化倾向。而第Ⅲ类型的消费者，由于无品牌意识，对于品牌的选择也呈现多样化和不确定性。Ⅱb 和Ⅲ的品牌忠诚态度最为接近的因素排序为：

H2b < H3a < H3b/H3e < H3c < H1a <

H3d/H2c/H2e < H2d < H2a < H1b

由此可知，两类最具碎片化消费者对涉入度、是否重复购买、缺货情境下的品牌转移、是否习惯性购买几个因素所持的态度相近，其均值依次为 2.7、1.7、1.7、2.0（图 8 -19）。因此把握好这几方面的品牌态度对于碎片化消费者的分群至关重要，而提升这几方面的品牌态度是避免碎片化，提升品牌忠诚的有效策略。

表8-9　　　三种忠诚类型转换的条件分析

初级	转换因素	次级	转换因素	高级
	H1a↑		H1a↑	
	H1b↑		H1b↑	
	H2a↑		H2a↑	
	H2b-		H2b↑	
	H2c↓		H2c-	
无品牌	H2d↑	品牌相对	H2d↑	品牌相对
忠诚者	H2e↓	忠诚者	H2e↑	忠诚者
	H3a-		H3a↑	
	H3b↑		H3b↑	
	H3c↑		H3c↑	
	H3d↑		H3d↓	
	H3e↓		H3e↑	

注：↑表示强化；↓表示弱化；-表示保持

一般相对忠诚者与倾向于品牌转换相对忠诚

消费者对于品牌忠诚态度差异的因素排序为：H1a/H2d＞H2e＞H3a＞H2a＞H1b/H2b/H2c＞H3c/H3b＞H3d。由图8-20可知，两类消费者对于所选择品牌的风险认知和感知到的质量差异最为显著，一般的相对忠诚消费者倾向于购买熟知的品牌的手机，而喜爱品牌转换的相对忠诚者对于风险的态度则不甚重视，在选择品牌的过程中，以尝试不同的品牌为重要标准。另一方面，一般相对忠诚消费者对所选品牌的产品质量有较高的认知，选择品牌时较为理性，不会轻易倾向于使用过的品牌，而是在购买时更加务实，以较为统一的标准权衡所有的激活域品牌；相比之下，喜爱品牌转换的消费者对于所选定品牌的产品质量没有较高的认定。两类消费者对于所选择品牌在市场中的份额都非常重视，态度指数相同，它们权衡所要购买品牌的指标有较少的情感因素，趋向于实利型消费，这也正是导致激活域品牌数量不为单一品牌的重要原因。

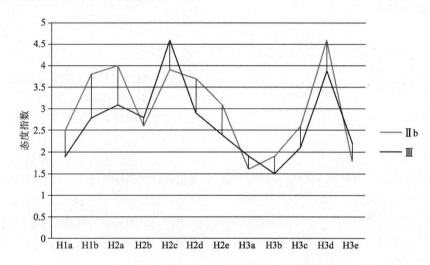

图8-19　最具碎片化类型样本的忠诚影响因素

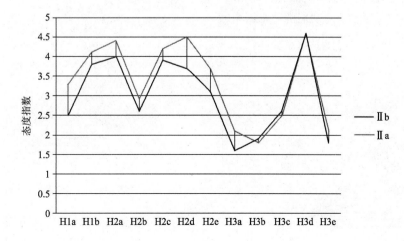

图8-20　两类相对忠诚样本的各忠诚影响因素

8.3.3.5 联合分析

（1）品牌属性水平的关联分析

如图8-21所示，绝对忠诚类型的大学生消费者非常偏好于诺基亚手机（效用值达到2.311），这一点与品牌域考量环节中得到的结果相同，而对于索尼爱立信和联想手机的偏好明显不足，尤其对联想手机的偏好程度最低（效用值仅为-1.812）。相对忠诚类型的消费者则显示出对于诺基亚、索尼爱立信两个外资品牌的青睐，对于国产品牌联想的持否定态度（效用值-1.269）。无品牌忠诚的消费者则与之相反，而因价格和功能等因素表现出对于联想手机的偏好。

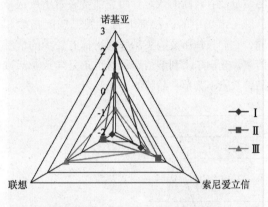

图8-21 三类样本的品牌属性水平

（2）功能属性水平的关联分析

如图8-22所示，对功能最为重视的是相对忠诚者，以性价比为权重标准，期待较高的功能配置（效用值达到1.055）；而绝对忠诚类型的大学消费者由于以品牌为第一权重要素，对手机功能的较低（对较好功能的效用值为0.856）。相较前两种忠诚类型的消费者，无品牌忠诚者因为以价格为第一权重要素而对功能的要求居中，对较好功能的效用值为0.933。

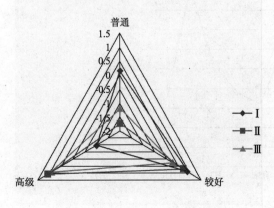

图8-22 三类样本的功能属性水平

（3）外观样式属性水平的关联分析

如图8-23所示，对外观样式最为重视的是无品牌忠诚者，其对美观的效用值达到了1.313，对较好的外观和一般的外观都比较排斥，而成为继价格因素之后排序第二的权重因素。绝对忠诚者和相对忠诚者虽然对外观样式的期待较之相对降低，但仍然是较高的，对美观的效用值分别为0.588、0.344，以性价比为第一权重要素的相对忠诚者在对外观样式的要求中最低，外观在四个属性中排序末位。

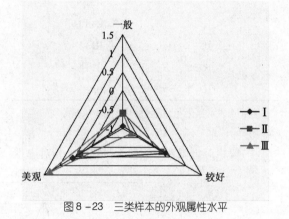

图8-23 三类样本的外观属性水平

（4）价格属性水平的关联分析

如图8-24所示，对价格最为重视的是无品牌忠诚者，而其期望购买便宜的手机产品，（效用值达到1.617），相对而言，另两类消费者对价格的接受范围相对宽泛。品牌相对忠诚者，因为追求较高的性价比，愿意接受中低价位的手机产品。而品牌绝对忠诚者，可接受的价位宽泛。因为以心仪的品牌为首选要素，因此只要其他要求满足，较高的价格也是能够接受的。

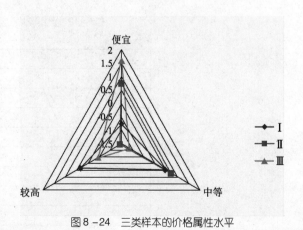

图8-24 三类样本的价格属性水平

8.3.4 多元品牌忠诚模式实证研究结论

我国企业在品牌忠诚的战略管理方面尚处萌芽阶段，虽意识到其重要性，但在品牌忠诚的维系上的效益有限。而国外现有的大量文献相继对焦于单一或特定品牌，对多元品牌忠诚问题涉猎甚少。研究在品牌忠诚文献分析的基础上，提出多元品牌忠诚的新理论模式，以手机产品为切入点，对其进行分类划分，以求对品牌忠诚理论进行有效的补充。

8.3.4.1　大学生手机消费市场的碎片化整理

根据实证部分手机消费的研究，大学生消费者分为以下四个细分类型。

表8-10　　　四种细分类型

消费者类型	消费心理
绝对忠诚者　Ⅰ	钟情于单一品牌，即使在缺货情景下也不轻易转换品牌
相对忠诚者　Ⅱa	在特定的品牌集合中选择对比，不因购买经验而带有明显的倾向性
相对忠诚者　Ⅱb	虽然有较为确定的目标范围，但倾向于尝试不同的品牌
无品牌忠诚者　Ⅲ	品牌意识较为薄弱，可以接受的品牌范围宽泛且非常不确定

通过对180份有效问卷结果进行统计获知，Ⅰ、Ⅱa、Ⅱb、Ⅲ四个类型消费者的规模分别为：17%、46%、27%、10%，Ⅱa类型的消费者以将近一半的数量，占有最大比重，Ⅱb类型的消费者比重次之，而Ⅰ、Ⅲ两个类型的消费者比例非常小。大学生消费市场呈现鲜明的菱形结构，如图8-25所示。

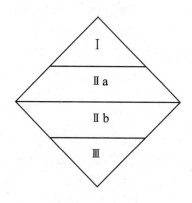

图8-25　菱形结构

最具碎片化的消费群排序为Ⅲ > Ⅱb > Ⅱa > Ⅰ，其中倾向于品牌转换的相对忠诚者（Ⅱb）和无品牌忠诚者（Ⅲ）用于选择对比的品牌最为碎片化。第Ⅱb类型的消费者虽然其激活域较

为确定，但是由于倾向于尝试不同的品牌体验，其选择对比的品牌也会出现碎片化倾向。而第Ⅲ类型的消费者，由于无品牌意识，对于品牌的选择也呈现多样化和不确定性。

8.3.4.2　基于不同忠诚类型的手机属性分析

研究运用联合分析法，对大学生的手机消费决策进行了实证研究。旨在发掘这一具有较强示范效力而最具碎片化的消费群体的购买偏好和倾向，为各大手机厂商提高利润水平、发掘最有价值的客户提供理论依据。

绝对忠诚者在购买手机时最注重的是品牌因素，价格是四个属性中最为不重要的因素。对于该类型消费者而言，如果样式及功能可以使其满意，他们愿意接受较高的价位。绝对忠诚消费者非常偏好于诺基亚的手机。

相对忠诚者在选购手机产品时最注重的前两个属性是整机功能和价位，对于手机产品的性价比非常重视。此外对于品牌的重要性也相对较高，而将样式置于最后，且与前三者的差异显著。该类型消费者显示出对于诺基亚、索尼爱立信两个外资品牌的青睐，对于国产品牌联想的持否定态度。对于Ⅱa类型的相对忠诚消费者而言，选购手机产品时比较理性，不因购买经验而带有明显的倾向性。对于Ⅱb类型的相对忠诚消费者而言，在上述衡量的基础之上，更倾向于尝试不同品牌的手机。

无品牌忠诚者，最注重的前三个属性中也包含了价位和整机功能，对于手机产品的性价比也比较重视，但将价位而不是功能置于最重要的考虑地位。另外该类消费者很看重手机产品的外观样式，而对品牌的考虑是最后一位。他们与前两类消费者相反，因价格和功能等因素表现出对于联想手机的偏好。

8.4　跨文化理论导向 TCL 手机品牌文化推广设计研究

本项目主要从介绍国际著名跨文化学者霍夫斯塔德的文化价值层面理论以及品牌文化推广的相关概念入手，并在产品设计、包装、品牌定位、广告宣传等各方面，分析比较国际品牌和本土品牌的文化推广策略，提出跨文化理论导入品牌文化推广的具体实施，为本土品牌树立民族品牌形象，提升品牌文化竞争力提供参考。

8.4.1 霍夫斯塔德跨文化理论与品牌文化推广研究

8.4.1.1 霍夫斯塔德跨文化理论

吉特·霍夫斯塔德（Geert Hofstede）文化价值层面理论把表现各国核心文化价值分为5个层面："个人主义—集体主义"（Individualism - collectivism）、"权力距离"（Power DistanceIndex）、"男性度—女性度"（Masculinity—Femininity）、"不确定性回避"（Uncertainty Avoidance Index）和"长期观—短期观"（Long - Term—Short - Term Orientation）

（1）个人主义—集体主义（Individualism - collectivism）

社会里个人与集体的关系是社会文化的体现。霍夫斯塔德在《文化与组织：思维的软件》一书中把个人主义—集体主义定义为："在个人主义的社会中，人际关系松散，人人各自照顾自己和自己的家庭；相反，在集体主义的社会中，人们从一出生开始就与强大而又具有凝聚力的内部集团结合在一起，而这种内部集团又对这些忠诚的成员提供终生的保护。"①

（2）权力距离（Power Distance Index）

霍氏的权力距离指的是人们对权力在社会中不平等的分配状态所能接受的程度。具体地说："权力距离是指在一个国家的机构和组织中（包括家庭、学校和社区中），掌握权力较少的那部分成员对于权力分配不平衡这一现象能够接受的程度。"②

（3）男性度—女性度（Masculinity—Femininity）

该维度是借用其部分含义，与性别无关。霍夫斯塔德对此定义为一个社会在自信（男性度）与培养（女性度）之间的对比。这一维度的内容是代表在社会中"男性"优势的价值程度。在男性气质突出的国家中，社会竞争意识强烈，其文化强调公平、竞争，注重工作绩效，为了工作而生活，并且认为社会中性别角色是明确划分的，男性应占统治地位；而在女性气质突出的国家中，生活质量的概念更为人们看中，其文化强调平等、团结和心灵的沟通，为了生活而工作，并且认为性别角色不是固定的，两性间应该平等。

（4）不确定性回避（Uncertainty Avoidance Index）

不确定性回避表示人们对不明朗情况不安的程度。霍氏认为："所谓不确定性回避就是文化成员对于不确定的或是未知的情况所感觉到的恐慌程度。这种不确定性给人们造成的恐慌表现为精神紧张或期盼未来的可预见性。"③ 在一个对不明朗因素反映较强的社会，人们希望社会的机构能够维系社会一般遵循的惯例。在此社会中，人们对观念和行为有一套特定的看法，比较不能容忍群众不同的观点。相对来说，在一个对不明朗因素反映较弱的社会，大部分人较为放松，承认人生本是无常，所以较容易接纳有差异的事物，对（5）于未知的风险能泰然处之，所以在教育子女和学生方面，也采用较宽松的纪律。

（5）长期观—短期观（Long - TermOrientation）

一般来说，有长期取向的国家有如下的准则、价值观和信念：着眼于未来，愿意为将来投资；强调勤俭节约（储蓄）和忍耐等因素；固执坚持以达到目标；对社会关系和等级关系敏感；对待事物以动态的观点去考察；做任何事情均留有余地；重实效的传统和准则以适应现代关系；接受缓慢的结果。短期观着眼于眼前的利益；注重对传统的尊重；注重负担社会的责任；履行社会义务的因素；在管理上最重要的是此时的利润，上级对下级的考绩周期较短，要求立见功效，急功近利，不容拖延。按照霍夫斯塔德的研究成果，中国、日本和中国的香港等东方国家或地区明显注重长期方面；美、德、法等西方国家对长期方面的重视程度明显低于东方国家。

在霍夫斯塔德的5个文化维度中，中国文化维度值分别为个人主义（IDV）：15，权力距离（PDI）：80，男性度—女性度（MAS）：50，不确定性回避（UAI）：44，长期观—短期观（LTO）：100，而世界文化维度值分别为个人主义（IDV）：43，权力距离（PDI）：55，男性度—女性度（MAS）：50，不确定性回避（UAI）：64，长期观—短期观（LTO）：45。根据霍夫斯塔德的文化价值维度，中国民族文化的特点概括起来就是：权力高度集中、集体主义弱、不确定

① GeertHofstede, *Culture and organizations: software of themind*, London, Norfolk: McGraw - Hill Book Company (UK) Limited, 1991: 51.
② 同上。
③ 同上。

性回避，男女社会比较平等、长期倾向的一种民族文化。

8.4.1.2 品牌文化推广研究

（1）品牌文化的作用

品牌文化就是指文化特征在品牌中的沉积和创建品牌活动中的一切文化现象。首先，品牌属于文化价值的范畴，是社会物质形态和精神形态的统一体，是现代社会消费心理和文化价值取向的结合。其次，品牌事业本是一项经济性活动，同时也是文化性活动。品牌在文化层面上的影响更深入也更为广泛，一方面品牌以文化来增强其附加值，另一方面品牌在借鉴吸收文化时，本身也在创造一种新的文化。

一般来说，品牌文化应包括三个层次的内容：①

①外层品牌文化，即品牌文化物化形象的外在表现，它包括企业的名称、徽标、商标、建筑物、内部装饰等，这是品牌文化的最基本要素。

②中层品牌文化，即品牌在管理、营销活动中所渗透的社会文化的精华及民族文化的成果总和的展现，它包括品牌口号、厂歌、广告宣传、公关活动、品牌管理方式、品牌营销方法等，这是品牌文化得以体现的关键。

③深层品牌文化，即品牌文化的精神，它包括企业理念、义利关系、企业良心等，这些都是在长期的品牌发展过程中形成的，它渗透在品牌的一切活动之中，它是品牌文化的灵魂和核心。

（2）品牌文化营销

文化营销就是有意识地利用文化要素启动市场、促进销售的方式和手段。传统的营销理论发展体系基本上是以有形产品为中心的，而文化营销是以传统营销为基础形成和发展起来，但又比传统营销具有更为丰富的人本理念和道德内涵。因此，可以说与传统营销相比，文化营销带来的效果更持久。

"文化营销是指通过激发产品的文化属性，构筑亲和力，把企业营销缔造成为文化沟通，通过与消费者及社会文化的价值共振，将各种利益关系群体紧密维系在一起的企业营销活动。"② 也有学者将之定义为："文化营销是有意识地通过发现、甄别、培养或创造某种核心价值观念以

减少或防止营销与文化的冲突，来达到企业经营目标（经济的、社会的、环境的）的一种营销方式。"③

品牌文化营销的要素：品牌文化营销也要注重各种因素的组合，努力协调各种不同的营销手段，达到统一的营销目的。品牌文化营销以产品为基础，包涵了品牌定位、包装、名称标志、设计、广告策划等诸多因素，这些要素及它们的组合体现出丰富的文化价值意义，决定着品牌营销的方向和思路。

品牌文化营销的作用：

①本土企业：有助于本土品牌赢得市场竞争，树立民族品牌形象。文化背景的不同，是造成各国消费者需求不同的一个重要因素。

②跨国企业：有助于国际品牌的本土化传播。国际品牌的本土化是两种文化的融合，品牌的本土文化融合就是要通过品牌文化营销树立国际品牌的本土化形象，使产品品牌与当地的社会文化环境有机地融合起来，以文化的亲和力感动消费者，让国际品牌成为消费者身边的品牌。

（3）中国文化的核心价值观及对消费行为的影响

一个社会的核心文化价值观将从根本上直接影响和制约所属成员的消费行为及其他一切行为。作为企业对此应该有充分的了解，才能把握消费者的心理。中国文化历史悠久，庞大芜杂，且现在处于急剧转型时期，其核心价值观难以概括，本文只简要介绍几种：中庸、重人伦、面子主义、重义轻利、谦逊含蓄。

（4）中国消费文化在品牌文化推广中的作用

前文中所述的这些核心价值观并不一定会在每个中国消费者的身上体现出来，也不一定在每种消费行为上表现出来。随着市场经济的发展和外来文化的冲击，现代社会中一些共同的核心价值观念，也开始在我们社会中生根发芽。总的来说，由于中华文化五千年根深蒂固的影响，在消费文化中，传统的核心价值观仍然是我们考量消费者的重要因素，它们影响和制约着消费者的消费行为和消费理念，对于品牌的文化推广，起着关键作用。在考量中国消费文化时，导入霍氏理论，通过分析中国文化的五个维度，在品牌推广

---

① 白永琦. 浅谈品牌文化 [J]. 大同职业技术学院学报，2003，17（3）.

② 王雪利. 知识经济背景下的文化营销研究 [EB/OL]. http：//www.sohu.com.

③ 任娜. 论文化营销及其实施 [J]. 北方经济，2005（12）：27.

中重视文化因素的作用，将对本土企业的品牌树立起到重要的作用，同时对跨国企业在中国的品牌本土化推广，也有着广泛的借鉴意义。

8.4.2 霍氏跨文化理论导向品牌文化推广设计研究

不少国际品牌虽然无法与发展迅速、拥有价格优势的中国品牌竞争，但由于长于跨文化渗透、长于消费文化和现代生活方式传播的文化竞争，在中国市场上屡屡得胜，并有长期立足的趋势；相比之下很多中国本土品牌却缺乏文化内涵和文化资源，只有眼前利益而缺乏可持续发展的状态，无法在消费者心目中树立起民族品牌形象和国际品牌竞争，实在令人担忧。因此本文认为，我们有必要反思中国品牌文化推广的战略问题，运用文化价值层面理论，从品牌文化战略高度作理性分析。

品牌文化推广，可以传播自身品牌文化内涵，同时也需要在推广过程中把握不同的消费文化，体现一个民族的哲学观念、思维模式、文化心理、道德观念、生活方式、风俗习惯、社会制度、宗教信仰等，从而使受众能够更好地理解和接受品牌。因而，在中国品牌文化推广将不可避免地标有中国文化特色的印记。下文通过比较中外品牌文化推广战略的差异，注意国际品牌的本土化操作优势，为本土企业发挥本土文化优势，提升品牌文化推广水平，提供重要的参考依据。

8.4.2.1 霍氏跨文化理论各维度导入分析

（1）权力距离维度导入分析

按照霍夫斯塔德跨文化模型的指标，我国在模型中的权力距离程度指数为80，相对于其他民族文化而言是等级比较高的一个指数。这一价值观决定中国消费文化的重心之一是对权势的崇拜，反映在我国的一些品牌广告常常会以帝王将相作为其产品的代言，以显示其高阶层；或者着意表现出成功人士、高层人士的形象，吸引消费者，产生联想；品牌广告词也往往具有这方面的倾向，如"唐时宫廷酒，盛世剑兰春"（"剑兰春"酒品牌广告），"尊贵典雅，魅力非凡"（"TCL"宝石手机品牌广告），"索肤特格格才是真格格"（"索肤特"洗面奶品牌广告）。这些品牌广告在中国观众看来，并不觉得有任何不妥，相反在潜意识里，认同这种等级区分的表现，进而希望通过购买或使用这类产品，能高人一等。另外，一些消费者的崇洋媚外心理，也是

一种不自觉的等级认同，许多品牌广告利用中国消费文化这一特点，有意无意地强调"采用进口设备、引进先进技术生产的一流产品"，以便树立商品的形象，吸引潜在的消费者；甚至品牌名称也采用像外国品牌的译名，如"格兰仕"，"雅戈尔"，"奥妮"等。与此相反的是，一些跨国企业在进入中国市场时，则会为其产品取相对应的中文名称，最典型的当数"宝洁"公司，其麾下的数个品牌，如飘柔（rejoice）、潘婷（pantene）、海飞丝（head&shoulders）、沙宣（Sassoon）、舒肤佳（safeguard）、玉兰油（olay）、激爽（zest）等。为了迎合中国消费文化，在中国进行宣传的时候就采用其中文名称，他们的目的就是强化中国消费者对美国品牌产品有较高的记忆度、亲和度和体验度，并成为其长期的使用者，这一成功的品牌文化策略值得国人反思。

（2）个人主义维度导入分析

G. Hofsted 认为，个人主义是指一种组织松散的社会结构，其中的人仅仅关心他们自己，最紧密的家庭；集体主义的特征是严密的社会结构，其中有内部群体与外部群体之分，他们期望内部群体（亲属、氏族、组织）来关心他们，作为交换，他们也对内部群体绝对忠诚。我国的个人主义指数是39，指标较低，这固然和我国的社会制度有关，一直强调集体主义的价值观，个人利益服从集体利益，尤其在改革开放前，几乎没有人敢提个人主义。而中国传统儒家文化的修身、齐家、治国、平天下之术，说的也是个体的发展必须与群体紧密相连，"修身"只是手段，"齐家"是治国的基础，"平天下"是最终目的。所以个人最终消融在家、社会和国家之中。表现在品牌广告中，最突出的就是家庭概念。中国人一向孝敬父母，关爱子女，习惯于大家庭的生活，许多品牌广告都是以此为诉求点，从而打动消费者。以"金龙鱼"为例，在塑造品牌形象时，首先确立了"温暖大家庭"的品牌支点，以富贵、喜庆和健康温暖的形象深入人心；而且其各阶段的电视品牌广告都保持高度亲和力，风格清新自然，具有人文内涵，在消费者心中留下了深刻印象，"金龙鱼——万家灯火篇"品牌广告中"快回家，快回家，亲爱的爸爸妈妈快回家……"的主题曲更是朗朗上口，广为流传。"农夫山泉"则是剑走偏锋，虽然产品是包装水，但却采取了和公益事业挂钩的品牌广告策略，如

"一分钱支持申奥"、"买一瓶水，捐一分钱"，呼吁更多企业和社会力量关注贫困地区体育事业的发展。不以个体名义而是代表消费者群体的利益来支持公益事业，不但是公益活动中的一个创举，收到了很好的经济效益以及消费公众的认同。这种消费文化是受儒家文化的影响，中国人比较崇尚中庸之道，强调群体、贬抑个体，不太允许标新立异，这也许是中国品牌广告宣传中缺乏个性现象的原因之一。

（3）男性度维度导入分析

我国的男性度指数为50。从我国的男性度指数来看，我国社会可以看做是一个男女平等且竞争压力不太大的社会。中华民族是勤劳的民族，有勤奋敬业的优良传统，工作是人们生活中的重要部分，但闲暇也不可缺少，所谓"一张一弛，文武之道"，反映了人们对待工作和休闲的态度；而且随着人们生活水平的逐步提高，也越来越讲究起了"工作—生活质量"。在"利朗"商务休闲男装的品牌广告中，陈道明手拿一份报纸，缓缓地穿行于一群西装革履的男士之间，与他们的紧张忙碌相比，显得淡定怡然，闲适从容，同时又显示出对工作的游刃有余，很好地诠释了国人心目中工作与休闲并重的消费文化。而人们对生活质量的追求，则令许多品牌广告都不遗余力地表现其产品与现代生活的舒适美好的联系，"美的"品牌广告"原来生活可以更美的"可谓说出了老百姓的心声。另外，就两性地位来看，我国基本是平等的，虽然封建社会强调男尊女卑，但新中国成立后政府大力倡导男女平等，"妇女能顶半边天"，中国女性在社会中的地位，与邻近的日本、韩国、印度等国家相比，要高出不少。因此品牌广告中也频频展现出对女性的尊重和爱护：如"好太太"晾衣架让张国立代言，在品牌广告中展示了一个居家好男人的形象；而陈佩斯在"立白"洗洁精品牌广告中那句"太太的手要紧"，令不少家庭主妇称许。这类品牌广告为数不少，不过也许是觉得对女性的关爱程度太高了，"丽珠得乐"胃药喊出了"其实男人更需要关怀"，反映中国两性消费文化的微妙变化，似乎在呼吁品牌广告创意提倡性别平等。

（4）不确定性回避维度导入分析

中国社会文化的不确定性避免维度在霍夫斯塔德文化层面理论分析中，处于较低区域，其指数为44，属于中等以下水平。我国的民族文化究其实质是以维护和谐的社会秩序为出发点的内敛型文化。一个鼓励其成员战胜和开辟未来的社会文化，可视为强不确定性避免的文化；反之，那些教育其成员接受风险，学会忍耐，接受不同行为的社会文化，可视为弱不确定性避免的文化。儒家文化是以"仁、义、礼、智、信"为价值观，以"温、良、恭、俭、让"为行为准则，以"无为而治"作为最高社会理想；儒家文化倡导"仁者爱人"的治理原则，强调"克己复礼"的处世态度，其实质是以维护和谐的社会秩序为出发点的内敛型文化。因而在品牌广告中，往往追求营造和谐的气氛：人与自然的和谐，人与人之间关系的和谐。蓝天、绿地、海风、森林常常是绝佳的陪衬，营造出带有某种意境的风景，一旦这种意境为人所理解，就会留下更深刻的印象，更易于为人们所接受；而一些品牌广告语言也起到了画龙点睛的作用。"中国网通"的"由我天地宽"以及"中国网宽天下"，就体现出了"天人合一"的中国文化基本精神；"汇仁"集团的"仁者爱人，汇仁制药"体现了中国传统文化的精髓，勾起了人们对这一古老风范的深深眷恋，在如今这个有些急功近利的时代背景下，令消费者耳目一新，一时间成为大江南北脍炙人口的品牌广告语，很快获得广泛的社会认同。另外，由于文化的内敛性，国人往往喜欢把自己的情感隐藏，因此在品牌广告中采用含蓄委婉的表达方式，或者引用一些带有寓意的小故事，也能收到很好的效果，达到所谓的"弦外之音"、"言外之意"、"只可意会、不可言传"的境界。丰胸产品的一句"做女人挺好"，看似女权主义的口号，却不知让多少男士暗暗点头，让多少女士心中痒痒，可谓效果不俗。这种恰到好处的模糊性、意会性，使得品牌广告富于联想，回味无穷，大大增加了艺术感染力。

（5）长期观维度导入分析

我国是一个特别注重家庭观念的传统国家，一个家庭往往是上有老下有小，储蓄从丰，消费节俭是非常必要的。一般来说，有长期取向的国家有如下的准则、价值观和信念：储蓄应该丰裕；固执坚持以达到目标；节俭是重要的；对社会关系和等级关系敏感；愿意为将来投资；重实效的传统和准则以适应现代关系；接受缓慢的结果。国际研究报告显示，在上述指标中最具有代表性的几个方面，在各国中是较高的。长期取向高的文化，深受儒家思想的影响，节俭和有备无患，一直被当做重要的美德加以推崇。孔子就说："奢则不孙，俭则固。与其不孙也，宁固。"墨子更是把节用看做是治国治民的法宝，在他看来，节俭则"民富国强"，"俭节则昌，淫佚则亡"。我国是一个特别注重家庭观念的传统国家，在品牌广告中突出物美价廉符合大多数中国老百姓的心理，很能激发人们的消费兴趣和消费行动。'大宝'的品牌广告就是采取这样的策略，走大众路线，表现的都是大众化的场面，贴近老百姓的生活，一系列小人物评说着共同的护肤品——物美价廉的'大宝'："我让我老婆也买瓶贵的，嘿，人家就认准'大宝'了。"就这样反复告诉消费者："大宝"是老百姓用的，价格便宜又足。而且虽然品牌广告强调的是"大宝"的产品一家老小都适合、男女老少皆宜的消费文化，"大宝"价廉物美的诉求正好满足了他们的需求。中国现代化进程很快，消费文化指向未来的趋势日趋凸显：虽然中国人消费讲究节俭，但也愿意为将来投资，所谓"常将有日思无日，莫待无时想有时"，这是中国人传统的忧患感，必须为将来做打算。"平安"保险品牌广告："平安中国，中国平安"、"太平洋保险保太平"等保险产品广告应运而生；而家长为了孩子的未来，非常舍得投资教育，望子成龙、望女成凤是普遍的消费文化和消费心态；另外中国有"养儿防老"的传统文化心态，敬老爱小的相关产品很有市场。许多保险、教育、儿童产品、保健品的品牌广告就是迎合了人们的这种消费文化的心理。还有一些突出生态、绿色、环保主题的品牌广告，也是引领导中国新兴消费文化这热点区域。

8.4.2.2　霍氏跨文化理论导入结论分析

通过以上分析，我们从霍夫斯塔德的五大文化维度，分析了中国消费文化和品牌文化推广策略，可以得出以下结论：

第一，成功的品牌文化推广必须与几千年来中华民族的传统文化相一致，引导消费者从对民族传统文化的认同过渡到对产品和品牌的认同，迎合中国当代消费文化以形成中国品牌的个性。

第二，随着经济全球一体化进程的发展，跨国公司品牌进入中国的成功案例值得国人品牌战略的反思：他们首先不是抢占市场抓经济效益、讲营业额，而是做大量的市场调查，消费心理分析，消费文化归类，国人价值取向的研究；最终确认文化模式，用文化沟通去赢取长效的经济效益。

第三，作为跨国品牌，其跨文化推广策略必须要在体现母国文化的同时，冲破文化壁垒，寻求其产品与东道国文化象征的关系，求得文化认同。如同上文所分析，不少跨国公司已经注意到了这一点，在打入中国市场时运用本土文化元素，加深了中国消费者对其的认知，以及好感度和美誉度。这样的品牌文化推广策略，由于融合反映了中国本土文化，从而在消费者心目中留下深刻的印象，取得了成功。但同时我们也发现仍有不少跨国品牌在文化推广方面碰壁，因此，通过研究霍夫斯塔德的跨文化理论，从各维度分析中国消费文化的特点，对跨国公司来说十分必要。

第四，从中国企业的角度来说，在国内市场要发挥本土文化熟知的优势，针对自己的产品定位、消费人群、品牌理念等，进行品牌文化推广。根据霍夫斯塔德文化价值层面理论，详细分析品牌文化推广策略在中国文化五个维度上的得失之处，真正做到将传统文化移情本土品牌，弘扬文化底蕴，托起品牌形象，从而赢得消费者的认可，与国际品牌展开竞争。通过上文的分析，我们可以看到，已经有许多本土品牌在这方面采取了很好的推广策略，使产品、品牌、企业和消费者之间产生了艺术性的联系。但仍有不少本土品牌还没有重视文化推广的作用，很多品牌有能力在短期内取得一定的知名度，却没有能力在消费者之间产生长期的亲和力。更有一些品牌在为自己换上洋装的同时，也与其主流消费者产生隔阂。因此在这方面，不少本土品牌还需向国际品牌的本土化推广策略学习。

第五，对于进军国际市场的本土品牌，也必须对产品销往国的文化有全面的了解，一些在中国被广为接受的理念，如等级尊卑和伦理纲常观念、长期观念、重集体轻个人等观念，跟西方基本理念有冲突，如果贸然进行推广，也会触犯别国的文化禁忌。我国白象电池在出口时由于没有对国外市场进行文化调查，直接将品牌名称翻译为 White Elephant，殊不知在英文中 White Elephant 喻为"沉重而累赘的东西"，这一文化失策导致产品无人问津。因此，本土品牌在进行跨文化推广时，同样需要通过霍氏建立的国家文化模型，理性分析各国消费文化特点，以求赢得销往国消费者的认同，这对国内外向型企业尤其是跨国企业，有着重要的借鉴作用。

8.4.2.3　跨文化理论导入品牌文化推广具体操作分析

我们知道跨文化理论导入品牌文化推广主要

是文化五维度的导入，本文作者经过总结，认为可以概括出以下具体导入的操作步骤：

第一，确定产品及品牌的定位，包括消费人群、产品功能、品牌文化定位等，明确产品及品牌需要向消费者传达的文化意义，即产品的象征性价值，或者品牌的文化内涵。

第二，分析文化价值层面理论五维度所引申的传统文化价值观以及消费文化特点，确定其品牌推广策略在每个维度的关注重心。需要注意的是，每个维度所衍生的文化价值观可以包含很多方面，如权力距离可以引申出对名人权威的尊重认同，也可以引申对民族图腾的崇拜；不确定性回避可以包括内敛含蓄、以人为本、天人合一等传统儒家思想等。品牌在进行文化推广时，可以根据其产品导向或品牌文化定位，选择符合目标的引申意义进行操作。

第三，根据品牌文化营销要素以及企业的战略推广部署，将不同维度所引申出的消费文化特点分别导入产品设计、包装设计、标识、品牌定位、广告等方面，根据整合营销思想从多渠道入手，以求品牌文化与消费者内心认同的文化价值观产生共鸣，从而顺利实现品牌的文化推广。具体推广策略组合，由企业根据自身品牌建设和产品开发现状自主选择。

第四，文化价值层面各维度所体现出的传统文化价值观，有时也并不一定适用于所有品牌推广，比如一些时尚类消费品，更多地体现出个人主义的倾向，即个性、自由、前卫等，而这些会得到年轻人的认同。因此针对不同的消费人群，品牌推广也并非需要时时遵循核心文化价值观，而且由于全球化趋势的影响，一些推广策略的制定也可以参考世界文化维度均值或其国家的维度值等。

因此，根据上述具体操作分析，本文作者针对 TCL 手机品牌定位及产品功能、设计等，选择了文化价值各维度对 TCL 手机品牌推广相关切有利的消费文化特点，通过品牌知名度、品牌形象、信赖度、产品设计、广告、服务等方面设计了 TCL 手机品牌跨文化推广的消费心理调查问卷：

权力距离维度考察 TCL 手机品牌的定位、标识、宝石手机设计等与权势崇拜文化相关的消费因素；

男性度－女性度维度主要针对 TCL 推出的男性、女性手机设计调查消费者对其的认同感和消费心理；

不确定性回避维度则针对 TCL 手机品牌的广告宣传、代言人、广告效果等方面进行调查；

长期观维度则从传统消费文化求廉、求美、求质等因素出发，调查 TCL 手机品牌在价位、服务、质量、性能等方面消费者心目中的印象。

需要说明的是，对于个人主义维度的消费特征，由于调查对象为在校大学生，而大学生的消费理念相对其他消费人群更为时尚，在这一维度上其消费文化特征也更为接近西方，也就是趋向个人主义。因此这一维度主要是从大学生的时尚消费心理出发，考量 TCL 手机设计的个性化、时尚化，以及流行趋势等特征。

8.4.3　TCL 手机品牌跨文化推广的实证研究

8.4.3.1　TCL 手机品牌跨文化推广的问卷设计。

（1）TCl 个案品牌选择与分析。

（2）初始问卷设计。

以品牌推广具体操作为基础，按照霍氏文化价值层面理论的五个纬度，得出五项评测项目将问卷分为五个板块，运用头脑风暴法尽量穷尽与 TCL 手机品牌推广有关的消费理由，将这些消费理由作为问卷刺激变量，制成 TCL 手机品牌心理调查初始问卷；接下来对初始问卷进行修改。

（3）区分度考验。

（4）调查样本确定：本次调查目标人群为在校大学生。

（5）调查问卷设计。

调查问卷分为两部分，前一部分为品牌消费心理调查，分为五个板块，每一板块分别从霍氏文化层面理论的五个维度出发，将 TCL 品牌推广的各要素：品牌知名度、品牌形象、信赖度、产品设计、广告、服务等方面包含在内，每一个板块的内容都和文化价值层面的每一个维度所衍生的消费文化相关。各板块内容具体设计如下：

①权力距离维度

根据跨文化理论导向，考察与权势崇拜文化相关的消费因素，体现在 TCL 手机品牌上，具体包括其品牌定位、标识、宝石手机设计、知名度、高科技含量等方面。

②个人主义维度

这一板块的设计主要是从大学生的时尚消费心理出发，考量 TCL 手机设计的个性化、时尚化，以及流行趋势等特征，即个人主义倾向。需要特别说明的是，虽然我国个人主义维度指数非常低，倾向集体主义，但由于本次被试对象为在校大学生，而大学生的消费理念相对其他消费人群一向较为时尚，在个人主义这一维度上其消费文化特征也更为接近西方，也就是趋向个人主义，因此这一板块的设计主要是考察 TCL 手机品牌的个人主义消费文化特征。

③男性度 - 女性度维度

这一文化层面体现在消费文化中主要包括产品、品牌与舒适生活的关联，男女在消费行为中的差异等。因此这一板块的内容主要是针对 TCL 推出的男性、女性手机设计调查消费者对其的认同感和消费心理。

④不确定性回避维度

这一板块的设计内容主要根据理论导入所引申出的中国消费者的含蓄审美心理出发，针对 TCL 手机品牌的广告宣传、代言人、广告效果等方面，考察广告策略对 TCL 手机品牌推广所起的作用。

⑤长期观维度

根据前面理论导入的分析，这一维度主要体现了中国传统消费文化中的求廉、求美、求质等因素，因此该板块设计主要从这些消费文化特征出发，调查 TCL 手机品牌在价位、服务、质量、性能等方面在消费者心目中的印象。

在内容表述方面，采用消费者比较熟知的语言解释板块调查内容，包括知名度、品牌形象、信赖度、产品设计、广告、服务等。每一板块又含有若干刺激变量，为品牌子评测项目。后一部分为消费者背景调查，包括人口因素与心理因素，即性别、地区、专业、年级、月消费情况等人口因素和购物表现等心理因素。

本调查问卷采用 CSI 心理调查问卷，采用五分法（5 - 同意，4 - 比较同意，3 - 说不清，2 - 不太同意，1 - 不同意）。测试时被试者可根据每一板块的问题选择自己对品牌的主观评定，在相应位置勾选自己的选项，形成 TCL 手机品牌心理评价的态度指数。

8.4.3.2　TCL 手机品牌跨文化推广的结果分析

问卷在无锡市江南大学（设计学院、理学院、商学院、食品工程学院、生物工程学院、文学院等）和镇江市江苏大学（机械工程学院、计算机学院、人文学院、艺术学院、汽车工程学院、工商管理学院等）两所学校的在校大学生和研究生中进行发放，共发放问卷 260 份，回收

227 份，回收率 87.3%，其中有效问卷 182 份，有效率 80.2%。被调查大学生和研究生的年龄均限定在 18 ~ 23 岁之间。

（1）基本信息分析

在回收的有效问卷中，男生 97 份，占总被调查大学生的 53.3%，女生 85 份，占总被调查大学生的 46.7%。理科类大学生 58 人，占总被调查大学生的 31.9%；文科类大学生 51 人，占总被调查大学生的 28.0%；设计类大学生 73 人，占总被调查大学生的 40.1%。被试大学生的年级分类状况：一年级大学生 33 人，占总被调查大学生的 18.1%；二年级大学生 43 人，占总被调查大学生的 23.6%；三年级大学生 47 人，占总被调查大学生的 25.8%；四年级大学生 42 人，占总被调查大学生的 23.1%；研究生 17 人，占总被调查大学生的 9.4%。

（2）各维度心理调查分析

从表 8 - 11 以及图 8 - 26 可以看出，TCL 手机品牌文化推广的效果并没有达到品牌本身的期望值。9 个子项目得分都不超过 4 分，即比较同意，只有 tcl0101（TCL 手机品牌知名度很高）、tcl0102（TCL 手机是本土品牌有民族感）以及 tcl0108（TCL 手机品牌代言人金喜善形象高贵典雅）这三项得分在 3.5 以上（分别为 3.65、3.79、3.58），说明 TCL 作为民族品牌具有一定的知名度，但其努力希望建设的"国产手机第一品牌"形象还不是很清晰；其主打产品宝石手机作为尊贵的象征也有了质疑（tcl0107：TCL 宝石手机是一种尊贵的象征，得分为 3.12），可见 TCL 希望借助宝石这一在中国文化中隐喻繁华富丽和象征身份高贵的设计元素，使消费者能产生身份认同感的做法，已经没有最初刚面市时的好评和赞同。这除了和调查对象均为大学生有关外，可能更与其技术含量相关，tcl0105（TCL 手机品牌技术含量很高）得分很低，说明在消费者心目中 TCL 的科技研发能力较低，这样的不良印象导致了消费者对 TCL 品牌（tcl0103：品牌名称"TCL"很响亮，能吸引我）以及品牌寓意（tcl0104："TCL"寓意 Today China Lion 和品牌形象相符）的认同不足，而 TCL 希望消费者能将宝石手机看做身份的象征这一愿望，在本次调查中更是遭到了失败：tcl0109（TCL 宝石手机能彰显我的社会地位）得分仅为 2.32。可见 TCL 在这一维度导向品牌文化推广方面，没有达到预期的效果。

表8-11 权力距离维度心理调查均分

		tcl 0101	tcl 0102	tcl 0103	tcl 0104	tcl 0105	tcl 0106	tcl 0107	tcl 0108	tcl 0109
N	Valid	182	182	182	182	182	182	182	182	182
	Missing	0	0	0	0	0	0	0	0	0
	Mean	3.65	3.79	3.16	3.14	2.62	3.26	3.12	3.58	2.32

TCL 手机品牌在上述方面显然没有达到大学生的要求，6个子项目得分均很低，只有 tcl0202（TCL 手机色彩缤纷时尚）得分接近 3.5，说明 TCL 手机在色彩设计方面还比较符合大学生的审美，但也没有达到 4 分以上。而其他项目，包括设计新颖度（tcl0201：TCL 手机设计新颖让我爱不释手）、风格个性（tcl0203：TCL 手机风格独特，富有个性）、功能多样化（tcl0204：TCL 手机功能齐全多样，满足我的需求）、更新换代的频率（tcl0205：TCL 手机更新换代很快，我喜欢），都不能令大学生满意（得分分别为 2.94、3.06、2.92、2.96）。因此，也就不能得到大学生的普遍认同，tcl0206（TCL 手机能得到周围人的认同，是流行趋势）得分仅为 2.51，说明目前 TCL 手机品牌还没有能成功地打入校园这一大消费群体，虽然它针对年轻消费群体推出了 e 享系列、精巧靓彩系列等时尚风格手机，但在大学生心目中仍不属于潮流前沿品牌。因此，从上述 TCL 手机品牌导入个人主义维度的文化推广评估效果来看，如何在设计中加入时尚元素，开发多种功能，并向大学生推广使其改变不良印象，是 TCL 手机品牌进入校园的关键。

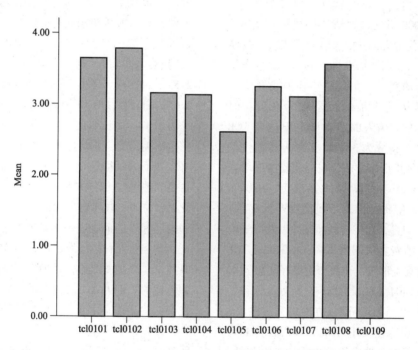

图8-26 权力距离维度心理调查均分图

总体来说，这一板块的项目得分较平均，都在 3.5 分左右，说明消费者对其有一定的认识，TCL 所要传达的理念基本被认同和理解，尤其是 TCL 女性手机的设计认同度较高。tcl0301（TCL 女性手机设计风格优雅精致）得分超过 4 分，tcl0303（TCL 女性手机色彩时尚绚丽）得分为 3.88，tcl0305（TCL 女性手机具有休闲化特征），说明 TCL 一直以来以女性产品作为突破点的品牌推广，在消费者心目中留下了较深的印象，并且认同度较高。但与之相对应的是，TCL 男性手机的认同度明显较低：tcl0303（TCL 男性手机设计风格简约稳重）均分为 3.48，tcl0304（TCL 男性手机色彩沉稳大方）均分为 3.26，tcl0306（TCL 男性手机具有商务化特征）均分为 3.12。有调查显示，目前市场上大多数男性在购买手机时不太会考虑 TCL，究其原因就是因为 TCL 手机的女性化特征太明显。这固然表明 TCL 品牌推广在女性消费文化领域赢得了认同和成功，但就企业的长远发展来说，也要注意其他消费群体的认同。尤其是最近 TCL 推出了多款超大功能商务手机，其定位人群还是在男性白领阶层。因此，在品牌推广中，除了利用女性消费文化特征外，还可以利用消费者对"工作—生活质量"的这种追求，展示产品与现代生活舒适美好的联系，TCL也注意到了这一点，提出了"科技美学化"的口号，但得分较低（tcl0307：TCL手机设计符合其口号：科技美学化），为3.12，说明消费者还没有将其设计和口号对接，这除了需要进一步改进产品设计之外，也不能忘记在品牌文化推广中导入男性度这一维度，重视其"科技美学化"的概念传播，从而吸引潜在用户关注。

TCL手机品牌广告对其品牌文化推广具有一定作用。从广告宣传力度来说，消费者普遍认为TCL手机品牌的宣传力度较大：tcl0401（TCL手机品牌广告宣传力度很大）得分为3.84，由此可知TCL手机品牌广告在消费者心目中留有一定印象。且广告制作较为精良：tcl0402（TCL手机品牌广告制作精良，富于品位）得分为3.36。TCL曾斥资1000万元，聘请"韩国第一美女"金喜善为品牌代言人，并由著名导演张艺谋执导该手机品牌广告，制作水准自然不低。而金喜善的形象也广为消费者，尤其是年轻消费者所熟知，因此对她优美典雅的形象较为认同：tcl0405（金喜善东方美人的典雅形象很适合TCL手机品牌形象）得分为3.40；其作为品牌代言人也起到了品牌推广的作用，在一定程度上增进了消费者对TCL手机品牌的好感度：tcl0406（金喜善的代言使我对TCL手机品牌产生好感）得分为3.30。但是，在广告画面制作以及广告内容表达方面，消费者认同度不高：tcl0403（TCL手机广告画面唯美浪漫，让我产生美好联想）得分为3.01，tcl0404（TCL手机广告很好地诠释了TCL手机在技术、设计、服务方面的完美品质）得分为3.10，说明在TCL手机品牌广告在迎合中国消费者含蓄柔美的审美倾向上，尚有欠缺，且没有能够很好地表达品牌内涵，使消费者对其缺乏感性认识。总体来说，TCL手机品牌在广告宣传方面仍然缺乏足够吸引消费者的文化内涵，子项目的总体得分均在3～4分；比如金喜善优美典雅的东方形象并没有得到广告制作的支持，降低了对手机品牌好感度的认同等。可见TCL在这一维度导向品牌文化推广方面，效果并不出色。

TCL手机品牌在这一维度导向上的推广策略大部分能得到消费者的认可，具有一定的效果：

TCL手机的定价对一般消费者来说较为合理，能够接受：tcl0501（TCL手机价格合理适中）得分为3.89，而且其促销活动对消费者的吸引力也较大：tcl0507（TCL手机经常有各种促销活动，合我心意）得分为3.51，当然这也可能与调查对象为大学生有关，大部分学生对手机的价位要求都为1000～2000元（如图33，比例为62.6%），且购买手机的费用大部分是通过打工、节约生活费和奖学金得来（如图34，这三项共占65.9%），因此，实惠的价格和促销手段，是吸引消费者的因素之一。同时良好的售后服务和诚信的销售渠道，也是消费者所重视的，TCL手机品牌在这两方面得分一般，可见还需做进一步的努力：tcl0502（TCL手机售后服务完善）得分为3.14；tcl0506（TCL手机销售渠道值得信赖，范围广）得分为3.18。但是，需要特别重视的是，消费者对TCL手机的质量、性能和环保度非常不认可，这三方面得分很低，态度指数接近2－不太同意：tcl0503（TCL手机质量可靠）得分为2.53；tcl0504（TCL手机性能优良）得分为2.67；tcl0505（TCL手机注重环保，辐射小）得分为2.87。而长期观取向下的消费文化特征就是注重物美价廉，质量过硬，如果只单纯靠价格优势，并不能赢得长期忠诚用户。而随着在渠道、价格和熟悉本土市场情况等原有竞争优势日渐弱化后，资本、技术等方面的缺陷就成为制约我国国内品牌手机企业进一步发展的主要因素[①]，因此，增强企业科技研发水平，尽快树立国产手机高技术、高品质形象，是TCL手机品牌推广的必须重视的关键因素。总体来说，对长期观这一维度导向的品牌文化推广，TCL仍需给予重视。

8.4.4　TCL手机品牌跨文化推广的结论

8.4.4.1　TCL手机品牌跨文化推广的调查结论

对收集到的数据分析的结论如下：

第一，权力距离维度上没有树立起"国产手机第一品牌"的形象。由于消费者对其技术研发的不信任，导致对TCL品牌，及品牌寓意"Today China Lion"的认同不足。同时其主打产品宝石手机系列，虽然曾经有过辉煌的销售业绩，消费者也认可其设计中的中国文化元素，但由于后来千元普通版的TCL宝石手机镶嵌低成本钻石，且消费者也日趋成熟，对概念的炒作不再感冒，

---

① 杨章玉. 技术缺陷制约发展 国产手机市场份额连年下降［N］. 信息时报，2006：3-27.

因此，在目前的消费市场上，以宝石手机设计作为品牌文化推广的重心已不切实际。

第二，个人主义维度上欠缺时尚、个性的文化特征。TCL 手机品牌的消费群体大部分锁定在青年消费人群，起用金喜善作为品牌代言人的目的之一也是希望得到年轻人的认同。但可能由于 TCL 过去过于重视宝石手机的附加值推广，走高端路线，因此在年轻人心目中，缺乏时尚、流行的感觉。因此，TCL 要走进校园，还需要在设计中加入更多时尚元素，开发多种功能，走校园流行文化路线。

第三，男性度维度上的女性消费文化认同。TCL 手机品牌曾经推出了国内市场第一款女性手机，加上宝石手机的成功，因此 TCL 在大多数消费者心目中具有显著的女性特征倾向，使得不少男性对其的认知偏于狭隘，导致大多数男性在购买手机时不太会考虑 TCL。因此，不妨考虑重点推广品牌口号："科技美学化"，不带倾向性，且符合国人追求工作—生活质量的消费需求。

第四，不确定性维度上广告设计需要改进。TCL 手机品牌广告曾邀请张艺谋导演，并以韩国影星金喜善代言。广告宣传的效果比较令人满意，而且金喜善形象典雅优美，具有东方特色，比较符合国人的审美观。但在广告画面制作以及内容阐述方面，消费者则希望其能更唯美优雅，表达品牌包括在技术、设计、服务在内的文化内涵。

第五，长期观维度上仅有价廉，缺乏物美。TCL 手机价位分高中低，一般来说，普通消费者都能接受中低价位，认为其定价合理。调查显示，消费者对 TCL 手机的质量、性能和环保度非常不认可。因此，尽快增强企业科技研发水平，树立高品质、高性能的形象，提高产品的性价比，是 TCL 手机品牌推广的必须重视的关键因素。

8.4.4.2 TCL 手机品牌跨文化推广的策略分析

我们对 TCL 手机品牌文化推广中的问题有了大致的了解，因此，根据其现状分析，以及心理调查问卷的讨论结果，作者认为 TCL 手机品牌可以尝试实施以下品牌文化推广策略：

第一，以 TCL 品牌寓意为目标，努力建设"中国手机第一品牌"的形象，通过先进的技术开发，优质的产品设计，在消费者心目中形成一个高质量、高性能、高品位、值得信赖的产品形象。同时利用消费者对其国产品牌有民族感的认同，广泛传播"Today China Lion"的品牌理念，逐步淡化宝石手机带来的影响，将高权力距离消费文化特征中对权势的崇拜，从原本的宝石崇拜转移到对品牌形象的信任，对民族品牌的认同和尊敬。

第二，针对不同的消费群体侧重不同消费文化。例如，对大学生消费群体，需要为其开发设计低端手机，因为年轻人，尤其是大学生，不会购买具有强大功能的高端商务手机。而低端手机除了以价格吸引大学生外，还需要在手机设计、功能开发、色彩运用等方面体现年轻人前卫、时尚、个性化的审美情趣，迎合年轻消费群体在个人主义维度较高的个人主义倾向。同时也需要选择合适的品牌代言人。

第三，在继续保持品牌女性产品成功推广的优势基础上，针对男性消费群体对 TCL 手机品牌的错误认知，在品牌文化推广中，着重强调设计的"科技美学化"，展示产品带来的生活上的舒适，品牌给人的美好感受，以不带任何倾向性的设计理念赢得各消费群体的关注和认同。同时注重开发男性商务手机的多功能集合，以吸引男性白领的注意。还要注意在广告宣传中，迎合中国消费者的传统审美观，以含蓄唯美的画面，传达"科技美学化"的理念，展示女性手机优雅精致，男性手机简约稳重的形象。

第四，对长期观维度导入品牌文化推广要给予极大重视，努力通过科研创新，突破技术障碍，真正做到产品优质、性能优良、技术先进、服务完善、渠道畅通的国产手机品牌新形象。这是最后也是最重要的一点，没有这一点作为基础，上面的推广策略就可能完全无法起到应有的作用。只有高技术、高质量、高性能的产品，才能符合消费者求美、求廉、求质的消费文化需求，才能在消费者心目中留下深刻印象，才能配合上述推广策略，实现品牌的文化推广传播，从而提升品牌整体文化竞争力。

8.5 杭州市区康佳与诺基亚手机品牌形象比较的实证研究

本项目以品牌形象及其相关理论研究为基础，改进了品牌关系模型学说，原创性提出品牌识别与品牌形象之间互成因果的过程，形成了品牌与消费者的互动关系。对品牌形象构成要素进行了探索性研究，提出了八条品牌形象构成要素作为手机品牌形象比较实证研究的理论依据。采用原创性的语义区分量表问卷，对杭州市区消费者进行品牌形象构成要素心理调查。最后将实证分析的结论运用到具体设计中，以 POP 广告设计提升为载体进行品牌形象提升的具体化设计实践。

8.5.1　品牌形象理论与消费者世代理论

8.5.1.1　品牌形象理论研究

20 世纪 60 年代，广告大师大卫·奥格威首次提出对品牌的新认识。指出："品牌是一种错综复杂的象征。它是品牌的属性、名称、包装、价格、声誉、广告风格的无形组合。品牌同时也因消费者对其使用印象及自身经验而有所界定。"[①]奥格威以广告人独特的视角，提出了品牌形象论。

（1）贝尔（A·L·Biel）的品牌形象模型[②]

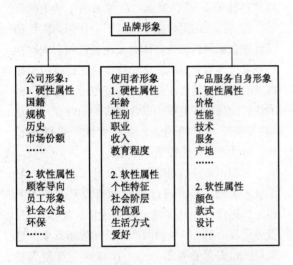

图 8-27　贝尔（A·L·Biel）的品牌形象模型图

贝尔（A·L·Biel）的品牌形象模型是被学术界认为实践意义较大的理论之一。贝尔认为品牌形象通过公司形象、使用者形象和产品/服务自身形象三个子形象得以体现。著名心理学家、中国科学院心理研究所博士生导师马谋超教授从品牌理论的研究入手，指出"品牌的内隐特质，在很大程度上，就是我们所说的品牌形象"。[③]

贝尔认为品牌形象通过公司形象、使用者形象和产品/服务自身形象三个子形象得以体现（图 8-27）。这三者又分别分为硬性属性与软性属性两个方面。贝尔模型比较简单、直观，却比较系统、全面地包括了品牌形象的构成要素，这些要素可用作具体品牌的品牌形象测量项目，因此，具有很大的实践意义。但是，他没有描述各构成要素之间的相互关系，没有考虑三个要素的相对重要性，更没有解释各要素如何构成品牌形象的整体，因此存在缺陷。

（2）马谋超的品牌形象理论

马教授认为：品牌包括品牌外显特质和品牌内隐特质两方面。品牌的外显特质即该品牌产品的操作性绩效（物理绩效），也就是该品牌产品是否能满足消费者的功能性需要。包括产品的物理外观、质量、包装和相应的服务、产品保证等。品牌的内隐特质主要是由消费者赋予的，即该产品品牌的表达性绩效（心理绩效）。包括消费者对该品牌及其公司的态度、消费者对自己以及其他人与该品牌之间关系的认知及信念等。相对而言，品牌的内隐特质较其外显特质更为重要，它使品牌超越了纯符号的意味。在此基础上，他将品牌形象定义为：由品牌名称或品牌标志引起的一系列联想。这种联想具有较稳定的心理结构。它可能是被感知的产品特定的功能性的特质，也有可能是有关情绪、情感的特质（信任、喜爱、亲切感等）。他认为品牌形象受到广告、网络、促销活动、公共关系、各种赞助活动等外在信息的影响，同时还受到品牌名称、品牌标志、雇员（服务行业尤为重要）等内在信息的影响。马谋超教授从心理学的角度对品牌形象理论进行了详细阐述，明确了品牌与品牌形象之间的关系。他认为品牌形象完全是一种消费者参与品牌活动、与之发生关系后产生的心理活动。

8.5.1.2　消费者世代理论

通过上面关于品牌理论与品牌形象理论的回顾与评析，可以发现消费者是品牌形象研究的灵魂核心，离开消费者谈论品牌形象将是毫无意义的。因此，消费者研究将是本项目的另一项重要内容。

①　江波. 广告心理新论［M］. 暨南大学出版社. 2002：356.

　江明华等. 品牌形象模型的比较研究［J］. 北京大学学报（哲社版），2003（3）：112.

　马谋超. 广告心理［M］. 北京：中国物价出版社，2001：372.

（1）哈利·奥尔德（Harry Alder）有关消费者心理市场细分的新概念介绍与评析

奥尔德认为消费者心理细分主要包括以下几类程序：

第一种：大脑左右半脑思考范围不同。

第二种：感官偏好使用方式。消费者喜欢使用哪种感觉器官：视觉、听觉、触觉。奥尔德没有把味觉和嗅觉包含在内是因为，他认为这两种感觉在人们日常沟通中并不重要。

第三种：生活满意模型。生活满意模型是关于人们怎么表达和实现他们的目标和欲望的。分为五种类别：①获得或拥有：这类人认为幸福、快乐就意味着拥有某物，拥有能证明他们的成就的物质。②做：这类人是行为主义分子。他们只有尝试，只有亲身经历某事才能得到满足。③获知：这类人会花大量时间去获取信息。把知识看成是取得成就的一个途径，并且对于实现他们的目的非常重要。④建立关系：这类人要根据他们的一个伙伴、好友和同事或"人们"会怎么想他们，来决定自己的活动和拥有什么财产。⑤成为或变为：这类人的目标直接指向最终的幸福、满足、满意、完美和被认可感——就是成为他们打算成为的样子。

第四种：其他的一些程序。主要有四种类别：①内参与外参；②趋近或远离；③匹配者与不匹配者；④可能性和必要性等。

总体而言，哈利·奥尔德凭借自己多年在这方面的深厚造诣，以一种犀利的姿态摒弃了以往大规模营销中所采用的性别、年龄、收入等普遍性的人口因素分析，认为随着消费者越来越强烈的个性化特征，21世纪的顾客沟通应当采用心对心的营销方式，与消费者进行个性化的思想交流，运用个性化的心理细分来了解消费者的个性化需求。同时，他划分出消费者心理市场的几种细分方法。这些内容对于本文所要进行的消费者心理评价极具参考价值。通过消费者心理市场细分的方法，能够更加具体深入地了解消费者的心理需要，为设计实践提供更加特征鲜明的个性化的借鉴。

（2）消费者世代（Generation）研究的介绍与评析

消费者心理与行为一方面受到年龄、性别、职业、经济状况、生活方式等个人因素的影响，另一方面也受到社会阶层、相关群体、家庭、历史变革、传统文化及外来文化等社会因素的影响。而消费者世代研究正是融合以上各种社会因素与个人因素而产生的一种观点。这种观点是通过对不同年龄消费者生活形态的调查研究，以出生年代为划分界线，将具有相似消费特征的人群归为同一类消费者。国内外学者针对研究目的不同，有很多种划分方式。本文觉得王海忠的划分方法比较详尽而准确。

本文认为，学者王海忠的划分方法比较详尽而准确。他对其中三个主流消费群（"文革"世代、婴儿潮世代、X世代）的世代特征进行了阐述。

"文革"世代消费者的共同经历有：新中国成立，国民经济重建，赶英超美，苏联老大哥，大跃进，自然灾害，"文化大革命"，拨乱反正，改革开放与经济特区，市场经济与下岗，申请与加入世界贸易组织。

中国婴儿潮世代的共同经历是："文化大革命"，拨乱反正，改革开放与经济特区，20世纪80年代中后期学生政治风波，中国3次申请并加入世界贸易组织，外国品牌营销中国。

中国X世代完全不同，他们的生活经历是：改革开放与经济特区，中国加入世界贸易组织，外国品牌营销中国；生长在改革开放时代，经历的原有计划经济体制的逐渐解体，新兴市场机制处于建设之中；传媒咨询开始多元化，中国与美国等西方阵营接触频繁，网络空间为了解西方物质文明与精神文明，提供了极大方便。

他的研究发现，中国大陆不同世代的消费者因其生长年代的对外开放、西方文化影响不同，以及中国对外政治经济关系的不同，而表现出不同的民族中心主义。不同世代的消费者对待外国货与国产货的态度具有差异。在三个主流消费群（"文革"世代、婴儿潮世代、X世代）的国货购买行为倾向指数上[①]，"文革"世代指数最大（CETSCALE = 68.34），X世代分值最小（CETSCALE = 54.02），其次是婴儿潮。年龄越大，越是主张购买和消费国产货，对国产货有一种偏爱，而对外国货有一种心理抗拒。出现这种情况的原因，通过消费者世代研究显示，同一代人其共同经历而形成一致的价值观，由此形成相似的消费态度和倾向。

① 王海忠. 消费者民族中心主义——中国实证与营销诠释［M］. 北京：经济管理出版社，2002：161.

8.5.2 品牌形象理论实践定性研究

8.5.2.1 品牌与消费者的互动关系研究

通过对品牌关系理论的研究分析，可知品牌形象就是品牌的识别信息通过传播后在消费者心目中产生的品牌总体认知。品牌形象本身没有具体外化的表现，而是品牌的识别信息随着不同时间、地点及使用者本身状况的改变，被赋予的不同含义和内容。

企业在进行品牌识别设计的过程中，是先确定核心识别内涵，再依据核心识别内涵进行延伸识别要素设计的。但是，消费者在感知品牌形象时，却往往先形成延伸识别要素的印象，再归纳出品牌核心识别内涵。这期间，品牌识别与品牌形象之间就会出现企业与消费者的"认知分歧"。一旦出现这种"认知分歧"，企业所希望的理想形象就无法正确地传达到消费者心目中，将直接影响消费者的品牌选择偏好。

品牌与消费者的关系传达了品牌识别对品牌形象的单方向作用。实质上品牌识别与品牌形象应是品牌与消费者两者互动关系的体现，它们互成因果的过程就是品牌与消费者互动的过程。因此，本文补充了从品牌形象到品牌识别的作用过程，形成品牌互动关系模型。品牌互动关系模型体现了企业与消费者之间信息传达与信息反馈的循环过程。它不但表现了品牌的识别信息如何逐步转变为消费者心目中的品牌形象的清晰过程，更重要的是为如何减小品牌识别与品牌形象之间的"认知分歧"问题，找到了解决的途径。本文就将依据品牌互动关系模型的内容，通过对消费者进行品牌形象比较的心理测量，对中外手机品牌的"认知分歧"差异进行比较分析，寻找国产手机品牌提升品牌形象之道。

8.5.2.2 实证研究的内容分析

品牌形象是对品牌识别的品牌联想，品牌形象构成要素就应当包括品牌识别和品牌联想两个方面的内容，品牌识别就是品牌形象的客观属性，品牌联想是品牌形象的主观属性。品牌识别包括核心识别和延伸识别。品牌核心识别就是企业所要表达的品牌内涵；品牌延伸识别就是与品牌内涵相关的一整套视觉形象体系。因此，可以认为品牌识别视觉体系方面的内容包括品牌标志、品牌名称、产品外观属性等部分；核心内涵则包含了品牌个性、品牌价值观等内容。而品牌联想的内容主要参考马谋超教

授提出的：消费者所感知的产品特质，品牌情感两方面。消费者所感知的产品特质，实质上是产品的主观属性。产品的主观属性是消费者对产品客观属性的主观认同与期待等心理因素，而产品的客观属性就是产品的质量、外观、价格、包装、服务等。

不同产品的品牌形象构成要素的侧重点有所不同。在进行具体产品的品牌想象比较时，可以将品牌形象构成要素进行的具体化。针对手机产品的特点，本文将品牌形象构成要素具体化成为以下八条：品牌名称、品牌标识、品牌口号、品牌形象代言人、产品外观属性、品牌情感、使用者数量、理想价格水平。

8.5.2.3 消费者心理评价

本项目主要运用消费者心理评价的方法，对品牌形象构成要素进行测量，从而比较消费者对康佳与诺基亚的品牌形象认知差异。本项目的消费者品牌形象构成要素测量在实证问卷部分展开。问卷主要分成：品牌形象构成要素测量部分与消费者背景调查两部分。

（1）本文测量量表的应用

①语义区分（Senmantic differential）量表。本次消费者心理评价就将采用语义区分量表作为测量工具，对品牌形象构成要素进行测量。

②类别量表。本文在消费者背景调查部分，就将采用类别量表对消费者的人口因素与心理因素进行分类。

（2）本次调查中消费者心理因素的界定

本文以杭州市区消费者进行这样的调查，能够从一个具体的范围中研究这样的变化，了解拥有特定地域文化特色的杭州老百姓的消费特征，为实践的设计操作提供更加细致、准确的依据。本文在消费者心理因素调查部分将理智型/情感型购物表现和气质类型制作成类别量表，完成消费者心理因素调查。

（3）POP 广告设计

POP 广告，英语为 Point of Purchase Advertising，意为售点广告。凡应用于商业卖场，提供有关商品讯息、促使商品得以成功销售的所有广告、宣传品，都可称为 POP 广告。形式主要包括：标牌式 POP，悬挂式 POP，柜台式 POP，立地式 POP，包装式 POP，招贴式 POP，橱窗 POP，光电 POP，声象 POP，系列化 POP 等。POP 广告越来越受到商家的关注和青睐，成为企业竞相利用，开拓市场的一把"利剑"。

成功的 POP 广告应当具备：①传递作用。②招徕作用。③纽带作用。④竞争作用。⑤美化作用。

可见，POP 广告设计是从产品转变为商品的过程中"视觉营销"的重要组成部分。它是包含了品牌视听识别体系全部内容的整合设计。它运用各种技巧，诉求于消费者的各种感觉——色彩、光线、运动、声音、出没，甚至气味，以唤起消费者的注意，具有惊人的传播力。在这里，消费者对产品的兴趣可以立即转化为购买行为。同时，POP 广告设计也是服务营销理念在企业实际运作中见效最快的一种途径。POP 广告设计的最大优势就是在产品销售终端与消费者形成最灵活、最迅速的品牌互动关系，对企业品牌形象的整体树立与提升产生直接、巨大的作用。

8.5.3 康佳与诺基亚手机品牌形象比较的实证研究

8.5.3.1 实证研究过程

（1）杭州市区消费者调查样本设计

本次实证研究的调查范围界定在杭州市区非农村人口，调查覆盖范围包括杭州市八城区。

本次实证研究的调查对象包括学生、教师、公司职员、各机关工作人员等对手机消费支出较大的主流消费群体。年龄范围在 18~65 岁。为保证调查的完整性，还加入少量小于 18 岁和大于 65 岁的消费者。本次实证研究采取分层随机抽样的方法，将杭州市各城区作为分层标准，然后在各城区的非农人口中分别随机抽取一定数目的样本进行调查研究（表 8 - 12）。

表 8 - 12 杭州市区各城区非农总人口数表（2004）

城区	总人口数（万人）男	总人口数（万人）女	总人口数（万人）合计	各城区人口数占总人口数比率（%）
上城区	16.22	15.47	31.69	16.40
下城区	16.17	14.99	31.16	16.12
江干区	11.17	9.49	20.66	10.69
拱墅区	13.57	12.32	25.89	13.40
西湖区	19.32	17.40	36.72	19
滨江区	1.89	1.86	3.75	1.94
萧山区	12.96	13.06	26.02	13.46
余杭区	8.84	8.53	17.37	8.99
合计	99.10	94.17	193.27	100

（2）问卷度量内容确定：前期访谈、区分度考验、问卷组装、问卷信度分析

前期访谈：问卷制定前，在综合前期有关品牌形象的学术研究的基础上，运用访谈法，就品牌形象 8 项构成要素的内容，了解 5 位手机用户对国内手机品牌与国外手机品牌的不同印象。访谈结束后，收集整理访谈结果的形容词，进行组织、编排两极化形容词对。

区分度考验：在杭州市某小区单元楼住户中选取 20 人，进行问卷区分度考验，首先，计算每份问卷所有项目的总得分并进行排序。其次，计算得分高的前 25% 被试的每一项目的平均值以及得分低的后 25% 被试的每一项目的平均值。最后，通过对这两组的每一项目均差的计算，对均差较小（区分度较弱）的项目进行修改与删除。保留 28 条项目，组成语义区分量表问卷。

问卷信度分析：本问卷采用重测信度进行问卷信度分析较为合适。问卷正式发放之前，在杭州市区居民中随机选取 20 人进行问卷信度测量。20 人每人施测两次，第一次施测结束后相隔半个月再次施测一次，得到两次施测的相关性指数为 0.718，并且具有 0.01 水平的显著性相关。因此，可知本问卷重测信度较高。

（3）调查展开：参考表 8 - 14，对杭州市八城区居民进行分层随机抽样。

（4）卷样本分析：人口因素统计分析结果、心理因素样本统计分析

本次调查对杭州市区八城区进行分层随机抽样问卷发放。共发放问卷 300 份，回收 228 份，其中有效问卷 202 份。问卷回收率 76%，有效率 88.6%。本次调查的人口年龄分布符合手机主流消费群的年龄范围，主要的调查对象是分布在 18~35 岁的青年人。

表 8 - 13 问卷重测信度分析表

		第一次施测	第二次施测
第一次施测	Pearson Correlation	1	0.718**
	Sig.（2 - tailed）	.	0.000
	N（总题项数）	1120	1120
第二次施测	Pearson Correlation	0.718**	1
	Sig.（2 - tailed）	.000	.
	N（总题项数）	1120	1120

** Correlation is significant at the 0.01 level (2 - tailed).

表 8 – 14　杭州市八城区居民分层随机抽样统计表

城区	样本数	所占样本百分比（％）
上城区	48	16
下城区	48	16
江干区	33	11
拱墅区	39	13
西湖区	57	19
滨江区	12	4
萧山区	24	8
余杭区	39	13
合计	300	100

表 8 – 15　杭州市八城区居民抽样有效问卷人口因素统计表

本量（人）		总量	上城区	下城区	江干区	拱墅区	西湖区	滨江区	萧山区	余杭区
		202	23	35	33	15	58	11	9	18
性别	男	84	9	14	12	4	30	2	6	7
	女	118	14	21	21	11	28	9	3	11
	合计	202	23	35	33	15	58	11	9	18
年龄	18 岁以下	3	0	1	2	0	0	0	0	0
	18～25 岁	97	12	18	9	11	29	4	8	6
	25～35 岁	68	11	8	13	4	25	4	0	3
	35～45 岁	20	0	3	6	0	4	2	0	5
	45～55 岁	8	0	3	2	0	0	1	0	1
	55～65 岁	4	0	1	1	0	0	0	1	1
	65 岁以上	2	0	1	0	0	0	0	0	2
	合计	202	23	35	33	15	58	11	9	18
教育程度	初中	11	0	1	1	0	0	0	0	8
	高中	23	0	6	4	2	1	2	1	7
	中技	10	2	0	3	0	2	0	0	1
	大专	73	9	15	6	11	21	3	7	1
	大学本科	81	12	10	18	2	31	5	1	1
	研究生及以上	4	0	1	1	0	2	0	0	0
	合计	202	23	35	33	15	58	11	9	18

8.5.3.2　实证研究结果讨论

（1）品牌形象构成要素对品牌形象比较研究的贡献度分析

对品牌标志的评价主要显示了品牌核心内涵的标识化效果；对品牌名称的评价主要显示了消费者对品牌的认知程度；对品牌口号的评价主要显示了品牌口号所表达的品牌信念与消费者期望中的一致程度；对品牌形象代言人的评价主要显示了品牌价值观的拟人化效果；对产品外观印象的评价主要显示了品牌视觉外延特征突显品牌独特性的程度；对品牌情感的评价主要显示了消费者的品牌体验满足了自己预期效果的程度。对消费者对理想价格水平的评价主要显示了杭城消费者对于手机产品的经济承受能力；对使用人数的主观评价主要显示了杭城消费者对手机品牌的偏好购买倾向。

品牌标志、品牌名称、品牌口号、品牌情感、理想价格水平这 6 项构成要素在康佳和诺基亚品牌形象比较的相关分析中具有 0.01 水平显著相关。说明这 6 项指标对于研究康佳和诺基亚的品牌形象比较的贡献度较大，两者在这六项指标上具有较强的可比性。但是，其中的品牌标志、品牌名称、品牌口号、品牌情感、理想价格水平 5 项呈现显著正相关，而使用人数评价呈现显著负相关。这说明，两品牌的上面 5 项指标具有相随变动方向一致的趋势，而使用人数评价具有相随变动方向相反的趋势。

品牌形象代言人、产品外观印象这两项构成要素在康佳和诺基亚品牌形象比较的相关分析中无显著相关。说明这两项指标对于研究康佳和诺基亚的品牌形象比较的贡献度不大，两者在这两项指标上可比性较弱。其中，品牌形象代言人呈现出负相关性。这说明，由于两品牌的代言人制定策略不同，请明星代言与普通人代言之间会出现相随变动方向相反的情况。而产品外观印象的不显著相关性，则说明康佳手机在外观设计上仍然表现出模仿的痕迹，缺乏原创性，没有自己鲜明的产品个性。这也是目前国产品牌手机设计中存在问题：仍然停留在改款的行为上，被国外的设计牵着鼻子走。虽然，由于受到诸多因素的制约，这种状况并非一朝一夕能够改变，但是，体现产品设计的原创性必将是品牌竞争中的一把利刃，否则国产手机品牌在竞争中将永无出头之日。

通过皮尔森线性相关系数（Pearson Correlation）显示，品牌形象构成要素在康佳和诺基亚的品牌形象比较研究中的贡献程度高低排序，即可比性强弱依次为：理想价格水平（Pearson Correlation =0.397）＞品牌口号（Pearson Correlation =0.254）＞使用人数评价（Pearson Correlation =0.242）＞品牌名称（Pearson Correlation =0.213）＞品牌标志（Pearson Correlation =0.209）＞品牌情感（Pearson Correlation =0.136）＞品牌形象代言人（Pearson Correlation =0.052）＞产品外观印

象（Pearson Correlation = 0.037）。

（2）品牌形象总体均值比较

通过总体均值比较（图 8 − 28）可以发现，消费者对诺基亚的总体心理评价态度基本都要高于康佳。可以认为，在康佳品牌识别转变到品牌形象的过程中，消费者产生的认知分歧较大，而在诺基亚品牌识别转变到品牌形象的过程中，消费者产生的认知分歧较小。这说明，康佳品牌手机的生产企业在品牌传播的过程中没有注意如何将品牌识别信息更加准确地传达到消费者心中，而削弱了品牌传播的效果。而诺基亚在这一点上做得比较好。从这一点上，明显看出国产手机品牌与洋品牌手机的品牌建设的区别。由于企业发展历史和技术背景的不同，从品牌口号所体现的品牌核心内涵来看，诺基亚的"科技以人为本"体现出品牌建设完全是以消费者需求为导向，无论产品研发，产品销售都紧紧围绕这一核心内涵，非常具有前瞻性；而康佳的"让世界倾听中国的声音"体现出品牌建设是以企业主观意志为导向，能够体现企业的魄力，但还处于打知名度的阶段。产品研发主要依托技术改进，产品销售主要强调质量保障，较注重眼前利益。

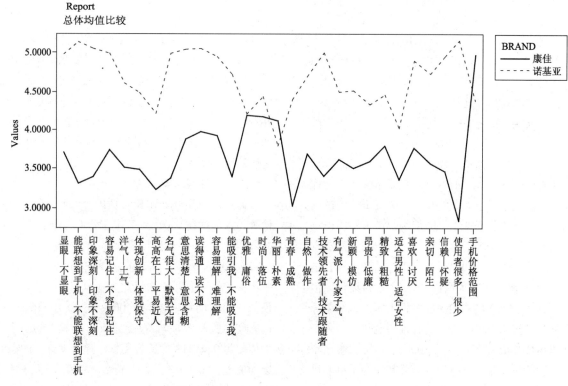

图 8 − 28　康佳与诺基亚品牌形象总体均值比较图

①品牌标志

表 8 − 16　　　　　　　　　　　　品牌标志配对样本 T 检验表

Paired Samples Test		Paired Differences					t	df	Sig. (2 − tailed)
		Mean	Std. Deviation	Std. Error Mean	95% Confidence Interval of the Difference				
					Lower	Upper			
Pair 1	康佳 诺基亚	− 1.2723	1.56139	0.10986	− 1.4889	− 1.0557	− 11.581	201	0.000
Pair 2	康佳 诺基亚	− 1.8317	1.85853	0.13077	− 2.0895	− 1.5738	− 14.007	201	0.000
Pair 3	康佳 诺基亚	− 1.6584	1.76397	0.12411	− 1.9031	− 1.4137	− 13.362	201	0.000
Pair 4	康佳 诺基亚	1.2475	1.68639	0.11865	− 1.4815	− 1.0136	− 10.514	201	0.000

由图 8 - 32 和表 8 - 16 可以看出，消费者对两品牌标志的心理评价差距很大。"显眼—不显眼"（注意程度）的态度均值差（Paired Differences—Mean）为 1.2723；"能联想到手机—不能联想到手机"（联想程度）的态度均值差为 1.8317；"印象深刻—印象不深刻"（再认程度）的态度均值差为 1.6584；"容易记住—难记住"（记忆程度）的态度均值差为 1.2475。

②品牌名称

通过对品牌名称四项内容的配对样本 T 检验，可知，四项均在 0.01 水平呈有显著性差异。消费者对品牌名称的评价差距虽然没有品牌标志大，但是也有相当的距离。"洋气—土气"（档次）的态度均值差（Paired Differences—Mean）为 1.0891；"体现创新—体现保守"（精神）的态度均值差为 0.9950；"高高在上—平易近人"（地位）的态度均值差为 0.9851；"名声显赫—默默无闻"（名气）的态度均值差为 1.6139。可见，在"名声显赫—默默无闻"这一项上依然具有最大差距。消费者普遍都认为诺基亚品牌名声比康佳响亮得多。的确，诺基亚品牌作为全球移动通信技术的老大，凭其雄厚的资金、先进的技术以强势之态开拓了中国市场，进入中国市场以后依然保持强劲的竞争势头，新产品开发与宣传力度非常强劲。相对而言，康佳品牌虽然在电视机领域依然维持了国内"三甲"的地位，但是在开拓手机市场初期，过多投入研发，结果导致新产品推出速度过慢，品牌宣传老化，进入市场以后依然默默无闻。从 2003 年 4 月，康佳集团与国际影星张曼玉签约以后，其作为手机品牌的知名度才逐渐被广大消费者所熟知。

③品牌口号

通过对品牌口号四项内容的配对样本 T 检验发现康佳和诺基亚的品牌口号均在 0.01 水平呈现显著性差异。其中，"意思清楚—意思含糊"的态度均值差（Paired Differences—Mean）为 1.1535；"读得通—读不通"的态度均值差为 1.0693；"容易理解—难理解"的态度均值差为 1.0198；"能吸引我—不能吸引我"的态度均值差为 1.3267。由此可见，"能吸引我—不能吸引我"是消费者对诺基亚品牌口号"科技以人为本"和康佳品牌口号"让世界倾听中国的声音"评价差异最大的一项。可见，"科技以人为本"比"让世界倾听中国的声音"更具震撼力，更能引起消费者的注意力。另外，"让世界倾听中国的声音"在这一项具有最低态度值。说明企业希望"让世界倾听中国的声音"这句口号吸引消费者注意的目的没有达到，与消费者产生了较大的认知分歧。而消费者对品牌口号的注意程度是品牌口号内容传达的一个前提。消费者连注意都没有，谈何品牌内涵的传递呢？所以，尽管消费者在"容易理解—难理解"这一项中对于两品牌的评价差异比较小，可是，仍然会觉得"让世界倾听中国的声音"意思还是有点含糊。

④品牌形象代言人

张曼玉与中、低端手机的关联性比较差，而应主要利用张曼玉来担任康佳品牌高端手机的形象代言人。相反，诺基亚并没有邀请名人代言，而是利用普通人亲和力、可塑性强这样的特点，不断进行更深和更细的消费市场拓展和新产品开发。利用高、中、低端三类产品线全面占领高、中、低端市场。但是，顾客对品牌的选择重要的并不是基于那种品牌个性与消费者实际个性之间的一致性，而是基于品牌个性与消费者理想的或渴望的个性之间的一致。

⑤产品外观印象

通过对产品外观印象六项内容的配对样本 T 检验，六项均在 0.01 水平呈显著性差异。其中，"技术领先者—技术跟随者"的态度均值差（Paired Differences—Mean）为 1.5941；"有气派—小家子气"的态度均值差为 0.8663；"新颖—模仿"的态度均值差为 1.000；"昂贵—廉价"的态度均值差为 0.7277；"精致—粗糙"的态度均值差为 0.6584；"适合男性—适合女性"的态度均值差为 0.6683。在"精致—粗糙"这一项上，消费者的态度差异最小。这说明，由于产品生产加工工艺的不断改善，在外观上，国产品牌手机正越来越向国外品牌手机靠拢。其次，消费者对"适合男性—适合女性"的评价态度差异也很小，但都是最低值。可见，在对待手机的性别特征上，消费者都表现出比较模糊的态度，只认为康佳手机更具有女性化风格。这与企业的产品开发策略密切相关。诺基亚的手机产品较多地采用了中性化的设计风格，不强调产品的性别特征。而康佳的手机产品具有比较明显的性别特征，既有线条刚直的男性化手机，也有线条圆润的女性化手机，但是由于康佳品牌形象代言人是张曼玉，而使得其手机带上了更多的女性色彩。可见，品牌代言人的性别也会影响产品的性格偏向，对于企业全面开拓市场而言，这可能会是一种不利的因素。

⑥品牌情感

通过对品牌情感三项内容的配对样本 T 检验，六项均在 0.01 水平呈显著性差异。其中，"喜欢—讨厌"的态度均值差（Paired Differences—Mean）为 1.1238；"亲切—陌生"的态度均值差为 1.1584；"信赖—怀疑"的态度均值差为 1.5000。消费者在"信赖—怀疑"这一项上对两品牌的态度差距最大。并且，康佳具有最低值。而在"喜欢—讨厌"这一项上对两品牌的态度差距最小。由于诺基亚手机进入市场时间早，市场占有率非常高，消费者对诺基亚品牌已经拥有了先入为主的良好深刻印象，因此成为不少消费者购机首选，又因为其先进的技术支持与可靠的质量保证，在消费者一次使用后拥有了良好的口碑，很容易成为消费者的二次购机首选。可见，消费者对诺基亚品牌具有很强大的忠诚度。而国产品牌康佳手机进入市场较晚，又被另两大国产手机品牌 TCL 和波导抢占了市场先机，因此很多消费者对康佳生产手机的情况了解不多，很多人都没有接触过康佳的手机产品，自然无法在短期内产生信赖感。但是，消费者对诺基亚与康佳的喜好程度相差较小，这说明，消费者从感情上还是非常愿意接受国产品牌。因此，康佳手机完全可以利用自己完善的销售通路和可靠

的售后服务保障，采用情感路线贴近消费者，转变消费者的喜好程度。依靠品牌宣传不断加深消费者对其信赖之感。

⑦使用人数评价

通过对使用人评价内容的配对样本 T 检验，发现使用人数评价这一项中两品牌具有 0.01 水平的显著性差异。而消费者对适用人数"很多—很少"的态度均值差（Paired Differences—Mean）为 2.3267。可见，在消费者的主观意识中，使用诺基亚品牌手机的人数是很多的，而使用康佳品牌手机的人数则很少，诺基亚的销售情况要远远好于康佳，并且趋向极端。

⑧理想价格水平

通过对理想价格水平内容的配对样本 T 检验，发现理想价格水平比较中两品牌具有 0.01 水平的显著差异。均值差距（Paired Differences—Mean）为 0.5941。因此，从消费者对两品牌的理想价格水平来看，诺基亚略高于康佳。消费者认为诺基亚手机的定价合理度在 1500 ~ 2000 元，康佳手机的定价合理度在 1000 ~ 1500 元。这对企业的产品价格策略非常具有参考价值。

（3）品牌形象比较与年龄的关联分析

①18 岁以下消费者的态度差异分析（图8 - 29）

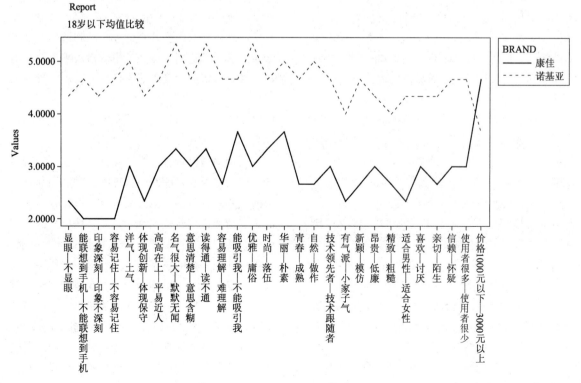

图 8－29　18岁以下品牌形象均值比较图

这类消费者对两品牌的评价差异呈现出平极端化趋势,对"诺基亚"的评价明显高于"康佳"。可见,这类消费者具有最明显的认牌特征。通过具体分析,可以发现,这类消费者对于品牌形象诸要素的态度差距都比较平均。说明在他们印象中,康佳没有一项指标能赶超诺基亚,因此,他们在品牌的偏好上,基本上都会选择洋品牌。

②18~25 岁消费者的态度差异分析

这类消费者对两品牌的评价差异没有上一类消费者那么极端化。通过详细分析可知,这类消费者对两品牌的品牌标志、品牌名称、品牌情感和适用人数的评价差异较大。可见,这类消费者依然对国外品牌与国内品牌的认知上存在较明显的区别,具有明显的认洋牌购买的特征。同时,明星效应在这群人中产生了较大的作用。他们具有较明显的追星倾向。并且,这类消费者的态度曲线陡折很厉害,说明他们对品牌形象不同要素的评价很不一样。比如,消费者觉得康佳最平易近人,说明在感情上距离很近;觉得张曼玉非常成熟,说明其对自身价值实现的一种向往——能够变得更加成熟;康佳手机外形非常女性化,说明此品牌针对女性市场开发的产品较多。

③25~35 岁消费者的态度差异分析

这类消费者对两品牌的评价差异与上一类消费者基本相同。态度曲线的陡折没有 18~25 岁的消费者厉害,而显得比较平滑。其中,对于两品牌的品牌标志、品牌名称、品牌口号和产品外观印象和适用人数的评价差异依然较大。

④35~45 岁消费者的态度差异分析

这类消费者对两品牌的评价差异比上几类消费者明显减小。虽然,在品牌标志、品牌口号、品牌情感等项目上依然具有差异性,但是,在品牌名称与产品外观印象这一项上对两种品牌手机的评价差距较小。可见,这一类消费者对康佳品牌的认可度提高了,不具有很强的认牌购买特征,对产品外形的关注降低,更加注重产品本身的实用功能。

⑤45~55 岁消费者的态度差异分析

这类消费者对两品牌的评价差异比前几类消费者更小。尤其对于品牌名称中的品牌地位问题,和产品外观的精致程度等,基本没有态度差别。可见,认牌购买的特征在这类消费者身上已经基本消失,他们会更加注重产品能否满足自身

的功能性需要。

⑥55~65 岁消费者的态度差异分析

消费者对两品牌的评价差距比上一类消费者更小。尤其,产品的品牌地位象征和性别角色定位对于这类消费者不再起明显的作用,偏中性的手机应该比较受这类消费者的欢迎。

⑦65 岁以上消费者的态度差异分析

消费者对中外品牌的评价基本没有差别,完全没有认牌购买的特征。

8.5.3.3 实证研究的结论

在品牌形象构成要素的贡献度分析中得到如下结论:

①品牌标志、品牌名称、品牌口号、品牌情感、使用人数评价、理想价格水平这六项构成要素对于研究康佳和诺基亚的品牌形象比较的贡献度较大,品牌形象代言人、产品外观印象这两项构成要素的贡献度较小。

②品牌形象构成要素贡献程度高低为:理想价格水平 > 品牌口号 > 使用人数评价 > 品牌名称 > 品牌标志 > 品牌情感 > 品牌形象代言人 > 产品外观印象。

③明确了以上构成要素在康佳与诺基亚品牌形象比较研究中的贡献内容。

在品牌形象均值比较分析中得到如下结论:通过对康佳和诺基亚的总体品牌形象比较分析可知,消费者对诺基亚的总体心理评价的态度指数要高于康佳。其中,两品牌在品牌标志、品牌名称、品牌口号、产品外观印象、品牌情感、消费者主观认知的适用人数、理想价格水平上均具有显著性差异。但在品牌形象代言人这项上没有显著性差异。

对于康佳手机的品牌形象提升导向作用如下:

①加强与消费者的终端互动,以加深品牌和产品在消费者心目中的一致程度;②加强品牌宣传的亲和力,传递更多人文气息,以符合杭州人的审美情趣;③营造气氛,突显品牌口号的重要位置;④在高端产品推广中运用张曼玉的华丽、成熟来体现手机的高品质与高品位;⑤利用"高技派"精致风格,加强企业研发实力的宣传,改变技术落后的印象;⑥加强与消费者的直接情感交流,增强信赖之感;⑦加强品牌事实的宣传,以改变消费者的主观误解;⑧针对不同经济承受能力的消费者,进行售点的展示产品选择、设计材料运用、设计风格运用。

总体而言消费者对康佳和诺基亚的评价差异，随着年龄的增加而呈递减的趋势。消费者对康佳和诺基亚的评价差异，随着年龄的增加而呈递减的趋势。18 岁以下的消费群具有较独特的消费特点，对品牌形象比较呈现极端化的评价差异；18～25 岁及 25～35 岁的消费群具有相似的评价差异，认牌购买的倾向明显，热衷于追星，崇尚个性潮流；35～45 岁及 45～55 岁的消费群具有相似的评价差异，以家庭生活为中心，理智型消费，认牌购买特征不明显，更加注重产品的实用功能；55～65 岁，不再认牌购买，喜好偏向中性；65 岁以上，不是品牌手机的主流消费群。可见，基于 35～45 岁及以上消费者的无品牌偏好特征，使他们转变中外手机品牌偏好，更具可能性。因此，如何开发中老年人手机，进行中老年手机的品牌建设，可以成为国产品牌手机与洋品牌手机竞争的一个机会点。

8.5.3.4 消费者世代划分的探索性研究

通过分析发现 18 岁以下和 18～25 岁年龄段的消费者具有比较相似的成长经历和生活经历，另外 25～35 岁消费者、35～45 岁的消费者，45～55 岁的消费者，55～65 岁及以上的消费者各自具有比较独特的社会经历和生活体验。这一归类与前面所叙述的学者王海忠的消费者世代划分方法比较一致，但是在年代划分上只涉及大体的时代划分，而没有精确到具体的年份。因此，结合王海忠的理论可以将这几类消费者的时代划分，归纳成表 8－17。

表 8－17　消费者世代划分表

世代名称	红色一代"文革"一代	中国婴儿潮世代	中国 X 世代	中国 E 世代
出生年代	新中国成立以前	新中国成立～60 年代前期	60 年代中后期～70 年代中后期	70 年代后期～80 年代中后期	80 年代末期以后

前文介绍了王海忠分析的"文革"一代、中国婴儿潮世代和 X 世代，这三个目前中国主流消费群的世代特点和民族中心主义倾向。本文依据杭州市区这三类消费者的不同特征，及其对康佳与诺基亚手机品牌的不同评价，提出几条康佳手机对 POP 广告设计的借鉴。

8.5.3.5 分析结果对康佳手机 POP 广告设计的借鉴作用

在具体的 POP 广告设计中，应遵循以下几点要求：①在设计中增加工作人员与消费者的直接终端互动空间，便于消费者与工作人员进行直接交流，从情感上拉近与消费者的距离。②加强创新力度，综合运用好品牌名称、标志、口号、代言人等各项视觉设计元素的组合，针对细分市场进行具体的设计定位，用精致的设计布局衬托产品的技术创新与质量保证。③加强事实宣传（产品价格、市场销售情况等），全方位展示产品，减少消费者的主观偏差印象。

那么，在针对不同年龄层次的消费者，进行不同风格的设计创新时，本文就"文革"世代、中国婴儿潮世代、中国 X 世代三个手机主流消费细分市场，构思出三种不同的 POP 设计提案：

①针对中国 X 世代强烈的认牌购买倾向，在进行 POP 展示设计时，可以将品牌符号各元素进行新颖的组合，突显个性、炫目、夸张的设计风格，充分运用"光亮派"的绚丽灯光色彩搭配效果来引人耳目。

②针对中国婴儿潮世代都市新贵们崇尚高档时尚的消费特点，在进行 POP 展示设计时，可以充分利用简洁、流畅的线条、运用一些半透明材质透射纯净的灯光效果来提升高品质和高品位的品牌形象。

③针对"文革"世代节俭、朴素的消费特点，在进行 POP 展示设计时，可以利用柔和与协调的曲面设计进行空间部局，以增添含蓄的人文关怀风格。

在明确品牌形象构成要素对康佳与诺基亚手机品牌形象比较不同贡献度的基础上，进行了品牌形象比较的整体分析，归纳了康佳手机品牌形象提升的几点提案。然后结合消费者世代研究的理论内容，进行品牌形象比较与消费者年龄的关联分析，并在此基础上，针对"文革"世代、中国婴儿潮世代、中国 X 世代三个手机主流消费市场提出了 POP 广告设计提升建议。

8.5.4 实证研究结论导向设计实践

依据前面的分析结论，针对原有的 2003 年 3 月深圳康佳通信科技有限公司《康佳通信 VI 识别系统手册》设计，本章展开"康佳"手机的 POP 广告设计，以体现本文实证研究的实践价值。

图 8 - 30、图 8 - 31、图 8 - 32 为康佳通信的 POP 广告设计原稿。原稿设计没有针对特定地区的特定消费人群进行个性化设计，因此，在造型上显得比较方正、呆板，而没有新意。

图 8 - 30　"康佳通信"原小型展示柜设计稿

图 8 - 31　"康佳通信"原小型柜台设计稿

图 8 - 32　"康佳通信"原形象墙设计稿

本文在对中国 X 世代、中国婴儿潮世代、"文革"一代进行消费者特征分析以后，设计出针对这三个不同世代的三种 POP 设计提升。

8.5.4.1　康佳手机品牌 POP 设计提升

依据前面 POP 设计提案①所述，针对中国 X 世代（70 年代后期～80 年代中后期出生）的消费特点，此款 POP 广告设计的整个展柜采用明快的康佳通信 VI 标准黄色（M15Y100），运用绚丽的五彩灯光来满足其"炫"、"闪"，喜爱张扬的特点。原设计（图 8 - 33）中没有体现互动这一特点，因此，在新的设计中，左边的展示台用来摆放新款手机，右边的小舞台可以用来进行手机新品演示。依据这类消费者喜好社交、热衷人际的特点，通过小舞台的设置来增加销售人员与消费者的产品信息互动，使消费者直接体验产品的品质特性，同时在相互的交流中深入持久的传递品牌形象。

8.5.4.2　康佳手机品牌 POP 广告设计方案二

设计说明：

依据前面 POP 设计提案②所述，针对中国婴儿潮世代（60 年代中后期～70 年代中后期出生）的消费特点，此款 POP 设计的重点在于展柜后面的形象墙，改变了原有形象墙设计（图 8 - 34）的平板、单调，采用清新、香甜的康佳通信 VI 标准橙色（M60Y100），衬托"康佳"手机品牌形象代言人张曼玉小姐优雅、时尚、高贵的气质，以符合这类消费者崇尚高档时尚的消费特点。前面的柜台设计改变原来方块的造型，利用简洁、流畅的圆弧形边缘设计，体现强烈的现代感。

8.5.4.3　康佳手机品牌 POP 广告设计方案三

依据前面 POP 设计提案②所述，针对文革一代（新中国成立～60 年代前期）的消费特点，此款设计采用含蓄、内敛的康佳通信 VI 标准银色作为整体的色调，衬以标准红色与标准橙色相间的装饰条。由于这类消费者对明星代言的敏感度下降，因此没有采用张曼玉的宣传照片，而是利用康佳通信的人体彩绘背影视觉要素，增添高雅的艺术气息。柜台采用圆弧形的曲面设计，体现亲切的人文关怀风格。

图 8 −33　康佳手机品牌 POP 设计提升方案一

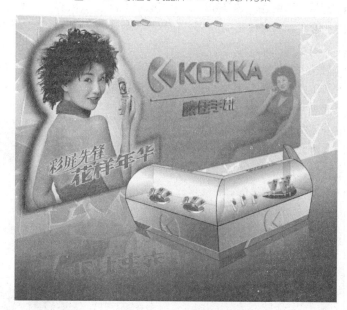

图 8 −34　康佳手机品牌 POP 设计提升方案二

图 8 −35　康佳手机品牌 POP 设计提升方案三

9

网络产品 C2C 可用性心理评价研究

本专题为网络产品 C2C 可用性心理评价研究，包括三个项目：项目一，《C2C 电子商务网站可用性评价体系研究》；项目二，《信息架构的大学生 C2C 可用性的心理评价研究》；项目三，《C2C 网络购物平台用户体验的角色划分研究》。

9.1 网络产品 C2C 可用性心理评价综述

9.1.1 消费者行为学与 C2C 可用性心理评价

消费者行为学认为，影响购物者决策的因素主要分为两大方面：外部因素如文化、地域、宗教信仰、价值观影响、社会结构、群体影响等，内部因素如知觉、学习、记忆、动机、个性、情绪、态度、自我概念和生活方式等。Massey 等通过对 215 个样本研究指出，研究消费者行为对解释用户需求作用很大，消费者心理特征会影响可用性需求，着重研究了消费者信仰对可用性的影响，为乐观（optimism）、创造性（innovativeness）、不适（discomfort）、不安全（insecurity）四个方面[1]。消费者行为、性格心理特征对可用性研究较为全面，而 Massey 等人创新性地做了信仰研究，是消费者行为学可用性研究的一个重要突破。信仰在 C2C 电子商务网站的可用性研究中，从属于精神归属感对用户决策的影响研究，较高层次地影响用户的决策。

消费者行为不止是购买，是决策、购买、使用的一个过程。"消费者决策"是消费者谨慎评价某一产品、品牌或服务属性，并进行理性选择，即用最少成本购买能满足某一特定需要产品的过程。它具有理性化、功能化双重内涵。[2] 决策过程中的满意度，以及影响决策的各因素，是

可用性指标制定的参考基础。决策过程研究对 C2C 网站用户体验研究有重要作用，当消费者产生消费动机后选择相应 C2C 购物网站，然后进行搜索行为，信息搜索影响是否形成购买行为。该过程中店铺选择，购买过程满意度，购买后评价等构成消费者的决策过程。

外部因素影响消费者决策。如图 9-1 所示为物质拥挤感对购物者感觉、购物策略和购后过程的影响，同理在 C2C 购物网站中，商品显示密度对用户满意度的影响，包括搜索结果与单个产品显示内容等。商品情境影响能导向消费者的购买，而在 C2C 购物网站中，情境影响则表现为网站用户体验，网站信息架构、交互行为、界面情感等因素构成了影响网络购物的情境因素。

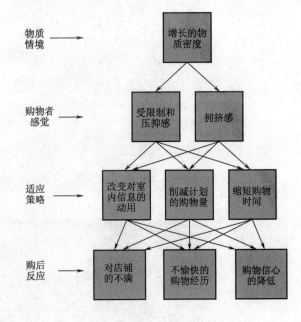

图 9-1 物质拥挤感对购物者感觉、购物策略和购后过程的影响[3]

---

① Massey, A. P.; Khatri, V.; Montoya-Weiss, M. M.; Indiana Univ., Bloomington. Online Services, Customer Characteristics and Usability Requirements. Hawaii International Conference on System Sciences, Proceedings of the 41st Annual. ISSN: 1530-1605. P33. 7-10 Jan. 2008.

② （美）霍金斯（Hawkins, D. I.）等. 消费者行为学 [M]. 符国群译. 北京：机械工业出版社，2007.

③ （美）霍金斯（Hawkins, D. I.）等. 消费者行为学 [M]. 符国群译. 北京：机械工业出版社，2007.

内部因素对消费者决策同样具有影响。如图 9-2 所示为华中科技大学刘枚莲博士所做的电子商务环境下消费者行为态度模型。作者以菲什拜因的态度意图理论为基础，通过对消费者隐性成本和需求特点分析，结合技术接纳模型和技术创新扩散理论，认为消费者感知风险、感知可用性和感知易用性对消费者网上购物态度产生影响，同时考虑消费者的新特性对消费者意图直接影响，和通过影响消费者态度进而对消费者意图的间接影响，建立从态度到意图以至做出购买决策的消费者行为态度模型①。传统网购过程的决策受产品风险、购买的可用性及易用性影响，而在 C2C 电子商务网站中，消费者对网站体验、产品质量、品牌效应、服务质量等的态度直接影响其购买的意图，进而影响消费者的决策。因此，除用户体验外，产品本身的可用与易用、品牌、服务，都是影响 C2C 电子商务网站可用性因素。同时，消费者信息搜集行为过程中自身会对搜索物品或信息制定一定的评价标准。无论是内部还是外部搜寻，其潜在目标是决定恰当的评价标准。因此，研究消费者的自定目标，决定可用性目标高度。

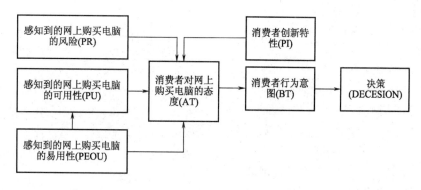

图 9-2　消费者行为态度模型

本专题项目三，研究以 C2C 网络购物人群对购物平台的认知为导向，通过对网购消费者使用网购平台的主观感受进行深入的调查和分析，根据用户使用网络购物平台感知有用、感知易用以及风险认知上的异同得到网购消费人群用户细分的标准和原则，从而为 C2C 网络购物平台创建用户体验的人物角色提供划分的依据。文章主要分为理论分析和实证研究。第一部分引入科技接受度模型（TAM，Technology Acceptance Model），通过分析用户对网络购物平台的认知过程，划分网络购物平台的体验要素，并提出用户人物角色划分的标准。第二部分通过定性研究初步得出用网购经验、生活方式以及人口统计特征对网络购物人群的用户体验差异具有影响。在定量研究的问卷调研方面结合以上的理论分析和定性研究的初步结论，将网购经验、生活方式与用户体验要素进行方差分析。结合以上的分析研究得出划分 C2C 网络购物平台用户体验人群角色细分的标准和使用原则。

研究 C2C 可用性心理评价，需要以消费者行为学为理论基础，分析用户的心理特征和行为特征，从内部及外部心理特征分析影响消费者决策的因素，以准确制定评价指标，最终提升网站用户体验。

9.1.2　性别心理学与 C2C 可用性心理评价

消费时代下，消费者购买的不仅是简单意义上的商品，更追求商品意象和象征，商品成为了一种符号特征，内部情感和情绪需求构成消费行为内驱力。尤其在 C2C 电子商务平台，商品呈现方式对消费者的购买产生了直接影响。现代人们的消费更多是对认同的消费。人们都有自我认同和社会认同，人的消费活动在一定程度上是围绕着自我和社会认同进行的，在消费过程中，消费者在寻求着自我认同和社会认同。② 女性消费者渴望得到别人赞美，男性消费者渴望得到别人尊重，不同性别对于社会的认同需求不同。同时，女性通常被认为是消费主力军，处于消费较高位置，女性消费者在追求自身发展的过程中主

---

① 刘枚莲. 电子商务环境下的消费者行为研究［D］. 华中科技大学，2004.
② 赵娟，郑铭磊. 浅析消费时代下女性产品设计［J］. 艺术与设计，2010（4）.

体性很强，但是在整个社会生活中，女性消费者仍常处于"被看者"和"客体"位置①，并且这种现象与社会文化密切相关，并不能轻易改变。而在 C2C 购物平台中，女性呈现"主体"位置，与互联网隐秘性有关，同时 C2C 购物平台中商品种类与广告等也同样引导了女性从客体向主体的转变。

而在性别的自我认同方面，从单纯的性别特征看，女性消费者通常呈现冲动、易受环境影响、挑剔、反复无常、优柔寡断等性格特征；而男性消费者通常呈现果断、独立、自尊、自满、急躁等性格特征。另外，在男性与女性消费者中间亦存在具备男性特征的女性负性消费者，以及存在女性消费者特征的男性负性消费者。某个性别不一定表现出该性别所具有的特征，如某些男性在自我的认识上迁移了部分女性消费者的特征，这种性别自我认同的交叉在现代极为明显。华东师范大学心理学系蔡华俭等在其《大学生性别自我概念的结构》一文中经过研究发现性别自我概念是一个双重结构：包括一个内隐性别自我概念和一个外显性别自我概念，前者是一个一维未分化结构，后者是一个两维结构，并且二者相对独立。故在研究消费者性别特征时，不可单纯总结单个性别显现行为及情感需求，而是要通过一定的实验方法寻找到内隐性别特征，制定出详细性别特征量表以作参考。在 C2C 购物网站中，中性化消费，反性别消费正占据越来越大比重，因互联网对消费者隐私保护特征，消费者可以更毫无顾忌地购买在现实生活中羞于购买，或不方便购买的物品。因此，C2C 电子商务网站在其安全性、隐私保护方面需要做更好的设计，使不同性别特征的消费者买得放心，买得舒心。

由于两性性别差异性，设计时需遵守其性别特征。产品设计表现在色彩差异性、造型差异性和功能差异性。② 虚拟产品同样表现为色彩、网站结构、显示信息与功能等的差异性。当男性消费者与女性消费者面对 C2C 电子商务网站购物时，呈现两种迥异的用户需求，如男性消费者在浏览页面时更希望能有直接的商品信息，而无须反复搜索对比，而女性消费者愿意货比三家，海量信息搜索找寻。男性对网站整体偏向于刚硬理性的色彩搭配，而女性偏向温暖感性的色彩搭

配。然而许世虎等学者提出了性别和谐化的概念，认为任何一种"性别意识"，"风格"形式的设计都不成为"人性"的设计，不是"以人为本"的设计。③ 在实现和谐设计的过程中，要利用性别差异，关注两性的和谐关系，以此为基点为人们提供真正的人性关怀，设计出符合两性的社会价值观以及审美心理和人机特点的产品。

本专题项目二，理论分析运用信息架构理论和可用性理论，将信息架构理论延伸到五个组成系统，形成相应的可用性评价指标。实证研究分为定性研究和定量研究。定性研究通过用户访谈、任务测试和情境后问卷调查得到了目标用户对于淘宝网的使用体验、可用性、信息架构的相关评价；定量分析通过使用头脑风暴法提取淘宝网可用性评价指标，并制定成态度量表进行测试和修改；然后问卷发放，运用统计学方法进行数据分析，以此得到目标用户基于信息架构的淘宝网的可用性态度指数。最后提炼出目标用户基于信息架构对于淘宝网可用性问题的研究成果。以信息架构为基本理论框架，逐一研究信息架构中每个"骨架"的用户体验，制定符合 C2C 电子商务网站可用性的评价因子。分析了性别心理学对 C2C 可用性心理评价的影响，信息架构的每个模块都需要以性别心理学为指导理论，设计出符合用户心理的架构，制定出最全面的评价因子。

9.1.3 社会心理学与 C2C 可用性心理评价

生活方式是社会心理学的一个研究方向。生活方式，即 Lifestyle，是指人们如何生活，是对各种生活的归纳总结。它是由我们过去的经历、现处的环境，以及个人性格特征决定的。不同的价值观、世界观、生活观所形成的生活方式也会不同，除此之外，受社会环境的影响，生活方式也会有很大的差异，如传统、道德、习惯等因素。C2C 电子商务网站较传统购物而言，更能真实地反映出消费者的生活方式，以生活方式为导向的购物动机在 C2C 电子商务网站的可用性研究中是一个变量因子。

研究生活方式与消费行为的关系，可建立生活方式的测量模式，制定生活方式因子，从而细

---

① 张慧玲. 女性消费问题研究［D］. 华中师范大学，2006.
② 冷欣，黄婉春，陶洁. 论两性化设计及其设计原则［J］. 包装工程，2008（4）.
③ 许世虎，李苒，游娅娜. 产品设计中性别和谐的价值研究［J］. 包装工程，2007（1）.

分消费者类型。而生活方式的测量模式与生活方式因子对可用性的评价因子的制定有参考作用。如在虚拟世界生活方式的研究中，陈立巍（2009）等通过访谈、问卷等方式，运用量表分析、探索性因子分析和验证性因子分析，从而建立了包括个性满足、人际交往、社会融入和虚拟体验四个维度的虚拟世界生活方式测量模型。[①] 该模型的建立可对虚拟世界居民的行为、兴趣、价值观和态度等基本特征进行分析和评估。而对 C2C 电子商务网站而言，现实购物与虚拟世界存在一定的差异性，主要体现在用户行为，对 C2C 中用户的交易行为的交互性分析存在不足。潘志国（2007）等从研究使用环境、使用方式和消费者需求这三个方面入手来探索面向生活方式的设计方法。[②] 该方法较为全面，但是在 C2C 电子商务网站的评价中运用细节不够完善。基于生活方式基础上的消费者研究，使可用性心理评价更具有专业性与科学性。

具体来说，生活方式受文化、价值观、家庭、经历等影响，从而影响需求与欲望，同时影响购买和使用行为。生活方式决定了们的消费决策，另一方面，这些决策也影响或改变我们的生活方式。生活方式的变化决定了需要的变化，社会需要的变化又诱发新的造物行为，从而形成设计创新的不断更迭。[③] 如图 9 - 3 所示，受个性、情绪等因素影响，形成人们态度、期望、兴趣等生活方式，从而影响到人们的消费行为。

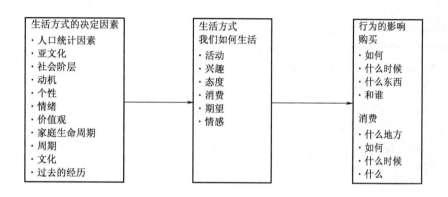

图 9 - 3　生活方式的决定因素与影响[④]

受生活方式的影响，人们在选择购买方式有既定的喜好。而选择 C2C 电子商务网站的用户也有特定的生活方式。如年轻化、"宅"文化方式下的用户更偏向于选择淘宝网，而稳重的、快节奏的上班族更偏向于亚马逊和易趣。研究生活方式对研究 C2C 电子商务网站的用户群有指导作用，而精准的用户研究对提升可用性至关重要。从文化特征、经历、个性、动机等因素为基准点，分析 C2C 电子商务网站的用户的兴趣、态度与情感等生活方式因素，从而判断用户的色彩偏好、使用行为、习惯操作、期望功能、习惯浏览模式等，进而制定合理的心理评价因子。

本专题项目一，较为全面地以生活方式的各个角度解析了交互设计中的行为特征，是生活方式应用研究的一个创新。再用交互设计的原则来制定符合 C2C 电子商务网站可用性的评价方法。力求从系统性与全局性的角度出发，采用理论推演与实证研究相结合的方法，对我国 C2C 电子商务网站的可用性进行研究。首先，参考微软可用性指南 MUG，结合中国 C2C 电子商务网站的特点提出了自己的研究假设，构建出了一个适用于我国 C2C 电子商务网站的可用性评价体系概念模型。然后，通过深度访谈和问卷调查相结合的方法对本次研究提出的研究假设及构建的评估体系和测试量表进行了验证，最后得出了本文的结论"C2C 电子商务网站可用性评价体系量表"。[④]

①　陈立巍，叶强. 虚拟世界网络用户生活方式测量模型研究［J］. 管理科学，2009（2）.
②　潘志国，王兰关，郭业民. 面向生活方式的设计理论研究［J］. 包装工程，2007（7）.
③　王志强，公瑞，张焘. 基于乐活生活方式的数码产品设计［J］. 江南大学学报（人文社会科学版），2011（1）.
④　（美）霍金斯（Hawkins, D. I.）等. 消费者行为学［M］. 符国群译. 北京：机械工业出版社，2007（9）.

9.1.4　网络产品 C2C 可用性评价相关理论

9.1.4.1　可用性概述

国际标准化组织 ISO 近日对使用质量做了定义，包括可用性、适应性和安全性①，多方位评估用户、管理者及维护者不同角色的质量评估。

早期对可用性的研究，不断提出新的界定，经典的可用性定义有如下几种。

最为权威的为 ISO9241 - 11 国际标准定义：产品在特定使用环境下，为特定用户用于特定用途时，所具有的有效性（effectiveness）、效率（efficiency）和用户主观满意度（satisfaction）（ISO. Ergonomic requirements for office work with visual display terminals（VDTs）- Part11：Guidance on usability［S］. ISO 9241 - 11：1998）。该定义具有高度的概括性，对可用性从有效、效率及满意度三层次上定义。

学者 Hartson 的研究包含两层含义，有用性和易用性②。该定义从用户行为角度的评价指标，是行为意义上的使用体验。

被广泛接受的可用性的定义是 Jakob Nielsen 所作的定义：可用性是一个评价用户界面易于使用程度的质量指标，设计过程中改进易用性的方法。与五个可用性属性相联系：可学习性（learnability）、效率（efficiency）、可记忆性（memorability）、出错（errors）和满意度（satisfaction）③。该定义对可用性的指标详细和全面，也更有针对性，是针对用户界面评估的一个重要指导。

另一个经典可用性定义为 Whitney Quesenbery 的 5 E 理论，如图 9 - 4 所示，他用 5 个 E 开头的单词来描述可用性的 5 个维度，即 Effective（效力）、Efficient（效率）、Engaging（满意程度）、Error Tolerant（系统防错能力）和 Easy to Learn（易学性）④。与 Nielsen 的理论比较来看，效用、满意度、出错性、易学是通用的可用性准则。

可用性理论，无论以怎样的评判标准来定义，其中效率及满意度是都涉及的两项重要指

标。唐纳德·诺曼提出的本能、行为、反思三个层面是这些指标的重要基础，这是人类活动的高度概括，而可用性活动是人类活动的一小部分。

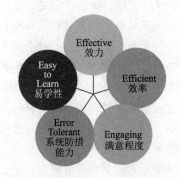

图 9 - 4　Whitney Quesenbery 5E 理论

9.1.4.2　网站可用性评价的相关发展

互联网高速发展，带动越来越多的创新性互联网产品出现。可用性研究早期多应用于软件界面，现已多方位发展，逐渐扩展到互联网、移动产品，以及各种人机界面。现已越来越重视可用性在新网站推出、现有产品迭代维护上的重要性。

网站可用性研究初期，研究者们对网站可用性评价，主要凭借研究者或专家的经验和主观意识，这种定性研究方法带有很强的主观性。后来研究者们引入了数字来衡量网站设计质量⑤，该方法采用归纳与实证相结合的方法，再通过实验室得以认证假设。

在可用性研究方法方面，国内外的可用性专家从不同角度出发，研究了各种各样的方法和实现技术：启发式评价、认知走查法、用户测试、问卷调查、用户访谈和焦点小组、日志分析法、卡片分类法、协同发现法、环境查询法、面向对象和基于场景的技术、文案调研法等。⑥

国内学者对可用性也做了较多研究，孙成权（2008）在 Jakob Nielsen 的决定一个网站可用性的五点具体定义基础上，将网站可用性评估标准分成内部和外部两个大标准——网站可用性（网站导航、链接、流量记录文件分析、内容和易读性、视觉效果）和网站价值可用性（网站创建者

①　Nigel Bevan, Extending Quality in Use to Provide a Framework for Usability Measurement, Lecture Notes in Computer Science, 2009, Volume 5619/2009, 13 - 22, DOI：10. 1007/978 - 3 - 642 - 02806 - 9 - 2.

②　刘颖. 人机交互界面的可用性评估方法［J］. 人类工效学，2002.

③　Jakob Nielsen. 可用性工程. 刘正捷等译. 北京：机械工业出版社，2004.

④　Whitney Quesenbery. Dimensions of Usability, Content and Complexity, from Erlbaum, 2003.

⑤　Larry L. Constantine, Lucy A. D. Lockwood. 面向使用的软件设计［M］. 刘正捷. 北京：机械工业出版社，2004.

⑥　张雪. 招聘信息构建的可用性研究［D］. 大连海事大学，2007.

及权威性、信息可靠性、网站的推广）分析法。[①] 该分析方法较有针对性，是对网站可用性的详细解读。在基础可用性的基础上提出了价值可用性的概念。

上海交通大学周翊（2008）在其硕士论文中深度研究了基于用户体验研究的 C2C 电子商务网站设计，构建了其户体验要素的战略层（Strategy）、范围层（Scope）、结构层（Structure）、框架层（Framework）、表现层（Performance），结合心理学中的 S－O－R 原理和设计信息传播框架，以及 C2C 电子商务网站的环境影响因素，推导出 C2C 电子商务网站的用户体验模型结构，如图 9－5 所示。[②] 该模型全面解析了 C2C 电子商务网站用户体验影响因子及相互关系，其他用户因素、C2C 电子商务网站用户体验设计元素构成了刺激源（S），用户体验层次框架为主体（O），用户的行为决策为反应（R），即 S－O－R。

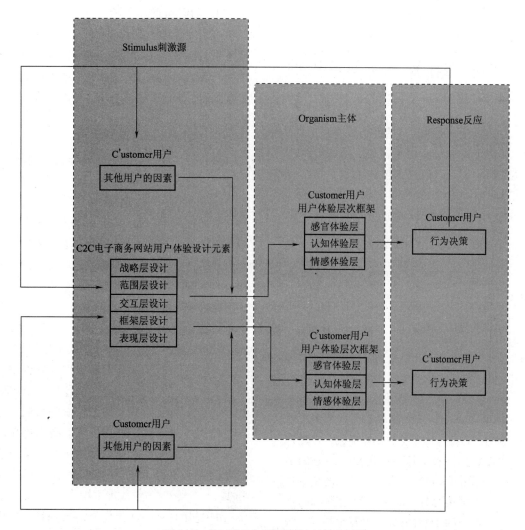

图 9－5　C2C 电子商务网站用户体验模型图

苹果公司乔布斯生前曾有一句著名的话："微小的创新可以改变世界。"360 公司董事长与 CEO 周鸿祎将其概括为"微创新"，即通过细微的改变来带动质变，同时也是从未知的角落着手，在蓝海中寻找机会。因此，微创新是响应时代的新的可用性指标，是对互联网产品所产生的效应的评价指标。随着各类 C2C 电子商务网站的不断涌现，除了常规意义上的可用性指标，微创新性也可通过其带来的互联网效应来进行评估。

①　孙成权. 网站的可用性评估标准浅议 ［M］. 兰州：国科学院国家科学图书馆兰州分馆，2008.

②　周翊. 基于用户体验研究的 C2C 电子商务网站设计 ［D］. 上海交通大学，2008.

9.1.4.3 网络产品 C2C 可用性心理评价子课题相关理论

C2C 即 Customer to Customer，是通过网络为平台的交易模式。本团队的研究专题将从三个子课题展开论证与实证研究，涉及有交互设计、用户体验与用户体验评估、信息架构、消费者认知行为、角色化、消费行为理论，研究这些理论对可用性理论的影响，对可用性理论的实践指导，以及在 C2C 电子商务网站中的特殊性应用。将在第二、三、四小节做具体的阐述分析。

9.2 C2C 电子商务网站可用性评价体系研究

本专题项目一从微软可用性指南 MUG 为基础，构建适用我国 C2C 电子商务网站的可用性评价体系概念模型。通过深度访谈和问卷调查假设构建的评估体系和测试量表进行了验证，最后得出 C2C 电子商务网站可用性评价体系量表。

9.2.1 C2C 电子商务网站可用性评价体系综述

C2C 电子商务网站可用性评价体系是在交互设计的基础上，以 C2C 电子商务网站为载体，以提升网站用户体验为目的，在通用可用性评价方法的基础上提出具有针对性的评估方法。其涉及的相关概念有用户体验与评估。

以用户为中心的设计和评估（user - centered design and evaluation）是确保可用性的基础，能被有效地融入到设计和开发的过程中去，以用户为中心的设计是一种支持将以用户为中心的活动，贯穿于全部开发过程的方法。其目的是创造出使用简单并能为目标用户创造增值价值的产品。以用户为中心的设计和评估涉及生物学、统计学等自然科学的方法，也离不开心理学、社会学等人文科学的帮助。

Effie Lai - Chong Law 等认为，用户体验是基于产品、系统、服务，以及客观物体的独立现象，而非社会性。[①] 即人与产品、系统等交互过程中产生的主观感受。用户体验指的是用户与系统交互时的感觉如何，使用主观性的术语来描述用户体验的本质。如令人满意、令人愉快、有趣、富于启发性、富于美感、可激发创造性、让人有成就感、让人得到情感上的满足等。[②]

9.2.2 交互设计网站可用性与可用性评价

9.2.2.1 交互设计目标与评价

（1）交互设计目标

① 可用性目标

可用性通常是要保证交互式产品易学、使用有效果、给用户带来愉快的体验。它涉及优化人们与产品的交互方式，使得人们能更有效地进行日常工作、学习。具体的说，可用性可以细分为以下一些目标：

a. 能行性——使用有效果。能行性是一个非常普通的目标，指的是系统能否达到其意图，程度如何。

b. 有效性——工作效率高。有效性是指用户在执行任务时，系统支持用户的方式是否有效。以电子商务网站为例，用户在输入了所有的个人资料之后，可以要求网站保存他们的个人资料，当他们在这个网站购买另一件商品时就无须再次输入个人资料。

c. 安全性——能安全使用。安全性关系到保护用户以避免发生危险和令人不愉快的情形。尤其在网络购物网站及企业级别的软件中，安全性是一个首要问题。安全性包括两个层面的内容，第一个层面与人类工程学相关联，指人们工作的外部条件；第二个层面指不论在何种情况下，也不论是何种类型的用户，系统应能避免因用户偶然执行不必要的活动而造成的损失。

d. 通用性——具备良好的通用性。通用性是指系统是否提供了正确的功能性类型，以便用户可以做他们需要做或是想要做的事情。

e. 易学性——易于学习。易学性指的是学习使用系统的难易程度。用户在使用某一系统时都希望能立即开始，并且不费多大力气就能胜任任务的执行，不需要先执行一个学习的过程。不

---

① Effie Lai - Chong Law 等. Understanding, scoping and defining user experience: a survey approach. CHI'09 Proceedings of the 27th international conference on Human factors in computing systems, ACM New York, NY, USA, ISBN: 978 - 1 - 60558 - 246 - 7. 2009.

② 贾园园. 交互设计中愉悦要素的研究 [D]. 中南大学，2008.

管是经常使用的交互产品（如电子邮件）还是偶尔才使用的交互产品（如网络购物网站）都有易学性的要求。

f. 易记性——使用方法易记。易记性指的是用户在学会某个系统后，能迅速地回想起它的使用方法。这一点对偶尔才使用的交互系统尤为重要。

②用户体验目标

在设计交互产品时，之所以要让产品有趣、令人愉快、富有美感等，其主要目的是与用户体验相关。例如，在为儿童设计音乐创作元件包时，设计师可以把主要目标定为：有趣、引人入胜。交互设计的用户体验目标主要有以下几个方面：令人满意；令人愉快；有趣；引人入胜；有用；富有启发性；富有美感；可激发创造性；让人有成就感；让人得到情感上的满足等。所以，用户体验是交互设计过程中贯穿其中的一个重要原则，更是交互设计的一个重要目标。

③可用性目标与用户体验目标的差异性

"用户体验"指的是用户在与系统交互时的感觉如何。某种程度上来说，用户体验是个主观感受，是不可估量的一种不确定因素。所以，个体的差异性使得体验的结果也是千差万别，使得每个个体的真实体验无法通过其他途径来模拟再现。在现在的研究中，有很多学者探索了对用户体验的量化实验，研究出了一定的指标。很大程度上与交互设计的行为、感受有关。

可用性目标某种程度上来说与用户体验目标具有一定的相似性，但是可用性的目标与用户体验的目标不同，前者更为客观，并且，评价的侧重点有部分差异性，虽然都必须以用户为中心，但是后者关心的是用户从自己的角度如何体验交互式产品，而不是从产品的角度来评价系统多有用、易用或多有效。

（2）交互设计评价

设计有用且有吸引力的产品需要创造性和各种技巧。把最初的构思演变为概念设计，再发展为原型的过程中，迭代式的设计和评价有助于确保产品满足用户需要。任何类型的评价，不论是否"用户研究"，都直接或间接地以某种理论为基础，即为"评价范型"。

基本的核心评价范型有四种：

①快速评价。快速评价是一种常规方法，即设计人员非正式的向用户或顾问了解反馈信息，可以在任何阶段进行。它强调的是快速了解，而不是仔细记录研究发现。

②可用性测试。可用性测试是评测典型用户执行典型任务时的情况，是在评价人员的密切控制之下实行的。用户执行任务过程中，评测人员可以用摄像机记录用户与软件的交互过程。这些数据用于分析用户的行为及其原因。使用问卷调查和访谈有助于明确用户的观点，了解用户的满意度。

③实地研究。实地研究是在自然工作环境中进行的。在设计产品时，实地研究用于探索新技术的应用契机，确定产品的需求，促进技术的引入，评价技术的应用。

④预测性评价。在进行预测性评价时，专家们根据自己对典型用户的了解预测可用性问题；另一个方法是使用理论模型。预测性评价的关键特征是用户不必在场，这使得整个过程相对快速，成本较低。

基本的评价技术主要有以下几类：

①观察用户。观察用户有助于确定新型产品的需求，也可用于评价原型。笔记、录音、录像和交互日志是记录观察的常用方法。评价人员面临的挑战是如何在不干扰用户的前提下观察用户。如何分析数据，尤其是分析大量的录像数据如何综合不同类型的数据如笔记、图像、草图等。

②征求用户意见。取得设计反馈的简便方法就是询问用户对产品的看法。是否具备用户期望的功能，用户是否喜欢它，设计是否富有美感。问卷调查和访谈是这一过程的主要技术。

③征求专家意见。专家们借助于启发式原则，通过"角色扮演"的方法，逐步检查典型用户执行任务的情况，从中找出潜在问题。与实验室评价相比，这个方法通常成本较低而且能快速完成。另外，专家们也会为问题提出解决方案。

④用户测试。可用性测试的基本目的是通过测量用户执行任务的情况，比较不同的设计方案。这些测试通常是在受控环境中进行的，方法是让典型用户执行典型的任务。评测人员搜集各种数据并分析用户的执行效率，包括完成任务的时间、出错次数和操作步骤。测试结果通常表示为统计值，如均值和标准偏差。

⑤用户的执行任务情况的分析模型。建立人机交互的分析模型，目的用于设计初期预测设计的有效性，找出潜在的设计问题。

9.2.2.2　交互设计网站可用性与可用性评价

（1）交互设计网站可用性问题

目前网站的数目增长很快，但是网站的访问量却与网站数目的增长不成正比。分析绝大多数网站的设计，不难发现，除了内容太少、信息陈旧以及技术落后等方面的原因外，还存在着严重的可用性问题，主要表现在以下方面（Jakob Nielsen's Alertbox. Top Ten Web Design Mistakes of 2005）：

①易读性。网站所产生的阅读问题，主要是由于网站的小字体或固定字体影响了用户的阅读，文本和背景的对比度过低也可能产生易读性问题。

②链接。很多网站的设计者在设计网站的时候，违反了网页链接设计的五大指导方针：使链接显而易见；对访问过和没访问过的链接加以区分；能够向用户解释链接的另一端是什么内容；避免 JavaScript 的使用；避免在新窗口中打开网页。

③Flash 的使用。如果网页的内容是枯燥的，可以去重写文本或找更专业的设计师来设计更好的图片，不要企图用 Flash 来改变这种状况，因为大多数的用户认为动态内容是无用的。

④重点内容或者功能不突出。重点内容和功能应该尽可能放在显著位置，并且内容要可浏览、有意义；功能执行要与用户习惯相一致。

⑤不好的搜索引擎。当网站信息量比较大的时候，对于用户来说，一个良好的搜索引擎无疑是好网站的一项基本要素。

⑥界面设计没有针对性。很多网站未能根据用户的不同提供个性化的服务。如 C2C 电子商务网站设计可以根据买家和卖家来分类，也可以根据男性用户和女性用户做进一步的细分。对于不同类型的用户网站界面的设计没有针对性。

⑦不方便的交互式表单。表单的设计应该注意以下几点问题：删除不必要的问题，如果没有必要，不要强制一些必填的表单区域，支持表单的自动填充的功能；把键盘输入的焦点放在首选区；允许自由输入电话号码等信息。

⑧缺乏帮助和提示。当链接到一个错误页面时，缺乏帮助用户识别、诊断以及从错误中恢复的信息或提示。

⑨界面导航不清楚。页面内容较多，分多级页面来显示，或出现多级层级时，需要清晰地导航，明确地告诉用户在整个网站的什么位置，并且如何回到上级或进入下级。不要让用户如走迷宫般在页面中摸索。

⑩整体界面布局混乱。页面的整体布局必须符合用户的一般视觉习惯。而由于现在部分网站刻意追求标新立异，使用过大篇幅页面来展示，使得用户找不到所要找的信息。

⑪任务不清晰。例如用户需要下载一个软件，那么，在这个页面中最重要的就是下载的按钮或链接，以及说明性文字及图片等。而现在很多网站信息量及广告过多使得用户在一个页面中想要完成的任务而无法按需完成。

⑫不容易理解的图标和文字。为了使页面更清晰，很多链接用图标或按钮来表现，解释说明隐藏在图标提示说明中。但是图标设计不够清晰，造成用户的混淆而错误点击。这种情况同时出现在文字中，过多地使用计算机或设计专业术语，使用户无法理解。

（2）网站可用性评价方法

根据现有的国内外文献总结可以分成四大类，分别是基于可用性经验准则的经验性评价、可用性测试、专家评审法、软件推出后的问卷调查和跟踪测试。

在可用性研究领域，被称为"网页可用性的领袖"的 Jakob Nielse 博士发明了多个可用性方法，其中最著名的可用性的"经验性评价"，在他的可用性著作《可用性工程》中，详细地介绍了可用性经验性评价的十条经验准则。下面结合本研究的研究对象 C2C 电子商务网站来具体阐述这些可用性经验准则，并尝试运用经验性评价的方法来定性分析淘宝网的可用性。

①简单自然的对话：用户界面应当尽可能简洁，并将用户需要的信息放在用户所需要的地方。一起使用的信息在屏幕上应该放得彼此靠近，信息对象的排列和对它们的操作次序也要符合用户高效完成任务的工作方式。

在进行网站的图形设计时要"突出最重要的对话元素"；避免过度使用颜色；通过任务分析，把对用户真正重要的信息放在一个屏幕上。

淘宝网由于信息量过大（特别是首页），导致整个对话过程复杂化，在这一点上 eBay 较好（图9-6），应结合中国用户的使用习惯，简化网站界面。

图9-6 eBay 和淘宝网首页部分内容比较（截图）

②采用用户的语言：对话应当使用用户熟悉的词汇和概念，而不是使用面向系统的技术术语来表达。采用用户的语言要注意以下几点：对话要尽可能地使用母语而不是外语；要注意避免使用词汇的非标准含义；针对特殊的用户群可以使用特色词汇。

淘宝网采用了用户在日常生活中使用的语言，将商品称为"宝贝"，还有淘宝集市、品牌商城、淘宝大学等。

③将用户的记忆负担减到最小：对于系统使用的指令应当在需要时是可见或容易获得的。计算机应当给用户显示对话元素，让用户从中选择或直接对它们进行编辑。

淘宝网对于用户最近浏览过的6件商品，会在用户网页的右端显示链接，方便重新查找。在搜索栏可以根据关键词联想热门的相关搜索（图9-7）。在用户个人管理页面，网站会记住用户的基本信息，例如收货地址、联系方式等。

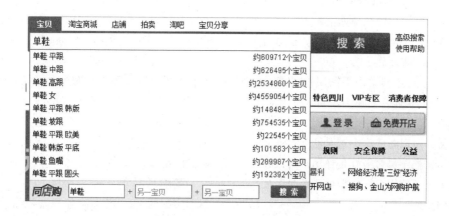

图9-7 淘宝网搜索栏（截图）

④一致性：不应当让用户为不同的词语、状态和动作是否是同一个意思而感到迷惑。一致性应当应用于构成整体用户界面的各个不同媒体，包括界面、资料、联机帮助系统等①。

淘宝网在不同卖家的默认个人店铺中基本的网页框架是相同的，保证了不同店铺基本模式的一致性，如图9-8所示。但是，为了寻求差异性，很多卖家都选择个性化装饰店铺首页。

图9-8 淘宝网卖家店铺基本框架（截图）

---

① Gray Perlman. Coordinating consistency of user interfaces, code, online help, and documentation with multilingual/multitarget software specification, Coordinating User Interface for Consistency, 1989.

⑤反馈：系统应当总是在合理的时间内，通过适当的反馈信息让用户知道系统正在做什么，不应当等到系统出错时才给出反馈。同时，当用户犯错时，能够提供良好的友善的出错信息提示，并尽快恢复。

因为大部分的买家都会担心自己的货款是否安全，是否会发生重复支付等情况，所以在进行支付操作中应该提供足够的肯定与否定反馈。

⑥清晰的退出路径：用户经常会误选系统功能，因而需要一个清晰标明的出口来退出所不希望的状态。无论如何改进用户界面，用户依然会犯错，因此应该让用户尽可能方便地从错误中恢复。

网站的设计经过多年的完善，对于"清晰的退出路径"的准则已经解决得比较好了，例如在淘宝网上任何一级的页面我们都可以在左上角看到淘宝网的图标，点击就可以回复到网站首页。

⑦避免出错：防止问题的发生比良好的出错信息更好。例如，用户拼写时可能出现拼写错误，因此让用户从菜单中选择而不是键入文件名的设计方法就会完全消除这一类错误。在执行危险操作前请求用户重新确认。

在 C2C 电子商务网站，买家用户可能会买错商品或者一时冲动买了并不是自己想要的商品。设置购物车的功能，最后再让买家再选择一遍选购的商品，可以降低这类错误发生的概率。

⑧帮助与文档：尽管最好是让用户可以在不使用文档的情况下使用系统，但可能还是需要提供帮助和文档。

目前淘宝网提供了专门的网站帮助与文档，但是在不是很醒目的位置。

前文结合了 Jakob Nielsen 的可用性经验性准则，归纳出以上准则。并且用相应的经验准则定性分析了淘宝网。通过分析可以发现，淘宝网在有些方面的可用性是比较好的，例如"采用用户的语言"，"将用户的记忆负担减到最小"，"一致性"。网站在"简单自然的对话"，"反馈"，"清晰的退出路径"，"避免出错"方面需要加强，在一定的技术条件下，淘宝网应该增设与改进"帮助与文档"功能以方便用户。

9.2.2.3　网站可用性实验方法

（1）用户测试

在可用性评价研究中，一个有效的方法就是用户测试。在测试的过程中，让真正的用户使用网站系统，而试验人员在旁边观察、记录、测量。因此，用户测试法是最能反映用户要求和需要的，有很高的有效性[1]。

主要有可用性观察测试和统计试验。

（2）其他的可用性评价方法

专家评审法就是由可用性专家来评价软件系统的可用性。根据评审专家使用的原则不同，专家评审法可以分为启发式评价法、步进评价法和设计准则评价法。

网站推出后的问卷调查和跟踪测试。在网站推出后，既可以用可用性问卷来了解用户的满意度和遇到的问题，也可以根据客户服务的反馈，实际使用的记录，或实地测试的方法来了解用户的实际使用情况。

了解用户使用网站的情况还有其他方式，主要有客户服务、网站使用记录和采访与实地测试等。

9.2.3　C2C 电子商务网站可用性评价概念模型

9.2.3.1　C2C 电子商务概述

电子商务网站一般特征为：保障用户在网上购物的安全感，不要"硬拉顾客"，按照顾客购物习惯对产品进行分类，提供用户可能关心的各方面文字资料和视觉信息，描述方便的购买方法和易于管理的购物信息界面，清晰的结账信息和简便的结账手续。

我国 C2C 电子商务市场仍处于发展初期，目前中国的 C2C 电子商务网站规模较大的主要有淘宝、易趣和拍拍三家。

9.2.3.2　C2C 电子商务网站交互分析

在可用性工程领域我们经常用到的产品分析方法是任务分析法。但是任务分析法忽略了用户在同产品进行交互的过程中的多种有效的交互方式和交互行为。为了更清楚地了解用户与产品发生交互的过程，任务分析中加入了用户使用产品时的操作与认知等交互行为的分析过程。这样对一个交互产品进行"交互分析"就需要从三个层面入手：用户与产品接触时所使用到的功能和概念分析；用户使用产品完成任务、实现目标时的操作流程分析；用户在完成目标时与产品之间发生的交互行为分析，我们将其称为"交互分析"三要素。基于上述理论，我们用户使用 C2C

① 董建明，傅利民，Gavriel Salvendy. 人机交互以用户为中心的设计和评估，2003.

电子商务网站的交互分析分成三个方面：网站为用户提供的概念和功能分析；用户使用网站购物的流程分析；用户在使用网站过程中的交互行为分析。

（1）淘宝网购物流程分析

把用户的初次网上购物体验过程分为四个阶段：吸引进入，决定购买，执行购买，等待购买，在每一个阶段用户都需要与网站进行一系列的交互活动。购物流程如图 9-9 所示。

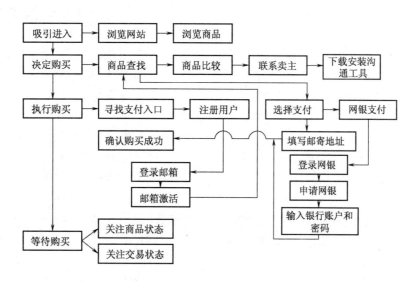

图 9-9　C2C 电子商务网站用户初次购物流程

（2）淘宝网购物交互行为分析

在相对复杂的网络购物流程中，产生的交互行为可以概括为本能交互、认知交互和行为交互三种类型。

9.2.3.3　C2C 电子商务网站可用性评价体系的概念模型

微软可用性指南（MUG）为理论依据，列出的五项指标内容、易使用性、促销、定制服务、情感因素作为评价体系的基本框架，参考 Jakob Nielsen 的十条可用性经验准则对淘宝网的定性分析，结合研究对象的特点与我国消费文化、消费习惯等方面的因素，对每一个主指标内的子指标作了调整，经过修改、分类、归纳与总结，构建出了所提出的 C2C 电子商务网站可用性评价体系的概念模型，如图 9-10 所示。

对每个指标制定了不同的测度指标，具体内容如下表 9-1 所示。

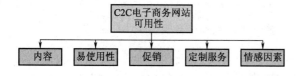

图 9-10　C2C 电子商务网站可用性评价体系模型

表 9-1　C2C 电子商务网站可用性评价因素与测度指标

评价因素	测度指标
内容	商品分类系统、用户评价信息 媒体信息表达、商品信息翔实 商品的丰富性、网站内容的更新速度 信息发布与及时提醒、明确的统计和核算
易使用性	链接准确性、信息速度 快速准确的商品查询、网站布局 网站界面设计、网站信息组织 购物流程简洁、出错提醒 方便退换货、导航系统 响应反馈及时、信息的汇总度 明显的退出路径
促销	网站自身宣传与推广、促销活动
定制服务	即时交流工具、支付平台 用户个人管理、个性化商品与服务 记录并推荐相关信息、论坛 BBS 售后服务
情感因素	卖家与商品信誉度、商品低廉性 网站安全性、控制信息量 网站吸引力、购物成就感

五个方面中，内容是建立网站并实现网站达到可用的基本保证；易使用性从整体的视角出发实现了对网站可用性的合理化约定；促销因素促进网上购物有效开展的重要推动力；定制服务与情感因素是通过更周到的服务实现为用户带来更多的满意。以上的五个因素形成了评价 C2C 电子商务网站可用性的必要条件。

9.2.4 以淘宝网为例的实证研究与结果分析

9.2.4.1 实证研究的准备与实施

本次研究主要划分为以下四个步骤进行：

（1）选择经常光顾 C2C 电子商务网站（淘宝网）的消费者进行深度访谈。

● 访谈前准备工作：

①根据可用性研究中访谈法的具体要求，熟练的用户能够发现更多更全的可用性问题，因此对访谈的对象进行了筛选，最终选择了 5 名淘宝网的熟练用户，这 5 名用户使用淘宝网的时间都在一年以上，每人的购物数量都超过 25 件。

②为了保证访谈内容能紧贴研究主题，方便访谈结束后数据的整理，提前设计了一份访谈提纲，并且准备了与淘宝网相关的资料。

● 访谈过程中访谈内容主要限定在以下三个方面：

①您对当前淘宝网的可用性感觉如何能具体描述一下您认为淘宝网的可用性建设在哪些方面做得较好，哪些方面做得不够？

②您认为提高网站的可用性，网站在建设中应该注意哪些方面？针对这些方面，您能否分别具体谈一下？

③针对以上您谈及的提高淘宝网可用性的几个大的方面，您认为哪些方面又是企业在网站建设中尤其应该注意的？为什么？

● 访谈结果分析通过整理之后具体结果如下：

①网站内容可用性评价因素。主要包括商品分类系统、用户评价、媒体信息表达、商品描述翔实性、商品丰富性、热门推荐、结算信息的再次提醒。

②网站易使用性因素。主要包括链接准确性、网页下载延时、商品查询系统、网站布局合理、界面设计简洁、网站信息组织、购物过程简捷、更改或取消交易、网站导航系统、及时响应与反馈、信息汇总度、付款与评价操作、用户退出路径。

③网站促销可用性因素。主要包括网站自身宣传、促销活动、网站优惠。

④定制服务可用性因素。主要包括即时聊天工具、支付平台、个人用户管理、个人空间、记住相关信息、论坛 BBS、售后服务、留言系统、隐私保护、网站客服。

⑤情感因素可用性。主要包括商品信息吸引力、控制商品信息量、网站安全性、成就感、选择良好的信誉，选择低价商品。

（2）实证研究准实验。

①样本选择

本研究参与准实验的淘宝网用户的购物经历都在 1 年以上，男女比例接近 1：1，57.1% 的被试集中在 21～25 岁，65.7% 的被试具有本科学历，基本符合 2007 年中国互联网用户的分布情况。

②问卷设计

考虑到用户在淘宝网购物的一般流程，将测度指标的顺序打乱后重新排列，现将评价因素、测度指标、具体测试语句之间的对应关系如表9-2所示。

表 9 - 2　　　　　　　　　　　　　　C2C 电子商务网站可用性评价因素

评价因素	测度指标	具体测试语句
1. 内容	商品分类系统	Q8. 网站提供的合理详细的商品分类系统有助于我选择所需购买的商品。
	用户评价信息	Q23. 网站中买家对卖家及其商品的评价是影响我做出购买决策的重要参考因素。
	媒体信息表达	Q5. 网站的媒体信息表达（文字、图片、动画等）合理清晰，让我一目了然。
	商品信息翔实	Q12. 网站中商品信息描述的翔实性会增加我对网站及卖家的信任感。
	商品的丰富性	Q13. 网站卖家提供商品的丰富性会增强我对网站的喜爱程度。
	商品推荐信息	Q10. 网站的商品热门推荐信息有助于我快速捕获到有用的商品信息。
	明确的统计与核算	Q25. 网站在购物结算过程中提供的对购买的商品、享受的折扣、运费等信息的再次列出确认会使我买得更加放心。

续表

评价因素	测度指标	具体测试语句
	链接准确性	Q14. 网站链接能够准确定位到预期的位置会增加我对网站的实与可靠感。
	信息速度	Q15. 网站页面的下载刷新时间过长会增加我放弃对该网页访问的可能性。
	快速准确的商品查询	Q9. 网站良好的商品查询系统可以帮助我准确快速寻找到所需的商品信息。
	网站布局	Q2. 网站整体布局规划、颜色的选用的合理性会影响我对网站的访问。
	网站界面设计	Q3. 网站界面设计是否简洁对实现我快捷性的购物操作有重要影响。
	网站信息组织	Q4. 网站信息组织是否合理对我实现信息的快速查找有重要影响。
2. 易使用性	购物流程简洁	Q32. 购物过程中繁琐的操作会给我整个网上购物带来不便。
	方便退换货	Q26. 当我发现购买了不想要的商品时,更改或取消交易的操作非常麻烦。
	导航系统	Q16. 网站导航系统的存在大大方便了我在不同级别网页中对不同网页信息的浏览。
	响应反馈及时	Q31. 网站对于我购物过程中遇到的疑难做到及时响应与解决保障了我网上购物的顺利进行。
	信息汇总度	Q19. 网站中提供对同一商品不同卖家信息的比较有助于我获取更多实惠。
	方便的付款与评价	Q30. 在购物后期付款与评价的烦琐操作给我带来不便。
	明显的退出路径	Q37. 我完成购物或者网站浏览后网站提供的用户退出路径不明显。
3. 促销	网站自身宣传与推广	Q1. 网站自身加大宣传与推广力度会使我更多地参与淘宝网的网上购物。
	网站促销活动	Q7. 网站定期推出的促销活动(如周末疯狂购等)会促使我更多地参与网上购物。
	网站优惠	Q29. 网站不定期推出的抽奖、红包、抵用券等网站优惠活动让我从中得到了实惠。
	即时交流工具	Q20. 与网站配套的即时聊天工具(淘宝旺旺)方便了我与卖家的交流。
	支付平台	Q27. 网站提供的支付平台(支付宝)使我感到在淘宝网购物更加安全,更加方便。
4. 定制服务	用户个人管理	Q33. 网站为我提供的个人用户管理页面使我可以得心应手的管理自己的购物活动。
	用户个人空间	Q36. 网站为我提供的个人空间可以让我在网上展示自己并且了解别人。
	论坛 BBS	Q22. 网站提供的各种论坛方便了我发表个人观点参与各种话题的讨论。
	留言系统	Q21. 网站的留言系统可以让我清楚地了解其他用户的意见。
	售后服务	Q34. 良好的售后服务订单查询、货物跟踪、商品的"三包"等直接会影响我选择网上购买的积极性。
	隐私保护	Q24. 网站提供的用户隐私保护功能让我更放心地在网上购物。
	网站客服	Q35. 网站客服可以及时有效地帮助我解决购物中遇到的问题。
	网站吸引力	Q6. 网站不断更新的商品促销信息会吸引我参与购买。
	控制信息量	Q11. 在搜索商品时可以自由选择商品显示方式和显示数量让我觉得使用很方便。
5. 情感因素	卖家与商品信誉度	Q17. 我在网上购物时一般优先考虑光顾具有良好信用的卖家。
	商品低廉性	Q18. 我更趋向于在提供同等质量与款式而价位低廉的卖家那里进行购物。
	网站安全性	Q28. 我认为网站的安全性对于保障买家网上购物顺利进行至关重要。
	购物成就感	Q38. 在网站上通过一系列的操作后买到商品让我觉得很有成就感。

③准实验实施

本次问卷调查历时 5 天,共发放问卷 30 份,在对所有回收问卷进行了严格审核之后,共得到有效问卷 30 份,有效样本率为 100%。数据输入 SPSS13.0 统计软件进行分析,考察问卷的区分度与信度,然后对问卷进行相应的修改,得出最终的调查问卷。

(3)量表问卷的收集与数据的分析

①被试基本特征

在回收的有效问卷中,男生 90 份,占总被调查用户的 42.9%,女生 120 份,占总被调查用户的 57.1%。20 岁以下占总被调查用户 1.4%,21～25 岁 57.1%,26～30 岁 31.4%,31～35 岁 7.1%,36～40 岁 2.9%。中专或高中 2.9%,大专 7.1%,大学本科 68.6%,研究生及以上 21.4%。被试淘宝网购物时间 6 个月以下 20%，6 个月 ~ 1 年 22.9%，1 ~ 1 年半 25.7%，1 ~ 2 年 14.3%，2 年以上 17.1%。心理状态分布理智型 51.4%，冲动型 15.7%，混合型 32.9%。

②问卷分析方法

在本次问卷分析的过程运用社会科学统计软件包 SPSS13.0，采用因素分析的方法完成的。验证上文 C2C 电子商务网站可用性评价概念模型提出的几个主因素，从而得出"C2C 电子商务网站可用性评价因素量表"。

③因素分析的前提检验

经过 KMO 检验和 Bartlett 球度检验，其中 KMO 值为 0.807，根据统计学家 Kaiser 给出的标准，KMO 值大于 0.8，适合做因子分析。

④主因素提取

对调研的 210 个有效样本在 35 个变量上进行主因素分析，得到了初始统计量结果（表 9 - 3）。

表 9 - 3 数据统计的总方差解释表

Component	Intitial Eigenvalues			Extraction Sums of Squared Loadings		
	Total	% of Variance	Cumulative %	Total	% of Variance	Cumulative %
1	5.029	14.367	14.367	5.029	14.367	14.367
2	3.464	9.897	24.264	3.464	9.897	24.264
3	2.794	7.984	32.248	2.794	7.984	32.248
4	2.210	6.316	38.564	2.210	6.316	38.564
5	2.114	6.039	44.603	2.114	6.039	44.603
6	2.043	5.838	50.441	2.043	5.838	50.441
7	1.768	5.052	55.493	1.768	5.052	55.493
8	1.467	4.190	59.684			
9	1.412	4.033	63.717			
10	1.249	3.568	67.285			
11	1.088	3.109	70.394			
12	1.082	3.090	73.485			
13	1.028	2.938	76.423			
14	0.881	2.518	78.941			
15	0.805	2.299	81.240			
16	0.717	2.048	83.288			
17	0.708	2.022	85.309			
18	0.663	1.893	87.202			
19	0.588	1.679	88.882			
20	0.524	1.497	90.379			
21	0.483	1.381	91.760			
22	0.415	1.187	92.947			
23	0.390	1.113	94.060			
24	0.322	0.920	94.980			
25	0.289	0.827	95.807			
26	0.254	0.725	96.532			
27	0.211	0.602	97.134			
28	0.208	0.595	97.729			
29	0.173	0.494	98.222			
30	0.149	0.425	98.647			
31	0.124	0.356	99.003			
32	0.119	0.341	99.343			
33	0.100	0.287	99.630			
34	0.075	0.215	99.845			
35	0.054	0.155	100.000			

上文提出的 C2C 电子商务网站可用性评价概念体系中有 5 个因子，根据调查数据的分析结果发现，前五个因子累计只能解释 44.603% 的总方差量，这一数值偏低，说明可用性概念体系中提出的五个主因子的分类方法与 C2C 电子商务网站的实际情况有出入。

通过因素分析提取了 7 个主因素，其特征根值均大于 1.5。他们占总方差的 55.493%，可以解释变量的大部分差异，可以认为这 7 个因素是构成原始问卷 35 个项目变量的主因素。

提取主因素数目的效果，也可由碎石图（Scree Plot）（图 9-11）中直观看出：大因子间的陡急的坡度与其余因子的缓慢坡度之间的明显的折点确定出因子数。

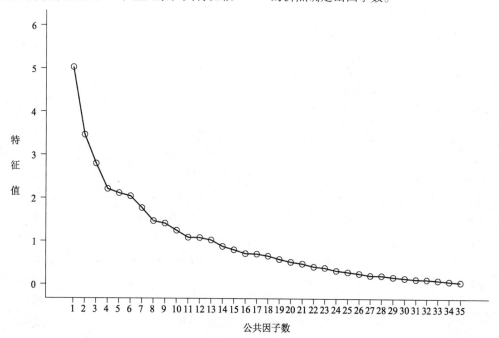

图 9-11　因素分析碎石图

⑤因子矩阵的旋转

未经过旋转的载荷矩阵中，提取的因子变量在许多变量上都有较高的载荷，含义比较模糊，为了明确解释主因素的涵义，将因子矩阵进行方差极大正交旋转（varimax）。

根据因素分析和因子矩阵旋转的结果，结合 C2C 电子商务网站可用性评价概念体系，对最终的评价体系作了调整，由原来的五个主因子调整为七个主因子，保留原来的内容、促销、定制服务、情感因素，将易使用性重新划分为技术、体系结构、购物操作三个因子。最后根据数据总结评价因素、测度指标，如表 9-4 所示。

表 9-4　　　　　　　　　　　　　　因子矩阵旋转后的评价因素

评价因素	变量	测度指标	载荷值
1. 内容	Q7	商品分类系统	0.780
	Q9	商品推荐信息	0.729
	Q24	明确的统计与核算	0.709
	Q12	商品丰富性	0.682
	Q5	媒体信息表达	0.609
	Q11	商品信息翔实性	0.576
	Q22	用户评价信息	0.511
2. 技术	Q13	链接准确性	0.712
	Q15	导航系统	0.704
	Q18	信息汇总度	0.680
	Q8	快速准确的商品查询	0.665
	Q14	信息速度	0.635
	Q29	响应反馈及时	0.581

续表

评价因素	变量	测度指标	载荷值
	Q2	网站布局	0.685
3. 体系结构	Q3	网站界面设计	0.574
	Q4	网站信息组织	0.520
	Q17	商品低廉	0.750
	Q6	网站吸引力	0.725
4. 情感因素	Q27	网站安全性	0.701
	Q10	控制信息量	0.591
	Q16	卖家与商品信誉度	0.547
	Q28	方便的付款与评价	0.747
5. 购物操作	Q25	方便退换货	0.769
	Q30	购物流程简洁	0.793
	Q35	明显的退出路径	0.583
6. 促销	Q1	网站自身的宣传与推广	0.772
	Q21	论坛 BBS	0.822
	Q20	留言系统	0.755
	Q34	用户个人空间	0.739
	Q32	网站售货服务	0.661
7. 定制服务	Q23	隐私保护	0.628
	Q33	网站客服	0.623
	Q19	即时交流工具	0.587
	Q26	支付平台	0.586
	Q31	用户个人管理	0.494

⑥问卷信度分析

信度检验的结果是：总量表 Alpha 值为 0.877，具有比较高的信度水平。

9.2.4.2 淘宝网可用性评价分析

通过调查问卷实验研究及因素分析，修正了上文提出的 C2C 电子商务网站可用性评价概念体系的五大因素，调整为七大因素，分别是内容、技术、体系结构、情感因素、购物操作、促销和定制服务，这七个方面成为评价 C2C 电子商务网站可用性的重要指标，如图 9 – 12 所示。

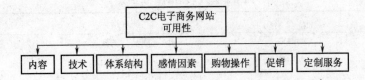

图 9 –12　C2C 电子商务网站可用性评价体系

在实证研究的过程中运用 C2C 电子商务网站可用性测试问卷对淘宝网进行了可用性评价，可以得到两个方面的研究结果：一、提出 C2C 电子商务网站可用性评价体系量表；二、利用该量表评价目前淘宝网的可用性。根据 C2C 电子商务网站可用性评价体系量表的设定，要求用户对每一项指标表态打分，最高分 5 分，最低分 1 分，平均得分越高说明网站可用性越好，反之较差。

（1）淘宝网内容可用性

从数据统计的结果来看目前淘宝网的内容可用性较好，在内容可用性方面目前网站做得最好的是"明确的统计与核算"以及"商品分类系统"，在付款时网站会详细的列出购买的商品、享受的折扣、运费等信息，使用户一目了然。网站的"媒体信息表达"、"商品信息翔实性"、"用户评价信息"、"商品丰富性"这四项的平均得分也较高，"商品推荐信息"平均得分相对偏低。网站在以后的内容可用性建设中应该不断优化商品推荐系统，缩短用户搜索商品的时间。

（2）淘宝网技术可用性

淘宝网的技术可用性在6个测度指标上表现较好，其中最高的为"信息汇总度"。网站强大的数据库，为用户提供了商品比较系统，用户通过比较同一商品不同卖家的信息获得更多的实惠。平均得分偏低的为"响应反馈及时"，说明目前网站在解决各类出错信息方面仍有欠缺，为保证用户能顺利完成购物，应不断完善网站的响应与反馈系统。

（3）淘宝网体系结构可用性

淘宝网的体系结构可用性在"网站布局"、"网站界面设计"、"网站信息组织"3个测度指标上平均得分较高。淘宝网的体系结构是目前中国 C2C 电子商务网站中设置较好的，符合中国用户的使用习惯和审美标准，进而成为其他同类网站的参考依据。淘宝网体系结构可用性要想保持较高的水平，需要随着网站内容的扩充、网站界面设计风格的转变等相关因素做不断调整。

（4）淘宝网情感因素可用性

从问卷调查的数据来看淘宝网在情感因素可用性方面得分还是比较高的。目前淘宝网的安全性、用户控制信息量的能力等可用性因素，通过网站内部的技术支持取得了很好的效果。仅有一项"网站的吸引力"平均得分较低，说明淘宝网吸引用户不断参与网络购物的能力有待提高。本研究提出了5项网站情感因素评价指标，介于本次研究的局限性，涉及淘宝网情感因素的指标没有全部列出，在后续的研究中可以不断扩充该评价因素。

（5）淘宝网购物操作可用性

作为电子商务网站特有的可用性评价指标，淘宝网在"方便的付款与评价"、"方便退换货"、"购物流程简洁"、"明显的退出路径"这4项测度指标上平均得分偏低，说明目前网站的购物操作比较复杂，并不能满足用户的要求。网站以后的建设应该在安全性的前提下尽量简化购物操作，方便不同类型的用户完成网上购物。

（6）淘宝网促销可用性

关于淘宝网营销可用性评价指标只有一项"网站自身的宣传与推广"。说明网站通过电视、网络等媒体对自身的宣传与推广效果较好。在本研究的准实验阶段由于用户对"网站促销"和"网站优惠"的区分度较低，所以没有引入最终的评价论体系，说明这两项关于网站营销的措施没有达到预期的效果，在以后的网站可用性建设中应该继续推出各种网站促销和网站优惠，使更多的用户从中得到实惠，提高网站的整体吸引力。

（7）淘宝网定制服务可用性

淘宝网的定制服务表现是比较好的，特别是网站提供的即时交流工具（阿里旺旺），方便了用户在整个购物流程中的信息交流，网站的支付平台（支付宝）保证了买卖双方货物和货款的安全。其他的指标如"留言系统"、"隐私保护"、"网站售后服务"等平均得分较高，说明淘宝网目前提供的服务能够满足用户的需要。唯一需要提高的"网站客服"，是网站以后的建设中需要不断改进的主要方面。

目前淘宝网网站各个方面的可用性较好，包括网站内容、技术、体系结构、情感因素、定制服务等评价因素的平均得分较高。但是也有部分指标平均得分不高，如网站吸引力、促销、购物操作、出错的响应与反馈、网站客服等，这些方面是网站在以后的可用性建设中需要特别注意的。

9.2.5 本项目小结

本课题研究是在交互设计与可用性理论导向下，参考微软可用性指南 MUG 提出 C2C 电子商务网站可用性评价概念模型，在实证研究中将因素分析的方法应用于 C2C 电子商务网站可用性评价并修正概念模型，最后提出"C2C 电子商务网站可用性评价体系量表"，量表由七个主因素，35个测度指标构成。通过运用"C2C 电子商务网站可用性评价体系量表"分析中国目前的 C2C 电子商务网站，发现网站的可用性问题，为以后中国 C2C 电子商务网站的可用性建设提供参考。总结本次研究，主要取得了如下的阶段性成果：

（1）梳理了交互设计的基本理论，包括交互设计的概念、目标、应用领域，交互设计的设计过程，重点分析总结了交互设计的评估方法。

把 C2C 电子商务网站可用性评价置于交互设计理论研究的背景下。

（2）分析了交互设计中的网站可用性研究现状。重点阐述了网站可用性评价方法，包括可用性经验准则，用户测试，专家评审法，问卷调查等。从理论角度，以 Jakob Nielse 的十大可用性经验准则为参考，定性分析了研究对象淘宝网的一些可用性问题。

（3）基于相关资料分析了中国 C2C 电子商务的现状，最后提出了电子商务网站区别于普通网站的一般特征。以淘宝网为例分析了 C2C 电子商务网站的概念与功能，根据文献分析整理了用户在淘宝网的购物流程，在此基础上对用户在淘宝网购物进行了交互行为分析。

（4）参考微软可用性评价指南 MUG，提出了 C2C 电子商务网站可用性评价体系的概念模型。通过实证研究，修正了该理论模型，提出 C2C 电子商务网站可用性评价体系，包括七个主要评价因素，分别是：内容可用性、技术可用性、体系结构可用性、情感因素可用性、购物操作可用性、促销可用性和定制服务可用性。

（5）利用"C2C 电子商务网站可用性评价体系量表"对淘宝网网站进行了可用性评价，较为全面地揭示了 C2C 电子商务网站在提高自身的可用性建设时需要深入考虑的几个问题。

本课题的研究对提升 C2C 电子商务网站的用户体验具有直接的指导作用，提供了有力的科学依据。本节研究方法的优点在于具有强烈的系统性、专业性与应用性。但是仍然缺乏一定的针对性。

9.3　信息架构的大学生 C2C 可用性心理评价研究

本专题、项目二运用信息架构理论和可用性理论，将信息架构理论延伸形成相应的可用性评价指标。通过用户访谈、任务测试和情境后问卷调查得到了目标用户对于淘宝网的使用体验、可用性、信息架构的相关评价；设计问卷统计分得到目标用户基于信息架构的淘宝网的可用性态度指数。

9.3.1　信息架构的 C2C 可用性心理评价研究综述

基于信息架构的大学生 C2C 可用性的心理评价是以信息架构为基础理论，针对 C2C 电子商务网站，以大学生为目标人群，而研究的可用性心理评价。相关的概念有可用性、信息架构，以及消费者的消费模型。

9.3.1.1　国内网络购物平台的可用性研究现状

国内最早进行可用性研究的是大连海事大学的刘正捷教授，他做过一些 C2C 电子商务的用户体验研究，主要是选择淘宝网和易趣网作为研究对象，采用了用户测试及满意度问卷度量的方法来研究用户的初次网上购物体验过程，通过对用户在购物过程中的行为以及满意度评价的分析，发现影响用户初次购物满意度的因素，为提高 C2C 电子商务的可用性设计提供思路[1]。

车元媛认为网站可用性是研究电子商务网站及网页可用性设计的原则和方法，介绍了电子商务网站可用性设计和网页可用性设计的具体设计[2]。常金玲、夏国平以微软公司的可用性指南为评价体系，选择了 5 家国内公司的电子商务网站，通过 350 名评估者以消费者的身份评估了微软可用性指标的重要性，并评估了每一个网站的可用性等级[3]。清华大学博士周荣刚基于信息架构的含义，建立了人机交互角度、用户角度和观察者角度 360 度的用户体验评估模型。[4]

从上面的分析可以看出，国内外主要针对电子商务网站的可用性研究提出一些大概的方法和原则，而针对基于信息架构理论来评价 C2C 购物平台可用性的研究匮乏。所以，本课题就从这方面进行相关研究，以提出一些新的评价体系和指标，为 C2C 购物平台的优化建设服务。

9.3.1.2　信息架构理论的发展

信息架构（Information Architecture, IA）是由美国建筑师沃尔曼最早提出的概念，他在 1989 年出版的《信息悬念》（Information Anxiety）一书中定义信息架构：如何组织信息，把复杂的信息变得清

---

①　郭丹，刘正捷．电子商务网站的用户体验研究［J］．第 3 届全国人机交互学术会议，2007（）：391 - 392.
②　车元媛，电子商务网站的可用性，鞍山师范学院学报，2006.
③　常金玲、夏国平，B2C 电子商务网站可用性评价，情报学报，2005.
④　周荣刚．IT 产品用户体验质量的模糊综合评价研究［J］．计算机工程与应用．2007（31）.

晰，以帮助人们有效地实现其他信息需求①。

2000 年 4 月 7~9 号在美国波士顿举行了第一届 IA 高峰会议。该次会议给出了信息架构的定义：组织信息社设计信息环境、信息空间和信息体系结构，以满足需求者的信息需求的一门艺术和科学②。2010 年在菲尼克斯举行了第十一届峰会，主题为"鼓舞所有人分享他们的智慧"。ASIS 峰会不断地发展说明了业界对 IA 的不断追逐，会议主题反映了 IA 发展研究的主题和方向不断拓展延伸，逐渐使 IA 的价值得到实现。

9.3.1.3　现代网络用户行为认知行为模式的研究

随着消费水平的不断提升，消费者的消费模式由 AIDMA（Attention 注意，Interest 兴趣，Desire 欲望，Memory 记忆，Action 行动）向 AISAS（Attention 行动，Interest 兴趣，Search 搜索，Action 行动，Share 分享）转变，或 AISCEAS（Attention 行动，Interest 兴趣，Search 搜索，Comparison 对比，Examination 调查，Share 分享）③。购物平台必须能够更好地为消费者服务，能够让消费者的体验需求得到切实的满足。

同时相比以前，网络环境下消费者心理行为呈现出新的特点：（1）个性消费的回归；（2）消费需求的差异性；（3）消费主动性增强；（4）网络消费具有层次性；（5）网络消费具有超前性和诱导性。

由此可见，无论是国外还是国内对于网络的可用性研究大多是针对网络提出一些可用性的原则和方法；而对于用户体验的研究基本主要基于理论上的量化指标研究，没有针对网络方面的体验研究；对于信息架构的理论研究没有结合用户体验来进行相关研究。所以本论文主要基于用户体验结合信息架构理论和现代网络用户的认知行为模式进行购物平台的可用性研究。

9.3.2　大学生 C2C 购物市场及消费心理分析

9.3.2.1　C2C 购物市场分析研究

（1）市场竞争

从 2010 年用户首选地购物网站来看，C2C 类购物占首选用户市场份额的 85%，其中淘宝占

据 76.5%，拍拍网约 6.1%。而 B2C 中当当、卓越、京东商城分别为 5.8%，2.2%，2.2%④。在 C2C 的用户渗透率方面，淘宝网的用户渗透率排在第一位，远远超过其他的 C2C 购物平台，达到 81.5%。在 C2C 的用户群方面，均出现女性多于男性。淘宝和拍拍的用户年龄较年轻化，百度多为中青年，而易趣主要为在校大学生及步入社会不久的白领阶层。淘宝、拍拍和百度的用户学历以大专学历的用户比例最大，易趣以本科及以上学历为主要用户群。在 C2C 的品牌认知度及转化率方面，最高的为淘宝，其次为拍拍、易趣和有啊。

（2）市场盈利模式

C2C 购物网站主要的盈利通过以下三个方面：广告收入、搜索排名竞价、及交易提成及支付过程收费。

（3）影响购物的因素

影响消费者在 C2C 网站购物的主要因素有商品质保服务是否健全、购物平台信息有用及便利性、支付流程的便利性和物流的快捷性三个方面。

9.3.2.2　大学生 C2C 购物消费心理分析

处于青春期向成人期转型的大学生，生理和心理还未成熟。缺乏社会历练，心理可塑性强，自我定位不准确。观念开放，个性鲜明⑤，情感丰富，欠缺稳定，注重交往，风险意识不够，自我价值认知和定位不准。

大学生的消费观与他们所处的环境和自身的人生观、价值观息息相关。主要表现在以下三个方面：感性消费大于理性消费，消费结构不合理⑥，追求个性，存在攀比心理⑦。

根据著名的梅特卡尔法则（马费成、靖蛙一，信息经济分析，2005），网络经济的价值等于网络节点数的平方，即网络上相联的电脑数越多，每台电脑的价值就越大。因此，新消费者的加入将选择那些具有较大规模的消费者群，而大型消费者群又会以更大的魅力吸引新消费者的加入，从而产生"群势效应"，吸引更多的用户点击率。因此，C2C 电子商务网站要创造价值，必然要扩大其用户群，而大学生是其主力之一。

---

① 刘峰．信息架构在网站建设中的实证研究［J］．科技情报开发与经济，2007（11），129-132.
② 罗志会．C2C 电子商务网站信息架构的评价研究［D］．南京航空航天大学经济与管理学院，2008，8-10.
③ （日）是永聪．网络营销［M］．北京：北京科学出版社，2008：4-6.
④ 第 26 次中国互联网络发展状况统计报告［J］．中国互联网络信息中心，2010：10-11.
⑤ 唐开平．大学生 C2C 购物消费心理研究［J］．美术教育研究，2010（9）：116-117.
⑥ 王明弘．引导大学生正确消费观念之我见［J］．商场现代化，2008（36）：363-364.
⑦ 曹启龙．关于大学生异化消费现状的探析［J］．衡水学院学报，2008（6）：84-86.

9.3.3　C2C 可用性与信息架构理论分析

9.3.3.1　C2C 可用性研究细分

在进行任何可用性的研究规划时，都需要预先了解如下几个问题。首先，你需要了解研究的目的有哪些；其次，你需要了解用户的需求目标。了解研究目标和用户的目标，有利于可用性研究的开展。同样，了解可用性的研究目标便于产品开发的顺利进行（图 9 - 13）。

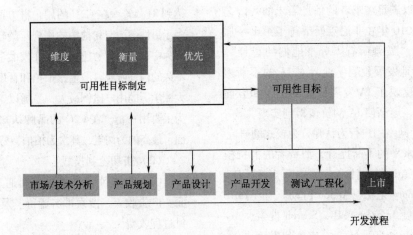

图 9 - 13　可用性目标与产品开发流程的关系

（1）研究目标

在规划可用性研究时，需要确定可用性研究的数据如何在产品开发的流程和生命周期中运用。主要有两种使用方式：形成式（Formative）和总结式（Summative）①。形成式可用性研究发现改进产品的方法和途径，而总结式可用性研究则是着重根据一些评价的标准和原则进行评估。

（2）用户目标

当计划一个可用性研究时，你首先得了解用户以及他们使用产品的目的和需求，即绩效和满意度。绩效与用户使用的产品以及和产品的人机交互过程有关，满意度与用户使用某产品过程中的心理体验有关。

（3）衡量指标

可用性的目标是可以量化的，需要相应的指标进行描述，通过以下几个维度和衡量指标来描述可用性目标，参见表 9 - 5 和表 9 - 6。

表 9 - 5　可用性维度定义及说明

维度	维度定义	说明
有效性	用户达成目标的完成度和准确度	如用户不能完成任务或达成目标，就无所谓任务完成快或慢，容易或者困难。如想要进一步或更精细的结果，衡量有效性之前，需知道怎么定义成功和有用
效率	在完成工作时的速度（和准确性）	效率可被定义很细致，比如说，在一个电话服务中心，效率就是一个操作员每天处理的电话数。但如果说一项任务"太费时间"或者"需要点击按键太多次"，则可能是一个主观的判断
吸引力	使用界面时的快乐感、满意度和有趣的程度	吸引力同样也关注于互动中的满意度，或者用户和产品的表现、组织是怎么更好地连接在一起的
容错性	产品如何防止错误，并帮助用户应对错误	如用户可能会读错一个链接并且需要返回，或者打错了字需要删除等。真正的测试是看在错误出现的时候，交互界能提供多少帮助
易学性	易学性体现每次界面在被使用的时候都需要被记起或者重新学习需要的时间或其他资源	比如产品如何支持首次使用，和支持更深入的学习。比如针对专家或者初学者，他们学习所需的时间或资源

---

① （美）Tom Tullis，Bill Albert. Measuring the User Experience［M］. 机械工业出版社，2009：38 - 40.

表 9 - 6		可用性衡量指标定义及说明	
衡量指标	定义	说　明	
时间	设置用户完成任务的时间要求	可将某任务的整体时间为可用性目标，也可以将整体时间分解分别进行衡量。如找到某个功能的时间；新手（首次处理某个事件的用户）可以用不超过 3 分钟的时间完成一张在线电子表格的填写；从错误恢复或返回到正确的时间	
精确性或正确率	用户执行任务的精确程度	可以设置用户执行的精确率或正确率为可用性的目标。如每单位时间错误的个数；犯某个特定错误的用户数目；完成每项任务所犯错误的次数和类型	
成功率	用户能否成功完成某个任务或获得某信息。该指标常常和时间结合	可将用户能否成功找到某个功能的入口或获得某个信息作为可用性目标。如成功完成一项任务的用户数目；用户能否在不需要帮助的情况下 3 分钟之内成功完成某个任务	
满意度	用户完成任务之后的满意度	用户完成任务之后的整体满意度作为可用性目标，也可把任务分解之后针对每一子任务之后的满意度作为可用性目录。如对于新手（只用过一次，以前也没有培训过），要求他们对易学性界面的满意度平均达到 4 分（"非常满意的"）	

（4）评估方法

进行可用性评估的方法有很多，主要有实验室可用性测试，通常需要 4～10 个参加者即可；在线研究通常要求许多参加者同时进行测试；焦点小组（Focus Group）是研究人们对于某个产品和概念的看法和感知的很好方法；启发式评估投入低，产出高；眼动测量法，通过眼动仪，可以随时将使用者观察产品时的眼动轨迹记录下来，分析其记录的数据。

（5）参加者

任何可用性研究中，参加者的选择对于研究的结果有很多的影响作用。因此，在可用性研究中要尽可能详细地计划和筛选，找到最有代表性的参加者。

第一步要确定招募的标准和条件，接着要确定参加的人数，最后，需要制定招募的策略和方案，就是你如何让用户来参加你的研究。

（6）数据的整理和分析

大部分情况下，所获得的数据的形式都不能直接拿来分析。通常都需要经过一番整理后让数据以一种方便容易的形成呈现，以便于分析。一般包括以下几步：

筛选数据。你需要在数据中检查是否存在任务遗漏或任务未完成就转而完成下一个任务的数据。

检查一致性。一致性检查包括对任务完成时间和成功与自我报告式进行分析比较。

数据分析。先将数据转为为变量进行编码，数据较少可以运用 Excel 软件进行整理分析数据，直至得到相应的数据图表；而数据量较大时可选择统计学软件 SPSS 进行统计分析。

9.3.3.2　信息架构的概述

信息架构的内容：共享信息环境的结构化设计；网站和企业网络的组织系统、标签系统、搜索系统，以及导航系统的组合；创建信息产品和体验的艺术和科学，以提供可用性和可寻性；一种新兴的实践性学科群体，目的是把设计和建筑学的原理带进数字领域中①。

网站信息架构牵涉到可用性研究、人机工程学、图形界面设计、信息组织管理学、认知心理学等学科。从用户、情境和内容三个方面能够很好地阐释网站信息架构理论（图 9 - 14）。

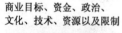

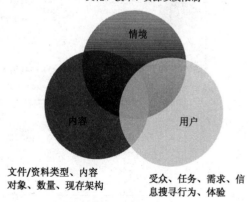

图 9 - 14　信息架构内容

---

①　Peter Morville, Louis Rosenfeld, Information Architecture for the World Wide Web: Designing Large - Scale Web Sites ［M］.北京：电子工业出版社，2008：4 - 5.

目前国内关于信息架构的研究正处于初步阶段，很多的研究主要是通过对比和借鉴目前相对成熟的学科。比如信息架构与知识管理、信息架构与信息管理、信息架构与信息设计、信息架构与信息组织、信息架构与信息可视化等[1]。通过与这些相关学科的分析研究从而更好地深究和拓展信息架构理论。

我们的研究参照吉林大学班孝林的"基于信息构建的网站评价及实证研究"硕士论文[2]。论文主要采用卡片分类法和测试法两种研究方法对网站的信息架构系统进行相关评价，从而提炼出了信息架构系统的二级评级指标体系，如表9-7所示。

表9-7　　　　评价指标

一级评价指标	二级评价指标
组织系统	合理性、层次的丰富性
全局导航系统	全面性、位置的一致性、位置指示符的完善性
局部导航系统	全面性、位置的一致性、位置指示符的完善性
语境导航系统	丰富性、相关性、完整性
补充导航系统	内容的全面性、与其他导航的匹配性
检索系统	检索方式的多样性、检索条件的丰富性、检索帮助的实用性、检索建议
标识系统	可理解性、表达的准确性、一致性

9.3.3.3　网站信息架构的要素

要了解网站信息架构是由哪些组件要素构成的是比较困难的，用户与其中某些组件进行互动操作，而其他的组件并未被意识到。网站信息架构主要由网站的组织系统、标签系统、导航系统和搜索系统四个部分组成。

（1）组织系统

组织系统主要是进行信息的组织，通过信息的分类、标识、组织，提高人们获取有效信息的能力。组织体系（organization scheme）。组织体系存在于我们生活的方方面面。超市、电视节目单、手机号码簿、图书馆等，都会以一定的组织体系便于我们方便地获取所要信息。准确性组织体系（Exact Organization Schemes）包括三种常见的方式：按字母顺序、按年表和按地理位置，参见图9-16。

模糊性组织体系（Ambiguous Organization Schemes）。模糊性组织体系受困与语言和组织的模糊性，有时很难维护和设计。模糊性组织体系包括以下几种：按主题（图9-16），按任务（图9-17），按用户（图9-18），混合式（图9-19）。

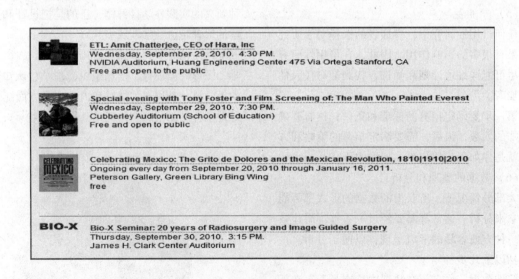

图9-15　按年表排序组织体系（截图）

---

① 丁冰. 我国信息构建研究综述 ［J］. 情报探索, 2008（3）, 7-9.

② 班孝林. 基于信息架构（IA）的网站评价及实证研究 ［D］. 吉林大学管理学, 2007.

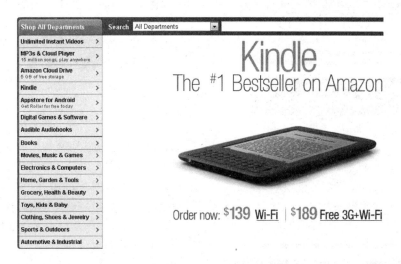

图 9 – 16　按主题组织体系（截图）

图 9 – 17　按任务组织体系（截图）

图 9 – 18　按用户组织体系（截图）

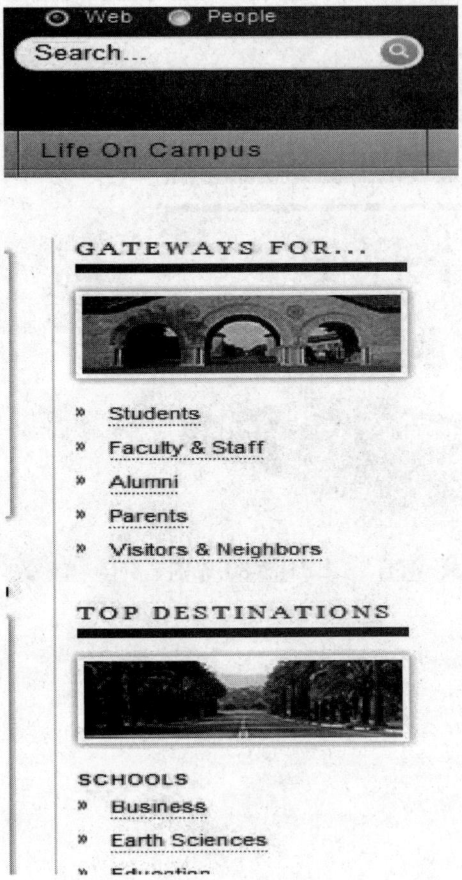

（2）标签系统

标签系统（Labeling Systems）就是如何表示信息，由很多的标签组成的集合。目的是有效地传递信息，减少信息信息的物理空间和用户的认知空间（图9－20）。

标签系统包括很多形式的标签，如标题、图标、导航系统选项、情境式链接和索引术语等。标签设计需要尽量窄化范围，以及标签系统要一致性。

良好的标签系统主要来源于对内容和网站用户的理解和分析。可直接来自用户，可以通过卡片分类法和自由列表法与用户互动。也可间接来自用户。搜索日志分析（也可以称之搜索分析法）是目前运用的比较多的间接获取用户需求数据的方法。

（3）导航系统

网站的结构和组织就像建筑物的墙壁和根基，导航系统就是门窗，引导用户在建筑物中自由穿梭。网站的导航系统主要由全站导航、区域导航和情境式导航三个体系组成（图9－21）。

图9－19　混合式组织体系（截图）

图9－20　标签系统（截图）

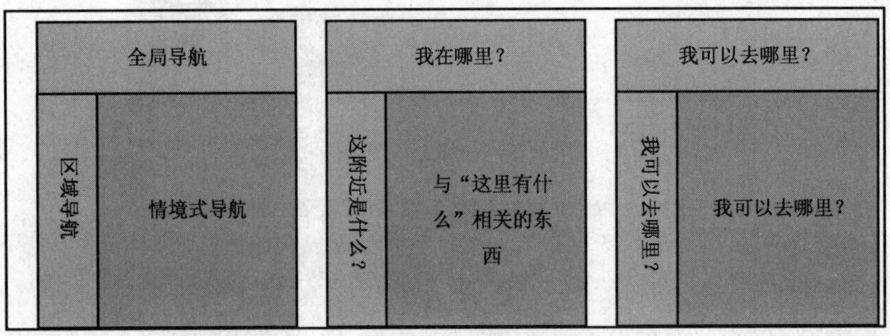

全局导航		我在哪里？		我可以去哪里？	
区域导航	情境式导航	这附近是什么？	与"这里有什么"相关的东西	我可以去哪里？	我可以去哪里？

图9－21　导航系统

当网站信息量较为庞大时，可配合设计一些辅助性导航系统协助用户查寻信息和完成任务目标，如网站地图、网站索引和指南等。

（4）搜索系统

搜索系统（Search System）是出导航系统外另一种高效的查寻和获取信息的形式，是用户不断提问、浏览、搜索的复杂性系统问题（图 9 –22）。

图 9 –22　搜索系统（截图）

9.3.3.4　网站信息架构的流程方法

早期进行网站开发时，大部分公司采取单阶段开发流程，缺少系统的流程规划和策略研究。下图为系统的信息架构开发流程（图 9 –23）。

图 9 –23　信息架构开发流程

网站信息架构主要从组织系统、导航系统、标签系统和搜索系统四个方面阐述如何实现网站的情境、内容和用户之间的融合。所以，相对应的研究方法如图 9 –24 所示。

网站情境研究的有两种方法，背景研究和技术评估。

内容研究主要分析启发式评估和标杆法两种方法。

用户研究主要分析情境式调查和人物角色两种方法。

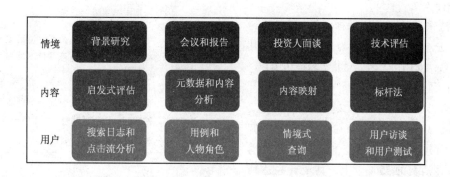

图 9 –24　信息架构研究方法

9.3.4　大学生 C2C 可用性心理评价的定性分析

9.3.4.1　定性研究方案设计

（1）方法的选择

定性研究方法是对研究对象质的规定性进行科学抽象和理论分析的方法。根据被访者是否了解项目的真正目的分为直接法和间接法两大类[1]，参见图 9 –25。

---

①　王华清，程秀芳. 市场调查研究［M］. 徐州：中国矿业大学出版社，2009：56 –58.

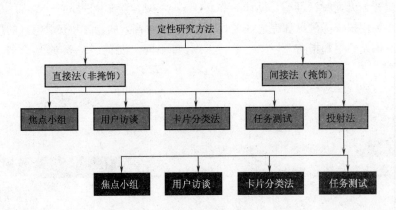

图9-25 定性研究方法

通过对各种定性研究方法的了解，本节定性研究运用其中的用户访谈法和任务测试两种方法结合进行大学生 C2C 购物平台可用性分析。

（2）调查对象和目的

本课题的调查对象主要是大学生用户群体，课题的调查目标为淘宝网，调查目标人群为喜欢网络购物，经常使用淘宝购物平台，有淘宝购物经历的大学生用户群体。

本课题定性研究的目的是通过与大学生用户群体的交流访谈，了解他们网购的一些基本信息和基本的生活方式；了解他们对于淘宝网网站的可用性评价；了解使用淘宝网的体验感受以及他们浏览查找获取信息的行为方式和过程。

（3）抽样方法

抽样方法采用的是分层抽样（Stratified sampling）的方法，主要以性别作为分层的标准，其中男用户 4 名，女用户 3 名，总共 7 名被访用户。

（4）访谈对象的确定

研三同学 2 位，研二同学 2 位，研一同学 2 位，大四同学 1 位。年龄分布在 22 ~ 26 岁，淘宝网购物时间分布在 1 ~ 3 年。他们淘宝网月消费占到网购月消费的 75% 以上，甚至有些达到100%。他们的月生活费分布在 500 ~ 1200 元，而淘宝网购物月消费分布在 50 ~ 500 元，其中有的用户淘宝月消费占到月生活费的 20% 以上。

（5）定性研究流程

定性研究的流程可分为两个部分，一个是通过与用户面对面一对一的形式进行访谈；另一个是设定四个任务，让用户在电脑上独立完成。

9.3.4.2 定性研究结果分析

通过对用户访谈、任务测试和情景问卷的分析，提取了淘宝网可用性的评价指标，总共 34 个因素（表9-8）。

表9-8 可用性评价因素

被访者	被访者可用性评价因素
王同学	搜索模糊匹配不够人性化、搜索结果展示不合理、搜索准确性不高、子页面退出路径不清晰
朱同学	产品质量加强、监管体系完善、支付过程复杂、促销运费不合理、产品图文差距大
潘同学	搜索框美观不够、信息简洁性欠缺、产品性价比差、信息速度慢、情境导航相关性不强
刘同学	页面信息多而乱、商品区与广告区划分不明确、商品分类不明确、增加 TOP 板块、搜索条件限制不规范、商品信息抄袭
李同学	虚假信息太多、搜索功能不够强大、局部导航层次感不强、全局导航完整性不够
马同学	增加最近浏览板块、支付密码太多、卖家在线及时性不够、是否有货不清晰、标签理解性不强
高同学	信息有效性不够、增加货到付款范围、加强按钮互动性和趣味性、标签图文层次不清晰、情境导航不丰富

结合前面信息架构理论的分析，在此基础上增加了一个系统类别——服务和管理系统。下面通过信息架构五大系统理论对其进行归类。

组织系统包括支付过程复杂、促销运费不合理、信息简洁性欠缺、信息速度慢、页面信息多而乱、商品区与广告区划分不明确、商品信息抄袭、虚假信息太多、支付密码太多、卖家在线及时性不够、是否有货不清晰、信息有效性不够、增加货到付款范围 13 个方面。

标签系统包括产品图文差距大、标签理解性不强、加强按钮互动性和趣味性、标签图文层次不清晰 4 个方面。

导航系统包括子页面退出路径不清晰、情境导航相关性不强、商品分类不明确、增加 TOP 板块、局部导航层次感不强、全局导航完整性不够、增加最近浏览板块、情境导航不丰富 8 个方面。

搜索系统包括搜索模糊匹配不够人性化、搜索结果展示不合理、搜索准确性不高、搜索框美观不够、搜索条件限制不规范、搜索功能不够强大 6 个方面。

服务监管系统包括产品质量加强、监管体系完善和产品性价比差 3 个方面。

9.3.5 大学生 C2C 可用性心理评价的定量分析

9.3.5.1 问卷调查的设计

①初始问卷的设计。过程中主要运用了如下方法：桌面文献法、小组会议、Likert 量表法和任务观察法。

②问卷信度和效度检验。问卷信度评价主要有三种方法：重复检验法、交错法和折半法。

③问卷的区分度检验和项目的修改。通过将定性研究以及小组会议头脑风暴等提取的可用性评价项目按照一定的顺序和类别归类。运用 Likert 量表法进行评定，发放 20 份问卷进行消费者态度指数问卷的区分度检验。通过区分度的检验，从中得出了 7 个项目的区分度较差，经过修改后确定为 5 个可用性指标。

④问卷的分析方法。问卷分析工具采用的是社会统计学软件 SPSS17.0，分析的方法主要有基本的统计分析、多重反应分析和关联分析。

9.3.5.2 问卷的实施

问卷发放对象选择在校大学生淘宝网购物用户群体，采用网上发放和实地发放两种方式，共发放了问卷 147 份（网上发放 67 份，实地发放 80 份），回收问卷 140 份（网上 64 份，实地 76 份），回收率 95.2%，其中有效问卷 126 份，有效率 85.7%。

（1）抽样方法

问卷调查的抽样方法采用分层抽样和随机抽样结合的方法，先将样本分为大二、大三、大四、研一、研二和研三六个层次，然后按照一定比例在大学生群体中随机发放和收回。

（2）人口特征统计

有效问卷中男生 49.2%，女生 50.8%，基本接近 1:1。19 岁以下 5 人，19~21 岁 45 人，21~23 岁 48 人，23~26 岁 21 人，26 岁以上 7 人。大四 26%，大二 22%，大三 16%，研三 14%，研二 13%，研一 9%，整体分布的相对均匀。月生活费 500 元以下 8 人，500~800 元 54 人，800~1200 元 52 人，1200 元以上 12 人。家庭所在地一线城市 10 人，二线城市 56 人，城镇 40 人，乡村 20 人。使用网络的时间 1 年以内 3 人，2~3 年 21 人，3~5 年 27 人，5 年以上 75 人。

9.3.5.3 问卷数据分析

（1）基本统计分析

a. 淘宝网使用时间分析，1~2 两年 41.27%，半年 24.6%，2~3 年 19.8%，剩下的 14.3%。

b. 使用淘宝购物频率，每月淘宝购物 0~2 次 59.52%，2~3 次 25.4%

c. 大学生经常关注和浏览的淘宝信息版块，男生比较关注的淘宝信息版块前三位的分别是手机数码（29.3%）、潮流服饰（26.9%）和图书音像（26.19%），而女生最喜欢的信息版块前三位的分别为潮流服饰（32.86%）、精品鞋包（38.89%）和图书音像（35.71%）。而在男女都关注的版块中，其中男生关注度最高前三位为手机数码（75.51%）、运动户外（62.86%）和图书音像（42.31%）；女生关注度前三位则为美容护肤（88.24%）、食品保健（82.35%）和精品鞋包（65.33%）。

d. 大学生获取信息的方式，主要是通过搜索系统、导航分类系统和朋友同学推荐。

（2）基于信息架构理论分析淘宝网的可用性评价

a. 对于当前淘宝网的信息组织系统的可用性评价指标的态度指数最高的三项分别是信息格式多样性、信息可读性和商品信息的及时性。

从表 9-9 中可以分析出，对于信息简洁性和商品广告合理性两项指标，无论男女都不是很满意，信息简洁性不够满意主要是由于他们认为商品信息中经常带有其他不相关产品的信息且篇幅很大，影响到用户获取真实有用信息的效率和有效性；商品广告合理性不高主要由于商品信息的详细界面中其他产品信息的广告位置不合理。两项指标男生的满意度相比女生更低，说明男生更喜欢追求简洁性。

表9-9　　　　　　　　　　　　　　　　　　信息组织系统的性别关联分析

		商品信息真实性	信息格式多样性	信息简洁性	信息加载速度	商品信息及时性	广告合理性	获取信息方便性	信息可读性
男	均值	3.4355	3.8548	2.8323	3.3387	3.6290	2.5065	3.6935	3.9355
	N	62	62	62	62	62	62	62	62
	标准差	0.66827	0.64900	0.64574	0.90433	0.81450	0.84618	0.80141	0.59701
女	均值	3.4062	3.8594	3.0906	3.2188	3.7969	2.9531	3.5937	3.7812
	N	64	64	64	64	64	64	64	64
	标准差	0.75000	0.77392	0.84735	1.01526	0.75969	0.72220	0.88585	0.70076

b. 用户对于淘宝网导航系统的可用性评价指标的态度指数最高的三项指标是全局导航分类体系明确性、全局导航分类合理性和全局导航分类合理性。态度指数最低的三项指标分别是辅助性导航的合理性、情境导航内容的相关性和局部导航视觉层次感。以上数据说明大学生群体认为淘宝网局域导航的视觉分层结构不突出，太过于平面化。对于情境导航内容相关性和辅助性导航合理性不满意，主要是由于情境导航与其导航的内容之间关联性不是很强，包含很多不相关的信息，并且少量的运用情境导航导致获取信息过程中效率降低；而辅助性导航主要是由于辅助性导航的搭配和位置不合理，特别是当新手用户在需要帮助时，难以发挥其作用（表9-10）。

表9-10　　　　　　　　　　　　　　　　导航系统的态度指数分析

	N	极小值	极大值	均值	标准差	标准误差
全局导航分类明确性	126	2.00	5.00	3.8810	0.76532	0.06810
全局导航分类完整性	126	2.00	5.00	3.8095	0.65378	0.05824
全局导航分类合理性	126	1.00	5.00	3.6429	0.73173	0.06519
局部导航视觉层次感	126	1.00	6.00	2.8571	0.86222	0.07681
局部导航分类全面性	126	2.00	5.00	3.5159	0.83651	0.07452
情境导航内容相关性	126	1.00	5.00	2.9444	0.98229	0.08751
辅助性导航合理性	126	1.00	5.00	2.7937	1.14065	0.10162
有效的 N（列表状态）	126					

c. 用户对于淘宝网标签系统的可用性评价指标的态度指数最高的三项指标是标签可读性、标签可理解性和标签与内容的一致性。大学生群体认为标签系统过于平面化，缺乏鲜明突出的特点，容易在众多的标签中迷失而降低使用效率和满意度，并且标签也缺少与用户的互动和趣味性，使得用户难以在使用过程中轻松愉悦地获取信息（表9-11）。

表9-11　　　　　　　　　　　　　　　　标签系统的态度指数分析

	N	极小值	极大值	均值	标准差	标准误差
标签与内容一致性	126	2.00	5.00	3.5714	0.76345	0.06801
标签可理解性	126	2.00	5.00	3.6905	0.72071	0.06421
标签可读性	126	2.00	5.00	3.7857	0.75479	0.06724
标签颜色协调性	126	2.00	5.00	3.0556	0.91482	0.08150
标签视觉层次感	126	1.00	5.00	2.5635	1.01584	0.09050
标签的互动性	126	1.00	5.00	2.3254	1.13016	0.10068
有效的 N（列表状态）	126					

d. 用户对于淘宝网搜索系统的可用性评价指标的满意度态度指数最高的两项指标是搜索操作方便性和搜索结果页面可视化。其中的信息搜索准确性、搜索条件限制规范性满意度低主要由于经常搜索到除输入的关键词以外的很多不相关信息，信息不能与用户想获取信息的关键词高度相关。搜索展示页面合理性满意度低主要是由于默认的展示页面的排列杂而乱，难以让用户很容易按一定的规律找到相关信息，大部分的用户希望默认的展示页面按价格高低、成交量、商家信誉等排序（表9-12）。

表9-12　　　　　　　　　　搜索系统的态度指数

	N	极小值	极大值	均值	标准差	标准误差
信息搜索准确性	126	2.00	5.00	2.9810	0.90206	0.08036
搜索操作方便性	126	2.00	5.00	3.9444	0.79303	0.07065
搜索展示页面合理性	126	1.00	5.00	2.8048	0.93105	0.08294
搜索结果页面可视化	126	1.00	5.00	3.5159	0.89205	0.07947
关键词搜索匹配功能	126	1.00	5.00	2.7698	0.95635	0.08520
搜索框美观度	126	1.00	5.00	3.3175	0.86395	0.07697
搜索条件限制规范性	126	1.00	5.00	2.6032	1.02824	0.09160
有效的 N（列表状态）	126					

e. 用户关于淘宝网服务与管理的可用性评价指标中满意度态度指数较低的三项是售后服务保障体系、产品质量监督体系和支付流程复杂性。目标用户对于增加个人账户金额功能、支付流程复杂性和商家信誉监管制度三项评价指标的态度指数相差较大，产品质量监督体系满意度低主要是由于商家太多，有很多虚假信息，导致质量得不到保障。售后服务体系不够完善，导致用户购买到不满意或劣质的产品，且很难通过售后服务来弥补损失。支付流程复杂主要由于需要输入的密码太多，增加了用户的记忆负担和操作复杂性。

表9-13　　　　　　　　　　服务与管理系统的态度指数

	N	极小值	极大值	均值	标准差	标准误差
商家信誉监管制度	126	1.00	5.00	3.3413	0.91357	0.08139
产品质量监督体系	126	1.00	5.00	2.6825	0.83571	0.07445
售后服务保障体系	126	1.00	5.00	2.6190	0.85657	0.07631
个人信息安全性	126	1.00	5.00	3.5317	0.90939	0.08101
商家在线及时性	126	1.00	5.00	3.3730	0.82689	0.07367
支付流程复杂性	126	1.00	5.00	2.9698	1.10571	0.09850
增加信息 TOP 版块	126	3.00	5.00	4.4048	0.68327	0.06087
增加最近浏览板块	126	1.00	5.00	3.9444	0.86999	0.07751
增加货到付款产品类别	126	2.00	5.00	4.3889	0.74803	0.06664
增加个人账号余额功能	126	1.00	6.00	3.9603	1.11284	0.09914
有效的 N（列表状态）	126					

（3）大学生网络认知行为和消费观念的分析

网购认知行为方面，男女大学生的网络认知行为在 AISAS 认知模式的注意、兴趣、搜索、行动和分享五个方面存在共性，但也有稍微的差异。

消费观念方面，不同的消费层次的大学生的消费观念会也很大的区别。消费水平较低的用户更喜欢关注优惠、打折的商品信息；消费水平较高的用户则喜欢接触新鲜事物，乐于和别人交往。

9.3.6 本项目小结

本课题基于信息架构理论，进行大学生 C2C 购物的可用性心理评价研究。首先，通过对 C2C 购物市场以及大学生消费心理的调查分析，总结了大学生消费的心理特征、消费观念和网购的认知模式。其次，通过对可用性理论和信息架构理论的深入分析，以此作为研究评价的依据。最后，通过用户访谈、头脑风暴、问卷调查、任务测试等方法对目标群体进行了大量的调研，在理论研究方面得到了两个成果，一是基于信息架构理论的研究拓展，在信息架构理论原有的四元系统基础上扩展了一个系统，即服务与管理系统，便于更好地对目标网站进行解构和分析，并细分五大系统的可用性评价要素，从而进行有效的可用性评价指标的分析。另一个是基于用户任务测试的基础结合情境后问卷辅助研究分析，同时结合可用性评价的三因素（效率、有效性和总体满意度）进行网站使用体验的评价分析，从而更好地体现目标用户使用过程中的真实感受。

实证研究方面，通过定性研究分析了淘宝网的评价及体验、可用性分析、信息架构的用户分析与用户任务测试分析；定量研究分析了大学生关于淘宝网信息组织系统、导航系统、标签系统、搜索系统、服务与管理系统的评价分析。

9.4 C2C 网络购物平台用户体验的角色划分研究

本专题项目一，以 C2C 网络购物人群对购物平台的认知为导向，对主观感受进行调查和分析，然后研究用户细分的标准和原则。理论分析引入科技接受度模型（TAM），划分网络购物平台的体验要素，提出用户人物角色划分的标准。实证研究采用定性研究与定量研究，最终得出划分 C2C 网络购物平台用户体验人群角色细分的标准和使用原则。

9.4.1 C2C 平台用户体验的角色划分研究综述

C2C 网络购物平台用户体验的角色划分是以用户角色为基础的用户体验评估研究。建立用户角色对整个用户体验设计具有指导意义。细分消费者的消费模型，从研究其生活方式入手，建立适合 C2C 网络购物平台的用户角色，对提升网站用户体验有重要的意义。其涉及的相关概念有用户体验设计、用户角色、TAM 模型（Technology Acceptance Model，技术接受度）、RFM 模型（Recently、Frequency、Monetary，消费者细分）及 AIO（activities、interests、opinions 生活方式）模型。

9.4.1.1 用户体验相关文献

用户体验的概念最先出自交互设计领域，代表的是交互设计所要达到的目标的一个方面，及对用户体验质量所做出的明确的说明。用户体验是一个广义的概念，既是一种服务的心理体验，又是用户使用产品的一种主观感受。ISO 9241 - 210 对用户体验的定义为：用户体验是指用户在使用产品、系统及服务时的认知和期望。[①] Alan Cooper（1999）指出交互系统必须设计为能够适合一定范围内的用户体验和用户环境，或者必须采取步骤限制设计领域。

J. J Garrett（2002）针对 Web 设计系统，阐述了网站用户体验的要素，将网站的用户体验划分了五个层次：目标层、范围层、结构层、框架层和表现层。[②]

张海昕等（2007）通过学生用户试用淘宝网和 Ebay 易趣，并进行初次网上购物体验活动，以及对测试后满意度问卷的分析，得出了在用户决定购买的过程中，网站概念、功能的传递和表达对用户的影响最大等结论。

9.4.1.2 以用户为中心的设计与角色化的相关文献

Jennifer Preece 等（2001）在著作中指出"以用户为中心"的开发方法指的是以真实用户和用户目标作为产品开发的驱动力，而不仅仅是以技术为驱动力（Jennifer Preece 等著，交互设计 - 超越人机交互，2003）。Nigel Bevan（1999）提出以用户为中心的设计从理解用户群的现状和多样性开始。他认为"除非网站能够满足用户的需求，否则它就不能让网站所有者满意，网站的开发应该以用户为中心，采用那些能满足用户需求的设计"。

Alan Cooper 和 Robert Reimann（2003）合作重新写作和出版了《About face 2.0》，对人物角色在创建用户模型方面的作用和实施细节进行发展性的阐述。Steve Mulder 和 Ziv Yaar（2007）

---

① ISO FDIS 9241 – 210：2009. Ergonomics of human system interaction – Part 210：Human – centered design for interactive systems (formerly known as 13407). International Organization for Standardization (ISO). Switzerland.

② J. J Garrett. 用户体验的要素 [M]. 范晓燕 译. 北京：机械工业出版社，2007：5.

在著述《The user is always right》中指出，将人物角色看成一种决策制定的工具，可以使用户研究变得更有活力，可以使网站变得更成功。

9.4.1.3 网络购物消费行为理论

（1）TAM 模型在电子商务中的应用

技术接受模型（Technology Acceptance Model，简称 TAM）是 Davis（1986）运用"理性行为理论"研究用户对信息系统接受时所提出的一个模型（黄龄逸，探讨影响使用者采纳中华电信 MOD 的关键因素，2004）。TAM 两个主要的决定因素：感知的有用性（perceived usefulness）和感知的易用性（perceived ease of use）。

随着电子商务的兴起，TAM 模型被学者用于研究网络消费者的电子商务接受度。Gefen&straub（2000）用原始的 TAM 模型框架研究互联网用户对电子商务网站的使用意图，并得出当一个网站被用于查询任务时，认知易用和认知有用均对使用意图有影响。随后又有学者（Park 2004；Dahlberg 2003；Pavlou 2003）对网络购物中的风险因素进行了研究。此后，澳大利亚学者 Aron O'Cass &Tino Fenech（2003）采用网上问卷的形式对澳大利亚网络用户进行调查，他在研究中加入了大量外部变量：个性、网络经验、购物导向等（Aron O'Cass Tino Fenech. Web retailing adoption：exploring the nature of internet users Web retailing behavior. Journal of Retailing and Consumer Services，2003）。

（2）消费者细分 RFM 模型

Arthur Hughes（1995）通过研究提出，客户数据库中有三个要素，构成了数据分析最好的指标：最近一次消费（Recently），消费频率（Frequency），消费金额（Monetary）（黄元直，RFM 模型区隔消费者购买行为的区别能力研究，2004）。Bob Stone（1995）以信用卡顾客资料进行研究，给予了三个指标权重。宝利嘉顾问组（2003）在《精确行动》中将 RFM 模型作为细分用户价值的指标，详细介绍了 Bob Stone 的 RFM 模型主张。

（3）生活方式 AIO 模型

AIO 是指活动（activities）、兴趣（interests）和观点（opinions）三个维度，同时还包括个人的内在心理、认知层面与外在行为层面。Gonzalez（2002）总结了 AIO 的主要应用研究及发现，市场细分，消费者特征描述，生活方式比较分析及生活方式趋势分析。

9.4.2 C2C 平台的用户体验要素分析

9.4.2.1 C2C 网络购物的模式和要素

C2C 是动态定价（dynamic pricing）中个人对个人的拍卖，电子拍卖是指在网络世界中买主进行投标而卖主提供产品的市场机制。

动态定价是指几个不固定的商品交易，与此相反，商品类目中的价格是固定的，是 B2C 与 C2C 电子商务模式的根本区别之一。动态定价有几种不同的形式，C2C 中主要采用的是卖方正向拍卖，或称普通拍卖。尽管大多数的生活消费品并不适合拍卖，但是在线拍卖的灵活性也带来了交易过程的革新。

C2C 电子商务是个人与个人进行交易的网络购物平台。这其中包括了交易过程中涉及三个主体，进行价值交换的买卖双方以及网络购物平台供应商。由于在网络购物中扮演的角色不同，在交易过程中他们也分别承担着不同的责任。

买家，交易产品或服务的需求方，C2C 电子商务存在的动力。买家对于商品种类、价格，服务、附加值、交流以及更深层次的体验需求等为卖家提供了市场。

卖家，交易产品或服务的供应方，为网络购物平台提供交易的必要内容，卖家的行为和表现往往决定了买家的再次购买。

网络购物平台供应商，提供交易的平台和规则。为买卖双方提供安全可信的服务平台，同时在交易过程中扮演监督和管理的职责。

9.4.2.2 互联网用户体验的目标和要素

用户体验是一种纯主观的在用户使用一个产品（服务）的过程中建立起来的心理感受。

最初，研究者将产品的设计与人在使用产品过程中的主观感受分割开来，分别用"可用性、易用性"和"用户体验"来考量，交互设计的目标是由这两方面组成的。

随着交互设计的发展，在与产品的交互中，主观的愉悦度和满意度开始占上风，产品或系统的可用或易用也开始通过"用户体验"的好坏来衡量。

用户体验来源于用户使用网站产品的感受，而网站的功能和产品又来自与用户的需求。用户体验的要素分别从网站设计构建和以目标为导向的用户认知来建设。

J. J Garrett 针对 Web 设计系统阐述了网站用户体验的要素，将网站的用户体验划分了五个不同的层次：目标层、范围层、结构层、框架层、表现层。①

李翠芬将网站用户体验的要素划分成了五大类，基于感官、交互、浏览、情感和信任的体验，这些代表了用户使用网站时的不同需求。②

9.4.2.3 C2C 网购平台用户体验的要素

网站的用户体验与用户的感官体验，交互体验，浏览体验、情感体验以及信任体验等息息相关。想要在 C2C 购物平台上获得良好的购物体验，除了考虑以上的要素，还要分析用户进行网络购物的需求和动机，了解用户在使用平台的时候与哪些环节发生交互，用户在 C2C 购物平台上想要获得怎样的体验，如何才能满足用户的要求。

C2C 网络购物平台用户体验的要素要以网络购物行为过程为主体，以认知易用为目标，在购物的过程要考虑到用户的认知风险。网络购物用户体验的要素包括三个方面：基础要素、易用要素、情感要素。

（1）以购物过程为主的用户体验

一般认为，当购买产品时，消费者通常经历如图 9 - 26 所示的消费者决策过程：

网络消费者的购买决策从理论上与传统的消费者决策过程是一致的，根据决策产生购买行为。网络购物平台的构建是针对购物行为产生的过程提供相应的产品服务给消费者。（如图 9 - 27）

图 9 - 26　消费者决策过程

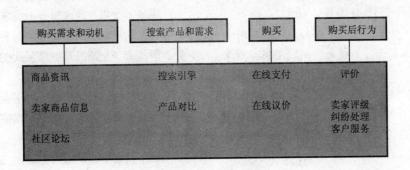

图 9 - 27　网络消费行为的过程

TAM 模型中的认知有用决定了用户对网站使用的态度，而认知有用是基于网络购物目的出发的。因此，网络购物用户体验的要素首要部分就是在用户购物过程中与网站交互的部分。

除了与购物流程相关的功能外，C2C 网站的其他特性（如图 9 - 28）

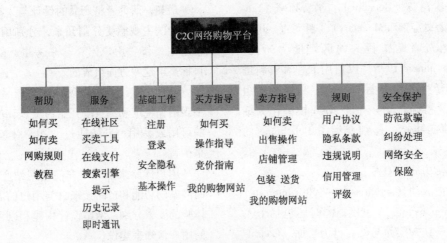

图 9 - 28　C2C 网站特性

①　J. J Garrett. 用户体验的要素 [M] . 范晓燕 译. 北京：机械工业出版社，2007：5.
②　李翠芬. 用户体验的 76 个体验点 [EB/OL] . www. reachnet. com. cn. 2007. 3

钟小娜在网站特性对于网购人群购物影响方面前人做了大量的研究后，提出了五个维度（钟小娜，网站特性与消费者个体特征对网络购物接受度的影响，2006.）：

A. 网站提供的与产品相关的主题信息以及非产品相关的周边信息的丰富性与清晰度。

B. 网站知名度。

C. 网站经济性。

D. 网站互动性。

E. 网站安全性。

（2）以认知易用为目标的用户体验

认知有用是用户进行购物对于外部因素的首先反应，当确认有用后，会与网站所提供的产品发生交互，使用相关的产品。评价用户体验的另一个标准就是在具体操作的过程中难易程度。下图（图 9 - 29）为一般用户进入 C2C 购物网站购物的一般流程（图中用"★"标注的环节都需要用户独立操作网站界面）：

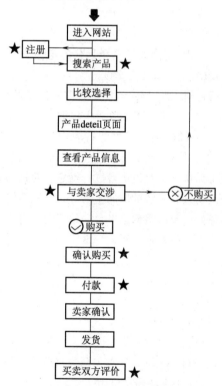

图 9 - 29　网络购物流程

在购物的过程中每一个环节都涉及到用户对网站信息系统的操作，感知易用与否直接影响购物顺利的程度、交易是否能够完成。注册环节、产品搜索，在线支付和购后评价这四个部分一直是网站用户体验研究的重点。

（3）用户体验与网购人群的风险认知

消费者行为学的专家曾对消费者在购物中的认知风险进行过深入系统化的研究，消费者在消费过程中的五种认知风险包括财务风险、绩效风险、生理风险、心理风险、社会风险。之后又有学者在此基础上增加时间维度进行探讨，并经过实证发现财务、绩效、心理、身体、社会以及时间等六个纬度解释了绝大多数认知风险。除此之外还有品牌风险，以及基于 C2C 特点的卖家风险。

网络购物的认知风险是建立在传统购物消费者认知风险维度的基础上，由于互联网特殊属性以及电子商务的特点，使消费者在虚拟与现实转换的过程中会有其他因素的考虑，因此网络购物的认知风险又带有网络消费自身的特点。

9.4.3　C2C 网购人群角色构建分析

9.4.3.1　人物角色构建概述

角色概念是从戏剧舞台用语借用而来。20世纪 20 年代，由美国社会学家 G·米德首先引入社会心理学理论中，称之为社会角色。角色扮演是由符号互动论的代表人物 G·米德在进行角色分析时提出来的。它是指个人在想象中扮演他人的角色，即试图把自己想象成他人，以他人的观点来看待问题，理解他人的处境和感觉，预测他人可能采取的行动，并预料他人对自己的行动会做出何种反应，角色扮演不仅是人们相互作用的特征，而且是社会化过程的基础（阿基米德，心灵、自我与社会，2005）。

"人物角色（personas）"是 Alan Cooper 在自己的首部交互设计书籍《The Inmates Are Running The Asylum》中介绍的一种用户建模和模拟用户的技巧。具体来说，人物角色法是通过交互设计产品服务的人群的需求和目标来定义角色，角色符合所要服务的人群的特征，生活习惯。角色法实际上是用编造的人物角色来精确描述用户和用户想完成的事情，从而进行交互设计。人物角色并不是真实的人物，但是他们在设计的过程中代表着真实人物，他们是真实用户的假想模型，确是经过严密和精确的定义，这来自用户的实地调查和研究。

创建人物角色能使设计更专注，易产生共鸣，以及使设计更高效。

创建人物角色的流程是根据具体的产品设计或系统开发来定的。根据用户研究的类型和分析方法一般分为三类：定性人物角色、经过定量检验的定性人物角色、定量人物角色。创建人物角色的方法取决于进行用户研究的类型，一般情况下进行用户研究分定性研究和定量研究两种（如图 9 - 30）。

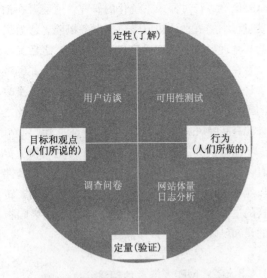

四种常用研究方法描绘出一个完整的用户形象

图9－30　用户研究的方法①

9.4.3.2　C2C 网购人群的角色细分

（1）C2C 网购人群行为和特征

艾瑞咨询最新上线的数据显示，2010 年第四季度中国网购市场订单量达 5.6 亿，环比增长 45.8%，环比增速略高于去年同期，行业整体保持高速增长态势且受季节因素影响较为明显。同时中国网购行业整体转化率亦呈现较强的季节性变化，其中 C2C 细分行业变化尤其显著。

进行网络购物的主力消费群是介于二十岁至三十九岁的年轻族群，其中大学生和上班族占了绝对的比重。网络购物行为和呈现出来的特征为我们进行网络购物消费者细分提供了很多的依据和线索。

首先，从网购人群的性别比例，网络购物中女性消费者已经慢慢变成网络购物的主力。

其次，网购人群的职业分布，白领和上班族占据了绝大多数，这与他们的生活方式，生活状态等有很大的关系。

再者，年龄分布也有很大的特征，进行网购人群的主题人群年龄在 18－35 岁，另外 35 岁以上的人群也占到五分之一。这与对网络使用和电脑使用熟练程度有关系。

（2）基于生活方式的角色细分

生活方式理论中的 AIO 模型主要从三个维度来测量消费者的生活方式，即活动（activities）、兴趣（interests）、意见（opinions）。在建立人物角色的时候需要调查和研究用户的生活状态以及生活方式，可从这三个方面着手。

（3）从"RFM 模型"出发的角色细分

真实的 REM 模型是根据最近一次（Recently），消费频率（Frequency），消费金额（Monetary）建立的模型，用来划分最有价值的顾客。所要构建的用户模型在原有的 RFM 模型上就要增加一些新的考量的量，如消费者购买产品的多少、种类以及经常浏览的板块等。

（4）从用户体验的满意度出发的角色细分

用户体验满意度不高的地方，以及不易操作，不方便的地方也是用来划分角色的标准。

构建角色的标准与构建角色的目的之间是相互作用的，一方面通过人口统计学的特征，生活方式模型，网购行为以及用户体验满意度的好坏对人群进行细分从而创建人物角色，另一方面又通过创建的人物角色去反过来推导在网上进行购物的人群的特征，并且去指导网站的建设和营销。

9.4.4　C2C 用户体验角色划分的定性研究

9.4.4.1　定性研究方案设计

通过对 C2C 网络购物平台用户体验的分析，在总结前人研究成果的基础上提取了用户体验的要素。以 C2C 网上购物的行为作为线索，设计深度访谈脚本。在分析网络购物人群的划分标准和范围前提下，对被访者进行筛选。对被访者进行深度访谈，了解被试的生活方式，网络购物的习惯偏好以及网络购物平台的使用情况等，并将这些因素进行整理分析，探索用户体验的评价与购物人群之间的关系，为 C2C 网络购物的问卷变量提取提供详细的依据，并为定量研究的分析做准备。

● 调查范围及调查对象

调查目标网站：淘宝网。

调查目标人群：有淘宝网购物经验，并经常使用淘宝网络购物平台的用户。

● 抽样方法

本次实证研究定性部分采取分层随机抽样的方法。将网络购物人群的性别、职业、受教育程度、婚姻状况、进行网购的时间作为分层标准，根据不同类别所占比重的大小，从中抽选样本进行访谈。

●访谈对象确定

在了解的进行过网购的人群中按照性别、工作性质、婚姻状况、网购时间确定了 17 位访谈对象。大学生 4 人，研究生 4 人（2 人有工作经验）。教师 3 人，白领 2 人，科研人员 3 人，自由职业者 1 人。男女比例 10：7，6 位已婚人士。

●访谈目的

第一、获取用户的基本信息、生活方式、日常购物情况；

第二、了解用户进行网络购物的基本信息；

第三、了解用户在网络平台上的活动内容；

第四、了解用户使用网络平台的主观感受和出现的问题。

●访谈流程安排和记录说明

A. 访谈流程安排：访谈前首先根据文献资料，头脑风暴，专家修改等方法拟定了访谈脚本及访谈问卷，设置了与网络购物相关的 37 个问题点，访谈共分四部分，第一部分调查被访者网络购物的基本信息，第二部分是让被访者讲述自己第一次购物经历，印象最深的一次网购经历，第三部分调查被访者对于网站使用的情况，经常使用的板块、网络平台的使用情况等，第四部分

是了解被访者生活状态，兴趣爱好等相关情况。

B. 访谈记录说明：访谈采用笔录和录音同时进行的方式记录，根据被访者的回答情况酌情调整，适当追问（记录"P"）并请被访者解释说明（记录"AE"）。访谈结束应收集的资料包括照片资料、问卷访谈记录、录音记录和人物观察日记。

9.4.4.2 定性研究结果分析

将被试按照不同的指标进行了分层，并通过分析得到初步的结论，如网购时间、网购频率、网购花费等可以作为衡量用户网购级别的标准。通过对被访者网购"RFM"模型和 AIO 模型中表现的差异，对被访者的用户体验感受做出相应的分析，并认为其中的某些变量与其他变量之间存在相关性。

（1）在购物基本信息方面，得到如下结论：

在深度访谈第一部分针对访谈对象的网购时间、网购频率、网购花费和登录淘宝的频率进行了调查，旨在构建适合网络购物人群的"RFM模型"，根据前文分析，本研究将原来 RFM 模型中的 R 变成对网购时间和登录淘宝的频率进行考量，具体情况如下表 9 - 14：

表 9 - 14　　　　　　　被访者"RFM 模型"

	姓名	网购时间	网购花费	网购频率	登陆海宝	得分
1	宫保同学	2 年	每月 600 元左右	每月 3~5 次	几乎每天	10
2	立园同学	9 个月	每月 1000 元左右	每月 1~2 次	2~3 天上一次	5
3	水晶同学	4 年	每月 600 元左右	每月 10~15 次	每天	14
4	秦同学	3 年	每月 300 元左右	每月 6~8 次	每天	11
5	韩同学	4 年	每月 600 元左右	每月 6~8 次	每天	13
6	许谨同学	半年	每月 600 元左右	每月 3~5 次	每天	10
7	婷婷同学	3 年	每月 1000 元左右	每月 10~15 次	每天	15
8	罗明同学	2 年	每月 200 元左右	每月 2 次左右	买东西才上	11
9	郭先生	2 年半	每月 600 元左右	每月 3~5 次	2~3 天上一次	11
10	张先生	1 年半	每月 200 元左右	每月 2 次左右	2~3 天上一次	7
11	张小姐	半年	每月 200 元左右	每月 2 次左右	几乎每天	7
12	潘小姐	5 年	每月 1500 元	每月 10~15 次	每天	16
13	翟小姐	3 年	每月 1500 元左右	每月 10~15 次	每天	16
14	王先生	3 年	每月 600 元左右	每月 6~8 次	几乎每天	13
15	张老师	8 年	每月 2000 元左右	每月 10~15 次	每天	13
16	翠老师	1 年	每月 200 元左右	每月 2 次左右	买东西才上	65
17	史老师	3 个月	每月 2000 元	每月 2~3 次	买东西才上	8

由上述表现得到初步的结论，首先，上班与否对于消费的金额有影响，学生远远小于上班族；在登录淘宝的频率上，学生族每天登录淘宝的人高于上班族；月花费与购买频率成正比，登录频率与网购频率成正比；在网购时间、网购花费和网购频率上消费者是有层次的，在学生族和上班族中每月消费频率最多的花费也相对较多；女性每天登陆淘宝次数多余男性；衡量被试网购程度的深浅，可以将网购时间、花费、网购频率作为划分和评价标准。对于角色化的分级有显著作用。

根据 Arthur Hughes 提出的 RFM 评分标准，对被试进行打分，将 17 名被试重新分组，见下表 9 - 15，将得分由高到低排，并分成三组：高级组、中级组、初级组。高级组上述的各项评价指标都得分很高，中级组次之，低级组最后。

表 9 - 15　　　　　被访者分组

	高级	中级	初级
1	张教师	王先生	张先生
2	潘女士	秦同学	张小姐
2	翟先生	郭先生	罗明同学
2	婷婷同学	宫保同学	立园同学
2	水晶同学	许谨同学	翠教师
2	韩同学	史教师	

在访谈的第一部分设定了八个问题，主要是针对购物基本信息进行访谈。从上面的图表和分析得到初步结论：第一，被访者的购物情况由于性别、收入、职业、婚姻状况的不同存在着不同程度的差异。第二，被访者进行购物的年限、购物频率与购物花费之间存在正比关系，另外登录淘宝的频率与购物频率有关。而这些指标可以作为评价网购用户网购程度深浅的标准。第三，被访者在登录的方式、是否有使用其他购物网站以及购买产品范围大小上存在差异与反映网购程度深浅的"RFM 模型"分级相符合。

（2）在网站用户体验方面得到如下结论：

从风险认知方面分析，主要体现在被访者对于卖家和产品的态度上。问题集中在产品质量和真假、产品描述信息、产品图片方面。17 位被访者中有 12 位有买到质量有问题或与实物不符的产品，其中有 4 人买到假货。这些产品主要是衣服和化妆品。有人因购买充值卡遭遇网络骗局。多数人与卖家发生过纠纷，认为解决起来很困难，退货换货环节复杂，时间长。访谈的第三部分主要内容是被试对于网站使用方面的态度，其中有关于网站功能使用和操作方面的，还有对网站设计等方面的。从访谈中得出以下初步推断：

第一，网站中各个环节的操作情况与被访者"RFM 模型"级别有关。经常使用网站购物的人在操作中出现的问题较少，反之则问题较多。

第二，在搜索环节与买卖纠纷方面出现的问题与购买商品类别有关。例如，女性多在网上购买衣服、化妆品等，这些产品经常出现图片与实物不符或真假难辨等问题。

第三，被访者多对卖家提供的产品信息、产品图片以及卖家评价不信任。

第四，被访者对与购物不太相关的界面设计、网站风格等关注度普遍不高，认为对购物影响不大。除此之外，被访者普遍认为客服作用不大。

（3）AIO 模型与网购心理分析结论：

AIO 模型主要从三个维度来测量消费者的生活方式，即活动（activities），如消费者的工作、业务消遣、休假、购物、体育、款待客人等；兴趣（interests），如消费者对家庭、服装流行式样、食品、娱乐等的兴趣；意见（opinions），如消费者对自己、社会问题、政治、经济、产品、文化、体育、将来的问题等的意见。下表 9 - 16 是本文深访对象的 AIO 模型：

表 9 - 16　　　　　　　　　被访者 AIO 模型

姓名	Activities	Interests	Opinions
张老师	生活型　社交广泛　主要工作：教学　主要活动范围：学校、家	和朋友们聊天　游泳　打球　网购　衣服有品位、手工好、质量好　喜欢美味的食物　驴友一族	不追求时尚　比较中立　随性　对未来不考虑、不计划
潘小姐	生活型　主要工作：广告公司	看书　网游　聊天　网购　有品位　有时尚感	在意别人的看法　有自己的想法　希望过轻松生活　家庭幸福　对未来没有明确计划　目前目标是赚钱

续表

姓名	Activities	Interests	Opinions
翟先生	生活型　主要工作：设计师　活动范围：公司　家社交广泛并乐衷	NBA　时尚　音乐　做饭　衣服性价比高　喜欢美食　愿意尝试　朋友很重要	追求时尚　对问题很直接　对未来有打算　渴望成功、受到大家的认可
婷婷同学	生活型　社交广泛	聊天　看电影　逛街购物　逛淘宝　喜欢打扮自己　衣服质量要好　对食物不挑　对选朋友很挑剔　看感觉	时尚　乐观　开朗　直接　踊跃发表自己的意见　喜欢压力不大、轻松的状态
水晶同学	生活型　社交不广　主要工作：目前学习　有空还在淘宝上卖东西	收藏翡翠、水晶　看小说　对流行不感兴趣　衣服舒服就好　喜欢美食　对交朋友表示随缘	不追求时尚　对事情乐于倾听和讨论　对未来有打算但也会随性
韩同学	生活型　喜欢玩　主要工作：目前学习活动范围：宿舍、教室	看电影　听歌　上网购物衣服不穿冒牌货，接受便宜漂亮的　时尚感强　喜欢新奇东西　朋友很重要	比较婉转　乐于倾听　对未来有追求　要比父母过得好、比现在好
王先生	生活型　主要工作：SOHO 开网店	电影　羽毛球　吉他　轮滑　健身　对服装款式要求高　吃健康、保持身材的食物	时尚但不追流行　有自己的看法但不强加给别人　对未来有计划　是行动派　希望成功
秦同学	生活型　主要工作：目前学习　活动范围：宿舍、教室	看电影　电脑游戏　逛街　对衣服要求很高　质量好　要穿出个性　品位	时尚　客气　对未来有憧憬　乐于谋生
郭先生	工作生活　兼顾型　主要工作：学习　活动场合：实验室、宿舍	电脑游戏　旅游　看电影　重视品牌　不要太个性　但不能撞衫　食物只要合口味	乐观　坚持自己观点但不强加给别人　不盲从　对未来很有信心并有计划
宫保同学	生活学习兼顾型　主要工作：学习活动场合：食堂、宿舍	看书　看电影　上网打游戏　注重衣着　要有品位、稳重　很注意养生	追求品位　比较好奇　对事情有想法、有主见　对未来有计划、憧憬
许谨同学	生活工作兼顾　主要工作：学习　人缘很好朋友圈不大	唱歌　运动　衣服面料重要　要实用　不追时尚　务实　食物要健康　朋友要真诚	执着　一丝不苟　理性　有自己的观点并坚持　对前途有考虑　希望把家庭和工作都兼顾好
史老师	工作型　主要工作：教学、做项目　社交很广	看书　电影　旅行　不太爱逛街　买东西直奔主题　符合身份　不追时尚　偶尔变化　喜欢口味重的食品　交朋友不强求	讲原则　有主见　成熟　干练　对前途未来不是很有安排　不太会理财　容易冲动消费
张先生	生活工作兼顾型　主要工作：科研　活动场合：实验室、家	运动　电影　上网聊天　衣服没有要求　很少逛街　喜欢美食　有朋友圈　对朋友有寄托	保持自己的立场　不违反自己的原则　认为未来变数大　不强求随性
张小姐	生活型　比较懒散　主要工作：科研　活动场合：实验室、家	打球　看书　上网　衣服要符合年龄、不过时　对食物没有要求　多和同事、以前的朋友一起玩	对待事情看心情　有底限　有份好的工作　对未来有计划但不强求
罗明同学	工作学习型　组织校内活动　社交广泛　朋友圈很大	摄影　画画　旅游　服装以休闲为主　不追时尚但也不落伍　对食物没有要求　朋友要合得来　乐于助人	做喜欢做的事情　坚持自己的立场　会辩论　对未来有打算　希望有自己的事业　不需要很多钱但要自由

续表

姓名	Activities	Interests	Opinions
立园同学	学习生活兼顾型　交友广泛	溜冰　唱歌　上网聊天　喜欢手表和电子类产品　衣服干净利索　不要太规整或休闲　食物要健康　朋友要真诚	有立场　有上进心但不强求　平凡健康就好
翠老师	工作生活兼顾型　主要工作：教学有固定的朋友圈	逛街　看电影　找朋友聊天　衣服要端庄　适合自己	稳重　内敛　有自己的观点　但不争论　对于社会问题会关注　对未来不喜欢一成不变　希望改变

根据 AIO 模型，被访者细分为三个子类（3Persona），详见图 9 - 31：

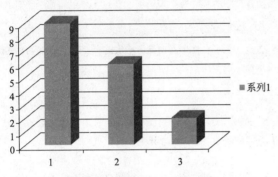

图 9 - 31　被访者 AIO 模型分类

第一类：生活为主型（9 人）：以享受生活为主，喜欢比较慢的节奏。

第二类：生活工作兼顾型（6 人）：认为生活和工作都很重要，希望能兼顾。

第三类：工作型（2 人）：认为工作比较重要，对待事情认真，执着。

根据被访者的 RFM 模型与 AIO 模型对比，可以看出以高级组全部属于以生活型为主的，并且很多人将网购或逛淘宝当作是一种生活乐趣。他们大多数人追求时尚，对衣着等比较关注，并且比较喜欢追求新鲜的事物，喜欢轻松的生活环境，对于未来比较随性。相对而言，工作型及以工作为主类人群在 RFM 模型中属于中级和初级组，他们对待事情比较认真，坚持自己的意见，并且不会花太多的时间在网购上。除此之外，在 AIO 模型中我们可以看出，兴趣爱好以及对于时尚或新鲜事物的敏感程度有影响到被试在网络上购买的产品和对网购的态度。其中对比最鲜明的是教师中的张老师和史老师，在网购的花费和购买产品上，张老师和史老师同属于月消费 2000 元的水平段，她们也都已经结婚并且有孩子，但在 AIO 模型中她们分别属于生活型和工作型，

表现在网购上，张老师进行网购已经 8 年，将网购当成一种业余消遣而史老师则只有 3 个月，并且是有需要买产品的时候才会上网，并且不会在网购上花费过多的时间。

（4）消费者风险认知与购物行为结论：

通过以上的分析以及访谈中第二部分"第一次网上购物与最难忘的一次购物经历"中被试的主观描述，对于消费者认知风险对于网络购物行为的影响得出以下初步结果：购买过程中认知风险对购物行为的影响：财务风险，在购买过程中被试对质量好坏、售后服务、信息真假等方面，多数被试都曾遇到过图片与实物不符，因此在购买时都会对产品质量，真假等有顾虑。卖家风险，多数被试对于卖家提供的产品信息表示不信任，认为描述不够客观，图片不真实，对于卖家的评价和信誉度也不认可。时间风险，主要体现在购物时间长，以及搜索产品过程中花费时间多等，使部分被试认为不愿意在 C2C 网站购物，更倾向于 B2C 网站。绩效风险体现在对于支付环节的不放心以及产品真假上，除此之外还有部分被试反应个人资料外泄，对个人隐私安全表示担忧。

①购买行为中产品信息获取方式：对于"与购买产品相关信息如何获得"这个问题上，被试主要集中在以下几种渠道：旺旺的 MINI 网页、以往的卖家提供、门户网站看到、淘宝发布的流行资讯、自己收藏的店铺、搜索到的网店中。根据人群不同以及在 RFM 模型的分组不同在一定程度上对产品信息的获取产生影响。关注时尚以及流行产品的被试经常通过浏览淘宝的新资讯或逛社区获取新产品的信息，从而产生想要购买的想法。但是这样的推断有待实证阶段的考量。

②购买行为中人际影响：从知道网购的渠道

到获取信息再到购买，这些环节中都或多或少受到周围人的影响。很多人了解网购的渠道都是家人介绍或者是身边的朋友、同学在用，所以自己也开始尝试。在获取信息方面也收到周围朋友、家人、卖家等的影响。除此之外被试中有很大一部分人有帮别人代买产品或帮家人购买产品的行为。

③购买行为中的选择比较：当被问及"在购买一个产品时大概要对比几次才会决定购买"时，被试表示通常会先去专业网站或百度搜索相关信息，然后再到 B2C 网站查看相关售价，之后回淘宝对比各个商家的情况最后决定购买与否。但是购物级别不同，情况也不太相同，高级组被试表示通常会在经常光顾的卖家直接购买，遇到新产品往往对比一到两次就会决定购买，中级组和初级组的被试则要花更多时间和次数来比较。

9.4.5 C2C 用户体验角色划分的定量研究

9.4.5.1 问卷设计与前测

●问卷设计的方法

问卷设计主要采用了文献分析法、头脑风暴法、德菲尔法（专家分析法）。

●问卷区分度测试和内容修订

随机寻找了在网上进行过网络购物的用户 30 位发放 30 份问卷，进行"CSI 问卷"的区分度测试。采用李克特总加态度量表法对问卷中的每一个项目进行区分度考验。

对于初步拟定的实验问卷进行的修改是随机寻找了在网上进行过网络购物的用户 20 位，首先要求被试填写问卷，然后询问他们对问卷各个选项和问题的建议。最后调整问卷的结构和篇幅，拟定成最终实验问卷。

●问卷的信度分析

本问卷采用同质性信度进行信度考察。在网上和身边选择 20 位在淘宝网进行过网络购物的人，进行问卷的重复发放，间隔时间为半个月，考察问卷的重测信度。两次施测的相关性指数为 0.714，并且具有 0.01 水平的显著性相关。因此，可知本问卷重测信度较高。

●问卷分析的方法

A. 单因素方差分析（one-way ANOVA）

本次研究主要用来对网络购物经验与用户体验要素之间的影响是否显著。

B. 交叉分析（Crosstabs）

本次研究主要用来分析网购经验的各个变量与人口统计特征之间是否存在相互影响关系

9.4.5.2 问卷调查的实施

调查选择在淘宝网上进行过网络购物的用户进行了分层抽样，综合考虑了有关性别、职业、收入以及婚姻状况等因素，选择了一线城市的上班族、高校教师、在校大学生等进行问卷发放，采用实地发放和网络发放相结合的方式。

●调查对象说明

本次定量研究是在定性研究基础上进行的，因此在网络购物平台的选择上选择与定性研究相同的网购平台"淘宝网"作为实证研究的目标网站。

被调查的用户都具有在淘宝网上购物的经历。职业主要分布在在校大学生和上班族中，其中上班族包括高校教师、公务员、自由职业者等。

●抽样方法

本次实证研究采取分层随机抽样的方法，在淘宝网进行过网络购物的人群中分别随机抽取一定数目的样本进行问卷的发放与回收。

●被试人群基本信息统计

本次调研共收回有效问卷 166 份，男 34.9%，女 65.1%，男女比例接近 2:1。18~28 岁 92.8%，28 岁以上 7.2%。结婚的 13.3%，未婚 86.7%。大学生 55.4%，上班族 39.1%，教师 4.2%，公务员 1.2%，总体来说大学生与参加工作的人比例基本保持在 5:4。被调查对象学历都在大专及以上，本科 74.7%，研究生 21.7%，大专学历 3.6%。由于大学生属于无固定收入人群，因此将调查内容变换为月消费，其中 1001~2500 元占 39.2%，500~1000 元占 36.7%，2501~5000 元占 13.3%。

9.4.5.3 实证研究结果分析

结合定性研究的初步结论要将网络购物人群的购物基本特征与人口统计特征以及网购人群在网购中对于网络使用的情况进行相关分析。

（1）用户网购经验与体验要素关系分析

以代表网购经验的四个变量（网购时间、网购频率、网购平均月消费、登陆淘宝时间）为因素变量，以代表网站用户体验的要素（基础要素、易用要素、情感要素）为应变量。

①表 9-17 中涉及的用户体验变量是问卷第二部分第 10 题，包含了 17 个变量。这部分的各个变量主要是网站提供的各项服务和功能，及用户体验中的基础要素和部分易用要素。

表9-17　　　　　　　　　　　　　　一元方差分析

	网购时间		网购频率		网购消费		登陆淘宝	
	F	Sig	F	Sig	F	Sig	F	Sig
B1001	1.379	0.251	0.783	0.459	0.408	0.802	0.556	0.575
B1002	0.648	0.585	0.585	0.558	0.295	0.881	1.883	0.115
B1003	2.757	0.044*	0.542	0.583	0.344	0.848	0.369	0.692
B1004	3.258	0.023*	0.180	0.835	1.388	0.240	1.597	0.206
B1005	1.310	0.273	2.326	0.101	0.968	0.427	3.397	0.036*
B1006	2.722	0.046*	1.940	0.147	0.953	0.435	4.049	0.019
B1007	3.948	0.009*	0.393	0.676	1.153	0.334	1.326	0.268
B1008	0.446	0.720	2.356	0.098	0.337	0.852	2.772	0.065
B1009	0.485	0.693	0.996	0.372	0.248	0.910	0.469	0.627
B10010	0.507	0.678	2.545	0.082	0.220	0.927	3.266	0.041*
B10011	1.834	0.143	0.527	0.591	3.445	0.010*	1.820	0.165
B10012	1.97	0.131	1.159	0.316	1.149	0.336	0.485	0.617
B10013	3.944	0.010*	0.305	0.737	0.957	0.433	0.144	0.866
B10014	0.335	0.800	1.608	0.203	0.300	0.878	0.197	0.822
B10015	1.911	0.130	1.225	0.297	1.102	0.358	1.093	0.338
B10016	0.484	0.694	0.291	0.748	0.198	0.939	1.053	0.351
B10017	1.832	0.143	0.911	0.404	1.233	0.299	0.338	0.713

*表示 sig < 0.05

用户网购经验与基础要素关系分析发现，拥有不同网购经验的被试在网站提供的功能和服务上态度上存在着差异。初步验证了在定性研究中，我们对网购经验不同级别被访者对用户体验的满意度不同的推论。

②表9-18中涉及的用户体验变量是问卷第二部分第12题，包含了7个变量。这部分的各个变量主要是消费者在进行网络购物风险认知情况及用户体验要素中的情感要素。

表9-18　　　　　　　　　　　　　　一元方差分析

	网购时间		网购频率		网购消费		登陆淘宝	
	F	Sig	F	Sig	F	Sig	F	Sig
B1001	0.342	0.795	0.038	0.962	0.258	0.904	0.400	0.671
B1002	1.308	0.274	0.182	0.833	0.777	0.542	0.832	0.437
B1003	0.812	0.489	0.206	0.814	0.733	0.571	0.279	0.757
B1004	0.289	0.833	0.307	0.736	1.810	0.129	0.065	0.130
B1005	0.893	0.446	0.119	0.119	0.568	0.686	0.180	0.835
B1006	7.947	0.000*	0.860	0.860	4.358	0.002*	0.109	0.897
B1007	1.460	0.227	0.980	0.980	0.620	0.649	0.036	0.965

*表示 sig < 0.05

用户网购经验与易用要素关系分析发现，网购时间的长短，网购频率，花费的金额和登录淘宝次数的不同对于被访者进行网络购物产生不同程度的影响。

③表9-19中涉及到的用户体验变量是问卷第二部分第12题，包含了7个变量。这部分的各个变量主要是消费者在进行网络购物风险认知情况及用户体验要素中的情感要素。

表 9 - 19							一元方差分析				
	网购时间		网购频率		网购消费		登陆淘宝	
	F	Sig	F	Sig	F	Sig	F	Sig
B1001	2.577	0.056	0.769	0.465	0.078	0.989	0.428	0.652
B1002	2.618	0.050*	0.462	0.631	1.337	0.258	0.485	0.617
B1003	3.713	0.013*	0.055	0.947	2.404	0.052	0.027	0.973
B1004	1.697	0.170	0.357	0.700	1.167	0.328	2.582	0.079
B1005	1.127	0.340	3.401	0.036*	0.897	0.467	3.204	0.043*

* 表示 sig < 0.05

在这一部分主要将代表整体被试的网购经验的四个变量与网购用户体验要素进行了一元方差分析，数据显示网购经验对用户体验的部分变量影响显著，说明网购时间的长短，网购频率，花费的金额和登录淘宝次数的不同对于被访者进行网络购物产生不同程度的影响。而这些主要分别在部分网站的功能和服务，少数风险认知变量以及网站易用性上。

④ 以上一元方差分析结果表明用户的网购经验存在着差异，并对用户体验的各个要素产生影响，结合定性研究，根据被调查者网购经验的四个变量的不同情况，依据 ArthurHughes 的 RFM 模型评分标准对网购用户的网购经验进行评分，给分架构表 9 - 20 如下：

表 9 - 20　　给分架构表

构面	指标分数	指标分数权重
网购时间	半年以内 1 分，1 到 2 年 2 分，3 到 4 年 3 分，5 年以上 4 分	无
网购频率	每周 2 ~ 3 次 3 分，每月 2 ~ 3 次 2 分，每年 2 ~ 3 次 1 分	无
网购金额	10 以内 1 分，100 ~ 3000 元 2 分，301 ~ 500 元 3 分，501 ~ 1000 元 4 分，1000 元以上 5 分	无
登陆淘宝频率	几乎每天 3 分，每周 2 ~ 3 次 2 分，每月 2 ~ 3 次 1 分	无

网购经验差异与体验要素关系分析发现，基础要素差异中随着网络购物经验的丰富，消费者关心的问题开始由操作转向服务、交易保障等方面；情感要素（风险认知）中在个人信息外泄方面，差异较大；易用要素中在搜索和支付环节上，整体被试都出现过不同程度的问题。

网购经验在一定程度上对用户体验的要素存在影响，因此我们对网购人群进行网购经验高、中初级的分层，再接下来的分析中我们抽取网购经验差异显著的高级组和初级组来进行比较，主要比较他们对于用户体验各个要素的态度指数，

从中获得不同人群对于具体用户体验要素的不同态度从而获取以用户体验要素划分人群的主要依据。

①基础要素差异：首先高级组与初级组在网站的打开速度、保护消费者隐私、困难操作时的帮助信息、网站的客户服务、网站导航方面以及对不良卖家监督存在差异。高级组对于网站保护消费者隐私、提供客服和帮助信息以及对不良卖家监督方面的态度指数都低于初级组，说明随着网络购物经验的丰富，消费者关心的问题开始由操作转向服务、交易保障等方面。

②情感要素（风险认知）：高级组与初级组在与卖家交易过程中都会出现以上的情况，但是高级组遇到的几率大于初级组，尤其是在个人信息外泄方面，差异较大。

③易用要素：在搜索和支付环节上，整体被试都出现过不同程度的问题，但是在搜索环节高级组遇到的几率高于初级组，而初级组则在支付过程中出现的问题多于高级组。这与两组人购买产品的频率有关系。

通过两种分析方法可知：高级组与初级组在用户体验的要素的态度指数上存在差异。高级组对于网站保护消费者隐私、提供客服、帮助信息以及对不良卖家监督方面的态度指数都低于初级组，在风险认知方面对于遇到"产品与实物差异、遭遇网络骗局、售后服务得不到保障"等方面发生的几率都高于初级组，"个人信息外泄"项尤其突出。而初级组则在辨别产品真假方面不及高级组。对于搜索和支付的操作方面，两组都会遇到问题，但是高级组主要集中在搜索方面而初级组主要集中在支付环节。

（2）用户个体差异与体验要素关系分析

在第一部分找到了网购人群细分的主要依据，及网购时间、网购频率、网购金额以及登录淘宝的频率。由此还发现各个族群之间的差异所在。在定性研究中我们发现用户个体差异也是划

分人群的一个维度，在这一部分我们选取整体被试的用户统计学特征中的年龄、职业、花费、网龄作为自变量与体验要素进行一元方差分析，具体数据如表 9 - 21 所示：

表 9 - 21　　　　　　　　　　　　　　　　一元方差分析

	网购时间		网购频率		网购消费		登陆淘宝	
	F	Sig	F	Sig	F	Sig	F	Sig
B1001	0.651	0.583	1.565	0.200	1.138	0.341	0.151	0.929
B1002	0.802	0.494	1.305	0.275	0.543	0.705	0.846	0.471
B1003	2.489	0.062	0.492	0.688	1.570	0.185	0.982	0.403
B1004	1.771	0.155	0.762	0.517	0.945	0.440	1.375	0.252
B1005	0.349	0.790	0.205	0.893	10.185	0.319	0.976	0.406
B1006	1.642	0.182	1.221	0.304	2.328	0.058	2.934	0.066
B1007	0.917	0.434	2.103	0.102	2.872	0.025	1.457	0.228
B1008	0.220	0.882	0.590	0.622	0.744	0.563	2.934	0.35*
B1009	1.438	0.234	0.025	0.995	0.530	0.714	0.300	0.825
B10010	0.538	0.657	0.085	0.968	3.204	0.015*	0.623	0.601
B10011	0.062	0.980	0.243	0.866	0.883	0.476	2.679	0.049*
B10012	1.279	0.284	0.333	0.802	1.141	0.339	1.843	0.141
B10013	1.492	0.219	3.268	0.023*	0.999	0.410	0.797	0.497
B10014	0.567	0.638	0.615	0.606	0.334	0.855	1.026	0.383
B10015	2.270	0.082	1.334	0.265	0.384	0.820	1.440	0.242
B10016	0.888	0.449	0.331	0.803	0.766	0.549	0.608	0.610
B10017	1.219	0.305	0.318	0.812	1.733	0.145	0.51	0.673

* 表示 sig < 0.05

月消费和网龄对于网购消费者在部分用户体验的要素上影响显著，月消费和网龄不同的人在这些问题上存在差异。结合上面的研究和前人的实证研究，可以得知月消费和网购销费是成正比关系的，网龄的长短代表了网络使用的程度，对于网购经验以及网购认知具有一定的影响作用。相应的应变量主要集中在购物流程、消费者隐私、产品质量、搜索结果等方面，验证了定性研究中网购经验与消费水平，网络使用等方面存在关系的初步推断。

（3）用户个体差异与用户网购行为关系分析

第三部分是将用户个体差异与网购行为分析，旨在研究代表用户个体差异的统计学特征、用户 AIO 模型与代表网购行为的网购经验、网购习惯、网购内容之间的关系。

①用户统计学特征与网购经验关系分析

将代表用户网购经验的四个变量网购时间、网购频率、网购花费、登陆淘宝频率与用户个体个性差异中的统计学特征进行交叉分析，具体统计数据如表 9 - 22 所示：

表 9 - 22　　　　　　　　　　　　　　　　交叉分析

	网购时间		网购频率		网购消费		登陆淘宝	
	F	Sig	F	Sig	F	Sig	F	Sig
C1401	0.407		0.017*		0.919		0.222*	
C1402	—		—		—		—	
C1403	—		—		—		—	
C1404	0.959				—		—	
C1405	—		—		—		—	
C1406	—		—		—		—	
C1407	—		—		—		—	
C1408	—		—		—		—	

* 表示 Exact Sig < 0.05

从表中可以看到将网购经验变量与代表用户特征变量进行交叉分析，经过卡方检验，得到了关于网购经验四个变量与性别之间的有效数据。说明性别对于网购频率变量具有显著影响，在登录淘宝的频率上男女存在明显差异，女高于男。

②生活方式与网购经验关系分析

将网购经验的四个变量作为自变量，代表生活方式的 7 个变量（13 题）作为应变量，进行一元方差分析，用来研究生活方式与网购经验之间的关系。具体统计数据如表 9-23 所示：

表 9-23　　　　　　　　　　　　　一元方差分析

	网购时间		网购频率		网购消费		登陆淘宝	
	F	Sig	F	Sig	F	Sig	F	Sig
C1301	3.492	0.017*	12.780	0.000*	2.137	0.079	32.910	0.000*
C1302	1.610	0.189	9.20	0.000*	1.519	0.199	28.358	0.000*
C1303	1.494	0.218	1.595	0.206*	0.419	0.795	4.541	0.012
C1304	1.055	0.370	3.336	0.038*	0.919	0.454	1.292	0.278
C1305	0.847	0.470	6.550	0.002*	0.686	0.603	7.931	0.001*
C1306	0.202	0.895	1.736	0.181	0.904	0.463	0.916	0.402
C1307	1.487	0.220	0.838	0.434	2.378	0.050*	1.165	0.315

* 表示 sig < 0.05

生活方式与网购经验之间存在着关系，网购高级组用户大多是将喜欢追求新鲜事物，对时尚比较关注，把逛淘宝当作一种乐趣。

③个体差异特征与其他网购行为关系

在问卷中还设定了反映网购人群行为选项，主要调查被试购买产品和经常光顾的淘宝板块，用来分析个体差异性，具体数据统计结果如下：

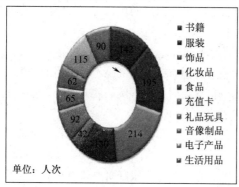

图 9-32　网购内容

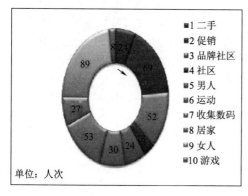

图 9-33　经常光顾的版块

在网购产品和光顾的板块上有明显的特征差异，不同年龄和结婚与否对于是否买东西给家人态度存在差异，网购经验级别高的用户与网购经验低的用户在登录淘宝的方式上存在差异。

第三部分主要分析的是用户个体差异与网购行为之间的关系，从上述的描述和分析中得到网购消费者的性别特征、生活方式对网购经验、网购内容和网购行为有影响。主要体现在购买产品有差异，经常关注的购物版块不同，选择的登录方式不同，对待网络购物的态度不同等。生活方式的不同还体现的对钱的计划性、对新鲜事物的接受程度等方面。

9.4.6　本项目小结

本课题以 C2C 网络购物人群对购物平台的认知为导向，通过对网购消费者使用网购平台的主观感受进行深入的调查和分析，根据用户使用网络购物平台感知有用、感知易用以及风险认知上的异同得到网购消费人群用户细分的标准和原则，从而为 C2C 网络购物平台创建用户体验的人物角色提供划分的依据。文章从理论分析和实证研究两个方面对网购平台用户体验的角色创建进行了深入的分析和调研。在理论分析部分一方面引入科技接受度模型，深入分析网络购物人群的认知过程，从而提取认知过程中的用户体验的要素。另一方面将人物角色作为改善网站用户体验的重要方法，对细分人物角色所需的标准进行理论层面的探讨。在实证研究方面，以网络购物用户对用户体验的要素的使用和感受为基础，通过定性研究和定量研究相结合的方式，比较分析了用户对于网络购物的行为与心理差异，从而获得影响用户主观感受的因素，为创建不同的人物角色提供科学依据和原则。

本课题在人物角色方法原有理论的基础上，提出 C2C 网购平台用户细分的标准，将代表用户价值的 RFM 模型引入角色创建中，作为第一维度。将用户的个体特征差异作为第二维度，最后将不同人群对于网站用户体验要素的主观感受差异作为第三维度。从以上三个维度来研究用户在使用购物平台时主观感受的差异。

在实证研究方面，研究了网购经验、生活方式、人口统计特征的不同而造成的用户体验感受、网购经验、用户行为的差异。

9.5　本专题网络产品 C2C 可用性心理评价研究总结

9.5.1　理论研究结论

9.5.1.1　C2C 电子商务网站的可用性评价因子

综合上述分析，C2C 电子商务网站的可用性评价是符合一般网站可用性原则的，如有效性、效率性及满意度等。但是基于 C2C 电子商务网站的特殊性，如交易安全、支付方式、产品信息筛选等特性，使 C2C 电子商务网站的可用性评价新增了多方面的评价因子。

虽然评价的维度不一样，但是结果有部分差别。前文主要从三个方面来研究 C2C 电子商务网站可用性的评价：

（1）是传统的可用性评价的延伸研究，基于普通网站的可用性评价，结合 C2C 的特性提出了新的可用性评价理论；

（2）是基于信息架构的理论，从信息架构构建的原则出发，来分层对 C2C 网站的可用性进行评价研究；

（3）是从用户角色的构建出发，多角度分析用户在网购中的体验，从而剖析出 C2C 购物网站的可用性优劣。

基于消费者行为学的相关理论，以提升 C2C 购物网站用户体验为目标，将多维度的评价因子总结为以下几点：

（1）视觉交互体验

视觉是用户接触网站的第一要素。此处的视

觉要素包括：

整体界面布局符合视觉习惯，使用户可以方便查找所需信息，以及愉悦舒适的阅读体验；

导航设置清晰易操作，帮助用户方便的筛选信息，同时清晰地路径设置，帮助用户在网站中明确自己的位置，并且方便退回或前进；

色彩搭配符合视觉习惯，整体色彩统一，而不会使用户产生眼花缭乱的感觉，例如高亮显示默认操作或鼓励用户点击的行为，可操作色彩尽量不使用平时的灰色，易使用户误认为不可操作；

图标按钮的设计符合语义，网站中经常会使用多种图标来表示可操作的行为，图标的设计要符合行为语义，例如信封的图标可表示新消息或历史消息，要使用明确的图标而不会让用户在使用时误操作或试着点击而产生多余的行为。

文字使用要符合用户的语言，而非设计师或者程序员的语言，在全面了解用户群特征及流行语言的基础上，可部分的使用流行语，或者可加入更人性化、拟人化的话语，并搭配表情，能使用户即使遇到操作错误也有愉悦的心情重新操作；

（2）交互行为体验

流程设计清晰明了，考虑周全各种可能突发的情况，尽量简单易操作，而不会使用户陷入繁复的操作中；

隐藏次要信息，页面中过多的信息易使用户产生疲劳，但有些信息又是不可省略的，那可将次要的信息暂时隐藏，例如展开或者鼠标移上去才可看见；

从用户行为出发，同样一个流程或者界面可有多种表现形式，例如使用标签或者导航系统，或者分类合起来，在设计时要符合用户的行为习惯，而不是设计师的个人喜好或华丽的追求；

理想流程情况的处理要周全，详尽考虑到用户可能出现的行为，并且有及时纠错或恢复的能力，错误信息的提示要友善。

（3）情景任务体验

登陆或注册，产品的搜索，购买的过程，支付的流程，完成支付后的信息查看及订单取消，收货后的售后沟通及评价，对于一个购物的用户来讲，要完成一次购物可被视为完成多次任务。每个任务中的体验都可按照上述的视觉和行为交互的因子来评价。而任务与任务之间同样需要符合一定的原则。

流畅性，任务与任务的衔接必须流畅，转换自如，而不生硬；

跳转性，任务与任务的衔接出现问题时，可以方便的任务跳转，例如用户在选择好商品前并未登陆，而当用户选好商品准备购买时，需要将任务跳转到登录界面，然后再自动切换到刚刚选购的商品界面；

友善性，任务分解可以使繁琐而冗长的过程变得易于操作完成，任务的分解并加上友善的过渡，可以使用户轻松地完成任务。

（4）购物满意度体验

用户选择网购的很大一部分原因在于网购的方便、快捷，可以足不出户而浏览到所有商品，并且可以在一定的时间内对比多家商品，寻找性价比最高的卖家。而网络的特殊性，使得网络购物与真实购物有部分差别，所以，C2C 网站力求营造真实的购物环境，提升购物体验。

购物的任何一个环节都有可能影响到用户对整个购物的满意度，所以满意度的评价对 C2C 购物网站可用性的评价起到很重要的作用。满意度的评价可从网站服务，售前售后服务，产品质量，网站安全性，网站响应性等多个方面来做评价。

9.5.1.2 C2C 电子商务网站的用户体验目标

用户体验的目标概括来说是为了提升用户与网站交互的行为及情感感受的，可由多个维度来衡量。而多种维度都是基于三层次的，唐纳德·诺曼提出的本能层、行为层及反思层三个层面是评价维度的基础，在这三层的基础上可延伸出多个子维度。结合 C2C 电子商务网站的特征，及可用性评价的因子，将用户体验的评价因子分为如下几点：

（1）信息体验。与可用性目标中的视觉交互体验有共同之处，是基础的体验感受，主要来自于用户视觉接触的体验感受。包括结构、架构、色彩等因素；

（2）行为体验。是可用性目标中的行为交互及情景任务体验的集合，主要来自于用户的操作感受，包括用户的行为流程、操作习惯等因素；

（3）情感体验。这是贯穿整个网站的精神体验，是高于信息及行为的一种体验模式，是精神层次的满意度，包括愉悦度、趣味度等因素；

（4）愿景体验。这是用户的期望值，从网站对用户的满足度可以来衡量用户对该网站的期

望度。如一定的功能及延展等因素。

9.5.2　本专题实证研究结论

专题实证研究三个项目实验从多个方面解析并验证了理论推论，从用户群体特征到需求，从网站认知到对网站的期望，从影响购物的因素到可用性评价因子的确定，从组织架构到细节的评价。

专题一参考微软可用性评价指南 MUG，提出了 C2C 电子商务网站可用性评价体系的概念模型。通过定性与定量相结合的实证研究，修正了该理论模型，提出“C2C 电子商务网站可用性评价体系量表”，量表由七个主因素，35 个测度指标构成，分别是内容可用性、技术可用性、体系结构可用性、情感因素可用性、购物操作可用性、促销可用性和定制服务可用性。并利用“C2C 电子商务网站可用性评价体系量表”对淘宝网网站进行了可用性评价，较为全面的揭示了 C2C 电子商务网站在提高自身的可用性建设时需要深入考虑的几个问题。从调查问卷结果来看，淘宝网内容可用性较好；技术可用性在 6 个测度指标上表现较好，一个得分较低；体系结构可用性在“网站布局”、“网站界面设计”、“网站信息组织”3 个测度指标上平均得分较高；在情感因素可用性方面得分均比较高；操作可用性方面，“方便的付款与评价”、“方便退换货”、“购物流程简洁”、“明显的退出路径”这 4 项测度指标上得分较低；营销可用性评价指标只有一项“网站自身的宣传与推广”得分较高；定制服务可用性比较好，特别是网站提供的即时交流工具（阿里旺旺），方便了用户在整个购物流程中的信息交流，网站的支付平台（支付宝）保证了买卖双方货物和货款的安全；总体来说，通过问卷调查的数据分析可以发现，目前淘宝网网站各个方面的可用性较好，包括网站内容、技术、体系结构、情感因素、定制服务等评价因素的平均得分较高。但是也有部分指标平均得分不高，例如网站吸引力、促销、购物操作、出错的响应与反馈、网站客服等，这些方面是网站在以后的可用性建设中需要特别注意的。

专题二定性研究部分通过大量的用户访谈、任务测试和情境后问卷调查，通过对用户基于信息架构理论的访谈，用户认为淘宝网的商品信息不合理、广告区和商品区划分不清晰、标签多而乱、理解性和可读性不高、全局导航完整性欠

缺、局部导航过于平面化、情境式导航不够丰富、信息相关性不强等。通过对用户的三个相关任务测试，性别的不同会影响用户任务完成的时间。使用网络时间的不同也会影响用户完成任务的效率。另一方面，通过大量问卷调查，显示大学生群体关于淘宝网组织系统的可用性评价指标为商品信息的真实性、信息的格式多样性（图文、视频等）、页面信息的简洁性、页面信息的加载速度、商品信息的及时性、商品广告的合理性、获取信息的方便性（链接过程）和商品信息的可读性（阅读难易程度）。关于导航系统的可用性评价指标为主要导航（全局）的分类体系明确性、主要导航（全局）分类的完整性、主要导航（全局）分类合理性、局部导航分类的视觉层次感、局部导航分类的全面性、情境导航信息的相关性（信息介绍中的链接）和辅助性导航（如网站地图、索引）的合理性。关于标签系统的可用性评价指标为标签概况（即链接）与信息内容的一致性、标签概况的可理解性、标签（链接）的可读性、标签颜色的协调性、标签的视觉层次感和标签的互动性。关于搜索系统的可用性评价指标为信息搜索的准确性、搜索操作的方便性、搜索结果展示页面的合理性、搜索结果页面的可视化、关键词搜索的匹配功能、搜索框的美观度和搜索条件限制规范性。服务与管理系统的可用性评价指标包含 10 项，分别为商家信誉监管制度、产品质量的监督体系、售后服务的保障体系、用户个人信息管理的安全性、商家在线的及时性、支付流程的复杂性、增加商品信息 TOP 版块、增加最近浏览信息模块、增加货到付款的产品类别和增加个人账户显示余额信息。

专题三通过定性研究和定量研究得出 C2C 网络购物用户在网购经验、个体特征差异以及用户体验感受上存在着差异，并且个体特征差异对于网购经验的多少起作用，而网购经验的高低在网站用户体验的感受上也存在明显差异，具体结果如下：①网购经验的不同造成用户体验感受的差异。通过定性研究和定量研究第一部分的分析发现，网购频率、网购时间、网购金额以及登录淘宝频率对于网络购物消费者用户体验的感受有显著影响。这些影响主要体现在基础要素中的提供帮助信息、保护隐私、信息交流、搜索产品、客户服务；易用要素中的网页打开速度、网站设计风格、界面设计、网站导航、支付环节的操

作、提示语言；情感要素中的个人信息外泄。通过网购经验与用户体验要素的影响分析我们得出，网购经验的不同反应用户使用认知网购平台的程度，网购经验多的用户对于易用性方便的顾虑小于网络经验少的用户，他们的担心主要集中在个人隐私、网站客服、纠纷处理方面。网购经验对于网站体验的认知是成发展态势的，随着用户网购经验的增多，刺激其体验的要素会由原来的操作层面发展到情感层面。②生活方式的不同造成网购经验的差异，不同生活方式的人群对待网购的态度不同。网购频率高的用户将逛淘宝当成一种娱乐消遣，喜欢花更多的时间在网购上。注意时尚喜欢追求新鲜事物、愿意与朋友分享新发现的人网购频率、时间相对要高。网购经验少的用户一般是较晚接触到网购或不愿意多花时间在网购上，并且只有在买东西的时候才会进行网购。生活方式的不同在网购上的差异还体现在购买的产品和对网站使用的情况上，一般购买的产品都是与自己生活或兴趣爱好相关的，生活型用户对网站的使用情况远远多余工作型。③人口统计特征对网购用户行为的影响。我们将人口统计学特征与网购经验、用户体验感受以及生活方式进行方差分析和交叉分析，结果显示：性别对于网购人群的划分有重要意义，男女在网购的产品、经常活动的版块等方面差异显著。婚姻状况对于购买行为也产生影响。年轻人未婚者在网上多为自己购买产品，而已婚者常常会给自己的家人孩子购买产品。职业的不同也会造成差异，大学生群体虽然在消费水平上低于上班族，但在网购频率和登录淘宝时间上却高于一般上班族。对于网络的熟练程度，电脑操作的水平对网购经验以及易用要素的感知也有显著影响。

9.5.3　本专题的局限性

主要体现在以下三个方面：

1. 问卷目标样本

由于研究者职业等地域的局限性，使得问卷的样本不能全面覆盖，必然存在一定的误差。

2. 访谈中的误差

访谈的专业性及实验室环境等限制，以及访谈人员的招募上使得研究中的全面性不够完善。其中选定淘宝网进行针对性研究，缺少对比分析，也相对片面。

3. 研究方法的局限

以上研究主要运用了访谈法、问卷调查法、

任务测试等方法。由于可用性测试还有卡片分类法、搜索日志分析等很多方法，故还有可探索性。在数据分析方面，也有些很好的方法，如聚类分析、回归分析等。

9.5.4 本专题的拓展性

中国电子商务经历了 12 年的变迁使得市场不断的细分：综合型商城（淘宝）—百货商店（当当、卓越）—垂直领域（红孩子、七彩谷）—轻型品牌店（PPG、凡客），如苏宁、国美等纷纷高调推出自己的 3C 电子商城，以及京东 15 亿美元的融资加大仓储和物流的投入用户的选择越来越趋于个性化，不再是一家独大的局面。

近日，又有学者提出了一种新型的电子商务模式——O2O（Online 2 Offline，线上到线下），即把线上的消费者带到现实的商店中去，在线支付购买线下的商品和服务，再到线下去享受服务。

O2O 和 B2C、C2C 存在一定的区别，B2C、C2C 是在线支付，购买的商品会通过物流公司送到你手中，O2O 是在线支付，购买线下的商品、服务，再到线下去享受服务。O2O 和团购也存在一定的区别，O2O 是网上商城，团购是低折扣的临时性促销。O2O 的出现正好抓住了服务行业线上销售的空当，为服务行业进军电子商务铺好了路。

M2C 是现今另一种快速兴起的网络销售模式，即 Manufacturer to Consumer（制造商到消费者），M2C 是针对于 B2M、B2C、C2C 等电子商务模式而出现的延伸概念。这是制造商在线直销模式，因此与传统销售渠道相比省去了很多中间环节，以及大量中间利润。如 Dell 就是典型的 M2C。M2C 也是未来电子商务的一种重要发展方向。

当 C2C 已经融入到我们的生活中时，也渐渐被人们所熟知，C2C 的运营模式也越来越成熟。市场的不断细分带来了团购、O2O、M2C 等的商务模式，在电子商务的不断成熟下，会有越来越多的模式将被开发，而不仅仅是现在的 online 2 offline，或 offline 2 online。笔者认为，未来的交易与发展都可能搬至互联网，不再是实体产品，或者服务，信息通信、教育、医疗卫生、金融、房产、仓储等也可借助网络在线上与线下形成一定的电子商务。任何一种模式的出现都必须建立在一定的需求上，多经济模式的发展必然带来多种需求，而细分需求，结合信息技术的高速发展，便可建立一种新型的电子商务模式。

10
现代产品服务设计心理评价研究

本课题组关于现代产品服务设计的研究尚处探索阶段，此专题旨在与同仁共同探讨。本专题有三个子课题：课题一，《产品说明书的服务设计研究》；课题二，《顾客需求与快递服务设计实证研究》；课题三，《群体文化学与都市"拼客"拼车服务设计研究》。

10.1 现代产品服务设计心理评价综述

10.1.1 现代产品服务设计发展历程

10.1.1.1 现代产品服务设计发展历程

目前，市场竞争已经从产品竞争、品牌竞争走向服务竞争，各界的商业模式正发生着质的变化，由"产品是利润来源"、"服务是为销售产品"向"产品（包括物质产品和非物质产品）是提供服务的平台"、"服务是获取利润的主要来源"转变。[1]

20 世纪 60 年代，西方国家开始对服务管理进行研究；90 年代中期，IBM 在全球首次提出"服务科学"的说法，2004 年，美国竞争力委员会首次提出将"服务科学"作为 21 世纪美国国家创新战略之一；2007 年，美国运筹与管理学会成立服务科技部，标志着服务科学作为未来重要研究领域而受到高度关注。到目前为止，全国超过了 55 个国家和地区的 250 多所大学开设了服务科学的研究生和本科生课程。

1991 年，"服务设计"由 Michael Erlhoff 教授作为一门设计课程引入科隆国际设计学校（KISD），Birgit Mager 教授在该学院推动服务设计发展中起了重要作用。live｜work 作为第一家服务设计咨询公司在伦敦正式成立。在 2004 年，服务设计网站（Service Design Network）由科隆国际设计学院（KIDS）、卡耐基梅隆大学、Linkö-pings 大学、米兰理工大学和多姆斯学院正式发布。目前，这个网络已经扩展到世界范围内的服务设计专业人士和设计公司，这些设计公司也开始提供服务设计。

图 10 - 1 为服务设计在全球范围内的分布图。

图 10 - 1 全球从事服务设计的公司、学校和人群示意图

---

① 罗仕鉴，朱上上. 服务设计 [M]. 北京：机械工业出版社. 2011：10.

10.1.1.2　现代产品服务设计相关概念

谈到现代产品服务设计，首先需明确服务与产品的关系。产品包括有形产品和无形产品，服务设计认为：产品不仅包罗技术，而且还包括与之相关的服务，只有将服务融入产品中才是一个完整意义上的产品组合，许多服务都需借助产品来完成（表10-1）。在产品设计时，考虑最多的是人与产品之间的交互问题。在服务设计中，设计师必须创造资源来连接人与人、人与机器、机器与机器之间的系统交互关系，充分考虑环境、渠道以及接触点。

表10-1　服务与产品的关系

产品	服务
物质的，有形的	非物质的，无形的
被生产的	被执行的
能够被储藏和堆放	不能被储藏和堆放
购买之后，可以变更所有关系	购买之后，无法变更所有关系
生产与消费分开	生产和消费不分
生产与顾客分离	服务技术与顾客交互代表了服务的实现
在生产过程中发现错误	在执行中发现错误

下面就服务设计、产品服务系统设计、产品服务设计、服务产品等概念，及它们之间的区别和联系进行简要分析。

（1）服务设计

现代服务设计专注于从顾客的角度来审视服务，其目的是确保：从顾客角度讲，该服务是有用的、可用的、符合需求的；从服务提供者角度讲，该服务是有效的、高效的、与众不同的。服务设计师为未来的服务设想、规划和设计解决方案，他们观察和解释顾客的需求和行为模式，并把他们转化到未来的服务中。[①]服务设计大致可分为"商业服务设计"和"非商业服务设计"（如公共医疗服务设计、教育服务设计等），商业服务设计又可以分为"实体产品的服务设计"和"非物质性服务设计"（如为银行设计新的理财服务）。[②]

服务设计通过服务规划、产品设计、视觉设计和环境设计来提升服务的易用性、满意度、忠诚度和效率，也包括传递服务的人员，向用户提供好的体验，为服务提供者和服务接受者创造共同的价值。其宗旨是在服务设计过程中要紧紧围绕用户，在系统设计和测试过程中要有用户参与，以及时获得用户的反馈信息，根据用户的需要和反馈信息，不断改进设计，直到满足用户的体验需求。[③]用户不再是服务的旁观者和接受者，逐渐成为服务的设计者和参与者，与设计师和商家共同创造服务价值。

（2）产品服务系统设计

产品服务系统是一种在产品制造企业负责产品全生命周期服务（生产者责任延伸制度）模式下所形成的产品与服务的高度集成，整体优化的新型生产系统。它将有形产品和无形服务联系起来，旨在从系统论的角度出发，为从单独的生产循环转变到集成化的生产和消费创造机会。产品服务系统的关键思想是企业提供给消费者的是产品的功能或结果，用户可以不拥有或购买物质的形态。产品服务系统设计是基于产品服务系统而提出的，主要是针对产品服务系统涉及的战略、概念、产品（物质和非物质的）、管理、流程、服务和回收等进行系统的规划和设计。[④]

产品服务系统设计与"服务设计"有诸多相似之处，只不过产品服务系统设计更加强调从策划与研发的最初阶段就将产品与服务进行一体化思考，而不是有了"产品"后再考虑"服务"的设计。产品服务系统设计可以简单分为三种类型：①面向产品的服务，该类服务将保证产品在整个生命周期内的完美运作，并获得附加值。如提供各类产品的售后服务，可能包括维修、更换部件、升级、置换、回收等。②面向结果的服务，该类服务将根据用户需要提供最终的结果，如提供高效的出行、供暖和供电服务等。③面向使用的服务，该类服务提供给用户一个平台（产品、工具、机会甚至资质），以高效满足人们的某种需求和愿望。用户可以使用但无须拥有产品，只是根据双方约定，支付特定时间段或使用消耗的费用。[⑤]产品服务系统设计的目标就是根据

①　Mager . B. Service Design definition in the design dictionary. Design dictionary . Board of international Research in Design. 2008.

②　罗仕鉴，朱上上 . 用户体验与产品创新设计［M］. 北京：机械工业出版社，2011：198.

③　罗仕鉴，朱上上 . 服务设计［M］. 北京：机械工业出版社，2011：18-19.

④　罗仕鉴，朱上上 . 服务设计［M］. 北京：机械工业出版社，2011：111.

⑤　刘吉昆 . 机会与挑战——产品服务系统设计的概念与实践［J］. 艺术与设计，2011（10）：15-17.

不同的需求以及现存问题，提出整合了产品与服务系统的创新性的解决方案，以保证相关系统链条上所有利益相关者的共赢。

（3）产品服务设计

随着产品同质化现象日益明显，市场激烈竞争导致利润率的不断下降，消费者需求日益严苛等难题，"重产品轻服务"的模式必须向"产品与服务并重"的新型生产模式转变，这就要求产品生产者和设计者，不仅要了解用户对有形产品的要求，同时要掌握依托于产品的无形服务的需求。产品服务设计成为推动可持续设计和社会创新的重要手段之一。

产品服务设计是产品设计的延伸和拓展，是以物质产品为基础，以用户价值为核心的全过程设计，其目的是为用户提供高品质的产品"服务"。① 产品服务设计源于产品设计，又大于产品设计。产品服务设计并非独立于产品设计而孤立存在，而是以物质产品为基础。同时，产品设计并不是产品服务设计的全部，产品服务设计的最终目的还是为用户提供良好的产品或服务。

（4）服务产品设计

服务产品是服务提供者通过渠道将内容传递给被服务对象的过程，服务内容包括信息、材料、能量、产品、体验等，最终形成对最终用户有价值的一系列活动。服务产品具有无形性、不可存储性、共同创造性、灵活性、体验性、时间性和需求波动性等特点。

随着互联网技术和物联网技术的发展，服务将网络、计算技术和终端进行整合，服务产品也将发生在这三者之间。网络为服务提供平台和媒介，同时网络本身也是服务产品；计算机技术为服务提供技术支持；终端则为用户提供身边的服务。服务产品设计离不开信息技术的支持，一旦离开，服务产品将变得不可想象。

上述四者均是对服务与产品关系的设计，服务设计注重整体性，产品系统服务设计关注系统性，产品服务设计侧重于平衡服务在产品生产、销售、使用等在产品生命周期的角色，服务产品设计突出其无形性，以及以技术为依托的特点。可见，四者既有联系又有区别，本专题则以产品服务设计为重点进行论述。

10.1.2 现代产品服务设计相关研究综述

10.1.2.1 现代产品服务设计国内研究综述

在服务经济时代，产品与服务已经融为一体。产品服务设计的目标是设计出具有可用性、满意性、高效性和有效性的服务，向用户提供更好的体验，因此，产品服务设计要从用户出发，以用户为中心，满足用户的需要。目前，产品服务设计主要产生和发展于计算机、通信和工业设计等领域，由于服务本身的复杂性以及产品服务设计的多学科交叉性，人们对产品服务设计的理解、分析还没有建立起完整系统的理论和方法系统，下面是国内学者对产品服务设计的研究和探索。

张巍、张金成（2004）认为，产品服务设计包含以下几层含义：①设计必须以满足顾客需要为目的；②设计本身包含产品流程设计和服务流程设计两个方面；③顾客满意度成为评价的直接标准。② 从上述表述中，可以看出产品服务设计是以顾客需求为出发点，目的是满足顾客需求，产品服务设计遵循"以用户为中心"的设计原则。

李冬、明新国、孔凡斌、王星汉、王鹏鹏（2008）认为，产品服务设计是以客户的某一需求为出发点，通过运用创造性的、以人为本的、客户参与的方法，确定服务提供的方式和内容的过程。产品服务设计作为一门学科不应当孤立地看待，而应该同服务开发、管理、运营和营销相结合。③ 可以看出产品服务设计与传统产品设计在设计过程和使用方面有很大的差异：首先，传统的产品设计过程是设计在前、消费在后，从产品设计到用户购买使用需要一个周期，而服务产品的提供过程和消费过程几乎同时发生；其次，传统产品的设计建立在对用户需求和使用习惯等深入研究的基础上，用户对于产品设计的过程参与较低，且几乎是被动的，而产品服务设计不仅对用户需求进行了深入细致的研究，同时要求用户的高度参与，用户在产品设计过程和服务消费过程中都扮演着参与者的角色；再次，传统产品设计相对单一，用户可以相对独立地购买和使用该产品，而产品服务的设计则是一个系统设计的过程，从产品服务开发、设计、管理、运

---

① 余森林. 设计新主张：服务设计——以社区衣物清洁服务设计为例 [J]. 装饰. 2008 年总第 186 期：80 - 81.

② 张巍，张金成. 顾客感知服务设计质量及其评价体系研究 [J]. 企业管理，2004（12）：189 - 191.

③ 李冬，明新国，孔凡斌，王星汉，王鹏鹏. 服务设计研究初探 [J]. 机械设计与研究，2008，24（12）：6 - 10.

营、销售到消费、使用，是不可分割的整体系统，要求设计师整体地看待问题。

李冬等在文中还提到：服务包括了产品、过程、人员、客户共同参与制造以及相应的支撑技术等因素，因此在设计时需要考虑很多设计对象。服务设计应该在人—人、人—机、机—机等交互式过程中得以体现，这些交互式的过程是通过实物、技术和人际交流作为媒介来支撑的。①实物。如医生的处方，可以告诉患者需要购买何种药物；信用卡可以帮助人们在 ATM 上使用自助服务。在服务设计中，这些直接连接无形因素和客户的实物通常会被称为接触体（Touchpoints）。接触体的设计在服务设计中非常重要，往往对服务质量有着很大的影响。②技术。技术是很多服务后端的支持平台。如在银行服务中 Web 技术将人们同自己银行账户里的资金连接起来；在机场服务中航班信息系统将人们同自己的目的地连接起来。③人际交流。人际交流可以是公司员工接听客户电话的方式，或者酒店的服务员处理客户订单态度。由于很多服务是必须依靠服务提供者同消费者的直接接触才能完成，因此人际交流的方式是服务设计中需要考虑的重要问题。从上述表述中，可以看出服务设计是以技术为支撑，实物为媒介，人际交流为手段的复杂而有序的交互过程。其中，技术是随着现代科技的发展而不断发生变化的，服务设计与现代科学技术的发展有着紧密的联系，其交互手段随着现代科技的发展而不断推进，进而影响服务设计的实物设计和人际交流方式。

秦军昌、张金梁、王刊良（2009）认为，产品服务设计包括服务识别、能力规划、服务传递和质量监控等环节，它与制造业产品设计的重要区别在于顾客的参与程度。并提出了产品服务设计的一般流程：①顾客识别与组织战略定位；②服务设计与需求管理；③服务设施选址与服务能力规划；④服务传递流程设计；⑤服务信息系统与客户管理；⑥服务变革与创新管理。① 秦军昌等学者提出的观点与李冬等人提出的观点有相似之处，即产品服务设计是"以用户为中心"的设计，同时产品服务设计更加强调顾客的参与。秦军昌等把产品服务设计的过程梳理为六个

部分，更加明确产品服务设计各环节的目标与任务，让设计师们更加有序地完成相关的设计工作。

丁熊、秦臻（2009）认为，广义的产品设计包括有形产品设计和无形服务设计。产品服务设计是根据经营目标和自身资源特点，对服务运作提出战略性的创意并进行规划设计，其核心内容为完整的产品与服务提供系统的有机组合，是通过无形的、非物质的手段来实现满足消费者精神需求过程的一种系统设计。从产品与服务的关系看，产品服务设计的内容包括：①以产品消费为主，服务为辅；②以服务为主导，产品作为载体；③产品与服务相辅相成，互为补充。② 服务也是一种产品，只是其表现形式有别于传统看得见、摸得着的产品形式，换句话说，有形产品设计与无形服务设计都可以认为是产品设计。当然，产品设计与服务设计并非泾渭分明，毫不相干。如前所述，服务设计源于产品设计，产品设计是服务设计的基础。同时，由于研究的具体对象不同，在产品服务设计中，有形产品设计与无形服务设计之间的关系也有所不同：以有形产品为主则无形产品为其服务，以无形产品为主则有形产品为媒介，无形产品和有形产品并举则二者相辅相成。

吕维霞、王永贵（2010）认为，良好的服务要具备两个条件：一个是服务设计；另一个是服务传递；服务设计是指将服务要素整合到服务过程中；服务传递是真实瞬间，是服务接触，是个性化、异质性强的服务接触。③ 如果说一个好的产品能被人广为接受，离不开有效的营销手段，那么一个好的服务能够广为人知，必定需要良好的服务传递手段。在进行服务设计时，不仅要关注服务本身，同时要关照到服务传递的环节。

徐志、符遵斌（2010）认为，服务设计是指服务营销中的产品设计，即企业在向顾客提供服务过程中，对服务项目、服务人员、服务流程、服务环境、服务风格以及服务传播等方面所作的策略性思考与计划。简单地说，服务设计就是如何向目标顾客提供具体的服务以达成服务目标。一个好的服务设计应该考虑顾客层面、竞争层

①　秦军昌，张金梁，王刊良．服务设计研究［J］．科技管理研究，2010（4）：151－153.

②　丁熊，秦臻．论服务设计［J］．装饰，2009（4）133－134.

③　吕维霞，王永贵．服务设计、社会监督对公众感知行政服务质量影响的实证研究［J］．山东社会科学．2010（8）：140－145.

面、自身资源层面和效益层面。具体而言应分别考虑以下四大因素：顾客服务需求，企业服务成本，企业服务能力和竞争对手的服务策略。① 可见，服务设计是涵盖服务和产品在内的系统化设计过程，设计师要充分考虑服务概念、服务利益相关者、服务流程、服务环境等多个内部因素，同时还要充分考虑与之相关的服务用户、竞争者、行业环境等外部因素。

徐皓、樊治平、刘洋（2011）认为，产品服务设计通常是指通过确定服务要素组合方案以尽可能满足顾客服务需求的过程。服务要素是指能够满足顾客一项或多项服务需求的服务设施、流程和员工技能等基础组成部分。不同的服务要素组合方案，将产生不同成本和顾客满意度的多个服务设计方案，因此如何考虑服务的成本预算和顾客满意度、确定合理的服务要素组合方案是一个值得关注的研究问题。② 在进行产品服务设计时，必须准确把握用户的需求，在此基础上进行合理有效的服务要素组合、服务流程设计、员工技能培训等。

通过对国内产品服务设计相关研究文献的梳理，总结如下：

第一，产品服务设计必须"以用户为中心"，根据用户的需求进行有效的服务设计；

第二，产品服务设计是系统化设计，要求设计师整体考虑服务系统设计中人、对象、过程和环境的关系；

第三，产品服务设计可以是有形产品为主，也可以是无形产品为主，或者有形产品与无形产品相互补充，互为整体；

第四，产品服务设计需要用户有较高的参与度，通过服务提供者与服务需求者之间的互动完成服务产品消费；

第五，产品服务设计各要素的组合需要根据用户的需求进行设计，因此不同的需求导向不同的服务设计。

在国外，随着工业经济的快速发展，有关专家和学者不仅站在商业的角度对产品服务设计进行了研究，同时认为产品服务设计是推动社会创新的重要力量。试图通过设计来创造更大的社会价值，而不仅仅是经济利益。

10.1.2.2 现代服务设计国外研究综述

Mager . B 在《Designing Services with Innovative Methods》中关于服务设计的定义：服务设计专注于从顾客角度来审视服务，其目的是确保：①从顾客角度讲，该服务的是有用的、可用的、符合需求的；②从服务提供者角度讲，该服务是有效的、高效的、与众不同的。服务设计师设想、规划并设计的解决方案，这个问题不一定是今天存在的；他们观察和解释人们的需求和行为模式，并把他们转化到未来服务中，这个过程需要探究性的、有创造性的、有价值的设计方法。与研发一个创新性的新服务相比，改造已有服务的挑战更大。服务设计立足于传统的产品和交互设计，可以把分析和创造性方法移植到服务设计领域。特别是与起源于交互设计的交互和体验有紧密的联系。③ Mager . B 是国际上最早提出"服务设计"的学者之一，在服务设计学科发展过程也起到了举足轻重的作用。从她对服务设计的概念表述中，可以看出：①服务设计的双赢性，不仅要满足顾客的需求，同时要达成服务提供者的目的；②服务设计不仅致力于解决眼前的问题，同时要求能应对未来的可能性，更具创新性和前瞻性；③服务设计是一门交叉性学科，可以借鉴大量来自于交互设计的方法和理论。

哥本哈根设计学院关于服务设计的定义：服务设计是一个新型的领域，主要是通过综合运用有形和无形的手段进行充分的思想创新。当它应用于零售、银行、运输、医疗等时，它给最终用户体验提供了很多利益。服务设计是一个实践，最终结果是设计系统和过程，目的是提高用户的整体服务。这个跨学科的实践在设计、管理、过程工程中整合了多种技术。自古以来，服务一直都存在，且由各种不同的形式所组成。然而，有意识的包含新商业模式的设计服务已经从用户的需求和尝试，转移到创造新的社会价值。服务设计本质上是以知识为导向的经济。④ 可见，服务产品设计的应用领域非常广泛，且与科学技术的发展密切相关，通过创造性地概念设计、流程管理，把用户需求与科学技术有效结合，以满足用户需求，实现相应的社会价值。

① 徐志，符遵斌. 影响服务设计的四大要素及相关分析 [J]. 经济与管理，2010，32（8）：162－164.
② 徐皓，樊治平，刘洋. 服务设计中确定服务要素组合方案的方法 [J]. 管理科学，2011，24（2）：65－62.
③ Mager . B. Service Design definition in the design dictionary. Design dictionary. Board of international Research in Design. 2008.
④ Service Design symposium. http：//ciid. dk/symposium/sds/. 2008.

维基百科关于服务设计的定义：服务设计是计划和组织人、基础设施、通信和一个服务材料的活动，目的是提高服务质量，服务提供者和顾客之间的互动，以及顾客的体验。[①]服务产品设计在满足用户基本物质需求的同时，更加关注用户在精神层面的体验，要求设计师创造性地配置相关因素，通过服务提供者与用户之间的互动达成消费。

英国设计委员会关于服务设计的定义：服务设计可以是有形的，也可以是无形的。它包括人工制品和其他包含通信、环境和行为的事物。无论什么形式，它必须是始终如一的，易用的，并且是有战略意义的。[②]服务产品设计不论是有形的还是无形的，对于用户而言都必须是有效的，同时是容易使用的。

Engine关于服务设计的定义：服务设计是一个设计专门研究的课题，它帮助提高和提供好的服务。服务设计项目改善以下因素：易用性、满意度、忠诚度和有效性，在以下领域中，如环境、通信和产品，并且始终不能忘记是谁提供服务。[③]服务设计在试图关注用户体验的同时，也要关注服务提供者的需求，不能厚此薄彼，要求达成服务提供者和服务体验者之间的共赢。

live | work关于服务设计的定义：服务设计是通过建立设计工程和技术来提高服务的应用程序。它是一个通过创造性和实际性的方式来提高已有服务和创造新的服务。[④]简单说来，服务设计就是通过有效地利用现有技术，创造性地改善现有服务或提供新的服务，服务设计是一门创造性的学科。

综上所述，国外学者对于服务设计的研究与国内略有不同：

第一，产品服务设计具有的双向性或双赢性，服务设计不仅要满足用户的需要，同时要满足服务提供者的需求；

第二，产品服务设计的形式既可以是有形的，也可以是无形的，不局限于具体产品、空间和时间；

第三，产品服务设计是一个创造性的设计过程，要求使用创造性的方法来解决问题；

第四，产品服务设计不仅是商业管理领域的组成部分，与交互设计有着很大的关系，设计师可以借鉴交互设计的研究方法来完成服务设计。

可见，产品服务设计是一门交叉性学科。

此外，Mager·B（2009）提出了服务生态学[⑤]，认为任何服务系统都是一个整体，是一个完全可视化的服务系统。它把所有的因素都集结在一起，如政治、经济、就业、法律、社会动态、技术发展等，这些都需要分析和视觉化。由此，服务生态学孕育而生，并伴随着服务的提供机构、服务的过程和服务的关系。通过分析服务生态，可能会找到加入生态的新的角色和角色之间新的关系。最后，可持续服务生态依赖于平衡，也就是说角色之间的价值交换随着时间的推移是互利的。

10.1.3　现代产品服务设计心理评价方法

在进行产品服务设计的过程中，并不能严格按照时间顺序或事件进展顺序，把这一过程分解为若干个截然不同的环节。在此，为了便于研究暂且把产品服务设计分为：产品服务设计用户研究阶段、产品服务设计原型（概念）设计阶段、产品服务设计流程设计阶段、产品服务设计效果评估阶段四个部分。从20世纪80年代以来，以人为本的方法成为许多设计实践的中心组成部分，产品服务设计则更加着重强调这一点，要求要真正了解顾客的期望和需求。因此，在产品服务设计各个环节都涉及对用户的研究和心理评价。如前文所述，现代产品服务设计是一门交叉性学科，在不同的研究阶段运用不同的方法对用户进行评估。其中，有源于社会心理学的田野调查法、人种志，来源与消费者心理学的用户角色设定、探索法、换位思考法、故事版等，来源于管理心理学的工业化方法、服务蓝图、六西格玛、质量功能展开（quality function deployment，QFD）、SERVQUAL（Service Quality）量表等（表10-2）。

---

① Service Design. Wikipedia. http：//en. wikipedia. org/wiki/Service_design.

② What is the service design. http：//www.designcouncil.org.uk/about－design/Types－of－design/Service－design/What－is－service－design/ Posted in Service Design. By Suze Ingram －2009. 9. 8.

③ Service Design. http：//www. enginegroup. co. uk/service_ design/.

④ Service Design + Service Thinking = Service Equity. http：//www.livework.co.uk/articles/creating－customer－centred－organisations.

⑤ Mager，B（2009）：introduction to service design. Digital communications tool，Culminatum Innovation.

表 10 – 2　　　　　　现代产品服务设计各阶段心理评价研究方法及学科归属示意图

学科归属 ＼ 研究阶段	产品服务设计 用户研究阶段	产品服务设计 原型（概念）设计阶段	产品服务设计 流程设计阶段	产品服务设计 效果评估阶段
消费心理学 研究方法	·情景地图 ·用户角色 ·探索法	·探索思考法 ·故事版		
社会心理学 研究方法	·田野调查法 ·人种志			
管理心理学 研究方法			·工业化方法 ·服务蓝图 ·六西格玛	·质量功能展开（QFD） ·SERVQUAL 量表

10.1.3.1　产品服务设计用户研究心理评价方法

Wasson[1]、Sperschneider. W. 和 Bagger. K 等[2]提出了田野调查法（Fieldwork：observation and documentation），设计师可以通过观察法了解顾客在日常生活中与产品交互的方法，它不仅善于集中于过程的文件材料搜集，对于设计团队内部交流期望的结果也有很好的效果。

人种志田野工作法，在识别、发现和理解服务环境和用户方面，观察报告和文件材料都非常有用。跟踪是人种志了解一个人真正的时间交互行为，常用于个别事件或项目，而这些内容是参与者所乐于分享的。

Sleeswijk Visser. F[3] 和 Stappers，P. J 等[4]提出了情景地图（Context Mapping），它揭示了用户的意识和潜在需求，经历、需求和期望。用户可以在设计师的指导下参与工作坊。他们使用制作工具：图片、绘画、用不同的材料来创造，用讲故事的方式来产生灵感。在他们依靠自己的力量进行创造性的主题活动，工作坊之前他们可能需要一个培训阶段。

Williams. K. l[5]、Amdahl. p 等[6]提出了人物角色（Persona），人物角色是基于调研数据虚构的人物资料（采访、参与性观察、数据分析），这些资料包括人物的名字、个性、行为习惯和目标，这些都能代表这个独特的人群。人物角色是一个理解其他人的工具。

Mattelamki，t. h[7] 和 Hulkko，S.[8] 等提出了探索（Probes），设计探索是一个以用户为中心的方法，用来理解用户行为和寻找设计机会。他们是基于用户分享自己的文件材料。探索也可以建立一个移动手机或在线平台，探索着眼于用户个人的情景和知觉。探究最核心的就是给用户（可能是未来的用户）工具来记录、回忆和表达他们在环境和行动方面的想法。其目的是在用户和设计师之间创造一个交流通道，来激发设计团

① Wasson. C. (2000): Ethnography in the field of design. human Organization. http：//findarticles. com/p/artical/mi_ qa3800/is_ 200001/ai_ n8895749/2009. 3. 5.

② Sperschneider. W. and Bagger. K. (2003): Ethnographic Fieldwork Under Industrial Constraints：Toward Design – in – Context. http：//www. mic/sdu. dk/m? research/Publications/UCD/KB. 2009. 4. 20.

③ Sleeswijk Visser, F., Stappers, P. I., vander Lugt, R. and Sanders, E. B. – N. (2005): Context Mapping：experiences from practice. ID – Studiolab, Facualty of industrial Design Engineering, Edlft University of Technology, Delft, The Netherlands；Maketools, Columbus, Ohio.

④ Stappers, P. J. and sanders, E. B – N. (2003): Generative tools for context mapping：tuning the tools. ID – Studio – Lab, Faculty of industrial Design Engineering, Edlft University of Technology, Delft, The Netherlands；Maketools, Columbus, Ohio and Sonic-Rim.

⑤ Williams. K. l. (2006): Personas in the design process：A Tool for understanding other. Georgia Institute of technology. August, 2006.

⑥ Amdahl. p. and Chaikat, P. (2007) Personas as dervers. An alternative approach for creating scenarios for ADAS evaluation. Department of Computer and Information Science, Linkoping University, Sweden.

⑦ Mattelamki, t. (2006): Design Probes. University of Art and Design Helsinki A 69.

⑧ Hulkko, S., Mattelmaki, t., Virtanen, K；and keinonen, T. (2005): Mobile Probes. University of Art and Design Helsinki.

队的灵感。

在"基于群体文化学方法的都市'拼客'拼车服务"项目中，赵彭在第一阶段调研中运用田野调查法，在无任何外部干预的情况下通过网络对"拼客"进行观察，了解他们的生活习惯、个人爱好、行为方式等；在第二阶段的深度访谈后，研究者根据访谈结果构建典型人物角色，为后期的服务设计做铺垫。

10.1.3.2　产品服务设计原型设计心理评价方法

Oulasvirta, A.[①] 等提出了换位思考法（Bodystroming），在换位思考中，假设某一概念在服务中是已经存在，在理想环境中是可以使用的。这种方法有机会来测试被提及的服务和它的交互行为，不管是内部的服务设计模型，还包括参与者在内。不同的服务环境都可以被表演，举个例子，在酒店接待处的顾客服务环境。服务设计师创造了服务环境，设定角色，可以找专业人员来扮演，也可以设计师自己来扮演。其目的是形成原型或创造新的环境，测试新的交互行为或做一个特别的创新。

Gruen, D.[②] 和 Amdahl, p.[③] 等提出故事版（Storyboarding），故事版已经被很多人使用，它可以促进产品和服务的设计过程。故事版可以视觉化地向用户或顾客阐述一个故事线，关于服务或产品在它的使用环境中的使用；或者可以帮助向用户或设计师阐述交互界面的交互。创造一个故事版的过程帮助设计师在情境中，明确是在为谁而设计。这个故事可以担当"用户体验试验台"作为原型，被研发和评判。为系统做一个被推荐的设计，并让贯穿故事始终的主人公使用它。这个系统可以解决主人公的遭遇吗？它能适用这个故事和主人公的生活环境吗？在这个故事中预期提供的解决方案对于人们有价值吗？对于系统而言做出怎样的改变才是有效的。

10.1.3.3　产品服务设计流程设计心理评价方法

Levitt（1972）较早地提出将制造业企业的管理方法应用于服务业企业，使服务业的运营工业化，并在这一思路上建立服务设计方法即工业化方法，该方法着眼于通过总体设计和设施规划来提高生产率，从系统化、标准化的观点出发，使用标准化的设备、物料和服务流程，实现精确的控制，使服务过程具有一致性。

Shostack（1984）、Zeithaml 等（1995）和 Parasuraman 等（1985）提出服务蓝图法，该方法可被用于描绘服务体系，分析评价服务质量，寻找并确定关键的服务接触点（Touchpoint）。服务蓝图可以描述服务提供过程、服务遭遇（Service Encounter）、员工和顾客角色以及物理实物（Physical Evidence）等来直观地展示整个客户体验的过程。通过将活动分解为前端（Front – Stage）和后端（Back – Stage）以及各种活动之间的关联，我们可以更为全面地认识到整个客户体验过程。同时，结合关系图方法（Relationship Mapping），可以更加有助于认清整个服务中人、产品和流程之间错综复杂的关系，改变其中的元素会对其他元素以及整个服务所产生的影响，从而使设计者更好地改善服务设计。

"产品说明书设计的服务设计研究"运用服务蓝图法，从产品说明书有形设计的角度，对产品说明书的后台服务设计管理和前台服务设计要素进行了深入研究。

此外，Haik[④] 等提出采用六西格玛的服务设计方法进行服务流程设计，通过缩短顾客的服务等待时间等服务中的浪费，把顾客最需要的服务在恰当的时间送到恰当的地点，无疑会给企业带来良好的形象和巨大的收益。六西格玛设计的一套完整的流程和强大的工具，以帮助人们在设计服务更改成本最低的阶段就开始保证服务质量。

10.1.3.4　产品服务质量评价研究方法

目前服务质量评价领域中，有关服务绩效和测量维度最有影响力和使用最广的是 PZB 三人组（Parasuraman, Zeithaml&Berry）提出的 SERVQUAL 量表。在1985年，PZB 依据差距模型，认为影响感知服务绩效和顾客服务感知的维度有

---

①　Oulasvirta, A., kurvinen, E. and Kankainen, T.（2003）: Understanding context by being there: case studies in bodystorming. Pers Ubiquit Comput（2003）7: 125 – 124DOI 10.1007/soo779 – 033 – 0238 – 7. London: Springer – verlag.

②　Gruen, D.（2000）: Storyboarding for Design: An Overview of the Process. Lotus Research. IBM Research.

③　Amdahl, p. and Chaikiat, P.（2007）: personas as divers. An alternative approach for creating scenarios for ADAS evaluation. Department of Computer and Information Science, Linkoping University, Sweden.

④　Haik B E, Roy D M. Service design for Six Sigma: A road map for excellence [M]. New Jersey: Wiley Interscience, 2005: 32 – 33.

可靠性、响应性、能力、可接近性、礼貌、沟通、可信度、安全性、理解、有形性 10 个。1988 年，通过对信用卡、银行、证券交易和产品维修与保护 4 个服务业的考察和研究，PZB 把 10 个维度简化为 22 个项目 5 个维度，分别是有形性、可靠性、响应性、保证性和移情性，最终形成了被广泛使用的 SERVQUAL 量表（表 10 – 3）。SERVQUAL 服务评价完全是建立在顾客感知的基础上，以顾客的主观意识为衡量的重点，首先度量顾客对服务的期望，然后度量顾客对服务的感知，由此计算出两者之间的差异（Disconfirmation），并将其作为判断服务质量水平的依据。

表 10 – 3 SERVQUAL 量表构成[①]

5 维度	22 项目
可靠性	1. 公司对顾客所承诺的事都能及时完成 2. 顾客遇到困难时，能表现出关心与提供协助 3. 公司是可靠的 4. 能准时提供顾客所承诺的服务 5. 正确记录相关的服务
响应性	6. 在任何时候提供服务都会告诉顾客 7. 顾客能迅速地从员工那里得到服务 8. 员工总是愿意帮助顾客 9. 员工能立即提供服务，满足顾客需求
保证性	10. 员工是值得信赖的 11. 从事交易时，顾客会感到安心 12. 员工是有礼貌的 13. 员工可从公司得到适当的支持，以提供更好的服务
移情性	14. 公司能针对不同的顾客，提供不同的服务 15. 员工会给予顾客个别的关怀 16. 可以期望员工会了解顾客的需求 17. 公司把顾客的利益列为优先考虑 18. 公司所提供的服务时间能符合所有顾客的需求
有形性	19. 有现代化的服务设备 20. 服务设施具有吸引力 21. 员工有整洁的服装及外表 22. 公司的设施与他们所提供的服务相配合

克罗宁和泰勒（Cronin&Taylor）认为，PZB 的差距模型缺乏实证性研究，为了克服 SERVQUAL 所固有的缺陷，他们于 1992 年推出了"绩效感知服务质量度量办法"，即 SERVPERF（Service Performance 的缩写）[②]。SERVPERF 摈弃了 SERVQUAL 所采用的差异比较法，而只是利用一个变量，即服务绩效来度量顾客感知服务质量。SERVPERF 量表是始终将顾客感知服务质量、顾客满意和顾客重购意愿联系在一起，认为服务质量管理是要提高顾客的整体满意度，而不是仅仅关注服务质量，因为价格和服务的可获得性等非质量因素可能使顾客并不一定购买质量最好的产品或服务。

质量功能展开 QFD（Quality Function Development）是由日本质量专家水野滋（Shigeru Mizuno）和赤尾洋二（Yoji Akao）于 20 世纪的 60 年代末提出来的，是面向市场的产品设计与开发的一种计划过程，是质量工程的核心技术。QFD 的基本思想是产品开发过程中所有活动都由顾客的需求、偏好和期望所驱动，通过"做什么"和"如何做"把顾客需求、偏好和期望设计到产品和过程中去，使产品达到顾客的要求。综合的 QFD 模式是由两大部分组成的，即质量展开（Quality Deployment）和功能展开。质量展开是把顾客的要求展开到设计过程中去，保证产品的设计、生产与顾客要求相一致；功能展开是通过建立多学科小组，把不同的功能部门结合到从产品设计到生产的各个阶段，促进小组成员的有效交流和决策。综合的 QFD 模式具体包括质量展开、技术展开、成本展开和可靠性展开。该模式使产品或服务事前就完成质量保证，是一种系统化的技术方法。

美国供应商协会（American Supplier Institute）在此基础上发展了四阶段模式，简称 ASI 模式（图 10 – 2）。该模式首先是由 L. P. Sullivan 提出，后经 J. R. Hauser 和 Don Clausing 加以改进。ASI 四阶段是与产品开发全过程的产品计划、产品设计、工艺计划和生产计划相对应的。顾客要求相应的被展开为设计要求、零件特性、工艺特性和生产要求。该模式将 QFD 的展开过程做了分解，使展开过程更为清晰，更有利于人们对 QFD 的理解。

---

① 宋令翙. 我国物流之快递行业的发展战略研究［D］. 北京，2005.

② 张丽. FE 快递公司服务质量差异分析与改进研究［D］. 大连理工大学管理学院，2006.

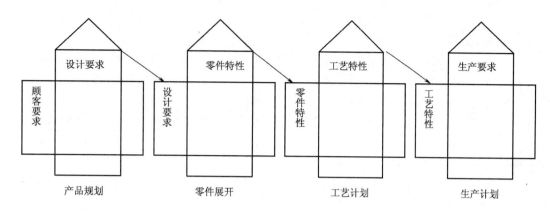

图 10 - 2　ASI 模式

　　"快递服务设计中顾客需求的实证研究"中运用 SERVQUAL 量表对快递服务的评价指标进行细化，为后期顾客满意度研究做铺垫；然后运用 QFD 模型构建快递服务设计质量屋，为快递公司改善服务、提高顾客满意度提供相应的建议。

　　"产品说明书的服务设计研究"从产品说明书入手，运用服务设计相关研究理论，重点提出说明书与顾客接触的前台服务设计要素，分别给出说明体验设计、说明主体设计、说明接触设计与说明符号设计的原理，并在此基础上进行产品说明书服务设计实践。

　　"快递服务设计中顾客需求的实证研究"，在中国加入世界经贸组织的背景下，面对国际快递的冲击，从顾客需求和服务设计的相关元素出发，提出顾客需求在快递服务中的重要性，建立快递服务质量评价体系，并通过实证研究获取顾客需求信息及顾客需求满意度和期望值，建立顾客需求转化为服务属性的 QFD 质量屋。

　　"基于群体文化学方法的都市'拼客'拼车服务设计研究"以社会文化学为基础，深入挖掘现代都市人生活中的出行问题，运用多种用户研究方法对目标人群进行深度研究，在倡导低碳环保的时代背景下，借助与现代网络技术，进行"拼车服务设计"提案。

10.2　产品说明书的服务设计研究

　　本课题以产品说明书的服务功能为研究对象，在说明书的设计中引入服务设计理念，根据消费者评价对设计要素进行分析，总结产品说明书服务设计的方法。第一，分析产品说明书服务功能设计的现状，阐述问题存在的根本原因，并提出问题解决的服务设计思路；第二，以服务的基本理论为基础，分析服务设计的概念、思想特征和方法，提出服务设计的前台和后台服务设计要素；第三，阐述说明与产品说明书的概念，归纳概括产品说明书的主要形式和发展趋势；并在此基础上引入服务设计理念，重点提出与顾客接触的前台服务设计要素，包括说明体验，说明主体，说明接触和说明符号；第四，通过分析消费者的心理评价，给出说明体验设计、说明主体设计、说明接触设计与说明符号设计的原理，根据原理提出了设计目标和设计方法。最后，以"小天鹅洗衣机产品说明书"为例进行设计实践。

10.2.1　产品说明书服务研究背景
10.2.1.1　产品说明书服务设计的地位

　　产品说明书是产品提供的无形服务的有形要素，贯穿产品售前售中和售后整个过程，使消费者形成初步服务印象，产生服务信任感，提高服务感知质量，为消费者提供优质服务享受，塑造企业市场形象，在沟通消费者、产品和企业之间关系中起至关重要的作用，相对于其他服务设施，产品说明书服务设计体现符合工业经济低成本、高收益的特点。因此，对产品说明书服务功能的提升，是产品服务设计的重要组成部分，应该受到每个企业的关注。

　　在发达国家，产品说明书的服务功能设计，已经得到越来越多的关注。欧洲的许多企业和学校将产品说明书作为研究专项，如英国剑桥大学建立的应用心理学部（APU）汇集了世界著名的专家，专门研究关于说明书、警示信号和计算机系统的设计。和发达国家相比，产品说明书在国内的受重视程度很低。纵观国内市场上的说明书，说而不明、说而不全的现象比比皆是，内容没有体现以消费者的感受、权益、人身安全作为出发点的服务功能。

10.2.1.2　国内产品说明书服务功能现状

据 2003 年中国消费者协会与浙江、北京、重庆、成都、沈阳等地消协共同举办的产品说明书评议结果显示，目前市场上流通的药品、手机、化妆品、空调、农药、化肥等类产品的说明书都不同程度地存在"说"而不"明"的问题，由此引发的消费纠纷也呈上升趋势①。经过归纳，主要存在以下问题：①用语不通俗，语句不通顺；②字体不规范；③使用专业术语和外文太多，让很多消费者看不懂；④使用夸张文字宣传；⑤产品名称五花八门；⑥说明书中项目内容存在"兼并"现象；⑦缺少警示性内容或安全警示内容模糊；⑧部分说明书过于简单；⑨擅自扩大适用范围；⑩排版印刷质量差等。

10.2.1.3　产品说明书服务问题的根本原因

根据我国产品说明书的总体现状问题，分析其根本原因在于：

（1）设计理念没有以消费者为中心。许多厂家将资金人力主要用于产品竞争，仅仅把说明书看做"通过产品检测的必备材料"，"推卸责任的借口"以及"解答用户问题时的参考书"，忽视说明书的服务功能。

（2）说明书设计没有专业人员负责。产品说明书需要对产品全面的认识，因此大多数企业中，说明书是由开发产品的技术人员编写，有的企业也会考虑技术人员与设计人员的合作。大多数企业一般指定参与开发此项产品的技术人员一人完成。因此产品说明书的质量受到编写人员的责任心，对使用者的了解度，绘图能力，语言表达能力等多方面因素的限制。

（3）说明书的设计流程不完整。有的说明书内容比较主观，设计人员没有与其他部门充分沟通，有时会直接拿国外的资料敷衍了事。此外，成本的节约使得说明书一些必要元素不能得到实施。比如使用操作过程绘制，印刷纸张品质，说明书资料搜集，消费者使用该产品情况调查等。目前，企业通常在开发完某个产品后，在过度劳累、所付出的劳动还未得到回报的情况

下，面对时间不足、经费短缺的压力，匆忙编写出该产品的用户手册。因此，产品说明书往往没有发挥出应有的功能。

10.2.1.4　产品说明书服务问题的解决思路

随着生活和技术水平的提高，人们日常接触和使用的商品越来越多，普通消费者除了日常学习和积累商品常识外，在使用众多商品尤其是科技含量较高的商品时，大多数都要靠阅读产品说明书的内容来做指导，以便合理安全消费，产品说明书是联系消费者和厂家的桥梁。本课题认为产品说明书问题的解决应该从以下几个方面入手。

（1）树立以消费者为中心的服务设计理念

服务是产品说明书的核心功能，因此产品说明书设计的核心是从为人服务的角度出发，而不是从产品、企业本身的需要出发。

（2）明确产品说明书设计人员的责任

产品说明书设计与制作不只是平面设计与印刷问题，它与企业经营哲学、市场分析、产品和包装设计、摄影、插图、工程绘图、语文、印刷等专业的知识与素养息息相关。所涉及的相关学科非常广泛，要注重艺术与工学的结合，同时也与生理学、心理学、社会学、商学、管理学等有着密切的关系。因此，产品说明书的设计制作应该由企业的营销部门，设计部门的人员合作完成。

（3）完善产品说明书的设计流程

说明书的首要任务是对产品的说明，追求过于高档精美的形式和夸张的平面设计，不仅对于资源是种浪费，有悖于设计师职业道德和社会责任感，还会引起消费者反感。因此，产品说明书应尽量简洁明白，增加智力的投入。产品说明书设计提倡技术人员，设计人员与企划人员的配合，交流关于消费者和产品知识，共同编写说明书。

（4）产品说明书设计应受保护

根据《著作权法》，具有可复制性和独创性等特征的"作品"可以受保护②。显然，产品说明书一般都是可以复制的，"可复制性"是一种形式要求，而非本质要求。相比之下，是否具有独创性则成为判断产品说明书是否受《著作权法》保护的重要标准，具有独创性是对作品的本

---

① 中国消费者协会. 中国消费者协会 2001 年第 1 号消费警示 [EB/OL]. www. 12315. com. 2001.

② 中华人民共和国著作权法总则第三条。

质要求。

产品说明书有些部分如"产品简介"、"使用方法"等，其内容特点决定可以采用比较灵活的表达方式。就产品生产者而言，大都乐意采用与众不同，有着鲜明个性的表达方式，以加深消费者对其产品的印象，最终实现一种广告效应。因此产品说明书设计有一定的独创性空间，且具备设计的可行性，对内容和形式设计的产品说明书应该享有著作权，以保护说明书设计人员的权益。

10.2.2　产品说明书服务设计要素

10.2.2.1　服务设计要素的提出

本课题将服务设计看作前台服务设计和后台服务设计有机结合的两部分。前后台采用不同的设计主导思想，与顾客直接接触的部分成为前台运作，不与顾客直接接触的部分成为后台运作。

（1）后台服务设计要素

后台服务设计要素应该重视服务流程的规范化和标准化，并充分利用现代科学技术来提高效率，以降低服务成本，改进运作绩效。后台设计要素包括服务人员，服务流程管理等内容。

（2）前台服务设计要素

因与顾客有直接的接触，前台主导设计思想应该是充分考虑顾客的个性化预期和感受，发展顾客的参与，取得更高的顾客满意度和忠诚度；前台服务设计要素是本研究重点讨论的内容。从前台顾客接触的角度来看，服务产品主要包括有形载体和无形服务。有形载体与无形服务包括有形与无形的产品。

完整型服务产品的概念较为全面地概括前台服务涉及的设计要素：显性服务要素、隐性服务要素、环境服务要素和物品服务要素。要确定理想的完整型服务设计应当提供什么样的服务，研究结果表明在其四个组成要素中，显性和隐性服务要素的设计应先于环境要素和物品要素的设计①。

隐性服务要素设计：即最终确定给予消费者什么样的感受，要通过消费者体验反馈满意为评价标准，例如：提供服务过程让消费者有省心、舒心、放心、开心的感觉，让消费者感到企业是真心诚意为消费者着想。

显性服务要素设计：即确定所提供服务的主要内容，它可能设计较为明确的标准，显性服务要素构成所提供服务的主体，应就每一类业务和消费者分别设计。

环境要素设计：环境要素和物品要素的设计应在前两个要素设计的基础上进行。包括服务场所的数量与布局；服务设施的数量与分布；服务场所的设备选配等。

物品要素设计：主要是服务对象购买、使用或消费的物品。服务过程中所提供的物品，可能在很大程度上影响消费者满意度，因此仍应以消费者需要出发，尽量全面考察。

10.2.2.2　产品说明书服务设计要素

产品说明书设计的重点在其所提供的说明服务上。说明服务是无形服务产品，由于服务具有无形性，生产消费不能完全分离，消费者必须在一定程度上参与服务过程，所以在服务的总体质量中客观成分要远远少于主观成分，顾客心理因素在服务质量中的作用至关重要②。首先由于服务的无形性使服务标准难以明确，只能依靠顾客的主观判断。顾客的主观判断即顾客的感觉和认知，受多种因素影响包括顾客的自身能力、其他顾客的评价、顾客当时的心情、企业形象带给顾客的期望等；其次服务消费过程与生产过程的同步性，使顾客参与到整个过程中，买卖双方必然涉及大量人际接触服务，供方以何种方式将技术质量或者说是服务结果传递到顾客身上，对顾客的看法有极大的影响。说对顾客而言，虽然主要目的是为了得到服务的技术质量，但如果服务供方在提供给顾客服务时，既费时态度又不好，给顾客留下了恶劣的印象，那么顾客对服务的感觉和评价必然是糟糕的。

由此可见，产品说明书的服务设计质量与顾客的感觉与认知心理密切相关。在产品说明书与顾客接触的设计中引入后台服务设计理念，遵循完整型服务产品设计的原则。

10.2.2.3　产品说明书制作流程

产品说明书的制作流程，大致可分为三部分：厂商企划部分、设计师设计部分和印刷厂印务部分。其设计与制作流程图如图10-3所示。

①　刘丽文．完整服务产品和服务提供系统的设计［J］．清华大学学报（哲学社会科学版），2002.
②　刘丽文．完整服务产品和服务提供系统的设计［J］．清华大学学报（哲学社会科学版），2002.

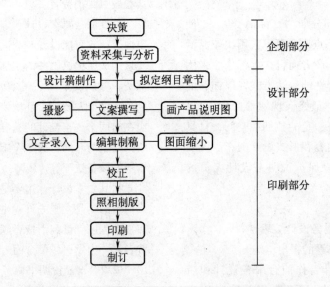

图10-3

（1）产品说明书的后台制作人员

根据产品说明书内容形式以及流程的要求，参考平面宣传手册制作注意事项，产品说明书设计应考虑技术人员与企划人员的配合。

①产品技术人员应考虑的事项：

●避免对产品做过分主观的认定、夸张与不切实际的宣传文字。

●定下制作原则后，应给设计人员自由发挥构想的空间。

●不要过分节省制作经费，以免产生粗劣的设计与印制，而导致反效果。

●有关设计、文案、插画、翻译、摄影等工作，应交给专业人员处理。

●不能直接采用现成的图片与资料来敷衍了事。

②设计企划人员应考虑事项：

●设计前应多采集必要的资料。

●多增进印刷、摄影与纸张材料的知识。

●根据产品特性，创造最吸引人，又能兼顾易懂与精美的设计作品。

●注意图片编排与色彩计划给人的视觉印象。

●与其他专业人员充分合作，务必使产品呈现应有的个性与价值。

●不要炫耀技巧，应多注重设计与品质管理。

●文案的撰写应多了解产品特性、公司政策、经营哲学、生产作业程序、市场信息，和相关专业人士磋商，并请其修正润饰。

（2）产品说明书的后台设计管理

①重视顾客需求

一份操作说明书不管如何，应该让读者能够彻底了解，从而遵循执行。从服务营销管理的角度看，满足消费者需求就是产品的首要条件。产品说明书的制作更不例外，满足其需求，才能称得上好的产品说明书。

②区分内部外部顾客类型：

对于产品制造商而言，产品说明书的顾客是产品购买者与使用者；对于产品说明书的设计师而言，其顾客则有制造商公司内部相关部门人员与主管，以及外在产品购买者与使用者，甚至是经销商。出于时间与成本关系，设计师对于顾客的认识，应该有内部顾客与外部顾客区分，才能同时满足这两种顾客的需求。

③顾客需求与企业预算的平衡：

商品分为核心产品，实际产品与周边产品等三部分。产品说明书可视为周边产品。虽然消费者要购买的是核心产品，当企业间核心产品竞争激烈时，实际产品与周边产品影响顾客满意度，产品说明书的制作好坏会影响购买者与使用者对该产品与企业形象的感觉。因此，产品说明书要制作实用与优良，一定要掌握顾客需求与合乎企业预算。以价廉、效率与适合的品质，来符合企业预算，使购买者能清楚简易地了解操作方法。

（3）产品说明书的前台服务设计要素

研究产品说明书的服务设计，既包括说明书的形式也包括内容，把它们看做是说明服务的有形展示与无形服务。完整服务产品同时包括无形和有形产品服务系统，显性服务要素和隐性服务要素是无形的，显性服务要素代表了消费者对服务的感受，隐性服务要素则代表了消费者得到什么样的服务；环境服务要素和物品服务要素是有形的，环境要素代表提供服务的场所，物品要素则是传递服务的载体。

因此，我们可以从完整服务产品的概念出发，理解产品说明书服务设计要素构成。

产品说明书显性要素，即说明服务主要内容由文字，图形，色彩等说明符号来表达，因此，产品说明书符号表达对于说明服务效果起了关键

作用，会影响人们对于说明内容的理解。就这个意义上来说，说明符号与说明内容具有相对独立性。

根据以上分析，产品说明书提供完整的服务过程可以分解成说明内容由说明符号传递，然后通过说明符号与用户的接触，使消费者产生最终体验的过程（图10-4）。

因此，产品说明书的服务设计要素为（图10-5）：

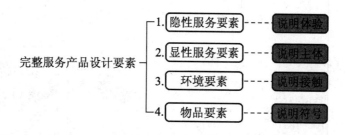

图10-4　产品说明书的前台服务设计要素

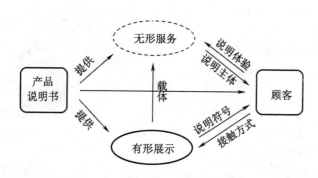

图10-5　产品说明书前台服务设计要素的服务过程图

① 说明体验。产品说明书隐性服务设计要素即为消费者设计的最终体验。

② 说明主体。显性服务设计要素为说明书提供的说明主体服务，这两个要素属于服务设计无形服务要素。

③ 说明接触。产品说明书环境要素即服务提供的场所，对应为人使用说明书的环境即说明接触方式。

④ 说明符号。物品要素对应为说明书承载服务信息的说明符号，如文字、图形、色彩等。这后两个要素属于服务设计的有形展示要素。

10.2.3　产品说明书的无形服务设计

10.2.3.1　产品说明书体验设计要素

（1）产品说明体验设计原理[①]

格鲁诺斯根据对顾客行为的研究，以对顾客预期服务质量与实际体验服务质量之间差距的分析和认知心理学基本理论，提出了顾客感知服务质量。

顾客最终体验取决于顾客对服务的预期质量和实际体验质量（即顾客实际感知到的服务质量）之间的对比。在顾客体验质量达到或超过预期质量时，顾客就会满意，从而认为对顾客的服务质量较高，反之则会认为企业的服务质量较低出现服务失败。顾客认识产品或服务的整个过程可分为三个阶段：质量预期、质量体验和质量感知。这三个阶段中各自形成的关于产品或服务质量的感觉和认识，相应地被分别称为预期质量、体验质量和感知质量（图10-6）。

① 克里斯蒂·格鲁诺斯. 服务市场营销管理［M］. 北京：复旦大学出版社，1998.

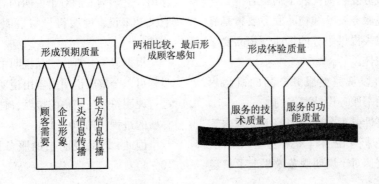

图 10 - 6　顾客对服务的感知过程

因此，体验设计评价公式为：服务最终体验质量 = 体验质量 - 预期质量。

（2）产品说明体验设计目标

根据以上分析，产品说明隐性服务设计的目的是提高顾客感知价值，即顾客预期质量与体验质量之差。产品说明书设计意味着：设计目标应该是符合甚至超越人们希望在使用说明书的过程中获得的体验。

该内容需通过对消费者的问卷调查和访谈来获得。人们对产品说明书的预期有多高？是仅仅满足于产品的正常使用，还是希望有愉悦的感受。在产品说明书中加入的人性化因素，是否会起到反作用？比如对危险的提示，在哪些地方，如何使用人性化设计，是每个设计师在设计说明书之前应该明确的内容。

（3）产品说明体验设计方法

①充分分析消费者期望值

产品说明书技术质量和功能质量与顾客期望值的比值越高，顾客感知满意度就越高。因此在进行产品说明书设计前，应先了解消费者预期质量，对企业形象认知度，对产品和服务期望值，然后做出相应体验设计提升消费者对说明书的最终满意度。

②分析目标群体的认知经验

任何设计都是有针对性的，不同的群体对产品不同的要求。设计时应把消费者作为群体来研究，了解该群体共性和个性，有针对性地设计服务。如图 10 - 7 所示产品介绍，将大人和小孩观看的图片区分开，虽然表达的是同一个内容，但是表现的手法不同，介绍的重点也不同。上面给大人的介绍，以实物形式突出产品的使用环境、使用方法和价格，下面给小孩的介绍则以卡通形式描绘了使用产品的体验乐趣。

图 10 - 7　产品说明体验设计

消费者对产品说明书的期望值，与消费者先前认知和经验有关。同时，消费者对产品说明书预期质量由于年龄、性别、种族、职业、生活习惯、受教育程度等不同而有差异。因此，对于消费者先前认知经验和生活形态的了解，是设计者需要加以考虑和利用的因素。

③适当超越消费者需要

产品说明书功能质量取决于消费者的主观感受。只有当消费者的体验恰当地超越了其期望值，消费者才可能在此服务中享受到愉悦的感受，但是过度地超越则有可能给消费者带来心理反作用，并且不符合经济效益的需要。因此，产品说明书功能质量设计，首先需要完善自身技术质量，通过对消费者群体认知方式的分析，提升产品说明书表达方式的品质，使消费者感受达到最佳。

10.2.3.2　产品说明书服务设计要素

（1）产品说明主体设计目标

①产品安全说明目标

设计师应从用户角度出发，考虑用户使用产品过程中可能出现的所有安全问题，对于可能出现的异常现象和危险，在设计时应做充分考虑。如图10-8所示产品介绍，不仅用文字描述发生的严重危险，还用图形描绘了避免危险的方法。

在文字上特别使用醒目黄色线框勾勒。图中文字分别为，左图：如果墙面插座无特别的儿童保护装置，可以封盖安全盖。避免好奇的小手指因触摸而发生危险。右图：安全第一：要选择儿童专用灯具。将灯线固定在墙壁上。

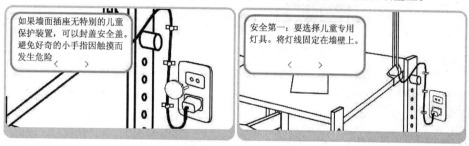

图10-8　产品说明书安全提示设计

对于比较严重的危险，应该做相当醒目的提示，确保引起消费者的注意和警觉。警告的位置需要说明危险的重要性以及该位置警示效果来安排。如果危险比较严重，对产品说明的位置要求就比较严格，仅在使用手册做一般性提示还不够，必要时将警告分离出来，放在与产品关系紧密的位置，做成醒目的警告标签贴在产品上。因此仅在内容上提醒是不够的，还要在提醒方式上引起消费者足够的注意。

②产品使用说明目标

基于用户使用需求的分析，说明主体服务设计应考虑：

a. 说明角度由产品到人转变为人到产品

设计者按照自身知识前提和职业经验设计的东西中隐藏着他的思维和推理方式，常常不符合用户思维和推理方式，要使设计的人机界面和操作过程被别人搞懂，就要设法跳出以专业知识为基础的演绎推理，不以专业知识为操作基础，而以人通常具有的心理学思维和行动特点作为设计人机界面的基础。如图10-9中照相机的说明书从使用者的视角展示了对焦的过程，而不是机械地从外观上描述，体现了对使用者立场的考虑。

图10-9　使用者视角

b. 具备主体职能

根据人的记忆特点，说明书应重点提醒人们容易遗忘的操作注意事项，考虑人们可能会出现的误解和推理错误，提醒人们如何解决可能出现的误操作问题。尽量使用规范统一的图形符号，减少误解。

c. 以问题为线索构成知识体系

根据探索式发现思维的特点，说明书应按照常见问题来描述知识，人们不需要去花大量时间系统学习，而是在遇到问题时，可以从中查询到解决问题的方法。有的国外产品使用说明书中采用了这种方法，以常见故障列为目录线索编写知识，给用户和维修人员提供便利。同样，也可以以用户操作行动目的为目录线索，编写适合各个行动目的的规则知识体系。

d. 满足不同用户的需求

帮助新手用户对操作过程的学习，作为人机界面的有力支持。

了解平均用户对使用过程的操作期待，在说明书中描述如何满足这些期待。

鼓励偶然用户将新产品与人们熟悉的产品作类比，使偶然用户感到产品并不陌生。

重视专家用户，将其作为设计调查的重要对象，汲取其经验。

③产品购前说明目标

产品说明书是消费者在购前阶段获得产品信息的主要来源，对于消费者选择产品决定有重要影响作用，说明书提供信息的充分性将成为消费者满意度的重要标准。产品说明书应注意消费者的特殊需要，对于产品介绍，应突出其与众不同的特点，实事求是地给予相关数据。如图10-10

中所示产品介绍，充分考虑消费者购前心理需求，提供产品的设计师、设计理念、设计材料、设计生产过程等一系列详细资料。

图10－10　产品说明书的购前说明

（2）产品说明主体服务的设计方法

①设计说明书前应把产品安全因素放在内容设计首位，充分考虑消费者可能使用产品的方式和环境，以及能够接触到产品的不同用户。具体设计上，应采用能充分引起消费者注意的警告方法。除了说明如何正常使用产品，还应说明如何更好地使用产品，包括更好地发挥产品功能，避免危险发生，明确了解产品保养、产品缺点、寿命、安全隐患。

②根据记忆和思维的特点，在内容的安排上，

应描述产品每步操作的后果，鼓励产品的尝试操作，提醒人们容易忘记的点，以问题索引的方式将内容展开，尽量使用统一规范的符号，并考虑到产品使用的各级用户需求提供全面内容，在进行内容安排前可以向专家用户请教内容安排得详略轻重以及设计师可能忽视了的地方。

③根据人们购买时需要获得充分信息的心理特征，产品说明可以具有一定的广告宣传功能，在内容安排上需要实事求是地描述产品特征，采用平面设计手法突出与众不同的地方，注意在外观上与产品品牌相称。在说明书的制作上，根据介绍产品的特点，相应地通过材质、色彩、文图编排等设计体现与产品相称的品质。除此之外，可以简略介绍产品的设计师、厂商品牌理念、提供承诺等。

10.2.4　产品说明书的有形展示设计

10.2.4.1　产品说明接触设计

（1）产品说明书的使用习惯分析

根据资料分析，关于产品说明书的使用习惯的结论有：

①台湾交通大学的余德彰在《信息时代产品与服务设计新法》一书中，将人生分为六个阶段，并就各阶段产品说明书使用习惯做出归纳①。如图10－11所示。

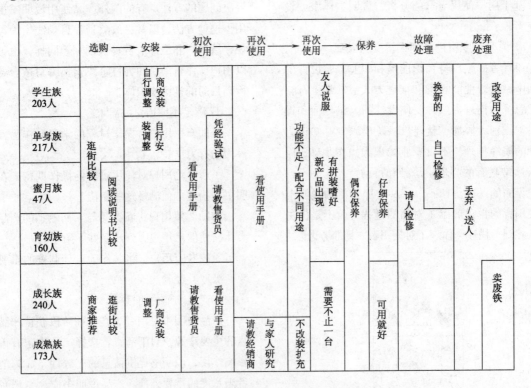

	选购 →	安装 →	初次使用 →	再次使用 →	再次使用 →	保养 →	故障处理 →	废弃处理
学生族 203人	逛街比较	厂商安装 自行调整			友人说服		换新的 自己检修	改变用途
单身族 217人		自行安装 装调整	凭经验试		功能不足/配合不同用途	有拼装嗜好 新产品出现		
蜜月族 47人	阅读说明书比较		看使用手册 请教售货员	看使用手册		偶尔保养	请人检修	丢弃/送人
育幼族 160人						仔细保养		
成长族 240人	商家推荐 逛街比较	厂商安装 调整	请教售货员 看使用手册		需要不止一台	可用就好		卖废铁
成熟族 173人			请教经销商	与家人研究	不改装扩充			

图10－11　《剧本导向式设计》六阶段生活用品使用习惯表

① 余德彰. 信息时代产品与服务设计新法［M］. 台北：台湾交通大学，2003.

②人类学家 Lucy Suchman（1987），在观察使用者操作复印机时曾经发现，大部分使用者的使用习惯并非在阅读完使用者手册后再操作机器，而是在使用过程中遇到困难时，才回头查阅说明书或直接请教有使用经验的人。因此她认为，学习是一个社会活动，学习者在活动过程中不断与实际情景互动，以求在过程中搜寻到意义。也就是说，人们习惯一边操作产品，一边看说明书寻求帮助。

根据以上研究看出，人们在"选购"、"初次使用"和"再次使用"的时候使用产品说明书。"选购"时需要参照产品说明书列举的产品特征、技术参数，从而比较出产品与其他产品的优势之处。同时，在大多数情况下选购时无法试用产品，因此产品说明书是消费者了解产品运行状态和使用方式的主要途径。

"初次使用"时，发生地点一般在家中。由于产品制造业的售后服务系统已经非常发达，用户很少自己维修产品，产品说明书中的维修部分对大多数使用者来说并不是非常重要。因此，维修部分的内容也通常放在说明书的末尾。

"再次使用"可以理解为，用户在第一次看说明书时没有记住其中的内容，这样的说明书被 Donald A. Norman 称为"糟糕的设计"[①]；他认为产品说明书应该让人只看一次；或者是用户想了解维修保养等基本操作外更多的内容，那么阅读说明书的地点可能在放置产品的房间，也可能在电话机旁，甚至可能在维修点。

（2）产品说明书与人的接触方式分析

服务产品有形展示设计以无形服务设计为基础。产品说明书与人接触的方式主要取决于用户对使用说明书的需要。从完整服务产品的概念上说，产品说明书提供的是服务系统，系统中各要素与人形成服务环境。

如图 10 - 12 中黄色圈即为人们接触产品说明的方式。本研究认为，设计产品说明书应该从人的需求出发，这才是解决产品说明书诸多问题的根本途径。由于产品的多样性，人们在使用产品的任何场合都可能遇到疑问，人们在这些时候需要产品说明书的指导。可能是在家中、购物场所、维修站、工作单位、旅行中等。

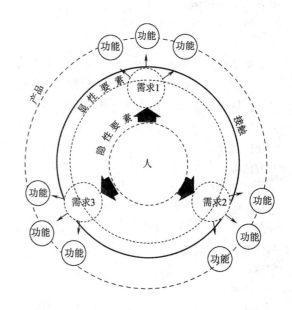

图 10 - 12　产品说明书与人的接能方式

可见，产品说明书通过考虑人们与产品的接触点，从而进行内容设计，是人们真正需要的，且容易理解的说明方式。

（3）产品说明接触服务的设计方法

根据对人们接触说明服务方式的分析，可以将具体的产品说明书接触设计的方法归纳如下：

①设计前研究人们使用该产品的场合、环境、方式、目的等使用因素。并根据各种不同场合归纳出可能出现的问题。结合说明主体设计进行内容与形式安排。

②形式上根据人接触产品的方式，产品说明可以通过人机界面来表达，也可以书面形式独立存在。在人机界面可以表达清楚的场合，不需要书面的说明。但是在必须或消费者需要说明的地方，产品说明书可以通过产品附加装置成为产品的一部分，或者直接描述在产品上。

③根据不同使用场合的需要，产品说明书可以分成很多部分，如书面与标签，封条与包装袋等形式。这些说明是有机的整体，可满足不同的需要。

④产品说明书描述安装、拆卸、运输等与环境结合紧密的事项时，应尽量用图形将使用环境表述出来。

①　（美）唐纳德·A·诺曼. 设计心理学［M］. 北京：中信出版社，2003.

10.2.4.2 说明符号设计

（1）产品说明符号的特点

①文字

文字的内容包括：企业识别系统，包含商标、厂牌名称、地址、电话与传真；标语；商品型号；规格，包含特点、造型、尺寸、动力、重量、材料、表面处理何包装形态；重点描述，如企业发展介绍、经营哲学、用途与功能描述、保养方法等。

文字是产品说明书最主要的表现形式。一般包括文字、数字和符号，与图形结合运用，有时在用文字说明产品的适用范围、使用方法、维护与保养、安全注意事项等内容时，以图形辅助文字解释。

②图形

产品说明书的图形在技法上可利用商业摄影、文字造型、插画、抽象图案、绘图软件等来处理。产品说明书在说明书中的表现图形很多，如工程图与图标，但大部分是用立体正投影法的等角投影、二等角投影或不等角投影来表现。

③色彩

色彩可以带来真实感，吸引注意力，加强沟通，并且可以潜意识地感染或提升读者的情绪，以增进传播沟通的精准性。因为考虑到印刷成本的问题，产品说明书一般采用单色或双色印刷。

产品说明书中可能运用到色彩的部分有：产品图片、版面、文字、图形以及装饰线条与边框。最需要运用色彩的内容是安全警示。由于警示效果与说明书使用者的安全有很大的关系，所以产品说明书的严重危险警告应该以醒目颜色提示。

（2）产品说明符号设计方法

①文字与图形的运用

a. 拟人化的角色设定。在说明书中设定一个角色，进行文字叙述和动作表现，应该是最直观的表达方式，让消费者很轻松地学会操作功能，对产品产生亲切感。使得原来的说明书书面语言变成口语，使说明书的文案设计师更容易进入角色，如同向朋友介绍一样。叙述可以采用和顾客问答的形式，还可以符合使用者的问题式思维结构。

b. 避免专业术语。使用者是按照他们的观点、动机、经验、逻辑、环境情景来理解含义的，这些构成了他们的思维模式。想让使用者理解，设计人员首先要理解读者的阅读目的、经验水平、思维逻辑以及环境情景。说明书中应该尽量采用日常生活习惯用语，适合初次使用者水平。

c. 避免出现长句。合理地利用人类的短时间记忆功能，避免出现过长的句子影响人的短时记忆容量。设计中还要考虑一致性，在类似的情况下，必须有一致的操作序列，前后采用相同的术语，便于用户记忆。

d. 比喻的描述手法。在语言的运用上，对于外行或初级水平，最常用的方法是用比喻来解释含义。如图10-13表示的是儿童网页，所以采用了儿童熟悉的彩色铅笔，生动有趣地描述了网页打开的进度。

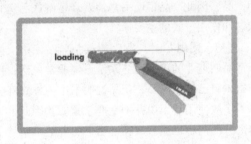

图10-13 比喻的说明手法

e. 附上快速上手说明。对设计人员来说简单的功能，对于消费者来说未必简单，需说得明白详细。产品说明书除全面介绍产品外，应该额外附加一张快速上手的说明步骤，让暂时不需试用特殊功能的使用者可以迅速上手操作。图10-14中所示，数码相机的拍照功能之一："如何获得清晰的照片"。产品说明书就该问题，对拍照的准备工作和动作进行了详细的分解，以图形说明为主，辅以文字，表述得直观清楚。

f. 产品说明书需具有目录。大标题要加以强调以免混淆，并在大标题下面提供许多细小标题以供辨别；说明书的分类应该可以让使用者直接翻开说明书便可以阅读，并且是可直接翻到想阅读的部分。

g. 使用图标表示各种功能。人对图形的记忆力比文字强得多，可以减少用户关于操作的学习。看到图标，用户不必过多思考，能够直接明白采用什么操作动作。如图10-15为笔者设计的手机界面图标。分别表示电话簿、设置、游戏和通话记录。图标比文字容易被直接感知和理解，更为简洁有趣。

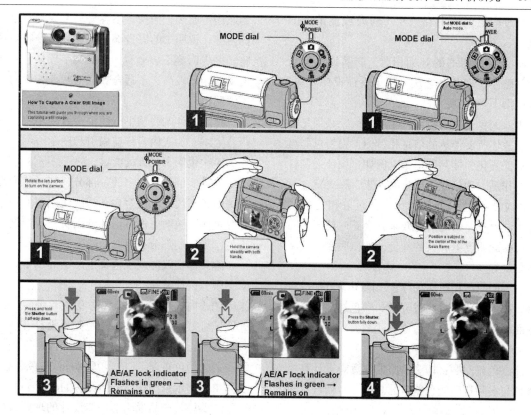

图 10 – 14 如何获得一张清晰的数码照片

图 10 – 15 图标的运用

h. 用示意图表现简单动作。用简单的语言解释复杂抽象的概念。在图形的运用上，通常可以在词汇旁边放一幅图，用图来解释词汇，甚至不需要文字（图 10 – 16）。这种解释只需表达特征属性，被称为示意图。图片可以使用摄影作品，也可以是绘图作品，用来示意外观组成的图片要细节清楚，结构明了，风格严谨，最好不要采用草图和漫画的形式。

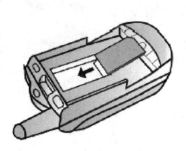

图 10 – 16 安装手机卡的示意图

②色彩的运用

a. 色彩的指示功能运用。产品说明书的指示符号可以参照人们熟悉的指示颜色。如环保节能的用色，可以用白色、绿色来表现。白色可用做各种颜色的底色，起强调作用。危险警告的用色，应用显著的红色、黄色或者与背景颜色不同的亮色，以及加粗的字体来标明，以充分引起消费者的注意。

b. 色彩的目标市场考虑。在为产品说明书设计色彩时，要能引起顾客的注意力与阅读兴趣。人们在收到外界讯息后，会受环境因素影响，包含物理、生理、环境、文化与技术等。例如，西欧人民地处寒带，较喜欢暖色系；阿拉伯地处干燥的沙漠，则较偏好绿色。产品说明书具有协助产品的销售与开拓市场的功能，在规划色彩时，除要引起顾客注意力与阅读兴趣之外，还需了解目标市场的地域性、民族性以及产品特性，增进产品说明书在吸引、沟通或促销上的功能。

c. 产品说明书的版面用色。产品说明书版面将就整体稳定和谐之美，依据平面设计方法，可以遵循下列原则：

确认配色主题的性质：配色之前，必须先清楚说明主体所要传达的信息和目标，因为色彩组合搭配能强化整体品牌形象。例如，设计强调科技性的作品，建议使用冷色系：蓝、灰或绿。

主文部分建议使用对比色：色阶相近的颜色，无法产生足够的对比效果，会妨碍使用者阅读。应搭配明度差异大的颜色，如白底黑字的阅览效果最好。

不要同时使用过多的颜色：除了黑色和白色以外，搭配颜色不宜超过五种。颜色过多，会混淆版面的主色调，分散阅览者注意力，降低画面表达力度。

注意色差问题：印刷输出需注意观看计算机的颜色与实际打印的色差问题。标色时需以实际色卡为依据。

10.2.5 设计实践：小天鹅洗衣机说明书改良设计

根据营销部门对消费者的调查，消费者认为小天鹅说明书文字太多，零部件图示不清楚。在仔细看了小天鹅说明书后，笔者认为说明版面较沉闷，图形与文字排版过满，没有视觉重点；说明顺序不明确，消费者不容易马上找到自己了解的内容；说明书的警告部分不够突出，容易被忽略，警告内容不够全面；说明文字较多，专业术语出现频率较高，不适合普通消费者，说明文字不够明白。

重新设计的说明书按照消费者使用程序更改内容大纲，加入内容导航索引和图示说明，以此作为一次说明书设计的尝试。

设计实例是说明书的一部分，列举了产品说明书中较有代表性的警告，初次使用和使用中问题等页面。说明书的其他部分因所体现的设计特点与已展示的部分有重复而略去。

本设计实践体现了论文中总结的以下产品说明书服务设计方法：

①问题式内容描述法　②索引式目录
③图形与文字的动作描述　④避免专业术语
⑤色彩的心理提示作用　⑥警告的首要位置
⑦和谐的颜色搭配　⑧具体操作步骤图式化
⑨简单动作示意图法　⑩图标的运用

本课题就产品说明书功能设计的现状，分析产品说明书设计存在的问题，造成产品说明书设计混乱的原因，并提出改进方法；引入服务设计理念，从服务设计前台和后台就产品说明书服务设计要素进行深入探讨；就产品说明书无形服务要素和有形服务要素做详细论述；根据设计原理以"小天鹅洗衣机说明书"为例开展设计实践（图10-17）。

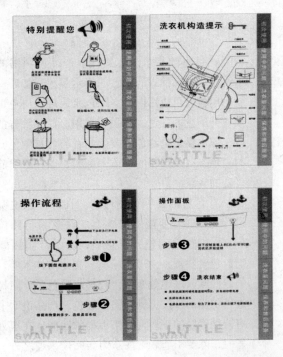
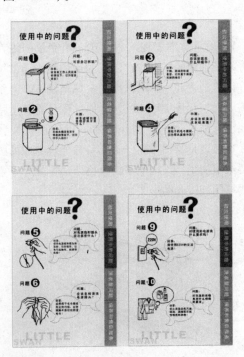

图10-17　小天鹅洗衣机的说明书改良设计

若研究者能在产品说明书服务设计心理评价有效性和可行性方面，进行更加全面的探讨和研究，将更加完善、更具理论和实践价值。

10.3 顾客需求与快递服务设计实证研究

快递业是现代物流业的重要组成部分，随着我国经济的快速发展和全方位的参与全球市场竞争，我国的快递运输企业面临越来越激烈的竞争，快递服务质量亟待提高。本课题讨论顾客需求在快递服务设计中的重要作用，通过对快递服务设计要素的分析建立服务设计质量评价体系；对顾客需求进行调研和分析，得出快递服务设计中顾客满意度、期望度和重要度之间的关系；构建快递服务设计 QFD 模型，针对模型重要参数进行描述并提出相应解决方案。

10.3.1 快递服务设计研究现状

快递业是 20 世纪 60 年代末在美国诞生的一个新的行业，是伴随着世界经济高速发展而新兴起来的一门服务行业。美国国际贸易委员会 2004 年报告对快递业定义如下[①]：

（1）快速收集、运输、递送文件、印刷品、包裹和其他物品，全过程跟踪这些物品并对其保持控制。

（2）提供与上述过程相关的其他服务，如清关和物流服务。

快递又称为速递（Courier Service or Express Service），是指按照发件人要求，在适当短的期限内，保证高时效的快件（货物）优质、高效、快速地从发件人运送到收件人的门到门（door to door）服务[②]。

国内快递业是一个新兴行业，对快递的界定一直存在争论，其法律地位还具有不确定性，对快递业的服务内容的定位也一直是焦点。现有的快递物品，重量一般在 100 克~20 千克之间，品种多为文件、资料、图纸、贸易单证为主的函件快递和处理样品、高附加值物品、社会活动礼品和家庭高档商品为主的包裹快递。快递企业收取发件人托运的快件后，利用多种快捷运输方式，按照发件人要求的时间将其运到指定的地点，送交指定收件人，并要将运送过程的全部情况向有关人员提供实时信息查询服务（图 10-18）。本质上，快递是高速的物质流（含部分信息流），是以高效、快捷、方便、安全的专业服务把客户委托交寄的物件直接送交被委托方手中，从而提高客户的工作效率。

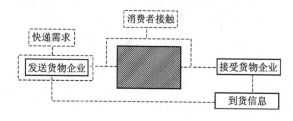

图 10-18 快递流程图

10.3.1.1 中国快递业的发展

快递业是从国外引进的行业，1979 年日本和中国签定了第一份快件代理协议，标志着现代快递业正式进入中国。不久，DHL、UPS、TNT 等相继与中国对外贸易运输总公司达成快递代理协议。国际几大快递公司进入中国，带来先进的快递管理理念和规范的操作流程。1986 年，《邮政法》颁布，其中第八条规定："信件和具有信件性质的物品的寄递业务由邮政企业专营，但国务院另有规定的除外。"该条规定为中国快递业的发展提供了适当的法律空间，同时也成为以后快递业纷争的起源。EMS 成立之后，很长时间内一直保持着中国国际快递市场 50% 以上的市场份额，20 世纪 90 年代上半期，EMS 几乎是国内快递业务的唯一经营者。1992 年邓小平南方谈话发表之后，中国的改革开放被注入了强大的动力。中国的珠江三角洲和长江三角洲地区成为中国外向型经济最活跃的地区。在这些地区里，民营经济不断壮大，国内外市场竞争日趋激烈，企业对商务文件、样品、目录等传递的时效性、方便性、安全性产生更高的需求，传统邮政服务已无法满足广大企业日益增长的需要。

在此背景下，中国民营快递应运而生。民营快递业提供企业迫切需要而邮政 EMS 却难以满足的更高要求的服务，在短时间里以超乎寻常的速度发展起来，成为中国快递业重要组成部分。

10.3.1.2 国内快递市场竞争状况

目前，中国快递市场主要业务有三类：国际

① 钱卫. 国内快递行业研究和民营快递公司的竞争策略分析［D］. 复旦大学管理学院，2006.
② 肖洋扬. 快递服务绩效与顾客满意关系研究［D］. 浙江大学，2006.

快递业务市场、国内城际业务市场、国内同城业务市场。由于我国快递市场规模庞大，利润丰厚，已经成为各快递企业争相追逐的竞技场，其中，国内城际快递又是竞争最为激烈的领域，呈现"三足鼎立"的多元化的竞争格局。"三足"是指以下三类竞争主体。

（1）第一类：国际跨国快递公司

目前四大国际快递业巨头 UPS、Fedex、DHL、TNT 已经入驻中国，根据《中国邮政年报》统计，目前四大跨国快递公司在中国国际快递市场份额已经达到 80% 左右。

（2）第二类：具有行政背景的传统快递企业

以 EMS、中外运、中铁快运、中国民航快递等企业为代表，这些企业均有深厚的国有资本和资源作为后盾，特别是中外运还拥有与多家国际著名快递公司的成功合资合作经验，它们在各自领域的实力亦不可小觑。

（3）第三类：民营快递

这类是既没有外资背景，又没有行政背景的快递企业，起步晚，但发展最为迅速和最不平衡。主要的成功民营快递有申通、大田、顺丰等。它们通过合作、联盟来发展全国性的网络。

10.3.1.3　中国快递业面临的问题

时下，中国快递业发展存在的问题有：

①快递企业忙于网络扩张，忽视提升服务水平。很多快递企业，特别是小的民营快递企业，在业务快速扩张期，都忙于网络或服务网点的建设，无暇顾及快递服务水平的提升。

②快递服务从业人员的素质有待提高。由于快递工作辛苦且报酬不高，很难吸引高素质的稳定的员工，加上快递企业对一线员工监督教育不够，以致时有损坏、丢弃顾客快件，将贵重快件物品据为己有等恶性事件发生。

③市场监管不力，进入门槛低。有关政府部门对快递市场的准入和运营监管也不得力，很多不具备运营条件和资本的企业都一窝蜂进入快递市场，导致市场上的快递服务商良莠不齐，其中不乏无证非法经营者。《消费者权益保护法》和消费者协会为消费者维护自身正当权益提供了支持和帮助，但在权衡成本和收益后，很多消费者还是不想与快递服务商做过多"纠缠"。

10.3.2　快递服务设计定性研究

10.3.2.1　服务设计的内涵与要素分析

（1）服务设计的内涵

服务设计就是对提供满足消费者需求的过程的设计。有资料对服务设计的内涵做了定义，指服务设计是企业和设计师将各种投入的资源要素（人力、物料、设备、资金、信息、技术等）变换为产出服务产品的过程，也就是"投入—变换—产出"过程[①]，结果是对提供给消费者的服务做优化设计和创新设计。此外，服务设计有狭义与广义之分，狭义的服务设计是以与消费者接触面为主要的设计对象，广义的服务设计是系统化的整合设计。

（2）服务设计的要素分析

服务的特性决定了服务设计的内涵。完整性的服务设计项目包含隐性要素、显性要素、环境要素和物品要素四个方面。

①隐性要素

服务设计隐性因素关联着消费者满意度，它包括服务的从属、补充特征、服务的非定量性因素。顾客能模糊感到服务带来的精神愉悦或服务非本质特性的利益。

从顾客个体角度来看，服务设计的目的是为满足顾客需要。根据马斯洛需要层次理论，顾客不仅要满足生理需要、安全需要、社交性需要，更要满足尊重审美需要和自我实现需要。越追求高层次需求的顾客对所获需求的满意度的敏感程度越高，从心理学角度来说，顾客的敏感与其年龄、性别、受教育程度、所属群体和社会阶层有关。

对顾客个体因素的关联分析是服务设计隐性服务要素的一部分。隐性服务要素还包括了对顾客满意度的分析、找出顾客潜在的需求，如服务态度引发的消费心理，以及据此做出的外延性设计等。隐性因素是企业服务设计反馈信息的主要来源，它影响消费者满意度，而如何将顾客满意度转化为顾客忠诚度已是企业迫切关注的问题。

②显性要素

服务设计的显性要素是服务的说明手册，包括了服务主体、固有特征、服务的主要内容和基本内容。它是可以用感官察觉到的、构成服务基本或本质特性的利益。

---

① 李彬彬. 设计效果心理评价 [M]. 北京：中国轻工业出版社，2005.

显性服务要素是明确地摆在顾客面前的，它像是企业的说明书，顾客所需要的任何帮助和提出的问题都能在这里找到。显性服务要素的制定除了具体的服务内容之外，还包括服务规范、服务提供规范和质量控制规范三种规范，这是整个设计工作的核心内容。规范的制定能保障服务顺利进行和双方利益。

显性服务是服务设计的核心部分，它展现在顾客面前的所有服务项目都是在分析了消费者心理后，确定首要的和次要的顾客需要，规定核心服务和辅助服务，并且分析服务的可靠性如何、导入市场的时间、运营的环境以及企业的竞争优势。因此，显性服务的推出是在深思熟虑之下做了可行性分析、市场检测实验之后作出的决定，它是企业能否成功的关键。

③ 环境要素

服务设计环境要素是服务的空间载体，提供服务的支持性设施和设备，存在于服务提供地点的物质形态的资源。

在人机工程学理论中，从系统的角度提出了人—机—环境系统的概念。任何人机系统都要处于一定的环境中，人通过对环境的感知，接受环境的刺激，从环境中获取信息，这些信息能影响人的心理活动，给人带来不同的情绪和感受。从系统论的角度看，顾客对于服务消费的情感状态的满意度，不仅体现在产品、服务、思想、理念上，还体现为对系统和体系的满意。系统中任何一个环节都能影响到消费者决策。

环境要素包括了内部环境和外部环境两个部分。一方面，内部环境是企业内部的工作环境，包括管理机制、设计人员与工作人员的工作氛围。外部环境是展现在消费者面前的企业形象以及顾客消费所处的环境设计。另一方面，针对顾客消费而言，内部环境是消费者所接触到的服务场所也包括客服的服务质量设计；而广告宣传带来的消费心理所造成的消费环境可列为服务设计的外部环境。

④物品要素

服务设计的物品要素是消费者服务的对象，包括服务对象要购买、使用、消费的物品和服务对象提供的物品（修理品等）。

消费者享用到的服务需要载体才能顺利地传播，服务中顾客所购买、使用、消费到的商品就是物品因素，根据行业不同，物品因素可以是实体产品，也可以是虚拟信息。现代市场营销理论认为，产品提供给消费者的价值不在于其功能属性，而在于功能属性所创造的顾客与世界关系的主体性上。尽管在目前服务中，物品要素只位居次等，但服务是一整体，每一部分的不足都会影响顾客对服务的满意度，良好的辅助设施能给顾客带来良好的消费环境和消费态度，故物品设计仍然要从消费者出发，将设计做到最好。

10.3.2.2 快递服务设计的要素分析

快递服务设计的四要素的主要组成部分如表10-4所示。

表10-4 快递服务四要素组成表

快递服务设计四要素	组成
快递服务设计的隐性要素	品牌认知、顾客需求满意度
快递服务设计的显性要素	服务项目、服务的主体、服务规范、服务业务的固有特征、价格、付款方式、价格折扣、广告、促销、增值服务、服务保障
快递服务设计的环境要素	企业内部工作环境、外部服务环境
快递服务设计的物品要素	快递设施CI设计、网络主页、电话查询、工作人员形象、工作人员的专业知识、沟通态度、客户意见反馈系统

（1）快递服务设计的隐性要素

品牌认知：快递企业系统性CI设计、广告

顾客需求满意度：客户服务部门

（2）快递服务设计的显性要素

服务保障：建立免费投诉电话、制定赔偿服务制度、组建专门处理投诉小组、建立客户意见反馈系统。

增值服务：服务是围绕顾客对他们应该从提供服务者那里得到的，作为对其所支付的金钱、时间和精力回报的期望而建立起来的。无论是服务还是产品，其核心产品迟早都会随着竞争加剧和市场成熟而变成一种商品，尽管仍然有机会改进核心产品的特征，但是要在一个成熟的行业中寻求竞争优势，通常强调的是与核心产品捆绑在一起的附加服务要素的表现。①

价格折扣：快递业务员工有灵活掌握价格小范围浮动的权利，灵活应对顾客讨价。

（3）快递服务设计的环境要素

外部服务环境：快递企业服务设施一部分构成了没有营业厅的服务环境，企业的品牌形象和完备的设施提供顾客可信赖、安全的服务环境。

内部服务环境：针对员工的内部服务环境是否合理舒适，影响员工的工作态度和工作有效率性。

（4）快递服务设计的物品要素

工作人员：工作人员形象、专业知识和态度。需要对工作人员做专业培训、建立绩效评估指标，激励员工积极性。

10.3.2.3 服务设计质量评价体系

目前，服务质量评价领域中，有关服务绩效和测量维度最有影响力和使用最广的是 PZB 三人组（Parasuraman, Zeithaml&Berry）提出的 SE-RVQUAL 量表。在 1985 年，PZB 依据差距模型，认为影响感知服务绩效和顾客服务感知的维度有可靠性、响应性、能力、可接近性、礼貌、沟通、可信度、安全性、理解、有形性 10 个。1988 年，通过对信用卡、银行、证券交易和产品维修与保护 4 个服务业的考察和研究，PZB 把 10 个维度简化为 22 个项目 5 个维度，分别是可靠性、响应性、保证性、移情性和有形性，最终形成了被广泛使用的 SERVQUAL 量表（表 10 – 5）。SERVQUAL 服务评价完全是建立在顾客感知的基础上，以顾客的主观意识为衡量的重点，首先度量顾客对服务的期望，然后度量顾客对服务的感知，由此计算出两者之间的差异（Disconfirmation），并将其作为判断服务质量水平的依据。

10.3.2.4 快递服务质量评价体系的建立

快递服务质量评价体系是将快递活动分解成各种具体作业，并对每个作业按照服务标准进行分解。将分解后的多个具体指标组成快递服务的指标体系，这个体系是服务质量的具体表现。

对于快递服务的质量评价，很多资料都有详尽的物流服务标准。最常用的物流服务质量管理的评价标准是：客户标准、标杆标准、计划标准和历史标准③。

表 10 – 5   SERVQUAL 量表构成②

5 维度	22 项目
可靠性	1. 公司对顾客所承诺的事都能及时完成
	2. 顾客遇到困难时，能表现出关心与提供协助
	3. 公司是可靠的
	4. 能准时提供顾客所承诺的服务
	5. 正确记录相关的服务
响应性	6. 在任何时候提供服务都会告诉顾客
	7. 顾客能迅速地从员工那里得到服务
	8. 员工总是愿意帮助顾客
	9. 员工能立即提供服务，满足顾客需求
保证性	10. 员工是值得信赖的
	11. 从事交易时，顾客会感到安心
	12. 员工是有礼貌的
	13. 员工可从公司得到适当的支持，以提供更好的服务
移情性	14. 公司能针对不同的顾客，提供不同的服务
	15. 员工会给予顾客个别的关怀
	16. 可以期望员工会了解顾客的需求
	17. 公司把顾客的利益列为优先考虑
	18. 公司所提供的服务时间能符合所有顾客的需求
有形性	19. 有现代化的服务设备
	20. 服务设施具有吸引力
	21. 员工有整节的服装及外表
	22. 公司的设施与他们所提供的服务相配合

（1）客户标准

客户是快递服务最终结果承担者，他们对快递服务的期望需求和满意度是衡量快递服务质量的标准。

（2）标杆标准

参考同行业中的优秀快递企业的服务水平，衡量该企业在市场竞争中的优势和劣势，为企业改进服务质量提供参考依据。

（3）计划标准

制定快递企业所要达到的目标服务水平，将企业当前的服务绩效与目标水平做比较，为企业战略实施过程提供前进方向。

① 沈雁，袁庆达，樊煊锋. 中国城际快递市场份额的 Markov 预测与分析 [J]. 商业研究，2007（02）：89 – 90.

② 宋令翔. 我国物流之快递行业的发展战略研究 [D]. 北京，2005.

③ 杨晓菲，帅斌. 基于顾客需求的物流企业服务质量管理 [J]. 铁路采购与物流，2007（1）：27 – 28.

（4）历史标准

将当前的服务水平同企业历史上的最好水平和同期水平进行纵向比较分析，找出服务水平发生变化的原因，为控制服务质量和改进奠定基础。

不管实行何种快递服务质量的评价标准，都需要明确服务质量评价标准的基本要素。快递服务质量追求的目标是要满足顾客在时间、价格、安全等方面的要求，快递企业只有满足顾客要求，才能在市场竞争中站稳壮大。因此，快递服务质量评价的要素不仅包括了企业方面的基础设施、员工态度，更重要的是顾客的感知。建立快递服务质量的评价体系，必须要遵循 SMART 原则，明确具体的、可衡量的、可接受的、现实可行的和时间性强这 5 项，缺一不可，否则评价指标不能具有可操作性。

建立快递服务质量评价体系的步骤如图 10 - 19 所示。

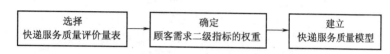

图 10 - 19　快递服务质量评价体系建立的步骤

本项目采用的快递服务质量评价量表参考了 PZB 提出来的 SERVQUAL 方法，它对服务质量的测量从 5 个维度进行：可靠性、响应性、保证性、移情性和有形性。考虑到快递企业自身特点以及本项目研究的顾客需求的要素，从有形性、可靠性、响应性、安全性、信息性 5 个维度划分顾客需求。表 10 - 6 对这 5 维度做了名词定义。

表 10 - 6　快递服务质量评价量表

维度	名词定义
有形性	服务的实物载体，如快递设施设备和快递企业员工队伍形象素质
可靠性	可靠、精确地履行承诺的服务，如准时交货
响应性	准确为顾客提供快捷、有效服务，如及时处理定单
安全性	确保服务过程的安全，如赔偿、货物无破损
信息性	服务沟通顺畅及时，如货物跟踪查询

根据名词定义在每一个维度内再细分顾客对快递服务质量的具体需求，确定二级指标。通过顾客问卷调查获取顾客对每一个二级指标的满意度和期望值，计算出各二级指标（需求）的对顾客到底有多重要。从表 10 - 7 可直接地看出顾客需求的优先级，以及基本顾客需求和附加顾客需求。

表 10 - 7　快递服务质量评价体系——顾客需求确定表

顾客需求		满意度	期望值	重要度	优先级	需求层次	
一级	二级					基本需求	附加需求
可靠性	递送准时						
	取件及时						

10.3.3　快递服务设计顾客需求定量研究
10.3.3.1　快递服务质量评价指标选取

表 10 - 8　22 项快递服务质量评价指标

序号	快递服务质量评价指标	分值	序号	快递服务质量评价指标	分值
R1	服务人员的服务态度	4.5	R2	服务人员的专业知识	2.73
R3	递送准时	4.68	R4	服务的一致性	3.32
R5	服务承诺的保证	4.09	R6	取件准时	4.55
R7	服务安排灵活	4.23	R8	投诉处理及时	4.32
R9	服务操作方便	4.36	R10	包裹包装服务	2.82
R11	收费的及时准确	3.32	R12	加急送货	3.18
R13	退货处理及时	3.77	R14	定单处理及时	3.77
R15	个性化的服务	2.86	R16	货物的安全	4.95
R17	货物验收	2.86	R18	实时信息查询	4.14
R19	发货跟踪	3.82	R20	服务网络广泛	3.86
R21	市内配送	3.09	R22	商品动态信息	3.13

在快递服务质量评价量表的指导下，整理出尽可能广泛的快递服务质量评价二级指标，共 22 个常见服务问题（表 10 - 8）。随机抽取 40 位快递服务顾客，让这些顾客对所选出来的快递服务质量指标进行重要性的 5 分制评判。调查采用网络调查法和面对面问卷法，40 份调查样本中 20 份问卷由网络发放，调查对象为淘宝网和易趣网的注册用户，他们对于快递服务的使用频率很高，另外 20 份问卷在市场上发放。通过对服务质量指标的重要性排序，如图 10 - 20 所示，选取了前十名服务指标，如表 10 - 9 所示。

表 10 –9　顾客需求——快递服务质量评价指标的前十名列表

顾客评价排名	快递服务质量评价指标	一级维度	需求层次
1	货物安全（R16）	安全性	基本需求
2	递送准时（R3）	可靠性	基本需求
3	取件准时（R6）	可靠性	基本需求
4	工作人员服务态度（R1）	有形性	基本需求
5	服务操作方便（R9）	有形性	附加需求
6	投诉处理及时（R8）	安全性	基本需求
7	服务安排灵活（R7）	响应性	附加需求
8	实时信息查询（R18）	信息性	附加需求
9	服务承诺的保证（R5）	可靠性	基本需求
10	服务网络广泛（R20）	有形性	基本需求

（续表，右上第二列续）

从图 10 –20 中可看出，顾客除了对快递企业的安全、快捷以及快递服务企业的工作人员的态度的基本特性有要求外，对取送快件的时间、服务的灵活性、信息反馈以及投诉处理的期望也很高。针对以上顾客对服务质量的评价重要性排名，从顾客所关心的安全、准时、信息、服务态度、响应这几个方面来设计服务绩效的顾客满意度调查问卷。

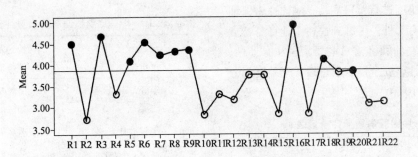

图 10 –20　快递服务质量评价二级指标重要性线表

10.3.3.2　快递服务设计顾客需求研究定量问卷设计及发放

（1）问卷设计

根据重要性服务质量评价指标，结合服务设计的四要素来设计定量研究的问卷。问卷共分为五部分：第一部分是个人的使用信息；第二部分是以显性服务设计做考量，从服务的有形性、响应性、安全性、可靠性、信息性来调查服务接触设计，评价快递服务绩效；具体包括了服务业务处理、顾客投诉、顾客沟通等 15 道问题；第三部分是从隐性服务设计的角度调查关于顾客评价问题，包括了顾客满意度和顾客忠诚度，快递品牌形象的调查，共设置了 6 道问题；第四部分是顾客的期望度调查，将第二部分的问题让顾客选择新的参考快递企业重新打分，以此可清晰地分析出各顾客需求的重要度；第五部分为问卷填写人的个人资料。问卷题目均采用了封闭式作答的方法，采用 5 级 Likert 量表，以求较精确地测量。

（2）问卷发放

本次调研网络调查发放 60 份，回收 60 份，其中无效问卷 5 份；现场发放 40 份，回收 40 份，无效问卷 1 份。整个调查历时近一个月，去除无效问卷 6 份，合计有效问卷 94 份。在 94 个调查对象中，女性被访者占据大多数，年龄处于 20 ~ 29 岁之间的被访者最多，处于长江三角洲地区的调查对象所占比例最多。

10.3.3.3　快递服务设计顾客需求定量研究数据分析

为了更好地分析顾客对每项服务的评价，首先将问卷二的问题子选项做简单的梳理（表10 – 10），弄清问题研究的目的。

表 10-10   问卷子项与变量名的对应

序号	问卷子选项		测量变量	
2.1	该快递企业价格非常合理	价格合理	S21	E21
2.2	该快递企业递送迅速及时	递送及时	S22	E22
2.3	该快递企业处理定单快速及时	定单处理及时	S23	E23
2.4	快递企业处理定单，给您的信息反馈及时	信息反馈	S24	E24
2.5	该快递企业递送快件时间确定	递送准时	S25	E25
2.6	该快递企业递送安全，未遇到快件损伤、丢失、调包等	货物安全	S26	E26
2.7	该快递企业提供优秀的上门取件和送件上门服务	门到门服务	S27	E27
2.8	该快递企业服务人员态度礼貌热情	服务态度	S28	E28
2.9	该快递企业服务人员易于沟通	沟通性	S29	E29
2.10	该快递企业服务人员讲究信用，让人放心	信任度	S210	E210
2.11	您接受快递服务时，付出的时间和精力很少	操作方便	S211	E211
2.12	您向快递企业的总部有过多次投诉	投诉	S212	E212
2.13	该快递企业能及时的处理好您的投诉	投诉处理	S213	E213
2.14	该快递企业能很好的处理您临时要求	服务灵活	S214	E214
2.15	您对该企业的业务项目很满足	服务项目	S215	E215
3.1	您对该快递企业的服务总体非常满意	总体满意度	S31	
3.2	您仍会继续与该快递企业合作	重复购买	S32	
3.3	若其他作出价格下调，您一定会改用其他快递商	忠诚购买	S33	
3.4	您愿意向亲朋好友推荐该快递企业的服务	向人推荐	S34	
3.5	您认为该快递企业品牌形象很好	品牌形象	S35	
3.6	您认为该快递有区别于其他快递的独特之处	品牌特征	S36	

（注：S＊＊为满意度测量变量，E＊＊为期望度测量变量）。

顾客在实际的消费行为及消费的评价中，存在双重标准，一种是理想标准，达到或超过这个标准能给顾客带来喜悦和满足；一种是可接受标准，一旦低于这个标准，顾客会产生极大的不满。Parasuraman 等把理想标准与可接受标准两者的差称为接受区间（zone of tolerance）[①]。接受区间的大小反映了消费者对服务要素的重视程度，顾客越重视，服务要素越重要，可接受区间就越小。通过让被访者对最满意的一次快递经历做快递服务评价，来考量顾客对快递服务指标的期望度（表 10-11）。

表 10-11   期望度变量均值表

	E21	E22	E23	E24	E25	E26	E27	E28	E29	E210	E211	E212	E214	E215
Mean	3.34	4.26	4.26	3.98	4.12	5.00	5.00	4.06	4.06	3.96	4.33	1.00	3.44	4.06
Std. Deviation	0.767	0.722	0.722	1.055	0.746	0.00	0.00	0.767	0.767	0.832	0.953	0.00	1.021	1.113

---

① James A. Fitzsimmons and Mona J. Fitzsimmons, ServiceManagement: Operations, Strategy and Information Technology，北京：机械工业出版社，1998.

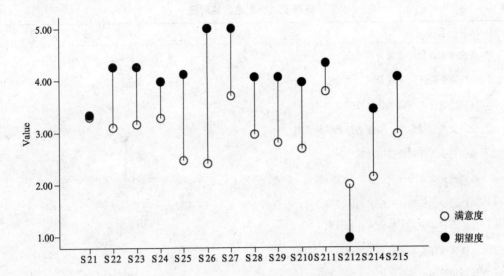

图 10 –21　满意度与期望度的差值线图

根据统计出的顾客满意度和期望度的均值，直观的差异如图 10 – 21 所示，"货物安全（S26）"与"递送准时（S25）"顾客满意与顾客期望值相差最大，"价格因素（S21）"受客观市场的影响几乎没有什么变化。为了更精确地得出各服务指标的重要性，利用价值公式 iv =（e – s）× e 计算出各项顾客需求变量的重要性值，如下表 10 – 12 所示。

表 10 – 12　　　　　　　　　　顾客需求变量重要性分布

序号	s	e		iv =（e – s）* e
1	2.6	2.40	5.00	Iv26	13.00
2	2.5	2.46	4.12	Iv25	6.84
3	2.7	3.70	5.00	Iv27	6.50
4	2.9	2.80	4.06	Iv29	5.12
5	2.10	2.68	3.96	Iv210	5.07
6	2.2	3.10	4.26	Iv22	4.94
7	2.3	3.16	4.26	Iv23	4.69
8	2.14	2.13	3.44	Iv214	4.51
9	2.15	2.96	4.06	Iv215	4.47
10	2.8	2.96	4.06	Iv28	4.47
11	2.4	3.28	3.98	Iv24	2.79
12	2.11	3.78	4.33	Iv211	2.38
13	2.12	1.99	1.00	Iv212	– 0.99
14	2.1	3.30	3.34	Iv21	0.13

图示：顾客需求变量的重要性排序图

从表 10 – 12 可看出重要性排名前十位的顾客需求变量依次为：2.6 货物安全，2.5 递送准时，2.7 门到门服务，2.9 沟通性，2.10 信任度，2.2 递送及时，2.3 定单处理及时，2.14 服务灵活，2.15 服务项目，2.8 服务态度。

根据以上对顾客需求质量的期望度、满意度、重要度的数据分析，可建立四象限图。

图 10 – 22 中，满意度 – 重要度与满意度 – 期望度的分布相一致，说明三者具有相关性。

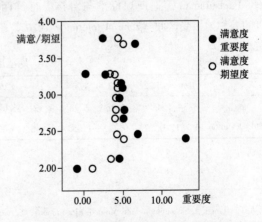

图 10 – 22　满意度—重要度—期望度散点图

图 10-24 四象限点图中顾客需求的重要度是加权之后的,因此,相较于顾客需求的满意度可用问卷评分的 3 分来评价,这里的重要度则是根据加权后的数值的平均数来衡量。从图 10-23 看出:

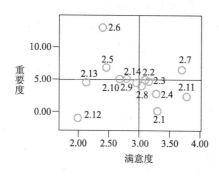

图 10-23 满意度—重要度四象限点图

① 高满意度高重要性的顾客需求变量

项 2.7—门到门服务,2.3—定单处理及时,2.2—递送及时。

这部分顾客需求要重点维护,保持服务功能的持久性。三种顾客需求变量均为快递服务基本要求,门到门服务是目前快递业务中竞争最激烈的一种,提供门到门服务也开始成为人们认为的快递理所当然应该具备的业务,这类业务对企业服务人员的要求不高,属于企业业务范围。定单处理及时是顾客需求满意度评价中排名第 5,具有不错的顾客认可性,这与电子商务的发展有关,信息化反馈使顾客误认为及时反馈的信息即是实际操作运行信息,因此,期望点造成“递送准时”满意度很低。递送及时同样是与定单处理及时传达相同的信息,当顾客感知到快递企业所承诺的服务与期望相差较远,将会加深对服务的不满态度。

②低满意度高重要值的顾客需求变量

项 2.6—货物安全,2.5—递送准时,2.14—服务灵活,2.10—信任性,2.9—沟通性。

“低满意高重要度”顾客需求是需要企业迫切做改进,具有可发展性,对这部分顾客需求的改进能很快提升顾客对企业的信任度和满意度。货物安全、递送准时和服务灵活是快递服务的业务范围,需要对企业的具体项目做改进。信任性和沟通性是服务工作人员在和顾客接触时传达给顾客的感受,对这部分改进没有硬性指标的控制,具有可变化和不确定性。对信任和沟通的高要求说明顾客对服务态度和可靠性的重要态度。

③低满意度低重要值的顾客需求变量

项 2.12—投诉

低满意度低重要值的顾客需求是要被放弃的服务,2.12 项是向快递企业投诉的次数。说明顾客并不愿主动向企业做投诉,顾客对企业的忠诚度不高。

④高满意度低重要值的顾客需求变量

由于问卷中对顾客需求变量是经过精简的,因此对没有出现低重要高满意的顾客需求也在意料之中。特别要注明的是,大量的顾客需求变量集中在中等满意、中等重要度上,这部分顾客需求较难把握,是考虑是否应该重点提升的服务项目。

10.3.4 快递服务设计 QFD 质量屋建立

10.3.4.1 快递服务质量评价体系的建立

根据快递服务业务的实际操作流程,提取出快递服务属性:价格、业务、付款、员工、设施、环境、投诉、服务保障、增值服务。这里对服务属性的筛选通过专业人士、企业人员的测评,反复甄选,使确定的服务属性有实践适用意义。

表 10-13 快递服务质量评价体系

顾客需求		满意度	期望值	重要度	优先级	需求层次	
一级	二级					基本需求	附加需求
可靠性	递送准时	2.46	4.12	2	二	●	
	信任度	2.68	3.96	5	四		●
	递送及时	3.10	4.26	6	七	●	
安全性	货物安全	2.40	5.00	1	一	●	
有形性	服务态度	2.96	4.06	10	六	●	
	服务项目	2.96	4.06	9	六	●	
	门到门服务	3.70	5.00	3	九	●	
响应性	定单处理及时	3.16	4.26	7	八	●	
	服务灵活	2.13	3.44	3	三		●
信息性	沟通性	2.80	4.06	4	五		●

通过问卷调查以及对快递服务受众的访谈,了解所评价快递企业的特性和顾客需求,建立快递质量评价体系(表 10-13),从表中可以看出货物的安全和递送准时是最为重要的顾客需求,也是优先考虑的服务质量。顾客对于基本需求的期望度很高,但满意度较低,说明快递企业在现有业务的实施不能让顾客满意。

10.3.4.2 顾客需求转化为服务属性功能的 QFD 质量屋建立

为提高顾客对快递服务的满意度,我们按照快递服务质量评价标尺的 5 要素将顾客需求划分，对顾客需求的功能进行评价，确定其基本功能和附加功能。用划分出的顾客需求画出 QFD 矩阵，帮助快递企业将顾客需求转化为快递企业的实施成本，在允许的成本和性能要求下，分析每项顾客需求实施的可行性。将快递服务功能的每项特性与顾客需求联系起来，明确顾客最为感兴趣的特性，解决顾客需求的技术实施问题。

从图 10-24 来看，付款方式在与顾客需求的关联性上很差，只与服务灵活性有着弱关联，

因此，可忽略掉付款方式对顾客需求的影响。同样，环境也因为只与顾客信任有着一般的关联而可不需花费太多的投资在里面。与价格相关联的顾客需求集中在企业的服务业务上，服务业务在顾客需求优先级的排序上位于第 6 和第 9 位，而价格的控制与企业的实力和市场环境有关，可变化的空间不大。在矩阵中，员工、设施以及服务保障三个服务属性与顾客需求的关联性最大，是企业要集中财力物力提高服务质量的着手点。

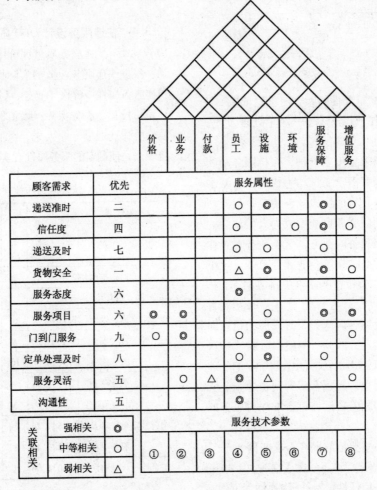

图 10-24　QFD 质量屋

"服务技术参数"是指服务的质量性能参数，通常用可测量的客观标准来衡量，也就是定量描述，图 10-25 中，"①、②……⑧"分别对应的是"价格、业务……增值服务"等的技术参数，根据上文对顾客需求与服务属性的相关联的分析，这里只针对员工、设施、服务保障与增值服务做服务技术参数定量描述。

（1）"④"员工技术参数

从质量屋中可看出，员工与服务态度、服务灵活、沟通性具有强关联相关性，与服务的可靠

性、安全性、响应性都有关联。因此，员工的专业水平和服务态度直接影响顾客对快递企业服务质量和企业形象的评价。对员工的培训和激励是快递企业最有效的提升公司形象的途径。科特勒指出："内部营销是指成功地雇佣、训练和尽可能激励员工很好地为顾客服务的工作。"提升员工的方法有以下几种。

①升职、培训和报酬

快递企业可以在内部设立招聘，任何低职位的员工都有平等的应聘机会，为员工创造可升职

的空间可激励员工自我发展。为员工定期做培训，包括企业业务专业能力，也包括对顾客的服务、市场营销等课程，培养员工的能力。报酬方面可设定工资、分红、业务提成、奖金等，让员工除了工资之外能有奖励提成收入。

②绩效评估制度

为每个部门和个人制定责任指标，能否完成责任指标是评价部门和个人的重要依据，能完成或超过责任指标会得到奖励，并且作为员工今后升职的重要依据，如果部门员工长期不能完成工作责任指标，这些员工会面临被解雇的危机。除了责任指标外，评估员工还有一个重要指标，即人际关系和沟通协助能力。此外，企业还可以设立一些奖项来激发员工的工作积极性。

（2）"⑤"设施技术参数

快递企业的设施条件影响着顾客需求的可靠性、安全性、响应性、信息性，设施的完备与否与企业的实力有关。

①能提供及时、准确的货物跟踪与查询服务

淘宝网是国内最大的网络零售商圈，顾客可以通过网络随时跟踪货物配送情况。

②有可利用的完善的运输网络和可靠的运输工具

目前，当当网、京东商城、卓越网等网络销售企业都有各自独有的运输配送网络，保证让顾客在最短的时间内拿到所购买的物品。

③具备快速的货物通关能力

UPS从80年代末期起就投资数亿美元建立起"报关代理自动化系统"。为顾客提供报关代理服务，使清关手续在货物到达海关之前就已办完。

④与顾客建立良好的互动与信息沟通模式

（3）"⑦"服务保障技术参数

服务保障与顾客要求的递送准时、安全性、服务项目都有强相关，良好的服务保障能使顾客产生很强的信赖感。实现服务保障的技术参数有如下几种。

①制定保险服务规章

假如快递企业不能在限定时间内将顾客的快件送到指定地点，顾客可要求执行保险赔偿。快递企业按照规章内的赔偿额补偿顾客损失。

②设立客户投诉部门

对企业所有投诉事件都有专人、专部门处理，力求以最快的速度、最好的服务为顾客提供满意的回复，减轻顾客的不满。

（4）"⑧"增值服务技术参数

从图10-25中可看出，增值服务与快递服务的项目、可靠性、安全性和响应性有着一般性的关联，增值的服务体现了快递企业为顾客的考虑，好的增值服务对提升顾客的满意度和品牌形象有着重要的作用。

目前，快递公司普遍使用一种增值服务业务，叫做"二维码回执业务"。"二维码"储存的信息有发件人、发件时间、快递编号。服务流程如下：发件人申请办理快递业务成功后，系统向收件人发送一条二维码彩信，此二维码是收件人签收回执的凭证；在快递没有到达收件人之前，发件人和收件人都可以利用电脑或手机接入快递公司的快递系统查询途中快递的基本信息和状态信息；收件人收到快递时，收件人要向快递人员出示二维码彩信，快递人员利用手持设备将其识读出信息内容，经核实准确无误后完成签收工作；并立即用手持设备向快递公司发送签收成功的信息，系统随即自动向发件人发送快递签收确认的通知短信。为收件人和发件人提供更加贴心的服务，提高顾客满意度。

10.3.4.3 服务属性功能转化技术要求的QFD质量屋建立后续发展

企业根据自身的情况对服务属性排列优先级，将服务属性对应的服务技术参数做量化，在量化了服务属性的技术参数之后，建立QFD矩阵（图10-26），完成服务属性功能转化为服务技术参数的过程，此时，矩阵图10-25中地下室"一、二……"对应的是快递企业实现服务技术参数的能力。QFD质量屋是在不断的量化、修改参数的动态过程中建立的，将顾客需求转化为企业可实现的技术能力的系统化的过程。

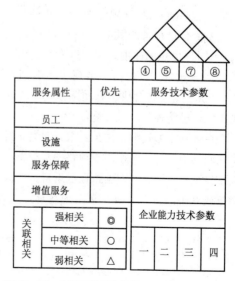

图10-25　服务属性转为服务技术参数的QFD矩阵

本课题的创新点主要体现在：以服务设计显性和隐形要素为基础，对快递服务设计要素进行深入细致的解析；运用服务设计质量的相关研究理论提出快递服务设计质量的评估体系；以质量展开 QFD 模型为蓝本，运用实证研究的方法对顾客需求进行研究，并针对快递服务设计提出改进后的 QFD 质量屋。

因受研究资金所限，本课题研究者在进行顾客实证研究时只能采用小样本来调研，如能适当扩大样本量，提高在实证研究中因样本量有限而造成的误差，本研究结论将更具科学性。

10.4 群体文化学与都市"拼客"拼车服务设计研究

本课题关注"拼客"现象的兴起和发展，以群体文化学思想引导用户研究方法，研究拼客群体及其相关社会文化现象。创新建立基于群体文化学的适用于拼客的 Web 服务设计方法模型。通过观察、调查问卷、深度访谈等实地调研，归纳出都市拼客服务设计要素，并着重以"拼车"服务为例展现调研成果。最终设计出基于移动互联网的都市年轻"拼客"的拼车服务提案。

10.4.1 都市"拼客"拼车服务设计研究背景
10.4.1.1 、"拼客"的含义与兴起

"拼客"是近年出现的新群体，意为集中在一起拼凑活动、实行 AA 制消费的人群。大家从中既能分摊成本、共享优惠，又能扩大交际面、共享欢乐。"拼客"是地道的本土化词汇，他们联合在一起做事，有共同的理念和目标，在务实、平等的基础上和谐相处，同时尊重各自的个性[1]。这种不同背景的共处正是中国传统文化"和而不同"思想的体现。拼客逐渐变成引领潮流的生活方式之一，近两年出现"拼客消费"、"拼客经济"等，包含拼客在实际活动中表现的心理现象、经济现象，引发学者关注。

在拼客众多形式中，拼车需求较明显。拼车是指在起始地、目的地相同或顺路的情况下，几个人结伴乘坐一辆车，根据路程远近自行协商分摊乘车或驾车的费用。拼车常出现在日常上班、外出旅游、节日返乡、差旅等，所拼车辆可以是私家车或是出租车。

10.4.1.2 群体文化学的概念原型和基本方法

群体文化学（Ethnography）指一个民族、社会或群体的描绘像，这种描绘方法能解释民族、社会或群体的文化、信仰、某些行为和生活形态，有学者称其为民族志、人种志。起初这种实地调查法被用以研究诸如不同肤色人种、工人阶级生活、弱势贫困人群、不道德现象、犯罪心理、语言学、教育扶持等各种社会问题，现在被更宽泛地应用于具有共同文化背景的小群体。大卫费特曼说："民族志不是闲暇一日的丛林漫游，而是在社会交往的复杂世界的探索之旅。"[2] 可见群体文化学方法具有耗时长、情境化、动态灵活、探索性强等特点。常见的基本方法有参与观察、深访、辅以问卷、图片日志、投射技术等，其中参与观察与深访是群体文学化方法的核心。

如今群体文化学研究范畴经过不断细分，已微观至研究小众群体。群体文化学方法不是孤立单薄的体系，它与许多学科交叉互补，形成了诸如设计人类学（Design Ethnography）、快速人类学（Rapid Ethnography）[3] 等以适用于设计领域的文化人群研究。设计人类学（Design Ethnography）是指利用群体文化学方法，通过对目标市场中具有代表性的消费群体隐性知识的研究，观察消费群体面对技术、交互和使用时的情绪和态度，有助于设计师预测消费群体对产品功能、形态、材料、色彩、使用方式等方面的喜好[4]。而快速人类学（Rapid Ethnography）则是针对群体文化学消耗时间长的缺点，为更好地适应信息快速更替的时代，在一定程度上结合实验干预的方法，对观察和访问加以宏观控制，有计划地快速获取所需要的知识的快速方法。群体文化学方法灵活多样，可依赖的研究工具也很多，如网络、虚拟社区、录像录音设备、相机、电脑、手机、PDA、图片和卡片、纸笔等。方法创新的优势为拼客群体调研和服务设计拓宽了思路。

10.4.1.3 群体文化学方法的服务设计模型建立
（1）情境化是群体文化学方法的特色

注重情境是群体文化学方法的特色，以此区

---

① 孙琴. "拼"族新词的文化解构 [J]. 现代语文（语言研究版），2008（3）：108 – 109.
② [美] David M. Fetterman. 民族志：步步深入 [M]. 龚建华译. 重庆：重庆大学出版社，2007.
③ 李一舟. 基于 UCD 的农村手机用户研究和设计 [D]. 湖南大学设计艺术学院，2009.
④ 罗仕鉴，朱上上. 用户体验与产品创新设计 [M]. 北京：机械工业出版社，2010.

别传统定性、定量研究。传统定性研究假设人们的行为之间有必然关系，假设人们对自己的动机和需求都能够解释清楚，通过观察、心理学实验来考察研究对象的认知、偏好、态度，是建立在现象后做实证主义的思想。虽然传统定性研究也设法强调"自然发生"的行为，比如使用投射实验，但"自然发生"与群体文化学的"情境化"有所不同。传统定性研究主要依靠研究者积累的经验、敏锐的认知以及有关技术的配合，大部分精力集中在如何用心理学手法和实验了解对象本身，了解某些行为发生的过程和动机，但并不强调把研究对象费劲地置于真实场景中。而群体文化学不仅强调无干扰"自然发生"的行为，并且要深入生活的真实情境。除了调查研究对象本身的行为活动，还要研究对象与周围环境、人、事物之间的相互影响。群体文化学方法可以帮助研究者客观地、全面理解研究对象深层次的需求①。

定量研究与群体文化学方法的情境化区别更大，两种方法哲学体系不同。定量研究把对象视为独立于研究者之外的客观存在物，为了对研究对象宏观把握得出统计结果而进行；群体文化学本质属于主观的质性研究，主张研究者深入实地与对象交往，融入研究过程成为研究的组成部分。这种研究的主观性更强，一般为了对研究对象有探索性、诊断性和预测性等属性认识而进行。

"拼客"服务开发的模糊前期，最重要的是实地深入典型人群的生活情境进行探索、诊断和预测，而不是获得宏观的统计数据和一般信息。再者，不具规模的小样本统计数据价值也不一定具有代表性，定量研究的客观性和真实性优势将削减。所以选择运用群体文化学法为了适应"拼客"群体小、分布散的特点，比传统定性、定量研究更自然地深入小群体的生活情境。

（2）文化是群体文化学的重要理论

文化是群体文化学中运用最广的概念，也是研究的核心目标。文化是人类群体创造并共同享有的物质实体、价值观念、意义体系和行为方式，是人类群体的整个生活状态②。分三个层面理解：

①地域文化是人类群体创造并共同享有。人类群体对物质实体、制度规范、价值观念产生了学习、认同、遵守和延续等共识，逐渐形成属于这个群体的特有文化。文化共享部分往往是统合或分裂群体的价值观，人类要想在某个群体生存发展，就必须要学习、认同、遵守和延续群体文化。

②文化是多层次的。其内隐部分为价值观和意义系统，比如某个群体的荣辱观、审美法则、思维方式等；外显形态为物质实体和行为方式，比如人们喜欢使用的产品、生活习惯、说话方式、某种仪式等。而设计知识的挖掘来源于各层面的文化，隐性知识（Tacit knowledge）和显性知识（Explicit knowledge）分别对应了文化的内隐和外显。

③文化影响群体生活方式。文化的存在取决于人类创造、使用符号的能力③，在群体中具有传播性。文化在不断被习得、使用、传播的过程中，逐渐加深对群体价值观的影响，行成内隐共识。而外显文化是内隐的表象，所以群体外显的生活方式和活动过程也有所变动。可见群体文化学在阐释文化同时，也在研究群体的生活方式。

时至今日，传统意义上的大众市场已然渐次消失，取而代之的是"区域文化"、"小众市场"、"文化亚群"的观点。理解文化的概念，有助于群体文化学者们发现外显文化共享，从表象入手上升至隐性文化的归纳，最终发现群体的生活方式规律；有助于设计师观测用户时挖掘产品的隐性设计知识。

（3）群体文化学方法的服务设计模型建立

明确了群体文化学思想特征后，拼客服务设计调研必须是情境化的、解读文化的。通过研究日本富士通 Web 服务设计流程，结合群体文化学的用户调研思想，配合 POEMS④ 框架和 SCAT⑤ 手法等资料分析工具，建立基于群体文化学思想的适用于拼客服务设计的方法模型（图 10 – 26）。

① 王思斌. 社会学教程（第二版）［M］. 北京：北京大学出版社，2009.

② 胡飞. 基于群体文化学的产品语意设计程序与方法［A］. 2004 年工业设计国际会议论文集［C］，2004.

③ 卢杰. 基于群体文化学的产品开发模糊前期研究［D］. 上海交通大学媒体与艺术设计学院，2007.

④ WHITNEY P, KUMAR V. Faster, cheaper, deeper user research［J］. Design Management Journal, 2003（spring）：50 – 57.

⑤ 大谷 尚. 4ステップコーディングによる質的データ分析手法SCATの提案——着手しやすく小規模データにも適用可能な理論化の手続き［J］. 名古屋大学大学院教育発達科学研究科紀要，2008，54（2）：27 – 44.

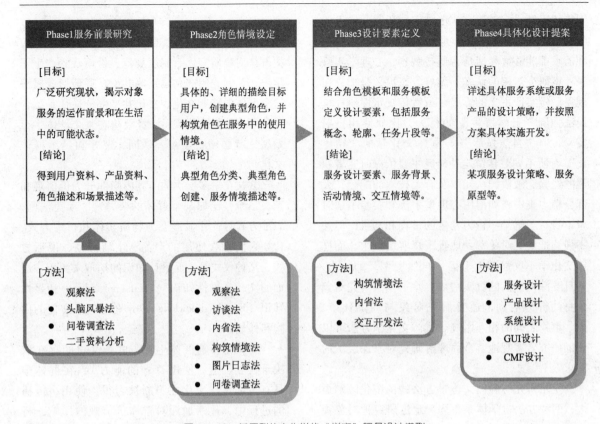

图 10 - 26　基于群体文化学的"拼客"服务设计模型

注：POEMS 框架是美国伊利诺理工大学 Vi-jay Kumar 和 Patrick Whitney 教授提出的收集和分类用户材料的框架，它能帮助调研者用五个类别的词组清单将大量的用户反映（如观察视频）加以标签分类：People（人物）、Objects（物品）、Environments（环境）、Messages（信息）和 Services（相关服务）；SCAT（Steps for Coding and Theorization）是日本名古屋大学大谷尚教授通过多次实际项目的有效检验，总结出适合小规模质性材料分析的工具。

10.4.2　都市"拼车"服务设计实证研究

基于设计模型的都市"拼车"服务设计实证研究分为两大部分，一是对都市"拼客"人群属性、价值观、网络终端使用习惯、对"拼"的需求、态度及体验的调研；二是以"拼车"为例，对"拼车"的现状、用户需求、使用情境、态度评价、设计建议等的调研。旨在从整个"拼客"群体为基本人群，寻找"拼车"这一典型人群，为后期研究如何为"拼车"用户设计有效的服务奠定基础。

10.4.2.1　拼客服务的前景研究

（1）前景研究的目标与调研方法

前期调研目的是通过宏观搜集目标人群属性、价值观、使用网络终端和享有的网络服务、对"拼"的需求、态度和切身经历等资料，讨论"拼客"服务是否有存在的必要，服务的运行前景和在生活中的可能态，并大胆提出发展假设。然后缩小研究范围，锁定具体"拼"的服务，为下一阶段典型角色与服务情境设定筛选合适的访谈者。

问卷根据 POEMS 框架，从人、物品、环境、信息、服务五个角度发散出题；采用网络调查形式，以年轻人为重点调研对象，在问卷中加入有趣的设计元素，增加问卷的趣味性和互动性；选用 QQ 作为重要回访联络方式，降低被访者的心理预防门槛；问卷设计在版面设计、问卷布局和文案表述等方面，力求清新时尚、符合年轻人的审美观和认知；通过反复推敲和预测试来提高问卷的信度和效度。

（2）问卷调查实施与统计分析

本次网络问卷投放时间约一个月，投放至专门的拼客网站、虚拟社区、QQ 好友等，还特别得到上海拼客网和无锡拼客网拼友的支持。根据问卷网站统计软件记载，一个月内共有 252 人访问该链接，参与并提交答卷者 118 人。通过答题时间、完成率、答案质量筛选，其中 3 份被视为无效问卷。这样有效问卷共 115 份，问卷的回收率为 45.63%。

回填人群中女性占 55.4%，男性占 44.6%，男女比例抽样较均衡；集中在 18～28 岁之间，88.4% 的人学历在本科水平以上，91.1% 的人生活在大中型城市。此次调查反映的是有一定学历背景、生活在信息化高度发展的城市年轻人数据。

其中，被访人群中只有 13% 的人有私家车（图 10－27）。反映此年龄段都市年轻人消费实力并不雄厚，私家车不是这个年龄段的特征物品。但是信息化的电子产品却很能代表都市一族，这些年轻人中几乎人人拥有手机。此外年轻人最常拥有的是数码相机、移动存储、MP3/MP4、笔记本电脑等便携式移动产品，每种产品的拥有人数均在 70% 以上。

图 10－27 "拼客"私家车拥有情况统计图

都市年轻群体的消费心态分析如表 10－14 所示，分数越高表示和您的消费心理越相符。

表 10－14 符合参与者消费心态的描述打分统计

六种消费心态	统计结果
（1）会忠于某个品牌而重复购买，习惯某个商品	总分：739；平均值为：6.4
（2）购买时靠自己判别衡量商品，不愿意外人介入	总分：617；平均值为：5.4
（3）消费时多从经济角度考虑，对商品的价格比较敏感	总分：778；平均值为：6.8
（4）购买时不愿多考虑，迅速冲动地买下	总分：412；平均值为：3.6
（5）购买时容易受心情的影响，也容易受宣传推销的诱导	总分：446；平均值为：3.9
（6）消费时比较纠结谨慎，不买冒险的东西	总分：637；平均值为：5.5

市场营销学中将消费者按"购买态度与要求"不同，分成"习惯型"、"理智型"、"经济型"、"冲动型"、"情感性"、"疑虑型"六大类[①]。在此基础上设置出六种不同的消费心态供答题者打认同分，经过滑动条打分和结果统计，这些心态按持有率从高到低排列为：经济的＞习惯的＞疑虑的＞理智的＞情感的＞冲动。从这个排名可以看出，当代都市年轻人消费心理由理智因素主导，注重节约和比较，并不倾向浮躁冲动奢侈的消费。

（3）都市年轻群体关于"拼客"的分析

①日常生活中，您会有下列"拼"的需求吗

表 10－15 日常生活中"拼"需求的平均分与频数

选项	需求度总分	需求度均分	"有时会有"频数	"经常会有"频数
拼吃	321	2.79	35	13
拼旅游	358	3.11	56	10
拼车	377	3.28	51	18
拼购	391	3.40	58	17
拼书	278	2.42	29	4
拼房	278	2.42	27	9
拼卡	305	2.65	39	7
拼婚	201	1.75	10	2
拼学	304	2.64	35	8
拼养	222	1.93	17	1

假设一次都没有尝试拼客的人，生活中也会有"拼"需求。为验证此结论，本题通过态度量表考察都市年轻人在平时日常生活中的"拼"需求和"拼"意识，通过经计算每种"拼"选项的需求总分值和平均分值（表 10－15）。其中"拼购"、"拼车"、"拼游"三项的需求均分在 3 分以上（已将"不清楚"定义为 3 分），说明都市年轻人在生活明确表示有三方面"拼"的需求，并且他们也意识到这一点。

②您愿意选择谁作为拼客伙伴

表 10－16 谁是"拼客"最理想的伙伴

选项	愿意度总分	愿意度均分
家人、亲戚	435	3.92
朋友、同学、同事	479	4.23
熟人介绍来的人	355	3.20
邻居、同社区的人	348	3.11
网友	280	2.52
有同样需求的陌生人	287	2.59

---

① 王方华. 市场营销学（第二版）[M]. 北京：复旦大学出版社，2004.

如表 10－16 所示，大家认为拼客最理想的伙伴是"朋友、同学、同事"4.23 分（"愿意"定义为 4 分），可能因为朋友、同学、同事多半是同龄人或有共同的兴趣爱好、消费目标等更能理解、参与到拼客活动中。其次理想的拼客伙伴是"家人、亲戚"、"熟人介绍来的人"和"邻居、同社区的人"。值得关注的是"网友"和"有同样需求的陌生人"得分并不高，因为如果要促成与网友或者陌生人之间的拼客活动，必须提供给参与者足够的安全感和交流熟识的机会，减少拼友们对陌生人的抵触情绪，能更大范围地选择拼客伙伴，达到建立陌生人之间拼客服务的目的。

③说起"拼客"的好处，你赞同下列说法吗，说起"拼客"，什么原因让你担心

表 10－17 参与者对拼客优点的评价统计

拼客的优点	不赞同	比较赞同	非常赞同
打折、省钱	5 (4.3%)	51 (44.3%)	59 (51.3%)
结识志同道合的新朋友	18 (15.7%)	77 (67%)	20 (17.4%)
追逐潮流新鲜的生活方式	34 (29.6%)	61 (53%)	20 (17.4%)
资源共享、环保节约	5 (4.3%)	57 (49.6%)	53 (46.1%)
花小成本尝试不同的新事物	5 (4.3%)	65 (56.5%)	45 (39.1%)
花小成本享有更高级的产品或服务	13 (11.3%)	62 (53.9%)	40 (34.8%)
为生活带来方便和帮助	7 (6.1%)	58 (50.4%)	50 (43.5%)
整个过程充满乐趣，很有意思很好玩	21 (18.3%)	57 (49.6%)	37 (32.2%)
引起他人或社会的关注	79 (68.7%)	29 (25.2%)	7 (6.1%)

表 10－17 可见都市年轻人认为"拼客"最有说服力的三项好处是"打折，省钱"，"资源共享、环保节约"和"为生活带来方便和帮助"。可以将这三点定义为拼客服务的首要基本特征和拓展亮点。其次他们认为拼客的好处是"花小成本尝试不同的新事物"、"花小成本享有更高级的产品或服务"、"整个过程充满乐趣，很有意思很好玩"、"结识志同道合的新朋友"、"追逐潮流新鲜的生活方式"，这几点是吸引用户参与的次层特征和产品附加值。

表 10－18 参与者对拼客隐患的评价统计

拼客的隐患	不担心	比较担心	非常担心
能否找到最合适的拼客伙伴	20 (17.4%)	75 (65.2%)	20 (17.4%)
如何加入某个拼客活动	41 (35.7%)	70 (60.9%)	4 (3.5%)
能否与拼客伙伴融洽相处	31 (27%)	59 (51.3%)	25 (21.7%)
如何商定费用、资源、服务等共享与分配的方法	25 (21.7%)	66 (57.4%)	24 (20.9%)
"拼客"过程中造成的意外损失，该如何分摊责任	12 (10.4%)	59 (51.3%)	44 (38.3%)
拼客伙伴的私自违约，让"拼客"活动终止或达不到预期效果	12 (10.4%)	54 (47%)	49 (42.6%)
中途自己主意或安排有变，不知如何向拼客伙伴解释	12 (10.4%)	78 (67.8%)	25 (21.7%)
遭遇不法分子或不道德拼客伙伴，蒙受损失	6 (5.2%)	54 (47%)	55 (47.8%)
拼客整个过程是否简单、快速	16 (13.9%)	75 (65.2%)	24 (20.9%)

如表 10－18 所示，而对于拼客的隐患方面，都市年轻人觉得拼客最令人担心的有"遭遇不法分子或不道德拼客伙伴，蒙受损失"、"拼客伙伴的私自违约，让拼客活动终止或达不到预期效果"、"拼客过程中造成的意外损失，该如何分摊责任"。其次，人们还比较担心"能否与拼客伙伴融洽相处"、"如何商定费用、资源、服务等共享与分配的方法"、"中途自己主意或安排有变，不知如何向拼客伙伴解释"、"能否找到最合适的拼客伙伴"等人际相处的问题，这也是拼客服务必须考虑的重点。最后一类隐患是与服务质量相关的"拼客整个过程是否简单、快速"。

综上所述，我们可以看出都市"拼客"以年轻人为主，他们消费实力尚不雄厚，但拥有各类电子产品；当代都市年轻人消费心理由理智因素主导，注重节约，不倾向浮躁、冲动、奢侈消

费；如需"拼"消费，他们更愿意选择熟人作为"拼客"伙伴；他们担心其中的安全隐患。

10.4.2.2 拼客典型角色与服务情境设定——以"拼车"为例

（1）典型角色与服务情境设定方法

该阶段首要目标是详细收集有关"拼车"的现状、用户需求、使用情境、态度评价、设计建议等。通过数据和资料的分析，描述拼车服务的用户角色与使用情境，从用户角度出发讨论拼车服务的设计要素，提出新服务假想。

根据前面调查问卷的结果，筛选出三类访谈对象候选人：

有拼车需求但是一次都没有拼过的乘客——重点询问什么情况下会有怎样的拼车需求？什么原因导致一次都没有拼成功过？

有拼车需求且有成功案例的乘客——重点询问什么情况下会有怎样的拼车需求？具体拼车的过程是怎样的？对拼车的结果评价如何？

已经发布过拼车需求的车主——从拼车提供者的不同角度，询问为什么会有拼车需求？具体拼车的过程是怎样的？对拼车的结果评价如何？有没有顾虑和担忧？

（2）深访实施与数据分析

通过人群取样和筛选，共寻找到条件符合的9名访谈候选人，其中自愿接受访谈且答案完成有效的5人，涵盖"有拼车需求但是一次都没有拼过的乘客"、"有拼车需求且有成功案例的乘客"、"已经发布过拼车需求的车主"三类人。访谈形式根据访谈人的不同要求，有的是面对面的访谈，有的则是QQ聊天访谈或邮件访谈。5名被访者分别为：妙妙（来自上海拼客网的拼友）、GG-chen（来自南京）、3.鈊2.億.（来自无锡）、正月初七（来自上海）、D.Suki（来自58同城网的拼友），因篇幅所限，在此只呈现其中一位被访者资料档案（图10-28）。拼车访谈对象的档案资料卡节选图

访谈档案资料卡 (4)

姓名：正月初七（来自上海）
年龄：24 性别：男 学历：本科
职业：建筑设计师 兴趣爱好：三国杀游戏、骑车兜风
典型的一天：早上8:30起床洗漱，忙碌的准备，然后8:50左右出门上班，一般天冷了会打车上班避免迟到什么的，平时天气正常的话都是骑自行车上班，午饭的话就在公司大楼的食堂吃工作餐之类的，要么去便利店去买便当。下班大部分时间会很加班到很晚，下了班就回去玩三国杀或dota之类的，跟朋友聊聊天，然后就是周末看球赛，晚上凌晨1点左右睡觉。还是挺忙的。
自画像说明：一个阳光版的加菲猫是我最代表性的写照，因为对自己感兴趣的有很多很"不靠谱"的朋友们！性格还算比较外向、开朗大方，虽然对拼客没什么概念，但是也拼车友4次了，我希望拼车可以变成正规的舒适的服务。

【生活情景】

图 10 –28 拼车访谈对象的档案资料卡节选

建立被访者资料档案卡的目的，一是通过了解被访者的生活状态和生活场景，寻找"拼车"用户的典型特征；二是明确后期"拼车"服务设计提案的典型用户，让设计师能非常清晰地知道服务对象是谁。

通过对 5 名被访者的访谈，获得大量有价值的信息，用 SCAT 对每一位被访者有表 10 –19 的对话分析，从中提炼表达的关键词背后的含义，构建被访者角色特征和拼车过程的情境，并提出拼车服务策略和今后设计需注意的问题。因篇幅所限，仅选取其中一组谈话为例呈现。

通过访谈，获知都市年轻人"拼车"的原因有：第一通过"拼车"省钱；第二解决传统交通方式无法解决的问题，比如公交车、地铁停止运营的时间段、公交少而不便的地段、不熟悉路的地段、特殊天气等；第三可以比较舒适地坐车，不用担心拥挤或没有座位，坐车时间可以根据需要调整，相对自由；第四应对节假日返乡、外出旅游的长途搭车需求。

虽然，拼车能解决都市年轻人出行问题，也达到了省钱的目的，但如果希望获得良好的拼车体验则需要在以下几个方面多下工夫：首先拼车服务设计要简单明确，直奔主题，用最简洁的方式完成拼车服务；第二要增强拼车服务系统的安全保障，增强拼客的信任感；第三要制定公平合理的收费方式，让拼客们互惠互利；第四要有一个平台能方便输入信息和筛选匹配，方便拼客们完成交易。

10.4.3 以"拼车"为例的 Web 服务设计要素分析

10.4.3.1 都市拼客 Web 服务设计要素分析

（1）拼客 Web 服务的目标用户分析

通过前期调研，得出如下结论：

拼客服务的目标用户是都市年轻人，没有性别限制；生活在信息化程度高的大中型城市，拥有良好的学识和高等教育背景，能紧跟潮流换代的步伐；处在学业、事业、家庭的发展奋斗阶段，因此占社会资源不多，消费并不奢侈；大多数人月开销在 1000～3000 元之间。

他们容易接受新鲜事，对电子产品的操控能力强；大多数人能熟练使用手机、台式电脑、笔记本电脑、数码相机、移动播放器、移动存储等，对移动便携产品的需求很强烈；更容易掌握拼客服务的操作过程。

目标用户群消费观念日趋成熟，明确而富有自己的想法，向往新的消费模式；消费心理总体由理智因素主导，注重节约金钱和货比三家，并不倾向浮躁、冲动、奢侈的消费；品牌意识强，有自己忠于的品牌和习惯使用的商品，这与拼客提倡的精打细算、节约务实思想很吻合。

在消费兴趣点方面，目标用户向往自由惬意的消费领域。他们性格大方外向，注重人际关系和休闲娱乐，和独处相比更愿意与他人分享和共同经历；女性倾向于衣帽鞋包购物、美容美发等，而男性更倾向选择影音制品、人际交往、健身运动等。因此可以考虑根据不同的消费心理、偏好、需求等，推出专属人群的拼客服务。

目标用户在网络上比较活跃，对"拼客"一词有所了解，有的已经自行参加过数次拼客活动；他们乐于把"拼"的经历与身边人交流分享，口口相传成了拼客传播的第二渠道。设计拼客服务的时候应该充分利用网络传播和参与者的评价这两点。

表 10-19　　拼车访谈对象的 SCAT 对话分析表截选

序号	发言人	文	<1>文中应该注意的语句	<2>左边语句换个说法该怎么说	<3>能说明左边的文以外的概念	<4>总结主题，构成概念（联系上下文整体来考虑）	<5>问题，新课题提出
1	赵彭	你生活当中，什么时候，什么情况下会想要去拼车？结合自己数次拼车的经历，能具体给我说说么？					
2	正月初七	情况一：印象最深刻的是跟一个女孩去浦东玩，然后再看完电影时间比较晚（由于看电影的缘故）打不到车，跑出租师傅都不大愿意在浦东跑，由于时间比较晚，所以打车已不得已考虑在浦东跑的黑的车，是跟一对老年夫妇一起拼的，觉得他们对拼车比较常见，就觉得还是很靠谱的，就跟他们一起拼了车，这次是比较印象比较深的	时间比较晚，浦东，交不发达的地段，打不到车，黑车，老年人，老年夫妇，靠谱	公交暂时段少，公交不发达，交不发达的地段，私人黑车，老年人，安全感和信赖感	在公交停止运营时段或公交不方便的远距离地方，有一些人利用"拼车"需求来钻空子，私自做生意。老年人也会有拼车的需求。老年人对拼车的首要考虑是否安全靠谱	某些公交、出租力所不能及的情况下，容易被"黑"利用拼车需求，钻空子私自做生意。老年人因为习惯、图省钱等原因也会尝试拼车，促成拼车的首要条件是让用户感受到安全和信赖感，用户对此感受比较敏感	
3	正月初七	情况二：大学时候为了方便，不想等公车而且多路段没有座位，就跟同学们一起拼车去市中心，都是同学容易就达成协议，只需要多花5元左右就能方便快速地到市中心，还是很容易接受的	为了方便，不想等公车，多路段没有座位，同学容易达成协议，方便快速	便利，很怕等待，站着不舒服，熟人之间好商量，便捷	传统交通工具有很多缺陷，比如不舒适，速度慢，时间不定等。熟人朋友之间更容易达成协议。如果熟人之间拼车的过程很顺利，那么拼客们会觉得拼车是很省钱、舒适、便捷的	发出拼车与传统交通方式相比的自身优势，可以吸引人拼车。或可以尝试集合熟人之间拼车，促成陌生拼友交流，逐渐变成熟人甚至朋友	
4	正月初七	情况三：去浦东机场接爸妈，第一次去路才发现不熟悉路，坐地铁到2号线的广兰路的一截很早就停运了，我就不得不去找其他不认识的人，赶时间的情况下只好跟一些不认识的人，急忙地叫了一辆车，因为是赶时间而且也能省下不少钱（相对于出租能省下20元左右）	浦东机场，不熟悉路，赶时间，急忙拼车，赶时间，省钱，一些不认识的人	偶然去某个陌生地方，赶时间，有共同目的的人	某些具有相同目的地的人会聚集在某个场所，加之有些人会因为赶时间或目的地不熟而选择拼车	对当地环境不熟或赶时间的时候，同时周围如果聚集了一些有相同目的地的人，那么拼车就很容易发生	
5	正月初七	情况四：强行"被"拼车 长时间不回家，家乡里发现的哥不走还是见悠再拉人，干是又上了两个人，一起拼了回去，这种属于地头蛇型的，在附近地盘不愿意上麻烦，只好被拼了车…（无奈）	"被"拼车，小摩的，怕惹意上麻烦	不情愿的拼车，不正规的私人拼车营业者，有点担心硬着头皮	拼车是有利可图的生意，但是不少没有营业许可的人私自经营拼车生意，并且为了利益不顾及拼车的感受。这让"被"拼车的人莫名其妙，感觉不悦	拼车有利可图。拼车服务存在很多不规范和违纪违法行为，这样不规范违纪违法行为，加上利益的顾及，非自愿的拼车加了门服务不正规，过程不舒适，让拼友反感和不悦	如何约束打击现有拼车的违纪不法行为？提高正规拼车服务的好感度？

续表

序号	发言人	文	<1> 文中应该注意的语句	<2> 左边语句换个说法该怎么说	<3> 能说明左边的文以外的概念	<4> 总结主题，构成概念（联系上下文整体来考虑）	<5> 问题，新课题提出
6	赵彭	请你仔细回忆一下，印象最深的一次"拼车"具体过程怎样？（比如什么时候，如何找到拼友，怎么商定行走路线，怎么付款，怎么与拼友们交流，互相了解等。）					
7	正月初七	拼车我是比较被动一点的，印象深的那次，是一个老大主动提出来的，直接商量每人的单价，跟拼友就一起压价，也主要压单价，以打车打表费为参考，车主一般会要高于出租的价格，或者相当高的价钱，这时候跟拼友（在确定能压到总价低于出租车的情况下）尽量压，是肯定能压能够低于出租车的，因为总价对车主很划算。	被动，商量单价、以打车费为参考，低于出租车的，认路	等待机会，平等议价，收费要有还价和参考，还价心理	不少人有拼车的需求，但是被等待机会的到来。拼客之间会从道德出发平等的商议价格，但是会对服务提供方有还价，低于一般出租车等一般消费将路线透明化并且参照出租车等一般能事先告知行走路线	拼车信息可以主动提供给有需求的人。拼客公平要明化，同时能让他们感到低于一般标准的优惠。最好能事先告知行走路线	拼车服务提供平台是否可以尝试主动将拼车信息告知有需求的人？
8	赵彭	你觉得拼车好处在哪里？或者说什么原因会驱使你去选择拼车？					
9	正月初七	拼车最大的好处是在无奈的情况下的一种解决方式，哈哈，而且有时候拼车要比公交找出租，如果能够快速乘出租车贵而不比乘出租车贵上1.2倍以上价钱的话，我还是会考虑一下的	无奈情况下，比公交快，比出租便宜，会考虑	没有别的交通方式了，拼车自身的特点和优势，会心动	拼车和公交、出租车比较起来有道自身的优势，突出优势能吸引人自身的特点和优势，突出优势，快速的优势	拼车可以尝试填补公交、出租车服务力不能及盲点，发挥自身灵活、省钱，快速的优势	宣传点和卖点是不是这个？可以考虑这个？
10	赵彭	你在拼车过程中有什么负面的顾虑吗？					
11	正月初七	安全吧，因为陌生人了，都不认识，谁知道这是不是合伙骗子	安全，陌生人，合伙骗子	安全因素，不骗子	拼客存在违章，不道德隐患	顾及拼客安全，防止不法分子钻空子，可以大减少拼客顾虑	
12	赵彭	经过数次拼车之后，您对"拼"消费好感度上升了还是好感下降了？为什么？					
13	正月初七	拼车好感一直保持很中立态度，以后在无奈的情况下还是是选择拼车，因为没办法了嘛~	中立态度，没有办法	观望态度，看机会而定	虽然拼车过但是仍然好感度没有提升，依然是等待机会比较保守	某些无奈与不悦会影响对拼车的体热度，必须提升对拼车服务的体验，加强拼友的主动参与因素	怎样让人感觉到不是无奈之举？
14	赵彭	请你想象以《如果有这样的拼车服务就好啦！》为题，憧憬描述一下怎样的拼车服务是你心目当中觉得最棒的？					

		问答内容			
15	正月初七	拼车服务就是小型公交车样儿的了，人满就走，最好就是还能选择拼友的，去某一个地方的能在一个区域，可以自由结合样子的	小型公交车、选择拼友、一个区域自由结合划分	如果有第三方能提供正规拼车服务，并且是灵活可以自由选择同一个地，同时可以选择同一个地域的好友就好了	为了达到拼客的理想状态，正规服务提供时必需的，同时车型应该以小而灵活为主，可以考虑LBS为拼客提供区域信息　**是否可以用LBS?**
16	赵彭	除了拼车之外，您生活当中还尝试过拼别的么?			
17	正月初七	貌似没什么概念，好像没怎么拼过，能不麻烦到陌生人就最好	没什么概念、不麻烦陌生人；不太了解、密钥麻烦	有些人虽拼车，但是并不热衷于拼的行为。认为拼车会比较麻烦	有时候拼车是一种应急之需，是什么都愿意拼的，而且和陌生人交流比较麻烦，所以不是很主动　**可以纯粹的只做车服务?**

故事情境

正月初七是外向大方，对新鲜好奇的24岁建筑设计师。热爱生活，对新鲜好奇。虽然对拼客没什么概念，但是也拼车友4次了，每次拼车似乎都有点被动。记忆最深的一次因为出去约会太晚了，已经没有公交车和地铁了，周围出租车很少而且打车费用太贵了，所以想到拼车。小黑车主们早早在附近徘徊，证明像他这样晚的人应该不在少数。正月初七此时正好遇到要拼车的一对老年夫妇，决定和老年夫妇一起拼车。他们和车主自行商定车费，自然比出租车便宜好多。于是正月初七在无奈和被动的处境下，拼小黑的一对老年夫妇，经过这次拼车，他对拼车的态度依然中立，毕竟是被动无奈之下拼的不正规的私自营业的小黑的。经过这次拼车，他对拼车的态度度依然中立，毕竟是省钱，心里多少有些不舒出

理论记述

【拼车乘客的原因】传统交通工具不能用（停止运营时间段，公交少而不便的地段，不熟悉路线的地段）；舒适自由（有座位，自己控制无须等车）。

【拼客服务设计】促成拼车是让用户感受到安全和信赖，用户对此感受件比较敏感，突出拼车与传统交通方式相比的自身优势，可以吸引人拼车；可以尝试集合熟人之间拼车，或促成陌生拼友交流，逐渐变成熟人甚至朋友；非自愿的拼友加上服务不正规，过程不舒适，让拼友反感到不悦；拼客收费要公平和透明化，感到低于一般标准的优惠，能事先告知行走路线；顾及拼客安全，防止拼友法分子钻空子，可以大大减少拼车顾虑，车型应该以小而灵活为主，可以考虑该LBS为拼客提供区域信息

今后研究 1. 如何防范打击黑车行为? 2. 与传统交通工具相比，应该突出拼车怎样的自身优势? 3. 如何运用LBS做拼车服务?

（2）拼客 Web 服务设计要素分析

经过前期调查发现，拼客服务运作潜力巨大，"购物"和"交通出行"是最大的需求市场；拼客最关键是要满足需求；陌生人之间拼客需增强安全感和交流熟悉的平台建设；需借助有效的拼客服务媒介，加强互联网的应用；努力克服目标用户认为拼客存在的隐患，促进拼友们之间相处融洽、人人平等。

拼客服务最重要的三方面：安全保障、信息平台建设和服务信任度与评价的发展方向。

10.4.3.2 以"拼车"为例的 Web 服务设计要素分析

（1）拼车服务的两类情境

情境一：出租车"拼车"服务

如今乘坐出租车的人越来越多，尤其在上下班高峰期间，节假日人流量剧增的火车站、机场、汽车站，或是下雨下雪的恶劣天气，出租车供不应求。不少繁华地段和人流密集地还出现乱拦车、多人奔跑争抢一辆出租车的现象。看着一辆辆出租从眼前驶过，里面只坐着一个人，不少很想打车的市民大呼太浪费，要是能合乘就好了。

通过前期访谈分析和生活观察，可能需要出租车拼车服务的情境如表 10 - 20 所示，其中

表 10 - 20　　出租车拼车各种情境

出租车拼车各种情境	说明	乘客需求
节假日返乡时	火车站、机场人太多，出租车不够。路途远、车费贵	★★★★★
受季节天气影响时	交通拥堵、打不到车、不想在路上折腾	★★★☆
公交停止运营时	没有公交、出租车少、等车人多，不想坐黑车	★★★★
公交少而不方便时	周围公交系统不发达、上班高峰期打不到车	★★★☆
不熟悉路的时候	不知道该怎么走、怕打车太贵、周围又有通路的人	★★☆
赶时间的时候	出租车少而难等，又赶时间	★★★☆
需要省钱出行的时候	路途远、节省打车费	★★★★☆
方便顺路出行的时候	遇到同路人，好心载人一程	★★☆
有意减少资源浪费时	环保节能、利人利己	★☆

"★"越多表示拼车可能性越大；

情境二：非营利性的私家车拼车服务

中国大城市交通拥堵现象严重，北京、上海、广州、南京、杭州等地上下班高峰期，市区、交通要塞等地，车辆行驶缓慢，驶过一个路口要等好几个红灯。政府若能出台政策鼓励出门拼车，建设完善拼车信息网络，方便人们拼车，能提高车辆利用率并减少 40% ~ 50% 车辆上路。除减少交通压力之外，拼车还可以节约资源、减少尾气排放污染环境，值得大力提倡。

表 10 - 21 中，可能需要非营利性私家车拼车服务，"★"越多表示拼车可能性越大。

表 10 - 21　　非营利性质的私家车拼车情境

私家车拼车各种情境	说明	乘客需求	私家车主需求
节假日返乡时	一票难求、自驾太贵	★★★★☆	★★★★★
受季节天气影响时	打不到车、路上折腾	★★★★	★
公交停止运营时	没有公交、出租车少	★★☆	★☆
公交少而不方便时	公交不方便、打车太贵	★★★☆	★☆
不熟悉路的时候	不知道怎么走、打车太贵	★★☆	－ －
需要舒适出行的时候	老人、孕妇、小孩、有座位	★★★★	－ －
赶时间的时候	比公交速度快	★★☆	－ －
需要省钱出行的时候	省车票钱、贴补驾车成本	★★★★★	★★★★☆
方便顺路出行的时候	搭顺风车、好心载人一程	★☆	★★☆
有意减少资源浪费时	环保节能、利人利己	★☆	★★☆

（2）拼车用户的典型角色

经过拼客服务前景的远距离调查和关于"拼车"访谈近距离分析，最终聚类出五种拼车用户类型（图 10 - 29），分别是被动型、方便型、经济型、享受型和美德型。他们在拼车

目的、自身性格、偏好追求方面有鲜明特色。拼车服务设计的时候要在同一情境下考虑到五种类型拼客的感受和需求，或优先满足哪些类型的用户体验。

（3）拼车服务的四大模块设计要素分析

通过现有 Web 产品案例的启示和对拼车现象的观察调研，无论是出租车拼车还是非盈利私家车拼车，服务系统大致可以由四大主模块构成，分别是信息发布查询模块、信息匹配和车辆调度模块、服务计费模块和服务评价模块。这是完整的、理想中的拼车服务基本功能模块。结合前段问卷和 SCAT 表格分析，分别以几大模块为中心归纳拼车服务设计的要素。

①信息发布查询模块

a. 最初尝试与陌生人拼车的用户，会借助现有拼客网站、拼车虚拟社区等发布信息、搜寻有关信息。现有网站有发布成本低、发布门槛低、发布过程简单快速、关注人多而广泛等优点；缺点在于信息不能智能筛选、自动匹配，还没有网站有信息撮合功能，所以拼客成功率低，只能被动等待同道拼友的联系，结果有很大的不确定性。新的拼车服务必须有信息撮合功能方便信息的筛选和自动匹配，并把匹配结果及时告知用户，提高拼车服务的效率和成功概率。

b. 为保障拼车顺利进行，信息的准确性和真实性把关至关重要。同时要对参与者的素质把关，阻止动机不纯人扰乱拼车秩序，屏蔽无关不实的信息。

被动型	方便型	经济型	享受型	美德型
[性格] 挑剔、多疑、敏感、保守、内向、 [偏好] 安全可靠的、不麻烦人的、档次高的、服务周到的、省钱的、口碑好的。 [代表人物] 妙妙	[性格] 开朗、聪明、主动灵活 [偏好] 快速的、简单的、巧合的、服务周到的、能给人来带方便的、顺利的。 [代表人物] 正月初七 G-Gchen	[性格] 节约、敏感、精明、稳重、主动 [偏好] 省钱的、安全可靠的、顺利的、口碑好的。 [代表人物] D.Suki G-Gchen	[性格] 开朗、精明、挑剔、聪明、主动 [偏好] 档次高的、服务周到的、快速的、安全可靠的、舒适的、自己支配的。 [代表人物] 正月初七	[性格] 开朗、善良、豁达、稳重、主动 [偏好] 服务周到的、节约资源的、为别人带来方便的、简单的、快速的。 [代表人物] D.Suki 妙妙

图 10 – 29　拼车用户的五类典型角色

c. 信息发布可以是一个范围。比如用户输入出发地点，系统则可以筛选离出发地 2 千米范围以内的拼车信息；或者用户标记出途径的主要路段，吸引沿途更多人的参与。

d. 拼车可以重点服务某个特殊地点，如火车站、机场、学校等；或是重点服务于某个时段，如上下班高峰期、节假日、特殊季节天气等。

e. 考虑到拼车的强移动性和灵活性，移动互联网、移动通信、GPS 等是较合适的技术平台。

f. 为了提高拼车知名度，吸引更多人拼车，门户建设必须增加宣传亮点、突出拼车与传统交通方式相比的自身优势。或是充分考虑特殊人群的使用需求，在宣传时体现对社会的关爱，提高拼车的美誉度和社会责任感。

g. 拼车和其他拼消费比起来，心理门槛较高，并非没有拼车需求。拼车网站门户建设应该提高人们主动拼车的意识，让用户觉得门户安全保障、值得信赖是拼车发展的首要条件。

②信息匹配和车辆调度模块

a. 新的拼车服务必须有简单、快速、易操作的信息撮合功能方便寻找合适的拼友。调研表明拼友的条件如果能达到自己的期望标准，那么拼车体验会更好，拼车过程会更有默契、顺畅。

b. 可以尝试集合熟人之间拼车，或促成陌生拼友交流，逐渐变成熟人甚至朋友的拼车。形成固定的拼车群，能打消拼友对陌生人交往的顾虑。

c. 商定拼车方案的时候要权衡拼友各方的利益，可以根据需要如短途长途、短期长期，制定具有法律效力的拼车协议等。

d. 参与人数影响拼客活动质量，所以服务系统要能控制拼车报名人数。

e. 可以考虑基于 LBS（Location Based Service，基于位置的服务）为拼客提供区域信息。它能通过电信移动运营商的无线电通讯网络或外部定位方式（如 GPS）获取移动终端用户位置信息，在 GIS（Geographic Information System，地理信息系统）平台支持下，提供相应服务。[①]

f. 可以考虑与公交公司、出租车公司、汽车租赁公司合作，可以给拼车服务提供车辆和专业司机，车型依需求而定，多数是小而灵活的小型车。车辆调度的流程要简单、快速、易操作。

g. 服务商要对拼客需求变化有预见性，因为有些拼车活动并不是长期稳定、一成不变的，要有应对突发变化的措施和准备，比如有拼客迟到或者不能来拼车了怎么办。

h. 面对失约、不道德行为，要有协议约束，要考虑怎样保证拼友的财产权益，保障拼客安全、防止不法分析钻空子，从而减少拼客顾虑。

③服务计费模块

a. 拼客收费依据要公平、透明，权衡拼友之间的得失。事先告知行车路线、拼车人数、计费方法、特殊情况等有助于拼客们理解收费原理，信服的承担车费。

b. 出租车拼车要让拼友们明显感到低于独自乘车的优惠，要有科学合理的合成计费公式和新的拼车计价器。调研表明省钱能明显提升用户对拼车服务的满意度。

c. 私家车拼车动机单纯必须、非职业的、非盈利性质的。避免就触犯法律法规的同时，也与黑车现象划清界限，提高拼车服务的好感和正规感。

d. 服务商从拼车中盈利是能被认可的商业模式，盈利来源可能还有广告、增值服务等。

e. 必要时候可以在计费之前签订付费协议、免责声明、购买人身意外保险等。

④服务评价模块

a. 安全保障是增强服务信任度、提高社会舆论的首要条件。同时利于提升整个行业的评价。

b. 必须在服务设计上有别于违法的"黑车"运营，排挤打击"黑车"市场。非自愿的拼车加上服务不正规、过程不舒适，会让拼友反感和不悦，为了提升拼车的服务评价须以避免。

c. 拼客们很在意活动过程中的心情体验，并乐于与更多人分享。可以建立后续服务评价机

制，为拼友、车主、服务评分，从而促进服务更好发展，约束拼友和车主的行为态度。

10.4.4 基于移动互联网的"拼车"服务设计提案

10.4.4.1 "拼车"服务的概念、目标和用户分析

（1）拼车服务的概念特征

经过宏观和微观的用户调研分析，都市年轻拼客的拼车服务的概念特征主要有三点：绿色节约的服务，满足出行需求的服务和基于移动互联网的服务。

追求绿色生活方式的人越来越多，拼车本质上是与陌生人或熟人之间共享汽车的行为，强调资源共用、减少环境污染、节约出行成本。能满足崇尚绿色出行人士的需求，受到都市拼客青睐。所以拼车服务的概念之一是创造无形的符合生态发展的绿色经济产品。

随着都市年轻人出行要求的多样化，传统交通工具的缺陷渐渐暴露。拼车的优点有快速、及时、方便、自由、舒适、省钱、减缓私家车的过快增长、减缓交通拥堵、为春运等大规模返乡提供新型可行的交通方式等，能填补传统交通工具的某些缺陷，因此拼车服务的另一概念是设计能满足不同人出行需求的服务。

移动互联网用户远超传统互联网用户是未来发展必然趋势。移动互联网优势在于：便携性强，可以随时随地通信；移动用户身份保障或唯一，隐私性远高于 PC 终端；用户习惯给使用的业务提前付费；易于获取移动用户的位置信息。可见拼车作为都市未来发展的新型交通模式，凭借移动互联网技术能更好地实现功能。所以拼车服务第三个概念是基于移动互联网技术。

（2）拼车服务的目标

服务目标是为用户提供出租车和非营利性私家车的拼车信息的移动互联网平台。乘客可以选择发布拼车信息，等待正规出租车的匹配、调度、接送。也可以查询条件符合的私家车主拼车信息，联系有同样需求的车主拼车。私家车主则可以发布提供拼车的车辆信息，等待同路乘客的联系。

（3）拼车服务的用户分析

---

① 蒋捷，韩刚，陈军等．导航地理数据库［M］．北京：科学出版社，2003.

为有拼车需求的都市年轻人设计。其中有希望搭车的乘客，也有能提供车辆的私家车车主。私家车不可以营利为目的，但可获得部分油费路费的补偿。用户的基本特征有如下几点：性别不限；拥有良好的学识和高等教育背景，能紧跟潮流换代的步伐；不主张奢侈消费；容易接受新鲜事；对电子产品的操控能力强，对移动便携产品的需求很强烈；依赖互联网生活；开朗外向，注重人际关系和休闲娱乐；和独处相比更愿意走出家门，与他人分享和共同经历；了解"拼客"，有拼车需求，甚至已经参加过数次拼客活动。

按照目标用户的性格、偏好、拼车动机综合分析，又可以细分成被动型、方便型、经济型、享受型、美德型五类拼客。服务设计必须考虑五类拼客对服务的使用黏度，排序出优先满足的用户，具体优先考虑的排序如下：美德型＞方便型＝经济型＝享受型＞被动型。

拼车最本质的出发点是环保低碳、解决城市的交通拥堵和提高资源的利用率等，因此首先应让以此为主要目的美德型用户能顺利将理想转变成实践。美德型用户虽然数量不多，但是他们目标单纯、主动而豁达，有利于营造良好的拼车氛围，有利于保障拼车的顺利进行。同时对其他拼友和周围人有示范、教育、引导的作用，提高大家出行的环保意识，呼吁更多的人参与进来。

其次需考虑方便型、经济型、享受型三类用户。因为快速、省钱、舒适在某些情况下是拼车与传统出行方式相比的主要优势，也是用户选择拼车的最大原因。这三类用户几乎占所有拼车人群的90%，数量相当可观，是本次拼车服务的主要用户。

最后是被动型用户，这类人群或保守或内向，要求高且忧患意识强，因此不到万不得已时是不会选择拼车出行的。但是被动型用户会随着拼车服务发展的稳定化、合法化、易用化而转变对拼车保守的态度，因为他们终究是最注重安全、易用、周到服务和良好口碑的一群人。

10.4.4.2 "拼车"服务系统与功能模块设计

（1）拼车服务的组成系统

此项服务系统主要由"目标用户"、"服务提供"、"技术支持"三方组成（图10－30拼车服务的组成系统图）。除了三大主要构成，可能还会有广告投资方、安全监管部门的参与等。广告投放和其他商业行为能给拼车服务带来更大的经济效益；安全监管比如实名制、拼车法律咨询机构等，能确认用户的身份、保障司机和乘客的安全、确保拼车信息的真实有效、用法律和道德约束参与者的行为。

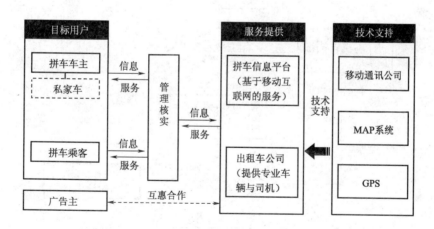

图10－30 拼车服务的组成系统图

（2）拼车服务的功能模块设计

基本功能模块

a. 用户信息注册与信息管理模块。用户信息注册是乘客和私家车主享有拼车服务的第一步，以确保身份的唯一与真实。此外私家车欲提供拼车车辆，则必须提交车辆的基本信息。具体注册内容如表10－22，分为必填信息和选填信息。

b. 拼车信息发布与查询模块。因发布拼车信息的时候，用户有两种可能身份，求共乘的乘客或希望提供私家车的车主。这两类不同身份的用户发布的拼车信息有共性也有差异，表10－23"√"表示两类用户需要发布的信息，这些需求列单集合成拼车的需求资料库。服务系统可以根据用户发布的需求，在库中匹配乘客和车主的信息，并将匹配搜索结果呈献给发布人，如果有合适或相似的需求列单，那么发布人当即就能与其他发布人确立拼车关系。这里的拼车关系有可能是与出租车等车辆提供单位达成，也有可能与私家车主达成，主要还是取决于发布人的选车意愿和当时的拼车资源情况。如果没有合适或相似的结果，那么信息发布人可以在自己设定的等待时间内，等待后来的发布人信息的补充的联系。为此我们推出图 10 – 31 拼车服务的信息匹配与车辆调度流程图。

表 10 –22　用户信息、私家车信息注册内容

	用户信息	私家车信息
必填信息	姓名或昵称	车牌号
	性别	驾照信息
	出生年月	车辆信息（购车时间、型号、座位、后备箱等）
	密码	
	拼车网协议同意	
	手机号码并通过验证	
选填信息	用户兴趣爱好	车辆照片
	居住地区	车辆其他备注
	用户其他备注	

表 10 –23　乘客、车主拼车发布信息列表

全部信息	乘客发布信息	车主发布信息
日期时间	√	√
起点	√	√
终点	√	√
拼车目的	√	√
拼车人数	√	—
私家车拼车/出租车拼车	√	—
车有几座	—	√
多种联系方式	√	√
等待回应时间	√	√
特殊要求（年龄、性别、协议、保险等要求）	√	√
用户其他需求信息	√	√

对于不想等待出租车调度或选择私家车拼车的用户，还可以直接使用拼车信息及时查询功能。即利用站内搜索引擎在拼车需求资料库里搜寻现存的拼车信息，然后再设定排序筛选条件，找到离目标最接近的拼车信息。用户可以选择以下查找方式如表 10 –24 所示。

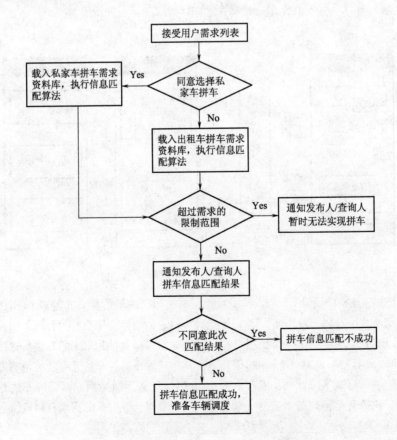

图 10 –31　拼车服务的信息匹配与车辆调度流程图

表 10 - 24 拼车信息直接查询方式表

查询关键词	排序/筛选条件	使用人群
按起点/ 终点查询	用户信息（年龄、性别、信用度）、 车辆信息、日期时间、参与人数	乘客/车主
按用户名 查找	起点/终点、车辆信息、日期时间、 参与人数	乘客/车主
按车辆 信息查找	用户信息（年龄、性别、信用度）、 起点/终点、日期时间、参与人数	乘客/车主
按日期 时间查找	用户信息（年龄、性别、信用度）、 起点/终点、车辆信息、参与人数	乘客/车主

c. 信息匹配与车辆调度模块

d. 拼车安全保障模块

经调查，安全指数是用户对拼消费最大的顾虑。如果拼车服务具备很好的安全保障功能，用户的黏度和热度会大大提高。安全保障模块是拼车服务发展的坚强后盾，具体可细分为下列几个功能：拼车协议；拼车保险；用户实名制；专业拼车；拼车制度；必要时可以采用例如支付宝一样的付款方式；最好能得到合法监管部门的支持，提供法律咨询、保障制度等服务。

e. 拼车科学计费模块

费用问题是拼车的最大争议之一，私家车拼车不能是营利性质的，出租车拼车要比独乘时明显便宜，同时出租车和拼车服务方还要能够从中营利。目前某些实行出租车拼车的地区对收费早有规定，比如南京市规定：在征得第一用户同意后，其合乘里程部分，小轿车、中客车分别按每车公里租价的70%、60%向乘客收取[①]。私家车计费多为私下商量，有些车主更是提供无偿的拼车服务，但有了车费科学的计费平台，私家车也可以以此作为车费的估算标准。通过车费控制和计算，能防止不法分子为谋取营利而私自拉黑车营业，欺骗乘客。

f. 拼车服务评价模块

互联网的发展和信息的流通，让消费的最后环节变成了评价与评论传播。客观的舆论评价有利于帮助其他消费者了解产品、商家和服务质量，同时也能督促产品质量的不断提高、商家的越发诚信、服务能力的拓展提升。拼车服务的最后功能环节也可以是评价模块，从多角度、及时地对本次拼车服务做出客观评价，评价高的用户将更容易得到他人的信任，评价系统也能一定程

度地约束用户的行为和态度，并从中发现一些不良现象，即使遏制和举报。参与者之间的评价也是自由的、互相的，具体评价服务内容如表10 - 25所示。

表 10 - 25 拼车服务评价模块的具体内容

对乘客的评价	对车主的评价
交流态度	交流态度
信息真实性	车辆等信息的真实性
合乘素质	开车素质
付费情况	收费情况
拼车是否成功	拼车是否成功

g. 功能模块

除了上述基本功能模块，基于移动互联网的拼车服务可以设计相应的附加功能以提升服务的使用附加值。比如聊天交友工具，用户可以利用移动通信工具的便携和完善的交流功能，结识新朋友、建立某主题的网络交流社区群落。一方面可以增加拼友之间的交流，消除对陌生的顾虑。另一方面，提供建立相同区域长期拼车小组的可能，将短暂的拼车变成长期使用的服务。

10.4.4.3 "拼车"服务的使用流程设计

私家车拼车服务的使用流程（图10 - 32）。从乘客和车主两类用户的使用情境出发，设计以时间为变化轴的服务使用流程。拼车乘客和车主都有可能经过"注册"、"信息发布"、"信息查询"、"等待、确认拼车"、"实际拼车、付款"、"评价"和"问题申诉"等7大环节。

出租车拼车与私家车拼车有共通也有差异，总体要比私家车拼车好控制管理（图10 - 33）。比如在拼车信息发布、查询阶段，因为出租车可以自动收集信息，并将匹配结果告知乘客，乘客只需等待和确认拼车就可以了。省去了选择私家车、等待私家车双向确认拼车的环节，节约乘客的操作和时间。此外出租车拼车透明计价、直接付款，司机也经过专业培训，颇有拼车经验，不容易在拼车和付款环节引出纠纷，因此出租车拼车是本项服务的创新之举，也是拼客们的首选服务。

---

① 鲍铭东，毛丽萍．出租车"拼车"一举多得，计费问题早有规定［EB/OL］．http：//news. qq. com/a/20070630/000674. htm，2007 - 6 - 30.

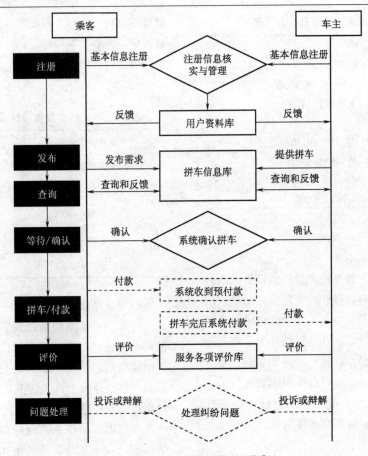

图 10 –32　私家车拼车服务的流程设计

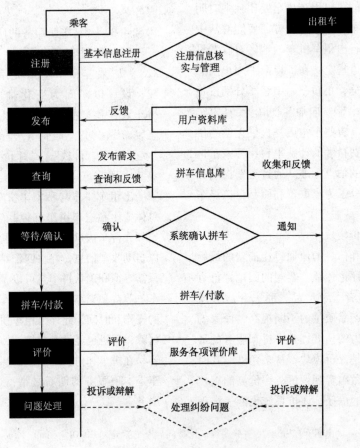

图 10 –33　出租车拼车服务的流程设计

本课题以社会心理学为基础，运用群体文化学相关理论构建服务设计模型；灵活运用定性研究和定量研究方法，对用户进行了深入研究，从中国现代都市青年消费观的角度将用户归结为五种类型，并运用在交互设计的研究方法构建典型用户角色；分别就"拼车"服务的概念设计、流程设计做探索性研究。

如果研究者能在概念设计、流程设计的基础上，提出更加合理有效的服务提供方式和服务效果评估模式，实用性将大大提升。

本专题就国内外服务设计相关研究理论进行梳理，从消费心理学、社会心理学、管理行为学等学科角度对现代服务设计心理评价的研究方法归类，凸显现代服务设计的跨学科特点。其中，三个课题在各自领域的探索性研究，旨在与同行就服务设计进行交流与探讨。

随着社会飞速发展，服务设计逐渐走进公共服务领域，开始关注普通大众的生活，成为社会创新的动力。在欧美，很多设计公司与政府、社会公益组织合作，共同解决公共服务存在的诸多问题，并取得良好的社会效果。国际著名设计公司 IDEO、Frog Desing 从关注产品设计逐渐尝试从设计的角度进行社会创新，试图通过设计来解决社会问题。在非洲、亚洲、欧洲等国家，通过设计来解决社会问题的成功案例越来越多，IDEO 在 2011 年专门针对非政府组织（NGO）的服务设计编写了工具手册 *HCD Toolkit*。

设计师对社会问题的关注，服务设计方法理论的不断完善，促使设计真正走近了与普通大众息息相关的公共服务领域，使设计更具人文关怀，更具社会责任，更具民主精神。

参 考 文 献

［1］张振涛. 中国微型轿车业竞争力研究［D］. 江苏大学, 2007.

［2］徐太峰. 色彩在汽车外观设计中的作用［J］. 美与时代（上半月）, 2008（4）: 42-45.

［3］白少君, 张雪. 对不同气质类型的消费者的消费偏好研究［J］. 开发研究, 2008（6）: 148-151.

［4］宋妍敏. 数控机床 CBID 系统中的色彩研究与应用［D］. 长沙: 湖南大学, 2006.

［5］张岗英, 刘登攀, 潘宿奎. 不同气质类型大学生注意集中性的实验研究［J］. 心理科学, 2006, 29（04）: 819-821.

［6］郭艳丽, 董晓明. 中国传统文化中的气质划分及应用［J］. 湖南科技学院学报, 2008, 29（7）: 77-78.

［7］贾玉梅. 大学生气质类型的调查与研究［J］. 大连大学学报, 2000, 21（3）: 72-74.

［8］宋杨. 浅谈人类认知共性对计算机色彩视觉认知的影响［J］. 科技创新导报, 2010（5）: 222.

［9］傅炯, 韩挺. 产品流行色基本原理和研究方法［C］//当代亚洲色彩应用. 第四届亚洲色彩论坛论文集［G］. 北京: 中国纺织出版社, 2007: 38-42.

［10］黄国松. 色彩设计学［M］. 北京: 中国纺织出版社, 2001: 157-171.

［11］张宪荣, 张萱. 设计色彩学［M］. 北京: 化学工业出版社, 2003: 99-100.

［12］赵江洪, 欧静, 张军. 色彩意象尺度在数控机床 ICAID 系统中的研究及应用［J］. 湖南大学学报（自然科学版）, 2004, 31（6）: 83-86.

［13］张军, 赵江洪. 意象尺度法与产品设计研究［J］. 装饰, 2002（7）.

［14］吴浩聪. 汽车造型设计方法研究与微型轿车的设计开发［D］. 武汉: 武汉理工大学, 2008.

［15］张振涛, 陈丽珍. 微型轿车业的竞争分析［J］. 汽车与配件, 2007（14）: 31-33.

［16］李红印. 颜色词语的收词、释义和词性［J］. 语言文字应用, 2003（2）.

［17］苏向红. 新兴颜色词语的特点及其成因［J］. 修辞学习, 2008（4）: 71-76.

［18］余建英, 何旭宏. 数据统计分析与 SPSS 应用［M］. 人民邮电出版社, 2003.

［19］刘观庆. 产品语意学初探［J］. 艺苑, 1995（3）: 22-23.

［20］胡瑛. 中国汽车色彩趋势的分析和研究（2006年度）［J］. 流行色, 2007（7）.

［21］巴斯夫公司. 汽车色彩流行趋势: 新个人主义［J］. 汽车与配件, 2010（1）.

［22］张军, 赵江洪. 数控机床色彩的意象尺度实验研究［J］. 武汉水利电力大学学报, 1999, 32（10）.

［23］周爽, 朱志洪, 朱星平编著. 社会统计分析——SPSS 应用教程［M］. 北京: 清华大学出版社, 2006. 3.

［24］李彬彬. 设计效果心理评价［M］. 北京: 中国轻工业出版社, 2008.

［25］李彬彬. 设计心理学［M］. 北京: 中国轻工业出版社, 2007.

［26］汪汀. 轿车个性化色彩设计研究［D］. 合肥工业大学, 2009.

［27］飞扬. 透视平衡记分卡［EB/OL］. http://www.69169.cn/article_detail.asp?id=39574, 2007-1-30.

［28］中国白领网民生活形态消费形态部分研究报告［EB/OL］. http://lht188.blog.bokee.net/bloggermodule/blog_viewblog.do?id=618206, 2007-03-20.

［29］吴垠. 关于中国消费者分群范式（China-Vals）与应用研究［C］. 第四届中国经济学年会参会论文, 2004.

［30］卢家楣. 情感教学心理学［M］. 上海: 上海教育出版社, 2000.

［31］丁玉兰．人机工程学［M］．北京：北京理工大学出版社，2004．

［32］凌继尧，徐恒醇．艺术设计学［M］．上海：上海人民出社，2001．

［33］Heller. Eva，吴彤．色彩的文化［M］．北京：中央编译出版社，2004．

［34］穆荣兵．产品形象设计及评价系统研究［J］．广西桂林电子工业学院学报，2000（6）．

［35］巫建．搞好工业设计专业的形态学教学［J］．北京印刷学院学报，2004，12（3）．

［36］李砚祖．艺术设计概论［M］．武汉：湖北美术出版社，2002．

［37］康文科，崔新．浅谈设计管理对企业的重要性［J］．西北工业大学学报，2001（1）．

［38］李金花．Color Combination 色彩设计师配色密码［M］．北京：电子工业出版社，2003．

［39］凌继尧．美学十五讲［M］．北京：北京大学出版社，2003．

［40］黄毓瑜．现代工业设计概论［M］．北京：化学工业出版社，2004．

［41］倪宁．广告学教程［M］．北京：中国人民大学出版社，2004．

［42］董士海，王衡．人机交互［M］．北京：北京大学出版社，2004．

［43］马丽娜，李彬彬．大学生气质类型与微型轿车色彩偏好及意象研究［D］．江南大学，2011．

［44］李秋华，李彬彬．微型客车战略设计心理评价实证研究［D］．江南大学，2009．

［45］曹稚，李彬彬．生活方式导向中国多功能乘用车设计［D］．江南大学，2009．

［46］［美］迈克尔．R. 所罗门．消费者行为学．中国版（第6版）［M］．卢泰宏等译．北京：电子工业出版社，2008：133 - 136．

［47］汪彤彤．消费者行为分析［M］．上海：复旦大学出版社，2008：50 - 55．

［48］David. G. Myers. 社会心理学（第8版）［M］．侯玉波等译．北京：人民邮电出版社，2007：203 - 210．

［49］J. Amos Hatch（美）．如何做质的研究［M］．朱光明，沈文钦，徐守磊，陈汉聪译．中国轻工业出版社，2007：100 - 105．

［50］王菌．行销"她"世纪——女性市场掘金的奥秘［M］．机械工业出版社，2008：96 - 98．

［51］张根强．"御宅族"的三重身份［J］．中国青年研究，2009（3）：92 - 95．

［52］黄升民，杨雪睿．消费重聚：多元分化过程的另一个侧面［J］．现代传播双月刊，2007（5）：1 - 6．

［53］乔建中．当今情绪研究视角中的阿诺德情绪理论［J］．心理科学发展，2008，16（2）：302 - 305．

［54］刘宏艳，胡治国，彭耽龄．积极与消极情绪关系的理论及研究［J］．心理科学发展，2008，16（2）：295 - 301．

［55］崔光辉．现象学心理学视界中的情绪［J］．南京师范大学学报（社会科学版），2008，（2）：104 - 108．

［56］晏国祥．消费情绪研究综述［J］．软科学，2008，22（3）：28 - 32．

［57］刘慧磊，陈正辉．"情绪唤醒模式"广告对女性意识的影响［J］．当代传播，2007（5）：82 - 84．

［58］蒋平．也谈我国的"宅男宅女"现象——一个空间社会学的分析视角［J］．青年现象，2009，（8）：81 - 83，40．

［59］胡洁，张进辅．基于消费者价值观的手段目标链模型［J］．心理科学进展，2008，16（3）：504 - 512．

［60］成海清．顾客价值驱动要素剖析［J］．软科学，2007，21（2）：48 - 51，59．

［61］周明洁，张建新．心理学研究方法中"质"与"量"的整合［J］．心理科学进展，2008，16（1）：163 - 168．

［62］潘瑞春．"宅女"试析［J］．修辞学习，2008（2）．

［63］Group M Knowledge Center 群邑智库．聚焦 - 宅世纪：中国宅男宅女研究报告［J］，中国广告，2008．

［64］潘国志等．面向生活方式的设计理论研究［J］．包装工程，2007，28（7）：127－130．

［65］聂桂平，施荣辉，杨建．社会群体特征因素对产品设计的影响［J］，华东理工大学学报（社会科学版），2007，22（4）：118－121．

［66］李文静，郑全全．日常经验研究：一种独具特色的研究方法［J］．心理科学进展，2008，16（1）：169－174．

［67］孙思扬，戴鸿．生活方式对女大学生购买内衣的影响［J］．西安工程大学学报，2009，23（4）：40－44．

［68］牟峰，褚俊洁．基于用户体验体系的产品设计研究［J］．包装工程，2008，（3）：142－144．

［69］刘文君．情绪唤醒对白领女性消费动机的影响研究［D］．暨南大学管理学院，2009：15－18．

［70］曾莉．基于用户价值的小家电产品设计研究［D］．湖南大学设计艺术学院，2010：7－9．

［71］张晓利．体验设计的应用研究——以3040都市成人玩具设计为例［D］．东南大学设计学院，2008：10－14．

［72］曾莉．基于用户价值的小家电产品设计研究［D］．湖南大学设计艺术学院，2010：25．

［73］钟声标．产品设计中的价值分析方法探索及应用［D］．江南大学设计学院，2007：10．

［74］梁礼海．顾客价值创新研究［D］．中国海洋大学，2008．

［75］郭晓燕，汪隽，杨慧珠，高锐涛．微波炉产品用户体验量化与用户体验设计［C］．2007国际工业设计研讨会暨第12届全国工业设计学术年会论文汇编，2007，12：344－347．

［76］郝艳红．论产品形态与人类生活方式的关系［C］．2007国际工业设计研讨会暨第12届全国工业设计学术年会论文汇编，2007，12：692－693．

［77］于坤章，梁辉煌．消费者自我概念对消费行为的影响［J］．湖南财经高等专科学校学报，2007（107）．

［78］周志华．2007中国汽车产销数据浅析［J］．汽车之友，2008（3）．

［79］陈光林．谁来解密中国汽车发展史［J］．时代汽车，2007（6）．

［80］袁唯．法拉利六十周年庆暨Pilota Ferrari驾驶课程体验［J］．轿车情报，2007（5）．

［81］高发群．汽车消费的国际比较及趋势分析［J］．长白学刊，2007（6）．

［82］成韵．体验经济下的轿车销售模式创新初探［J］．科技创业月刊，2008（1）．

［83］李迎宾．论网络传播中的虚拟体验营销［D］．暨南大学，2007．

［84］孙宁，李彬彬．女性自我概念导向手机产品设计心理评价［D］．江南大学，2009．

［85］董绍扬，李彬彬．新宅女情感价值与小家电体验设计［D］．江南大学，2011．

［86］王轶凡，李彬彬．性别导向的本土汽车品牌展示设计评价研究［D］．江南大学，2009．

［87］黄希庭．消费心理学［M］．华东师范大学出版社，2009．

［88］沙莲香．社会心理学［M］．中国人民大学出版社，2007．

［89］苏东水．管理心理学［M］．复旦大学出版社，2004．

［90］斯滕伯格．认知心理学［M］．中国轻工业出版社，2006．

［91］何浏，肖纯，梁金定．相似度对品牌延伸评价的影响研究［J］．软科学，2011，25（5）．

［92］吴芳，陆娟．联合匹配性对联合品牌评价的影响研究［J］．商业经济与管理，2010（7）．

［93］李彭．品牌并购对品牌态度评价影响的实证研究——基于低资产品牌的视角［D］．华东师范大学，2010．

［94］吴水龙．公司品牌对产品评价影响研究的新进展［J］．外国经济与管理，2009，31（12）．

［95］丁昌会．品牌声誉水平对联合品牌产品评价的影响研究［J］．JMS中国营销科学学术年会暨博士生论坛，2009．

［96］皮永生，宋仕凤．产品设计的品牌导向［J］．江南大学学报（人文社会科学版），2005，4（4）．

［97］汤晓颖．品牌导向的本土动漫产品设计［J］．包装工程，2011（04）．

［98］孔丹阳，喻德容．基于企业品牌战略的产品识别体系的研究［J］．广西轻工业，2009，25（11）．

［99］孙冬梅．品牌战略影响下的产品形象塑造研究［D］．山东大学，2007．

［100］超民，何人可．基于品牌战略的产品设计评价标准［J］．包装工程，2007.28（6）．

［101］蔡军．设计战略中的定位因素研究．D2B——第一届国际设计管理高峰会，2006．

［102］张浩，芮延年．采用灰色系统理论的家电产品设计综合评价［J］．现代制造工程，2010（2）．

［103］祁婷，余隋怀，张栖铭．以网络为平台的产品评价方法研究［J］．现代制造工程，2010（12）．

［104］吴通等．群决策方法在产品设计评价中的应用［J］．航空计算技，2008，38（4）．

［105］胡飞，李扬帆．游戏设计的用户心理研究：以"QQ农场"为例［J］．南京艺术学院学报（美术与设计版），2010（5）．

［106］丁夏齐，马谋超．消费者对网上购物的风险认知及影响因素［J］．商业研究，2005（22）．

［107］周春霞．大众传播对都市白领消费生活方式的影响研究［D］．华中农业大学，P22．

［108］（美）艾尔·强森．跨位［M］．延吉．延边人民出版社，2002．

［109］苏勇，陈小平．品牌通鉴［M］．2003．

［110］江波著．广告心理新论［M］．暨南大学出版社，2002．

［111］江明华等．品牌形象模型的比较研究［J］．北京大学学报（哲社版），2003（3）．

［112］马谋超．广告心理［M］．中国物价出版社，2001．

［113］白永琦．浅谈品牌文化［J］．大同职业技术学院学报，2003，17（3）．

［114］王海忠．消费者民族中心主义——中国实证与营销诠释［M］．经济管理出版社，2002．

［115］深圳康佳通信科技有限公司．康佳通信VI识别系统手册［M］．2003．

［116］单丽萍，沈雄白．跨文化优势、冲突与管理［J］．商业经济与管理，2002（9）．

［117］王恒富等．文化经济论稿［M］．人民出版社，1995．

［118］王雪利．知识经济背景下的文化营销研究［EB/OL］．http：//www. sohu. com．

［119］任娜．论文化营销及其实施［J］．北方经济，2005（12）：27．

［120］菲利普科特勒．营销管理［M］．梅汝和，梅清豪，周安柱．北京：中国人民大学出版社，2001．

［121］黄升民，杨雪睿．碎片化背景下消费行为的新变化与发展趋势［J］．广告大观理论版，2006（2）．

［122］［英］迈克·费瑟斯通，消费文化与后现代主义［M］．刘精明译．南京：译林出版社，2000，5.11－12．

［123］黄升民，杨雪睿．"碎片化"来临品牌与媒介走向何处［J］．国际广告，2005（9）．

［124］汤姆·邓肯、桑德拉·莫里亚蒂．品牌至尊——利用整合营销创造终极价值［M］廖宜怡译．北京：华夏出版社，1999．

［125］杨光、赵一鹏．品牌核变——快速创建强势品牌［M］．北京：机械工业出版社，2003．

［126］李琴，李彬彬．品牌认知模式导向都市白领电熨斗心理评价研究［D］．江南大学，2006．

［127］石蕊，李彬彬．多元品牌忠诚模式的手机设计实证研［D］．江南大学，2009．

［128］王丽文，李彬彬．跨文化理论导向TCL手机品牌文化推广研究［D］．江南大学，2006．

［129］葛庆，李彬彬．杭州市区康佳与诺基亚手机品牌形象比较的实证研究［D］．江南大学，2004．

［130］DeVellis，Robert F. Scale Development：Theory and Applications，Newbury Park，CA：Sage Publications，1991．

［131］Hung－Cheng Tsai，Jyh－Rong Chou，Automatic design support and image evaluation of．

［132］Suzan Boztepe，Toward a framework of product development for global markets：a user－value－

based approach ［J］, Design Studies, 2007, 28 (5) .

［133］ Shih – Chieh Chuang, Hung – Ming Lin. The Effect of Induced Positive and Negative Emotion andOpenness – to – Feeling in Student' s Consumer Decision Making ［J］ . Journal of Business and Psychology. 2007, 22 (1) .

［134］ A Study on the Development of Usability Evaluation Framework. ICCSA 2006.
STANISLAW PFEIFER. ADDITIVE MODELS FOR PRODUCT ASSESSMENT. Proceedings of the 14th IG-WT Symposium (Volume I) . 2004, 08.

［135］ Daniele Scarpi. Effects of Presentation Order on Product Evaluation: An Empirical Analysis. The International Review of Retail; Distribution and Consumer Research.

［136］ Wei – Na Lee;, Taiwoong Yun, Byung – Kwan Lee. The Role of Involvement in Country – of – Origin Effects on Product Evaluation. Journal of International Consumer Marketing. 2005, 06.

［137］ BerryJ. W. , PoortingaY. H. , SegallM. H. , Cross – CulturalPsychology – ResearchandApplication, CambridgeUniversityPress, 1992.

［138］ GeertHofstede, Culture and organizations: software of themind, London, Norfolk: McGraw – Hill Book Company (UK) Limited, 1991: 51.

［139］ Lyong H C. The Theory of Research Action Applied Brand Loyalty. Journal of Product and Brand Management, 1998, 7 (Issue 1) .

［140］ L. W. Turley, Ronald P. LeBanc. EVOKED SETS: A DYNAMTC PROCESS MODEL. Journal of Marketing. spring 1995, p28 – 37.

《产品设计心理评价研究》后记

　　本书是设计心理学研究方向的新成果，作为这一研究方向的先行者，笔者 1989 年在无锡轻工业学院开始"设计心理学"的教学并撰写国内首本专业教材；此后不仅教学研究有不断的投入，更可喜的是获得一系列的该领域科研成果。教学和科研的进步，离不开 20 多年来心理学和设计学两学科交叉的创新滋养，笔者非常感谢一路扶持的名师和学者，他们是心理学界的中科院心理所陈龙研究员（管理心理学家）、马谋超研究员（广告心理学家）；设计学界的张福昌教授、柳冠中教授、沈大为教授；同时也感谢对此方向一贯支持的学者：中央美院的许平教授、复旦大学的孟建教授、华东理工大学的程建新教授、西安交大的李乐山教授、清华美院的李砚祖教授、东南大学的凌继尧教授；还有许多前辈的研究成果，一直是笔者得以前行的依靠。另一方面笔者的学生和研究生，他们是笔者在此方向上奔跑的合作伙伴，笔者和他们共同进步、教学相长，本专著的诞生就是最好的见证。尤其感谢本专著各专题的参与者，他们是：专题一，《产品设计心理评价方法研究》（徐卉鸣、吴朋、周建、周恩高）；专题二，《电子产品设计心理评价实证研究》（徐衍凤、杨汝全、杨利、刘影）；专题三，《手机产品设计心理评价研究》（王昊为、林佳梁、秦银、彭晨希）；专题四，《小家电产品设计心理评价专题研究》（吴君、葛建伟、曹百奎、王亮）；专题五，《本土汽车产品设计心理评价研究》（马丽娜、李秋华、曹稚、于乐）；专题六，《女性产品设计心理评价研究》（孙宁、董绍扬、王轶凡、赫琳）；专题七，《品牌产品设计心理评价研究》（李琴、石蕊、王丽文、葛庆、徐军辉）；专题八，《网络产品 C2C 可用性心理评价研究》（黄黎清、唐开平、郭苏、吴晓莉）；专题九，《现代产品服务设计心理评价研究》（王敏敏、张银银、赵彭、杨婷）。总之，对活跃在"设计心理学"研究方向的所有同仁们表示谢意。

江南大学设计学院　李彬彬

2013 - 02 - 18